해양건축 계획

이한석 · 강영훈 | 공저

문운당

발간사

바다를 귀중한 삶의 공간으로 만들기 위해 해양건축이 이 땅에 소개된 지 벌써 15년이 흘렀습니다.

이제는 해양건축이 건축분야 뿐만 아니라 해양분야에서도 꼭 필요한 존재로 인정받고 있으며 해양건축을 공부하는 사람과 해양건축 관련 프로젝트가 해마다 늘어나고 있는 실정입니다.

그동안 대학에서 해양건축을 공부하는 사람들이나 설계실무를 하는 사람들은 우리글로 되고, 우리 형평에 맞는 변변한 책이 없어서 외국 책들을 뒤져보거나 어렵사리 보고서와 논문 등을 찾아왔습니다.

이 때문에 해양건축계획에 대해 제대로 배울 수 있고 실무에서도 널리 사용할 수 있는, 우리 실정에 적합한 책의 필요성이 곳곳에서 나타났습니다.

이런 상황에서 그동안 대학에서 가르치고 연구했던 결과물을 묶어서 '해양건축계획'을 발간하게 되었습니다.

이 책을 발간한 주목적은 대학에서 해양건축계획을 공부하는 학생들의 교과서로 사용하기 위한 것이며 이와 더불어 해양건축 관련 프로젝트를 수행하는 설계실무자들도 참고하면 좋을 것입니다.

이 책의 발간을 계기로 해양건축 관련 전문도서가 계속 발간되기를 바라며 이를 통해 삼면이 바다로 둘러싸여 있고 전통적으로 해양강국인 우리나라에서 해양건축이 더욱 발전하고 알찬 열매를 맺기를 바랍니다.

이 책은 내용이나 형식 측면에서 아직 부족한 부분이 많은데 이 부분은 향후 연구, 교육, 실무를 통해 얻은 자료를 이용하여 지속적으로 수정하고 보완하겠습니다.

이 책이 나올 수 있도록 귀중한 자료를 제공해주신 한국해양대학교 해양공간건축학과 교수님들, 그리고 해양건축디자인연구실에서 수년간 함께 연구했던 변량선 교수, 김나영 박사, 정원조 박사, 조재호 박사, 조형장 박사, 심미숙 박사에게 감사드리며 또한 책을 출간해 주신 문운당 관계자분들께도 감사드립니다.

2014년 새 아침

아치섬에서 저자 일동

목 차

제 1 장 해양건축총론

제 2 장 해양건축물계획

제 3 장 플로팅건축물계획

제 4 장 마리나시설계획

제 5 장 피어건축물계획

제 6 장 크루즈터미널계획

제 7 장 크루즈선박 거주구계획

제 8 장 슈퍼요트 거주구계획

제 9 장 해양플랜트 거주구계획

제10장 해상거주시설계획

제11장 해상도시계획

제 12 장 해중건축물계획

제 1 장

해양건축총론

1.1 해양건축의 개념

1.1.1 해양건축의 정의

'해양건축'이란 해양, 즉 바다에 위치하는 건축이다. 일반적으로 건축이라고 하면 땅에 집을 짓는 것으로만 여기는데 해양건축은 바다에 사람이 쾌적하고 안전하게 생활할 수 있는 공간을 만드는 것이다. 즉 해양건축은 바다, 곧 물(水)에 생활공간을 조성하는 행위로서 육지를 중심으로 형성된 건축의 개념을 새롭게 하고 전통적인 건축의 영역을 확장한다. 해양건축이 들어서는 해양공간은 [표 1-1]에서와 같이 국토계획 차원에서는 연안[1], 도시계획 차원에서는 워터프런트 혹은 수변, 그리고 연안해역 밖의 바다공간[2]으로 구분된다.

연안이나 수변은 [그림 1-1]에서와 같이 일정한 범위의 바닷가 육지(육역)와 인접한 수공간(水空間, 수역)으로 이루어지며, 수공간은 해상(海上)공간, 해중(海中)공간, 해저(海底)공간으로 구성된다.

[표 1-1] 해양건축의 입지

구 분	계획레벨	공간레벨	행위레벨	기능레벨	유사어
연 안 coastal zone	국토계획	국토·지방	국토정책 지역거점	기능배치 (조닝)	코스탈존 (coastal zone) 베이에리어(bay area)
워터프런트 waterfront	도시계획	지방·도시지구	도시재개발 지역핵	주거·작업·휴식	수제역(水際域), 수변공간
수 변 waterside	지구계획 시설계획	지구·수제선	디자인 친수성창조	휴식	수제공간(水際空間) 임해부(臨海部) 리버프론트 (riverfront)
연안해역 밖 수 역	국제협력	국가간	국제협력 거점	작업·해양환경	오프쇼어(offshore) 외해(open ocean)

〈출처 : 이한석·도근영 공역, 워터프론트계획, p.3〉

1) 「연안관리법」제2조에서 연안은 연안해역과 연안육역으로 구성되며 연안해역은 바닷가와 바다, 연안육역은 연안해역 육지쪽 경계선으로 부터 500미터(「항만법」에 따른 항만, 「어촌·어항법」에 따른 국가어항, 「산업입지 및 개발에 관한 법률」에 따른 산업단지 경우 1천 미터) 이내의 육지와 무인도서로 구성됨
2) 해양건축이 입지하는 '해양공간'은 두 가지 의미로 사용되는데 하나는 좁은 의미로서 수역의 바다공간(수공간)을 의미하고, 다른 하나는 넓은 의미로서 연안과 워터프런트(육역과 수역), 연안해역 밖 바다공간을 모두 포함함

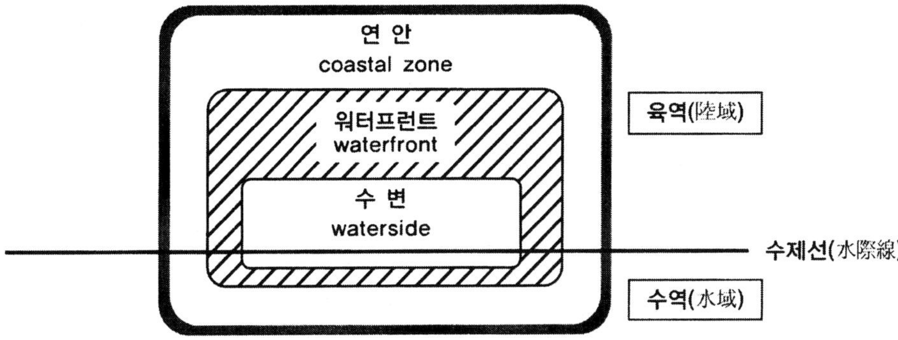

[그림 1-1] 연안·워터프런트·수변
〈출처 : 이한석·도근영 공역, 워터프론트계획, p.3〉

해양건축은 바닷가를 포함한 바로 이 해양공간에서 사람이 다양한 삶을 영위하기 위해 건축공간을 만드는 행위이며, 삶의 무대로서 해양공간의 잠재력을 창의적으로 활용하여 육지 중심의 기존 건축문화에 새로운 대안을 제공한다.

오늘날 통용되는 건축의 기본개념은 18세기 프랑스 합리주의 건축이론가 로지에(Marc Antoine Laugier, 1713~1769)의 건축이론에서 많은 영향을 받았다. 그는 건축물의 원형(prototype)을 원시오두막에서 찾아야 한다고 주장하고, 역사상 모든 건축물은 원시오두막에 기초하고 있으며 이 최초의 모델을 따를 때 완벽한 건축물이 가능하다고 주장했다.

[그림 1-2] 로지에의 원시오두막 그림
〈출처 : 임석재, 건축기행 : 합리주의 건축운동〉

로지에의 원시오두막 원리를 [그림 1-2]에서 살펴보면, 주거공간의 필요성을 느낀 원시인이 숲 속에서 나뭇가지를 발견하고, 튼튼한 것 4개를 골라 땅위에 정방형의 형태로 배치하여 수직으로 세운 다음, 그 꼭대기를 가로질러 또 다른 4개의 가지를 걸쳐 놓는다. 이 위에 다시 나뭇가지를 서로 경사지게 세워 지붕을 만들고 나뭇잎으로 덮어서 집이 생겨났다.

이러한 건축물의 원형에서 건축물의 본질을 이루는 기본요소가 발견되는데 그것은 곧 기반이 되는 땅과 건축공간을 구성하는 기둥 및 지붕이며, 여기에 필요에 따라 벽체, 출입문, 창문 등이 부착되었다.

한편 국어사전[3]에서 건축물의 정의를 살펴보면, "땅 위에 지은 구조물 중에서 지붕, 기둥, 벽이 있는 건물을 통틀어 이르는 말"로 되어 있다. 이 정의에서 건축물은 땅 위에 지은 것만을 대상으로 하고 있다.

또한 건축행위의 근간이 되는 「건축법」을 살펴보면, 제2조에서 건축물을 "토지에 정착하는 공작물 중 지붕과 기둥 또는 벽이 있는 것과 이에 부수되는 시설물, 지하 또는 고가의 공작물에 설치하는 사무소·공연장·점포·거고·창고 기타 대통령령이 정하는 것"으로 정의하고 있다. 여기에서도 건축물은 토지에 정착하거나 지하 또는 고가의 공작물에 설치되는 것을 전제로 하고 있어서 땅과 관련해서만 건축행위를 인정하고 있다.

이상에서 살펴본 전통적인 건축의 개념에 따르면, 건축물은 반드시 단단한 육지 위에 세워져야 하며 땅 이외에 바다와 같은 물 혹은 우주와 같은 새로운 공간에 조성된 것은 건축물로 인정하지 않는다. 만일 땅과 같이 단단하지 못하면 이를 개량해서라도 단단하게 만들어야만 건축물의 기반이 될 수 있다.

이러한 사고의 틀 안에서는 바다와 같이 유동적이고 개량조차 할 수 없는 무른 물체는 건축물의 기반이 될 수 없다고 여기며, 여기에 세워진 집 역시 건축물이 아닌 것으로 여기는 것이다. 이렇게 볼 때 인간이 거주 및 생활하는 장소가 더욱 다양해지고 한편으로 건축과 관련된 기술이 크게 발전함에 따라 거주공간이 기존 육지공간에서 바다 또는 우주 등 새로운 공간으로 확장되는 상황에 맞추어 건축의 개념도 새롭게 변해야 한다.

건축의 본질은 삶의 공간이 어디에 위치하며, 무엇에 기반을 두느냐에 있는 것이 아니고 '삶의 공간' 그 자체에 있기 때문에 바다나 우주와 같은 새로운 장소에서도 삶의 공간인 건축물은 창조될 수 있다. 그리고 이러한 새로운 장소에서의 건축물은 우리가 지금까지 경험했던 땅 위의 건축물보다 더 풍성하고 다양하며 환상적인 삶의 공간을 제공할 수 있다.

세계적인 건축비평가인 버트란드 골드버그(Bertrand Goldberg)는 바다에 건축물을 세우는 것은 미학적, 사회적, 경제적인 관점에서 인간의 삶에 다음과 같은 영향을 미친다고 말하였다[4].

---

3) 네이버 국어사전(http://dic.naver.com/)과 다음 국어사전(http://dic.daum.net/) 참조

[표 1-2] 해양건축물의 사례

장소		사례		
해안		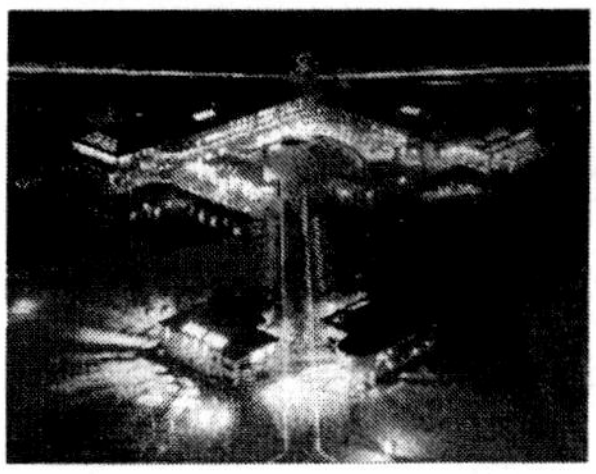 Marizon Fukuoka, Japan	 Minack Theatre Cornwall, England	 Darling Harbour Aquarium Sydney, Australia
해중 (해저)		 Red Sea Star Eilat, Israel	 Ithaa Restaurant Maldives, Maldives	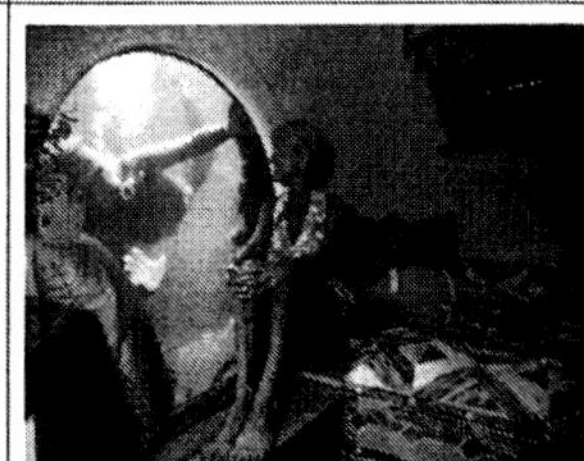 Jules Undersea Lodge Key Largo, USA
해상	부유식	 Floating Island Hiroshima, Japan	 Teatro del Mondo Venice, Italy	 Floating Nackros Villa Varvsholmen, Sweden
	고정식	 Cruise Terminal Vancouver, Canada	 Pod Complex Ontario, Canada	 Brighton Pier Brighton, England

4) 畔柳昭·渡辺富雄 편, Composition of Oceanic Architecture(海洋建築の構圖), p.13 참조

먼저 미학적 관점에서 해양에 건축물을 세우는 것은 지금까지 한 번도 침범당하지 않은 무한의 세계에 깊이 뿌리를 내리는 것으로서 해양은 미지의 세계이기 때문에 바다에 둘러싸인 건축물은 신비로움과 결합된다고 하였다. 또한 집터로서 바다는 끊임없이 움직이며 무한히 깊고 넓기 때문에 바다에 지어진 건축물은 집터와 역동적인 관계를 갖는다고 하였다.

다음으로 사회적 관점에서는 바다에서의 음·빛·온도·습도 등 환경조건은 육상에서와 다르기 때문에 해양은 공간에 대한 새로운 시각 그리고 인간관계에 대한 새로운 감수성을 제공하며, 바다의 조망이나 물소리는 도시인의 스트레스를 해소시켜준다고 하였다.

또한 경제적 관점에서는 바다에 집을 건설하기 위해 늘어나는 공사비는 육지와 비교하여 싼 가격으로 해양용지를 구입함으로써 절감할 수 있으며, 더욱이 해양건축물은 그 매력으로 인해 건축물 본래 용도에 더하여 많은 부가가치를 창출한다고 주장하였다.

이런 의미에서 해양건축물은 바다가 가지고 있는 물리적·화학적·공간적·심리적 특성에 영향을 주거나 이것으로부터 영향을 받는 건축환경(built environment)이라고 말할 수 있다.

이상에서 살펴본 바와 같이 바다에서 인간이 편리하고 안전하게 생활할 수 있도록 생활공간과 이에 따르는 시설물을 정비하는 활동이 '해양건축'이며, 해양건축의 다양한 결과물이 '해양건축물'이고 그 대표적인 사례는 [표 1-2]와 같다.

1.1.2 해양건축의 특성

해양건축은 바다가 가지고 있는 고유한 성질, 즉 바다를 둘러싼 독특한 환경조건으로서 해상(海象)[5], 기상(氣象), 지상(地象)의 영향을 받고 또한 이들에게 영향을 미친다. 해양건축은 바다라는 공간에서 인간이 안전하고 쾌적하게 생활하기 위해 건축물과 시설을 정비하는 것이므로 해양건축의 특성은 가장 먼저 바다의 자연현상으로부터 기인한다.

바다에서 발생하는 자연현상 가운데 해일이나 고조(高潮)는 건축물이나 도시에 재난을 가져오지만, 반면에 부드러운 조류, 물결치는 바닷물, 부서지는 파도, 시원한 바닷바람 등은 사람에게 평온함, 신비감 그리고 리듬감을 주는 강력한 심리적 요소로서 작용한다. 이러한 바다의 독특한 성질을 창의적으로 활용하면 바다는 훌륭한 생활장소가 되고, 해양건축물은 매혹적인 거주공간이 될 수 있으며, 바다와 해양건축물이 서로 어우러져 육지에서 볼 수 없는 환상적인 경관을 연출할 수 있다.

이밖에도 해양건축의 특성은 지금까지 바다를 활용해온 사회적 관습 그리고 오랜 세월에

5) 해상(海象, oceanographic phenomena)이란 파랑, 조류, 수온, 수질 등을 종합한 바다의 상태로서 해양에서 발생하는 다양한 형상을 총칭해서 해상이라고 하며 대기의 기상(氣象 : 공기의 상태), 대지의 지상(地象 : 땅의 상태)에 상당하는 용어이며, 해상은 수온, 염분, 수압, 해류, 조류, 파, 수질 등의 상태로 나타낼 수 있고 이들을 해상요소라고 함(이한석·도근영·이명권 공역, 해양건축용어사전, p306 참조)

[표 1-3] 해양건축물의 기초형식

구 분	유각식	착저식	부유식	매립식
개념도	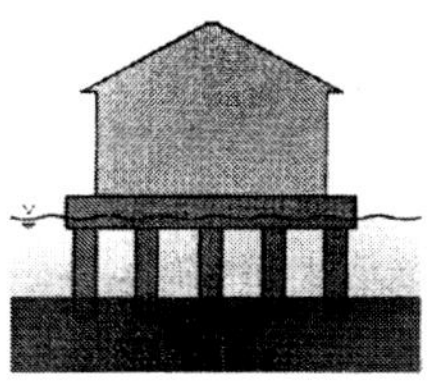	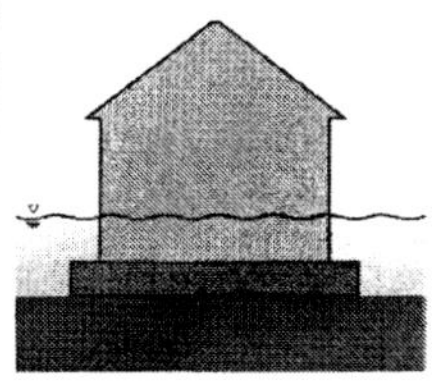	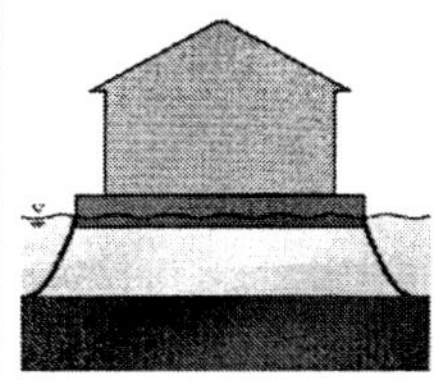	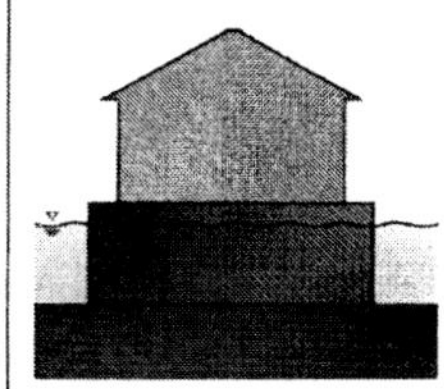
개 요	기둥에 의해 기초구조가 구성된 형태	해저마운드에 시설을 설치한 형태	부력을 가진 구조물에 시설을 설치한 형태	토지구성에 의한 형태

걸쳐 축적된 해양문화와도 매우 밀접한 관련성을 가지고 있으며, 인류가 공통적으로 품고 있는 바다를 향한 꿈과 이상 그리고 급속하게 발전하고 있는 해양과학기술 및 건축기술과도 깊은 관계가 있다.

해양건축물은 육지와 다른 특성을 가지고 있는 바다의 고유한 성질을 잘 활용하는 건축물로서 바다와 바람직한 관계를 형성한다. 바닷물과 관련된 독특한 자연현상, 바다에서의 변화무쌍한 기상상태, 바다 속 지반의 지형조건 등을 잘 활용하여 해양환경을 살리고, 아름다운 해양경관을 창조하며, 바다의 이미지에 적합한 건물이미지를 디자인하는 것이 일반건축물과 다른 해양건축물의 주요 특성이다.

한편 건축물의 안전 측면에서 해양건축물은 지구의 기후변화로 인한 해수면 상승, 집중호우, 슈퍼태풍, 폭풍해일 등에 의해 자연재난을 당할 위험성이 매우 높아서 해양건축물의 계획, 설계 및 시공 시에는 건축물의 안전성 확보, 자연재해 예방, 그리고 재난 시 피난 등에 대해 세심한 대책을 마련해야 한다.

이러한 측면에서 해양건축물이 육지의 건축물과 다른 특성 가운데 가장 독특한 것은 건축물의 기초에 있다. 해양건축물의 기초는 단단한 땅이 아닌 바닷물과 관계하고 있는데 [표 1-3]과 같이 크게 고정식(유각식, 착저식, 매립식)과 부유식으로 구분된다.

고정식 기초는 말뚝이나 무거운 중량물을 이용하여 바다 밑바닥 지반에 기초를 고정시키고 그 상부에 사람이 생활할 수 있는 건축공간을 만드는 형식이다. 반면에 부유식 기초는 건축물의 기초구조물을 바다에 띄우고 그 위에 건축공간을 얹는 형식이다.

해양건축물은 종종 해양토목구조물이나 선박과 비교되며 이들 사이에서 개념의 혼동이 일어나고 있다. 이 세 가지 인공시설물은 해양공간에 위치하며 해양공간을 활용하는 데 공통점이 있으나 해양건축물은 [표 1-4]와 같이 해양토목구조물이나 선박과 분명한 차별성을 가지고 있다.

먼저 해양건축물과 해양토목구조물의 차이를 살펴보면, 해양건축물은 해양공간에서 인간이 일상생활을 영위할 수 있도록 조성된 생활공간이지만 해양구조물은 인간의 일상생활을 위한 거주공간이 아니다. 즉, 건축물의 존재 이유는 사람이 일상생활을 영위할 수 있도록 안전하고 쾌적한 생활공간의 제공에 있으나 방파제나 교량과 같은 토목구조물의 목적은 일상의 생활공간을 제공하는 것과 무관하다.

한편 해양건축물과 선박의 차이를 살펴보면, 해양건축물은 일정한 기간 동안 일정한 장소에 고정해서 설치되어 있는 생활공간인 반면에, 선박은 여객과 화물의 이동을 목적으로 하는 운송수단이다. 육상에서 예를 들면, 아무리 화려한 오리엔탈 특급열차라 할지라도 장소 이동 및

[표 1-4] 해양건축물의 기본개념 비교

구 분	육상건축물	해양토목구조물	선박	해양건축물(부유식)
목 적	거주, 작업, 수납	교통 및 항만 시설	화물 및 여객 운송	거주, 작업, 수납
입지조건	지반-공간	지반-액체-공간	액체-공간	액체-공간
주요외력	지진, 바람, 눈	지진, 파도, 해일	파도, 추진저항	파도, 바람, 조류
구조물 특징	자유로운 형상 고층경량화	단순한 형성 중후장대형	곡면형상 적재·항해성	단순한 형상 낮은 흘수 용적적재형
주요재료	철근콘크리트 및 강제	철근콘크리트 및 강제	강제 또는 플라스틱	철근콘크리트 및 강제
안 정 성	지반·말뚝안정형 지반고정	중량안정형 지반고정	부력·추진기안정형 동요 있음	부력·계류·연착안정형 동요 있음
재난요인	화재, 침하, 도괴	침하, 전도, 활동, 해일	화재, 좌초, 충돌, 침몰	계류선 파단, 화재, 전복, 침수
건조방법	당해현장	당해현장, 케이슨침설	조선소, 진수	조선소건조, 예항, 바다에 설치
설계성격/ 주요법규	관주도형 건축학회지침 건축법	관주도형 토목학회지침 항만법	민간주도형 선급협회규칙 선박안전법	관주도형 아직 없음 아직 없음
에너지원	외부도입	특별히 없음	자급, 저장, 독자처리	도입 또는 자급
국제공통성	특별히 없음	특별히 없음	있음	있음
보수점검 수명	설비, 외부도장 등 30년~반영구	정기점검 반영구	정기점검 의무 10~20년	정기점검 필요 20~40년

〈출처 : 이한석·송화철·이명권·박건 공역, 알기쉬운 해양건축물의 설계, p.23, 내용 재구성〉

운송을 목적으로 하는 것은 건축물이라고 하지 않는 것처럼 해양건축물 역시 운송을 목적으로 끊임없이 장소를 이동하는 선박과는 개념상 분명한 차이가 존재한다.

결국 해양건축물은 바다에서 인간이 일상생활을 영위하는 생활공간을 의미하지만 교량이나 방파제와 같은 해양토목구조물은 생활공간이 아니며, 선박은 여객 및 화물의 이동을 위한 운송수단이다.

이상에서 살펴본 바와 같이 해양건축물의 가장 중요한 특성은 바다와 긍정적이고 조화로운 관계를 형성하는 것이다. 따라서 해양건축물은 무엇보다 해양환경에 미치는 부정적 영향을 줄이는 친환경적이고 지속가능한 건축물이어야 한다. 이를 위해 해양건축물은 바다에서 얻을 수 있는 태양열, 풍력, 조력, 파력, 해수온도차 등 자연에너지를 사용하여 화석연료의 사용을 줄이고 이산화탄소의 배출을 저감해야 한다.

한편 바다에 도시나 주거단지를 조성하면 육지에서 같은 규모의 주거단지나 도시를 개발하기 위해 기존 대규모 숲이나 자연녹지를 파괴하는 것을 막아준다. 특히 물에 떠 있는 부유식 해양건축물을 이용하여 도시나 주거단지를 조성하게 되면 해양환경에 미치는 부정적인 영향을 최소화하면서 바다에 대규모 생활공간을 만들 수 있다.

특히 부유식 해양건축물은 유닛부재(치수, 구조, 디자인이 일정한 기본형 부재)를 이용하여 건축물을 제작하기 때문에 손상되거나 수명을 다한 유닛부재만 교체할 수 있어 건축물의 수명을 늘릴 수 있다.

또한 완성된 부유식 해양건축물은 이용 조건의 변화에 따라 장소를 변경하여 설치할 수 있어서 건축물의 재활용도가 높고 건축폐기물도 줄일 수 있기 때문에 일반건축물에 비해 더욱 친환경적인 건축물이라고 할 수 있다.

이와 같이 해양건축은 해양의 독특한 자연현상과 공간적 특성을 고려하여 거주 및 생활공간으로서의 잠재력을 개발하기 위한 새로운 건축분야이며, 바다의 환경적·물리적·생태적·심리적 특성을 충분히 고려하고 활용함으로써 얻어진다.

즉, 해양건축은 단순히 해양공간에 인간이 사용할 구조물이나 시설물의 건설을 의미하는 것이 아니고, 해양공간이 가진 특성과 잠재력을 적극 활용하여 바다와 일체화된 건축공간을 만드는 것을 의미한다.

1.1.3 해양건축물의 종류

해양건축물의 종류는 건축물이 위치하는 바다와의 관계에 따라 다양하게 구분할 수 있다.

우선 건축물을 지지하는 기초구조형식에 의해 구분되며, 다음으로 건축물의 기능이나 목적, 그리고 디자인 측면에서 바다를 어떻게 활용하고 조화를 이루는가에 의해 구분한다. 구체적으로 공간적인 측면에서 건축공간과 물과의 관계를 고려하여 해양건축물은 다음의 세 가지로 구분할 수 있다.

먼저, 물을 건축공간 안으로 끌어들여 그 수면을 활용하는 해양건축물이다. 이 때 물은 건축공간에 시각적 평온함·친수성·친근함 등을 주며, 연속적이고 평활한 수면은 건축공간의 구성에서 핵심 요소가 된다.

둘째로, 건축물이 수면 위를 가로지르거나 넘어가는 것, 혹은 물에 떠있거나 수면 아래로 잠수하는 등 물과 건축물이 입체적인 관계를 형성하는 해양건축물이다. 이 경우에 해양건축물은 일반건축물에서 경험할 수 없는 비일상적이고 다이내믹하며 환상적인 건축공간을 만들어낸다.

셋째로, 외부의 물을 중심으로 건축물을 배치하여 건축물이 물을 에워싸거나 끌어안는 관계를 형성하는 해양건축물이다. 이 경우에 에워싸인 물은 흐르거나, 솟구치거나, 떨어지는 등 다양한 모습을 연출하며, 해양건축물은 물의 매력을 활용하고 창출할 수 있도록 특별한 형태와 구성을 가진다.

한편 해양건축물의 위치에 따라 해안선을 중심으로 육지와 물의 관계에서 살펴보면, [표 1-5]에서와 같이 다섯 가지로 구분된다. 바닷가 육지에 독립하여 들어선 건축물, 육지와 바다에 모두 걸쳐있는 건축물, 바다에 위치하면서 육지와 접하는 건축물, 바다에 위치하고 육지와

[표 1-5] 해양건축물과 바다의 위치관계

구 분	위치관계	특 성
육상독립형	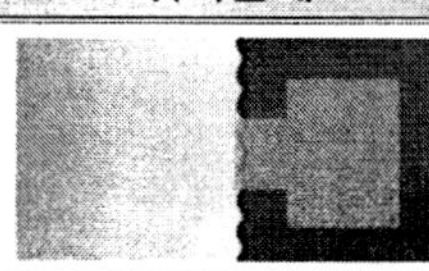	건물이 육상에 단독으로 위치하고 수역과 밀접한 관계를 맺는 형태
수상돌출형	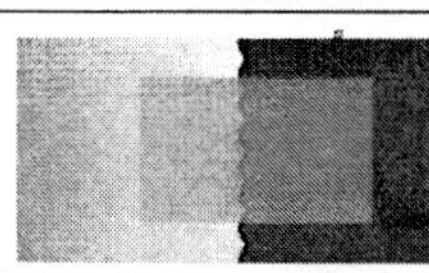	건물 일부가 육지에 정착하고 일부는 수상으로 돌출되어 나온 형태
수상접지형		건물이 수상에 위치하고 그 일부가 육지에 접하는 형태
수상연결형	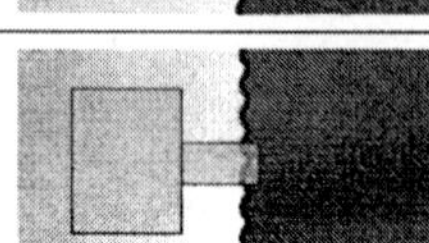	건물이 수상에 위치하고 잔교 등으로 육지에 연결되는 형태
수상독립형	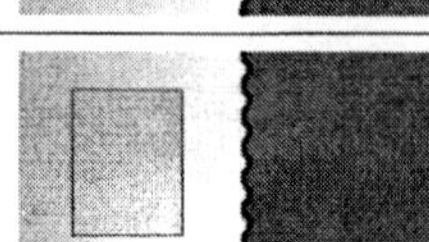	건물이 수상에 단독으로 위치하고 육지에 선박 등으로 연결되는 형태

는 교량으로 연결되어 있는 건축물, 육지에서 완전히 독립하여 바다 한가운데 위치하는 건축물 등이다.

또한 해양건축물의 종류는 [표 1-6]에서와 같이 인간 활동과 관계된 용도에 따라 구분할 수 있다. 우선 사회기반시설로서는 해상공항, 항만시설물, 여객선터미널 등이 대표적이며, 해양관광 및 레크리에이션시설로서는 마리나, 아쿠아리움(Aquarium), 해양전망대, 해중전망탑, 바다낚시시설, 해양스포츠시설, 피어건축물 등이 있다.

주거시설로서는 해양도시, 해상호텔, 해양리조트 등이 있으며, 산업시설로서는 해상에너지비축기지, 해양목장시설, 각종 해양플랜트가 있다. 그리고 해양연구기지나 해양관측시설 등 연구시설도 있으며, 다양한 해양테마파크, 해변공원, 해상·해변극장, 친수공간, 해상·해중레스토랑 등이 있다.

또한 호안, 방파제, 도류제 등 해역제어 및 방재를 위한 토목구조물을 이용하여 구조물의 1차적인 기능을 유지하면서 상부 공간 등을 해상낚시와 같은 해상레저용 공간이나 산책 등을 위한 친수공간으로 만드는 일이 많아지고 있다.

최근에는 길이가 1 km를 넘는 초대형 부유식 해상구조물을 만들어 해양도시나 해상공항 등 대규모 해양건축물의 기초구조물로 사용하려는 시도가 있다. 선박의 경우에도 여객선의 선실, 상선의 선원거주구, 크루즈선과 수퍼요트의 승객거주구 등은 인간이 생활하는 공간으로서 해양건축의 대상에 속한다.

[표 1-6] 해양건축물의 종류

시설구분	기 능	건축물 사례
기반시설	교 통	항만시설물, 해상공항 등
	해역제어·방재	호안, 방파제, 도류제 등을 이용한 해양레저시설 등
	통 신	텔레포트 등
생산시설	에 너 지	임해·해상발전소, 임해·해상비축기지, 임해·해상주유소
	플 랜 트	해상플랜트 등
	식량자원 육성	어초, 해양목장 등
	자원채취	석유생산플랜트 등
거주시설	레크리에이션	마리나, 해상·해중공원, 인공해변, 해상레스토랑, 바다낚시시설, 해중전망대, 아쿠아리움 등
	도 시	해상도시, 해중도시 등
	거 주	해상커뮤니티시, 해상·해중주거시설, 해상호텔 등

〈출처 : 日本建築學會, 海洋建築計劃指針, p.3 참조〉

이상에서 살펴본 바와 같이 바다에는 다양한 종류의 해양건축물이 있다. 이들 해양건축물에서 공통적으로 중요한 사항은 바다의 존재 형태로서 수면의 광활함과 물의 깊음, 그리고 파도·동요·부력·수압 등 해양의 물리적 성질을 어떻게 건축적으로 잘 활용하여 해양건축물이 원하는 결과를 얻어내는가 하는 것이다.

즉, 해양의 특성을 건축공간의 구성, 공간의 용도 및 기능, 건축형태의 디자인 등에서 효과적으로 활용하여 거주·휴식·작업·상업·문화·산업을 위해 적절한 해양건축물을 만들어내야 한다. 한편 이렇게 만든 해양건축물은 바다를 매개로 하는 복합성, 해양환경의 변화 및 요구에 대응하는 다양성, 이용조건의 변화에 대응하는 융통성을 구비해야 한다.

1.1.4 해양건축물의 안전

해양건축물이 바다에서 일상생활의 행복과 즐거움을 위한 것이라면 이를 위해 선결되어야 할 과제는 바로 자연재해로부터의 안전이다. 해양건축물은 파랑·태풍·지진·해일 등과 같은 하중의 반복과 예기치 못한 하중으로 인해 구조물이 손상되기 쉽다. 이와 함께 시간이 흐름에 따라 구조물의 노후화가 빨리 진행되고 염해에 쉽게 노출되어 부식 등 구조물 내 손상이 축적되기 마련이다. 이러한 치명적 손상을 조기에 발견하고 치유하지 못하면 해양건축물의 특성상 대형 사고로 이어져 막대한 인명 및 재산 피해를 입는다.

해양건축물이 많이 들어서는 연안은 매년 태풍이나 집중호우 등 풍수해에 의해 많은 피해를 입고 있다. 예를 들어, 2002년 8월에 우리나라 연안을 강습한 태풍 '루사'는 기상관측 이래 가장 많은 1일 강수량으로 강릉에서 870.5 mm의 집중호우를 기록하였다. 또한 2003년 9월 태풍 '매미'는 기상관측 이래 중심부 기압이 950 hPa로 가장 낮고, 풍속은 순간최대풍속 60 m/sec로 가장 강하여 역사상 최대 규모의 폭풍해일 피해를 기록하였다. 태풍 매미로 인해 해안의 건물들은 유리창이 심하게 파손되고 건물 내부와 지하실이 침수피해를 입었으며 바다에 정박해 있던 선박이나 해상호텔은 강풍과 해일로 전복되기도 하였다.

이와 같이 해양건축물의 구조적 안전에 가장 위협적인 요소는 태풍으로서 이에 따른 강풍과 폭풍해일이 직접 영향을 준다. 통계청에 따르면 부산의 경우에 지난 10년 간 풍수해에 의한 피해액 중 건축물 피해액이 48%를 차지하고 있으며 이 중 96%는 해안에서 발생하였다. 우리나라 해안에는 초특급 슈퍼태풍이 언제 다시 들이닥칠지는 아무도 예측할 수 없으므로 해양건축물의 안전을 위해서는 계획부터 철저한 방재대책을 마련해야 한다.

한편 도시계획차원에서 연안의 지역별 혹은 도시별로 풍수해 위험상태를 평가하여 풍수해 방재지도를 작성하고 이에 따라 풍수해에 대비한 비상관리프로그램을 마련하며, 침수위험이 높은 지역은 특별재난지역으로 구분하여 건축규제선을 지정하는 등 대비해야 한다.

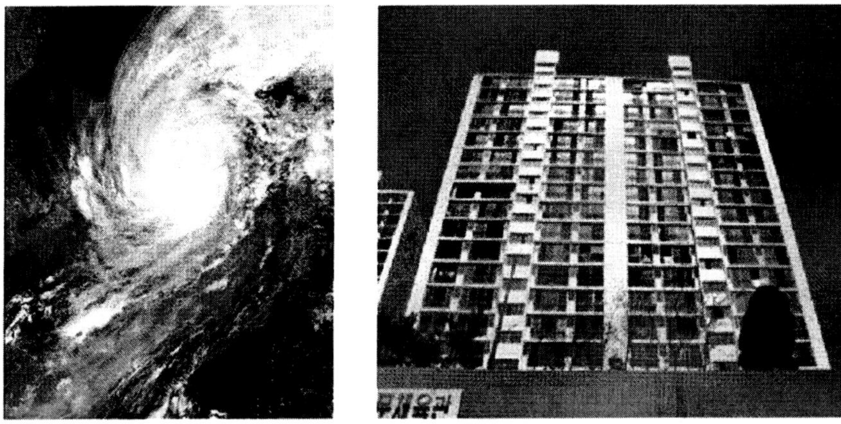

[그림 1-3] 태풍 매미 위성사진 및 해안 고층아파트 창호 피해(부산 영도)

침수위험지역에 있는 건축물에 대해서는 침수피해를 최소화하기 위해 내수설계법(flood resistant design and construction)을 적용하며, 구조물의 안전을 보장하기 위하여 헬스모니터링시스템(health monitoring system)[6]을 구축한다. 이러한 헬스모니터링시스템을 건물위험도 평가와 접목하면 유용한 건축물방재시스템이 되며, 재해 발생 후에도 손쉽게 건물의 안전도를 평가할 수 있어 해양건축물의 유지관리에 도움이 된다.

또한 해양건축물의 구조적 안전에 영향을 주는 인자로는 염분이 있다. 염분이 바다에서 불어오는 강풍을 타고 건축물에 부착하여 금속을 비롯한 재료를 부식시킨다. 특히 콘크리트에는 염분이 쉽게 침투하여 철근을 부식시키며 콘크리트와 철근의 일체성을 저해한다. 이렇게 염분의 침투로 일어나는 콘크리트 구조물의 노후화는 진행 정도에 따라 겉에서는 전혀 파악할 수 없는 상태도 있으며 그 결과 건축물의 붕괴로 이어질 수 있다.

따라서 해양건축물이 들어설 장소에 대해 미리 염분에 관한 환경평가를 실시하고 그 결과에 따라 재료를 선정하거나 콘크리트 배합설계를 해야 한다. 또한 콘크리트의 초기 균열 방지를 위해 양생에 주의하며 적절한 마감으로 콘크리트를 보호하고 지속적인 유지관리계획도 필요하다.

이와 같이 해양건축물은 항상 가혹한 자연환경에 노출되어 있어서 구조물의 안전에 세심한 주의가 필요하며, 해양건축물이 입지하는 해양의 환경조건에 상응하는 충분한 저항력을 가진 구조물을 설치하고 지속적으로 관리해야 한다.

한편 해양건축물은 바다에 설치되기 때문에 건축물에 화재와 같은 재난이 발생할 경우 초기 진화나 대응이 어렵고 피난경로가 제한되어 피난이 어려울 수 있다. 따라서 해양건축물은

6) '헬스모니터링'이란 구조물에 다양한 센서를 부착하여 거동을 계측하고 데이터를 분석하여 구조물의 안전 및 건전성을 실시간으로 감시하고 평가하는 방법임

일반건축물의 수준에 해당하는 안전 및 피난대책이 필요하며 이를 위해 「건축법」과 「소방법」에서 정한 안전규정을 준수해야 한다.

해양건축물의 방재계획에서는 일반건축물과 동등한 수준의 구조, 설비 등 안전대책을 마련하기 위해 기본적으로 「건축법」에 따라야 하지만 그 규정에 따르기 어려운 경우에는 그와 동등한 안전성 확보를 위해 선박에 적용되는 「해상인명안전을 위한 국제조약(SOLAS)」, 「선박안전법」, 「부유식 해상구조물의 구조 및 설비 등에 관한 기준」 등에 따라 안전성을 확보한다.

이상에서 살펴본 것 이외에 앞으로 해양건축물의 안전에 가장 큰 위협이 되는 것은 지구 차원의 기후변화이다. 지구의 기후변화는 해마다 더욱 심각해져 가고 있으며 이로 인해 지구 곳곳에서 막대한 재난을 입고 있다. 특히 해양건축물은 바다에 위치하기 때문에 기후변화에 따른 해수면 상승(sea level rise) 등에 의한 자연재해에 그대로 노출되어 있다.

우리나라의 경우 도시기온은 지난 100년간 약 1.5℃ 상승하고 제주지역의 해수면은 지난 40년간 22 cm 상승하는 등 기후변화 진행 속도가 세계 평균을 상회하고 있다. 2100년에는 해수면이 약 1 m 상승하여 여의도 면적 300배 정도의 땅이 침수되며, 한반도 인구 2.6%인 125만 5천 명 정도가 생계에 지장을 받을 것으로 예측되고 있다[7].

이러한 해수면 상승으로 인해 해안침식, 연안침수 및 범람이 빈번하게 발생하고, 연안도시 및 해양건축물이 직접적인 피해를 당할 위험이 매우 크다. 강풍에 의해 건물이나 공공시설물이 파손되고, 월파나 집중호우 등에 의해 도시나 건축물의 기능이 마비되며, 전염병이 창궐하는 등 피해가 우려된다. 이를 대비하여 연안도시나 연안지역에서 해수면 상승으로 인한 재해 취약성을 평가하여 도시계획 및 토지이용계획에 반영하고, 재해에 취약한 지역에 위치한 건축물에 대한 구조적 강화대책 및 설계매뉴얼을 마련하여 건축설계에 반영하여야 한다.

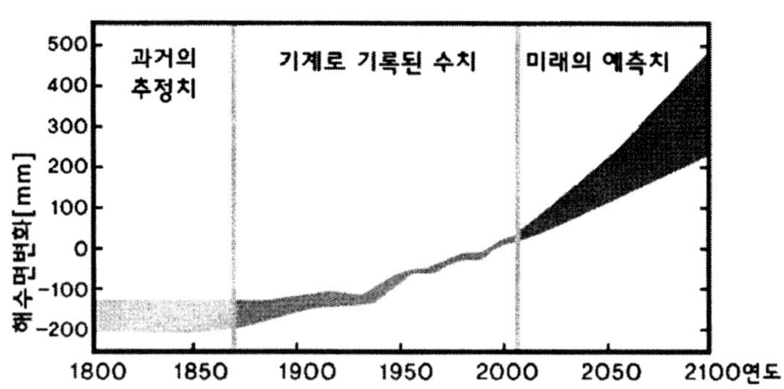

[그림 1-4] 해수면 상승 예측치
〈출처 : IPCC(Intergovernmental Panel on Climate Change), 4차 평가보고서, 2007〉

7) 송화철, 기후변화와 해양건축, 건축사신문 참조

특히 연안에 위치한 주거단지, 해안건축물, 수상건축물 등 모든 종류의 해양건축물을 설치하는 경우에는 앞으로 닥칠 자연재해를 충분히 고려하여 강풍대비책을 비롯하여 차수벽설치, 배수로 확보 등 침수대비책과 비상시 피난대책을 마련해야 한다.

이외에도 기후변화가 해양건축물에 미치는 장기적인 영향으로는 대기 중 이산화탄소 증가에 따른 콘크리트건물 중성화에 의한 건물성능저하를 들 수 있다. 콘크리트는 PH(산도) 12~13 정도의 강알칼리성이지만 대기 중 이산화탄소가 콘크리트 내부에 침투하여 PH 8.5~10 정도로 중성화되면 염해 및 누수 등을 억제하는 기능을 상실하게 된다.

기후변화에 관한 IPCC(Intergovernmental Panel on Climate Change)의 2007년 4차 보고서에서는 이산화탄소배출 시나리오에 따라 대기 중 이산화탄소양이 2010년 390 ppm을 기준으로 하여 2100년 최대 1000 ppm까지 될 것으로 예측하고 있다.

이러한 경우에 해양건축물은 건물성능저하 문제를 해결하기 위해 외장마감재를 더 두껍게 해야 하는데 이것은 이산화탄소를 추가로 배출하는 악순환으로 이어질 수 있다. 따라서 해양건축물이 안전한 생활공간이 되도록 기후변화에 대한 근본적인 대책 마련이 필요하다.

1.2 해양건축의 범위

해양건축의 범위에는 해양건축물과 이에 관련된 시설물 뿐 아니라 해양공간, 해양도시, 친수공간, 해양경관 등 바다에서 인간의 삶을 영위하기 위한 건축환경(built environment)이 모두 포함된다. 해양건축의 올바른 이해를 위해서는 해양에서의 다양한 건축환경에 대해 개별적인 이해가 필요하다.

1.2.1 해양공간

건축학의 입장에서 '공간'이란 인간을 중심으로 한 사회생활의 장(場) 혹은 사회생활과 밀접하게 관련된 장(場)을 의미한다. 이런 의미로 본다면 해양건축 측면에서 '해양공간'은 연안을 비롯하여 해상, 해중, 해저 등 바다 영역으로서 인간의 사회적 활동이 일어나거나 사회생활과 밀접한 관계를 가진 공간이다. 즉, 해양공간은 넓은 의미에서 바다의 고유한 성질, 특히 물리적 성질에 영향을 주거나 이것으로부터 영향을 받게 되는 영역으로서 인간의 삶이 영위되는 장소이며 더 나아가 사람들의 사회생활을 위한 건축환경이 조성될 수 있는 바다 영역이다.

한편 좁은 의미에서 해양공간은 해양건축이 들어서는 영역이며, 해양건축물을 지탱해주는 공간인 동시에 인류 문명의 기반인 다양한 해양문화가 발생·성장·소멸하는 근거지이다. 이와

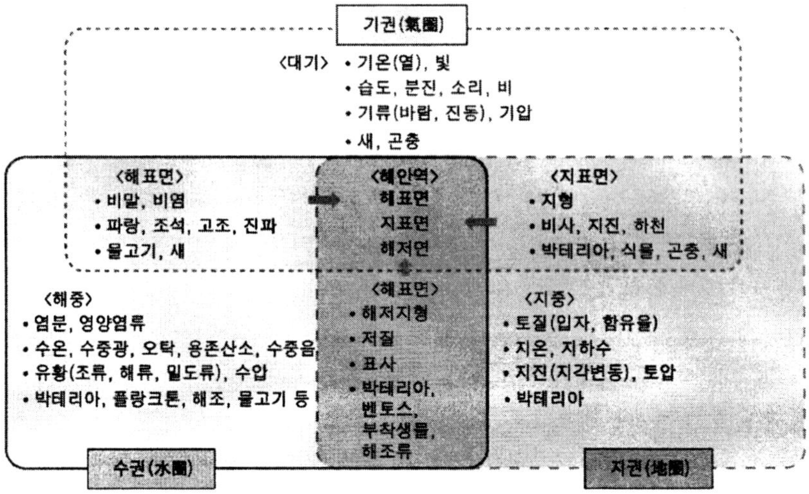

[그림 1-5] 연안의 생태환경

더불어 해양공간은 풍력, 조력, 해수온도차 등 에너지자원을 비롯하여 풍부한 자연자원을 가지고 있을 뿐만 아니라 그 자체로서도 귀중한 자원이다.

또한 해양공간의 개념에는 육지공간에 대응하는 개념이 내포되어 있는데, 인간생활의 장으로서 육지공간을 대체하는데 가장 실현가능성이 있는 공간인 동시에 바다영토·해양환경·자연재난 등 지구 차원의 문제와 국제적 갈등의 근원지이다.

육지공간을 대체하는 삶의 공간으로 우주공간, 지하공간, 해양공간이 고려되고 있으며 각 공간에 대해 기술적 실현가능성, 인간에게 미치는 심리적·사회적·생리적인 영향, 그리고 공간의 본질적 특성 등에 대한 연구가 진행되고 있다.

이러한 연구결과 현재로서는 기술적 여건이나 사람들의 공간 인식, 공간개발을 위한 합의형성 등 여러 측면에서 해양공간이 삶의 공간을 실현하는데 있어 다른 공간들보다 앞서 있다. 특히 드넓은 해양공간 가운데 기술적·경제적·사회적 관점에서 가까운 시일 내에 삶의 공간, 즉 생활공간으로서 실현가능한 곳은 연안이라고 할 수 있다.

해안선을 중심으로 일정한 범위의 육역과 해역으로 구성되는 연안은 지역적 차원에서부터 국가적 차원, 국제적 차원, 그리고 지구적인 차원에 이르기까지 다양한 측면에서 아주 중요한 해양공간이다. 연안은 해양공간 중 인간에게 가장 친근한 공간일 뿐만 아니라 이곳에 도시가 집중되어 많은 인구가 거주하고 있으며, [그림 1-6]에서와 같이 지구환경문제에 큰 영향을 미치는 연안생태계가 형성되어 있다.

이와 같이 연안은 인간의 삶을 영위하기 위한 공간으로서 매우 잠재력이 크고 생활을 위한 쓰임새가 광범위한 공간이다.

지금까지 해양공간에서는 오랜 역사와 전통을 가지고 있는 어업을 중심으로 한 수산 관련

기능, 그리고 물류 및 수송을 위한 교통·항만기능이 대부분을 차지하고 있다.

그러나 근래에 해양과학기술 및 해양건축의 발달로 인해 육지공간과 비교하여 손색이 없는 새롭고 다양한 주거 및 생활공간들이 해양공간에 만들어지고 있다.

해양공간에는 해양도시와 같은 대규모 시설을 비롯하여 다양한 종류의 업무 및 거주시설이 들어서고 있으며, 에너지개발이나 폐기물처리를 위한 해양플랜트, 해양목장과 같은 새로운 수산양식시설, 석유탱크나 LNG저장탱크 등 저장시설이 설치되고 있다.

이와 함께 해양리조트, 아쿠아리움, 마리나항만, 친수공원 등 갖가지 해양레저시설이 해양공간에 들어서고, 최근에는 해상공항이나 부유식 항만 등 첨단 시설들도 시도되고 있으며, 더욱이 항만을 대상으로 하는 재개발사업에 의해 워터프런트 개발이 본격화되고 있다.

향후 해양공간은 건강한 주거 및 생활공간, 여가활동과 휴식을 위한 레저공간, 다양한 문화가 교류하는 문화공간으로 개발되고, 낙후된 연안지역의 발전을 위한 거점이 될 것이며 이를 위해 해양공간에는 많은 해양건축물이 들어서게 된다. 국토공간이 좁은 우리나라에서는 광대한 해양공간을 어떻게 창의적이고 효율적으로 이용하느냐가 국가의 생존과 발전에 매우 중요하며, 이와 함께 해양공간에서는 지속가능한 개발이 필수적이다.

앞으로 경제·환경·외교·산업 측면에서 해양공간의 중요성은 점점 커지고 현재 연안 관리 및 이용에 국한된 관심은 연안을 넘어 해양공간으로 확대되고 해상공간, 해중공간, 해저공간에는 생활의 장이 조성될 것이다. 이렇게 해양공간이 우리의 삶을 지속적으로 지탱해 주는 공간이 되기 위해서는 해양공간에서 건강한 자연생태계가 지속되고, 이와 더불어 인간의 거주 및 생활이 다양한 형태로 이루어져야 한다.

(a) 잔교형식 레저시설(미국 LA)

(b) 부유식 레스토랑(서울 한강)

[그림 1-6] 잔교형식 및 부유식 건축물 사례

또한 이후 많은 수요가 발생하게 될 해양레저시설에서는 육역과 수역의 조화로운 활용이 중요하며, 이를 위해 육역과 수역에 걸쳐 설치되는 친환경적인 잔교형식의 피어를 레저공간으로서 적극 활용할 필요가 있다. 그리고 부유식 해상구조물에 대한 설계 및 시공기술이 향상되고 경험이 축적되면 해양공간에는 새로운 도시기반시스템이나 거주 및 레저시설이 부유식 해양건축물의 형태로 매우 다양하게 전개될 수 있을 것이다.

1.2.2 해양도시

해양도시는 바다에 조성된 도시 차원의 생활공간으로서 해양건축의 목표이며, 해양건축이 실현하고자 하는 이상이고, 해양건축의 절정이라고 할 수 있다. 해양도시는 사람들이 바다에서 생활하는 터전으로서 해양문화가 육성되는 곳이며, 해양네트워크의 거점으로서 다른 해양도시와 긴밀하게 교류하는 협력의 장이다.

해양도시는 크게 두 가지 형태로 구분할 수 있는데 하나는 연안에 존재하는 기존 항만도시가 발전한 형태이며, 또 하나는 해양공간에 새롭게 구축되는 해양도시이다. 오랜 역사의 항만도시가 발전한 해양도시는 도시의 경제·산업·문화 전반에 걸쳐 항만 의존에서 벗어나 다양한 해양산업을 도시 경제의 기반으로 하고, 독특한 해양문화를 발굴해서 육성함으로써 도시의 정체성을 확립하며, 바다를 활용하여 쾌적하고 안전한 생활공간을 제공하는 도시라고 할 수 있다.

세계적으로 해양도시의 대부분은 기존의 항만도시가 발전한 것이다. 최근 연안에 위치한 항만도시들이 항만재개발을 통해 도시를 재구축하고 도시재생에 성공하여 살기 좋은 해양도시로 발전하는 사례가 빈번히 나타나고 있다.

항만재개발의 성공은 도시 공간구조의 개선, 도시 경제의 활성화, 도시 환경의 개선, 시민들의 집단 자아상 개선 등의 효과로 나타난다. 항만재개발은 도시와 항만의 구조적인 통합 그리고 지속가능한 친수공간의 조성을 목표로 하는데, 특히 항만재개발에 의해 만들어진 친수공간은 해양도시의 경쟁력에 결정적인 역할을 한다.

한편 일본 오사카만의 로코아일랜드나 포트아일랜드와 같은 해양도시는 근래 앞바다에 인공섬을 만들어 새롭게 조성한 해양도시이다. 이렇게 새로 만들어진 해양도시는 해양환경과 공생하고 도시생활의 질을 차원 높게 만들 뿐만 아니라 다른 해양도시와의 협력관계를 강화하여 평화로운 국제질서에 기여함으로써 지속가능한 도시가 된다.

앞으로 건설될 해양도시는 [그림 1-7]과 같이 대부분 수심이 어느 정도 깊고 넓은 면적을 확보할 수 있는 앞바다에 위치하고 친환경적인 부유식 해상구조물을 이용하여 부체(浮體) 형태를 가질 것으로 예상된다. 이러한 미래 해양도시는 한정된 국토공간의 효율적인 이용과 관련하여 새로운 사회시스템을 지지하는 최적의 공간이 될 것이며, 이용·관리 등 소프트한 측면에서 보다 다양하고 진보적이 될 것이며, 시설 측면에서는 복합적이고 통합적인 도시가 될 것이다.

[그림 1-7] 미래 해양도시 구상안(LILYPAD, Floating Ecopolis)
〈출처: Vincent Callebaut Architectures, http://vincent.callebaut.org/〉

새로운 국제질서에 대응하고 국가 경쟁력 강화와 경제성장을 위해 사회기반시설의 정비가 해양도시에 집중될 것이며, 특히 해양문화 및 해양레저산업이 활성화될 것으로 전망된다. 이와 함께 해양도시가 새로운 생활공간이 되기 위해 고도 정보사회에 적합한 정보기반시설의 정비가 이루어지고 이를 바탕으로 해양도시 중심의 광역 및 지역 네트워크가 구성될 것이다.

또한 해양도시는 지금까지 산업·물류·여가를 위한 환경을 넘어서 진정한 생활환경으로서 정비될 것이며, 그 곳에서 생활하는 사람들의 안전·건강·복지의 실현을 위해 주거시설 정비와 수준 높은 문화·여가·교육을 위한 생활기반시설이 정비될 것이다.

이와 함께 해양도시는 국제물류 및 비즈니스 공간으로서 그 유용성과 가치가 한층 높아져서 첨단 항만물류 및 비즈니스 환경이 정비되고, 바다의 청정 에너지자원을 적극적으로 활용하는 에너지시스템의 정비가 이루어질 것이다. 그리고 해양도시에서는 도시 워터프런트의 친수성과 사람들의 친수행위가 조화되고, 자연환경과 인공환경이 어울려서 모든 생명활동이 활성화되며, 자연생태계에 대한 부담을 최소화하는 지속가능한 도시 환경이 조성될 것이다.

기존 항만도시가 발전한 해양도시나 새롭게 조성되는 해양도시나 양쪽 모두 도시 경쟁력은 시민의 삶의 질 향상을 위한 생활환경 개선과 해양네트워크의 협력거점으로서 역할에 달려있다. 따라서 해양도시에서는 워터프런트를 비롯한 해양공간과 도시공간을 통합하여 도시 전체에 대한 장기적인 비전과 실행 가능한 도시계획을 마련하고 친수공간 및 지속가능한 생활환경을 조성해야 한다.

한편 해양도시에서는 자연재난에 대비하여 철저한 안전대책을 마련해야 한다. 지구온난화와 기상이변으로 커다란 재해가능성이 예견되고 있는 가운데 해양도시에서는 시민의 생명과

재산 보호의 일차적인 대상물인 해양건축물에 대한 안전대책이 마련되어야 한다.

이상과 같은 사항을 고려할 때 해양도시의 궁극적 목표는 '친환경적인 해양문화도시'에 있다고 하겠다. 해양문화는 해양도시의 발전에 자양분을 제공할 뿐 아니라 해양도시의 정체성을 형성한다. 해양도시는 해양문화를 도시 발전전략의 핵심으로 삼고 워터프런트를 비롯한 다양한 해양공간에 해양문화의 필수적인 기반시설[8]을 조성하며 이들을 연계하여 해양문화네트워크를 형성해야 한다. 이렇게 조성된 해양문화네트워크와 녹지 및 친수공간으로 구성된 자연환경네트워크가 결합함으로써 진정한 해양문화도시가 창조된다.

이와 같이 살기 좋고 경쟁력 있는 해양도시를 만들기 위해서는 무엇보다 해양공간에 대한 시민들의 인식부터 변화되어야 한다. 해양공간을 육지의 대체공간으로 여기는 안일한 생각과 해양공간을 쉽게 육지공간으로 만들어 이용하려는 위험한 인식을 바꾸고, 해양공간의 가치를 새롭게 인식하여 지속가능한 생활환경으로 만들어야 한다.

1.2.3 친수공간

'친수공간'이란 수변에 위치하면서 친수성이 높은 공간으로서 누구나 자유롭게 이용할 수 있는 공공공간(public space)을 의미한다. 여기서 '친수성(親水性)'[9]은 수변공간이 가지고 있는 고유한 자질(資質)로서 인간이 물과 친해지고 물을 즐길 수 있는 환경의 질(質)이다.

수변공간이 가지고 있는 친수성의 정도는 일반적으로 '높다 혹은 낮다'라고 표현하는데, 그 높고 낮음은 사람이 물에 가까이 갈 수 있고, 물을 볼 수 있으며, 물을 만질 수 있는 가능성과 관계가 깊다. 즉, 어느 수변공간에서 사람들이 물을 볼 수 있고, 물에 가까이 접근하여 물을 만지고 즐길 수 있다면 그 공간은 친수성이 높다고 평가한다.

수변공간 가운데 특히 사람들이 언제나 편리하고 자유롭게 물에 가까이 가서 물을 즐길 수 있도록 설계하여 높은 친수성을 갖는 공간을 친수공간이라고 하며, 대표적인 친수공간에는 수변공원, 수변산책로, 수변광장 등이 있다.

수변공간에서 친수성을 높이는 것은 인간과 물이 바람직한 관계를 맺을 수 있도록 공간의 어메니티를 향상시키는 것이다. 친수성을 높이게 되면 [그림 1-8]에서와 같이 수변공간을 이용하는 사람은 물이 가진 공간적·물리적·화학적 성질을 긍정적으로 지각하고, 정서적인 즐거움과 심리적인 만족감을 얻게 되며, 환경의 질을 높이 평가하게 된다.

---

8) 해양문화기반시설은 다양한 해양문화자원이 모여 있고 해양문화를 체험할 수 있는 해양문화 집적지임

9) 영어로는 수변의 어메니티(amenity)로 표현되는데 어메니티란 인간이 문화적, 역사적 가치를 지닌 어떤 장소나 환경, 기후 등에서 느끼는 쾌적함을 말함

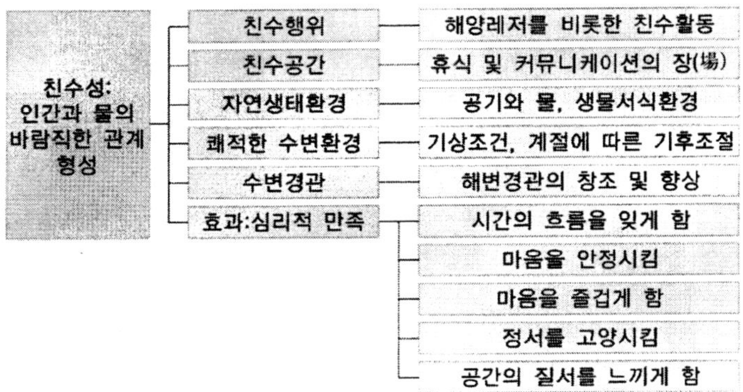

[그림 1-8] 친수성의 개념

따라서 친수공간에서는 사람들이 물과 쉽게 접촉할 수 있으며 다양한 친수행위가 가능하도록 공간 및 시설을 조성하며, 수변경관의 향상을 통해 시각적인 즐거움을 제공하고, 자연생태계가 건강하게 살아 있는 수변환경 그리고 날씨나 계절에 관계없이 쾌적한 환경을 유지해야 한다.

바닷가, 하천가, 호숫가와 같은 물가를 수변 혹은 워터프런트(waterfront)라고 하는데 최근 수변을 친수공간으로 변화시키는 사업이 많은 관심을 끌고 있다. 과거에는 바닷가 수변이라 하면 항만을 비롯하여 조선소, 화물창고 등 산업시설을 위한 공간이었으나 최근에는 이러한 수변을 재생하여 친수성이 높은 도시공간으로 만들어 지역을 활성화하려고 한다.

따라서 도시 수변에는 친수공간을 중심으로 주거시설, 레저시설, 상업시설, 문화시설 등이 들어서고 있으며, 이들은 물과 접근하여 친수성을 적극 높이고 있다. 특히 항만의 경우 정부에서는 「항만법」에 따라 '항만친수시설조성 및 관리지침'(국토해양부 예규 제2010-165호)을 만들어 신규항만을 개발하거나 대규모로 항만을 개·보수할 경우 입지 특성에 적합한 친수공간의 확보를 의무화하고 있다.

최근 일어나고 있는 수변개발프로젝트의 성격은 크게 두 가지로 구분할 수 있다. 하나는 과거의 전통적인 산업적 요구나 해상운송의 기능이 필요한 곳에서 남아있는 수변의 문화적 가치를 복구하여 사람들이 즐길 수 있도록 하는 것이다. 다른 하나는 수변에 친수성이 높은 공간과 시설을 새롭게 설치하여 물과 수변을 일체화시키는 것이다.

이와 같이 수변은 바다와 육지가 서로 만나 이루어진 독특한 환경을 구성하여 삶의 공간으로서 새로운 건축적 가능성을 제공한다. 특히 수변에서의 넓게 열린 개방감과 물과 관련된 자연현상(안개, 파도 등)으로 인한 비일상성은 건축공간에 새로운 의미를 부여하고 새로운 라이프스타일을 위한 가능성을 제공한다.

(a) 캐나다 밴쿠버 그랜빌아일랜드

(b) 호주 시드니 달링하버

[그림 1-9] 친수공간의 사례

한편 수변과 이어진 앞바다는 지금까지 레저, 어업생산, 선박항해의 장으로서 활용되거나 수역을 매립하여 육지를 확장한 공간으로서 역할을 해왔다. 그러나 이 앞바다는 수변보다 더욱 광범위하고 자유로운 공간으로서 바다 특유의 물리적·환경적 조건을 가지고 있어 수변과는 또 다른 공간적 가치를 만들어 내고 있다.

따라서 해양공간의 개발에서는 반드시 각 공간이 갖는 자연적 특성 및 인공적 기능에 적합하도록 친수성을 부여해야 하며, 특별히 항만 등 대규모 개발의 경우에는 개발되는 전체 공간의 일부를 반드시 시민을 위한 친수공간으로 조성해야 한다.

1.2.4 해양경관

해양경관은 해양건축이 만들어내는 매력의 근원이요, 즐거움의 대상이다. 해양경관은 해안선에 인접한 육역과 수역으로 구성되는 해변경관[10]과 해변경관을 벗어난 바다의 경관으로 구분할 수 있다. 이 중에서 해양건축의 범위로는 주로 해변경관이 대상이 된다.

사람의 마음을 사로잡는 해변경관은 [표 1-7]에서와 같이 수역(물)을 중심으로 자연요소인 산·섬·하늘·수제선(水際線, 물과 육지가 닿아서 이루는 선), 수변공간, 배후도시 등 경관요소가 만나 하나로 융합된 경관이다.

따라서 해변경관은 각 경관요소가 단독으로는 얻을 수 없는 독특한 균형과 조화의 아름다움을 생성하며, 모든 해변경관은 저마다 경관요소의 내용과 구성이 독특하기 때문에 개성 있는 경관을 형성한다.

10) '해변경관'을 '해안경관'으로 부르기도 하며 둘은 비슷한 의미로 사용됨

[표 1-7] 해변경관요소

분 류		경 관 요 소
자연요소	지형	도서, 반도, 갑[1] 등
	해안형태	사빈, 해식애[2], 사주 등
	생물	식물, 동물, 조석대의 생물상 등
	기상·해상	태양광의 해면반사, 조수간만 등
인공요소	생산	항만, 어항, 콤비나트 등
	생활	상업·업무시설, 주거시설, 인공섬 등
	오락	임해공원, 이벤트·레크리에이션활동 등
	교통	교량, 도로, 선박, 유도시설(등대) 등
	방재	방파제, 돌제[3], 호안 등

주 1) 갑(岬) : 바다나 호수로 뾰족하게 내민 땅. 곶
2) 해식애(海蝕崖) : 파도의 침식과 암석의 풍화작용으로 해안에 이루어진 낭떠러지
3) 돌제(突堤) : 육지에서 강이나 바다로 길게 내밀어 둑같이 만든 시설

〈출처 : 水環境創造硏究會, ミチゲーションと第3の國土空間づくり, p.147〉

해변경관에서 정서적 작용을 일으키는 시각적 요소를 구체적으로 살펴보면, 광대한 수면, 파란 하늘, 점점이 떠 있는 섬, 수면으로 튀어나온 곶(岬), 만곡의 해안선, 흰 모래사장, 푸른 송림 등은 물론이고, 파도나 너울, 수면에 반사된 햇빛이나 달빛, 수면에 거꾸로 반사된 도경(倒景), 수면 위로 뜨거나 지는 일출과 일몰, 시원한 바닷바람, 철썩이는 파도소리와 해조음(海潮音), 짜릿한 바다냄새 등 오감을 자극하는 요소들이 그 중심에 있다.

그리고 선박, 항만시설, 교량, 도시의 스카이라인과 야간조명 등 인공적인 요소들도 독특하고 아름다운 해변경관의 중요한 배경 역할을 한다. 그러나 무엇보다 드넓은 바다 그 자체가 해변경관의 가장 중요한 요소이다. 해변경관의 요소로서 바다는 기본적으로 물과 공간으로 구성되어 있으며, 계절과 시간 그리고 날씨에 따라 시시각각 변하는 바다의 현상(現象)은 언제나 새로운 분위기를 연출하며 이것을 바라보는 인간에게 깊은 정서적 감동과 영혼의 만족을 경험하게 한다.

또한 해변경관에서는 육지 자연지형과 하늘이 맞닿은 윤곽선인 스카이라인(skyline), 바다와 하늘이 맞닿아 형성하는 수평선(horizontal line), 바다와 육지가 만나서 구성하는 수제선(waterline)이 경관의 틀을 형성하므로 자연적으로 만들어진 틀을 가능한 훼손하지 않도록 주의한다.

한편 조화로운 해변경관을 위해 수변에서는 녹지 및 산책로 등 친수공간을 충분히 조성하고, 바다를 향해 탁 트인 조망을 확보하며, 건축물을 비롯한 시설물은 바다로 조망을 방해하

지 않고 주변 경관과 조화되도록 입지선정과 디자인에 주의를 기울인다. 해변경관에서는 광대한 스케일의 바다와 하늘이 경관 구성을 위한 배경(ground)이 되기 때문에 인공적인 건축물과 시설물, 크고 작은 수변공간은 이 광대한 스케일에 맞도록 산뜻하고 알기 쉬운 모양으로 디자인하여 배경에 어울리는 그림(figure)이 되어야 한다.

이상에서 살펴본 바와 같이 해변경관을 구성하는 다양한 요소들을 어떻게 조직하여 조화로운 경관을 만드는가가 해양건축의 중요한 범위에 포함된다.

우리나라에서는 「경관법」이 제정됨에 따라 국토경관 가운데 가장 아름다운 경관자원인 해양경관의 관리 및 보호에 대한 대책이 마련되고 있다. 이를 위해 정부와 지자체에서 주도적으로 해안경관 실태를 조사하고 해안경관 관리계획 및 관리체계를 수립하고 있다. 예를 들어 해양도시의 해안선을 대부분 차지하고 있는 항만이 물류중심에서 인간중심의 수변공간으로 탈바꿈하기 위해 항만경관의 향상을 위한 항만디자인시스템(PDS)을 구축하여 아름다운 항만 만들기를 추진하고 있다.

또한 정부는 「동·서·남해안 및 내륙권 발전 특별법」에 따라 시행되는 해안개발사업에서 해안권별 특색을 살리며 해안경관과 조화로운 개발을 위해 2011년 5월에 「해안경관 관리 가이드라인」을 제정하였다. 이에 따르면 해안선으로부터 500 m 지역인 특별관리구역 내에서 개발사업을 시행할 경우에는 거리에 따라 차별화된 기준에 의해 계획을 수립해야 한다. 즉 해안선보호구역(40 m), 해안중점관리구역(100 m), 해안연접관리구역(500 m) 등에서 건축물 이격(setback), 높이, 스카이라인 등 경관요소를 차별화하여 계획해야 한다. 특히 해안선보호구역은 보행자 중심의 공공공간으로 조성해야 하며, 해안권별로 동해안은 절벽·석호, 서해안은 모래해안·갯벌, 남해안은 리아스식 해안·해안단구 등 해안별 경관요소를 보전하도록 하고 있다.

(a) 호주 시드니 해변　　(b) 프랑스 니스 해변

[그림 1-10] 해변경관의 사례

1.3 해양건축의 현황

1.3.1 현 황

건축은 인간이 육체적·정신적 생활을 쾌적하고 안락하게 영위하기 위한 공간을 마련하는 인간의 행위를 의미하며 그 행위의 결과물을 건축물이라고 한다. 최근 인간의 생활모습이 다양해지고 생활 장소가 육지에서 바다로 확장됨에 따라 기존 건축의 개념에 새로운 변화가 일어나고 있다. 해양이나 우주와 같은 공간이 새로운 생활 장소로 인식되고 있으며 이곳에 사람이 살기 위한 건축물이 시도되고 있다. 이 가운데 특히 해양공간에서의 건축행위를 통틀어 '해양건축'이라고 부른다.

최근 세계적으로 해양건축이 활성화되고 있다. 그 이유를 살펴보면, 우선 육지에서 인간의 생활을 위한 가용 공간이 점차 부족해지고 있기 때문이다. 특히 연안에서는 기후변화에 따른 해수면 상승 및 해안침식 등으로 인해 육지가 줄어들고 있다. 따라서 육지공간의 대체 수단으로서 바다를 삶의 공간으로 활용하기 시작하였다.

다음으로 건축물의 기능이나 목적 때문에 해양공간에 반드시 세워져야 하는 것이 있다. 해양레저시설, 해양연구시설, 해양산업시설 등이 그 대표적인 사례이다. 또한 바다에 위치함으로서 부가가치가 더욱 높아지는 건축물이 있는데, 예를 들어 호텔, 식당, 카페 등 상업용 건물의 경우 바다에 위치하면 같은 서비스나 상품도 더 높은 가격을 받을 수 있다.

결국 생활공간으로서 해양공간은 육지공간이 갖지 못한 많은 장점을 가지고 있기 때문에 사람들이 해양공간에서 살고 싶어 하는 것이야 말로 해양건축이 활성화 되는 가장 큰 이유라고 할 수 있다.

세계적으로 해양건축이 발달한 나라로는 일본을 들 수 있다. 일본은 우리와 같이 육상에 가용공간이 부족하여 일찍부터 해양공간의 활용과 더불어 해양건축물의 건설에 힘을 써왔다. 1979년에는 명문사학 중 하나인 니혼대학(日本大學)에 해양건축공학과가 개설되어 학문적으로도 많은 성과를 내고 있으며 이와 더불어 일본건축학회는 해양위원회를 그 산하에 두고 여러 권의 해양건축실무지침서를 발간하였다.

일본 이외에도 미국과 캐나다, 그리고 영국을 비롯한 유럽에서 해양건축이 연구·교육·산업 측면에서 활성화되고 있으며 최근에는 동남아국가들도 바다를 관광자원화하기 위하여 레저용 해양건축에 적극적인 관심을 보이고 있다.

우리나라의 경우에는 예전부터 바닷가에 항만시설의 일부인 여객선 터미널, 유람선 선착장, 등대, 그리고 수산업 관련 건축물 등 해양건축물의 사례가 있었다. 하지만 이들 해양건축물은 법적으로 건축물로서 제대로 인정받지 못하였으며 항만이나 어항에 부속된 시설물에 지나지 않았다.

그러나 21세기에 들어서 해양건축이 건축의 한 분야로 인정받기 시작하였으며 제대로 된 해양건축물이 계획되고 있다. 지금까지 우리의 해양공간에 계획된 해양건축물은 해양리조트, 수상호텔, 바다낚시시설과 같은 해양관광 및 레저시설이 대부분을 차지하고 있다. 늘어난 휴가와 주 5일제 근무 등으로 인해 여가시간이 증가하고 경제적 수준이 높아지는 등 사회적인 여건이 변화함에 따라 해양관광 및 레저 용도의 해양건축물에 대한 수요가 꾸준히 증가하고 있다.

특히 해양레저를 위한 종합 기지라고 할 수 있는 마리나(marina)의 개발이 중앙정부와 연안에 위치한 지자체에 의해 활발하게 추진되고 있으며, 항만공간을 도시공간으로 전환시키는 항만재개발사업이 전국 무역항을 중심으로 추진되고 있어 이들 사업에 따른 해양건축물에의 관심과 수요가 증가하고 있다.

또한 2012년 5월부터 8월까지 여수 신항에서 '살아있는 바다, 숨 쉬는 연안(The Living Ocean and Coast)'이란 주제로 개최된 2012여수세계박람회에서는 다양한 전시관과 무대를 비롯한 행사시설을 바다에 설치함으로써 해양건축에 관한 국민들의 인식을 제고하였다.

한편 우리나라 해양도시에서는 도시와 항만 사이에 많은 갈등이 발생하고 이로 인해 교통, 환경, 용지 등 다양한 도시 문제가 발생하고 있어 기존 도심 항만을 도시공간 및 수변공간으로 재개발하고, 신규로 개발하는 항만은 친수성 항만으로 개발하려는 시도들이 진행되고 있다.

최근 세계적으로 항만재개발을 통한 도시 재구축 및 도시 회복의 성공적인 사례가 많이 나타나고 있다. 항만재개발이 성공하게 되면 항만과 도시의 관계가 회복되고, 파괴된 해양경관과 해양생태계가 복원되며, 항만산업과 해양문화관광산업이 통합되어 해양도시의 경제적·문화적 활성화가 이루어진다.

[그림 1-11] 2012여수세계박람회장

특히 항만재개발의 성공은 도시공간과 항만공간의 구조적인 통합 그리고 수역과 육역에서 지속가능한 친수환경의 조성에 달려있으며, 항만재개발에 의해 조성된 특색 있는 도심 친수공간은 해양도시의 경쟁력 향상에 결정적인 역할을 한다.

이와 더불어 연안과 수변에서는 사회시스템의 변화에 대응하여 생활의 질을 향상시키기 위한 사회기반시설의 정비가 새롭게 시도되고 있으며, 21세기 새로운 사회시스템을 지지하는 새로운 해양공간의 정비가 이루어지고 있다.

이상과 같은 해양건축 행위의 기초가 되는 관련 법제도를 살펴보면, 1999년에 제정된 「연안관리법」이나 개정된 「공유수면관리 및 매립에 관한 법률」 등을 통해 해양건축물의 법적 근거가 마련되었다. 먼저 「공유수면관리 및 매립에 관한 법률」 제8조1항1호에서 공유수면 점용이나 사용을 위해 허가를 받아야 하는 인공구조물에 건축물(「건축법」 제2조제1항제2호에 따른 건축물로서 공유수면에 토지를 조성하지 아니하고 설치한 건축물)을 포함하여 규정하고 있다.

또한 동법 시행령 제6조에서는 동법의 건축물 신축·개축 및 증축을 위한 허가 대상으로 "공유수면 또는 공유수면 밑의 지하에 설치되거나 공유수면에 부유하는 건축물"을 규정하고 있는데 여기서 규정된 건축물의 주된 대상이 곧 해양건축물이다.

그리고 「건축법」의 경우 1991년 5월 31일 「건축법」 전부 개정을 통해 제5조1항에서 법 적용이 곤란하다고 인정되는 대지 및 건축물에 대해 기준을 완화할 수 있는 규정을 신설하였고, 1999년 4월 30일 「건축법 시행령」 제6조(적용완화)가 신설되면서 '수면 위에 건축하는 건축물'을 대지의 범위를 설정하기 어려운 경우로 지정하면서 해양건축물에 대하여 「건축법」 적용 가능성을 열어 두었다.

또한 2009년 12월 29일 「선박법」 제26조에 단서조항을 만들어 「공유수면관리 및 매립에 관한 법률」 및 「하천법」에 따른 점용 또는 사용 허가를 받은 수상구조물형 부선에 대해 선박 등기 및 등록이 가능하도록 법을 개정함으로써 물위에 떠 있는 부유식 해양건축물의 경우에는 법적으로 건축물이 아닌 선박으로 등기할 수 있게 되었다.

그러나 아직까지 우리나라에서는 해양건축물의 법적 지위가 불명확하고 건축물의 계획·설계·시공·안전관리 등을 위한 명확한 법제도와 기술기준 등이 제대로 마련되어 있지 않은 형편이다.

한편 우리 근대건축물의 상징인 등대건축물 가운데 1937년 완성된 부산항 오륙도 등대가 시민설계공모에 의해 1998년 12월 현대적인 해양건축물로 재탄생하였고 1999년 정초에 비로소 등대의 불을 비추기 시작하였다.

이상에서 살펴본 바와 같이 우리의 해양건축은 해외 선진국과 비교하여 초기 단계에 있다고 할 수 있으나 생활의 풍요로움을 위해 바다를 지속가능한 삶의 공간으로 창출해야 할 필요성이 널리 인식되고 있으며 이와 함께 해양건축이 지속적으로 성장하고 있다.

1.3.2 문제점

앞서 살펴본 현황을 근거로 하여 현재 우리나라에서 해양건축과 관련된 전반적인 문제점을 짚어보면 다음과 같다.

먼저 연안과 수변을 비롯한 해양공간의 이용이 사계절 내내 활성화되지 못하고 있으며, 전체 해양공간을 효율적으로 이용하지 못하여 대도시에 근접한 연안 등 일부 해양공간에만 집중적인 이용이 발생하고 있다.

특히 연안을 비롯한 해양공간에는 많은 군사시설, 산업시설, 항만시설, 수산시설, 관광레저시설 등이 들어서 있으나 곳곳에서 일반인의 출입이 제한되고, 콘크리트 구조물 중심의 비인간적 환경으로 조성되어 있어서 자연환경 파괴는 물론 적절한 활용이 이루어지지 못하고 있다. 더욱이 해양공간과 관련하여 가장 우려할 만한 것 가운데 하나는 해양공간을 기능적으로나 시설적인 측면에서만 접근하고 해양공간이 가진 정신적 혹은 문화적 가치에 대한 배려가 부족한 점이다.

기존 해양공간의 개발계획을 보면 겉으로 들어나는 시설이나 기능 측면에서 외국의 유명개발사례를 모방하면서 해양공간에 숨어있는 우리 고유의 해양문화에 대해 무관심하고 인간생활과 해양공간 사이의 다양한 관계에 대한 심층적 접근이 무시되는 경우가 허다하다. 인간생활의 다양한 측면과 해양공간의 복합적인 특성 사이에 밀접한 관계를 깊이 있게 고려하지 않은 채 바다 매립이나 대형 해양구조물 건설을 통한 일방적 점거방식의 해양공간개발은 해양생태계를 파괴하고 문화적 가치를 상실한 해양공간을 만들고 있다.

두 번째로, 항만이나 해양관광단지 건설 등 해양공간의 개발이 육지공간을 확보하기 위한 대체 수단으로서 접근되고 있다. 이로 인해 해양공간이 가지고 있는 고유한 성질과 잠재력이 간과되고 있으며, 대규모 매립공사 및 대형 구조물 건설로 인해 해양환경 및 해양경관이 파괴되고 있다.

또한 항만재개발과 같이 해양공간을 대상으로 하는 대규모 개발이 개발업자의 사업성 및 사업주체의 편리성 위주로 진행되어 해당 지역 주민의 요구나 지속가능한 개발 등 공공성이 제대로 반영되지 못하고 있다.

특히 바닷가 수변에는 시민을 위한 친수공간이 부족하고, 해양도시 내에서 조차 도시공간·바닷가·바다공간이 서로 통합되지 못하고 있다. 해양공간을 전통적으로 선점하고 있는 어업 및 수산 관련시설, 물류 및 수송 관련시설, 군사 및 산업시설 등과 새로운 수요에 의해 해양공간에 진입하고 있는 주거 및 생활시설, 관광 및 레저시설이 서로 갈등을 겪고 있다.

세 번째로 해양공간에 설치되는 시설물 측면에서 살펴보면, 해양공간에서는 단일 기능의 대형 구조물 중심으로 시설물이 설치되고, 시설물의 설계에서 해양의 문화적 가치가 반영되지 못하므로 지역성과 장소성이 훼손되고 있다.

[그림 1-12] 콘크리트구조물에 의한 해변경관 훼손 사례(가거도)

연안정비사업 등 해양공간을 대상으로 한 시설사업에서 우리 고유의 해양문화가 반영되지 못하고 있으며, 해양환경 및 해양경관에 대한 인식 부족으로 시설물에 의한 환경 및 경관의 훼손이 일어나고 있다. 특히 해양공간에는 도서(섬)·어촌·어항·갯벌 등이 있는데 도서를 포함한 어촌·어항이 심각하게 병을 앓고 있다.

어촌 및 어항은 훼손되고 해양환경은 오염되어 물고기가 사라지고 있으며, 이와 함께 무분별한 관광지개발 등으로 인해 어촌 커뮤니티가 파괴되고 있다. 특히 어촌·어항에 설치되는 대규모 콘크리트 구조물은 그 지역의 아름다운 해양경관을 손상시키고 자연환경을 오염시키는 결과를 초래하고 있다.

도서의 경우에는 바다국토의 거점이며 해양문화가 생생하게 살아있어 해양공간의 보석과 같은 존재임에도 불구하고 사람들의 인식부족, 생활기반시설의 미비, 접근의 어려움, 음식점과 숙박시설 중심의 난개발 등으로 인해 낙후되고 황폐해져 가고 있다. 한편 심미적으로나 생태적으로 가치가 매우 높은 갯벌은 점차 매립되어 사라져가고 있으며, 항만은 3해리 연안수역의 약 10%를 차지하는 대규모 공간임에도 불구하고 국가보안시설로서 일반인의 접근이 제한된 고립된 해양공간으로 남아있다.

네 번째로 해양건축의 교육과 실무에 대해 살펴보면, 해양공간을 안전하고 쾌적한 생활의 장(場)으로 만들기 위해 해양건축과 해양디자인 분야에서 체계적인 학생 교육 및 전문가 훈련 프로그램이 부족하며 전문가 인증제도가 미비하다.

또한 국가 전체 혹은 각 지자체별로 해양공간의 활용을 위한 장기적 비전과 계획이 미비하며, 체계적인 정비사업보다 단기적인 성과위주의 개발이 대부분이고 시설물이나 건축물의 디자인을 위한 실무지침서가 없어 디자인 결과의 질이 매우 낮다.

특히 해양건축의 실무와 관련된 법제도에 대해 살펴보면, 육지의 일반건축과 비교하여 해양건축을 대상으로 하는 적절한 법체계가 미비하다. 현재의 법제도로는 해양공간에서 난개발 방지에 어려움이 많으며, 해양경관을 관리할 수 있는 제도적 장치가 미흡하고, 해양건축을 제대로 실행하는 것조차 어렵다.

기존의 「건축법」 혹은 「선박법」으로는 부유식 건축물 등 새로운 개념의 해양건축물을 제대로 관리할 수 없으며, 「관광진흥법」과 「공유수면관리 및 매립에 관한 법률」에서는 수상관광호텔 등 해양건축물이 가능하도록 되어있으나 해양건축 관련 법제도의 미비로 건축물의 허가, 등기, 재산권설정, 안전관리 등에 많은 어려움이 있다.

1.4 해양건축의 전망

우리가 사는 지구에서 건축물은 지구온난화를 방지하기 위해 이산화탄소의 배출을 억제하는 친환경적 건축물이어야 하고, 에너지·자원 등을 절약할 수 있는 건축물이어야 하며, 국가나 지역의 경제성장을 촉진하는 건축물이 되어야 한다. 지구차원에서 환경악화로 인한 기상이변과 해수면 상승, 에너지 및 자원의 부족, 그리고 경제성장의 한계가 인식되면서 우리가 거주하는 건축물에 대해서도 새로운 인식전환이 필요하게 되었다.

이와 같은 요구에 적합한 해결책으로서 해양건축이 떠오르고 있다. 또한 바다에서는 해양환경의 악화, 수산자원의 감소, 해수면 이용자들 사이의 이해 충돌, 태풍이나 해일과 같은 자연재난 등의 문제를 극복하기 위해 새로운 개념의 해양건축물이 요청되고 있다.

이러한 이유로 인해 향후 바다에 지어지는 해양건축물이 더욱 활성화될 것으로 전망된다. 무엇보다 육지에서 인간생활을 위한 가용 공간이 부족하기 때문에 바다에 해양건축물이 요구되고 있다. 그리고 바다는 인간의 생활공간으로서 육지가 가지지 못한 많은 장점을 가지고 있다. 특별히 바다는 인간에게 정신적으로나 정서적으로 육지가 주지 못하는 즐거움과 쾌적함, 그리고 만족을 주기 때문에 사람들은 바다에 살고 싶어 한다. 더욱이 해양관광여건이 성숙됨에 따라 지자체 및 민간사업자들이 바다에 수상호텔, 해양리조트, 수중전망대 등 다양한 해양건축물을 계획하고 추진 중이므로 향후 해양건축물이 크게 증가할 전망이다.

현재 우리나라 해안지역에는 대규모 해양관광단지가 곳곳에서 개발 중이며, 전국적으로 100여개의 크고 작은 해양관광지개발계획이 진행 중이고, 이에 따라 해양공간에는 수상호텔 등 관광시설물을 비롯하여 다양한 용도의 해양건축물이 건설될 전망이다.

한편 정부는 전국 무역항만을 대상으로 항만재개발을 시행하고 있으며 마리나항만을 적극 조성하려고 계획하고 있다. 이와 같이 항만재개발과 마리나항만 조성을 비롯하여 워터프런트

개발, 친수공간 조성, 해양관광 활성화, 도시재생과 같은 정책은 해양건축물에 대한 수요를 크게 증가시킬 것으로 전망된다.

환경적인 차원에서도 해수면 상승에 따른 연안 침수, 기상이변에 따른 슈퍼태풍이나 집중호우 등과 같은 자연재난이 예상되므로 [그림 1-13]과 같이 연안에서 재난예방과 침수된 공간의 효과적인 활용을 위해서도 해양건축이 더욱 활성화될 것이다.

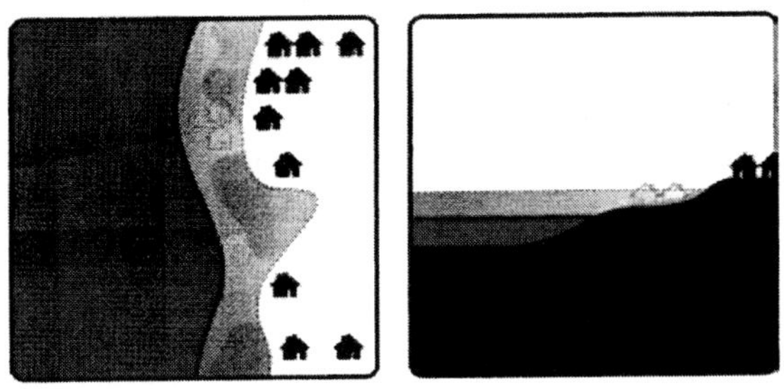

평면 단면

(a) retreat(후퇴)전략

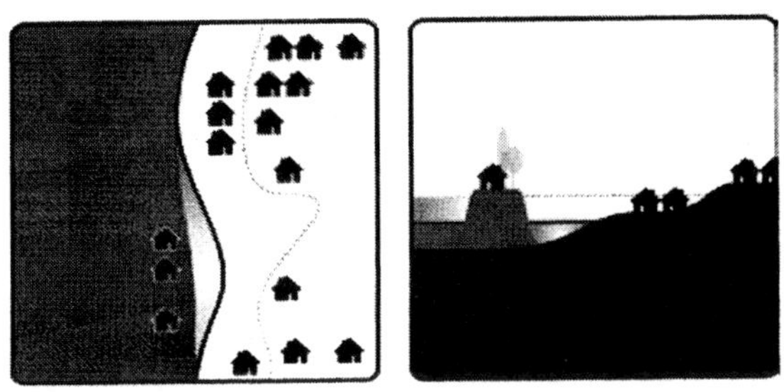

평면 단면

(b) defend(방어)전략

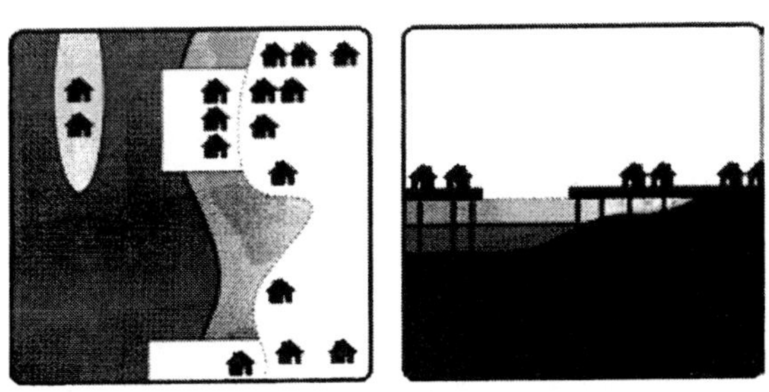

평면 단면

(c) attack(공격)전략

[그림 1-13] 해수면 상승에 대한 대응전략(영국)

〈출처 : RIBA & ICE, Facing Up To Rising Sea Levels, p.10〉

특히 우리나라는 삼면이 바다로 둘러싸여 있는 지리적 특성과 활용 가능한 육상공간의 부족, 그리고 해양이 가지는 고유한 성질 등으로 인해 앞으로 해양건축의 발전이 필연적이다. 또한 해양공간의 적극적 활용, 친수공간에 대한 시민의 요구, 오래된 항만공간의 재개발, 해양문화에 대한 국민의 인식제고 등으로 인해 해양건축물의 수요가 크게 늘게 될 것이다.

해양건축은 건축분야에서 미래의 첨단 분야이다. 미국이나 유럽에서는 수상주택단지가 개발되어 새로운 지역사회를 형성하고 있으며 미래 해상도시나 해중주거의 개발을 위해 해양건축 관련 기술개발과 새로운 아이디어 창출이 시도되고 있다. 이러한 세계적 추세를 보면 우리나라에서도 해상도시 및 해중주거 등 첨단 해양건축물의 시대가 곧 올 것으로 전망할 수 있다.

우리나라의 경우 가까운 미래에는 마리나와 같은 해양레저에 관련된 해양건축물부터 본격적으로 시작될 것으로 생각된다. 한편 미래 해양건축물은 해상공간, 해중공간, 해저공간을 복합적으로 활용하는 구조물의 형태가 될 것이다.

우리의 미래는 해양공간의 활용에 달려있으며, 해양도시가 새로운 사회시스템과 사회적 요구를 바탕으로 전개될 것이다. 지금까지 국토이용이 육지공간을 중심으로 이루어졌다면 앞으로는 해양공간이 육지공간과 대등하게 그 중요성을 인정받아 두 공간이 서로 조화된 국토이용이 될 것이다.

서울과 경기도의 수도권, 부산 중심의 동남권에 새로운 해상도시가 들어설 가능성이 있으며, 특히 동남권에 새로운 공항이 들어설 경우에는 해상공항의 형태가 바람직하고, 남해안에는 도서를 거점으로 해양레저를 겸한 주거단지 개발이 활성화 될 것이다.

또한 해양공간에는 생활환경을 위해 안전·건강·복지를 위한 주거시설과 질 높은 문화·여가·교육을 위한 생활기반시설이 정비될 것이며, 자연환경에의 부담을 최소화하는 지속가능한 거주환경이 조성될 것이다. 이를 위해 부유식 건축물 등 친환경적이고 재난에 비교적 안전한 새로운 해양건축물이 들어서게 될 것이다.

미래 해양건축에서는 경제적 합리성이나 생활의 편리에 더하여 생활의 풍요로움을 제공하는 것이 기본 목적이 될 것이다. 생활의 풍요로움을 구현하기 위해 해양공간의 고유 성질인 친수성을 최대한으로 활용하여 친수성이 넘치는 공간을 조성하게 될 것이다.

그리고 지구환경의 관점에서 해양건축은 인간과 환경의 조화를 바탕으로 새로운 환경창조를 또 하나의 중요한 목적으로 삼을 것이다. 이것은 해양건축물 자체가 주변 환경과의 조화를 목표로 디자인되고, 자연에 순응하는 것이 해양건축의 중요한 테마가 될 것이다.

더욱이 해양공간의 고유한 성질을 활용하여 새로운 생활공간을 계획하고 이로 인해 창출되는 새로운 사회시스템을 장기적이고 안정적으로 운영함으로써 안전성·신뢰성·친환경성이 높은 새로운 사회시스템을 해양공간에 구축해 갈 것이다. 이와 함께 냉엄한 국제 경쟁의 현실에서 국가와 해양도시의 경쟁력을 확보하기 위해 지식과 정보가 집약되고 고도화된 국제 물류 및 정보의 거점이 해양공간에 전개될 것이다.

이상에서 전망해 본 해양건축의 발전으로 인해 우리는 해양공간과 해양도시에서 다음과 같은 효과를 기대할 수 있다.

먼저, 해양건축의 발전은 국민들로 하여금 해양공간과 해양환경의 가치와 질(質)을 자각하게 하고, 해양공간의 역사와 문화에 대한 인식을 높인다. 이것은 해양국가인 우리나라 문화의 본질인 해양문화 뿐 아니라 건축문화의 발전에 크게 기여할 것이다. 또한 국가의 지속적인 발전을 위한 성장 동력으로서 해양공간의 가능성과 잠재력을 발견하며, 해양공간개발의 패러다임이 양(量)적 개발 위주에서 질(質)적이고 지속가능한 개발로 전환된다.

둘째, 해양건축의 발전은 해양공간 및 해양건축 관련 법제도의 정비로 이어지고, 이는 곧 해양공간에서 난개발 방지 및 친환경 해양건축물의 조성으로 이어지게 된다. 그리고 해양건축 및 해양디자인 전문가에 의한 합리적이고 체계적인 해양공간 관리가 이루어진다. 이와 더불어 도서 및 어촌·어항의 활성화, 항만공간의 재개발, 풍요로운 연안의 조성, 해양경관의 체계적 관리, 다양한 친수공간의 조성, 해양관광 및 레저의 활성화가 이루어진다.

셋째, 해양건축의 발전에 따라 우리 해양도시는 호주 시드니와 멜버른, 일본의 요코하마, 프랑스의 니스 등 세계적인 해양도시와 견줄 수 있는 품격 있는 도시로 변화된다. 이와 동시에 자연재난으로부터 안전하고 쾌적하여 생활하기 좋은 도시가 되고, 우리 고유의 해양문화와 해양역사가 살아 숨 쉬는 해양문화도시가 된다.

넷째, 해양건축의 발전은 우리 항만을 세계 3대 미항에 버금가는 아름다운 항만으로 바꾸어 항만의 부가가치를 증대시키고, 항만재개발에 따른 친수공간의 조성으로 공공공간의 부족 등 해양도시의 문제를 해결하고 도시를 재생시키는데 기여한다.

다섯째, 해양건축의 발전은 친환경적인 해양공간의 개발을 위한 기술개발과 살기 좋은 해양건축물의 조성에 필요한 해양건축학·해양도시학·해양디자인학 등 관련 학문의 발달을 촉진시킨다. 또한 미래 해양공간의 변화와 발전을 예측하고 효과적인 활용방안을 수립하기 위한 새로운 공간개념과 설계기술의 개발이 이루어진다.

참고문헌

1. 국토해양부,「해안경관 관리 가이드라인」, 국토해양부훈령 제495호, 2011.5.6
2. 김철용, 해양21세기-해양레저·문화공간의 창조, 나남출판사, p553~573, 1998
3. 목포대도서문화연구소 외, 한국의 해양문화(요약본), 해양수산부, 2002
4. 송화철, 기후변화와 해양건축, 건축사신문, 2012.02.18
5. 이중우·이명권·신승호 공역, 곤도다케오(近藤健雄) 저, 21세기 해양개발, 기문당, 1997
6. 이한석, 바닷가 자연경관과 정자건축, 도서출판 전망, 2006
7. 이한석, 해양건축문화의 현황과 발전방향, 해양문화학, 한국해양문화학회, 제4호, pp. 69~86, 2007.06
8. 이한석·도근영 공역, 横内憲久·워터프런트계획연구회 편, 워터프런트계획, 도서출판 이집, 2000
9. 이한석·도근영·이명권 공역, 日本建築學會 편, 해양건축용어사전, 기문당, 2000
10. 이한석·송화철·정대, 해양건축물에 관한 법률제도 연구, 해양수산부, 2006. 12
11. 이한석·송화철·이병권·박건 공역, 小林理市 저, 알기 쉬운 해양건축물의 설계, 도서출판 이집, 2000
12. 임석재, 건축기행:합리주의 건축운동, 네이버캐스트, http://navercast.naver.com/, 2011.08.10
13. 전영옥, 신문화도시 전략과 시사점, Issue Paper, 삼성경제연구소, 2006.12.22
14. 해양수산부, 해양관광진흥기본계획, 2003. 12
15. 日本建築學會, 海洋建築計劃指針, 1988
16. 伊澤 岬, 海洋空間のデザイン, 彰國社, 1990
17. 畔柳昭雄·渡辺富雄 편, Composition of Oceanic Architecture(海洋建築の構圖), Process:Architecture 제96호, 1991.06
18. 水環境創造研究會, ミチゲーションと第3の國土空間づくり, 共立出版株式會社, 1997
19. RIBA(Royal Institute of British Architects) & ICE(Institute of Civil Engineers), Facing Up To Rising Sea Levels, 2007
20. IPCC(Intergovernmental Panel on Climate Change), 4차 평가보고서, 2007
21. 네이버국어사전 http://dic.naver.com
22. 다음 국어사전 http://dic.daum.net
23. Vincent Callebaut Architectures 홈페이지 http://vincent.callebaut.org/

제 2 장

해양건축물계획

2.1 계획조건

해양건축물계획은 해양공간에 설치되는 해양건축물을 인간이 사용하기에 안전하고 쾌적한 생활환경으로 계획하는 것이다. 이 장에서는 건축학의 측면에서 바람직한 해양건축물의 계획 방향을 제안하고, 지속가능한 해양건축물을 위한 계획지침을 제시한다.

해양건축물을 계획하기 위해서는 먼저 해양공간이 가지고 있는 고유한 특성, 그 가운데 특히 물리적 환경특성인 해상(海象), 기상(氣象), 지상(地象) 조건을 파악하고, 이들이 해양건축물에 미치는 영향을 면밀하게 조사하여야 한다.

해양건축물을 계획할 때 고려해야 할 중요한 계획조건들을 살펴보면 다음과 같다.

- 해양건축물은 해양환경이라는 가혹한 조건하에 있기 때문에 해양건축물의 지속가능성이 중요하다. 따라서 해양건축물계획에서는 우선 건축물의 사용기간 동안 발생 가능한 건축물 및 주변 해양공간의 변화를 융통성 있게 예측한다.
- 시간의 흐름에 따른 사회적·경제적 변화, 생활양식의 변화, 건축물의 라이프사이클 등을 파악하고, 이외에 육지에서의 거리, 건축물의 규모, 주변 인공환경과 자연환경, 에너지의 공급 혹은 자급자족, 건축물 내에서 폐쇄적 순환시스템 등을 종합적으로 검토한다.
- 해양건축물은 무엇보다 안전해야 한다. 해양건축물의 안전은 인명과 재산에 직접 관계되는 것과 간접적으로 관계되는 것이 있다. 전자는 건축물의 강도 및 구조안전 그리고 피난에 관한 것으로서 이와 관련하여 검토해야 할 사항은 [표 2-1]과 같다. 반면에 후자는 건축환경, 해양환경, 해양생태계 등에 관련된 것으로서 거주의 쾌적성, 수질 등 해양환경의 보존, 생물서식지를 포함한 생태계의 보전, 그리고 인간의 육체적·심리적 건강에 관한 것이다.
- 해양건축물은 자연재해에 충분히 대비해야 한다. 해양건축물의 방재계획은 건축물의 용도 및 규모, 사용기한, 재난에 따른 사회적 영향, 입지여건 등을 종합적으로 고려하여 결정하며, 건축물의 인허가 및 보험가입 과정을 통해 철저하게 검증되어야 한다.
- 해양건축물에서 안전성 다음으로 고려해야 할 사항이 쾌적한 건축환경이다. 쾌적한 건축환경이란 건축물을 이용하는 대다수의 사람이 거주, 작업, 휴식 등 일상생활에서 육체적인 지장(支障)이나 심리적인 불쾌감을 느끼지 않는 건축환경을 말한다. 해양건축물계획에서 쾌적한 건축환경을 위해 접근의 부자유함, 단조로운 경관에 따른 고립감, 건축물의 동요, 실내외 온도 및 습도를 비롯한 물리적 환경조건 등에 대한 인간의 생리적·심리적 반응을 충분히 고려해야 한다. 또한 해양건축물에서 발생할 수 있는 충돌, 침수, 유실, 화재 등 재난에 대한 불안감, 악기상이나 이상기후 등에 대한 두려움 등 심리적 요인을 해소하는 것도 쾌적한 건축환경을 조성하는데 중요하다.

- 해양건축물은 항상 움직이는 물과 함께 존재하기 때문에 합리적인 구조계획이 건축물의 안전과 쾌적성 확보를 위해 중요하다. 따라서 해양건축물에서는 구조물의 종류별로 제시된 기술기준에 적합하게 구조계획을 수립한다. 예를 들어, 일본건축학회에서는 해양건축물의 구조형식을 고정식과 부유식으로 구분하고 각 구조형식별로 '해양건축물 구조설계지침·동해설'을 제시하고 있다. 우리나라의 경우 「선박안전법」에 따른 '부유식 해상구조물의 구조 및 설비 등에 관한 기준'을 제시하고 있어 부유식 해양건축물의 구조계획에 활용할 수 있다.

[표 2-1] 해양건축물 안전을 위한 고려사항

항목	화 재	침 수	유실·경사·전도	피난·탈출	보수·관리
구체적 내용	• 위험물 적치장소 • 재료내화성능 • 화재감지·경보 시스템 • 소화설비 • 화기사용제한 • 방화구획 • 방폭구조	• 침수방지 • 배수펌프 • 침수방지구획 • 외부개구제한 • 침수감지시스템 • 수밀구조 • 수밀격벽	• 계류방식 • 이동량제한 • 계류장치 • 고조(高潮)대책 • 다이나믹포지셔닝시스템 • 동요제어	• 비상계단 • 유도로 • 수면으로 탈출 • 전체이동방법 • 구명도구 • 비상식량	• 탑재중량 • 이중외피구조 • 방현재 • 재료성능 • 전도·전락방지 • 충돌·좌초방지 • 밸러스트조정 • 보험·보장시스템 • 계류변경시스템 • 손상체크시스템 • 악기상회피시스템 • 항로안전등 • 비상정보시스템 • 비상전화설비

〈출처 : 日本建築學會(1998), 海洋建築計劃指針, p.5〉

[그림 2-1] 해양건축물의 화재발생 사례(영국 브라이튼 웨스트피어, 2003)
〈출처 : http://www.cs.kent.ac.uk/events/conf/2004/euler/brighton.html〉

- 해양공간은 오랫동안 인간의 다양한 활동을 위한 무대이였기 때문에 시대에 따라 해양공간을 질서 있게 사용하기 위한 사회적 관습이나 법률 혹은 국제적 조약 등이 형성되어 왔다. 우리나라의 경우 현재 해양건축물과 관계되는 법률을 정리하면 [표 2-2]와 같다. 해양건축물을 계획할 경우에는 이들 법률 뿐 아니라 기존에 수립되어 통용되고 있는 권리나 관습까지도 상세히 조사하여 이에 따른 제한조건 내에서 해결안을 마련해야 한다.
- 해양건축물은 사용자들에게 일반건축물과는 다른 정서적·심리적 영향을 미친다. 특히 물 위에 떠 있는 부유식 해양건축물의 경우에는 파도에 의해 계속되는 건축물의 동요가 사용자들에게 큰 영향을 준다. 또한 육지에서 멀리 떨어진 바다에 설치되는 해양건축물의 경우에는 사용자에게 고립감을 주고, 연안에 위치하는 해양건축물에서는 주변 해양경관이 큰 영향을 주기 때문에 해양건축물을 계획할 때에는 사용자의 정서적·심리적 영향을 충분히 고려한다.
- 해양건축물은 그 형태·용도·규모·입지조건 등이 다양하지만 해양공간에 위치하기 때문에 육지와의 왕래, 오수·하수·폐기물의 처리, 사람이나 화물의 탑재제한, 건축물의 침수와 전복, 폭발물이나 위험물의 보관과 같은 공통적인 문제를 가지고 있다. 이러한 문제들은 기존 건축적 지식이나 기술만으로는 해결할 수 없고, 선박이나 해양플랜트 혹은 해양레저장비 등에 적용되는 지식과 기술을 활용하여 창의적인 아이디어가 요구된다.

[표 2-2] 해양건축물 관련 법률

구 분	주요 법률
국토계획	「국토의 계획 및 이용에 관한 법률」
사업주체 및 권리	「민법」, 「부동산등기법」, 「선박등기법」, 「국유재산법」, 「공유수면 매립 및 관리에 관한 법률」, 「항만법」, 「어촌어항법」, 「농어촌정비법」, 「연안관리법」, 「낚시 관리 및 육성법」, 「수산업법」, 「마리나항만의 조성 및 관리에 관한 법률」, 「유선 및 도선사업법」, 「하천법」
입 지	「공유수면 매립 및 관리에 관한 법률」, 「항만법」, 「관광진흥법」, 「어촌어항법」, 「항만법」, 「개항질서법」, 「하천법」, 「수산업법」, 「연안관리법」, 「마리나항만의 조성 및 관리에 관한 법률」, 「농어촌정비법」,「낚시 관리 및 육성법」, 「유선 및 도선사업법」
시설물조성	「건축법」, 「선박법」, 「선박안전법」, 「낚시 관리 및 육성법」, 「부유식 해양구조물 구조 및 설비 등에 관한 기준」, 「유어장의 지정 및 관리에 관한 규칙」
환경보전관련	「해양환경관리법」,「자연환경보전법」,「어업자원보호법」,「환경영향평가법」
안전관련	「건축법」, 「선박안전법」, 「소방법」, 「수상레저안전법」, 「해사안전법」

〈출처 : 강영훈, 부유식 수상거주시설 건축계획에 관한 연구, p.130〉

2.2 입지선정

2.2.1 입지영역

해양건축물계획은 입지를 선정하는 것부터 시작된다. 입지를 선정할 때에는 해양건축물이 위치할 해당입지뿐만 아니라 입지 주변영역, 즉 입지영역도 잘 살펴야 한다. 일반건축물의 대지와는 다른 해양공간의 특성을 충분히 이해하고 적합한 입지를 정하는 것이 필요하다. 해양건축물의 입지영역은 수역(물)을 중심으로 육지(육역)와 유기적으로 구성되어 있다. 해양건축물은 바다와 직접적인 영향을 주고받기 때문에 입지영역의 자연적·사회적 조건이 육지와 상당히 다르다.

해양건축물의 입지영역은 다음 두 가지 사항을 고려하여 결정한다. 첫 번째는 해양건축물이 해수나 해양생태계에 직접적인 영향을 미치는 범위로서 해수의 화학적 성분이나 해양생물의 활동에 직접 영향을 미치는 영역을 고려한다.

두 번째로는 해양건축물에서 다양한 인간 활동이 주변 육역이나 수역에 직접 영향을 주거나 거꾸로 주변으로부터 직접 영향을 받는 영역을 고려한다. 예를 들어, 해양건축물에서 일어나는 해양레크리에이션활동이 주변 바다양식장에 영향을 미치는 경우에 그 영향권에 속하는 영역을 고려한다.

이러한 사항을 고려하여 해양건축물의 입지영역이 결정되면 이곳에 이미 존재하는 권리, 기능, 시설 등과의 갈등을 해결하기 위해 권리소유자, 이용자, 주민 등과 합의를 얻는 것이 필요하다. 그리고 입지영역에 대해 생태계 조사 및 환경영향평가를 실시하여 가능한 기존 환경에의 영향을 최소화하는 건축계획의 수립이 요구된다.

한편 입지영역의 선정에서 고려해야할 자연적·공간적·사회적 특성을 개략하여 살펴보면 다음과 같다.

(a) 양식장 (b) 항로 (c) 항만

[그림 2-2] 해양공간의 기존 권리 및 시설 사례

(1) 자연적 특성

① 지리적 특성

해양건축물의 입지영역에서는 육역과 수역이 상호 영향을 미친다. 즉, 수역은 육역으로부터 하천 및 지표를 통해 흘러온 물과 토사의 영향을 받으며, 육역은 수역으로부터 파도, 조석(潮汐)[11], 조류(潮流)[12], 해일(海溢)[13] 등의 영향을 받아 침식과 퇴적을 되풀이한다.

이러한 환경에서는 자연상태의 경우 안정을 유지하지만 여기에 인공적인 힘이 가해지면 큰 변화가 발생하여 예상치 못한 결과를 일으킬 수 있다. 따라서 입지선정에서는 건축물과 인간활동이 입지영역의 지리적 안정상태에 미칠 양적·질적 영향을 검토한다.

② 생태적 특성

해양건축물이 많이 들어서는 입지영역인 수심 10 m 내외 해양공간은 생태적으로 중요하고 민감한 영역이다. 이 영역은 육역에서 흘러온 영양염이 풍부하고 태양광을 받아 바다생물의 성장에 적당하므로 먹이사슬 등 생태계가 풍부하게 형성되어 있다.

이 영역의 자연생태계 일부가 파괴되면 전체 해양생태계가 크게 영향을 받을 수 있다. 특히 해수의 수질변화나 환경조건의 인위적 변화는 생태계에 치명적일 수 있으므로 입지선정에서는 사전 생태계 조사 및 환경영향평가의 결과를 반영한다.

③ 물리적·화학적 특성

해수에는 다양한 용존물질(溶存物質)[14]이 존재하고 해수 자체가 열용량이 커서 해양생물의 생육에 유리하지만 거꾸로 유해물질 확산의 원인이 된다. 또한 해수는 강재 등 해양건축물의 재료를 부식시킨다. 해수에 직접 면하게 되는 해양건축물의 경우에는 입지선정에서 이러한 해수의 특성을 고려한다.

④ 기상(氣象)·해상(海象) 특성

해양건축물의 입지영역에는 파도, 바람, 조석, 높은 파도, 해일 등 특별한 자연현상이 존재한다. 이것은 계절에 따라 변화하며 태풍 및 계절풍에 의해 크기와 영향이 크게 달라진다. 같은 해역에서도 인접한 곳의 파도, 바람, 해수의 흐름 등에서 크기, 방향, 속도가 전혀 다를 수 있으며, 해저의 형상이나 지형의 변화에 의해 국소적으로 다양한 변화가 일어난다.

또한 해수는 유동적이며 전파속도가 빨라 먼 곳에서 해일이 발생해도 짧은 시간 내에

---

11) 달이나 태양 등의 인력(引力)으로 인해 해면이 주기적으로 높아졌다 낮아졌다 하는 자연현상
12) 밀물과 썰물에 의해 발생하는 해수의 흐름
13) 해저 지각변동이나 바다 기상변화에 의해 바닷물이 크게 일어나 육지로 넘쳐 들어오는 현상
14) 물속에 용해되어 있는 물질

도달하여 피해를 입을 수 있고 확산현상에 의해 오염물질이 광범위하게 퍼질 수 있다. 따라서 해양건축물의 입지선정에서는 기상과 해상에 대해 주의 깊은 분석과 고려가 요구된다.

(2) 공간적 특성

해양건축물의 입지영역은 공간적으로 평면형상과 단면형상(수심, 표고 등)에 따라 폐쇄성·개방성·외해성 영역으로 구분되며, 이들은 각각 다음과 같은 특성을 가지고 있다.

① 폐쇄성 영역

입지영역의 개구부가 좁고 외해로부터 폐쇄된 영역으로서 정온도(靜穩度)[15]가 확보되어 해양건축물을 설치하거나 이용하기에 유리하다. 그러나 해수의 교환율이 나쁘고, 수심이 낮은 해역에서는 계절에 따른 수온변화가 크다. 또한 이곳에는 간석지·모래해변·습지대 등이 발달되어 있다. 따라서 이 영역에 들어서는 해양건축물은 수질을 비롯한 자연환경을 훼손하지 않도록 주의한다.

② 개방성 영역

입지영역의 입구가 바다로 열린 개방성 영역은 폐쇄성 영역에 비해 계절에 따라 해상(海象)조건이 거칠고 수면의 정온도는 일반적으로 낮다. 외해로부터 바람과 물의 유입이 쉬워서 해양건축물의 안전과 쾌적성을 위해 바람과 물의 흐름에 대한 대책이 필요하다. 또한 이곳에는 물고기 산란장, 소규모 간석지, 모래해변 등이 발달되어 있어서 이들 자연환경의 보호에 주의한다.

(a) 폐쇄성 영역 (b) 개방성 영역 (c) 외해성 영역

[그림 2-3] 해양건축물 입지영역의 공간적 특성

15) 수면이 잔잔한 상태의 정온한 정도를 나타내는 용어로서 일반적으로 파고로 표시함

③ 외해성 영역

앞바다로 활짝 열려있는 외해성 영역은 바다와 직접 연결되어 해양건축물이 바람과 물의 흐름과 같은 강력한 외력을 받기 쉽다. 그러나 해안선은 평활하고 리아스식 해안이 존재하여 해안경관이 우수한 곳이 많다. 따라서 이곳에 들어서는 해양건축물은 강한 파도와 바람에 대해 안전해야 하고, 특히 부유식 해양건축물의 경우 세심한 구조적 계획이 필요하다. 또한 리아스식 해안의 아름다운 해변경관과 어울리는 해양건축물이 요구된다.

(3) 사회적 특성

해양건축물의 입지영역은 과거 오래 전부터 인간의 생활·생산·유통 등 다양한 사회활동의 장으로서 활발하게 이용되어 왔으며, 넓은 배후지·물·교통 등의 조건을 갖춘 곳에서는 광역생활권이 형성되었다. 특히 바다와 강이 만나는 하구(河口)는 특별한 역사적 환경을 형성하고 있다.

이와 같이 해양건축물의 입지영역은 역사적·문화적으로 중요한 장소가 많으므로 해양건축물은 지역의 고유한 문화 및 역사적 유물이나 문화재 등과 조화되어야 하며, 또한 해양건축물의 입지영역은 공공적 성격이 강하기 때문에 주변 지역의 관계를 세심하게 고려한다.

2.2.2 입 지

해양건축물의 입지는 건축물의 설치뿐만 아니라 이용 및 관리에도 중요하므로 당해 입지 이외에 주변 입지영역을 충분히 조사하여 건축물의 설치 목적에 적합하며 무엇보다 안전한 곳을 선정한다. 특히 입지선정에서는 입지영역의 자연적·공간적·사회적 특성을 면밀히 조사하여 적절한 입지영역을 먼저 선정하고, 이 영역 내에서 건축물의 해당 입지를 결정한다.

(a) 태풍 피해 전

(b) 태풍 피해 후

[그림 2-4] 기상조건에 따른 해양건축물의 피해 사례(해상호텔, 2003)

입지영역 내에서 해양건축물의 입지를 선정할 때에 검토해야 할 사항은 구체적으로 다음과 같다.

(1) 자연조건

① 기상(氣象)조건

기상조건에는 바람, 기온, 청천일수, 강우량, 강설량, 안개발생일수 등이 있다. 이 가운데 바람은 해양건축물의 입지선정에 중요하므로 풍향·풍속 등에 대해 과거 기록을 분석하고 모의실험(시뮬레이션) 등을 통해 현상을 충분히 파악한다. 또한 하늘상태와 안개 등은 해양건축물의 시공기간, 연간가동일 등에 영향을 미치는 중요한 요인이다.

② 해상(海象)조건

해상조건으로는 파도, 조석, 해류, 높은파도(高潮), 해일, 유빙(流氷) 등이 있다. 파도에 대해서는 태풍, 계절풍, 지진 등에 의한 높은 파도와 해일 등 이상파도뿐만 아니라 탁월파고 및 주기에 대해 충분히 검토한다.

조석에 대해서는 천문조위(天文潮位)와 기상조위(氣象潮位)를 조사하고, 해류는 방향과 속도의 파악이 중요하다. 이러한 사항은 해양건축물의 가동률, 방재 및 안전에 중요하다. 한편 유빙(流氷)지역에서는 결빙에 의한 빙압력과 이동에 따른 빙압력을 검토한다.

③ 지상(地象)조건

지상조건으로는 해안 및 해저지질, 지진, 활단층 등이 있다. 해안에는 자연해안과 인공해안이 있는데 자연해안은 적극적으로 보전한다. 특히 바다에 위치한 해양건축물에서 육지로 접근하기 위하여 해안의 자연환경을 파괴하지 않도록 한다.

해저에 시설물을 고정하거나 설치할 때 해저구배가 급한 곳보다 완만한 곳이 좋으며, 수심은 건설비용에 큰 영향을 미치므로 충분히 검토한다. 해저지질의 경우 연약한 지반에 대한 조사를 철저히 하고, 수심이 낮은 해역에서는 암초의 존재를 파악한다. 한편 활단층이 있거나 지진의 가능성이 있는 곳은 입지선정에서 제외한다.

(2) 사회조건

해양건축물의 입지로서 가능한 장소 가운데 어업이나 선박항해 등을 위해 이미 이용되고 있는 곳에서는 기존 이용 현황과 관련법에 대해 조사한다. 더욱이 향후 법규제의 변경 가능성도 조사한다.

또한 이미 이용되고 있는 구역에서 가까운 곳에 입지할 경우에는 건축물 설치가 기존 이용

구역에 미칠 영향을 사전에 조사한다. 그리고 자연환경·문화재·경관 등을 보전하기 위해 특별히 정해 놓은 구역에는 입지를 피한다. 특히 해양건축물의 설치에 따른 대기 및 수질오염, 소음 및 진동, 토양오염 및 지반침하, 경관훼손 등 환경에 미치는 영향을 고려하여 입지를 선정한다.

(3) 법제도

해양건축물의 입지선정에서는 [표 2-2]에 나타나 있는 관련법에서의 규제사항을 면밀하게 분석하고 이를 준수한다. 특히 다음과 같이 정해진 법에 의해 관리되는 구역에서는 더욱 주의를 기울인다.

- 「자연환경보전법」 등 환경보전 관련법이 적용되는 구역
- 「자연공원법」에 기초한 국립공원 주변 및 그 해역
- 「수산업법」에 기초한 어장 및 어업권 구역
- 「수산자원관리법」에 기초한 수산자원보호구역
- 「항만법」,「개항질서법」에 기초하여 정한 항만구역
- 「해상교통안전법」에서 규정한 항만 혹은 선박항해구역

2.3 분야별 계획지침

2.3.1 계획방향

해양건축물을 계획하기 위해서는 먼저 입지와 입지영역의 사회조건 및 자연조건을 비롯하여 계획의 각종 조건을 조사하고 파악한다. 사회조건에는 인구·산업·문화·교통·도시시설 등이 있으며, 해역에서 고유한 사회조건으로서는 어업권, 항로권 등이 있다. 자연조건으로서는 바람·파도·조석·해류·조류·지진·얼음·눈(雪)·해저지반 등이 있으며, 이외에도 해양생태계가 있다.

또한 이들 각 조건들 사이에 상호관계를 이해하고, 해양건축물과의 관련사항을 파악한 후에 건축계획을 실시한다. 이러한 계획조건을 고려하여 해양건축물계획의 기본방향을 정리하면 다음과 같다.

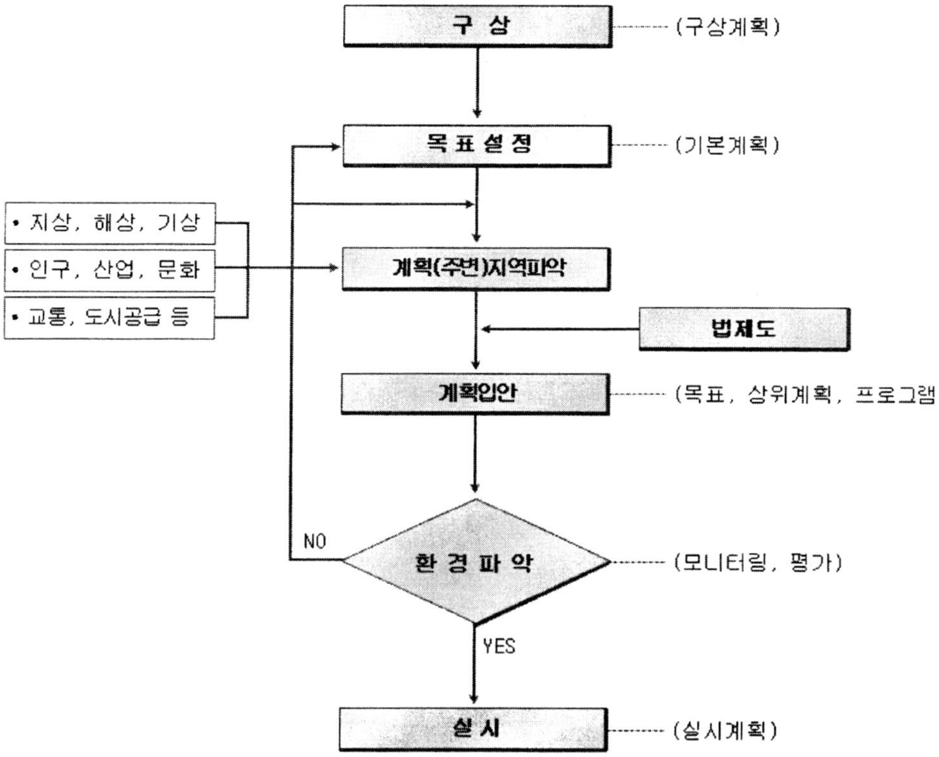

[그림 2-5] 해양건축물의 계획순서

- 해양건축물은 입지영역의 육역과 해역을 모두 고려하여 서로 조화되도록 계획한다.
- 입지영역의 자연환경 및 기후조건을 파악하여 안전하고 쾌적한 건축물로 계획한다.
- 입지영역의 해양경관 및 자연생태계를 고려하여 미치는 영향을 완화하도록 계획한다.
- 해양건축물의 에너지공급 및 폐기물처리는 해양오염을 최소화하기 위해 가능한 자체 처리시스템으로 계획한다.
- 해양에서는 아직도 파악이 어려운 자연현상들이 많이 있으므로 필요 이상 해양공간을 이용하는 것보다 필요 최소한으로 제한하여 계획한다.
- 해양건축물의 입지영역에서 기존 점유권, 어업권, 항해권 등 이미 확립되어 있는 권리에 대한 대책을 수립한다.
- 해양건축물에서 육지에의 접근로는 재난 시 피난동선이 되므로 어떤 경우에도 단절되지 않도록 계획한다.

한편 해양건축물의 일반적인 계획순서는 [그림 2-5]와 같다.

2.3.2 배치계획

입지가 선정되면 입지조건을 고려하여 해양건축물의 배치계획이 이루어진다. 배치계획을 위한 중요한 지침은 다음과 같다.

- 배치계획에서 가장 먼저 고려해야 할 것은 폭풍, 해일 등 자연재해로부터 건축물의 안전을 확보하는 것으로서 입지 내 안전한 장소를 선택하여 건축물을 배치한다. 또한 배치에 따른 안전성을 평가하여 방재 및 안전대책을 세운다.
- 수역의 정온도가 낮은 개방성 혹은 외해성 입지영역에서는 외해 또는 탁월파 방향에 면한 부분의 안전성을 충분히 고려하여 건축물을 배치한다.
- 입지에서 물의 흐름, 생물서식지 등을 고려하여 생태계 파괴 및 수질오염 등 환경에 나쁜 영향을 주지 않도록 건축물을 배치한다.
- 입지의 자연생태계를 고려하여 해양건축물의 건설 전·후 상황변화를 파악할 수 있도록 중요한 지점마다 환경영향을 감시·조사하는 모니터링시스템을 계획한다.
- 다양한 건축물을 배치하는 경우에 입지 내 수역과 육역의 상황을 충분히 파악한 후 각 건축물의 목적 및 기능에 적합한 수역과 육역의 위치를 선정한다.
- 건축물의 입지에서 가장 가까운 육지에는 건축물로의 접근에 필요한 시설(선착장, 도교 등)과 건축물을 위해 기능적으로 필요한 시설물(관리시설, 오폐수처리시설 등)을 배치한다.
- 실내외 공간의 쾌적성을 확보하기 위해 입지의 기상(氣象), 해상(海象), 지상(地象) 등 자연조건을 고려하여 건축물을 배치하고 건축물 주변에는 친수공간을 계획한다.

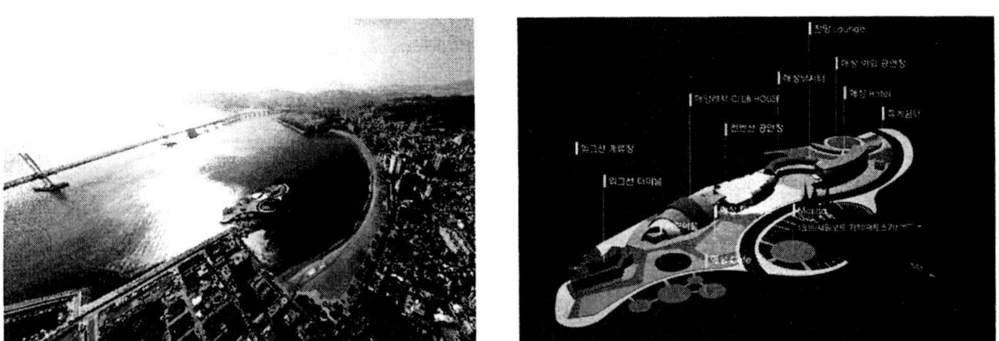

(a) 입지영역과 입지 (b) 시설배치계획

[그림 2-6] 해양건축물의 배치계획 사례

〈출처 : 이한석·송화철, 플로팅 아일랜드 리조트 개발을 위한 기획연구, p.160 및 p.163〉

- 건축물은 해양경관을 고려하여 배치한다. 특히 수역의 건축물은 육지로부터 보이는 경관을 위해 바다의 수평선 및 스카이라인(skyline)을 고려하여 배치한다. 바닷가의 건축물 경우에는 바다에서 보이는 경관을 고려하여 해안선을 중심으로 바다와 육지의 경관이 조화되도록 배치한다.
- 수변공원, 산책로 등 친수공간과 사람들이 많이 모이는 공공건축물의 경우에는 건축물의 안전을 충분히 확보하고 주변 해양경관과 어울리도록 배치한다.
- 입지영역 혹은 인근에 위치하고 있는 항만시설, 어업시설(양식장, 어장 등), 산업시설(공장, 조선소 등), 해상교통로(항로 등) 등에 특히 유의하여 이들과 갈등을 일으키지 않도록 건축물을 배치한다.

2.3.3 접근계획

해양건축물에의 접근로는 평상시에 건축물의 편리한 이용뿐만 아니라 비상시에 신속한 피난을 위해 중요하다. 따라서 해양건축물의 접근경로와 수단은 해당 입지의 자연조건 분석과 모의실험(simulation)을 거쳐 다음과 같이 계획한다.

- 해양건축물에의 접근로는 평상시 인간의 왕래나 물품의 공급을 위한 통로로 이용되지만 비상시에는 피난탈출을 위한 통로로서 이용된다. 따라서 접근로는 조수의 간만, 파도에 의한 동요 등을 충분히 고려하여 안전하게 계획한다.
- [표 2-3]에서 접근수단은 해양건축물의 이용 목적 및 방법, 기상(氣象)조건, 해상(海象)조건, 지리적 조건을 검토하여 결정한다. 접근수단에는 일반적으로 고정식 또는 부유식의 교량, 해중 또는 해저의 터널, 선박, 항공기 등이 있다.

[표 2-3] 해양건축물의 접근수단

접근수단	접근시설		특 성
보행 및 차량	교 량	부유식	접근거리가 짧고 정온한 해역에 설치
		고정식	접근거리가 짧은 경우
	터 널	해 중	해중전망을 위한 경우
		해 저	접근경로 내에 항로가 있는 경우
선 박	선 착 장		접근거리가 긴 경우
항공기	헬리포트 등		접근거리가 긴 경우(소수인원용)

〈출처 : 日本建築學會, 海洋建築計劃指針, p.32〉

(a) 수상주거시설 접근로(네덜란드 암스테르담) (b) 수상레저시설 접근로(서울 한강)

[그림 2-7] 수상건축물의 접근로 사례

- 접근로의 길이, 수, 폭 등은 해양건축물의 위치 및 기능, 수용인원 및 피난조건, 해양경관, 설비의 반출 및 반입, 이용자에게 주는 심리적 영향 등을 고려하여 계획한다. 특히 접근로는 비상탈출을 고려하여 기본적으로 복수(複數)로 계획한다.

2.3.4 규모 및 형태계획

해양건축물은 일반건축물의 기초에 해당하는 하부구조물과 건축물의 용도로 사용되는 상부시설물로 구성된다. 이들 하부구조물과 상부시설물의 규모 및 형태는 밀접하게 관련되어 있기 때문에 서로에게 적합하여 건축물 전체가 안전하고 편리하도록 다음과 같이 계획한다.

- 하부구조물은 [표 2-4]와 같이 부유식과 고정식으로 구분한다. 이들 하부구조물의 규모와 형식은 입지의 자연조건, 건축물의 이용 목적과 방법 등에 따라 최적의 규모와 형식으로 계획한다.
- 상부시설물의 규모와 형태는 하부구조물의 규모와 형식을 고려하여 정하며, 또한 해양건축물의 다양한 이용을 예측하여 주변에 미치는 영향을 최소화하고, 주변으로부터 건축물이 받게 될 영향도 최소화되도록 계획한다. 특히 입지의 해상(海象)조건, 자연생태계 및 해상교통에 미치는 영향 등은 상부시설물의 규모 및 형태계획에 큰 영향을 준다.
- 상부시설물의 규모는 같은 종류의 육상건축물의 규모를 준용하지만 건물이용자가 해양환경에 익숙한 정도, 혹은 건축물에서의 쾌적성 및 작업성 등에 따라 이와 다르게 계획할 수 있다. 특히 해양건축물에 체류기간이 길수록 가능한 한 상부시설물의 규모를 크게 계획하며 사용인원, 피크타임 이용자수 등에 따른 방재, 피난, 자연환경에의 영향 등을 고려하여 적정한 규모로 계획한다.

[표 2-4] 해양건축물 하부구조형식

하부구조형식		특 징
부유식	부 함 식	• 수선면적[1]이 크고 고유주기는 반잠수식에 비해 짧다. • 넓은 바닥면적을 얻기 쉽고 함체 내부공간도 이용가능하다. • 정온해역에서는 수심에 관계없이 이용할 수 있다.
	반잠수식	• 수선면적이 작고 부력중심이 낮으며 동요가 적고 고유주기가 길다. • 수심이 비교적 깊고 파도가 큰 해역에서도 비교적 동요가 적다. • 탑재중량의 변화가 큰 건축물에는 적당하지 않다.
고정식	중 력 식	• 큰 부력을 이기는 중량의 구조물이 요구된다. • 하부구조물 내부공간을 저장시설 등으로 이용한다. • 해저지반의 지내력이 충분하고 평활한 곳이 필요하다.
	말 뚝 식	• 상부시설물이 비교적 가벼운 구조에 적당하다. • 말뚝을 지지할 수 있는 지반이 있으면 수심은 문제없다. • 그러나 수심이 깊으면 건설비용이 높아진다.
	매 립 식	• 수심이 낮은 곳에서 대규모 토지가 필요한 경우에 이용한다. • 매립지반은 연약지반의 경우가 대부분이다. • 매립지반의 침하, 지진 시 액상화 등을 고려해야 한다.

주 1) 수선면적(水線面積)이란 부체의 흘수선으로 둘러싸인 평면의 면적을 의미함

〈출처 : 日本建築學會, 海洋建築計劃, p.27〉

(a) 외부난간

(b) 실내에서 본 외부 출입구

[그림 2-8] 외부출입구와 난간 사례(생활바지선[16] DY303호)

16) 해양건축물로서 '생활바지선'에 대한 자세한 내용은 9장에 있음

- 해양건축물의 구조적 안정성을 위해 전체 탑재중량 및 중량밸런스에 따른 안정성(stability), 그리고 부유식 하부구조물의 경우 동요특성을 고려하여 상부시설물의 규모와 형태를 계획한다. 특히 부유식 하부구조물에서는 흘수 관리와 구조물의 기울어짐을 최소한으로 하기 위해 총 중량과 중량분포를 고려하여 상부시설물의 평면계획 및 규모 산정이 요구된다.
- 상부시설물의 계획에서는 방재를 위해 「건축법」, 「소방법」, 「선박안전법」 등을 준수하며 재난 시 신속하고 안전하게 소화·피난·탈출할 수 있도록 계획한다. 또한 관련법에 따라 해양건축물에는 안전표지를 계획한다.
- 상부시설물은 파도나 비바람으로 인해 물이 넘쳐 들어오기 쉬우므로 이를 방지할 수 있도록 계획한다. 이를 위해 공간의 용도 및 설계파고(波高)에 따라 건현(乾舷)높이를 정한다. 예를 들어, 해양건축물에서 낚시공간은 건현높이를 낮게 계획하는 반면에 거주공간 및 설비공간 등에는 물이 침입하지 않도록 건현을 높게 계획한다. 또한 탁월파 방향으로는 물막이를 계획하고 물보라로 인해 구조물의 성능저하가 예상되는 부분에는 방식(防蝕)대책을 마련한다.
- 상부시설물의 실내공간으로 통하는 출입구와 개구부에는 침수방지를 위한 구조와 형상으로 계획한다. 또한 바다와 경계부분이나 실내외 통로에는 난간을 설치하여 건축물의 동요에 따른 사람과 물건의 전락(轉落 : 굴러 떨어짐) 혹은 전도(顚倒 : 넘어짐)를 방지한다.

2.3.5 안전 및 피난계획

해양건축물은 자연재난이나 사고에 쉽게 노출되어 있으며, 건축물에서 재난이 발생할 경우에는 쉽게 피난 및 탈출이 어려운 특성이 있다. 따라서 해양건축물에서 안전 및 피난계획은 다른 어느 계획보다도 우선하여 다음과 같이 계획한다.

(a) 최상부 헬리포트(생활비자선 DY303호)

(b) 선박이용 피난시설(네덜란드 수상주거)

[그림 2-9] 피난시설 사례

- 해양건축물의 구조적 특성에 따라 최대 수용인원을 적정하게 결정하고, 수용인원에 적합한 접근경로 및 수단의 계획, 상부시설물의 공간계획 등이 필요하다.
- 해양건축물에서는 기상(氣象) 및 해상(海象)조건이 수시로 변하므로 현재 상황을 항상 파악할 수 있는 정보시스템을 계획하고, 상황에 대응하여 건축물의 관리·운영이 가능하도록 계획한다.
- 해양건축물에서는 방화구획·수밀구획·실내불연재료·방재 및 구명설비 등에 관한 기준에 의거하여 당해 시설물을 계획한다.
- 해양건축물에서는 건축물의 구조적 안전에 대한 감시 및 관리시스템을 계획하고, 재난의 종류별로 시나리오에 따른 방재 및 피난계획을 수립한다.
- 해양건축물에서는 하부구조물 및 상부시설물의 안전성 점검, 안전 및 피난 관련설비의 점검, 정기적인 방재 및 피난훈련 실시 등에 관해 철저한 관리계획을 수립한다.
- 해양건축물에서는 비상 시 대피를 위해 피난계단 및 피난구역 등을 계획하고, 최종 피난장소까지 복수(複數)의 피난경로를 계획한다.
- 해양건축물에서 육지와 연결된 다리를 이용하여 피난이 불가능한 상황에 대비하여 [그림 2-9]와 같이 해상이나 공중으로 탈출할 수 있는 대체 피난경로 및 시설을 계획한다.

한편 해양건축물이 바다를 매립하여 조성한 매립지에 들어서는 경우에는 [그림 2-10]에서처럼 기초구조물이 염분에 의해 부식하는 등 구조적 안전이 매우 취약하다. 따라서 매립지의 해양건축물은 기초구조물에 대해 다음과 같이 계획한다.

- 매립지에서는 바람과 토양의 염분 농도가 높다. 따라서 바람과 흙에 직접 접촉하는 콘크리트와 철근은 염분에 의한 부식을 방지할 수 있도록 계획한다.

[그림 2-10] 콘크리트구조물의 염해 사례(부산)
〈자료제공 : 한국해양대학교 해양공간건축학과 박동천교수〉

- 매립지에는 밀물 때에 바닷물이 침투하는 경우가 흔하다. 따라서 기초구조물에 방수조처를 하고 수압에 대비하며 바닷물이 얼마나 침투할지 예상하여 구조물을 계획한다. 심한 경우 기초구조물이 받게 될 바닷물에 의한 부력이나 물 흐름에 따른 횡압력 등을 고려한다.
- 매립지는 땅이 충분히 안정화되지 못한 곳이 많다. 따라서 건물의 부동침하를 생각하여 기초구조물을 계획한다.
- 매립지의 철근콘크리트 구조물은 내구성을 고려하여 고강도콘크리트(30 MPa 이상)를 사용하거나 표면피복재를 사용하고 콘크리트 부재의 허용균열폭을 검토한다.

2.3.6 건축환경계획

해양건축물은 물과 밀접한 관계를 가지고 있기 때문에 일반건축물과는 다른 건축환경을 갖는다. 따라서 해양건축물의 실내외공간을 쾌적한 환경으로 만들기 위해서는 다음과 같은 계획이 필요하다.

- 해양공간의 자연환경, 예를 들어 시원한 바람·충분한 일사량·밝은 하늘빛 등을 해양건축물의 실내외공간에 적극적으로 끌어들이도록 계획한다. 이와 함께 기상조건이 나쁜 경우 공포감, 침수·충돌·화재 등에 대한 두려움을 저감시키는 건축계획이 중요하다.
- 물 위에 설치되는 해양건축물의 경우에는 그곳에서 느낄 수 있는 고립감이나 불안감을 없앨 수 있도록 계획한다. 특히 수상주거나 수상호텔 등 장기체류시설에서는 녹지공간·친수공간·레크리에이션시설 등을 계획하여 고립감을 해소한다. 실내외공간에서 고립감과 불안감을 없애기 위해 색채·마감재료·공간구성 등을 세심하게 계획한다.

(a) 공조기계실

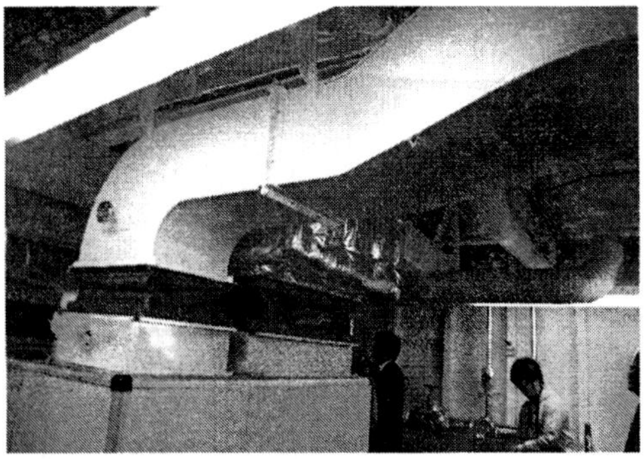

(b) 층별 공조실

[그림 2-11] 공기조화시설 사례(생활바지선 DY303호)

- 해양건축물에서 불쾌감을 주는 중요한 요인으로는 동요·진동·소음·악취 등을 들 수 있다. 따라서 일상생활에서 이들 요인을 제거하도록 계획한다. 특히 부유식 해양건축물의 경우 동요를 억제하기 위해 건축물의 고유주기와 파도주기가 동조되지 않도록 계획한다. 동요가 뱃멀미 한계(가속도 $0.1\ m/s^2$)를 초월하여 장시간 계속되면 뱃멀미 증상이 나타나므로 동요를 이 한계 이하로 줄여야 한다.
- 해양건축물에서는 염분을 품은 습한 바람이 불쾌한 환경을 만드는 또 다른 요인이다. 따라서 바닷바람의 소금기와 습기에 의한 불쾌감을 제거할 수 있도록 적정 환기시스템(창문 등) 및 공조시스템을 계획한다.

2.3.7 경관계획

해양경관(해변경관을 포함)은 대표적인 자연경관으로서 물을 중심으로 구성되는 경관이라는 측면에서 산지경관이나 도시경관과 다른 특성을 가지고 있다. 따라서 해양건축물은 수(水)경관의 특성을 고려하여 기존 경관을 해치지 않으면서 새로운 경관을 창출하도록 계획한다.

해양건축물의 입지는 주로 연안이기 때문에 육역과 수역이 일체화된 해변경관의 특성을 파악하는 것이 중요하다. 해양건축물계획을 위한 해변경관의 중요한 특성을 정리하면 다음과 같다.

- 해변경관은 육역의 산이나 구릉, 수역의 바다와 섬, 그리고 해안선, 수평선, 스카이라인 등으로 이루어진 자연경관요소가 경관의 골격을 이루고 있다.
- 특히 해변경관에는 광대한 수면과 그 위에 하늘이 큰 면적을 차지하여 중요한 경관요소가 되고 있다.
- 반면에 해변경관에는 육역의 항만시설이나 건축물, 수역의 선박 등 스케일이 큰 인공구조물로 이루어진 인공경관요소가 많이 존재한다.
- 따라서 해변경관은 특유의 거대한 스케일과 휴먼스케일이 조화되어야 좋은 경관을 형성하며, 특별히 인간 활동이 빈번한 수변공간은 휴먼스케일로 계획한다.

[그림 2-12] 수변경관을 고려한 건축물 사례

이상과 같은 해변경관의 특성을 고려하여 해양건축물에서는 다음과 같은 경관계획이 필요하다.

- 해변에 들어서는 해양건축물은 넓은 수면으로 인해 사방에서 보이기 때문에 건물의 모든 면을 정면(파사드)으로 계획한다.
- 해변에서만 볼 수 있는 독특한 해양건축물, 예를 들어 항만타워, 터미널건물 등은 해변경관의 랜드마크 역할을 하도록 건물의 형태·질감·색채·조명 등을 계획한다.
- 해변에 위치하는 시설물 가운데 창고, 기름탱크, 에너지시설 등 부정적인 경관요소는 차경(遮景)이나 수경(修景)을 계획하고 시설물들의 연속된 스카이라인을 계획한다.
- 해양건축물은 주변 지역의 지배적인 건축스타일과 조화되는 형태로 계획하여 이질적인 충돌을 일으키지 않도록 한다.
- 해양건축물의 높이나 길이 등 규모가 큰 경우에는 주변 경관에 압박감을 주지 않도록 계획한다. 예를 들어, 건물의 파사드에 유리를 사용하거나 지상부분을 공공공간으로 개방하고 큰 벽면에는 창이나 요철을 두어 휴먼스케일로 계획한다.
- 해변경관의 핵심은 수면이므로 해양건축물은 실내외공간에서 사람들이 수면을 마음껏 조망할 수 있도록 계획한다.
- 해양건축물은 해변경관을 구성하는 수면과 하늘을 고려하여 계절·시간·날씨에 따라 변하는 수면과 하늘의 상태와 조화될 수 있도록 계획한다.
- 해양건축물에는 시민들이 출입할 수 있는 개방된 친수공간을 만들고 수변으로의 접근이 가능하도록 산책로나 수변공간을 계획한다.
- 해양건축물을 둘러싼 수역에도 건축물의 용도, 기존 해변경관 등을 고려하여 경관계획을 실시한다. 예를 들어, 건축물 주변에 수상분수를 계획하면 정적인 수면에 변화를 줄 수 있으며 한층 활기 있는 해변경관을 만들 수 있다.

(a) 캐나다 밴쿠버 그랜빌아일랜드

(b) 일본 후쿠오카 마리존

[그림 2-13] 해양건축물 색채 및 야간조명 사례

- 해양건축물에 적절한 녹지 및 식재를 계획한다. 해양건축물의 녹지나 식재는 그늘을 제공하고 삭막하기 쉬운 해변경관을 풍부하고 부드럽게 하며 거대한 구조물들 사이에서 휴먼스케일의 해변경관을 만드는 환경장치로서 작용한다.
- 해양건축물에는 기본적으로 야간경관을 위한 조명계획을 한다. 특히 랜드마크나 상징적 건축물은 별도로 조명계획을 하고 야간작업공간이나 공공공간은 안전을 위해 야간조명계획을 한다. 또한 해변에서만 볼 수 있는 선박유도등이나 건물식별등을 특별한 야간경관요소로서 활용한다.

한편 해양건축물의 경관계획에서는 해변경관을 구성하는 색채의 특성을 이해하고 이에 적합한 색채계획을 해야 한다. 해변경관과 관련된 해양건축물의 색채계획의 주요사항[17]을 정리하면 다음과 같다.

- 바닷물의 색은 남색, 파랑, 청록, 녹색과 같은 단파장색이다. 단파장색이란 무지개의 색 중에서 짧은 파장을 가진 색들이며 이 색들은 차갑고 냉정하고 이성적이며 내면의 색이다.
- 바다의 깊이가 깊기 때문에 바다의 파랑은 색이 깊다. 때로는 바다 속 같이 짙기도 하다. 그래서 바다의 파랑은 투명하다 못해 빠지면 나오지 못할 깊이감을 가지고 있다.
- 이렇게 차고 깊은 바다색과 어울리는 색이 백색이다. 바다에서 치는 파도의 색은 백색이다. 바다에서 보이는 파란 하늘에 떠있는 구름도 백색이다. 바다에서 보이는 악센트색은 모두 백색이다. 백색은 자연에 있는 그대로 바다색과 어울리는 색깔이다.
- 바다색 및 백색과 어울리는 색은 순수하고 원초적인 색깔이다. 따라서 바다에 어울리는 색은 원색에 가까우며 색기미가 뚜렷하고 밝은 색이다. 색속성으로는 중-고채도의 색이다. 그래서 기본적으로 해양건축물에는 밝고 선명한 색채가 좋다.
- 항만지역의 경우 항만색채계획에 따라 전체를 상징하는 심벌칼라를 정하고, 항만지역에 들어서는 건축물에는 이 심벌칼라를 중심으로 계획한다.
- 항만지역의 대규모 해양건축물은 고명도·저채도의 밝고 연한 톤을 기본색으로 하고, 색상에 변화를 주며 크기의 부담을 경감시킬 수 있는 악센트색(고명도, 고채도)을 사용한다.
- 해양건축물의 색채계획은 배후 도시나 항만의 경관계획·녹지계획·색채계획을 검토하여 주변 자연경관 및 도시경관과 조화되는 색채로 계획한다.

17) 김기환, 해양건축과 건축물의 색채, 국제신문 참조

2.3.8 친환경계획

해양공간은 내륙과 다른 독특한 자연환경을 가지고 있으며 거친 환경조건을 가지고 있다. 그 가운데 기후조건은 바다의 영향을 받아 여름과 겨울에 모두 최저기온이 높은 반면에 최고기온은 여름에 낮고 겨울에는 높은 경향이 있으며 최고기온과 최저기온의 차이가 작다.

또한 내륙에 비해 공기 중에 염분이 포함되고 습기가 많으며 바람은 강하고 풍향과 풍속은 해풍과 육풍의 영향을 크게 받는다. 따라서 해양건축물의 계획에서는 강풍 및 습기의 영향, 건물의 내구성 측면에서 염해의 영향을 파악하여 친환경계획이 되도록 한다.

먼저 해양건축물이 염분에 의한 피해를 입지 않기 위해 다음과 같이 계획한다.

- 해양건축물의 건물형태는 외벽에 많은 요철이 생기지 않도록 계획한다. 요철이 많으면 그만큼 염분이 부착할 수 있는 벽면이 넓어진다.
- 건축물의 염분 피해는 풍속이 높을수록 커지기 때문에 여름과 겨울의 주풍향, 바다에서 불어오는 풍향, 태풍 등 이상기상 시 부는 바람 방향 등을 고려하여 건축물을 배치한다.
- 바다에서 강한 바람이 불어오는 방향에 방풍림·방풍벽·그물망 등을 설치하여 염분이 건물에 부착되는 것을 방지한다.
- 해양건축물의 외장재료는 염분에 강한 재료로 계획한다. 예를 들어, 전기화학적 산화피막처리 혹은 복층도장처리를 한 외장칼라금속판(스테인레스 계통, 티탄 계통)을 사용한다.
- 해양건축물의 외장재료 중 염해 가능성이 있는 경우에는 불소수지도료로 코팅을 하며, 특히 염해 가능성이 큰 이음부분이나 재료 끝부분의 코팅처리에 주의한다.
- 계단이나 발코니 난간, 창이나 문틀, 철제문 등 건물내외에서 금속재료를 사용하는 모든 부분은 염해를 받기 쉬우므로 재료선정이나 코팅처리 등에 주의한다.
- 해양공간에서는 여름에 습도가 높고 습기에 염분이 많으므로 실내에서도 금속 등 염해에 약한 재료의 사용을 줄이고 실내에서 가능한 자연통풍이 잘 되도록 계획한다.

(a) 풍력과 조력을 이용한 해양호텔계획　　(b) 해상풍력발전시스템계획

[그림 2-14] 자연에너지이용계획 사례

- 실내공간에서 공조기를 사용하는 경우에는 공조기 계통의 급기구 부분에 염분제거 필터를 사용하는 것이 바람직하다.
- 해양공간에서 빈번하게 발생하는 해무(海霧)가 건물과 인체에 미치는 경로나 영향을 파악하여 피해를 최소화할 수 있도록 계획한다.
- 해양건축물의 입지영역에서 대기 중의 염분량 분포특성을 조사하여 건축물에 대해 총체적인 부식방지대책을 마련한다.

한편 해양건축물은 해양공간의 자연환경조건을 충분히 활용하여 인공에너지를 적게 사용하는 친환경건축물로서 계획한다. 해양건축물은 인공적인 설비에 의존하지 않고 자연에너지를 이용해 여름에는 시원하고 겨울에는 따뜻한 환경을 만드는 친환경건축물이 되도록 다음과 같은 계획이 필요하다.

- 해양건축물은 바닷바람을 적극적으로 활용할 수 있도록 계획한다. 도심이나 내륙의 일반건축물에 비해 해양건축물에서는 바람으로 인해 여름에 더욱 시원해질 수 있다. 이와 같이 시원한 바람을 이용하여 실내외에서 쾌적감을 높일 수 있도록 계획한다.
- 해양건축물에서 강한 바람을 풍력발전이나 실내공간의 통풍에 적극적으로 이용한다. 건축물에서 습기제거를 위한 환기, 그리고 하절기 냉방을 위한 통풍 등 자연형 냉방(passive cooling) 시스템을 계획한다.
- 해양건축물에서는 강한 바람이외에도 강한 일사가 특징이므로 이것을 태양광 발전이나 태양열 이용에 적극 적용할 수 있도록 계획한다.
- 해양건축물 주변에 널려있는 바닷물의 열적 특성(예를 들어, 수심에 따른 온도차 혹은 큰 열용량 등)을 활용하여 해양건축물의 냉난방에 이용할 수 있도록 계획한다.
- 해안의 주거단지나 해상도시 등을 계획하는 경우에는 이들 단지나 도시로 인해 배후지역의 기후변화가 초래되어 환경조건이 악화될 수 있으므로 이를 최소화할 수 있도록 계획한다.

2.3.9 녹화계획[18)]

해양건축물에서는 거친 환경을 완화하고 쾌적한 환경을 조성하기 위해서 뿐만 아니라 해양경관 측면에서도 경관향상을 위해 녹지 및 식재가 필요하다. 그러나 해양공간에서는 조풍(潮風)이외에 비사(飛沙), 물보라, 해수의 침수 등 내륙과 다른 혹독한 환경이 존재하여 제한된 종류의 식물만이 생존할 수 있다.

이 때문에 [표 2-5]에서와 같이 해양환경에서의 녹화는 어렵고 무엇보다도 환경과 식물의 관계를 중시하여 다음과 같은 녹지 및 식재계획이 필요하다.

18) 磯部雅彦 編著, 海岸の環境創造, 1장 및 3장 참조

[표 2-5] 해양환경에 따른 녹화대책

환경조건	문 제 점	대 책
바람에 의한 염해	・식물의 염분피해 ・바람에 의한 식물의 건조현상	・내염성수종선정 ・유효토심확보 ・방풍막(벽)조성
물에 의한 염해	・건조시 모세관수 상승 ・지표면에 염분층 형성	・배수 자갈층으로 모세관수 차단 ・토양 탈염방안 모색
건조피해	・건조바람에 의한 토양수분 증발 ・토양의 보수력 부족	・보습제로 보습력 증가 ・멀칭으로 토양수분 유지 ・관수시설 설치
토양 양분부족	・토양의 낮은 비옥도	・콩과식물의 비료목 활용 ・퇴비등 유기질 비료 첨가
토양 식물피복	・식물도입에 수년간 시간 소요 ・식물 피복 전 풍식에 의한 토양침식	・선구식물 도입 ・염생식물 및 잔디도입

〈출처 : 이한석·이점숙, 부산북항재개발사업(1단계) 실시설계용역 중 생태도시 구축방안 연구, p.51〉

- 해양공간의 녹화계획에서는 녹지의 기능을 명확하게 하고 녹지의 내용을 상세하게 검토하며 주변 환경의 면밀한 조사에 근거하여 적정한 식물을 선정하는 것은 물론 식물이 살 수 있는 양호한 식생환경을 마련한다.
- 해양공간에서는 기온 변화가 적고 적설량·강수량이 적으나 바람은 강하다. 강한 바람은 수목의 줄기를 꺾는 등 해를 미칠 뿐만 아니라 잎의 증발량을 높여 생리적으로 스트레스를 주며 조풍해나 염수해를 일으킨다. 따라서 녹지나 식재지에는 바람에 대한 대책과 조풍해 및 염수해 예방책을 마련한다.

침엽수	해송, 비자나무, 편백, 측백, 향나무, 눈향나무
상록활엽수	구실잣밤나무, 굴거리나무, 녹나무, 붉가시나무, 참식나무, 후박나무, 까마귀쪽나무, 감탕나무, 먼나무, 생달나무, 후피향나무, 광나무, 꽝꽝나무, 금목서, 돈나무, 동백나무, 사철나무, 섬쥐똥나무, 다정큼나무, 식나무, 회양목, 백정화, 자금우
낙엽활엽수	느티나무, 느릅나무, 멀구슬나무 때죽나무, 매화, 배롱나무, 붉나무, 자귀나무, 조팝나무, 가막살나무, 순비기나무, 쥐똥나무, 해당화, 낭아초
덩굴식물	송악, 모람, 마삭줄, 줄사철
대나무류	맹종죽, 이대, 해장죽
초본류	해국, 통보리사초, 좀보리사초, 갯메꽃, 참나리, 원추리, 갯씀바귀, 갯쑥부쟁이, 갯잔디, 땅채송화, 섬기린초, 천문동, 벌노랑이

- 해양공간에서의 식재는 내염성(耐鹽性)이 강한 수목을 주로 사용하고 수목의 생활 형태를 고려하여 식재를 선정하는 것이 중요하다. 우리나라는 해역별로 내염성에 강한 수종이 다른데 남해안에서 주로 사용할 수 있는 내염성 수종을 정리하면 다음과 같다.[19]
- 해양공간에서는 식재를 위한 지반정비가 중요한데, 특히 원활한 배수와 토양의 염분대책이 중요하다. 따라서 해양공간의 용도 및 구조 등에 적합한 성토방식을 [표 2-6]과 같이 계획하고 이를 위한 구조적 바탕을 마련한다.
- 해양공간의 위치에 따라 지리·기후·지형·토지이용 등의 차이에 의해 식물의 식생환경이 아주 다르기 때문에 식생환경과 식물의 생활, 식물의 종류와 특성, 식물끼리 상호관계 등을 검토하여 식재를 계획한다.
- 해양공간에 단지나 도시를 계획하는 경우에는 환경정비시설로서 녹지를 계획한다. 입지영역의 환경압이 혹독한 것을 고려하여 식물 생육에 무리 없는 배치 등 환경압에 대한 대책을 마련한다.
- 친수공간을 계획하는 경우에는 녹지의 존재로서 기능과 이용 측면에서의 기능 모두를 고려하고 기존 녹지 및 수목의 보전과 새로운 친수기능의 녹지를 조화시켜 계획한다.
- 매립지에 녹화를 계획하는 경우에는 배수가 불량하고 토양에 염분이 많으므로 지형에 변화를 주어 배수성을 높이고 식생지의 토양 염분을 줄이도록 계획한다.

[표 2-6] 해양공간의 녹화를 위한 성토방식

방 식	형 태	특 성
① 평지방식	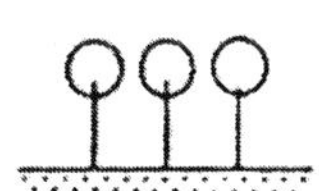	• 내용 : 기반을 평지형으로 조성한다. • 장점 : 조성작업이 간단하다. • 단점 : 체수(滯水)가 발생하여 습하기 쉽다. (뿌리가 썩고 생장저하가 발생하기 쉽다.)
② 마운드방식	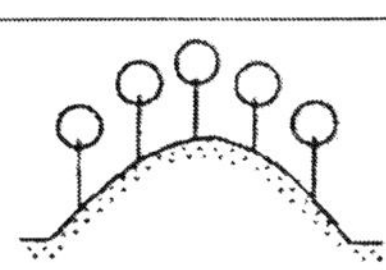	• 내용 : 기반을 마운드형으로 성토한다. • 장점 : 배수성이 높은 수목의 생장에 좋다. • 단점 : 특히 안쪽의 조성작업이 조금 복잡하다.
③ 축제방식	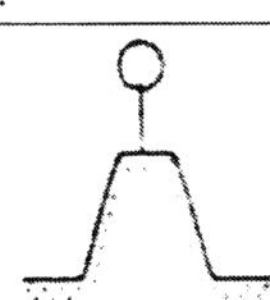	• 내용 : 기반을 제방형으로 성토한다. • 장점 : 배수성이 좋다. • 단점 : 천단부가 건조하기 쉽다. (가지선단의 고사 등이 발생하기 쉽다.)
④ 대형마운드방식	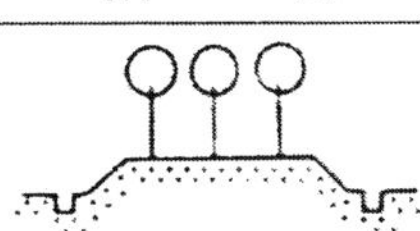	• 내용 : 기반을 낮은 받침대형상으로 성토한다. • 장점 : 조성작업이 비교적 간단하다. • 단점 : 조금 습하게 되는 경우가 있다.

〈출처 : 磯部雅彦 編著, 海岸の環境創造, p.37〉

19) 이한석·이점숙, 부산북항재개발사업(1단계) 실시설계용역 중 생태도시 구축방안 연구, pp.51~59 참조

참고문헌

1. 강영훈, 부유식 수상거주시설 건축계획에 관한 연구, 한국해양대학교 박사학위논문, 2013
2. 김경인외 역, 수변의 경관설계, (주)브이아이랜드, 2005
3. 김기환, 해양건축과 건축물의 색채, 국제신문, 20면, 2009.06.21
4. 박상길·김가야·이한석·이명권 공역, 이소베 마사히코 저, 워터프런트학 입문-해안의 새로운 환경창조, 부산대학교출판부, 2005
5. 배현미·김종하·김경인 공역, 워터프런트의 경관설계, 보문당, 2001
6. 부산북항재개발(주), 부산항(북항) 지구단위계획 및 기본계획수립 용역 조경계획보고서, 2008
7. 이한석·도근영 공역, 橫內憲久·워터프런트계획연구회 편, 워터프런트계획, 도서출판 이집, 2000
8. 이한석·송화철·이명권·박건 공역, 小林理市 저, 알기 쉬운 해양건축물의 설계, 도서출판 이집, 2000
9. 이한석·송화철, 플로팅 아일랜드 리조트 개발을 위한 기획연구, (사)해양산업발전협의회, 2009
10. 이한석·이점숙, 부산북항재개발사업(1단계) 실시설계용역 중 생태도시 구축방안 연구, (주)유신코퍼레이션 외, 2009
11. (사)한국항만협회, 항만 및 어항 설계기준, 2005
12. 日本建築學會, 海洋建築計劃指針, 1988
13. 日本建築學會, 海洋建築物構造設計指針(浮遊式)·同解說, 1987
14. 日本建築學會, 海洋建築と環境, 1991
15. (財)沿岸開發硏究센터, 浮體構造物技術매뉴얼, 1990
16. (社)日本建築센터, 海洋建築物安全性評價指針, 1990
17. 磯部雅彦 編著, 海岸の環境創造, 朝倉書店, 1994
18. (財)日本リバーフロント整備センター 編, 川の親水プランとデザイン, 山海堂, 1996
19. University of Kent, School of Computing 홈페이지 http://www.cs.kent.ac.uk/

제 3 장

플로팅건축물계획

3.1 플로팅건축물의 개요

3.1.1 플로팅건축물의 개념

'플로팅건축물(floating building)'이란 부유식 구조물(하부부체)을 기초로 하여 물 위에 뜨는 건축물이다. 선박과 마찬가지로 부력에 의해 건축물의 자중에 저항하는 형태를 취하지만 항해를 목적으로 하지 않기 때문에 선박과는 분명하게 구분된다.

플로팅건축물은 [그림 3-1]과 같이 부력에 대응하는 하부부체, 위치 및 거동을 제어하기 위한 계류시설, 생활공간을 제공하는 상부시설, 육지로부터 접근을 위한 접근시설, 파도 등 외력으로부터 건축물을 보호하기 위한 외곽시설로 구성된다.

해양공간은 그동안 선박운항, 치수(治水), 어업과 수산자원채취 등의 목적으로 활용되어 왔다. 그러나 최근에는 생활양식의 변화에 따라 새로운 생활공간으로서 해양공간에 대한 관심이 높아지고 있으며, 이에 따라 바다 물위에서 사람들이 거주할 수 있는 플로팅건축물이 늘어나고 있다.

[그림 3-2]에서 보는 바와 같이 유럽과 미국에서는 수상주택, 수상콘도미니엄, 수상레스토랑, 수상호텔 등 플로팅건축물의 종류가 다양하며 네덜란드의 경우에는 약 2,400가구가 플로팅주택에서 생활하고 있다.

일본에는 수상레스토랑 이외에 해상플랜트 등 대형 플로팅건축물이 있다. 특히 일본메가플로트기술연구조합은 1995년부터 6년간 해상공항건설을 위한 연구를 수행하였다. 길이 1,000 m, 폭 121 m, 깊이 3 m 메가플로트[20]를 이용하여 활주로를 제작하고 요코스카항내에 설치하고 항공기 이착륙실험까지 실시하였다.

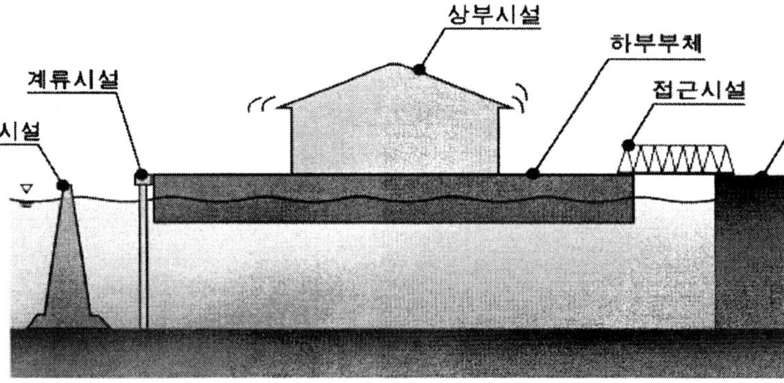

[그림 3-1] 플로팅건축물의 개념도

20) 길이가 1 km를 넘고 면적이 수십 헥타르 이상 되는 대형 플로팅구조물을 의미함

국내에서는 해안, 호수, 강에 유람선 선착장 겸 수상레스토랑이 약 80개 설치되어 있고 그 가운데 한강에만 20개 이상 설치되어 운영 중이다. 또한 남해안에는 바다낚시를 위한 해상콘도형식의 플로팅건축물이 수십 동 설치되어 운영 중이다.

최근에는 한강에 플로팅건축물로서 플로팅아일랜드(세빛둥둥섬), 서울마리나의 클럽하우스, 여의도플로팅스테이지 등이 설치되었고, 2012여수세계박람회장에는 플로팅스테이지가 들어섰으며, 경남 사천의 실안선상카페와 제주도 성산포의 제주마린리조트(호텔 겸 바다낚시시설) 등 레저용 플로팅건축물이 조성되었다.

최근에는 부유식 인공섬과 같은 대규모 플로팅구조물을 이용한 해상도시계획도 발표되고 있는데, 이를 실현하기 위해서는 대형 플로팅구조물과 주변 자연환경의 상호작용이 명확하게 규명되어야 하고 해상도시에서의 친수성, 거주성, 안전성, 쾌적성에 대한 연구가 필요하다.

[그림 3-2] 플로팅건축물의 사례

이와 더불어 불특정 다수의 사람들이 일시적으로 집중하는 플로팅스테이지, 플로팅스타디움 등 공공공간이나 첨단 정밀기기와 정보통신장비의 사용이 필수적인 해상공항과 같은 플로팅건축물에서는 비상상황에 대한 시나리오와 이에 따른 철저한 방재 및 피난대책이 필요하다.

플로팅건축물은 설계목적, 이용현황, 이동가능성 등에 따라 [표 3-1]과 같이 크게 세 가지로 유형으로 구분된다.

- 첫 번째 유형은 고정형으로서 당초 건축물의 용도로 설계되었으며, 현재에도 그 목적대로 이용되고, 한 곳에 영구적으로 고정되어 설치된 건축물이다.
- 두 번째 유형은 선박전용(轉用)형으로서 당초 선박의 용도로 설계되었으나, 현재에는 한 곳에 고정하여 설치되고, 건축물의 용도로 사용되고 있는 건축물이다.
- 세 번째 유형은 이동형으로서 당초 건축물의 용도로 설계되었으며, 지금도 건축물의 용도로 사용되고 있으나, 한 곳에 고정되지 않고 수시로 이동하며 사용되는 건축물이다.

기존 「건축법」이나 「선박법」에 따르면 이상 세 가지 유형의 플로팅건축물은 법적으로 동일한 법을 적용하기가 곤란하다. 따라서 서로 다른 법을 적용하여 '건축물' 혹은 '선박(부선)'으로 법적 지위를 부여하고 있다.

현재 「건축법」에 의해 건축물로서 인정받는 플로팅건축물은 당초 건축물의 용도로 설계되고, 수역의 일정한 위치에 고정하여 설치되는 부유식 형태의 건축물이다. 이러한 플로팅건축물은 육지에 입지 곤란한 시설물이나 자연재해 시 피난시설물로서 이용되고, 또한 해양에너지·수산자원·광물자원 등 해양자원의 이용 및 해양공간의 활용을 위해 적극 활용된다.

그리고 수심의 변화에 비교적 자유로운 플로팅건축물은 지구온난화로 인해 발생하는 해수면상승에 따른 연안의 침수에 대해 적극적인 대응 수단으로 채택되고 있으며, 바다를 매립하거나 고정식 구조물을 설치함으로써 발생하는 해양오염과 생태계의 파괴 등에 대한 해결안으로 제안되고 있다.

한편 플로팅건축물은 육지의 일반건축물과 비교하여 바다에 위치하기 때문에 태양열, 태양광, 풍력, 해수열 등 자연에너지를 획득하고 사용하기가 훨씬 쉬워서 친환경적 건축물로서 인정받고 있다.

이에 반해 플로팅건축물은 주변 해양환경에 부정적 영향을 미치고, 어업활동 및 선박항행에 방해가 될 수 있으며, 일반건축물보다 건설 및 관리 비용이 크고 태풍이나 해일 등 자연재해에 취약한 단점도 가지고 있다.

이러한 특성을 가진 플로팅건축물은 특별한 설계 및 시공기술이 필요하다. 일반건축물에 적용되지 않는 온도하중·결빙하중·파랑하중을 고려해야 하고, 거주공간의 쾌적성을 확보하기 위해 동요를 최소화하는 기술이 필요하다.

[표 3-1] 플로팅건축물 유형

유 형	사 례	특 성	법적 지위	비 고
1. 고정형		• 당초 건축물 용도로 설계 • 한 곳에 항구적으로 고정하여 설치	• 「건축법」에 의한 '건축물'로 취급함	• 평상시 수변에 고정 설치되어 있으나 물이 불어나면 플로팅건축물이 되는 것을 포함
2. 선박전용형		• 당초 선박 용도로 설계 • 건축물 용도로 전환 • 한 곳에 항구적으로 고정하여 설치	• 「선박법」에 의한 '선박'으로 취급함 • 단 「건축법」에 맞게 개조한 경우에는 「건축법」에 의한 건축물로 인정함	
3. 이동형		• 건축물 용도로 설계·시공 • 이동을 목적으로 함 • 한 곳에 항구적으로 고정 설치되지 않음	• 「선박법」에 의한 '선박(부선)'으로 취급함	• 크루즈선박과 유사한 기능을 가짐

또한 상부시설과 하부부체의 연결부, 하부부체의 거동이 상부시설물(커튼월, 간막이벽 등)에 미치는 영향, 비상 시 계류시스템의 안전성, 육지로부터 건축물에의 접근 등과 관련된 기술이 요구된다.

이와 더불어 건축물의 제작, 진수, 예인, 설치와 관련된 시공기술, 재료의 내구성 및 내습성 등 건축재료에 관한 기술, 방재 및 안전에 관한 기술, 하부부체 내부공간의 활용기술, 신재생에너지 적용기술 등도 요구된다.

3.1.2 플로팅건축물의 특성

플로팅건축물의 가장 큰 특성은 기초구조물에 있다. [그림 3-3]과 같이 물 위에 뜨는 부유식 기초구조물을 사용하는 해양건축물을 '플로팅해양건축물' 혹은 '부유식 해양건축물'이라고 부른다.

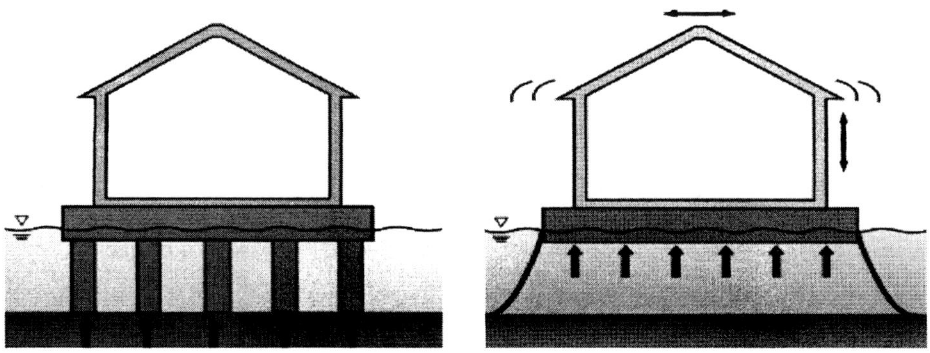

(a) 고정식 해양건축물 (b) 부유식 해양건축물

[그림 3-3] 해양건축물의 기초

플로팅건축물은 부체(浮體)를 이용하여 수상에 떠 있으며 물의 부력으로 지지된다. 따라서 파랑, 조류, 바람 등 해양환경의 영향을 받아 건축물에는 동요(動搖)[21]가 발생하고, 동요의 강도와 주기에 따라서 구조물에 영향을 미치며 이용자들에게도 불쾌감과 행동의 제약을 초래하고 멀미를 일으키기도 한다.

[표 3-2] 고정식과 부유식 해양건축물의 특성

구 분	특 성
고정식 해양건축물	• 매립식, 중력식(착저식), 유각식으로 구분됨 • 해저지반의 지내력 또는 구조물의 자중으로 하중 및 외력에 저항 • 해양환경의 영향을 받으나 동요는 발생하지 않음 • 상부시설물은 일반건축물과 동일하게 설치할 수 있음 • 해저지반의 형태, 지질 등에 많은 영향을 받음 • 깊은 수심에는 적합하지 않으며 수심이 깊을수록 비경제적임 • 해양생태계에 미치는 영향이 부유식 구조물 비해 큼
부유식(플로팅) 해양건축물	• 부함식, 반잠수식 등으로 구분됨 • 상부시설물의 하중 및 외력 등을 부력을 이용하여 대응 • 파도, 조류, 바람 등 해양환경에 민감하게 반응함 • 구조물에 상하, 좌우, 전후 및 회전 운동이 발생함 • 해양환경이 구조물 안정성 및 거주성능에 직접 영향을 미침 • 해저지반의 형태, 지질 등에 영향을 받지 않음 • 수심에 상관없이 사용이 가능함(부체에 따라 최소 수심이 필요함) • 수심이 깊은 곳에서는 고정식 건축물에 비해 경제적임 • 고정식 건축물에 비해 해양생태계에 미치는 영향이 적음

21) 외력 등으로 인해 부유하는 구조물에 작용하는 힘의 균형이 깨져서 구조물이 움직이기 시작하면 구조물에는 원래 위치로 되돌아가려는 복원력이 작용하는데 이 과정에서 발생하는 구조물의 움직임을 '동요(oscillation, 動搖)'라고 함

해상에 설치되는 플로팅건축물의 경우에는 수심 및 파랑의 변화에 따른 수직방향의 동요는 허용하되 수평방향의 동요는 체인이나 돌핀 등 계류시설을 이용하여 제어한다. 부유식 해양건축물과 고정식 해양건축물의 특성을 비교하여 정리하면 [표 3-2]와 같다.

플로팅건축물은 해저지반에 고정되지 않아 수심이나 해저지반의 성질에 관계없이 수역을 활용할 수 있으며, 계류시설로 고정되기 때문에 필요한 경우 해상에서 위치 이동이 가능하고 유닛(unit) 부재의 결합을 통해 이용 상황, 사회 변화 등에 맞춰 증설이 가능하다.

중·소규모 플로팅건축물의 경우 선박과 같이 공장에서 건조하여 입지로 이동한 후 수상에 설치하며 대량생산이 가능하다. 또한 하부구조물, 상부시설물, 계류시설 등 구성요소별로 공장건조와 현장작업을 동시에 진행할 수 있어서 공사기간을 줄일 수 있으며 설치 후 바로 이용이 가능하다.

플로팅건축물은 직접 지반에 고정되지 않아 지진에 대해 비교적 안전하지만 계류시설은 지진의 영향을 직접 받는다. 그러나 계류시설에 작용하는 지진력은 체인의 장력이나 펜더(완충재) 등에 의한 충격흡수로 건축물 자체에 큰 영향을 미치지 않는다.

한편 플로팅건축물을 이용하는 가장 큰 이유 중 하나는 매립공법에 비하여 해양생태계에 미치는 영향이 작다는 것이다. 매립의 경우 기존 해양생태계를 완전히 파괴시키며 조류의 흐름을 바꾸어 주변 생태계에 많은 부정적 영향을 미친다. 또한 한번 매립한 경우에는 기존 상태로 복원이 불가능하다.

플로팅건축물의 경우에는 [표 3-3]과 같이 기존 해양생태계를 완전히 파괴하지 않으며[22],

[표 3-3] 플로팅건축물의 해양생태계 영향

구 분	해양생태계 영향
조류	수역을 완전히 매우는 것이 아니므로 조류의 흐름에 많은 영향을 미치지 않음
수질	부체 하부와 주변으로 충분한 흐름이 유지되므로 기존 수질을 유지할 수 있음
플랑크톤	영구음영구역이 생기는 부체 하부에서 플랑크톤의 광합성은 불가능 하나 조류의 흐름을 타고 부체 밖으로 흘러 나와 광합성이 가능하여 플랑크톤에 미치는 현저한 영향은 없음
저질	충분한 흐름이 존재하므로 저질에 산소공급이 원활하고 자연정화사이클이 정상적으로 작동할 수 있어 저질에 큰 변화는 없음
저생생물	저생생물에 미치는 영향은 미비하나 해조류 등의 저생식물은 소멸할 수 있으며 부체에서 탈락한 부착생물 및 그 시체가 영향을 미칠 수 있음

〈출처 : (財)日本造船技術センター 浮体(メガフロート)技術部 홈페이지 참조〉

22) 플로팅건축물이 기존 해양생계에 영향을 미치지 않는 것은 아니며 부유식 구조물 하부에 영구음영구역(永久陰影區域)이 만들어져 기존 해양생태계에 변화를 줄 수 있으나 충분한 물의 흐름이 유지되어 생태계의 영향을 최소화할 수 있음

건축물 주변에 충분한 물의 흐름을 유지하여 기존 생태계 및 수질도 유지할 수 있다. 최악의 경우 플로팅건축물의 이동 및 제거를 통해 기존 상태로 복원할 수 있다.

플로팅건축물의 단점으로는 해양의 물리적 환경과 기후환경에 직접 영향을 받는다는 것이다. 따라서 플로팅건축물은 파랑, 바람, 조류 등 해상(海象) 및 온도, 습도 등 기상(氣象) 조건에 대하여 충분한 강도와 안전성을 확보하며, 방재 및 피난 측면에서 충분한 대책이 필요하다.

또한 플로팅건축물은 파도, 조류 등에 의한 지속적인 환경하중과 해수 및 해양생물의 영향으로 인해 일반건축물에 비해 수명이 짧으며 지속적인 시설물 유지보수를 위해 많은 관리비용이 부담된다.

한편 플로팅건축물은 현재 법적 지위가 명확하지 않아 「건축법」 및 「선박법」의 이중 적용을 받아서 공사비가 증가되며, 재산권의 행사에 어려움이 발생하고, 수역 점용 및 사용기간의 제한에 따라 사업의 연속성 확보에 어려움이 있을 수 있다.

3.1.3 플로팅건축물의 계획특성

플로팅건축물은 기능, 용도, 목적에서 일반건축물과 유사하나 입지 및 구조적 측면에서 일반건축물과 다르므로 플로팅건축물계획에서는 선박이나 해양에 관한 내용까지 다루어야 한다.

플로팅건축물의 계획단계에서 입지, 배치, 상부시설물, 하부구조물, 계류시설, 방재 및 법제도 등 일곱 가지 분야에서 고려해야 할 주요 계획항목들을 정리하면 [그림 3-4]와 같다. 이와 함께 플로팅건축물의 계획에서 검토해야 하는 조건들을 정리하면 [표 3-4]와 같다.

① 기본조건

기본조건으로는 자연조건, 사회조건, 법제도, 접근방법, 설비시스템 등이 있다. 자연조건은 기상(氣象), 해상(海象), 지상(地象) 세 가지이며, 이러한 자연조건은 건축물의 입지, 기능, 용도, 가동일수 등에 직접 영향을 미치고 무엇보다도 건축물의 안전성에 영향을 미친다.

사회조건에서 배후도시의 인구, 사회구조, 접근성 등은 건축물의 사업성에 많은 영향을 미치고 어업권, 선박통항, 선박정박 등 기존의 해역 이용현황 및 권리관계는 사업성에 영향을 줄 뿐 아니라 지역사회와 마찰 원인이 되어 사업수행에 많은 어려움을 초래할 수 있다.

법제도에 대해서는 건축물의 법적 지위뿐만 아니라 건축물의 입지 수역에 관련된 법적 조건을 검토한다. 접근에 관련해서는 사람의 왕래나 물품의 공급통로뿐만 아니라 비상시 피난탈출과 관련하여 접근방법을 계획한다.

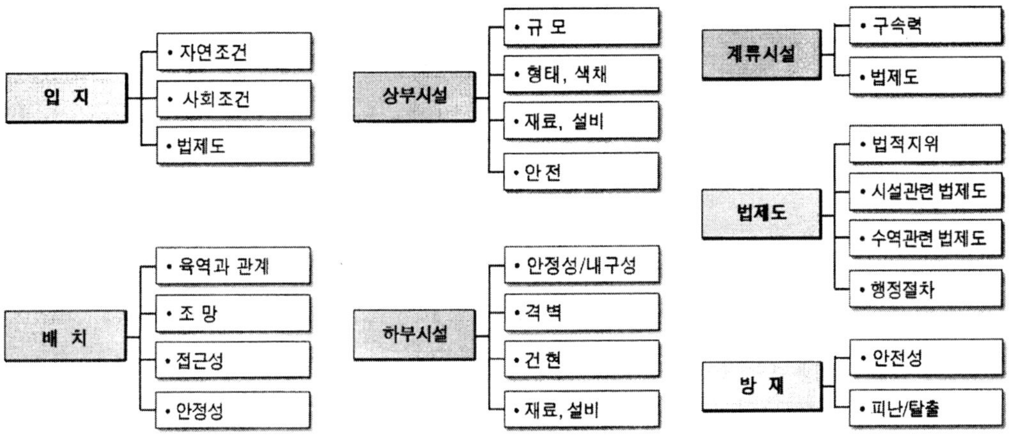

[그림 3-4] 플로팅건축물의 계획항목

[표 3-4] 플로팅건축물의 계획조건

구 분	조 건	검토 내용
기본조건	자연조건	• 기상, 해상, 지상 조건
	사회조건	• 어업권, 항만, 항로, 배후도시
	법제도조건	• 법적 지위, 관련법규제
	접근방법	• 입지조건과 접근방법
	설비시스템	• 전기, 상수도, 연료, 폐기물처리, 밸러스트
구조안전	사용한계	• 안정성, 동요한계, 건현
	구조강도	• 종강도, 횡강도, 구조물균열 및 피로, 계류시설파괴
재난방지	외부방재	• 충돌, 표류, 전복, 침몰
	내부방재	• 소화, 방폭, 배수, 수밀구획, 방화구획
	피난탈출	• 피난로, 구명장치, 탈출장치
시공 및 관리	시 공	• 재료, 시공방법(현장설치, 공장건조, 운반 등)
	보수·감시	• 정기검사, 관리체계, 보수조건
	운영·관리	• 운영형태, 적재조건, 출입제한, 밸러스트조정

〈출처 : 이한석·송화철 공역, 알기 쉬운 해양건축물설계, p.27〉

설비시스템에 대해서는 생활과 관련된 기반설비의 도입에 대한 검토가 필요하다. 플로팅건축물에 설비시스템을 도입하는 방법은 다음과 같이 크게 세 가지로 나눌 수 있다.

- 육지의 설비플랜트에서 배관·배선을 통해 공급받거나 배출하는 방법
- 플로팅건축물에 모든 설비플랜트를 설치하여 자체 발전 혹은 생산하는 방법
- 설비플랜트를 플로팅건축물 인근에 별도로 설치하여 사용하는 방법

② 구조안전

구조안전의 조건에는 사용한계와 구조강도가 있다. 사용한계는 파도, 바람, 조류 등에 의한 부체 움직임에 대하여 부체가 가지는 복원력과 관계된다. 사용한계는 상부시설물의 배치, 규모, 무게와 하부구조물의 규모, 구조형식, 재료, 설비 등에 따라 달라지며 특히 건현[23]에 의해 많은 영향을 받는다.

구조강도는 자중, 환경하중 등 설계하중 조건에 대하여 요구되는 구조물 자체의 강도를 의미한다. 구조강도는 요구되는 사용연수 동안 예상되는 하중에 대하여 견딜 수 있도록 계획한다.

③ 재난방지

플로팅건축물에서는 예상하지 못하는 재난이 발생할 수 있으며, 재난에는 외부재난과 내부재난이 있다. 외부재난으로서 통항하는 선박이나 부유물질 등과 충돌, 계류시스템의 파괴, 건축물의 표류, 전복, 침몰 등이 있다.

내부재난으로는 화재와 침수가 있다. 내부재난의 경우 건축물의 특성상 외부로부터 도움을 받는 것이 어려운 경우가 있으므로 자체적으로 재해를 최소화할 수 있는 방법이 필요하다.

④ 피난탈출

수역에 위치하는 플로팅건축물에서는 사고나 재난 시에 육지로 피난하는 것이 어렵거나 불가능한 경우가 있으므로 건축물의 입지조건과 접근특성을 고려하여 적절한 피난 및 탈출방법이 필요하다.

⑤ 시공 및 관리

플로팅건축물은 수상에 설치되므로 현장에서의 시공이 어렵기 때문에 현장작업을 최대한 줄이기 위해 모듈계획이나 선조립 탑재공법(pre-fabrication)을 활용한다. 플로팅건축물의 시공방법은 크게 다음 두 가지로 구분된다.

- 공장(혹은 인근 야드) 건조-이동-현장조립-현장설치(공장제작 → 현장조립 및 설치)

23) 건현이란 부체에 짐을 가득 실었을 때 수면에서 부체의 상갑판 위까지의 수직 거리를 말함

• 공장(혹은 인근 야드) 건조-조립-이동-현장설치(공장제작 및 조립 → 현장설치)

두 가지 경우 모두 공장에서 건조한 후 이동해서 현장에 설치하는 것으로서 이동방법, 이동경로, 현장설치 등에 대한 계획이 필요하다.

한편 플로팅건축물은 지속적인 유지보수를 위하여 수중에 잠긴 부분이나 하부부체의 내부공간 등 모든 부분에 접근이 용이해야 한다. 또한 부유식 구조물의 균형을 위해 물건이나 설비의 적재, 사람들의 이동, 밸러스트 조정 등에 대한 사항을 미리 검토한다.

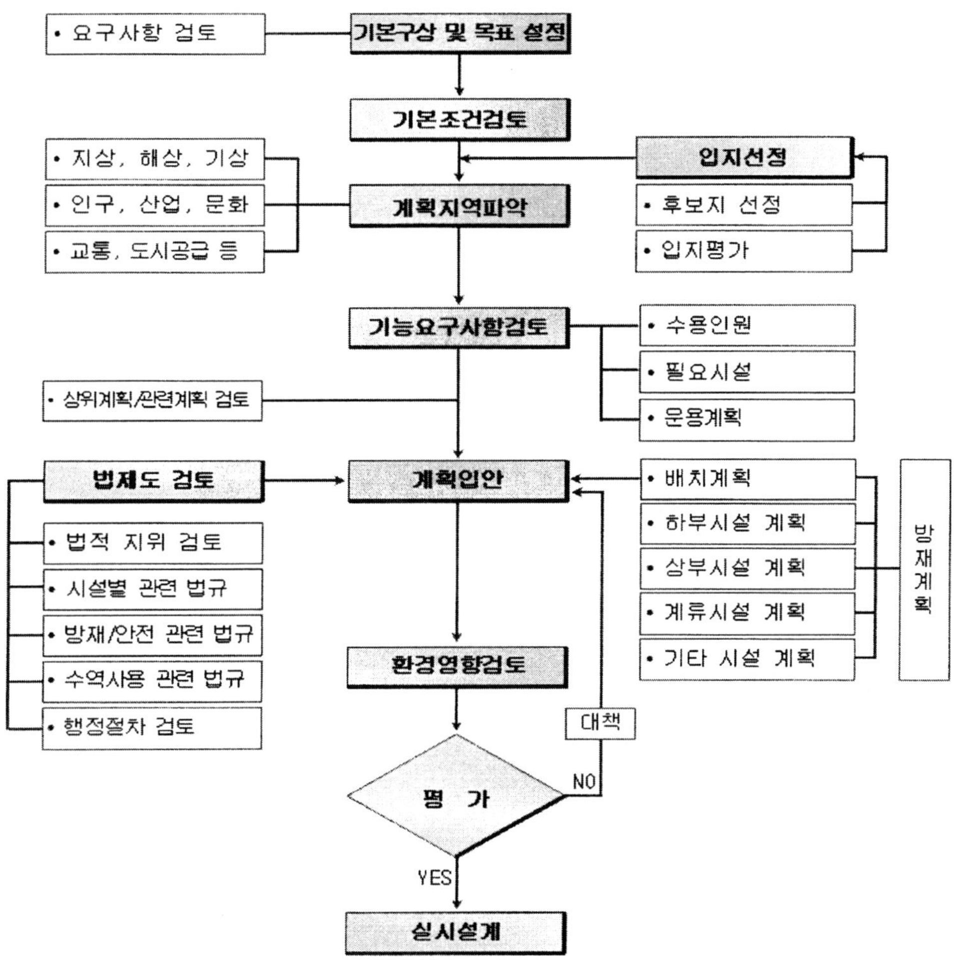

[그림 3-5] 플로팅건축물의 계획순서

이상의 조건을 고려한 플로팅건축물의 계획절차는 [그림 3-5]와 같다. 먼저 건축물의 기능, 용도, 목적에 따른 기본적인 요구사항과 조건들을 파악하고, 건축물이 들어설 입지에 대한 평가와 선정이 이루어진다.

입지가 선정되면 계획안을 작성하는데 이 과정에서 입지의 자연조건, 사회조건, 법제도 등을 면밀히 검토하고 건축물의 용도, 규모, 운영계획 등 요구사항을 반영하여 배치계획, 상부시설물계획, 하부구조물계획, 계류시설계획, 방재 및 피난계획 등을 실시한다.

3.2 입지선정 및 배치계획

3.2.1 입지조건

플로팅건축물의 경우 안전성이나 쾌적성 등을 고려하여 적절한 입지를 선정해야 한다. 플로팅건축물의 입지조건은 구조물의 강도, 방재 및 피난 등 안전성과 직접 관련되어 있으며, 사람들의 일상생활에 지장을 주거나 불쾌감에도 영향을 준다. 또한 입지조건은 수질이나 해양생태계와도 깊은 관계가 있다.

플로팅건축물의 입지는 시설물의 기능과 용도, 주변과의 관계 등 건축계획 측면, 자연재해를 예방하고 주변 환경에 미치는 영향을 고려한 배치계획 측면, 그리고 이용자 및 거주자의 생활을 위한 쾌적성 측면에서 다음과 같은 조건을 만족해야 한다.

(1) 건축계획 측면

건축계획 측면에서 플로팅건축물의 입지는 해역과 육역이 서로 연계되고 균형을 이루는 곳이 적합하다. 즉 지형, 경관, 기후 등 자연조건과 교통시설, 접근성, 토지이용, 개발계획 등 사회조건이 적절하고, 배후지역과 연계가 잘되는 곳이 적합하다.

특히 플로팅건축물의 입지는 육지에서 보는 수(水)경관이 아름답고, 플로팅건축물에서 보는 수변경관 역시 아름다운 곳이어야 한다. 또한 플로팅건축물에서 사용하는 물, 에너지 등의 공급과 오수 및 폐기물의 처리를 위해 인접한 육지에서 지원이 가능한 곳이어야 한다.

이밖에도 플로팅건축물에는 초기 건설비와 관리운영비가 많이 들기 때문에 건축물에 대한 재산권이 확보되지 못하면 설치 자체가 불가능하다. 따라서 플로팅건축물에 대한 재산권 행사가 쉽게 이루어 질 수 있도록 법제도가 정비된 곳이 입지조건으로서 중요하다.

또한 바다에는 다양한 규제가 적용되며 수역에 따라서는 관리기관이 다르고 이와 더불어 수면의 점·사용 권리가 이미 주어진 곳이 많기 때문에 규제가 적고 수면 점·사용 문제를 쉽게 해결할 수 있는 입지를 선정한다.

이상에서 살펴본 건축계획 측면에서 플로팅건축물의 입지조건을 정리하면 다음과 같다.

- 플로팅건축물이 들어설 수역은 주변 육역과 조화된 곳
- 안전하고 편리한 건축물이 되도록 지형을 비롯한 자연조건이 갖추어진 곳
- 아름다운 경관 및 깨끗한 환경 등 자연환경이 보전된 곳
- 플로팅건축물을 위한 에너지 공급 및 폐기물 처리가 가능한 곳
- 플로팅건축물 설치 및 운영을 위해 법제도와 권리문제의 해결이 가능한 곳

(2) 배치계획 측면

플로팅건축물의 배치에서 중요한 것은 자연재해로부터 건축물의 안전이므로 가능한 자연재해가 없는 곳을 입지로 선정하는 것이 중요하다. 입지는 높은 정온도가 확보되는 곳이어야 하며 정온도가 낮은 수역의 경우에는 외해 또는 탁월파 방향에 소파제, 방파제 등 외곽시설의 설치를 고려한다.

또한 플로팅건축물은 해양환경의 파괴, 수질오염 등 환경문제를 일으킬 수 있으므로 이를 최소화할 수 있는 입지를 선정한다. 특히 수질은 플로팅건축물의 이용에 영향을 주는 중요한 요인이므로 처음부터 수질이 좋은 입지를 선정한다.

한편 플로팅건축물에 인접한 육역은 건축물에 접근하는 시설이나 건축물 운영에 필요한 지원시설을 설치하는 장소이므로 입지선정에서 고려하고 수역에서는 항만구역, 어장, 항로 등에 지장을 주지 않는 곳을 선정한다.

배치계획 측면에서 플로팅건축물의 입지조건을 정리하면 다음과 같다.

- 지진, 고조, 태풍, 해일, 유빙 등에 의한 자연재해가 없는 곳
- 수질이 깨끗하고 건축물 이용에 따른 수질 보호가 가능한 곳
- 기존 항만, 항해, 어업 관련 활동에 영향을 미치지 않는 곳
- 해양생태계의 변화를 최대한 억제하고 자연환경 보호가 가능한 곳
- 바다나 육지를 통해 플로팅건축물로 무리 없이 접근이 가능한 곳

(3) 쾌적성 측면

플로팅건축물의 쾌적성은 다양한 요인에 의해 좌우된다. 특히 플로팅건축물이 입지하는 수역의 환경은 물리적·심리적 측면에서 쾌적성을 해칠 많은 요인을 가지고 있다.

쾌적성 측면에서 플로팅건축물의 입지조건을 정리하면 다음과 같다.

- 태양, 바람, 조류, 해수열 등 자연에너지를 이용할 수 있는 곳
- 수역에서 느끼는 고립감이나 불안감을 없앨 수 있는 곳
- 불쾌감을 주는 동요, 진동, 소음, 악취, 습기 등의 요인을 제거할 수 있는 곳
- 플로팅건축물의 실내공간에서 물리적으로 쾌적한 환경의 조성이 가능한 곳

3.2.2 입지평가

플로팅건축물의 입지조건에 맞는 후보지가 정해지면 이 가운데 최적 입지를 선정하기 위해 다음과 같은 평가항목과 평가지침을 바탕으로 해당 건축물의 기능 및 용도, 수역과 주변 육역의 조건을 고려하여 후보지들을 평가한다.

(1) 평가항목

플로팅건축물은 수역에 설치되기 때문에 기상, 해상, 지상, 환경 등 자연조건과 배후도시의 형태, 구조, 위치, 거리, 접근성, 기반시설 등 사회조건에 직접 영향을 받으므로 입지 후보지에 대해 위해 자연조건과 사회조건에 대한 정확한 평가가 필요하다.

플로팅건축물의 입지평가항목을 사회조건과 자연조건으로 나누어 정리하면 다음과 같다.

① 자연조건

플로팅건축물이 설치되는 수역의 자연조건은 건축물의 구조적 안전, 이용자의 쾌적함, 시설물의 기능 및 용도, 관리운영 등에 직접적인 영향을 미친다. 자연조건 가운데 가장 중요한 항목이 물과 관련된 수역 정온도, 수심, 수질이다.

자연조건 평가항목을 정리하면 [표 3-5]와 같으며 검토해야 할 주요사항은 다음과 같다.

- 파랑, 바람, 조류의 영향과 수역 정온도(靜穩度)는?
- 자연재난을 일으킬 수 있는 고조, 진파의 염려는 없는가?
- 해저지형의 구배가 작고 적정한 수심이 확보되어 있는가?
- 건축물의 계류가 용이하고 선박항해에 지장이 없는가?
- 주변 육역에서 안전하고 쉽게 접근할 수 있는가?

[표 3-5] 자연조건 평가항목

분류	평가항목		검토내용
기상조건	기온	• 기온변화(최고, 최저, 평균)	• 월별경년변화
	청천일수	• 맑음, 흐림, 비온날 수, 일조시간 등	• 월별경년변화
	강수	• 강수량 • 강수강도와 시간변화	• 강수량(월별경년변화) • 강우강도, 시간당 강수량
	풍황	• 풍향출현빈도 • 이상기상 시 바람 • 기타 바람특성 • 무풍일수, 돌풍회수, 지형과 풍향풍속	• 풍속단계별풍향출현회수(월별경년변화) • 돌풍출현회수(월별경년변화, 시간, 구역) • 무풍일(월별경년변화) • 태풍, 저기압출현회수, 통과코스 • 지형상황과 바람변화
	시정	• 시정과 기상상황 • 시계지속시간	• 안개출현회수 • 월별경년변화, 지속시간 및 분포
	기타	• 기타 기상상황(습도, 적설 등)	• 월별경년변화
해상조건	흐름상황	• 해류 • 조류 • 연안류	• 위치, 방향, 속도 월별경년변화 • 최강류시간변화
	조석	• 기본수준면 • 각종조위조화정수, 기상조	• 조위변화
	파랑	• 파랑발생빈도 • 이상기상 시 파랑 • 파랑굴절 및 회절현상	• 파랑단계별출현회수(월별경년변화, 파향) • 이상기상 시 파랑 • 파랑굴절 및 회절현상
	표사	• 표사특성	• 표사량, 이동한계 및 분포 • 매몰특성, 해안침식특성 • 쇄굴(洗掘), 비사(飛砂)특성
	기타	• 기타 해상상황 • 정진동·해일해소	• 정진동
지상조건	지형	• 해안지형 • 해저지형 • 배후지지형	• 해안선 형상, 유입하천경년변화 • 해저지형변화(깊음과 얕음) • 육역지형높이 및 경사각도
	지질	• 토질분류 • 토질역학실험	• 토질분류 • 토질역학실험결과
환경조건	경관	• 광범위한 현지조사 • 토지이용 관련 보존·개발지역	• 토지이용 관련 보존·개발지역 • 랜드마크
	생태계	• 육상생태계 분류와 분포 • 해중생태계 분류와 분포	• 육상동식물분류와 분포 • 해양동식물분류와 분포
	기타	• 기타 자연환경	• 수질 및 대기오염상황과 원인

② 사회조건 평가항목

수역에 입지하는 플로팅건축물은 에너지공급, 오폐수의 처리 등을 육역에 의존하며, 건축물의 기능 및 용도에 적합한 활용성과 사업성을 확보하기 위하여 배후도시가 필요하다. 또한 건축물의 설치를 위해 어업권, 통항권 등 수역에 설정된 기존 권리, 상위개발계획, 법제도 등에 대한 검토가 필요하다.

사회조건 평가항목은 [표 3-6]과 같으며 검토해야 할 주요사항은 다음과 같다.

- 배후도시의 사회적 환경은 적당한가?
- 기존 수역 이용주체들과 공존가능성이 있는가?
- 수역의 점용 및 사용을 위한 법적 규제는 없는가?
- 건축물의 기능과 연계하여 활용가능한 자원이 주변에 풍부한가?
- 지역계획 및 도시개발계획과 연계하여 건축물 설치가 가능한가?

[표 3-6] 사회조건 평가항목 (계속)

분류	평가항목		검토내용
커뮤니티 조건	사회구조 소득, 직업	• 인구, 소득, 직업	• 인구이동, 인구분포, 남녀연령구성 • 소득단계별인구, 직업분포상황
	생활구조	• 노동조건, 소비구조, 여가시간 • 생활의식, 자동차보유현황	• 노동조건 • 소득단계별 레저비용 점유율 • 여가시간, 해양레저활동 지향성 • 자동차보유율
	지역특성	• 지역문화, 풍속 등	• 풍속, 습관, 문화, 습관, 전통, 역사
연계 활용 자원	기존 거주시설	• 기존 시설 분포와 이용현황 • 부유식 거주시설현황	• 기존시설분포, 종류, 성격, 규모, 이용 • 플로팅건축물
	관광, 레저 자원	• 해양관광 및 레저자원 분포/이용 • 내륙관광, 레저자원시설 분포/이용	• 해양관광, 레저자원 및 내륙관광, 레저자원 분포와 이용현황
육역 이용 조건	토지이용	• 토지이용상황, 토지이용규제 • 공원분포와 정비현황	• 지목별 토지이용 분포 • 토지이용규제 현황 및 미래계획 • 자연공원, 도시공원분포와 정비현황
	교통체계	• 교통망현황(분포, 교통용량), 미래계획	• 교통망 정비상황, 교통체계 미래계획

[표 3-6] 사회조건 평가항목

분류	평가항목		검토내용
육역 이용 조건	기반시설	• 기반시설분류 및 분포	• 전기, 가스, 상하수도, 전화 분포
	하천	• 하천현황	• 수역에 영향을 미치는 하천
수역 이용 조건	수역이용 조사	• 해변이용현황과 미래 • 수역이용분포 및 범위 • 해상교통체계	• 해변종류 및 이용가능면적 • 이용자수월별경년변화 • 항만, 어항, 보존, 공원 등 구역
어업 조건	어항	• 어항종류, 분포, 시설현황	• 어항종류, 이용가능면적 • 선형별재항수, 어종별 수확고추이
	어로실태	• 어로형태	• 어로구역·방법·어기·어종
	활동상황	• 해역사용빈도	• 계절별 어선입출항시각, 집중도변화
	어업권	• 어업권 유무 및 규모	• 어업권설정구역, 종류
항만 조건	항만종류 시설이용 현황	• 항만종류 및 시설이용	• 항만종류·분포 • 시설규모 • 확장구역·시설정비계획
	항로이용 현황	• 해역사용빈도	• 항로혼잡도, 이용시간대변화, 이용선박
관련 계획 조건	관련계획	• 상위계획(국가차원) • 도시기본계획(배후도시)	• 국가 해양관광레저 관련 개발계획 • 지자체 해양관광레저 관련 개발계획
기타	주민의식		• 주민의식조사
	이해관계		• 주민, 해사관계자, 어업자 등
	법 규제	• 개발제한사항 • 항만지역, 군사지역 등	• 「항만법」, 「어촌·어항법」, 「해상교통안전법」, 공유수면 관련법 등 규제

(2) 평가지침

플로팅건축물의 입지평가는 이용적합성과 설치적합성의 측면에서 이루어진다. 이용적합성은 건축물의 이용 측면에서 입지의 적합성을 평가하는 것이며, 설치적합성은 건축물의 설치 측면에서 편리성 및 안전성을 평가하는 것이다.

이들 각각에 대한 평가지침을 항목별로 정리하면 [표 3-7] 및 [표 3-8]과 같다.

[표 3-7] 이용적합성 평가지침

<table>
<tr><th colspan="3">평가항목</th><th>평가지침</th></tr>
<tr><td rowspan="9">자연조건</td><td rowspan="2">기상</td><td>바람</td><td>• 태풍 등 강한 바람을 직접 받는 장소는 바람직하지 않음</td></tr>
<tr><td>시계</td><td>• 안개발생빈도가 높은 장소는 바람직하지 않음</td></tr>
<tr><td rowspan="3">해상</td><td>파랑</td><td>• 내만(內灣)·후미진 곳 등 파랑조건이 좋은 장소가 바람직함
• 항만 등 이미 외곽시설이 조성되어 있는 곳이 유리함</td></tr>
<tr><td>흐름</td><td>• 주변 흐름에 큰 영향을 주는 장소는 바람직하지 않음
• 주변 흐름은 느린 쪽이 좋음
• 유입하천 및 높은 수위 시 흐름 영향이 경미한 것이 바람직함</td></tr>
<tr><td>표사</td><td>• 폭우 때 표사(表沙)영향에 의해 매몰 위험성이 없는 장소가 좋음</td></tr>
<tr><td>지상</td><td>지형</td><td>• 설치수심은 건설비 관계 등으로 너무 깊지 않은 곳이 좋음
• 배후지와 고저차가 작고 급경사면을 형성하지 않는 곳이 좋음</td></tr>
<tr><td rowspan="2">환경</td><td>경관</td><td>• 보존지구로 지정된 곳은 좋지 않음
• 배후지 경관이 아름다운 곳이 좋음</td></tr>
<tr><td>생태계</td><td>• 생태계를 교란시킬 우려가 있는 장소는 좋지 않음</td></tr>
<tr><td rowspan="7">사회조건</td><td>구조</td><td>구조특성</td><td>• 배후인구가 많은 것이 좋음(반경 100 km 이내 최소 100만 명)
• 거점도시와 가까운 것이 좋음(차로 1시간 거리)</td></tr>
<tr><td rowspan="2">배후이용</td><td>토지이용</td><td>• 토지이용 상 규제가 엄격하지 않은 장소가 좋음
• 해양관광레저 관련 토지이용계획이 수립된 곳이 바람직함</td></tr>
<tr><td>수역이용</td><td>• 기존 도시기반시설을 이용하기 쉬운 장소가 바람직함
• 플로팅 건축물과 조화되는 수역이용계획이 있는 곳이 바람직함</td></tr>
<tr><td>해역이용</td><td>법규제</td><td>• 기존 이용권리나 법규제가 없는 곳이 바람직함</td></tr>
<tr><td>어업이용</td><td>어업</td><td>• 허가어업 등 어민활동에 영향을 미치는 장소는 좋지 않음
• 구획어업권이 설정되어 있지 않은 장소가 바람직함
• 어선의 항행에 영향을 주는 장소는 좋지 않음</td></tr>
<tr><td>기타</td><td>주민</td><td>• 이해 관계자와 민원을 해결하기 쉬운 장소가 바람직함</td></tr>
</table>

[표 3-8] 설치적합성 평가지침

평가항목			평가지침	평가기준 (평상시 : 연간 97.5% 이상 사용일)
자연조건	기상	바람	• 바람이 너무 세지 않은 곳	• 평상시 풍속 15 m/s 이하
		시계	• 안개 발생빈도가 낮은 곳	• 짙은 안개시 시거리 500 m 이상 • 안개일수 20일 이하
		기온	• 연평균 기온이 높은 곳	• 월평균수온 15℃ 이상 10개월 이상
		날씨	• 맑은 날, 일조시간이 많은 곳	• 평상시 집중호우가 없을 것 • 쾌청일수가 100일 이상일 것
	해상	흐름	• 물 흐름이 빠르지 않은 곳	• 평상시 2.5 m/s 이하
		조위	• 조위차가 크지 않은 곳	• 평상시 조차 1.5 m 이하
		파고	• 이상기상 시 파고가 높지 않은 곳	• 평상시 0.5 m 이하 • 이상기상시 1.5 m 이하
	육상	지형	• 바람과 파도 영향을 적게 받는 곳	• 암초 등 장애물이 없는 곳
		지질	• 부체구조물 앵커설치 지장 없는 곳	
사회조건	해역	수역	• 수역이용에 법규제 영향이 없는 곳 • 다른 수역시설과 복합 이용가능한 곳	
	어업	어업	• 어업활동에 영향을 주지 않는 곳 • 구획어업권이 설정되어 있지 않은 곳 • 어선항행에 영향을 주지 않는 곳	
	기타	주민	• 주민과 민원을 해결하기 쉬운 곳	

3.2.3 건축물의 배치계획

플로팅건축물의 입지가 정해지면 입지의 자연환경, 사회환경, 법제도 등을 고려하여 건축물의 배치계획을 마련한다. 배치계획에서는 구조물의 안전성 확보, 이용자 쾌적성 및 거주성 확보, 육역과 연계, 주변 환경과의 조화, 조망 및 경관에 대한 배려, 해양환경에 미치는 영향 최소화 등에 대해 고려한다.

플로팅건축물의 배치계획지침[24)]을 정리하면 다음과 같다.

• 플로팅건축물은 건축물에 미치는 바람과 파도 등 자연의 영향을 최소화할 수 있도록 배

24) 송석기, 플로팅 건축공간 설계기술 개발, 보고서 인용

치한다.

- 플로팅건축물은 용도에 따라 주변 수역의 이용을 활성화할 수 있도록 배치하되 자연환경에의 영향과 환경오염을 최소화하도록 배치한다.
- 플로팅건축물은 입지 주변 수역과 육역의 교통시설, 산업시설 등 각종 시설물과의 관계를 검토하여 적극적인 연계 대상 혹은 영향을 최소화할 대상으로 구분하여 배치한다.
- 플로팅건축물은 육지의 배후시설을 활용하기에 적합하도록 배치하며 물과 에너지를 포함한 각종 자원의 공급과 폐기물의 배출이 용이하도록 배치한다.
- 플로팅건축물은 육상에서의 접근이 안전하고 편리하게 이루어질 수 있도록 배치한다.
- 플로팅건축물은 육상에서 수면으로의 조망을 저해하지 않고 주변의 스카이라인 등 기존 경관과 조화되도록 배치한다.
- 플로팅건축물의 실내공간은 안전하고 쾌적한 생활이 이루어질 수 있도록 배치하며 재난상황에서 신속한 피난이 가능하도록 배치한다.
- 플로팅건축물의 주요 실내공간(로비, 라운지 등 공용공간)에서 주변 경관을 조망할 수 있도록 배치하며 수면으로 충분한 시야를 확보할 수 있도록 계획한다.
- 플로팅건축물에서 사생활 보호가 필요한 공간이나 안전을 위해 중요한 시설은 평상 시 사람들의 접근과 시야를 차단할 수 있도록 배치한다.
- 플로팅건축물을 구성하는 상부시설물은 기능, 하부구조물과의 관계, 주변 수역 및 육역과의 관계, 해상·기상·지상의 조건 등을 검토하여 적절하게 배치한다.

3.3 상부시설물계획

3.3.1 계획방향

플로팅건축물의 상부시설물은 입지의 특성과 제약조건에 적합하며 건축물의 기능·용도·목적에 부합하고 해양에서의 다양한 활동을 지원할 수 있는 건축계획이 필요하다.

상부시설물은 자연재해로부터 안전하고 이용자들에게 쾌적한 환경을 제공해야 하며 무엇보다도 구조물의 안전 및 이용자의 안전을 확보하기 위한 계획이 요구된다. 또한 수질을 비롯한 해양환경의 오염방지, 주변 경관과의 조화를 위한 계획도 필요하다.

플로팅건축물의 상부시설물의 계획은 [그림 3-6]과 같은 절차에 따라 이루어진다.

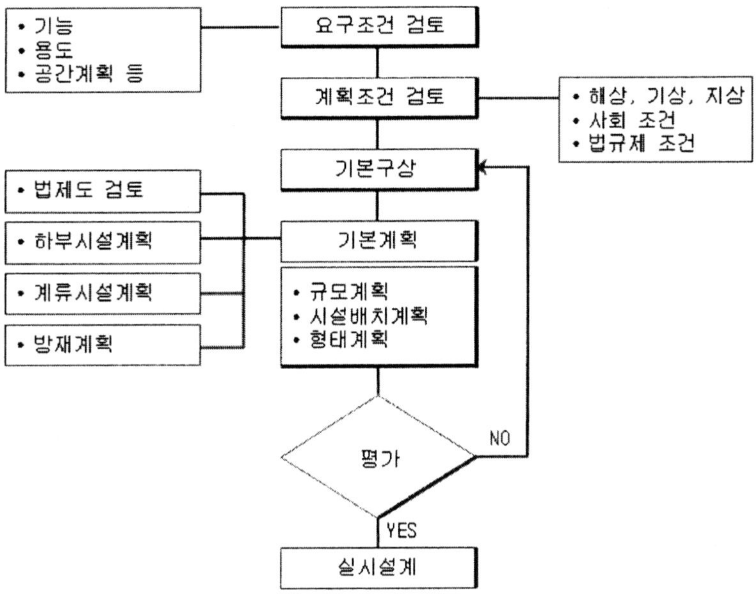

[그림 3-6] 상부시설물의 계획순서

3.3.2 규모 및 배치계획

상부시설물의 규모는 일반건축물의 기능 및 용도에 따른 규모에 준하여 계획하며, 이와 함께 구조 및 입지 특성, 이용자의 해양환경에 익숙함 정도 등을 고려하여 계획한다. 또한 상부시설물의 규모는 하부부체의 규모 및 구조형식과 직접 관계가 있다.

주거용 혹은 체류기간이 긴 플로팅건축물의 경우 육지의 일반건축물과 달리 이용자들이 고립감, 불안감, 불쾌감 등을 가질 수 있으므로 같은 종류의 일반건축물보다 다소 큰 규모로 계획한다.

한편 상부시설물의 규모를 크게 할 경우 하부부체의 거대화를 초래할 수 있으며 상부시설물의 매스(mass)는 높고 대형화된다. 이 경우 상부시설물의 외벽에 작용하는 풍하중이 커져서 건축물 전체에 움직임(동요)이 발생하고, 또한 하부부체가 대형화되면서 하부구조물에 미치는 파랑, 조류 등에 의한 환경하중이 그만큼 커지게 된다.[25]

25) ① 플로팅건축물에 작용하는 풍하중은 풍하중 특성치(P) = $q \cdot C \cdot G \cdot A$($q$: 설계용속도압, C: 풍력계수, G : 가스트 영향계수, A : 투영단면적)로 산정할 수 있다. 여기서 풍하중은 투영단면적 A와 단면 형상에 따른 풍력계수 C에 비례하므로 바람에 변한 면이 넓을수록 작용하는 하중이 크며 바람의 영향을 많이 받음
② 하부시설에 작용하는 조류에 의한 항력(F_D)과 양력(F_L)은 다음 식으로 산정되는데,
$F_D = \frac{1}{2} \cdot C_D \cdot \rho_0 \cdot V^2 \cdot A$, $F_L = \frac{1}{2} \cdot C_L \cdot \rho_0 \cdot V^2 \cdot A$ 여기서 주요 변수인 항력계수 C_D, 양력계수 C_L는 구조물 단

[그림 3-7] 플로팅주거단지의 배치 사례

상부시설물은 발생가능한 자연재해로부터 안전하도록 배치하며, 특히 수심이 낮은 경우에는 탁월파[26] 방향에 면한 시설물의 안전을 고려하여 배치해야 한다. 또한 육지로부터의 경관과 수상에서의 경관을 고려하여 배치한다.

무엇보다도 상부시설물의 배치에서는 상부시설물의 자중 및 이용 시 발생하는 하중의 작용점과 하부부체에 작용하는 부력의 작용점을 고려하여 하중이 편중되어 건축물이 기울어지지 않도록 계획한다.

상부시설물의 공간배치는 일반건축물의 기능, 용도에 따른 공간배치에 준하여 계획하며 플로팅건축물의 특성을 고려하여 친수성이 높은 공간이 되도록 배치한다. 육상에서 잔교를 통해 접근하는 경우에는 접근로 방향으로 건물현관을 배치하며 접근로에서 내부공간의 프라이버시를 침해하지 않도록 실내공간을 배치한다. 전기, 수도, 에너지 등이 육지에서 공급되는 경우에는 전선이나 배관이 인입(引入)되는 부분에 관련 설비공간을 배치한다.

3.3.3 형태 및 색채계획

상부시설물의 형태 및 색채계획에서는 해양의 특성을 고려한 계획이 필요하다. 상부시설물의 형태는 건축물의 기능, 용도 및 목적에 적합한 동시에 수역에 입지하므로 물을 중심으로 한 수경관(水景觀)과 조화되도록 계획한다.

수역에서 부피가 큰 형태의 시설물은 압박감이나 배타적인 느낌을 주기 때문에 주변 환경과 조화되기 어렵다. 따라서 상부시설물의 규모가 큰 경우에는 큰 매스(mass)를 형성하지 않

변형상에 따른 것이며 A는 유향에 투영면적으로 조류에 면한 변이 넓을수록 작용하는 하중이 커짐

26) 탁월파(predominant wave or dominant wave)란 파군 중 파에너지가 가장 높은 성분파로 ① 파군 중 가장 영향력이 크고 지배적인 파 ② 지배적이라고 생각되는 파 ③ 가장 빈번히 나타나는 파를 말함(국토해양부. 국토해양용어사전 참고)

도록 매스를 분절하거나 입면에 요철을 주며 시설물이 너무 높지 않도록 계획한다.

상부시설물의 입면에는 투명도가 있는 유리를 사용하거나 색채계획을 통해 부피감을 줄이며, 상부시설물은 바다와 육지에서 모두 조망이 가능하므로 바다를 향한 입면과 육지를 향한 입면 모두 정면(facade)이 되도록 입면계획이 필요하다.

상부시설물의 형태계획에서 미적 균형감을 위해 때로는 황금분할(golden section)[27]을 사용한다. 황금분할은 건축형태에서 인간의 미적 선호 및 전체의 균형과 조화를 달성하는데 중요한 요인이었으며 자연생태계의 패턴을 형성하는 요소이기 때문에 물 위에 선명하게 드러나는 상부시설물의 형태계획에 유용하다.

상부시설물의 색채계획에서는 같은 색채라 하더라도 물 위에서 인지되는 정도가 달라지므로 시설물의 색채는 물을 고려하여 정한다. 특히 물에 의해 반사된 색채와 야간조명은 색채 및 조명계획에서 중요하다.

또한 해양공간에서는 바다와 하늘이 큰 면적을 이루며 색채의 주조를 이루고 있으므로 상부시설물의 색채도 여기에 적합해야 하며, 이와 함께 건축물 주변에 위치하는 섬, 항만, 선박, 시설물 등의 색채와 조화되는 색채로 계획한다.

한편 상부시설물을 구성하는 다양한 건축요소에 질서를 부여하기 위하여 창틀을 흰색으로 통일한다거나 시설물 외벽을 바다색으로 하는 등 색채계획을 활용할 수 있다. 그리고 상부시설물과 주변의 색채조화가 중요한 경우에는 색채의 규칙적 사용, 친밀한 색채의 사용, 유사한 색채의 사용 등 색채계획이 필요하다.

이와 달리 상부시설물을 주변으로부터 부각시킬 필요가 있는 경우에는 주변과 대비되는 색채를 사용하여 눈에 분명히 띄게 함으로써 주변 경관의 중심이 되면서 대표성과 상징성을 높일 수 있는 색채계획이 가능하다.

[그림 3-8] 다양한 색채와 재료의 플로팅주택 사례(네덜란드)

27) 기하학에서 한 선분을 두 부분으로 나눌 때에 전체에 대한 큰 부분의 비와 큰 부분에 대한 작은 부분의 비가 같게 되는 분할을 의미함

3.3.4 건축환경계획

플로팅건축물은 육지에서 떨어진 바다 위에 입지하므로 이용자들이 고립감을 느끼거나 해상 및 기상의 상태가 좋지 않은 경우에는 침수, 충돌, 화재 등에 대한 불안감과 공포감을 느낄 수 있다.

따라서 상부시설물의 이용자들이 느낄 수 있는 고립감, 불안감, 공포감을 저감시키고 안정감과 쾌적함을 느낄 수 있는 건축환경계획이 요구된다. 고립감을 없애기 위하여 녹지 및 친수공간을 적극적으로 도입하며 상부시설물의 색채, 공간구성, 마감재 등도 심리적 영향을 완화하도록 계획한다.

또한 이용자들이 느끼는 멀미와 같은 불쾌감을 저감시키기 위하여 상부시설물의 움직임을 제어할 수 있는 설비를 계획하고 건축물의 안정성을 고려하여 상부시설물의 규모, 크기, 무게, 배치 등을 계획한다.

상부시설물은 육지의 일반건축물에 비하여 햇빛, 바람, 해무(海霧) 등의 영향을 많이 받으므로 실내공간의 쾌적성 확보를 위하여 자연채광에 대한 배려와 함께 염분이 포함된 바닷바람, 높은 습도 등을 고려한다.

실내공간에서 높은 습도 및 공기 중 염분에 의한 불쾌감을 제거할 수 있도록 창호의 위치, 크기, 재료 등에 대한 계획이 필요하며, 일반건축물과 동일한 수준의 공기환경, 온도와 습도를 유지할 수 있도록 환기시설이나 공조설비를 계획한다.

특히 육상의 일반건축물과 달리 일출 및 일몰 시 낮은 태양고도로 인한 수면반사광이 실내 깊숙이 유입되어 이용자들에게 불쾌감을 주는 동시에 건물냉난방 부하에 영향을 미치므로 이를 고려한 상부시설물의 개구부계획(청틀, 차양장치 등)이 필요하다.

3.4 하부구조물계획

3.4.1 계획방향

하부구조물(하부부체)의 계획에서는 건축물의 기능 및 용도, 입지 수역의 기상·해상·지상조건 등에 따라 구조형식을 정하고, 상부시설물과 계류시설 등을 고려하여 부체의 배치, 규모, 형태 등을 계획한다.

다음 단계로 하부구조물의 복원성, 예비부력 등에 대한 안정성과 사용성을 검토한 후 실시설계에 들어간다. 하부구조물의 계획순서는 [그림 3-9]와 같다.

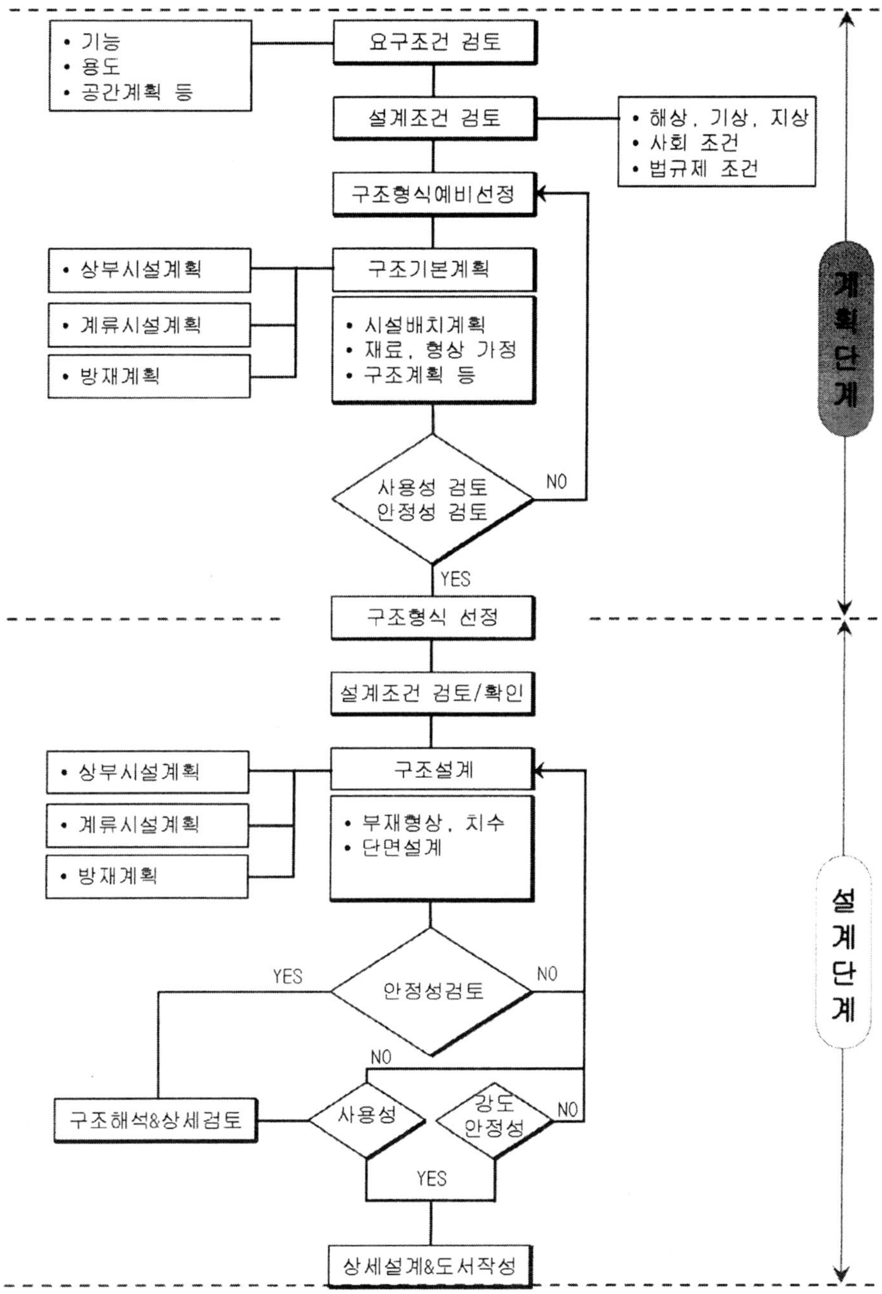

[그림 3-9] 하부구조물의 계획순서

하부구조물의 계획단계에서 구조물의 내부공간의 사용여부와 규모를 결정한다. 하부구조물의 규모는 상부시설물의 규모와 배치, 입지 해역의 수심 등 자연환경, 어업권 등 사회환경을 고려하여 적당한 규모로 정한다.

또한 계획단계에서 탑재시설의 내용과 배치를 포함한 상부시설물의 평면계획에 기초하여 무게중심을 계산하고 기본적인 안전성을 검토한다. 하부구조물의 넓이·깊이·중량·형태와 상부시설물의 높이·배치 등은 건축물 전체의 부력 및 복원성과 깊은 관련이 있다.

하부구조물계획은 상부시설물의 배치에 따른 하중의 분포, 건축물의 높이에 따른 하중 작용점, 입지영역의 기상·해상·지상조건에 따른 외력, 건축물 운영 중 예상되는 하중 등에 따라서 부체의 넓이·높이·구조형식·재료 등을 결정한다.

이밖에 프리패브공법에 따른 블록의 접합, 선대(船臺)[28]를 이용한 진수, 부유 상태에서 콘크리트 타설, 목적지까지 예항, 임시계류 등 건조 및 설치에 대한 고려도 필요하다. 이러한 사항은 하부구조물의 형상이나 크기뿐만 아니라 전체 공기와 공사비에도 커다란 영향을 준다.

하부구조물계획에서 중요한 설계하중, 구조형식, 재료에 대한 계획방향을 정리하면 다음과 같다.

(1) 설계하중

하부구조물에 작용이 예상되는 하중에 대하여 종류·유형·작용특성 등 기본적인 사항을 검토하여 구조물의 기본계획이 이루어진다. 하부구조물에 작용하는 하중은 건축물의 기능·용도 및 입지에 따라 결정된다.

하부구조물계획에서 고려하는 하중은 [표 3-9]과 같이 고정하중, 적재하중, 환경하중으로 구분할 수 있으며 비상시 또는 우발적으로 발생하는 하중에 대하여도 추가적으로 검토한다.

고정하중은 구조물의 자체 중량 및 구조물에 적재 또는 설치되는 시설물 및 장치 등에 의한 중량이다. 고정하중은 수직방향으로 작용되며 부력에 의해 지지된다. 하부구조물은 흘수에 따라 수직 상(上)방향으로 고른 분포의 부력을 받는 반면에 상부시설물의 중량 및 적재하중은 불균일하게 분포된다.

적재하중은 정상 가동상태 및 시설물 사용 중에 발생하는 하중으로서 이용 상황에 따라 변하는 하중이다. 적재하중에는 이용하는 사람들의 중량, 적재되는 물건, 생활에 필요한 소비물자 등의 중량이 포함된다.

환경하중은 구조물이 설치되는 입지의 자연조건에 따른 하중으로서 기상·해상·지상조건에 많은 영향을 받는다. 이 환경하중은 일반건축물에서 고려하는 환경하중과는 차이가 있으므로 자세히 검토할 필요가 있다.

---

28) 부체를 올려놓고 작업하는 대(臺)를 말함

[표 3-9] 하부구조물계획에서 고려하는 하중

구 분	하중 조건
Dead Load (고정하중)	구조물 자중, 부속 시설 및 설비 자중
Live Load (적재하중, 활하중)	정수압, 이용자 중량, 적재하중, 착수하중, 침수하중(피해상황 시) 선박접안 및 계류 따른 하중, 우발하중, 충격하중, 온도응력
Environment Load (환경하중)	풍하중, 파랑하중, 유체력, 적설하중, 지진하중, 해일, 빙압력, 해양생물 부착에 따른 하중 및 유체력 증가

[표 3-10] 플로팅건축물의 환경하중

하 중	조 건
풍하중	풍향, 풍속, 연직방향의 풍속분포, 풍속의 주파수 스펙트럼
파랑하중	파향, 파고, 주기, 파고의 방향 스펙트럼
유체력	조류나 해류의 유향, 유속
지진력	지반의 진동특성, 수평 및 연직 가속도, 강진기록, 모의지지파, 가속도 스펙트럼
빙하중	해빙의 구성, 압축강도, 두께, 이동속도
적설하중	적설깊이
변형하중	기온(온도응력의 산정용)
계류력	계류부체에 작용하는 풍하중, 유체력, 파력, 계류부체의 동요량
토 압	평상 시와 지진 시 주동·변동·정지토압을 산정하기 위한 조건

〈출처 : 이명권·김봉경·이상준·김가야 공역, 바다와 해양건축, p.220〉

플로팅건축물에 적용되는 환경하중과 조건을 정리하면 [표 3-10]과 같다.

(2) 구조형식

하부구조물계획에서는 건축물의 기능, 용도 및 목적과 하부구조물 내부공간의 사용여부 등 기본요구사항, 입지 수역의 자연조건, 사회조건, 법제도 등에 따라 적합한 구조형식을 정한다.

하부구조물의 구조형식으로는 [표 3-11]과 같이 부함식(pontoon type), 반잠수식(semi-submersible type), 선각식(hull type), 공기안정식(pneumatic stabilized platform type) 등이 있으며 이 중에서 플로팅건축물에는 부함식과 반잠수식이 활용되고 있다.

[표 3-11] 하부구조물의 구조형식

형 식	특 성
부함식	• 가장 많이 사용하는 형태임 • 수선면적이 크고, 고유주기는 반잠수식에 비해 짧아 파랑 등 영향을 많이 받음 • 넓은 기반면적을 얻기 쉬움 • 외해보다는 내해의 정온수역이 확보된 곳에 적합함 • 형태가 단순하여 표준화가 쉽고 대량제작이 가능함 • 수심이 얕은 곳에서 가장 경제적임
반잠수식	• 수선면적이 작고 부심이 낮으며 파랑 등 영향을 덜 받아 동요가 적음 • 수심이 비교적 깊고 파도가 큰 해역에서도 이용 가능함 • 탑재중량의 변화가 큰 시설에는 적합하지 않음 • 해양플랜트 구조물에 주로 사용되며 조선기술 의존도가 높음 • 부재의 교체가 가능하고 추후 공간의 변경 및 손상에 쉽게 대응함 • 상부시설물 배치에 따라 부력분포를 달리하여 쉽게 대응함 • 부함식에 비해 물에 잠기는 부분이 적음 • 부함식에 비해 건조과정이 복잡하고 공사비가 비쌈
선각식	• 선박의 선체를 이용한 구조로 선박과 동일한 동적 특성을 가짐 • 법제도에 있어 선박으로 분류됨
공기안정식	• 실린더 내 채워진 공기에 의해 지지되는 간접배수방식 구조임 • 압축공기에 의해 지지되므로 극심한 환경하중에 적용이 가능함 • 실린더가 결합되므로 다른 구조형식에 비해 시공효율이 높고 대형화가 쉬움 • 소규모 부유식 구조물에는 적합하지 않음

〈출처 : 日本建築學會(1988), 과학기술부(1998), 해양수산부(1999) 참조〉

부함식은 바닥이 평평한 박스형 부체(pontoon 혹은 바지)를 하부구조물로 이용하는 형식이며, 부체 내부가 충진재로 채워진 것과 비워진 것으로 구분된다. 부함식은 다른 구조형식에 비해 넓은 바닥면적을 얻을 수 있으나 물에 접하는 수선면적이 넓어 파랑하중에 영향을 받기 쉽다.

따라서 부함식 하부구조물은 정온도가 확보된 수역에 위치하며, 구조물의 형태가 단순하고 해수에 직접 면하는 면이 외측 면으로 한정되어 있어서 유지관리가 용이하다. 수심 20~30 m 수역에 설치되는 경우 부함식은 다른 구조형식에 비해 설치비용이 저렴하다.

반잠수식은 부체가 물 밑에 자리하고 상부시설물이 설치되는 갑판은 부체와 기둥으로 연결되는 형태로서 석유시추선 등 해양플랜트에서 주로 사용된다. 반잠수식은 [그림 3-10]과 같이 하부부력선체(lower hull)식과 푸팅(footing)식으로 구분된다.

반잠수형식 가운데 많이 사용되는 하부부력선체식은 상부시설물, 수직기둥 그리고 하부부력선체로 구성되며 부함식에 비해 수선면적이 적어 운동성능이 양호하고, 파랑 등의 영향을 적게 받아 동요 발생을 줄일 수 있다. 따라서 수심이 깊고 정온수역이 확보되지 않은 수역 등 해상조건이 좋지 않은 외해에 적합하다.

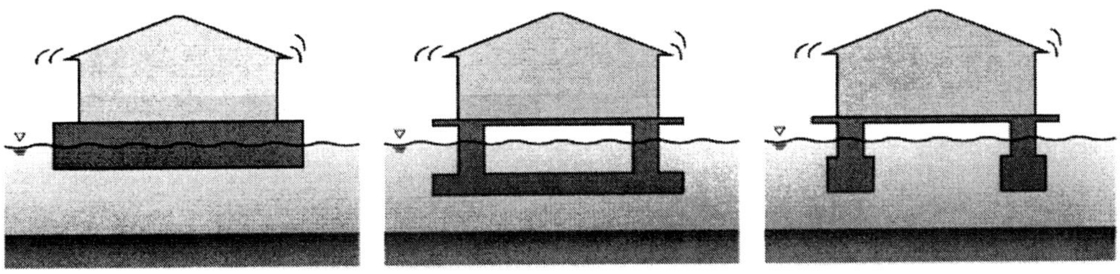

(a) 바지형(부함식) (b) 반잠수형(하부부력선체식) (c) 반잠수형(푸팅식)

[그림 3-10] 하부구조물의 종류

(3) 재 료

하부구조물의 재료로는 [표 3-12]와 같이 강재, 철근콘크리트, PC(precast concrete), FRP (fiber reinforced plastic), 페로시멘트(ferrocment)[29] 등 다양하며, 플로팅건축물에서는 하부구조물의 안전과 시공성을 위하여 주로 강재와 콘크리트가 쓰인다.

강재 하부구조물의 경우 선박의 선각과 유사한 구조로 제작되며 갑판, 선저, 종격벽, 횡격벽 등으로 이루어진다. 강재는 제작이 용이하며 충격에 강하고 보수가 용이하나 부식으로 인하여 철근콘크리트재에 비하여 내구성이 떨어진다. 또한 강재 구조물은 철근콘크리트재 구조물보다 흘수가 얕으므로 조류 등 흐름에 의한 영향이 적다.

철근콘크리트재 하부구조물의 경우 토목공사의 함체를 제작하는 방법과 유사하게 제작되며 슬래브, 저판, 내부격벽, 측벽 등의 구조로 이루어진다. 철근콘크리트재는 내구성이 높고 흘수가 깊어 동요가 적으며, 건조비와 유지관리비가 강재에 비하여 저렴하다. 그러나 외부 충격력에 약하며 수밀성이 떨어지므로 시공 시 수밀성을 확보해야 한다.

PC재는 철근콘크리트재에 비하여 수밀성이 좋고 부재를 얇게 할 수 있는 장점이 있으며, 페로시멘트재는 철근콘크리트재, PC재에 비하여 부재 두께를 더 얇게 하는 것이 가능하다.

FRP로 만든 하부구조물은 경량으로 흘수가 얕고 불안정하며 열과 화재에 취약하지만, 내구성과 내식성이 뛰어나고 설치가 간단하므로 마리나항의 부잔교, 간이계류시설, 낚시터의 해상펜션 등 소규모 부유식 구조물에 주로 쓰인다.

29) 다층의 쇠그물과 지름이 작은 보강 철근을 매입한 시멘트 모르타르의 얇은 판으로 보통의 철근콘크리트에서 얻을 수 없는 끈기나 충격 및 균열에 대한 저항력을 가지고 수밀성이 좋아 선박 등에 사용됨

[표 3-12] 하부구조물의 재료별 특성

	철근콘트리트(RC)	프리캐스트 콘크리트(PC)	페로시멘트	강재	FRP
구조적 특징	• PC와 비교할 때, 균열이 생기기 쉬움 • 구조체 길이는 30 m 정도 가능함 • 프리캐스트블록 구조로 하기 어려움	• 균열의 걱정 없음 • RC에 비해 부재 두께를 얇게 할 수 있음 • 프리캐스트블록구조로 하여 PC강선으로 연결 가능함 • 구조체 길이는 50 m까지 가능함	• PC, RC와 비교할 때 부재 두께를 얇게 하는 것이 가능함 • 시멘트모르타르에 인장응력이 발생하므로 충격력에 약함 • 구조체 길이는 20 m까지 가능함	• 모든 강재용접 구조를 말함 • 구조체 길이를 50 m 이상으로 할 수 있음	• 균열에 대한 걱정이 없음 • 다른 재료에 비해 가벼움 • 대형구조물에 적합하지 않으나 블록조립으로 대형화 가능함
내구성	• 균열이 생기기 쉽기 때문에 내해수성, 수밀성은 PC재보다 못함	• 균열의 걱정이 없고 수밀성이 좋기 때문에 내식성이 풍부함 • 블록 이음매의 방수가 양호하여 내구성이 좋음	• 내해수성, 수밀성은 RC재보다 뛰어나지만 PC재보다는 못함	• 수밀성은 양호하지만 내식성은 좋지 못함	• 수밀성 내식성이 좋으나 화재에는 취약함
시공성	• 대부분 현장작업이기 때문에 충분한 시공관리가 필요하며, 시공기간도 길게 소요됨	• 형틀이 번잡하지만 블록구조를 공장제작하면 현장작업은 PC강선체결 뿐이라 시공관리가 용이	• 고품질이 요구되기 때문에, 고도의 품질, 시공관리를 필요로 하지만 복잡한 형틀공사는 필요하지 않음	• 시공관리가 용이함 • 다른 구조와 비교할 때 제작기간이 짧음	• 대부분 공장에서 제작하여 현장에서 조립하는 형태로 관리가 용이함
유지관리	• 유지관리가 양호함 • 충돌에 의해 파손되었을 때 1함(函) 전부를 바꾸어야 함	• 유지관리는 양호함 • 파손될 경우 1블록(5 m 정도)을 바꾸는 것이 가능함	• 유지관리가 양호함 • 파손되었을 때 보수는 RC재보다 용이함	• 내식성이 좋지 않기 때문에 정기적인 도장이 필요함 • 충돌력에 강함	• 내식성이 좋아 유지관리에 유리함 • 충격에 약하며 파손 시 1개 블록만 교체 가능함

〈출처 : (財)沿岸開發技術研究センター, 浮体構造物技術マニュアル〉

3.4.2 내부공간계획

하부구조물은 부체로서 건축물의 기초 역할을 하며 상부시설물의 자중, 적재하중, 외부하중에 대해 부력으로 저항하는 구조적 특성을 가지고 있다. 이러한 하부구조물 가운데 부함식 구조물에는 [그림 3-11]과 같이 내부공간이 발생하고 그 활용방식은 다음과 같다.

- 내부공간을 사용하지 않는 경우
- 내부공간을 부속공간으로 사용하는 경우
- 내부공간을 거주공간으로 사용하는 경우

내부공간을 사용하지 않고 부체로서만 기능하는 경우는 중규모나 소규모 플로팅건축물에서 흔히 나타나는 방식이다. 내부공간을 비워두는 경우 침수로 인해 건축물의 전복, 침몰 등 사고가 발생할 수 있어 수밀격벽으로 구획하고 빌지펌프(Bilge Pump)[30] 등을 설치한다. 반면에 내부공간을 합성수지로 충진하는 경우에는 외부충격에 비교적 강하고 침수에 대해 확실한 안전성을 확보할 수 있다.

내부공간을 오수정화시설이나 기타 설비장치를 설치하는 부속공간으로 사용하는 경우는 중규모 이상의 플로팅건축물에서 주로 나타난다. 이 경우에 내부공간은 수밀격벽으로 구획하고 빌지펌프를 설치하여 비상시에 대비하며, 상부시설물과 공간계획에서 부분적인 연결이 필요하다.

특히 내부공간에 중요한 기계시설이 설치되는 경우에 침수로 인하여 기계장치의 이상을 가져와 건축물의 이용 및 안전에 지장을 초래할 수 있다. 따라서 전기실과 같이 물에 치명적인 시설은 가능한 상부공간에 배치하며, 무거운 기계장치를 설치하는 공간은 장비의 무게중심을 고려하여 배치한다.

내부공간을 거주공간으로 사용하는 경우는 플로팅주택에서 많이 나타나는 방식으로서 하부구조물과 상부시설물은 공간적으로 밀접하게 연결되고 구조적으로도 긴밀하게 결합되도록 계획한다.

이 경우에 내부공간이 수면에 잠기게 되면 지하실과 같은 느낌을 줄 수 있으므로 공간의 쾌적성을 위해 고창(高窓)을 설치하고 환기설비를 설치한다. 창문을 설치하는 경우 창문을 통한 침수 등의 피해를 막기 위해 수면에서 충분한 높이를 유지한다.[31]

30) 주로 선체 하부에 괸 물이나 오수를 선체 밖으로 배출하는 데 사용되는 펌프를 말함

31) Danish Maritime Authority는 수상주거시설의 창 높이가 수면에서 최소 500 mm 이상 되도록 규정하고 있으며 열리는 창의 경우 수면에서 최소 800 mm 이상 높이에 설치하도록 규정하고 있음

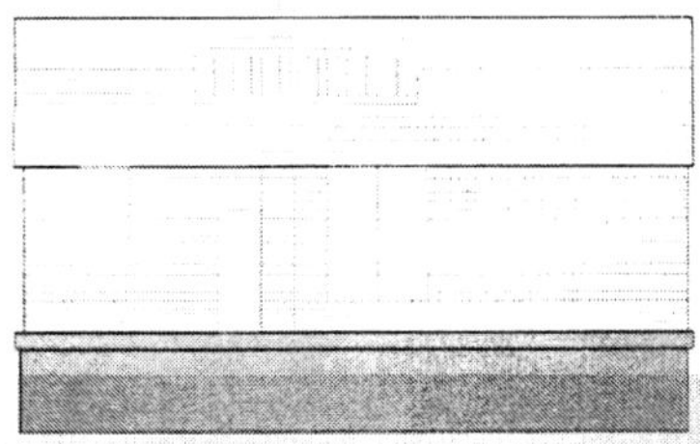

(a) 사용하지 않음

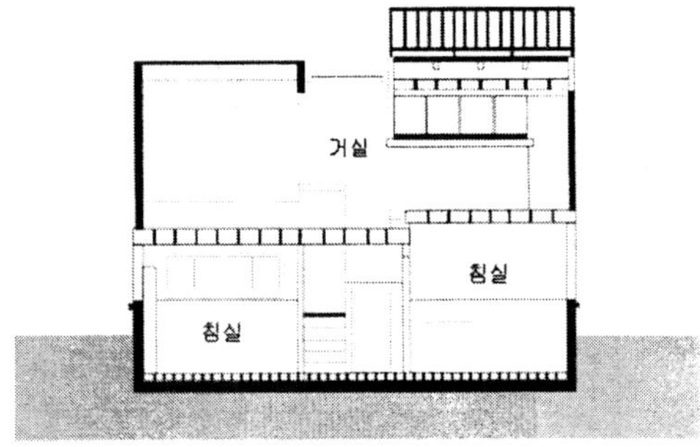

(b) 거주공간으로 활용

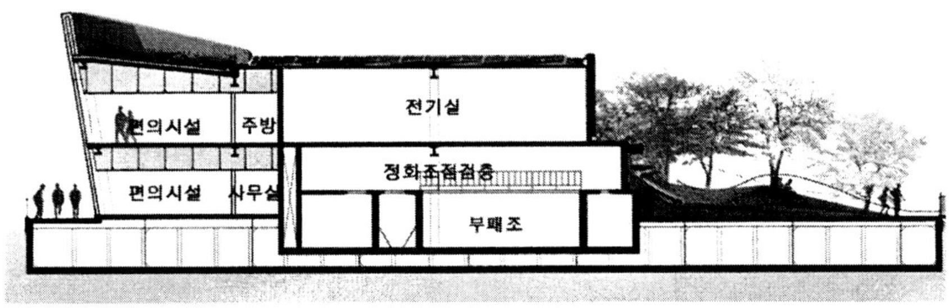

(c) 부속공간으로 사용

[그림 3-11] 하부구조물의 내부공간 활용사례

3.4.3 안전성계획

플로팅건축물을 수상에 안전하게 부유시키기 위해서는 건축물의 중량에 적합한 부력과 해양환경에 의해 발생되는 동요 및 회전에 대해 충분한 복원성을 확보하는 것이 중요하다. 플로팅건축물에서는 중량을 지지하는 해수의 탄력계수32)가 지반에 비해 극히 작으며 부력은 전체 하부구조물에 균등하게 분포되므로 하부부체의 자중과 상부시설물의 중량 분포에 따라서 두 무게중심이 맞지 않을 경우 건축물이 경사질 수 있다.

따라서 건축물의 수평유지를 위해 하부구조물의 무게중심과 상부시설물의 무게중심 간에 편차를 최소화하는 것이 중요하며, 무게중심이 맞지 않을 경우 밸러스트(ballast)33) 탑재를 통해 건축물의 수평을 유지할 수 있도록 계획한다.

따라서 하부구조물의 안전성계획에서는 하부구조물의 중량과 상부시설물의 중량을 파악한 후 흘수(吃水)34)와 건현(乾舷)35)을 계획하여 충분한 부력을 확보하고, 건축물에서 중량 작용

32) 물의 탄력계수는 부체의 흘수를 1 cm 증가시키는데 필요한 단위면적당 힘을 말함

33) 밸러스트는 부체의 균형을 유지하기 위해 바닥에 싣는 중량물을 말함

34) 흘수(draft)는 부체에서 물에 잠기는 부분의 저면으로부터 수면까지의 거리를 말함

점과 부력 작용점을 산정하여 복원성에 대하여 검토한다.

부력에 대한 안전지표는 건현의 높이이며 건현은 예비부력을 나타낸다. 건현이 높으면 그 만큼 부력에 여유가 있으며 더 많은 중량을 탑재할 수 있어서 상부시설물의 일시적 중량 증가나 부체 내 침수에 따른 중량 증가 등에 대응할 수 있다.

또한 충분한 건현의 확보는 부체에 물의 유입을 막는 일차적인 방법 중 하나이다. 파도가 쳐서 들어오거나 건축물의 동요 시 부체의 상부로부터 물이 유입되지 않을 정도의 건현 높이가 필요하다.

선박에서는 건현 높이를 「국제만제흘수선협약(ICLL)」에 따라 규정하고 있으며 플로팅건축물이 선박으로 분류될 경우에는 '부유식 해상구조물 구조 및 설비 등에 관한 기준'에 따라 선박의 건현 기준을 적용한다.

한편 플로팅건축물의 건현에 대한 일반적인 기준은 선박길이의 1/80 정도로 하는 표정건현(表定乾舷)의 치수가 사용된다. 또한 설계유의파고의 70% 정도 또는 롤링 각도 5~6도에서 부체의 상부 끝부분이 물에 잠기지 않을 정도로 건현 높이가 필요하다.

캐나다, 호주, 덴마크에서 플로팅주택(float home) 또는 하우스보트(house boat)에 적용하고 있는 건현 기준은 평상시 500~400 mm 이상, 만재하중에서 200 mm 이상, 그리고 부체 손상 시에도 100 mm 이상의 건현을 확보하도록 하고 있다.

복원성은 구조물이 롤링 또는 피칭에 대해 쉽게 일어서 자세를 본래대로 돌이키는 성질을 말하며, 탑재중량의 편심에 의한 경사를 억제하고 원래 상태로 돌이키려는 힘(복원력)이 작용하는 것을 의미한다.

플로팅건축물은 [그림 3-12]에서 보는 바와 같이 건조 단계에서부터 운용 상태, 침수로 인해 기울어지거나 흘수가 변한 상태에서도 원래대로 돌아가려는 복원력이 유지되어야 하며, 이를 위해 하부구조물의 복원력에 대한 검토가 필요하다.

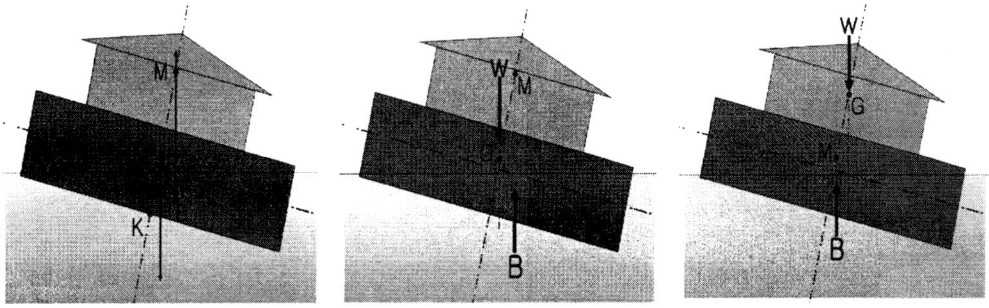

(a) 안정성 관련 요소 (b) 안정상태(복원력) (c) 불안정상태

[그림 3-12] 플로팅건축물의 안정성

35) 건현(freebord)은 수면에서 부체 상부면까지 거리를 말함

복원성에 관련된 기본적인 변수(parameter)는 건축물의 형상, 부력, 흘수, 중심의 위치 등으로부터 결정되는 메타센터높이($\overline{GM}$)이다. 메타센터(M)는 건축물의 중심을 통과하는 연직선과 부력 작용선의 교점으로서 메타센터(M)가 무게중심(G)보다 위에 있으면 $\overline{GM}$은 정(正)으로서 안정하고([그림 3-12 (b)), M이 G보다 낮은 곳에 있으면 부(負)로서 전복하기 쉬운 불안정한 상태이다([그림 3-12 (c)]). 메타센터 높이 $\overline{GM}$은 다음과 같이 구한다.

$$\overline{GM} = \overline{KB} + \overline{BM} - \overline{KG} \text{ [m]}$$

여기서, $\overline{GM}$: 메타센터높이 [m]

$\overline{KB}$: 부심(浮心)높이, 흘수/2

$\overline{KG}$: 중심높이(무게중심)

$\overline{BM}$: 부심과 메타센터간 거리, $\frac{I}{V}$

I : 단면 2차 모멘트 [m^4]

V : 배수용적 [m^3]

메타센터가 큰 경우는 건축물의 무게중심이 아래에 있어서 하부가 무겁고 상부가 가벼운 상태가 된다. 이 경우에는 복원력이 과대하여 횡요[36]주기가 짧아 이용자들에게 불쾌감을 줄 수 있다. 일반적인 부함식 플로팅건축물의 경우 이러한 상태가 되기 쉽다.

[표 3-13] 부체 복원력 관련요소

요 소	복원력과의 관계
중심 위치	무게중심을 낮게 하면 복원력 증가
부체 길이	길이가 길어지면 복원력 증가
부체 폭	폭이 넓어지면 복원력 증가 (단, 복원력의 최대값은 증가하나 복원각과 복원성의 범위는 작아짐)
부체 깊이	깊이를 증가시키면 부체 상부모서리가 잠기는 경사각까지는 복원력이 감소, 경사각을 넘으면 복원력 현저히 증가
흘 수	증가하면 배수량이 증가하므로 복원력 증가
건 현	증가하면 무게중심이 상승하나 최대복원력에 대응하는 경사각은 커짐
파 도	호깅상태(부체 중앙부가 올라가 굽어진 상태)에서 복원력 감소 새깅상태(부체 중앙부가 내려가 굽어진 상태)에서는 복원력 증가

〈출처 : 강영훈, 부유식 수상거주시설 건축계획에 관한 연구, p.183〉

36) 부체의 좌우가 선체 중앙을 중심으로 번갈아가며 진동하는 것을 말함

그리고 메타센터가 작은 경우는 건축물의 무게중심이 위에 있는 경우로서 하부는 가볍고 상부가 무거운 상태가 된다. 이 경우에는 복원력이 과소하여 횡요주기가 길고, 건축물이 경사지게 되면 일어나기 힘들며 전복의 위험도 있다. 플로팅건축물에서 하부구조물의 넓이에 비해 상부시설물의 높이가 높은 경우에 이런 현상이 발생할 수 있다.

그 외 플로팅건축물의 복원성에 영향을 미치는 요소는 [표 3-13]과 같으므로 각 요소들 사이에 관계를 잘 파악하고 이를 고려한 하부구조물계획이 이루어져야 충분한 안전성과 이용자의 쾌적성을 확보할 수 있다.

3.4.4 계류시설계획

플로팅건축물은 물 위에 그대로 두면 파도, 바람, 조류 등 환경요인에 의해 수평, 수직, 회전 등의 방향으로 동요하며 떠다니고 표류하게 된다. 따라서 플로팅건축물을 원하는 위치에 고정하는 계류시설이 필요하다.

계류시설은 조류, 바람 등에 의해 부체가 표류하는 것을 막는 역할을 하는 것으로 계류시설계획에서 기본적으로 고려할 사항은 다음과 같다.

- 입지하는 해역의 해양환경에 적합할 것
- 건축물의 기능, 용도 및 목적에 적합할 것
- 이상기후, 사회의 변화 등 환경변화에 대응할 수 있을 것
- 하부구조물의 안전성을 충분히 확보할 수 있을 것
- 계류시설의 유지보수가 용이하고 경제적일 것

계류시설계획에서는 먼저 플로팅건축물의 입지 수역과 상부시설물의 기능·용도·목적·구조형식 등에 따라 가능한 계류시스템들을 선정한다. 다음으로 계류시스템들의 장단점을 분석하여 계류시설의 종류를 결정하고 환경하중과 같은 외력요소들을 분석하여 계류시설의 안전성을 검토한다.

이상과 같은 계류시설의 계획순서는 [그림 3-13]과 같다.

플로팅건축물은 조력, 풍력, 파력 등 자연력 및 선박의 충격 등 외력을 받아 동요하거나 움직이게 되므로 건축물을 안전하게 고정시킬 수 있도록 충분한 안전율을 고려하여 계류시설의 개수를 산정한다.

계류시설계획에서는 계류시설의 종류, 구조형태, 개수 뿐 아니라 계류시설의 배치방법을 결정한다. 계류시설의 배치는 건축물의 배치, 조류의 흐름, 풍향, 파향 등을 종합적으로 고려하며 부체의 전후동요, 좌우동요, 선수동요를 억제할 수 있도록 최소 2개 축 방향으로 배치한다.

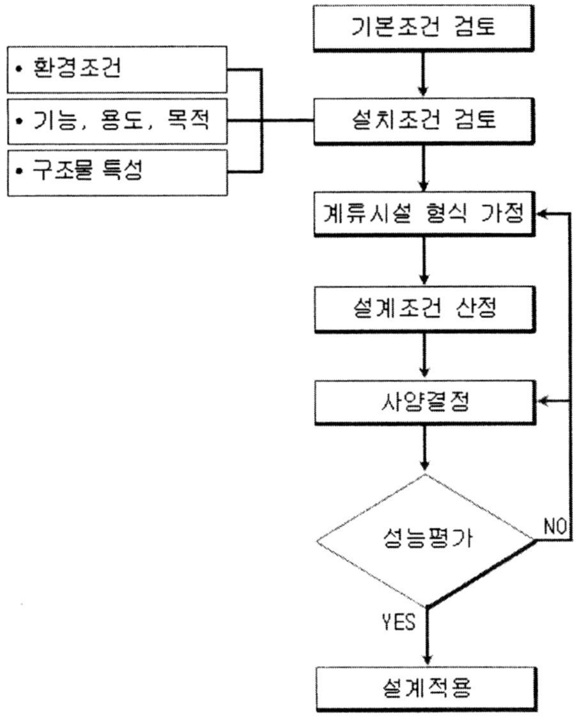

[그림 3-13] 계류시설의 계획순서

계류시설의 종류는 [표 3-14]와 같으며 계류시설의 배치에 따라 일점계류와 다점계류로 구분된다. 일점계류(single point mooring)는 하나의 체인이나 와이어로 계류하는 방법이며 부체가 파도나 조류의 방향에 따라 자유롭게 회전할 수 있어 파랑저항을 감소시킬 수 있다. 주로 FPSO(Floating Production Storage and Offloading)선과 같은 선박형 해양플랜트에서 많이 사용한다.

다점계류는 부체의 두 곳 이상을 계류하는 방법으로 부체의 이동이나 선회를 방지할 수 있어서 원하는 위치에 안정적으로 고정해야 하는 플로팅건축물에 적합하다. 플로팅건축물은 경제적이고 설치가 용이한 체인 이용 다점식 이완계류방식 혹은 돌핀 이용 다점계류방식을 주로 사용하는데 돌핀계류방식이 체인이나 와이어계류방식에 비하여 구속력이 크고 안정적이다.

장력고정식플랫폼(TLP, Tension Leg Platform)이나 SPAR플랫폼[37]을 비롯하여 DPS (Dynamic Positioning System)[38]는 수심이 깊은 곳에 설치되는 해양플랜트에 주로 적용되며 다른 계류시스템에 비해 고가이다.

37) SPAR플랫폼은 거대한 지름의 갑판을 지지하는 하나의 수직 원형실린더를 말함

38) DPS는 위치탐지시스템을 이용하여 부체의 수평면 내 변위를 탐지하고 프로펠러, 트러스터 등 추진시스템을 구동시켜 부체를 목표점에 유지시키는 자동계류시스템을 말함

[표 3-14] 계류시설의 종류

구분	종 류	특 성	적 용
재질	체인	체인의 자중 및 해저에 고정된 블록, 싱커, 앵커 등으로 부력 및 외력에 저항하는 형태이며 내구성이 좋으나 수심에 제약이 있음	선박 및 해양구조물
	와이어	와이어를 이용 해저에 고정된 블록, 싱커, 앵커에 연결하여 부력 및 외력에 저항하는 형태로 강성은 크나 마찰에 약하고 천수심에 적합하지 않음	심해구조물
	로프	로프를 이용 해저에 고정된 블록, 싱커, 앵커에 연결하여 부력 및 외력에 저항하는 형태로 중량이 가볍고 강성이 크며 대수심에 적당하나 내구성이 부족함	초심해구조물
형식	이완계류	체인, 와이어, 로프 등을 이용하여 해저의 블록, 앵커, 싱커 등에 연결하여 부체를 계류하는데 안전성이 있으나 설치 수심에 제한이 있음	선박 및 해양구조물
	인장계류	부체에 정적 평형상태보다 더 큰 인장력을 가하여 과잉부력과 초기장력으로 구조물을 안정시켜 외력에 대응하는 계류방식으로 일반적인 해양환경에서 동요발생을 최소화 할 수 있고 대수심에 적합하나 특수앵커를 설치하므로 경제성이 낮음	TLP 및 SPAR구조물
	부이계류	해상 부이에 체인, 와이어 등을 연결해 계류하는 방법으로 부체의 변위가 크고 동요가 심함	천해(중간부이) 심해복합계류(몰수부이)
	돌핀계류	해저에 고정된 독립된 말뚝을 이용한 계류방법으로 가이드를 이용해 부체와 연결되며 부체의 수평이동이 제한되고 상하이동만 가능한 형태로 수심이 낮고 정온한 해역에 적합함	천수심, 정온해역 플로팅거주시설

〈출처 : 홍사영, 초대형 부유식 구조물 설계매뉴얼, p.110, 내용〉

3.5 방재계획

3.5.1 재해특성

플로팅건축물에서 방재(防災)란 태풍, 해일 등 자연재해와 충돌·폭발·화재 등 사고로 인해 발생하는 건축물의 손상, 인명의 피해, 환경의 오염을 경감시키는 모든 활동이다. 방재계획은 건축물의 안전계획 및 이용자의 피난계획을 포함하며, 플로팅건축물의 입지 특성과 구조적 특성을 고려하여 관련 법·규정·규칙에 적합하도록 계획한다.

안전계획에서는 플로팅건축물의 부력 및 복원성을 고려하여 상부시설물에 적재되는 하중의 크기 및 분포, 시설물의 규모 및 높이 등을 계획한다. 또한 최대수용인원, 시설물 이용에 따른 하중의 분포, 상부시설물의 규모를 고려하여 하부구조물을 계획한다.

이용자의 안전을 위하여 외부공간은 미끄러지지 않는 재료로 계획하고, 전락 및 전도의 위험이 있는 공간에는 안전난간을 설치한다. 화재 및 침수에 대비하여 방화구획 및 수밀구획을 계획하여 재해 확산을 방지하고 진압 성능을 높인다.

한편 재해발생 시 피난에 대비하여 피난동선 및 탈출동선을 계획하며, 육지와 직접 연결되지 않은 경우 선박 및 헬리콥터 등을 이용한 피난계획을 수립한다. 플로팅건축물은 일반건축물 및 선박과 유사한 특성을 가지므로 방재계획에서는 일반건축물과 선박에서 고려하는 모든 방재계획을 고려한다.

플로팅건축물에서는 발생할 수 있는 재해의 종류와 특성을 정리하면 [표 3-15]와 같으며, 이러한 재해들은 하나씩 발생하는 경우도 있지만 일반적으로는 하나의 재해가 다른 재해의 원인이 되기도 하고 여러 재해가 동시에 발생하기도 한다.

플로팅건축물의 재해특성은 크게 두 가지로 구분할 수 있는데, 첫 번째는 하부구조물이 부력 혹은 복원력을 상실하여 침몰하거나 전복되는 것이다. 부력을 상실하는 경우는 기대되는 부력에 비해 상부에 탑재되는 하중이 큰 경우 또는 하부구조물이 침수되어 부력을 상실하는 경우가 있을 수 있다.

복원력의 상실은 탑재물의 중량 밸런스가 맞지 않아 건축물이 한 쪽으로 기우는 경우, 침수로 인해 하부구조물이 기우는 경우, 급격한 해양환경의 변화로 건축물의 동요가 한계치 이상인 경우에 건축물이 복원성을 회복할 수 있는 한계 이상으로 기울면서 발생한다.

두 번째 재해특성으로는 해상에 위치하기 때문에 육지와 연결된 교량을 이용하거나 선박, 헬기 등 이동수단을 이용해 피난해야 한다는 것이다. 또한 플로팅건축물에 재해가 발생할 경우 재해의 확산방지 및 인명구조를 위해 외부의 도움을 받는데 많은 어려움이 있다.

[표 3-15] 플로팅건축물의 재해종류

재해종류	특 성
구조물파괴	하중, 구조형식, 구조재료 등의 설계 잘못 또는 지속적인 해양환경에 의한 피로하중의 가중, 이상기후에 따른 혹독한 영향, 충돌 등으로 구조물 자체의 파괴가 발생하는 재해로서 좌초, 침몰, 폭발, 화재, 표류, 해양오염 등의 원인이 됨
충 돌	항해 중인 선박, 부유물 등과 충돌에 따른 재해로 복원력상실, 부력상실, 구조물 파괴 등의 원인이 됨
침 몰	구조물 파괴, 충돌 등에 따른 부력 상실로 인해 물에 가라앉음
전 복	구조물 파괴, 충돌, 침수 등으로 복원력 상실로 뒤집어 짐
좌 초	계류시설 파괴, 앵커라인 파단, 침수 등의 이유로 건축물이 해저지반 또는 암초와 충돌함
표 류	계류시설 파괴, 앵커라인 파단 등으로 건축물이 바다에 떠다님
화 재	상부시설물 및 하부구조물에서 불이 남
폭 발	기계류, 유류탱크 등의 폭발이 일어남
설비고장	발전기, 급수장비 통신장비 등 주요설비의 고장 및 손상으로 인해 거주가 불가능하거나 외부로부터 고립됨
침 수	충돌, 구조파괴, 월파 등으로 구조물 내로 물이 들어와 부력 및 복원성 상실의 원인이 되며 침몰, 전복 등의 사고로 이어짐
해양오염	구조파괴, 충돌, 침몰, 좌초, 폭발 등으로 인하여 유류 및 오수, 폐수, 폐기물의 유출로 인해 해양이 오염됨

따라서 재해발생 시 기본적으로 재해를 막고 확산을 방지하는 활동이 자체적으로 이루어져야 하지만 자체적 방재활동에는 한계가 있으며 훈련을 받은 안전관리자의 탑승에도 한계가 있다. 또한 바람, 파도 등은 건축물의 동요를 일으켜 방재활동에 어려움을 준다.

플로팅건축물의 경우 재해발생 시 피난 및 탈출은 다양하다. 선박과 같이 구명정을 타는 장소인 승정갑판까지 피난하는 것, 거주시설 내부에서 외부데크로 피난하는 것, 교량 등을 통해 육지로 탈출하는 것, 구명동의 등을 착용하고 바다로 뛰어드는 것 등이다.

이렇게 다양한 피난 및 탈출은 돌발 상황이 발생할 경우에 이용자들에게 혼란을 야기할 수 있으며, 또한 피난 및 탈출의 최종 단계가 육지에 도착하는 것이라면 재해가 발생한 건축물에서 벗어난 후에도 육지에 도착하기까지 많은 위험이 따른다.

이러한 재해특성들로 인해 플로팅건축물에서 발생하는 재해는 건축물의 완전한 파괴를 가져와 재산 가치에 막대한 피해를 주고 대규모 인명피해를 동반할 수 있으며, 특히 재해에 의해 주변 해역이 심각하게 오염될 수 있다.

3.5.2 방재계획지침

앞서 언급한 내용을 토대로 플로팅건축물의 방재계획을 위해 고려할 사항은 다음과 같다.

- 플로팅건축물은 종류에 따라 다양한 계층의 불특정 다수의 사람들이 이용한다. 특히 레저용 건축물의 경우 노인, 장애인, 어린이, 부녀자, 관광객 등 재해에 취약한 사람들이 많이 이용한다.
- 플로팅건축물은 다양한 용도와 성격의 공간이 복합적으로 구성되며 동선이 복잡하다. 특히 화재발생 위험이 많은 공간(주방, 창고 등), 가연성 물질이 많은 공간(유류탱크, 발전기 등), 고밀도 이용으로 인해 피난이 어려운 공간(공연장 등) 등이 있어 안전관리가 어렵다.
- 육지에서 떨어진 곳에 위치해 육지로 집적 피난하는 것이 어렵고 피난 및 탈출에서 외부로부터 도움을 받는데 한계가 있다.
- 선박과 달리 출입이 자유로워 이용자를 대상으로 안전교육을 실시하기 어렵고 선박에서 요구되는 탈출 및 안전의 훈련이나 승무원의 전문적인 방재활동을 기대하기가 어렵다.
- 파도, 바람 등으로 인한 동요, 접근로 파괴, 선박 및 헬리콥터를 이용한 접근의 어려움, 하부구조물 파괴 및 침수, 건축물의 기울어짐 등으로 인해 비상 시 방재활동이 어렵다.
- 하부부체의 부력 및 복원력의 상실로 인해 건축물 전체가 침몰 혹은 전복될 수 있어 신속한 방재활동이 요구된다.

[표 3-16] 플로팅건축물의 방재성능

구 분	내 용
예방성능	재해를 사전에 방지하기 위한 성능 구조물 자체 강도 확보, 계류성능 확보, 재료의 불연화/난연화, 방화구획, 수밀격벽, 손상 시 복원성 확보 등
진압성능	지해의 차단 및 확산 방지를 위한 성능 내화/방연 성능확보, 방화구획 설치, 소방설비 설치 등 적극적인 재해 차단 활동
피난성능	재해발생시 발생장소로부터 회피 피난로, 피난계단, 구명설비, 구명정 등
정보처리성능	재해의 감시, 재해에 대한 정보 전다, 방재설비의 제어 등 각종 감지기, 방재센터 등

이상과 같은 사항을 고려하여 플로팅건축물에서 요구되는 방재성능으로는 재해의 예방, 재해의 진압, 재해로부터 피난, 재해 관련정보의 처리 등이 있으며 구체적인 내용은 [표 3-16]과 같다.

플로팅건축물의 방재계획은 여객선에 적용하는 방재기준, 「건축법」의 안전 및 피난규정 그리고 플로팅주택 또는 하우스보트에 적용되는 방재기준을 참고한다. 일반건축물, 선박 그리고 국외 플로팅주택의 방재기준을 토대로 플로팅건축물의 방재계획지침을 정리하면 다음과 같다.

- 플로팅건축물에 방화구획을 설치하고, 방화구획은 「건축법」의 규정에 따른 구조 및 재료로 계획하며, 연기제어설비 역시 「건축법」의 규정에 따라 계획한다.
- 플로팅건축물의 피난계단 및 특별피난계단의 설치는 「건축법」에 따라 설치하며, 건축물배치에 따른 피난 및 탈출에 사용되는 통로는 [표 3-17]과 같이 계획한다.
- 플로팅건축물의 마감재료는 「건축법」에서 규정하는 방화재료(불연성 또는 난연성 내장재) 또는 '선박방화구조기준'에서 정한 B급 이상의 재료로 계획한다.
- 하부구조물은 충돌 손상의 염려가 있는 경우 부체 외주(外周)를 이중각구조(二重殼構造)로 하고 그 사이를 격벽으로 구획한다. 격벽으로 구획된 내부공간은 밀도가 낮은 충진재로 채우거나 빌지펌프를 설치한다.
- 비상 시 피난탈출에 지장이 없을 정도로 하부구조물의 경사를 억제할 수 있는 밸러스트 설비를 설치하거나 이와 동등한 성능으로 계획한다.
- 하부구조물 내부에 오수 및 폐수탱크가 설치되는 경우 충돌 등에 의한 손상 시 오폐수 유출에 대비하여 이중각구조 혹은 이와 동등한 성능으로 계획한다.
- 하부구조물의 개구부에는 침수에 대비하여 수밀문짝(水密扉)을 계획하고 상부시설물의 출입구로 물의 유입을 방지하기 위해 파도막이를 설치하거나 출입구 높이를 조절한다.
- 하부구조물은 충분한 부력을 유지할 수 있도록 건현을 확보한다. 정온수역에서는 평상시 0.4 m 이상, 만재 시 0.2 m 이상 확보하고, 정온도가 확보되지 않은 곳에서는 최소 0.5 m 이상 건현을 확보한다.[39)]
- 육지로의 탈출이 교량을 이용하거나 구명정인 경우 피난층은 하부구조물의 최상부 갑판, 헬리콥터에 의한 탈출에서는 상부시설물의 최상층 지붕을 피난층으로 계획한다. 피난층에 이르는 피난시설은 「건축법」에 따른 구조와 재료로 계획한다.
- 건축물 내에서 가연성 재료를 저장하는 공간은 방화구획, 방화벽, 스프링클러를 비롯한 소화설비를 설치하여 화재에 대비한다.

---

39) Canada Floating Home Association, 「British Columbia Float Home Standards」에서는 평상시 0.4 m, 만재 시 0.2 m의 건현을 확보하도록 하고 있으며, Danish Maritime Authority, 「Technical regulation on the stability, buoyancy, etc. of houseboats and floating structures」에서는 0.5 m의 건현을 확보하도록 하고 있음

[표 3-17] 배치유형에 따른 피난통로기준

배치유형	피난통로 계획기준
Type-1 (단일배치형) 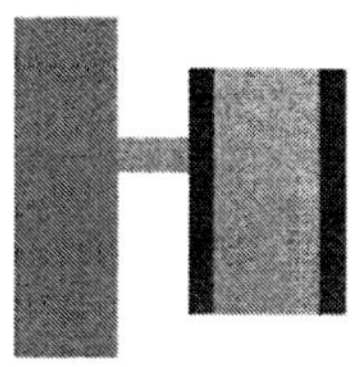 • 육역과 연결 단일배치	• 2개 이상 통로로 육역과 연결(밑의 그림 참조) • 1개 육역 연결통로의 경우 선박이용 탈출(2방향 탈출경로) • 상부시설물 외부에 폭 1.5 m 이상 이동통로 확보 • 단 1가구가 거주하는 단독주택은 제외 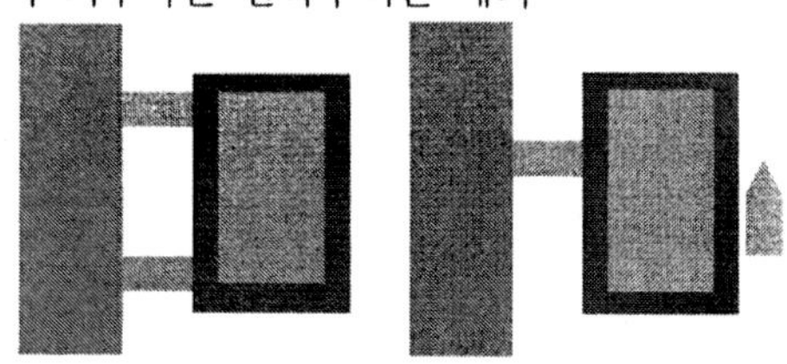
Type-2 (병렬배치형)  • 육역과 연결 2동 이상 병렬배치	• 육지와 2개 이상 연결통로 계획(밑의 그림 참조) • 각 동에서 실내를 통하지 않고 육지로 피난 가능 • 1개 육역 연결통로의 경우 각 동에서 선박이용 탈출 • 상부시설물 외부에 폭 1.5 m 이상 이동통로 확보 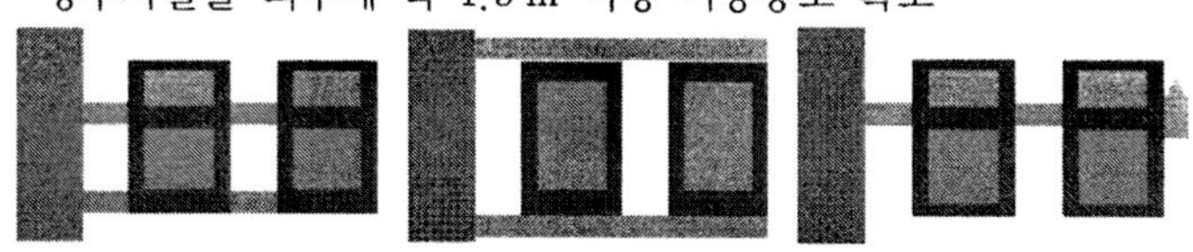
Type-3 (아일랜드형) 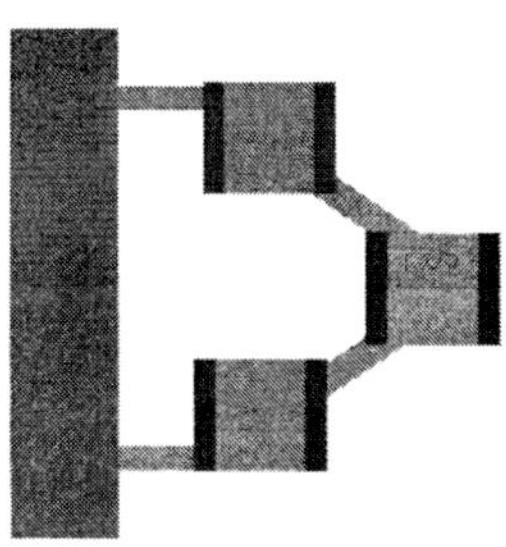 • 2동 이상 순환통로로 연결배치	• 각 동에서 2방향 탈출경로 계획(밑의 그림 참조) • 상부시설물 외부에 폭 1.5 m 이상 이동통로 확보 • 동간 연결통로는 길이 30 m 이내로 계획 • 육역 연결통로는 길이 50 m 이내로 계획 • 각 연결통로 폭은 1.5 m 이상으로 계획 • 연결통로는 구조적 안전성과 방화성능 확보 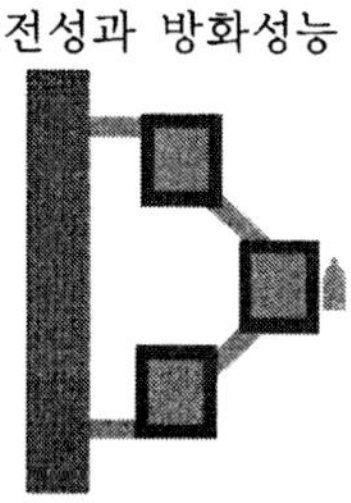

• 계류시설은 건축물에 예상되는 모든 외력에 대해 충분한 안전율을 적용하여 계획하며 계류삭의 배치는 좌우 및 전후로 건축물이 고정될 수 있도록 최소 2축, 4방향 이상 계획한다.

• 비상시 계류시설의 손상 및 파괴로 인해 건축물이 표류하는 것을 방지하기 위하여 백업

계류시설을 건축물의 규모와 위치에 적당하게 계획한다.

- 돌핀계류의 경우 충분한 계류력을 가지도록 설계하며 안정적인 위치 유지를 위해 최소 2축, 2개 이상의 돌핀을 계획한다.
- 돌핀계류시설의 파괴로 인해 건축물의 표류를 방지하기 위해 1개의 돌핀만으로도 건축물을 계류할 수 있도록 계획하며 1개 이상 비상용 계류시설을 추가로 계획한다.
- 육지로부터 접근로는 최소 폭 1.5 m 이상으로 계획하며 건축물의 각 동에서 2방향 피난 및 탈출이 가능하도록 계획한다.
- 육지로부터 접근로는 소방, 응급구호, 복구 등을 위해 차량의 접근이 가능하도록 최대 크기의 이용가능차량을 수용할 수 있는 폭과 구조로 계획한다.
- 육지로부터 접근로는 방화구조로 하고 소방설비를 갖추며 마감은 불연성 재료로 계획한다. 바닥은 녹슬지 않고 미끄럼을 방지할 수 있는 재료로 계획하며 안전난간을 계획한다.
- 육지로부터 접근로에 수도, 전기, 에너지 등을 공급하는 배관이나 배선이 설치된 경우에는 접근로가 손상되면 자동적으로 공급이 차단될 수 있는 시스템으로 계획한다.

참고문헌

1. 강영훈, 부유식 수상거주시설 건축계획에 관한 연구, 한국해양대학교 박사학위논문, 2012
2. 과학기술부, 해양공간이용 대형 복합플랜트 개발과제 부유구조물 구조·용접 기술 개발, pp47~48, 1998
3. 국토해양부, 국토해양용어사전, http://www.mltm.go.kr
4. 국토해양부, 부유식 해상구조물의 구조 및 설비 등에 관한 기준, 2011
5. 권영중, 선박설계학. 동명사, 2012
6. 박명규, 권영중, 선박기본설계학, 한국이공학사, 2009
7. 송석기, 플로팅 건축 공간 설계기술 개발, 2-1세세부과제보고서(1차년도), 국토해양부 기술연구개발의 지역기술혁신사업, 2011
8. 이창억, 선박설계, 청문각, 2008
9. 이한석·송화철, 플로팅 아일랜드 리조트 개발을 위한 기획연구, (사)해양산업발전협의회, 2009
10. 이한석·송화철·이병권·박건 공역, 小林理市 저, 알기 쉬운 해양건축물의 설계, 도서출판 이집, 2000
11. 이명권·김봉경·이상준·김가야 공역, 미에다 히시키·콘도 다케오·마스다 코이치 편저, 바다와 해양건축, 기문당, 2012
12. 한국방재협회, 방재법규 및 제도, 한국방재협회 부설 방재연수원, 2007
13. 한국항만협회, 항만 및 어항 설계기준, 2005
14. 해양수산부, 부유식 초대형 해상구조물 기획연구, 중간보고서, 1999
15. 해양수산부, 초대형 부유식 해상구조물 기술개발 1차년도 최종보고서, 1999
16. 해양수산부, 초대형 부유식 해상구조물 기술개발 2차년도 최종보고서, 2000
17. 해양수산부, 초대형 부유식 해상구조물 기술개발 3차년도 최종보고서, 2001
18. 홍사영, 초대형 부유식 해상구조물 설계 매뉴얼, 한국해양수산연구원, 2007
19. 日本建築學会, 海洋建築計劃指針, 1988
20. 日本建築學會, 海洋建築物構造設計指針(浮游式)·同解說, 1990
21. 日本建築學會, 海洋建築と環境, 1991
22. 沿岸開發技術研究センター, 浮体構造物技術マニュアル, 1990
23. 日本建築センター, 海洋建築物安全性評指針, 1990
24. 造船テキスト研究会 著, 新訂 商船設計の概要, 成山堂書店, 1995
25. マリンフロート推進機構, 浮體構造物の關連法規, 1992
26. (財)シップ・アンド・オーシャン財団, 大規模浮体構造物による海洋空間の開發利用に關 する調査研究, 1991
27. 前田久明, 近藤健雄, 増田光一 編著, 海と海洋建築, 成山堂書店, 2006
28. (財)日本造船技術センター, 浮体(メガフロート)技術部 홈페이지 http://www.srcj.or.jp/

29. City of Vancouver, Marina Neighborhood CD-1 Guidelines for Marina Development, 1993

30. Danish Maritime Authority, Technical Regulation on the Stability, Buoyancy, etc. of houseboats and Floating Structures, 2007

31. Floating Home Association Pacific Canada, HITCHHIKER'S GUIDE TO THE FLOAT HOME STANDARDS, http://www.floathomepacific.com/

32. British Columbia, British Columbia Float Home Standards, http://www.housing.gov.bc.ca/

제 4 장

마리나시설계획

4.1 마리나의 개요

4.1.1 마리나의 개념

마리나(marina)는 라틴어에서 유래된 용어로서 원래 '바닷가 산책로'란 의미를 가지고 있었다. 그러다 1928년에 미국엔진보트제조협회(NAEBM : National Association of Engine and Boat Manufacturers)가 오락용 보트(pleasure boat)를 위한 항만시설을 마리나로 부르게 되면서 오늘날과 같은 의미를 얻게 되었다.

한편 프랑스에서 '마리나'란 해변의 오락센터를 의미하며, 해양레크리에이션의 기지로서 오락용 보트의 보관·계류시설과 함께 식당, 낚시시설, 산책시설, 숙박시설을 포함한 종합적인 레저시설의 총칭으로 사용되고 있다.

이러한 의미를 반영하여 최근에 마리나는 오락용 보트를 계류하거나 보관하는 시설과 오락용 보트의 이용자에게 서비스를 제공하는 시설(숙박시설, 회의시설, 식당, 오락시설, 사교시설 등)을 포함해서 오락용 선박을 위한 전용 항만을 의미하는 개념으로 통용되고 있다.

마리나와 비슷한 개념의 '요트하버(yacht harbor)'는 보트 보관을 위한 기본시설과 필요 최소한의 서비스시설만으로 구성되어 있는 오락용 보트 계류보관시설로서 마리나와 구별된다. 또한 기존 어항을 정비한 '피셔리나(fisharina)'[40]는 '어항마리나'라고도 불리며 어선을 위해 만들어진 어항에 유어선(遊漁船 : 레저용 낚시선박)과 오락용 보트를 함께 수용하는 항만이다.

국내에서는 마리나와 요트하버를 거의 동일하게 취급하고 있는 실정이며, 마리나라고 불리는 시설은 대부분 요트 전용 항구인 요트하버이다. 현재 마리나로 취급하는 시설은 수백 척의 보트를 수용하는 계류장과 다양한 서비스시설을 갖춘 마리나로부터 바닷가나 하천변에 소형 요트 몇 척 계류 가능하고 사무실만 갖춘 요트계류장에 이르기까지 그 범위가 넓다.

참고로 우리나라에서 마리나개발의 기본이 되는 「마리나항만의 조성 및 관리 등에 관한 법률」 제2조에서는 '마리나항만'을 "마리나선박의 출입 및 보관, 사람의 승선과 하선 등을 위한 시설과 이를 이용하는 자에게 편의를 제공하기 위한 서비스시설이 갖추어진 곳"으로 정의하고 있다.

여기서 '마리나선박'은 유람, 스포츠 또는 여가용으로 제공 및 이용하는 선박(보트 및 요트를 포함)을 의미한다. 마리나선박의 출입 및 보관, 사람의 승선과 하선 등을 위한 기반시설과 이를 이용하는 자에게 편의를 제공하는 서비스시설은 '마리나항만시설'로 정의하고 있다.

한편 정부는 마리나 관련 정책수립 및 시행을 위해 마리나항만을 기능과 역할에 따라 거점형, 레저스포츠형, 리조트형 세 가지로 분류하고 있으며, 각 유형별 개발규모로서 거점형은

40) 피셔리나(fisharina)는 피시(fish : 물고기)와 아레나(arena : 공연장)로 이루어진 합성어임

[표 4-1] 마리나의 종류

구 분	마리나 종류	'어항마리나' 관련성
성립조건	• 천연항 : 천연의 정온수역인 만이나 강입구 등에 형성 • 인공항 : 방파제 등 인공적인 외곽시설에 의존	주로 인공형
지리적 조건	• 해항(바다), 하천항(강), 호항(호수), 운하항(운하)	해항
건설형태	• 매립항 : 바다를 매립하고 방파제 등을 건설하여 만든 항 • 굴입항 : 저습지, 소만 등 바다 안쪽을 이용하여 만든 항	-
기능 및 역할	• 일상형 마리나 : 단기체류형, 대도시 근교 • 리조트형 마리나 : 장기체류형, 숙박체재형, 관광지 인근	일상형 마리나
대상보트	• 딩기보트 중심 : 필수 최소한의 설비, 경기용 마리나 • 크루저보트 중심 : 대도시권 및 관광지 • 모터보트 중심 : 레저용 낚시 중심지	모터보트, 크루저보트 중심
정비관리 주체	• 공공마리나 : 공공기관 건립, 직영(혹은 공사 설치 운영) 혹은 민간위탁 • 민간마리나 : 민간 건립 및 민간 운영 • 민관합동마리나 : 민관 합동하여 건립, 직영 혹은 민간위탁	공공성 높음

〈출처 : 부산광역시, 부산해역 마리나시설 개발 타당성 검토, p.5〉

300척, 레저스포츠형은 100척, 리조트형은 200척을 적용하고 있다[41].

여기서 거점형 마리나항만은 대도심권 인근에 위치한 중간 규모 이상의 마리나로서 이 유형의 마리나를 개발하려면 외곽시설 등 항만시설과 육상시설(클럽하우스, 보트야드, 보트창고, 주차장 등)을 새롭게 조성해야 한다.

레저스포츠형 마리나항만은 중소 규모의 수요에 대응하는 연안 중간기항지 및 간이형 마리나로서 외곽시설 등이 이미 설치된 항만을 이용하여 조성할 수 있다. 리조트형 마리나항만은 중·대형 복합레저공간을 갖춘 마리나로서 이 유형의 마리나를 조성하기 위해서는 외곽시설 등 항만시설과 대규모 육상시설을 새롭게 개발해야 한다.

이밖에 마리나를 성립조건, 건설형태, 개발주체 등에 따라 분류하면 [표 4-1]과 같이 정리할 수 있다.

41) 국토해양부고시 제2010-41호, 제1차(2010~2019) 마리나항만기본계획, p.29 참조

4.1.2 마리나의 기능

마리나는 보트계류기능이 중심인 기본시설을 비롯하여 다양한 기능의 각종 편의시설과 문화시설의 복합체이다. 정부에서는 [표 4-2]와 같이 마리나 기능을 열 가지로 분류하고 이에 따른 시설요구사항을 제시하고 있다.

① 보트계류기능

마리나의 가장 기본이 되는 기능은 보트를 계류하는 것이며, 이를 위한 시설로는 정온수역과 보트를 고정하는 시설이 있다. 안전하게 보트에 타고 내리거나 보트를 계류하기 위해 수심이 적당한 정온수역의 확보는 필수적이다.

정온수역 확보를 위하여 항상 파도가 잔잔한 천연의 후미진 곳에 위치하는 것이 바람직하지만 이런 곳은 드물 뿐 아니라 이미 사용 중인 곳이 대부분이므로 방파제 등 외곽시설을 정비하여 정온수역을 확보한다.

보트를 정박시키는 계류시설로는 안벽, 잔교, 부이 등이 사용되는데 조위차에 대한 대책, 보트에 승강의 편리성, 보트의 안정성 및 정비 등 측면에서 [그림 4-1]과 같이 물에 떠 있는 부잔교 형태를 많이 사용한다.

[표 4-2] 마리나의 기능

구 분	기능에 따른 시설 요구사항
계류기능	• 기적인 시설로 정온수역과 보트를 고정하기 위한 시설
보관기능	• 수면보관 : 부잔교 등 계류시설에 보트를 계류하여 보관 • 육상보관 : 보트를 육상의 보트야드나 보트창고에 보관
상하가(上下架)기능	• 육상보관 및 보트 수리·보수·점검 등을 위한 크레인 시설
수리·점검기능	• 보팅의 안전확보를 위한 보트 수리·점검시설
보급·청소기능	• 오락용 보트를 위한 물, 연료, 식료 등 보급시설 • 쓰레기, 폐유 등 폐기물 처리시설 및 보트 세정시설
정보제공기능	• 오락용 보트의 활동을 위한 기상, 해상정보제공 시설 • 마리나를 중심으로 한 다양한 이벤트 정보의 제공
숙박·휴식기능	• 마리나 이용자를 위한 숙박 및 휴식시설
연수·교육기능	• 딩기요트 등 요트 강습회 개최 및 부속시설로서 연수원, 교육시설
안전관리기능	• 마리나 이용선박의 항행 중 안전 확보를 위한 입·출항 관리시설 및 순찰을 위한 감시정
문화교류기능	• 해양레크리에이션 기지인 동시에 지역교류거점 역할을 위한 박물관, 자료관 등 문화시설이나 이벤트 광장

〈출처 : 국토해양부, 해양관광 기반시설 조성연구, p.65〉

[그림 4-1] 부잔교 보트계류시설(일본 요코하마 베이사이드마리나)

② 보트보관기능

보트를 보관하는 기능은 계류기능과 마찬가지로 마리나의 기본기능 중 하나이며, 보관하는 형태로는 수면보관과 육상보관이 있다. 수면보관을 위해서는 보트 크기에 적당한 면적의 계류공간과 부잔교 등 계류시설이 필요하며, 육상보관을 위해서는 육상으로 보트를 끌어올리는 크레인이나 경사로, 그리고 보트를 보관할 수 있는 육상의 보트야드와 [그림 4-2]와 같은 보트창고가 필요하다.

[그림 4-2] 육상보트창고(싱가포르 래플스마리나)

③ 보트상하가기능

상하가기능이란 보트를 육상에 보관하는 경우 보트의 입·출항을 위해 보트를 수면으

[그림 4-3] 보트상하가시설 사례(30톤 규모)
〈출처 : http://news.nauticexpo.com/〉

로부터 육상으로 끌어 올리거나 수면에 내리는 기능을 의미하며, 수면보관의 경우에도 보트의 수리, 보수, 점검을 위해 상하가기능이 필요하다. 상하가기능에는 [그림 4-3]과 같은 크레인이나 경사로, 윈치 등 상하가시설이 필요하다.

④ 보트수리·점검기능

[그림 4-4] 보트수리공장(일본 요코하마 베이사이드마리나)

보트를 타기 전에 안전 확보를 위해 마리나에서는 보트의 수리 및 점검이 요구된다. 마리나에서 필요한 보트수리·점검시설은 간단한 설비부터 [그림 4-4]와 같은 정비공장 수준의 설비까지 다양하다.

⑤ 보급·청소기능

보트의 항해를 위해 마리나에서는 보트에 물, 연료, 식료품 등의 보급이 필요하며, 보트의 관리를 위해서 세척과 청소도 요구된다. 이를 위해 마리나의 계류시설이나 그 인접한 곳에 [그림 4-5]와 같은 물, 연료, 전기 등을 보급하는 설비가 마련되어야 하며 식료품 등의 생필품을 보급하기 위한 서비스(상점, 배달 서비스 등)가 필요하다. 또한 마리나에는 계류시설과는 별도로 보트의 세척과 청소를 위한 세정시설 및 양호한 주변 환경 유지를 위해 쓰레기, 폐유 등 폐기물을 처리하는 시설이 필요하다.

[그림 4-5] 보급시설(일본 요코하마 베이사이드마리나)

⑥ 정보제공기능

보트를 이용한 항해의 안전을 위해 기상 및 해상에 대한 정보와 마리나 내에서의 교통안전 및 비상대피 등의 정보는 중요하다. 또한 마리나는 지역에서 레저의 중심지이므로 마리나 주변에서 일어나는 이벤트 및 관광정보를 제공한다. 이러한 정보의 제공을 위해 마리나 입구와 중요한 장소, 입출항 하는 선박에서 잘 보이는 장소에 전달해야 할 정보의 내용 및 형식, 정보수신자의 특성에 따른 정보제공을 위한 시설이 필요하다.

[그림 4-6] 정보제공시설(스피커)(일본 요코하마 베이사이드마리나)

⑦ 숙박·휴식기능

마리나에는 보트 이용자 뿐 아니라 단순히 클럽하우스를 이용하는 사람 등 다양한 이용자가 존재한다. 휴식과 휴양 또는 레저활동을 위해 방문하는 이용객들은 장기 혹은 단기 이용자로 구분된다. 이와 같은 마리나 이용자에게는 기본적으로 숙박·휴식기능이 필요하다. 따라서 마리나에는 이용자의 종류와 특성에 따라 적절하고 다양한 휴식 및 오락시설이 필요하고 또한 숙박시설도 요구된다. 특히 마리나의 성격에 맞는 숙박시설이 적정한 규모로 설치되면 마리나 시설운영에도 큰 시너지 효과가 있다.

[그림 4-7] 숙박시설(호주 멜버른 마리나)

⑧ 교육·연수기능

마리나는 보트를 즐기는 기능뿐만 아니라 해양레저·스포츠 관련 교육과 훈련이 이루어지는 교육기관의 역할도 한다. 즉, 보트는 물론이고 다양한 해양레저·스포츠에 관련된 교육프로그램, 강습회, 스쿨 등이 계절마다 개최된다. 그러므로 마리나에는 이용자의 저변확대를 위해서라도 부속시설로서 교육 대상자의 종류와 특성에 따라 적정 규모의 교육시설, 연수시설, 훈련시설 등이 필요하다.

[그림 4-8] 교육·연수공간(일본 요코하마 베이사이드마리나)

⑨ 안전관리기능

마리나는 고가의 보트가 정박·보관되어 있고 다양한 이용자가 수시로 머물기 때문에 각종 범죄나 자연재해로부터 안전이 매우 중요하다. 또한 마리나에 드나드는 다양한

(a) 싱가포르 래플스마리나 (b) 일본 이와키 선마리나

[그림 4-9] 안전표지시설

종류의 보트나 수상레저기구의 안전을 확보하는 것도 중요하다. 이를 위해 마리나에서는 보트의 입출항 관리, 이용자의 동향파악, 보트의 범주(帆柱) 및 항해 관련 안전지도, 전망시설에서의 감시, 감시정에 의한 순찰 등이 이루어지며 이에 따른 안전관리시설의 정비가 필요하다.

⑩ 문화교류기능

마리나는 지역교류거점으로서의 기능도 가지고 있다. 따라서 보트 이용자 뿐 아니라 지역주민들도 자유롭게 사용할 수 있는 박물관, 자료관, 전시관 등 문화시설이나 이벤트광장, 집회공간 등 교류시설도 필요하다. 이밖에도 마리나는 지역의 친수공간으로서 활기참, 화려함, 친밀감을 만들어내는 기능을 하여 사람들이 바다에 관심을 가지게 하고 바다와 접촉을 촉진시킨다.

따라서 마리나는 배후지역과 연속성, 물을 쉽게 즐길 수 있는 친수성, 수질과 해양생태계 보전을 위한 친환경성, 매력 있는 해변경관 등의 특성을 갖도록 시설을 계획한다.

(a) 호주 멜버른 마리나

(b) 일본 요코하마 베이사이드마리나

[그림 4-10] 친수공간

4.1.3 마리나의 현황

국내에서 요트면허 취득자는 2012년 3,800여 명으로 2000년에 비해 60배 이상 증가했으며, 요트 등록은 2012년에 4,000여 척까지 늘었다. 한국해양수산개발원에 따르면 2015년 국내 요트 수요가 22,000여척에 달할 것으로 전망되고 있으며, 2012년 기준으로 요트를 즐기는 인구는 약 5만 명으로 추산된다.

2010년 기준으로 국내 마리나는 16개소가 운영 및 개발 중에 있으며, 개발규모는 총 1,304척으로 개발구역은 무역항 2개소, 어항 6개소, 기타 연안 8개소이다. 아직 국제적 수준의 리조트형 마리나는 없으나 부산 북항재개발지역과 수영만 요트장 등에 계획 중이다.

정부는 마리나 개발을 본격화하기 위해 2010년 '제1차 마리나항만기본계획'을 마련하였고 이에 따라 43개 국가마리나항을 확정하였으며, 그 후 2개 마리나항을 추가하여 2019년까지 연차적으로 45개 국가마리나항을 개발할 계획이다.[42)]

한편 연안에 위치한 지자체에서는 정부에서 정한 국가마리나항을 중심으로 그 주변에 다양한 중·소규모 마리나의 개발을 계획하고 있다. 부산의 경우에는 마리나의 수요예측을 통해 2015년에 960척, 2020년까지 1,246척의 계류장이 필요할 것으로 보고 2020년까지 776척 규모의 마리나 건설계획을 추진하고 있다. 이에 더하여 2020년까지 계류능력 100척 규모 마리나를 약 4개 더 건설할 계획이다[43)].

2012년을 기준으로 국내의 주요 마리나 현황을 정리하면 [표 4-3]과 같다.

이상에서 살펴본 국내 마리나는 요트계류시설과 서비스시설이 완비된 것은 거의 없으며 특히 숙박시설 및 다양한 편의시설을 갖춘 복합레저형 마리나는 없는 실정이다. 또한 국가나 지자체에서 개발한 공공주도형 마리나의 경우 계류시설에 국한된 개발로 다양한 수익시설이 부재하여 안정적인 수입원이 확보되지 않아 지속적인 운영 및 관리에 한계가 있다.

[표 4-3] 국내 주요 마리나 현황

명 칭	위 치	시설내용
수영만 요트경기장	부산광역시 수영구	• 규모 : 448척 (해상 : 293, 육상 : 155) • 시설 : 국제회의실, 계측실, 광장, 경사로 주차장 430면, 수리시설 및 관련업체, 프레스센터
삼천포 마리나	경남 사천시 송포동	• 규모 : 해상 30 ft급 22척, 육상 30 ft급 동시 계류 가능
진해 마리나리조트	진해시 남문동	• 규모 : 해상 50척 (해상 : 50) • 시설 : 수리용 크레인, 경사로, 교육실습장, 전문 A/S센터, 체험교실, 적치장, 콘도
충무 마리나리조트	경상남도 통영시 도남동	• 규모 : 130척 (해상 : 90, 육상 : 40) • 시설 : 요트클럽하우스, 요트수리소, 요트 급유소, 요트적치장, 콘도, 스포츠센터
중문 마리나	제주 서귀포	• 규모 : 150척 (해상 : 50, 육상 : 100)
소호 요트장	전남 여수시	• 규모 : 100척 (육상)
전곡항 마리나	경기도 화성시	• 규모 : 192척 (해상 : 139, 육상 : 53)

〈출처 : 부산광역시, 부산해역 마리나시설 개발 타당성 검토, p.10〉

42) 국토해양부, 제1차 마리나항만기본계획, p.7 참조

43) 부산시, 부산해역 마리나시설 개발 타당성 검토, pp.77~79 참조

반면에 민간이 개발한 마리나는 요트계류 및 관리시설이 부족하여 마리나 자체사업에 의한 수익보다는 부대시설인 숙박시설이나 식당 등 상업시설에 의존하여 운영되고 있다.

향후 국내 마리나는 그 부가가치를 높이기 위하여 보트 쇼, 보트 경기 등 새로운 이벤트를 도입하고 요트학교를 운영하는 등 요트활동 및 해양레저 인구의 증가에 대비하여 다양한 프로그램과 시설의 도입이 필요하다. 이와 함께 이용객의 만족도를 높일 수 있는 체계적인 관리 운영시스템도 함께 마련해야 한다.

4.1.4 마리나사업

마리나를 계획할 때에는 시설의 위치, 기능 그리고 규모 등을 결정해야 하는데 이를 위해 반드시 마리나 개발사업 및 운영사업을 고려해야 한다. 예를 들어 국가마리나항의 경우 개발사업의 추진 체계는 [그림 4-11]과 같다.

한편 도시에 위치한 어항을 소형 어항마리나(피셔리나)로 개발하는 경우 고려해야 할 중요한 사업적 측면을 정리하면 다음과 같다.

① 사업목적

- 어항을 마리나로 개발하여 고부가가치 항으로 활용
- 지역의 해양레저·스포츠 거점기지를 조성
- 지역 해양레저·스포츠를 활성화하고 해양관광의 활성화
- 지역 해안친수공간의 구심점으로서 시민의 삶의 질 향상
- 지역 해양관광벨트의 핵심시설로서 개발

② 목표설정

- 시민과 관광객을 위한 안전하고 편리한 마리나 조성
- 시민에게 사랑받는 친수문화공간으로서 마리나 조성
- 국제적 수준의 시설구성 및 관리계획으로 국내외 관광객 유치
- 어항을 어항마리나로 개발한 성공적인 사업 모델 제시

③ 사업전략구상

- 도심 어항마리나로서 사업부지 잠재력 적극 개발
- 기존 어항시설의 적극 활용으로 사업성공 확보
- 초기 투자비와 시설유지비를 고려한 적절한 규모계획
- 성수기와 비수기 수요에 맞는 마리나 운영 및 시설계획
- 사업이익 확보를 위한 마리나 관리 및 운영계획

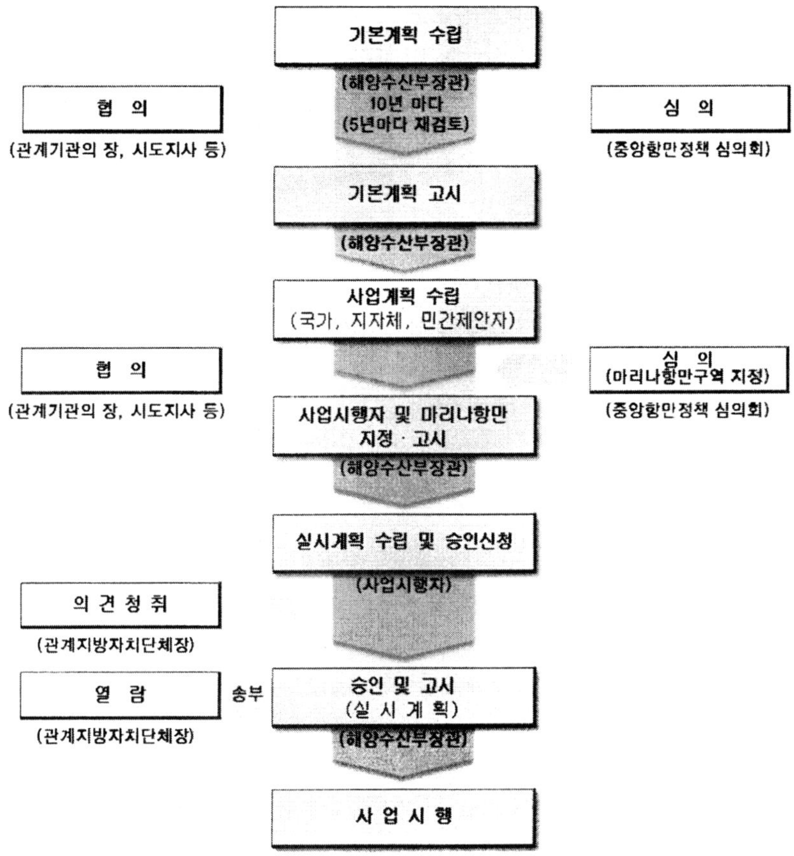

[그림 4-11] 국가마리나항 사업추진체계
〈출처 : 국토해양부, 제1차 마리나항만 기본계획, p.16〉

④ 기대효과

- 시민의 해양스포츠 참여 여건 개선 및 기회 확대
- 지역 해양스포츠 산업 및 관광산업 활성화
- 국제적인 해양관광지로서 지역 위상 제고
- 시민 해양인식 제고 및 친수공간 확보
- 마리나 인근 지역 재생 및 경제 활성화

⑤ 사업기반

- 도심에 해양스포츠기지 조성으로 국내외 관광객 증가
- 시민을 위한 해양스포츠시설로 사회편익 증대
- 기존 어항의 항만시설을 활용하여 투자비용 절감

(a) 기존 어항모습 (b) 어항마리나 계획안

[그림 4-12] 도시어항마리나 계획사례(부산 신호어항)

- 인근 마리나와 연계하여 시너지효과 창출
- 해양레저·스포츠 활성화 정책에 따른 선도사업 실시
- 시민을 위한 친수문화공간으로서 도시브랜드 가치 제고
- 어항을 어항마리나로 개발함으로써 지역경제에 긍정적 효과

이상과 같은 사업 측면을 고려하여 어항마리나를 계획할 때 검토해야 할 사업의 내용은 다음과 같이 정리할 수 있다.

① 투자계획

- 방파제, 호안 등 기존 항만시설을 적극 활용하여 초기 투자비 감소
- 시민을 위한 해양레저 및 스포츠 시설로서 국비지원 확보
- 타당성분석과 수요예측을 통한 적정규모 개발로 사업위험 최소화
- 소요사업비, 재원조달방안, 투자우선순위 결정과 합리적 집행계획 수립
- 마리나 경영수지확보를 위한 시설관리 및 운영계획 수립

② 토지활용계획

- 부유식 구조물 등을 활용하여 부족한 토지 대체
- 사업대상지에 마리나 건설을 위한 수면의 매립 최소화
- 사업대상지의 기존 공간 및 토지의 효율적이고 입체적인 활용
- 사업부지에 인접한 도로의 정비를 통해 도심에서 접근성 개선
- 어항기능의 유지 혹은 기존 어항 대체 방안 수립

③ 건축계획

- 주변 지역과 조화되는 독특한 마리나 경관계획

- 인근 해수욕장 및 친수공원과 연계한 친수공간 계획
- 주변으로부터 조망 및 소음을 고려하여 쾌적한 클럽하우스 계획
- 보트이용자를 고려하여 편리한 시설계획
- 이용자 및 계류선박의 안전을 위한 시설계획
- 장애인, 노약자 이용을 고려한 배리어프리 시설계획

④ 해양구조물계획

- 기존 방파제와 호안의 활용 및 기존 지형을 최대한 유지
- 마리나 기능에 따른 정온수역 확보를 위해 추가 방파제 계획
- 정온수역 확보에 따른 수질악화 대비 해수유통 대책 마련
- 인근 항만의 선박 입출항을 고려한 레저선박 운항루트 계획
- 기존 및 추가 방파제 등 해양구조물의 친수공간설계

⑤ 지역활성화계획

- 해당 지역에서 시행 중인 마리나 개발 계획 반영
- 지역주민이나 시민 대상 해양스포츠 교육계획
- 해양스포츠 지도자 훈련센터 운영계획
- 인근 해양스포츠시설과 차별화된 프로그램 도입
- 수도권, 일본, 중국 등 잠재고객 유치를 위한 프로그램 계획
- 지역 해양축제와 연계 및 자체 해양스포츠 관련 이벤트 계획

⑥ 관리운영계획

- 관리운영주체로는 [표 4-4]에서 지자체, 수협, 어촌계, 민간이 가능
- 국고나 지방비로 건립된 경우에 지역 전문업체에 위탁관리
- 민간이나 수협 및 어촌계 등이 조성하는 경우에는 대개 직영
- 다양한 부대시설을 특성별로 나누어 관리운영주체 설정 가능

[표 4-4] 어항마리나 관리운영주체

건설비용	투자주체	투자목적	관리운영주체
국고	국가	국가어항 정비	어항관리기관 혹은 위탁관리
지방비	지자체 공공기관	국가어항, 지방어항 정비	어항관리기관 혹은 위탁관리
민간자본	민간, 수협, 어촌계	국가어항, 지방어항, 어촌정주 어항 정비	민간 혹은 위탁관리 수협 혹은 위탁관리 어촌계 혹은 위탁관리

- 시설규모가 커서 전문적 운영이 필요한 경우 전문기관에서 관리운영
- 어촌소득지원사업의 경우에는 가급적 어업인들이 직영

4.1.5 마리나 관련법

정부는 2009년 12월 해양스포츠 활성화를 목적으로「마리나 항만의 조성 및 관리 등에 관한 법률」을 제정하였으며 이를 계기로 마리나 조성에 적극 나서고 있다. 실제로 이 법률에 근거하여 2010년「제1차 마리나항만기본계획」이 마련되었고 법률에 따른 후속조치로서 2010년 6월 국토해양부고시 2010-402호「마리나항만개발 업무처리요령」을 제정하여 마리나 개발사업의 추진에 필요한 사항을 마련하였다.

또한 정부에서는 항만시설물 및 어항시설물 또는 연안정비시설물의 계획과 설계 기준을 정한「항만 및 어항설계기준」제12편에 마리나에 대해 기술하고 대상선박, 수역시설, 외곽시설, 계류시설, 선박역무용시설, 임항교통시설, 환경오염방지시설, 안정시설 등에 대해 기준을 정하고 있어 마리나 설계에서 활용하도록 하고 있다. 이와 같은 마리나 관련 현행 법제도를 정리하면 [표 4-5]와 같다.

[표 4-5] 마리나 관련법 (계속)

구분	관련법	관련 지역 등	법제정의 목적
개발 관련	마리나항만의 조성 및 관리 등에 관한 법률	마리나항만구역 마리나항만시설 마리나항만산업단지	마리나항만 및 관련 시설의 개발·이용과 마리나 관련 산업의 육성에 관한 사항을 규정함으로써 해양레포츠의 보급 및 진흥을 촉진
	관광진흥법	관광지, 관광단지 관광특구	관광 여건을 조성하고 관광자원을 개발하며 관광사업을 육성하여 관광 진흥에 이바지
	지역특화발전특구에 대한 규제특례법	지역특화발전특구	지역특화발전특구의 지정 및 운영을 통하여 지역특성에 맞게 선택적으로 규제특례를 적용함으로써 지역의 특화발전을 제도적으로 뒷받침
	동·서·남해안 및 내륙권 발전 특별법	동·서·남해안 개발구역	동·서·남해안권을 동북아시아의 새로운 경제권 및 국제적 관광지역으로 발전시키는데 필요한 사항을 규정하여 경제·문화·관광 등 지역산업을 활성화하고 지역간 교류 증대
	항만법	항만구역 연안항 / 무역항 지방항만 임항구역·지역 항만배후단지	항만의 지정·개발·관리 및 사용에 관한 사항을 정하여 항만 건설을 촉진하고 항만을 효율적으로 관리·운영

[표 4-5] 마리나 관련법

구분	관련법	관련 지역 등	법제정의 목적
개발 관련	어촌·어항법 도시공원 및 녹지 등에 관한 법률	어항구역 근린공원 어린이공원 소공원 등	어촌의 종합적이고 체계적인 정비 및 개발에 관한 사항과 어항의 지정·개발 및 관리에 관한 사항을 규정함으로써 수산업의 경쟁력을 강화하고 어촌주민의 삶의 질을 향상 도시에 있어서의 공원녹지의 확충·관리·이용 및 도시녹화 등에 관하여 필요한 사항을 규정함으로써 쾌적한 도시환경을 형성
관리 관련	국토의 계획 및 이용에 관한 법률	도시지역 보존지구 도시계획시설 등	국토의 이용·개발과 보전을 위한 계획의 수립 및 집행 등에 필요한 사항을 정함
	공유수면 관리 및 매립에 관한 법률	공유수면	공유수면의 보전·이용 및 관리에 관하여 필요한 사항을 규정하여 공유수면의 적절한 보호와 효율적인 이용을 도모하고 공유수면을 환경친화적으로 보전·매립하고 매립지를 효율적으로 이용하게 함
	연안관리법	이용연안해역 특수연안해역 보전연안해역 관리연안해역	연안의 효율적인 보전·이용 및 개발에 필요한 사항을 규정함으로써 연안환경을 보전하고 연안의 지속가능한 개발을 도모함
	수상레저안전법 체육시설의 설치·이용에 관한 법률	수상레저활동 금지구역 전문체육시설 생활체육시설 직장체육시설	수상레저활동의 안전과 질서를 확보하고 수상레저사업의 건전한 발전을 도모함 체육시설의 설치·이용을 장려하고, 체육시설업을 건전하게 발전시킴
환경 관련	하천법	하천구역 하천예정지 연안구역 홍수관리구역	하천사용의 이익을 증진하고 하천을 자연친화적으로 정비·보전하며 하천의 유수로 인한 피해를 예방하기 위하여 하천의 지정·관리·사용 및 보전 등에 관한 사항을 규정함
	문화재보호법	보호구역/ 문화재 등록·지정문화재 국가·시도지정문화재 구역 등	문화재를 보존하여 민족문화를 계승하고, 이를 활용할 수 있도록 함
	수산업법	보호수면 육성수면 보호구역	수산업에 관한 기본제도를 정하여 수산자원 및 수면을 종합적으로 이용하여 수산업의 생산성을 높임
	해양환경관리법	해양환경해역 특별관리해역 환경보전해역	해양환경의 보전 및 관리에 관한 국민의 의무와 국가의 책무를 명확히 하고 해양환경의 보전을 위한 기본사항을 정함
	습지보전법	습지보호지역 습지주변관리지역 습지개선지역	습지의 효율적 보전·관리에 필요한 사항을 규정하여 습지와 그 생물다양성의 보전을 도모함

〈출처 : 부산광역시, 부산해역 마리나시설 개발 타당성 검토, pp.34~35〉

4.2 입지선정

4.2.1 입지조건

마리나계획에서 먼저 해야 할 일이 입지를 선정하는 것이다. 마리나의 입지선정은 여러 단계를 거쳐 실시되며 각 단계에서 입지와 관련된 다양한 데이터의 수집·분석이 필요하다. 마리나 입지를 선정하기 위해서는 입지타당성 검토가 필요하다. 사전에 입지조건을 조사하고 그 결과를 기초로 입지 특성을 명확하게 분석하며 상위계획 및 기타 관련계획을 검토하여 대상지에 대한 요구사항과 과제를 정리한다.

① 자연적 조건

마리나는 육역과 수역에 걸쳐 입지하는 시설물이기 때문에 입지선정을 위해서는 육역과 수역에 대한 자연적 조건을 정확하고 확실하게 파악해야 한다. 특히 마리나에 입출항하는 선박은 일반적으로 선박조정성능이 비교적 낮고 조정자 역시 숙련자가 아닌 경우가 많아 안전성 확보가 중요하므로 이와 관련된 해상(海象) 조건을 충분히 검토한다.
마리나 입지 관련 자연적 조건의 검토사항으로는 크게 기상(氣象)조건, 해상(海象)조건, 지상(地象)조건, 환경조건 등 네 가지가 있으며 그 구체인 내용은 [표 4-6]과 같다.

② 사회적 조건

마리나는 배후에 있는 지역의 활성화나 도시의 재생에 많은 영향을 미치는 경우가 많기 때문에 마리나 입지선정에서 사회적 조건은 중요한 의미를 가진다. 사회적 조건으

[표 4-6] 마리나 입지타당성 검토사항

검토항목		검토내용
자연적 조건	기 상	바람(평균풍속, 최대풍속), 시계 등
	해 상	파랑, 흐름(해류, 조류), 수온, 조위 등
	육 상	지형, 토질 등
	환 경	경관, 생태계, 수질 등
사회적 조건	토지이용	토지이용규제, 가용부지규모 등
	교통접근성	교통형태, 광역접근성 등
	건설/이용여건	수역시설, 어업권 등
	관광여건	관광객 증가율, 관광객 규모, 연계관광지 등
	지역여건	지역수요, 지역계획/조정 등

〈출처 : 해양수산부, 해양관광 기반시설 조성연구, p.157〉

로서 검토할 항목으로는 토지이용, 접근성, 이용여건, 관광여건, 지역여건 등이 있으며 각 항목에 관한 검토내용은 [표 4-6]과 같다.

특히 관광여건의 경우 마리나를 어떤 특성의 해양레저기지로 할 것인가의 성격 부여와 주변에 유사한 관광시설이나 레저시설과 연계성 및 독자성을 어떻게 확보할 것인가를 결정하는 데 중요하다.

4.2.2 입지평가

마리나의 입지를 결정하기 위해서는 입지조건을 검토하여 선정한 여러 대안의 입지를 상대적으로 평가하여 최종적으로 가장 적합한 입지를 결정한다. 이와 같이 입지를 평가하는 경우에는 설치적합성 측면과 요트활동성 측면을 종합적으로 검토할 필요가 있다.

[표 4-7] 설치적합성의 평가기준

평가항목			평가내용	평가기준 (평상시 : 연간 97.5% 이상 사용일)
자연조건	기상	바람	• 바람이 너무 세지 않은 곳	• 평상시 풍속 15 m/s 이하
		시계	• 안개 발생빈도가 낮은 곳	• 짙은 안개 시 시거리 500 m 이상 • 안개일수 20일 이하
		기온	• 연평균 기온이 높은 곳	• 월평균수온 15℃ 이상 10개월 이상
		날씨	• 맑은 날, 일조시간이 많은 곳	• 평상시 집중호우가 없을 것 • 쾌청일수가 100일 이상일 것
	해상	흐름	• 물 흐름이 빠르지 않은 곳	• 평상시 2.5 m/s 이하
		조위	• 조위차가 크지 않은 곳	• 평상시 조차 1.5 m 이하
		파고	• 이상기상 시 파고가 높지 않은 곳	• 평상시 0.5 m 이하 • 이상기상 시 1.5 m 이하
	육상	지형	• 바람과 파도 영향을 적게 받는 곳	• 암초 등 장애물이 없는 곳
		지질	• 선박의 앵커 설치에 지장 없는 곳	
사회조건	해역	수역	• 수역이용에 법규제 영향이 없는 곳 • 다른 수역시설과 복합 이용가능한 곳	
	어업	어업	• 어업활동에 영향을 주지 않는 곳 • 구획어업권이 설정되어 있지 않은 곳 • 어선항행에 영향을 주지 않는 곳	
	기타	주민	• 주민과 민원을 해결하기 쉬운 곳	

[표 4-8] 요트활동성의 평가기준

	일반 레이싱	장거리 외양레이싱	세일링	크루징	비 고
기온	10℃ 이상	–	10℃ 이상	–	객실이 있으면 낮은 기온도 가능함
강수	–	–	–	–	집중호우가 아니면 가능함
풍속	15 m/sec 이하	20 m/sec 이하	10 m/sec 이하	15 m/sec 이하	배 종류, 돛의 수에 따라 달라짐
시정	1.8 km 이상 (1마일)	1.8 km 이상 (1마일)	1.8 km 이상 (1마일)	0.9 km 이상 (0.5마일)	많은 배가 운행하는 수역에서 중요
해류	–	–	–	–	유속이 너무 빠르지 않아야 함
조류	1 m/sec 이하 (2노트 이하)	–	1 m/sec 이하 (2노트 이하)	2.5 m/sec 이하 (5노트 이하)	풍속, 풍향에 크게 영향을 받음
파랑	1.5 m 이하	–	1.5 m 이하	–	너울은 제외함
수온	10℃ 이상	–	10℃ 이상	–	선박전복을 생각하면 저온은 위험함

〈출처 : 染谷昭夫, 藤森泰明, 森繁 著, マリーナの計劃, p.85〉

마리나 입지의 설치적합성에 대한 평가를 위한 항목과 기준은 [표 4-7]과 같이 정리할 수 있으며, 요트활동성 측면에서는 [표 4-8]의 기준을 이용하여 평가한다.

4.3 배치계획

마리나에는 다양한 시설물이 존재하며, 이 시설물들은 각각의 고유한 기능을 바탕으로 서로 연계성을 가지고 육역과 수역에 적절하게 배치된다. 마리나 배치계획에서 시설물별로 고려해야 할 중요한 사항은 다음과 같으며, 이에 따른 마리나 배치계획의 사례는 [그림 4-13]과 같다.

① 수역시설

- 모터보트와 딩기요트는 항행 시 서로 부딪치지 않도록 계획한다.
- 계류시설로부터 항 외부까지 굽은 S자 항로가 되지 않도록 계획한다.
- 계류시설은 배의 규모에 따라 구획을 나누어 배치한다.

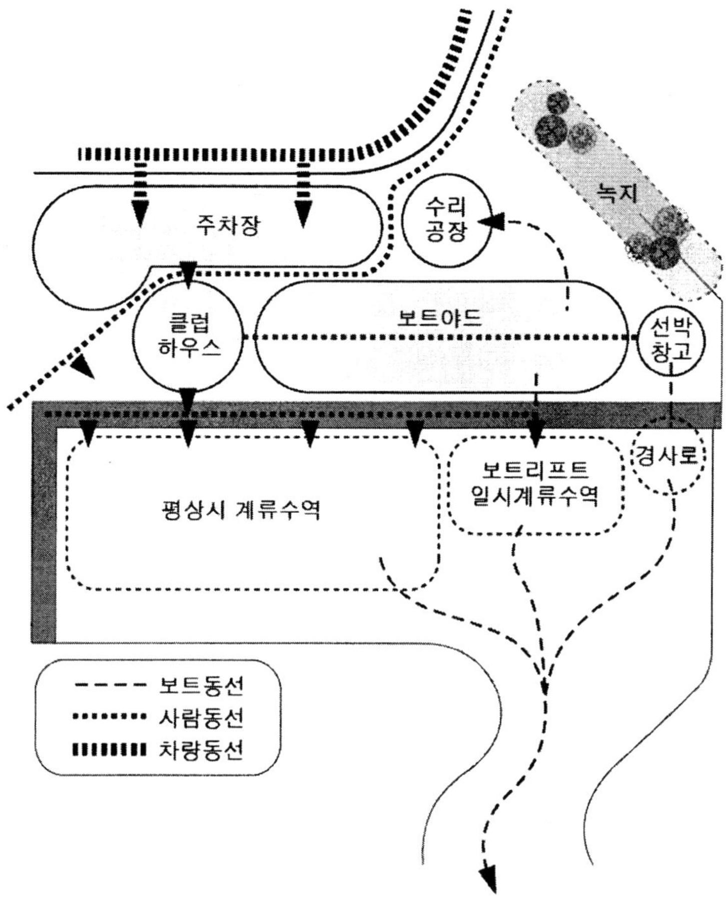

[그림 4-13] 마리나 시설배치계획
〈출처 : 김남형·이한석 공역, 해양성 레크리에이션 시설, p.100〉

- 일시 계류시설은 상하가시설에 인접시켜 배치한다.

② 육역시설

- 보트야드와 상하가시설은 인접시켜 배치한다.
- 대형 선박을 위한 보트야드는 상하가시설에 인접시킨다.
- 급유시설을 상하가시설에 인접시켜 하가 시 급유할 수 있도록 한다.
- 급유시설에는 탱크로리차량의 출입이 용이하도록 배치한다.
- 클럽하우스는 마리나 전체를 조망 및 감시할 수 있는 중심 위치에 배치한다.
- 클럽하우스는 주차장 및 선박보관창고로 이동이 편리한 장소에 배치한다.
- 클럽하우스는 업무차량이나 서비스차량의 출입이 편리하도록 배치한다.

- 정고(선박보관창고)는 수면으로 연결된 경사로에 인접하여 배치한다.
- 수리공장 및 수리야드에 인접한 곳에 상하가시설을 배치한다.
- 감시정이나 구조정은 수시로 입출항이 가능한 장소에 배치한다.

③ 외곽시설

마리나를 개발하는 경우 수역의 정온도를 위해 천혜의 정온수역 이외에서는 반드시 방파제와 같은 항만 외곽시설을 정비해야 하는데 마리나 개발을 위한 시설비용 가운데 외곽시설의 공사비가 가장 높다.

외곽시설의 계획에서 법선[44]을 계획할 때는 공사비를 비롯한 경제성과 수역 및 육역의 공간 활용 등을 종합적으로 검토할 필요가 있다. 마리나 시설배치 단계에서 외곽시설의 구체적인 법선 계획안을 제시하는데 일반적으로 수역 정온도, 공사비, 수역 및 육역의 이용형태 등에 따라 복수안을 마련하고 각 안의 성능을 면밀하게 검토한 후 최종안을 결정한다.

마리나의 상시 계류수역에서는 통상 시 뿐 아니라 태풍 등 이상기상 시에도 선박을 안전하게 계류할 수 있는 정온도가 요구되며 이를 위해 마리나 외곽시설을 계획할 때 수역 정온도에 관한 기준은 일반적으로 다음과 같다.

- 태풍 등 이상기상 때에도 파고가 50 cm를 넘지 않을 것
- 연간가동율(파고 30 cm 이하)이 97.5%일 것

외곽시설의 계획에서는 먼저 태풍 등 이상기상 시의 정온도를 검토하고, 다음으로 파랑 빈도표를 활용하여 연간가동율을 검토해서 두 가지 조건을 모두 만족하도록 계획한다. 먼저 정온도의 검토결과 기준을 만족하게 되면, 다음으로 외곽시설의 총길이를 얼마나 축소하는 것이 공사비 측면에서 어느 정도 경제적일까를 검토한다. 그러나 필요한 정온도를 만족하지 못하는 경우에는 외곽시설의 법선에 대해 길이, 형상 등을 재검토하여 알맞은 법선을 결정해야 한다.

④ 동선계획

마리나 배치계획에서는 육역과 수역의 조건에 따라 관리자, 이용자, 선박의 동선이 합리적이고 편리해야 한다. 마리나에서 시설물들 사이에 주요 동선체계를 정리하면 [그림 4-14]와 같다.

---

44) 안벽, 방파제, 호안, 돌제 잔교 등 항만 또는 해안 구조물의 평면적 배치를 표시하는 선으로서 방파제 등의 마루(頭部)를 잇는 능선 등으로 표시하고 평행부두의 경우에는 각 부두의 단(端)을 잇는 선을 말함(국토해양부, 국토해양용어사전, 참조)

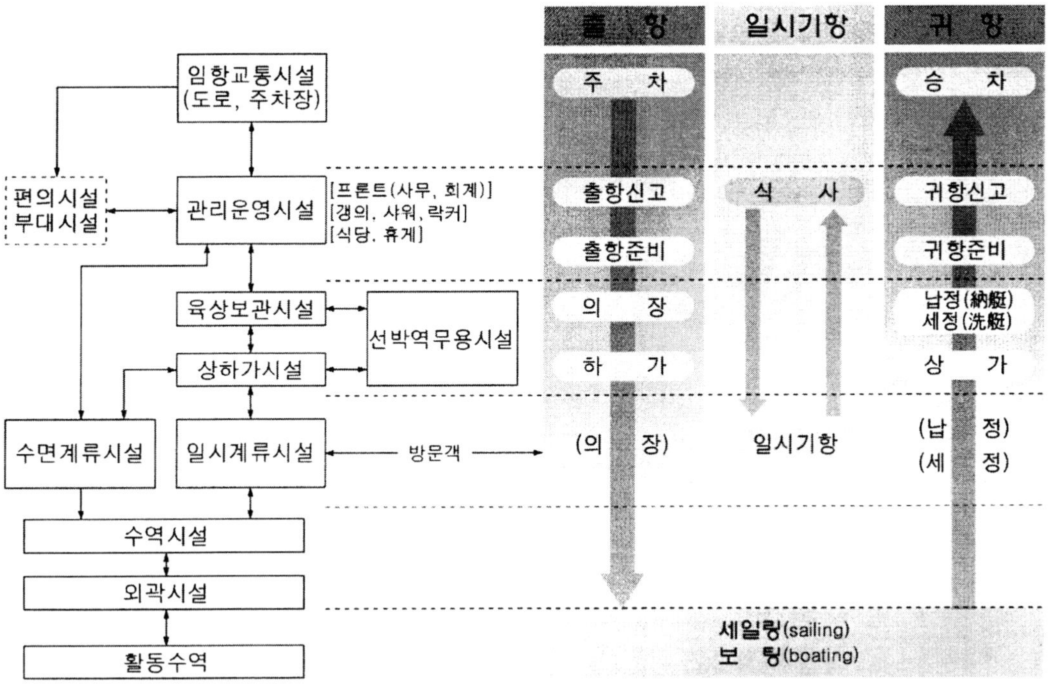

[그림 4-14] 마리나 이용자 및 선박 동선체계
〈출처 : 해양수산부, 항만 및 어항설계기준 제12편, p.1290〉

4.4 규모계획

마리나의 입지가 결정되면 대상지에 적합한 마리나 시설계획을 위해 먼저 정확한 수요예측을 통해 마리나의 적정규모를 산정해야 한다. 이를 위해 마리나에 보관하는 보트와 이를 이용한 레저활동에 대해 검토한다.

마리나에 정박하는 오락용 보트는 [표 4-9]와 같이 해양레저에 사용되는 소형 선박의 총칭으로 추진기관 및 선체형상에 따라 엔진을 부착한 모터보트와 바람의 힘으로 움직이는 세일보트로 대별된다. 구체적으로는 크루저요트, 딩기요트, 크루저보트, 모터보트가 있는데, 크루저요트는 돛이 주된 추진기관이며 선실(cabin)을 갖추고 보조동력으로서 엔진도 가지고 있다.

딩기요트는 돛이 주된 추진기관으로 선실이 없고 보조 엔진도 없다. 크루저보트는 엔진을 주된 추진기관으로 하고 선실을 가지고 있으며, 모터보트는 수면을 항주하는 보트로서 흘수가 얕고 엔진을 주된 추진기관으로 하며 조종석은 덮개가 없는 무개(無蓋)형이다.

[표 4-9] 오락용 보트의 종류

<table>
<tr><th colspan="3">구분</th><th>형태</th><th>길이</th><th>승선인원</th><th>편의시설</th><th>엔진</th><th>용 도</th></tr>
<tr><td rowspan="4">세일링보트</td><td rowspan="2">보트</td><td>딩기 Dinghy</td><td></td><td>8 m</td><td>1~3명</td><td>없음</td><td>없음</td><td>주로 경기용</td></tr>
<tr><td>세일링 보트</td><td></td><td>8~20 m</td><td>3~6명</td><td>경기 필수품</td><td>없음</td><td>경기 및 연안항해</td></tr>
<tr><td rowspan="2">크루즈</td><td>연안 항해용</td><td rowspan="2">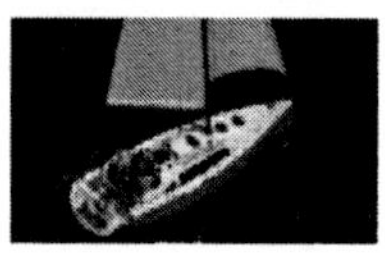</td><td>20~30 m</td><td>3~6명</td><td>주거시설</td><td>선외기</td><td>연안항해</td></tr>
<tr><td>대양 항해용</td><td>30 m 이상</td><td>6명 이상</td><td>주거시설</td><td>고정엔진</td><td>장거리 항해</td></tr>
<tr><td rowspan="3">모터보트</td><td colspan="2">소형</td><td>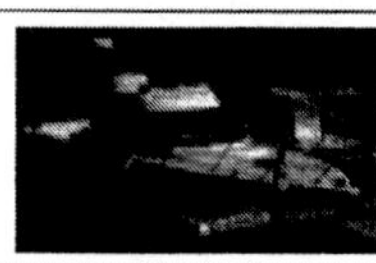</td><td>30~40 m</td><td>4~5명</td><td>간의취사</td><td>선외기/ 고정엔진</td><td>연안항해</td></tr>
<tr><td colspan="2">중형</td><td></td><td>50~60 m</td><td>6명</td><td>주거시설</td><td>고정엔진</td><td>연안항해</td></tr>
<tr><td colspan="2">메가요트/ 슈퍼요트</td><td></td><td>75 m 이상</td><td>10명</td><td>주거시설</td><td>고정엔진</td><td>장거리 항해</td></tr>
</table>

[표 4-10] 보트종류별 시설구성 (계속)

	시설구성	DY	소형 MB	CY	대형 MB
기본시설	외곽시설	◎	◎	◎	◎
	수역시설	◎	◎	◎	◎
	계류시설	○	○	◎	◎
	보관시설 보트야드	◎	◎	◎	◎
	선박창고	△	△	×	×
	랙(선박)등	△	△	×	×
상하가시설	경사로	◎	△	×	×
	레일윈치	×	◎	△	△
	포크리프트	×	◎	×	×
	크레인·리프터 등	×	○	◎	◎

[표 4-10] 보트종류별 시설구성

	시설구성	DY	소형 MB	CY	대형 MB
보트작업시설	급유시설	×	◎	◎	◎
	전기·급수시설	○	○	◎	◎
	수리공장	×	◎	◎	◎
	수리야드	◎	◎	◎	◎
	세정시설 등	◎	◎	◎	◎
관리운영시설	클럽하우스	◎	◎	◎	◎
	연수시설 등	○	△	△	△
임항교통시설	주차장	◎	◎	◎	◎
	도로	△	△	△	△
	교량·헬리포트 등	△	△	△	△
환경정비시설	녹지·녹도·광장 등	△	△	△	△
안전시설	항로표지	◎	◎	◎	◎
	구난정	◎	◎	◎	◎
	감시정 등	◎	◎	◎	◎
서비스시설	숙박시설	△	△	△	△
	상업시설 등	△	△	△	△
관련시설	배후레저시설 등	△	△	△	△

주) DY : 딩기요트, CY : 크루저 요트, MB : 모터보트
◎ : 필요한 시설이다. ○ : 있는 것이 좋다. △ : 경우에 따라서 필요하다. × : 필요없다.
〈출처 : 김남형·이한석 공역, 해양성 레크리에이션 시설, p.84〉

오락용 보트를 사용하는 해양레저에는 활동적인 것에서부터 바다의 분위기를 즐기는 정적인 것까지 배의 종류에 따라 다르며 크루징, 요트경주, 바다낚시 등이 주된 이용목적이다. 대형 보트의 경우에는 일상생활이 가능한 주거공간을 가지고 있어 하우스보트(house boat)로 이용할 수도 있다.

크루징활동의 경우에는 다이빙, 해수욕, 낚시 등을 부가시킨 것, 단기간 또는 장기간에 걸쳐 즐기는 것 등 활동목적이나 활동기간에 따라 다양한 활동이 있다. 마리나에서는 레저의 종류 및 활동목적에 따라 다양한 보트 및 해양레저장비들을 육상 및 수상에 보관한다.

따라서 마리나 적정규모의 산출을 위해 [표 4-10]과 같이 보트의 종류에 따른 시설, 보관장소, 보관 척수, 이용자 수 등을 명확하게 할 필요가 있다.

마리나의 적정규모를 산정하기 위해 수요를 예측하는 방법에는 일반적으로 [표 4-11]과 같이 일곱 가지 방법이 이용되고 있다. 그러나 마리나를 위해 이용 가능한 수역 및 육역의 규모가 정해진 경우나 기존 어항을 이용하는 어항마리나의 경우에는 수요예측을 통한 마리나 규

모 산정보다 공간 제약조건에 따라 도입 가능한 시설규모를 산정한다.

한편 마리나 규모계획에서는 다음 사항을 고려하여 계획한다.

- 딩기요트를 비롯하여 소형 보트는 수면에서 안정성에 문제가 있기 때문에 육상보관을 위주로 한다.
- 크루징을 위한 대형 보트는 수면에서 보관하는 것이 바람직하지만 일부 경기용 보트는 육상에서 지속적 관리를 위해 육상에 보관한다.

[표 4-11] 마리나 수요예측방법

수요측정방법	검토내용
요트인구를 이용한 마리나 수요 추정	• 마리나 수요를 추정하기 위해서는 모터보트 데이터도 반드시 이용하여야 하며, 요트 관련 테이터만을 이용할 경우 정확한 마리나 수요를 예측할 수 없으므로 사용하지 않음
해양관광활동 형태 자료를 이용한 마리나 수요 추정	• 현재 우리나라에서는 해양관광 활동 및 레저보트 활동에 대해 정기적 통계자료가 마련되어 있지 않으며 해수욕객을 중심으로 한 해양관광객 데이터는 마리나의 특성을 제대로 반영하지 못하여 사용하지 않음
소득, 인구, 경기순환 등 경제적 요소를 이용한 마리나 수요 추정	• 현재 우리나라 레저보트 통계는 조사기간이 짧기 때문에 이러한 국민의 레저보트 성향을 확인할 수가 없으며, 우리나라의 레저보트 시장은 현재 초기단계이므로 이후 성장단계로 진압하면서 레저보트 척수가 어떻게 변할지 확인하기 위해서는 더 많은 데이터 축적이 필요함
대형자동차를 이용한 마리나 수요 추정	• 레저보트가 고가이기 때문에 소득수준과 관계가 있는 고급승용차와 상관관계가 높으므로 시계열데이터 수가 부족한 레저보트 척수에 의한 추정을 보완하기 위해 대형자동차 데이터를 사용함
해양레저기구추세를 이용한 마리나 수요 추정	• 레저보트 시계열데이터는 축적기간이 짧기 때문에 이것을 이용한 추세분석에는 한계가 있으나 마리나 수요추정의 가장 기초적인 데이터이므로 우리나라와 유사한 일본사례를 검토하여 사용함
조종면허 취득자 수를 이용한 마리나 수요 추정	• 레저보트를 조종하기 위해서는 조종면허를 취득하여야 하므로 수상레저기구 조종면허자 수는 레저보트 수요를 추정하는 간접적인 자료가 되므로 마리나 수요를 추정하는데 수상레저기구 조종면허자 통계를 사용함
설문조사를 이용한 마리나 수요 추정	• 우리나라는 레저보트의 보유율이 낮고 마리나시설에 대한 인식이 부족하기 때문에 설문조사로는 마리나 수요를 정확하게 파악하기 어렵고 단지 참고자료로 활용할 수 있음

〈출처 : 국토해양부, 마리나 항만개발 활성화 방안수립 용역 보고서, 2009〉

- 수역과 육역의 개발규모가 제한되는 경우에는 이에 대응하여 수면보관 및 육상보관 장소별 공간규모에 맞는 보트 종류와 척수를 정한다.
- 일반적으로 수면보관이 육상보관보다 1척당 원단위(면적)가 크다.
- 보관 장소별 척수를 정할 때 보트의 크기(길이)에 따라 대형(8 m 이상), 중형(6~8 m), 소형(6 m 미만)으로 구분하여 정한다.

4.5 시설계획

4.5.1 계획방향

마리나는 레저용 선박을 이용하는 해양레저의 기지로서 다양한 시설로 구성된다. 마리나의 시설계획에서 우선 고려해야 할 사항을 정리하면 다음과 같다.

- 노인이나 어린아이 등 보트 이용자가 선착장에 쉽고 안전하게 접근할 수 있어야 한다.
- 바다에서 마리나에 보트 입항과 마리나에서 바다로 보트 출항이 편리해야 한다.
- 보트 이용자의 동선과 일반방문객의 동선이 서로 방해되지 않아야 한다.
- 보트 정박지는 도난 등 범죄로부터 안전하고 청결하며 개별 활동이 존중되어야 한다.
- 보트에서 나오는 폐기물 및 유해물질은 별도 분리 배출되어야 한다.
- 마리나 내의 모든 서비스시설은 이용하기에 편리해야 한다.
- 보트선착장은 사고로부터 안전하고 비상시 구조활동이 잘 이루어져야 한다.
- 이용자에게 마리나 시설 및 서비스에 관한 정보가 잘 제공되어야 한다.

한편 마리나 시설계획에서 다루어야 할 시설구성을 정리하면 [표 4-12]와 같다.
또한 마리나 시설계획의 순서를 정리하면 [그림 4-15]와 같다.
마리나를 구성하는 주요 시설별로 구체적인 시설계획방향을 살펴보면 다음과 같다.[45]

① 외곽시설

- 외곽시설로는 고정식 방파제와 부유식 방파제가 있는데, 방파제 구조형식은 항내정온도, 항내수질, 항의 경관, 건설예산 등을 고려하여 결정한다. 방파제의 배치는 파랑접근방향, 조류흐름, 보트운항, 해저지형, 퇴적 및 침식현상 등을 검토하여 정한다.

45) 김남형·이한석 공역, 해양성 레크리에이션 시설, pp.109~111 및 심미숙, 마리나 서비스품질 평가모델 개발에 관한 연구, pp.13~16 참조

[표 4-12] 마리나의 시설구성

구 분	시 설 종 류
기본시설	• 외곽시설 : 방파제, 방사제(防砂堤), 파제제(波除堤), 방조제, 도류제(導流堤), 갑문, 호안
	• 수역시설 : 항로, 정박지, 선류장(船溜場), 선회장(船回場)
	• 계류시설 : 잔교(棧橋), 부잔교(浮棧橋), 돌핀, 안벽(岸壁), 계선(繫船)말뚝, 계선부표, 선착장
	• 이동시설 : 경사로, 크레인, 보트리프트, 램프 등 상하가시설
	• 보관시설 : 실내외 보관시설(보트야드, 보트창고)
	• 선박보급시설 : 급유시설, 급수시설, 급전시설
	• 선박작업시설 : 수리시설, 세정시설
	• 안전 및 보안시설 : 관제통신시설, 안전시설(항로표지, 구조정, 감시정, 방화정), 보안시설 (출입문, 울타리, 초소)
	• 방재시설 : 정보통신시설, 태풍 등 재난 대응시설, 화재예방 및 대응시설
	• 환경시설 : 쓰레기처리장, 오수·폐수처리시설, 폐유처리시설
지원시설	• 관리시설 : 관리사무실, 프론트, 로비, 당직실, 화장실
	• 클럽하우스 : 응접실, 탈의실, 샤워실, 세탁소, 휴게실, 클럽룸(오너실), 헬스장
	• 교육연구시설 : 도서관(자료실), 마리나 관련 전시·홍보시설, 요트아카데미 등 교육시설, 세미나실, 마리나 관련 산업의 기술개발 또는 벤처산업 지원 등을 위한 연구시설
	• 판매시설 : 레저보트 및 수상레저보트 관련 각종 선용품 전문판매점
	• 통관시설 : C I Q 기능(외국 요트입항 시 지원기능)
	• 교통시설 : 주차장, 도로, 교량, 운하 등 임항교통시설
	• 의료시설 : 배멀미 등 해상레저활동에 따른 간이 치료시설
편의시설	• 숙박시설 : 국제대회 등 방문객을 위한 숙박시설(호텔, 별장, 펜션)
	• 이용자 편의시설 : 레스토랑, 편의점, 커피숍, 식당, 바
	• 지역주민 편의시설 : 당해 마리나 공간 특성을 감안한 이벤트 광장, 컨벤션기능(웨딩홀), 해안녹지, 피트니스센터, 전망데크, 조깅, 산책 등 시민커뮤니티 공간
	• 관광시설 : 당해 마리나 입지 특성을 감안한 전망대, 레저보트 관련 박물관, 캠프장, 야외영화관, 해상 낚시터, 수족관, 수영장, 해상택시, 해상버스, 크루즈

〈출처 : 심미숙, 마리나 서비스품질 평가모델 개발에 관한 연구, p.12〉

- 고정식 방파제의 높이는 태풍 시 월파를 막을 수 있어야 하지만 보트가 안전하게 항해할 수 있도록 시계를 막지 않아야 하고 보트 운항에 필요한 바람을 차단하지 않아야 한다.
- 부유식 방파제는 조류 흐름을 막지 않아 친환경적이지만 파랑을 완전히 차단하지 못하는 단점이 있다. 주변에서 항해하는 선박으로 인해 발생하는 항주파(wake)가 있는 경우에는 부유식 방파제를 많이 사용하고 있다.

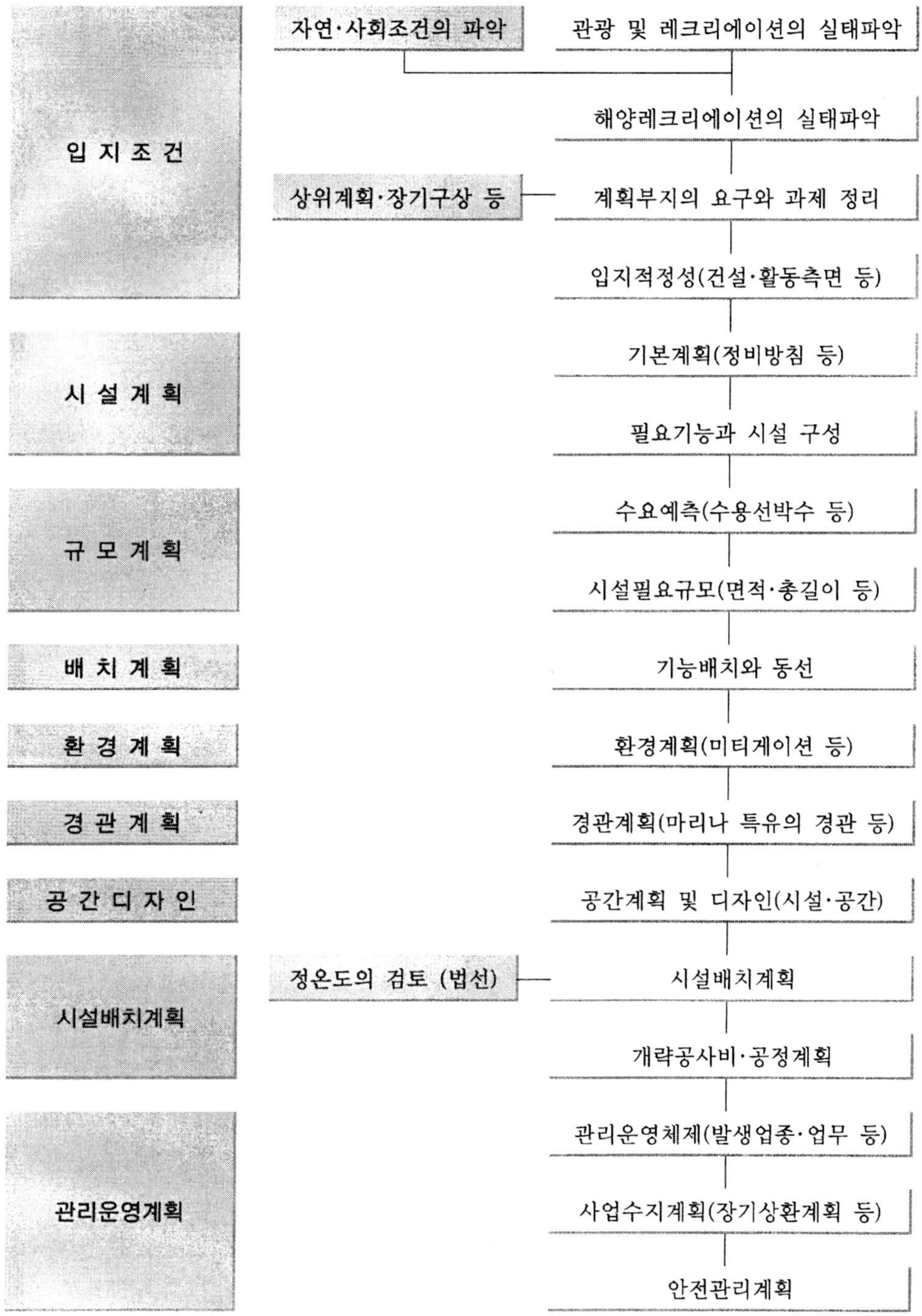

[그림 4-15] 마리나 시설계획순서
〈출처 : 김남형·이한석 공역, 해양성 레크리에이션 시설, p.72〉

[그림 4-16] 마리나 외곽시설 사례(미국 시애틀)

- 수역을 방호하는 기능에 지장이 없는 범위에서 고정식 콘크리트 구조물에 자연석을 피복하거나 녹지 등으로 표면을 처리하여 경관과 생태계에 유리하게 계획한다.
- 방파제나 호안 등 외곽시설의 평면형상은 직선보다 곡선으로 주변 지형과 어울리게 하고, 단면형태는 직립형식보다 완경사형식으로 계획한다.
- 외곽시설의 천단부(天壇部, 제일 윗부분)에는 산책로 등 다목적 친수공간을 계획하며, 경관 측면에서 시설 양끝부분은 원형을 이용하여 부드럽게 계획하고, 조망이나 휴식을 위해 넓은 공간을 확보한다.

② 계류시설

- 계류시설은 수역에 보트를 안전하게 정박할 수 있도록 설치한 시설을 말하며 계류시설의 형식과 규모는 계류할 선박의 선종, 선형, 척수, 조위차 등을 고려하여 결정한다.
- 계류시설을 구조형식으로 분류하면 고정식 잔교와 부잔교로 나누어지고, 기능에 따라 분류하면 주잔교와 보조잔교로 나뉜다.
- 계류시설은 통일된 재료와 재질을 사용하는 것이 좋으나 일시계류시설이나 계류기둥 등은 재료와 재질을 다르게 하여 악센트를 줄 수 있다.
- 계류시설의 바닥은 미끄럽지 않고 맨발로도 다닐 수 있도록 목재 등 자연재료를 사용하며 급수 및 급전시설 등 부대시설은 박스형태로 안전하고 깨끗하게 정리한다.
- 잔교는 수위변동, 조류, 강풍 등에 대처하기 위해 필요에 따라 고정식 잔교와 부잔교를 병용하고 난간, 야간조명 등 안전시설을 계획한다.

- 정박지(berth)는 단독박지(single berth, 보트 한 척 계류지)와 이중박지(double berth, 보트 두 척 계류지)로 구분된다. 큰 보트의 정박지는 주 접근항로 및 항입구 가까운 곳에 배치하며, 같은 크기 보트는 되도록 같은 선류장(보트 통행로)을 사용하도록 배치한다. 또한 보트 계류 시 보트 길이방향과 주풍향이 일치하도록 계획한다.

③ 육상보트야드

- 보트야드는 보트의 종류별로 알기 쉽게 구획을 나누고 사용빈도가 낮은 보트는 단을 쌓는 형식으로 보관할 수 있게 계획하여 야드공간을 효율적으로 이용한다.
- 보트야드 일부에 보트의 수리나 세정을 위해 별도 구획을 정하는 경우 급수 및 급전시설 등 부대시설은 박스형식으로 안전하게 설치하도록 계획한다.
- 보트야드에는 기능별로 구분한 구획 사이에 녹지나 다목적 공지를 적절하게 배치한다.

④ 상하가시설

- 보트를 육상으로 끌어올리는 방법에는 크레인, 스트래들 호이스트(straddle hoist), 승강기, 플로팅도크 등을 통해 수직으로 들어 올리는 방법과 경사로(ramp)에서 트레일러 또는 포크리프트를 사용하여 끌어올리는 방법, 그리고 경사로에 레일을 설치하고 윈치를 사용해 끌어올리는 방법이 있다.
- 크레인이나 리프트 등 중장비로 구성된 상하가시설은 무엇보다 사용 시 안전과 편리를 위해 보트야드 및 수면계류시설과의 관계를 고려하여 배치한다.
- 상하가장비의 기종 선정은 취급하는 보트의 크기와 종류에 따라 다르며 일반적으로 높은 보가 필요한 크레인보다 설치높이가 그다지 문제되지 않는 리프트를 많이 설치한다.
- 상하가장비의 제어장치는 이동식으로 원격조작이 가능한 것이 좋다.

⑤ 클럽하우스

- 클럽하우스는 주민을 비롯한 이용자들의 편안한 휴식·친교활동·생활안전을 위해 시설구성 및 규모를 정하며 마리나 전체를 관리하고 조망할 수 있는 위치에 계획한다.
- 클럽하우스는 마리나의 상징적 시설물로서 모든 이용자나 방문객이 반드시 찾는 시설이므로 지역의 풍토나 환경을 고려하여 독특하고 우수한 디자인이 요구된다.
- 클럽하우스는 마리나 이용자 뿐 아니라 지역 주민을 위한 커뮤니티시설로서 문화·교육·회의 등 공간과 함께 레스토랑 및 카페 등을 계획한다.

⑥ 급유시설

- 보트에 제공하는 연료는 급유할 때 화재 위험이 크고 또한 해양생물에게 피해를 주는 중금속과 탄화수소를 포함하고 있으므로 급유시 화재나 기름유출을 방지해야 한다.

- 모든 연료를 포함한 유해물질은 이용자들의 활동공간에서 멀리 떨어진 구역에 보관해야 하며 그 구역과 시설에는 별도의 안전장치를 계획한다.
- 보트 급유를 위해 유류를 저장하는 기름탱크는 지하매립식으로 계획하고 송유장치 및 조작장치는 안전성과 편리함을 고려하여 계획한다.

⑦ 급전·급수시설

- 보트에 청수와 전력을 공급하기 위해 잔교에 급전 및 급수시설을 설치하며, 급전과 급수 공급량 산정 시 보트 자체 발전기나 급수시설은 보통 고려하지 않는다.
- 급수 및 전력선은 연락도교를 통해 인입되어 잔교의 공동구를 거쳐 [그림 4-17]의 페데스탈(pedestal)이라 불리는 급전 및 급수설비까지 연결되며, 공동구는 잔교의 양측 길이 방향으로 설치한다.
- 페데스탈의 급전설비는 잔교 바닥에서 최소 30 cm 높이에 설치하며, 해수 인입이 되지 않도록 해수면을 향하지 않게 하는 것이 좋고, 야간 안전을 위한 조명장치를 설치한다.

[그림 4-17] 페데스탈 사례

⑧ 보트세척 및 수리시설

- 보트의 세척과 수리는 일반적으로 수질 오염의 원천이 될 수 있다. 특히 보트 선체에 사용되는 페인트는 중금속 물질을 포함하고 있으며 보트세척에 사용되는 제품 역시 수질을 오염시킨다. 따라서 세척구역을 별도로 설치하고 오폐수처리시스템을 설치한다.
- 보트의 수리장소에는 바닥에 오염물 처리시설을 설치하고 규모가 큰 선박의 수리는 실내공간에서 이루어지도록 하여 먼지나 페인트 입자가 주변 환경을 오염시키지 않

도록 한다.

⑨ 위생시설 및 오수처리시설

- 마리나에는 쾌적하고 깨끗한 화장실, 세탁시설, 사우나시설 등 위생시설이 필요하며, 폐기물 처리를 위해 곳곳에 쓰레기통을 배치하여 수거한다.
- 위생시설에서 배출되는 하수와 오수가 바다로 직접 유출되지 않도록 정화시설의 설치가 필수적이다.
- 하수는 우수와 오수를 분리 처리하고, 우수는 직접 수역으로 흘러들지 않게 마리나 외부로 처리하거나 해당 지역의 우수방류시스템과 연계하여 처리한다.
- 정박한 보트의 오수는 별도 장소에서 집중 수거하거나 각 계류장의 오수배관을 통해 한 곳으로 모아 육상처리장으로 배관압송 또는 차량으로 운송하도록 계획한다.

⑩ 주차시설

- 주차시설은 보행자의 안전과 편리를 위해 특정지역으로 제한하여 계획하며 비수기에는 보트의 보관장소로 사용될 수 있게 계획한다.
- 보트 이용객을 위해 장기주차와 단기주차가 가능하도록 구분하여 계획한다.

⑪ 정보제공시설

- 마리나에서 해상(海象) 및 기상(氣象)정보의 제공은 필수적이므로 정보제공시설을 적당한 곳에 설치하여 보트항해에 필요한 정보를 매시간 업데이트하여 제공한다.
- 보트 이용객과 마리나 방문객을 위해 이용 가능한 시설 및 서비스, 적절한 행동규칙 및 이용규정에 관한 정보를 제공할 수 있는 시설을 곳곳에 설치하고 마리나 안내지도 역시 눈에 잘 띄는 곳에 설치한다.

⑫ 보안 및 안전시설

- 보트 이용객의 출발 및 도착 관리를 포함하여 보안과 질서 유지, 각종 이벤트 시 안전을 위해 울타리, 안전문, CCTV 등 보안시설이 중요하며 특히 보트계류장소 및 수리시설에는 별도 보안시설이 요구된다.
- 보안과 함께 안전은 마리나에서 가장 중요한 문제 중 하나이다. 일상적인 마리나 운영에 필요한 시설 및 인명의 안전뿐만 아니라 태풍과 같은 이상기상 시에 자연재해의 예방을 위한 안전시설이 재난시나리오에 따라 계획되어야 한다.
- 마리나에는 바다로 추락을 방지하기 위한 난간시설을 비롯하여 구명 및 소방설비, 피난통로, 구급장비와 긴급통신장비 등이 적절하게 계획되어야 한다.

(a) 요코하마 베이사이드마리나

(b) 오키나와 기노완마리나

[그림 4-18] 보안시설 사례(보트계류장 출입문)

⑬ 편의시설

- 마리나는 보트이용객 뿐 아니라 관광객과 시민들을 위한 곳이므로 이들을 위해 보팅 및 세일링, 해양훈련 및 교육 등을 위한 지원시설과 어린이 놀이터, 레스토랑, 카페테리아, 상점 및 매장 등 편의시설이 필요하다.
- 지역주민들이 산책이나 휴식을 위해 사용하는 외부공간에는 바닷가를 따라 산책로나 친수테라스 등 친수공간, 이벤트공간, 녹지, 광장 등을 체계적으로 계획한다.
- 수면에 계류된 보트, 계류시설, 클럽하우스, 친수공간 등에 대한 야간조명을 계획하여 마리나에서 야간활동에 안전과 즐거움을 주도록 한다.
- 마리나의 출입구는 방문객에게 첫인상을 주는 중요한 장소이므로 특별하게 계획하며, 마리나 주요 시설물들 사이에는 완충공간으로서 녹지 및 다목적 공간을 적절하게 계획한다.

4.5.2 시설물의 세부계획[46)]

마리나시설을 계획하기 위해 보트의 정박과 이용에 관련된 주요 시설물의 세부계획사항을 정리하면 다음과 같다.

① 항입구계획

항입구는 정온수역을 위해 방파제 등 외곽시설을 설치하고, 여기에 입구를 열어 놓는 형식으로 다음과 같이 계획한다.

46) 김남형·이한석 공역, 해양성 레크리에이션 시설, pp.85~92 내용 인용

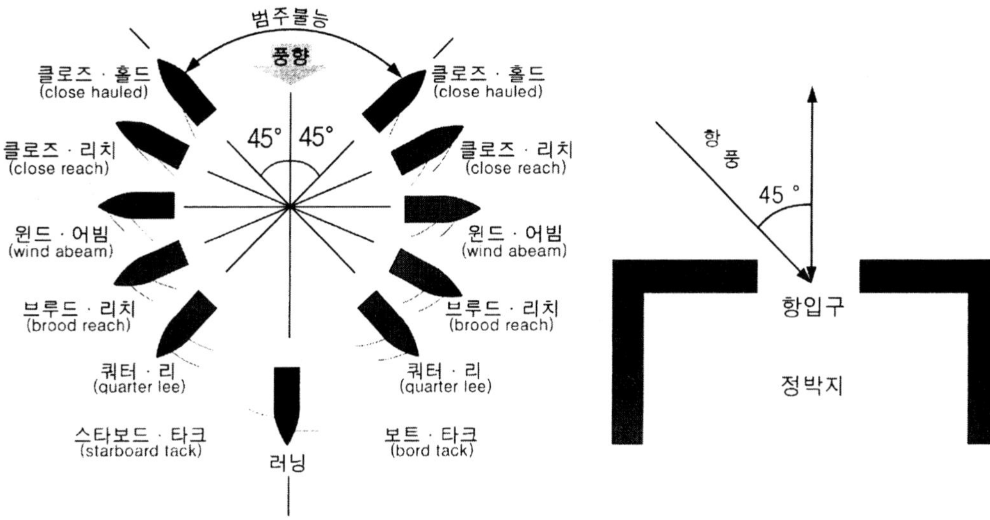

[그림 4-19] 항입구 계획

- 외해에서 파랑·조류·강풍 등이 직접 유입되지 않도록 입구방향을 계획한다.
- 표사(漂砂)47)의 퇴적 등에 의해 항입구가 막히지 않도록 계획한다.
- 항내외로 보트의 출입이 안전하고 또한 쉽도록 계획한다.
- 항입구의 방향은 탁월풍 방향에 대하여 약 45도 각도를 갖도록 계획한다.
- 항입구의 폭은 모터보트가 있는 경우 수용선박 가운데 최대 선박폭의 4배를 기준으로 계획한다.
- 소형 요트만 수용하는 경우에는 항입구의 폭은 20~25 m 정도를 기준으로 계획한다.

② 수역계획

수역은 보트의 항로와 계류공간인 정박지, 선회장, 선류장 등으로 구성된다. 보트를 돌릴 수 있는 공간이 선회장이며, 주잔교와 주잔교 사이 공간으로서 보트가 정박지로 가기 위한 수로가 선류장이다.

수역계획에 포함되는 공간은 구체적으로 다음과 같다.

- 보트의 항로
- 보트 계류공간(정박지)
- 육상 보관정을 위한 상하가공간
- 정박지 내 항로(선류장) 및 선회장
- 일시 계류용 공간
- 급유 등 서비스공간

47) 파랑이나 조류 등에 의해 흘러 다니는 토사(土砂)로서 하구 혹은 항만을 메우거나 해안침식을 일으킴

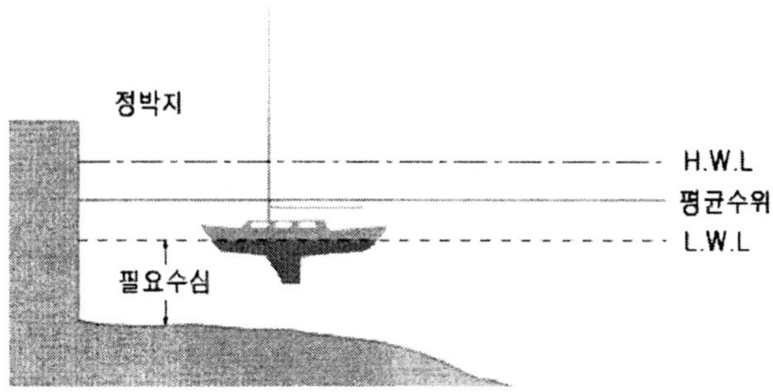

[그림 4-20] 정박지 수심

이들 각 공간은 다음과 같이 계획한다.

- 항로는 탁월풍이 부는 방향으로 하고 또한 정온한 수역이 되도록 계획한다.
- 대상 선박이 엔진부착 보트의 경우에는 선박 길이의 2배 이상 폭을 확보한다.
- 대상 선박이 엔진을 부착하지 않은 경우에는 선박 길이의 5배 이상 폭을 확보한다.
- 수역의 수심은 수용 최대선박의 흘수와 파랑에 의한 보트의 상하움직임에 대응하여 여유수심을 고려하여 정한다.
- 파랑에 의한 상하움직임을 고려한 여유수심은 보트 최대흘수에 60~100 cm로 계획한다.
- 정박지(berth)의 최소수심은 정박지의 길이가 13 m까지는 2 m, 17 m까지는 2.5 m, 20 m까지는 3 m로 하고, 20 m가 넘으면 현장사정에 따라 별도로 정한다.
- 정박지와 선류장의 정온도는 평상시 이용한계파고(H1/3) = 0.3 m 이하, 이상기상시 0.5 m 이하가 되도록 계획한다.
- 선류장과 직각방향으로 정박 시 선류장의 폭은 선류장과 수직으로 가장 긴 정박지 길이의 1.75배로 계획한다.
- 선류장과 평행 정박시 선류장의 폭은 선류장과 평행하게 측면 정박하는 보트 중 최대길이의 1.5배로 계획한다.
- 선회장은 보트의 선회 성능을 고려하여 초보자도 무리 없이 선회할 수 있도록 충분한 면적을 확보해야 하며, 보통 최대보트 길이의 2~3배를 지름으로 계획한다.

③ 계류시설계획

일반적으로 보트를 수면에서 계류하는 방식은 [그림 4-21]과 같으며 다음과 같이 구분된다.

- 안벽과 호안 등에 선수나 선미를 로프로 묶거나 선미를 앵커로 고정하는 방법
- 잔교에 고정 계류하거나 선미를 앵커·부이·계선말뚝으로 고정하는 방법

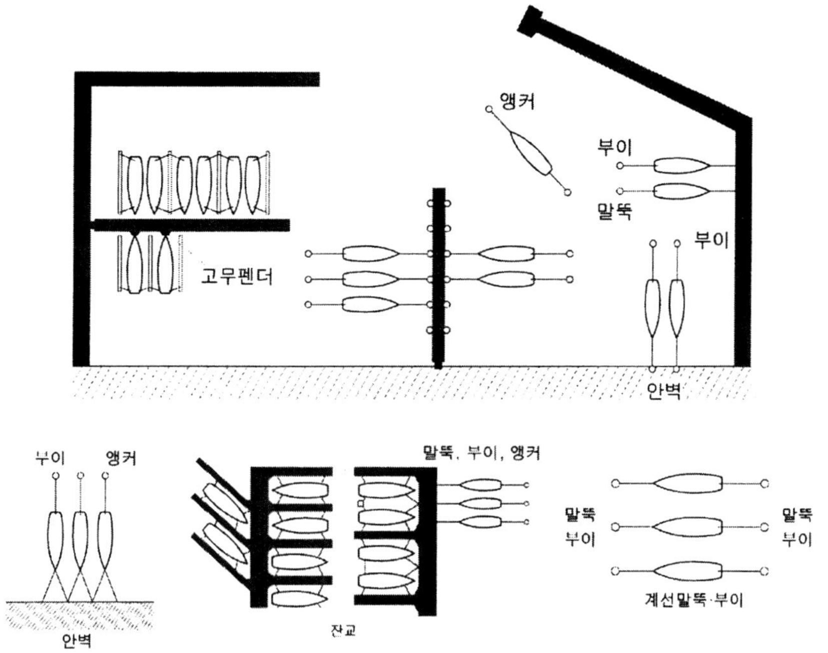

[그림 4-21] 수면계류방식

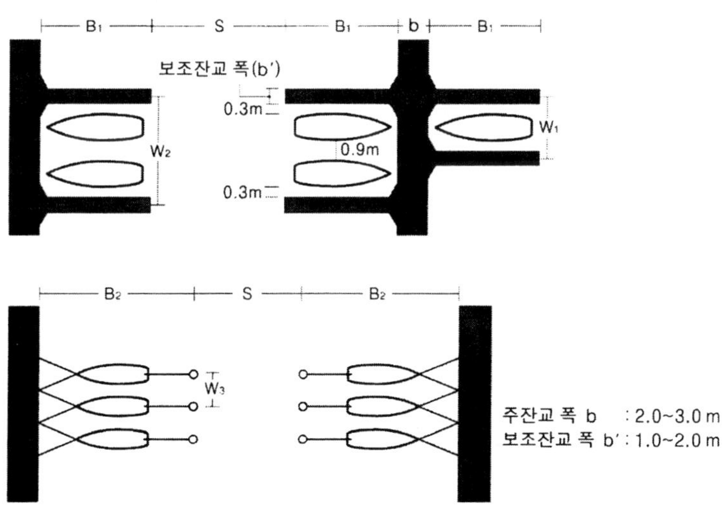

보트길이	버스(berth)길이	슬립(slip)	잔교간 거리(최소치)
L	$B_1 = (0.7 \sim 1.2) \times L$ $B_2 = (1.5 \sim 2.0) \times L$	$S = (1.5 \sim 2.0) \times L$	W_1 =(선폭) + b + (0.3~0.6 m) W_2 =(2 × 선폭) + b + (1.5~2.0 m) W_3 =(선폭)+(1.0~2.0 m)

[그림 4-22] 수면계류시설계획

- 계선말뚝 사이에 로프로 고정하거나 선미를 앵커나 부이로 연결하는 방법
- 부이 사이에 로프로 고정하거나 선미를 앵커로 연결하는 방법
- 앵커만으로 계류하는 방법

수면계류시설의 주요 부분의 크기는 [그림 4-22]와 같다.

한편 보트 계류시설인 잔교는 다음과 같이 계획한다.

- 잔교간 거리는 계류된 보트가 보조잔교나 다른 보트와 접촉하는 것을 피하기 위하여 잔교간 계류하는 보트 척수에 따라 적절히 정한다.
- 크루저요트를 계류하는 경우에는 바람에 의한 마스트끼리의 접촉에도 유의하여 잔교간 거리를 정하는 것이 바람직하다.
- 보조잔교의 길이는 정박하는 보트의 길이보다 길게 계획한다.
- 잔교의 데드로드(dead load)에 의해 편심이 걸려도 2%(1 : 50) 이상 경사지지 않도록 계획하며, 최소활하중(live load)은 120 kg/m^2 이상으로 하고 특별히 보행자가 많거나 화물 이동이 필요한 곳은 200 kg/m^2 이상으로 계획한다.
- 부잔교의 폰툰은 콘크리트, 폴리에틸렌, FRP, 알루미늄, 철재 등으로 만들며, 폰툰의 재질은 환경적인 영향, 프레임 특성, 부력 특성, 비용들을 고려하여 선택한다.
- 부잔교의 폰툰 상부 데크의 재료는 천연목재, 합성목재, 플라스틱, FRP, 콘크리트 등이 사용되는데, 폰툰과의 적합성, 이용성, 관리유지 등을 고려하여 결정한다.
- 부잔교를 고정시키는 계류방식에는 [그림 4-23]과 같이 파일 계류방식, 탄성로프 계류장식, 체인 계류방식이 있다. 파일의 경우 콘크리트파일, 강관파일, 목재파일 등이 있으며, 잔교 및 계류된 보트의 측면하중을 견딜 수 있도록 외력에 따른 직경 및 개수, 지반구조에 따른 심도, 수위변화에 따른 높이 등을 정한다.
- 부잔교의 계류방식으로 탄성로프 방식의 경우 외력에 따른 설치개수, 설치가닥수, 수위에 따른 로프 길이, 보트와 로프의 간섭, 중력식 앵커의 크기 등을 계획하며, 체인 계류방식의 경우 수위차에 따른 외력을 고려하여 체인 개수, 체인 직경, 체인 길이 등을 계획한다.

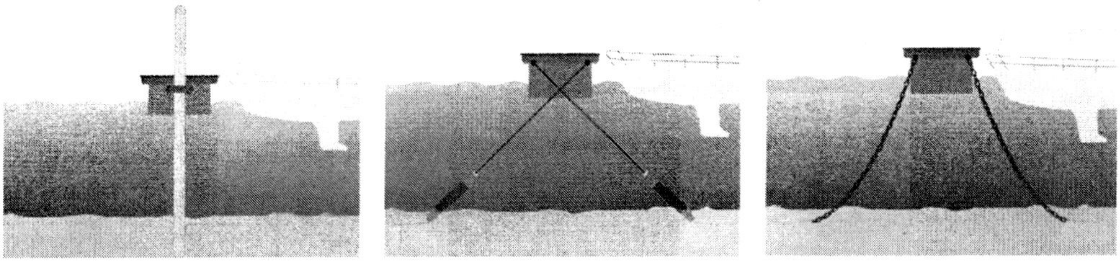

(a) 파일방식 (b) 탄성로프방식 (c) 체인방식

[그림 4-23] 부잔교 계류방식

- 교와 안벽을 연결하는 도교의 길이는 안벽과 수위의 차이에 의해 결정하며, 도교의 폭은 정박지 수에 따라 90~180 cm, 연결도교의 각도는 수평각 11도 이하로 하며, 활하중은 250 kg/m^2 이상으로 계획한다.

④ 활동수역계획

여기에서 '활동수역'이란 마리나의 외부에 위치한 바다 위 보트의 활동영역을 의미하며, 마리나계획에서는 보트가 자유롭게 달릴 수 있는 활동수역을 다음과 같이 정한다.

- 딩기요트의 행동범위는 해안선에서 평균 5 km 이내(1시간 행동권)로 정한다.
- 딩기요트 1척당 활동수역의 원단위는 2.5~3.0 ha/척을 확보하는 것이 바람직하다.
- 딩기요트의 경기장은 전국대회의 경우 지름 약 1.6~3.0 km, 올림픽경기의 경우 지름 3.6 km의 원형 수역을 기준으로 경기종류, 참가선박수, 수역상황을 고려하여 정한다.

⑤ 상하가시설계획

- 상하가시설의 기종 선정에서는 육상보관 보트의 종류, 마리나 형상과 규모 등을 종합적으로 판단하여 결정한다.
- 일반적인 상하가시설의 종류, 특성 및 형태는 [표 4-13]과 같다.
- 경사로는 트레일러의 작업성을 고려하여 보통 경사도는 1 : 7~1 : 9 구배를 가지며, 저조면(底潮面)[48] 이하 1.2 m~2.6 m까지 길이를 연장하고, 폭은 최소 4.0 m로 계획한다. 또한 경사로에서는 육상으로 구배가 부드럽게 이어져 트레일러 운행에 지장이 없도록 계획한다.

48) 저조면(低潮面)이란 조석(潮汐)에 의해 해수면이 가장 낮아지는 때의 수면을 말함

[표 4-13] 상하가시설 종류 및 특성 (계속)

종 류	특 성	이미지	대상보트	상하가시간 (상하가능력)
경사로 (레일 윈치)	• 경사로와 일반적으로 대차와 윈치를 조합한 레일식 상하가 시설 • 상가시 선박받침대 착입에 다소 어려움이 있음 • 와이어부가 물에 접촉하기 때문에 기름유출 우려가 있음 • 작업인원 최소 2명	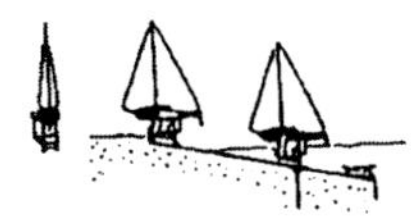	모든 종류의 보트에 사용가능	10분/척 (1/6척/시간)
포크 리프트	• 보트의 상하가, 육상운반, 선박창고에 격납 등 한번에 실시할 수 있는 매우 능률 높은 상하가 시설 • 상가시 포크 착입에 다소 어려움이 있음 • 일부 와이어가 물에 접촉하지만 레일윈치, 보트 리프터 보다는 영향 이 경미함 • 작업인원 최소 1명		대상 보트가 소형 모터보트로 한정	7분/척 (1/8척/시간)
포크형 보트 리프터	• 안벽의 콘크리트에 고정해서 고정축을 중심으로 바다와 육지쪽으로 회전해서 상하가 하는 시설 • 상가시 포크 착입에 다소 어려움이 있으며 리프터 회전반경을 배려한 여유 공간 확보가 필요 • 와이어부가 물에 접촉하기 때문에 기름유출 우려가 있음 • 작업인원 최소 2명	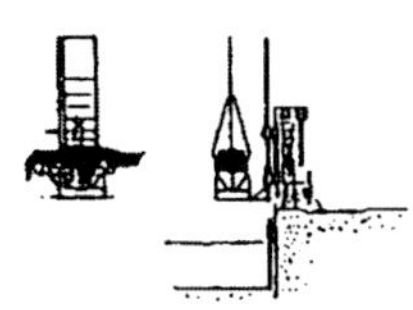	모든 종류의 보트에 사용가능	7분/척 (1/8척/시간)
테이블형 보트 리프터	• 수면에 테라스 모양으로 고정되어 깔아놓은 테이블이 상하로 상하가 하는 시설 • 상하가시 선박 받침대 착입에 다소 어려움이 있음 • 와이어부가 물에 접촉하기 때문에 기름유출 우려가 있음 • 작업인원 최소 2명		모든 종류의 보트에 사용가능	7분/척 (1/8척/시간)

[표 4-13] 상하가시설 종류 및 특성

종 류	특 성	이미지	대상보트	상하가시간 (상하가능력)
주행식 크레인	• 지주에 의해 상부에 설치된 레일(1~2개)을 따라 크레인을 주행하는 모노레일 같은 상하가 시설 • 상하가가 쉽고 안전성 측면에서 특별한 문제가 없음 • 물에 닿는 부분이 벨트부 뿐으로 환경면에서 우수함 • 작업인원 최소 2명	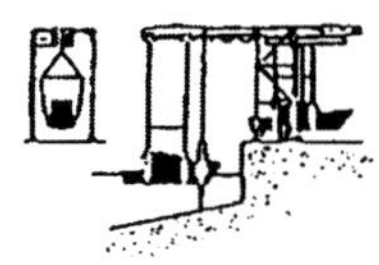	대상 보트가 모터보트로 제한	10분/척 (1/6척/시간)
이동식 크레인	• 4개 다리 사이에 위에서 와이어 로프로 보트를 매달아 그대로 수면 위로 이동하여 상하가 하는 시설 • 상하가가 쉽고 안전성 측면에서 특별한 문제가 없음 • 물에 닿는 부분이 벨트부 뿐으로 환경면에서 우수함 • 작업인원 최소 2명	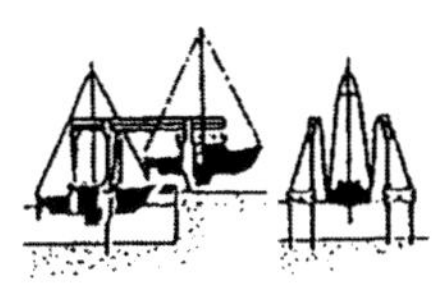	모든 종류의 보트에 사용가능	10분/척 (1/6척/시간)
고정식 크레인	• 호안벽에 기저부를 고정하고 암을 사용하여 와이어 로프로 보트를 매달아 올려 암의 회전 또는 옆으로 이동시키는 상하가 시설 • 바람의 영향을 받기 때문에 안전상에 문제가 있으며 크레인의 회전반경을 고려한 여유 공간 확보 필요 • 물에 닿는 부분이 벨트부 뿐으로 환경면에서 우수함 • 작업인원 최소 3명(바람이 강할 때)	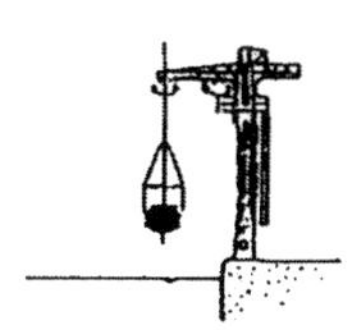	모든 종류의 보트에 사용가능	15분/척 (1/4척/시간)
자주식 크레인	• 오르내림 잔교를 돌출 또는 굴입하고 그대로 수면위에 자주하여 상하가 또는 이동 할 수 있는 시설 • 상하가가 쉽고 안전성 측면에서 특별한 문제가 없음 • 물에 닿는 부분이 벨트부 뿐으로 환경면에서 우수함 • 작업인원 최소 2명	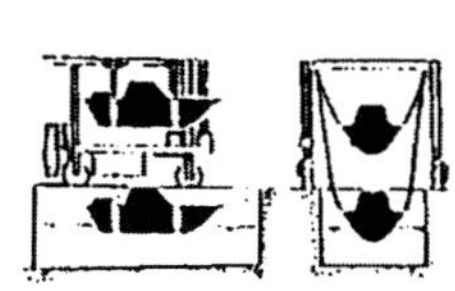	모든 종류의 보트에 사용가능	10분/척 (1/6척/시간)

〈출처 : 김남형·이한석 공역, 해양성 레크레이션 시설, pp.88~89〉

[표 4-14] 클럽하우스 공간구성

구 분		실 명	면적구성비 [%]
전용시설	교육공간	교육실	16~18
	샤워 및 탈의공간	샤워실(남/여), 탈의실(남/여), 락커룸(남/여)	
	편의공간	상점, 물품보관실, 장비보관실	
상업시설	식음공간	카페, 식당	47~50
	집회 및 문화공간	다목적실	
공용공간		로비, 라운지, 복도, 계단 등	28~30
관리공간		사무실, 운영사무실, 기계실, 전기실	5~7

〈출처 : 박성신, 레저용 플로팅건축물 설계를 위한 국내 마리나클럽 현황 및 공간구성에 관한 연구, pp.253~259〉

⑥ 보트야드계획

- 육상의 보트야드 필요면적은 보트의 크기나 보관방법, 통로설치 등에 따라 달라지지만 통로를 포함하여 1척당 필요면적은 대상선박의 실제 장치(裝置)면적의 약 2배가 필요하다.
- 보트야드의 배치는 보트 종류와 보트 길이에 따라 두는 곳을 구분하고, 상하가시설의 가까운 곳에는 대형 선박을 위한 요트야드로 계획한다.

⑦ 클럽하우스계획

- 클럽하우스는 사무공간, 교육공간, 샤워 및 탈의공간, 숙박공간으로 구성된 전용시설과 일반에게 개방 가능한 레스토랑, 집회 및 문화공간, 상업공간으로 구분한다.
- 클럽하우스의 공간구성 및 면적구성비는 [표 4-14]와 같다.

4.5.3 규모계획[49]

(1) 기본조건

① 피크일 집중률

- 마리나 전체 보관척수에 대해 피크일에 활동하는 척수의 비율이며 다음과 같이 정한다.

피크일 집중률 = (계획일 가동척수) / (전체 보관척수)

49) 김남형·이한석 공역, 해양성 레크리에이션 시설-계획과 디자인, pp.95~99 내용 인용

- 피크일 집중률은 보통 0.3~0.5, 대형 보트 중심의 마리나 0.3, 대형·소형 혼재형 마리나 0.4, 소형 위주의 마리나 0.5를 사용한다.

② 피크시 집중률

- 피크일에 활동하는 전체 척수에 대한 피크시에 집중하는 척수의 비율로서 보통은 피크일 집중률과 같은 값을 사용한다.

③ 방문객율

- 마리나에는 평상시 보관되는 보트 이외에 육로로 반입되거나 수로로 방문하는 보트 등 방문하는 보트가 있는데 평상시 보관 척수에 대해 피크일에 다른 곳으로부터 방문하는 보트 척수의 비율을 방문객율라 한다.
- 통상 방문객율은 0.15 정도를 사용하며, 육로와 수로의 방문 척수는 마리나 특성을 고려하여 적절하게 배분한다.

④ 1척당 이용자 수

- 보트 종류나 크기 등에 따라 다르지만 보통은 딩기요트 2인/척, 소형 모터보트 3인/척, 중형 모터보트 5인/척, 대형 모터보트 7인/척, 크루저요트 5인/척을 사용한다.

(2) 시설별 규모산정

아래에서 정하는 시설규모는 연간 피크일을 기준으로 산출한다. 이렇게 산출된 규모는 이용에 지장이 없으나 실제로는 육역과 수역의 공간 제약이나 이용자 특성 등에 따라 원단위를 조정할 필요가 있다.

① 수역면적

- 수역면적(S)은 다음 식으로 산출한다.

S = (평상시 계류 버스[50] 수) × (1척당 면적) + (일시계류 버스 수) × (1척당 면적) + (방문 버스 수) × (1척당 면적)

- 선박 1척당 면적은 대형선박 140~200 m^2/척, 중형선박 100~140 m^2/척, 소형선박 70~100 m^2/척을 적용한다.
- 평상시 계류 버스 수는 평상시 수면계류 척수에서 구하고, 방문 버스 수는 방문선박의 계류 척수에서 구하며, 일시계류 버스는 다음 식으로 구한다.

일시계류 버스 수 = (육상 보관척수) × (피크일 집중률) × (피크시 집중률)

50) 여기서 버스(berth)는 보트 1척의 정박지를 의미함

② 상하가시설

• 딩기요트를 위한 경사로 폭(B)은 다음 식으로 산출한다.

B = (평상시 보관척수 + 방문척수) × (피크일 집중률) × (피크시 집중률) × (상하가 능력) × (1척당 폭)

• 레일윈치 설치 경사로의 폭(Bw)은 다음 식으로 산출한다.

Bw = (대상 선박 평상시 육상 보관척수 + 대상 선박 육로 방문척수) × (피크일 집중률) × (피크시 집중률) × (상하가 능력) × (1척당 폭)

• 기타 상하가시설의 설치 수(K)는 다음 식으로 산출한다.

K = (대상 선박의 평상시 육상 보관척수 + 대상 선박의 육로 방문척수) × (피크일 집중률) × (피크시 집중률) × (상하가 능력)

• 여기서 선박 1척당 폭은 딩기요트 경사로의 경우 3.5 m/척, 레일윈치 설치 경사로의 경우에는 소형선박 3.5 m/척, 중형선박 4.0 m/척, 대형선박 4.5 m/척으로 한다.

③ 육상보관시설

• 육상보관시설의 면적(S)은 다음 식으로 산출한다.

S = (육상 보관척수) × (1척당 면적)

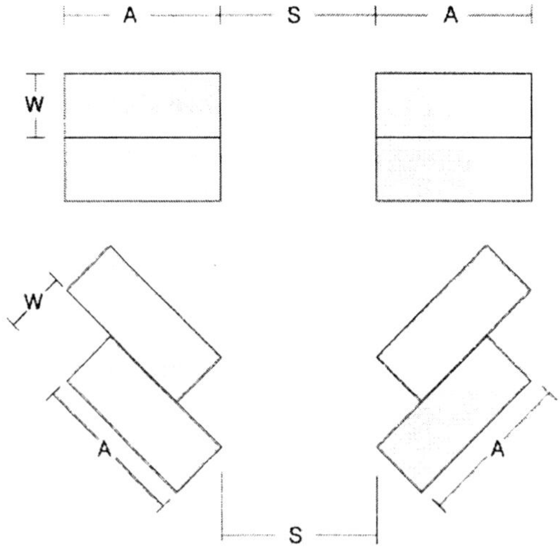

[그림 4-24] 보트야드계획

- 1척당 면적은 소형 30~50 m^2/척, 중형 50~90 m^2/척, 대형 90~140 m^2/척으로 한다.
- 육상 보트야드에서 보트 한 척당 구획의 길이(A)는 보관선박 선장의 1.0~1.2배, 폭(W)은 선폭의 1.0~1.5배로 하며, 보관구획 사이 통로 폭(S)은 견인차량을 사용하지 않으면 S = 2W(교차 고려) 이상으로 하고, 견인차량이 있으면 차량 회전반경을 고려하여 계획한다.

④ 클럽하우스

- 클럽하우스 건축연면적(Fc)은 다음 식으로 산출한다.

Fc = [∑(선박 종류별 보관척수) × (선박 종류별 1척당 이용자 수)
× (피크일 집중률) + ∑(선박 종류별 방문척수)
× (선박 종류별 1척당 이용자 수)] × (1인당 소요면적)]

- 1인당 소요면적은 일반적으로 2~3 m^2/명을 적용한다.

⑤ 수리공장 및 수리야드

- 수리공장의 면적(SR)은 다음 식으로 산출한다.

SR = [(엔진부착 척수) × (1척당 연평균 이용횟수) × (1회당 수리일수)
÷ (수리공장 가동일수)] × (1척당 필요면적)
※ 엔진부착척수 산정 : (전체 보트척수 − 딩기 척수) + 엔진부착 방문척수

- 엔진부착 선박 1척당 연평균 이용횟수는 2~3회/척·년, 선박 1회당 수리일수는 3~5일/척·회, 수리공장 가동일수는 300일/년, 선박 1척당 필요면적은 50~70 m^2/척을 적용한다.
- 수리야드의 면적은 보통 수리공장 면적의 1.5배 이상으로 한다.

⑥ 주차장

- 주차장 면적은 평상시 보관 선박용, 방문객 선박용, 일반 방문객용으로 구분하며 각각 다음 식으로 산출한다.

평상시 보관 선박용 주차장 면적 = (보관 척수) × (피크일 집중률)
× (1척당 주차장 이용 차량대수)
× (1대당 면적)

방문객 선박용 주차장 면적 = (방문 척수) × (육로 방문객율)
× (1척당 주차장 이용 차량대수)
× (1대당 면적)

- 선박 1척당 주차장 이용 차량대수는 소형 위주 마리나 1.0대/척, 소형·대형 혼재형 마리나 1.5대/척, 대형 위주의 마리나 2.0대/척으로 한다.
- 육로 방문객율은 전체 방문객율을 수로와 육로로 구분하여 산정한다.
- 차량 1대당 면적은 평상시 보관 선박용 25～30 m^2/대, 방문객용 50 m^2/대로 한다.
- 일반 방문객용 주차장 면적은 서비스 시설 및 관련 시설의 종류와 규모에 따라 결정하며 일반적으로 보트 이용자 주차장 면적의 20%로 계획한다.

4.6 환경계획

4.6.1 친환경계획

마리나는 민감한 자연생태계를 구성하고 있는 워터프런트에 위치하기 때문에 자연환경이나 생태계를 충분히 인식하고 계획해야 하며, 특히 수역을 매립하는 경우에는 철저하게 친환경계획이 되어야 한다.

친환경계획은 마리나가 물을 기반으로 성립된 워터프런트 생태계의 일부라는 것을 인식하고 그곳에 생식하고 있는 모든 생물에게 보다 좋은 환경을 제공하기 위한 것이다. 즉, 워터프런트에서 생태계의 밸런스가 유지되고 이곳에 서식하는 생물들이 마리나의 시설이나 인간 활동과 적절한 관계를 맺도록 배려하여 계획하는 것이다.

워터프런트 생태계는 [그림 4-25]와 같이 미생물, 동물, 식물, 인간 등 생물적 요인과 그 생활에 영향을 주는 대기, 물, 흙, 빛 등 물리적 요인으로 구성되어 있으며, 이 두 가지 요인 사이에서 물질순환, 에너지 흐름을 통하여 상호 관련된 계(系)를 유지하고 있다.

더욱이 워터프런트는 육역과 수역으로 이루어져 다양한 형태의 자연환경을 형성하고 있으므로 마리나 개발이 중요한 생물상(生物相)[51]이나 생태계에 미치는 영향에 대해 충분히 검토한 뒤에 수변생태계가 지속적으로 기능할 수 있게 계획한다.

51) 어떤 일정한 장소나 동일한 환경에 사는 동물, 식물 및 미생물의 전 종류를 말함

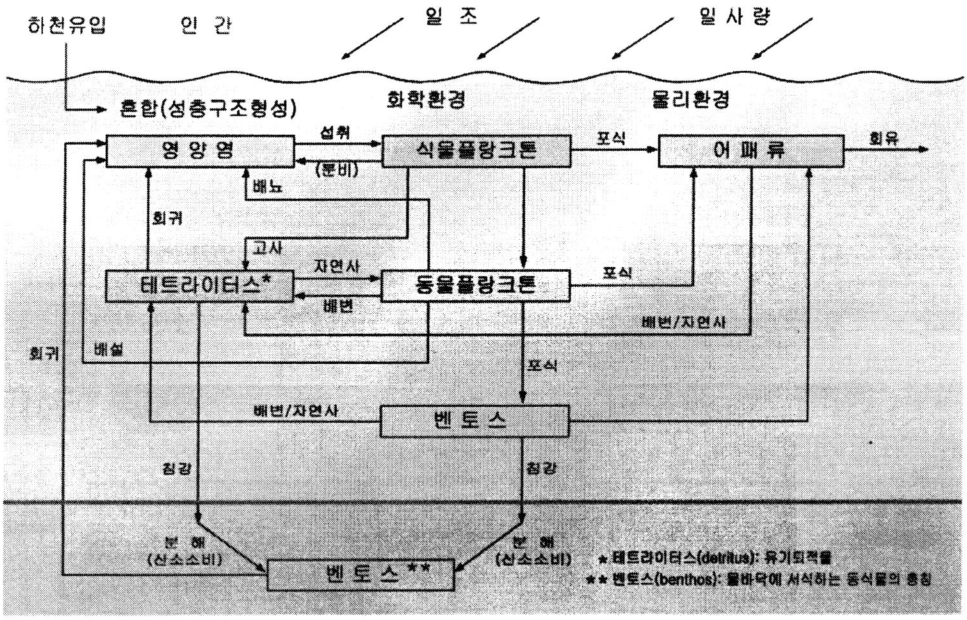

[그림 4-25] 수변생태계
〈출처 : 이한석·도근영 공역, 워터프런트계획, p.66〉

또한 마리나시설은 수역에도 설치되기 때문에 시설계획에서는 [그림 4-26]과 같이 시공과정에서 일어날 수 있는 수질오염과 사용 중에 발생하게 될 수변생태계의 변화까지 고려하여 계획한다.

특히 마리나계획에서는 주변 환경과 조화되는 것은 물론 수질과 수변생태계를 고려하여 미티게이션(mitigation)[52] 기법의 도입이 필요하다. 매립 등으로 인해 자연환경의 훼손이 일어나는 경우에는 계획단계에서 환경훼손을 최소화하는 계획안을 마련하고, 불가피하게 훼손될 환경에 대해서는 이를 복원하거나 대체하는 수단을 마련할 필요가 있다.

또한 방파제, 이안제, 호안 등 외곽시설의 경우에는 이들 시설의 주변 수역에 서식하는 어패류나 해조류의 서식지가 유지되도록 [그림 4-27]과 같이 적극적인 미티게이션조치를 시설계획에 포함하는 것이 필요하다.

중요한 식물이나 동물 등이 서식하는 수변은 적극 보전하고, 만일 인공적으로 손댈 경우에는 그곳에서 생태계가 유지될 수 있도록 본래의 지형이나 단면을 재현하거나 물의 순환으로 수질이 유지되도록 한다.

52) 원래 "완화", "경감"을 뜻하는 용어로서 1980년대에 환경보존의 측면에서 "도로, 교량, 호안 등 대규모 건설이 생물이나 생태계에 미치는 영향을 가능한 한 최소로 억제하는 것"으로 개념이 확대되었으며 '미티게이션'은 개발이 환경에 미치는 영향을 최소화하려는 개념으로 보존과 복원을 함께 실행하는 것이 특징임(강영희, 생명과학대사전)

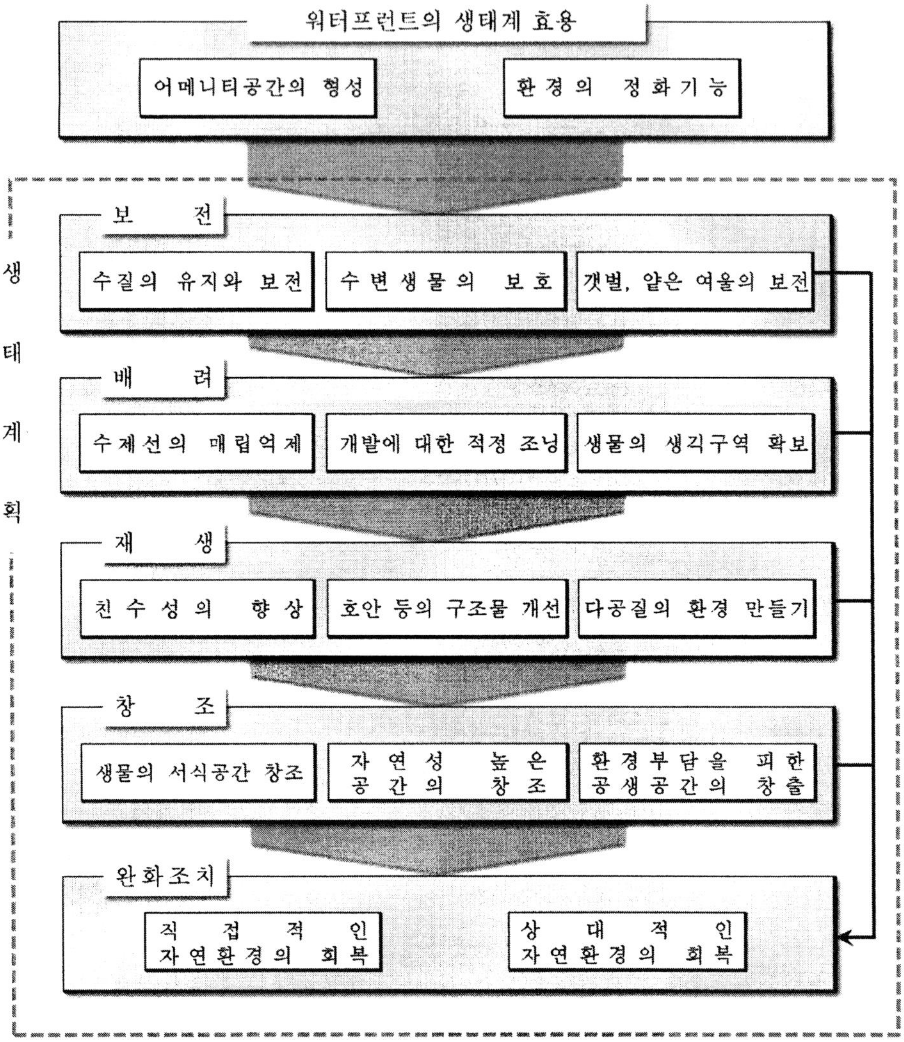

[그림 4-26] 친환경계획의 개념
<출처 : 이한석·도근영 공역, 워터프런트계획, p.69>

한편 자연환경을 인공적으로 단순화하는 것을 금한다. 즉, 콘크리트 직립호안과 같이 자연환경이 단순화된 곳에서는 서식하는 생물의 양이나 종류가 극히 제한되기 때문에 풍부한 생물상이 보전되도록 다양한 환경을 조성하며, 개발에 의해 감소하는 생물에 대해서는 다시 살아나기 쉬운 서식환경을 만든다.

마리나 외곽시설의 친환경계획으로서 공극율이 적당히 확보되는 자연석이나 소파블럭 등을 사용하여 해조류 서식지를 조성하고, 시설 자체 표면도 거칠게 하거나 요철을 두어 생태계가 자연적으로 살아나도록 계획한다.

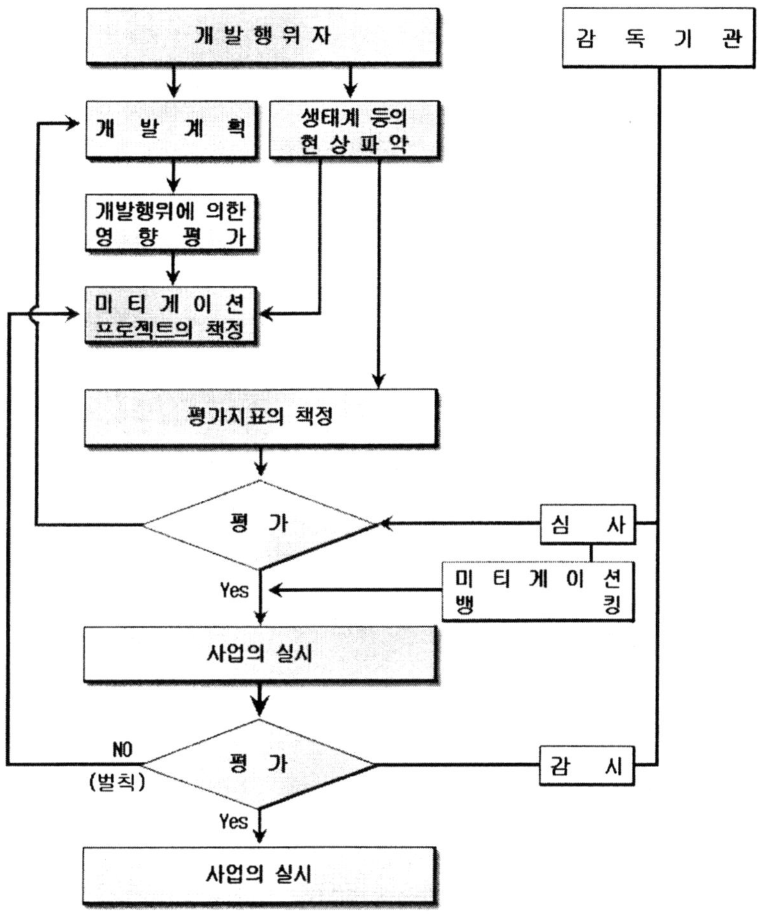

[그림 4-27] 미티게이션 조치
〈출처 : 이한석·도근영 공역, 워터프런트계획, p.79〉

또한 마리나 외곽시설에 둘러싸인 정온수역은 폐쇄성이 강한 수역이 되기 때문에 물의 순환이 약해져 수질오염이 쉬운 상태가 된다. 따라서 수질 개선을 위해 투과성 방파제를 설치하거나 수로를 통해 외해의 해수를 도입하는 방안을 계획할 필요가 있다.

호안의 경우에는 투과성을 가진 자연돌쌓기의 완경사호안으로 계획하면 물의 순환이나 에어레이션효과[53]로 인해 미생물이나 조류가 부착하기 쉽고, 생물 작용에 의해 수질개선도 이루어지며, 어패류 등이 서식하기 쉬운 다공질 환경을 만든다.

이렇게 친환경계획에 의해 조성된 마리나는 경관적으로도 콘크리트호안과 비교해 풍요롭고, 친수성도 뛰어나기 때문에 전체적으로 수변환경의 질이 높아진다.

53) 에어레이션효과는 통기(通氣)효과라고도 하며 물에 공기를 불어넣고 물을 공기에 노출시키는 효과를 의미함

4.6.2 경관계획

마리나의 매력은 수면이 가진 다양한 기능으로부터 만들어지지만 그 중에서도 사람들이 느끼는 청량감이나 정취는 수면이 가진 투명감이나 색에 의해 좌우된다. 따라서 수질악화에 따르는 투명감의 저하는 마리나 경관의 훼손과 사람들의 수변에 대한 관심 저하로도 이어진다.

그러므로 마리나 경관계획에서는 무엇보다 깨끗한 수질의 확보가 중요한 과제가 된다. 또한 마리나 수변에서 생물이 생식하는 자연환경을 유지하기 위해 생물에게 필요한 용존산소량(DO : 약 3~4 mg/l)을 확보하는 것도 필요하다.

한편 수면에 줄지어 계류하고 있는 요트의 모습은 마리나에서만 경험할 수 있는 중요한 경관이다. 이러한 마리나 경관은 주변 워터프런트 경관의 핵심 포인트가 되므로 주변 수변경관을 고려하여 긍정적인 영향을 줄 수 있도록 계획한다.

예를 들어, 조위차가 큰 마리나의 경우 부유식 잔교를 지지하는 파일은 물이 빠지면 물 아래 잠겨있던 지저분한 부분이 드러나고 눈에 보이는 파일의 크기가 커져서 주변 경관에 부정적인 영향을 미치게 된다. 따라서 [그림 4-28]과 같이 수위에 따라 부력에 의해 높이가 조절되는 파일을 계획한다.

마리나의 경관계획은 지역 차원의 경관기본계획과 마리나 자체의 건물이나 시설물의 경관 상세계획으로 구분할 수 있다. 이러한 마리나 경관계획의 요점은 주변 워터프런트 경관과 조화되면서 마리나 특유의 독창적인 경관을 만들어 내는 것이다.

마리나 경관계획에서 중요한 사항을 정리하면 다음과 같다.

- 요트가 잔교에 계류되어 있는 모습은 마리나의 특징적인 경관이므로 계류공간을 계획할 때에는 이 경관을 고려해야 하며, 또한 이 경관을 즐길 수 있는 조망장소를 계획한다.

[그림 4-28] 높이 조절 텔레스코프 파일
〈자료 제공 : (주)신화마린〉

- 수면을 미끄러져 운항하고 있는 보트의 모습은 다이내믹하고 아름답기 때문에 이 경관을 즐기고 감상할 수 있는 조망장소를 계획한다.
- 클럽하우스의 홀, 로비 등 공용공간에서 마리나 전체를 조망할 수 있도록 계획하고, 특히 마리나 밖 활동수역을 조망할 수 있는 장소를 계획한다.
- 육역의 보트야드 역시 마리나의 독특한 경관요소이므로 보트의 적재시설이나 보관장소, 정고나 수리시설 등은 마리나 전체 경관과 어울리도록 계획한다.
- 외곽시설은 마리나의 경계이므로 영향력이 강한 경관요소인데 대부분 규모가 크고, 콘크리트와 같은 무기질의 재료를 사용하기 때문에 거칠고 딱딱한 분위기를 줄 수 있다. 따라서 외곽시설은 곡선형상과 자연재료를 사용하고 친수공간을 설치하여 부드럽고 주변과 조화되는 경관으로 계획한다.
- 주차장이나 보트야드는 수평적으로 넓은 공간으로서 자칫하면 황량하고 지루한 경관요소가 될 수 있으므로 바닥 구획이나 재료, 울타리와 같은 수직요소, 구획 사이의 녹지 등을 효과적으로 활용하여 흥미 있는 경관으로 계획한다.
- 일반이용자의 출입이 제한되는 보트 계류시설이나 수리시설 등은 거부감이 완화될 수 있도록 계획하고, 관리에 지장이 없는 범위에서 가능한 많은 공공공간을 계획한다.

마리나 경관계획에서는 이상에서 설명한 친환경계획이나 시설물 경관계획 뿐 아니라 마리나를 이용하는 사람들이 쉽게 물과 접촉하고 즐길 수 있게 친수성이 풍부한 환경으로 계획하는 것도 중요하다.

마리나는 해양레저의 중심지이며 사람들이 모이고 교류하는 장소이므로 이에 어울리는 분위기를 조성함은 물론이고 사람과 바다가 친밀하게 접촉하면서 바다와 마리나에 대해 친근함을 느끼도록 친수공간을 계획하는 것이 필요하다.

(a) 일본 요코하마 베이사이드마리나

(b) 프랑스 마르세이유 마리나

[그림 4-29] 마리나의 특징적 경관

이를 위해 수변에는 친수공원과 산책로를 조성하고 접근로를 정비하여 수변으로 접근하기 쉽게 하며 친수테라스나 친수데크, 친수호안 등 친수시설을 정비하여 주민들이 자유롭게 수변에 출입해서 물과 접촉을 통해 심리적 평안이나 정취를 얻도록 계획한다.

대규모 마리나의 경우에는 인공해빈이나 둔치 등을 조성하여 인위적으로 생태계를 재생함과 동시에 사람들에게 수변공원, 해수욕장, 야조관찰장소 등 레크리에이션의 장소를 제공한다. 한편 마리나 주변 생물서식지는 출입을 금지하거나 제한하여 잘 보전하는 계획이 필요하다.

참고문헌

1. 강영희, 생명과학대사전, 아카데미서적, 2008
2. 국토해양부, 마리나 항만개발 활성화 방안수립 용역 보고서, 2009
3. 국토해양부고시 제2010-41호, 제1차 마리나항만기본계획, 2010
4. 국토해양부, 국토해양용어사전, http://www.mltm.go.kr/
5. 김남형·이한석 공역, Akio Kuroyanagi 편저, 해양성 레크리에이션시설-계획과 디자인, 도서출판 과학기술, 1996
6. 김성귀, 해양관광론, 현학사, 2007
7. 김성귀·홍장원, 다기능 어항에서의 마리나 조성방안 연구, 한국해양수산개발원, 2006
8. 박성신, 레저용 플로팅건축물 설계를 위한 국내 마리나클럽 현황 및 공간구성에 관한 연구, 한국항해항만학회지, 제36권 제3호, pp.253~259, 2012
9. 부산광역시, 부산해역 마리나시설 개발 타당성 보고서, 2009
10. 심기섭·김학소·장정인, 국제여객터미널 및 마리나 시설의 경제성 분석 방법론에 관한 연구, 한국해양수산개발원, 2007
11. 심미숙, 마리나 서비스품질 평가모델 개발에 관한 연구, 한국해양대학교 박사학위논문, 2012
12. 이한석, 해양레저활동의 기반시설 ; 마리나계획, 마리나 개발의 녹색 패러다임을 위한 국제 심포지엄, 2010
13. 이한석·도근영 공역, 横内憲久·워터프런트계획연구회 편, 워터프런트계획, 도서출판 이집, 2000
14. 지삼업, 마리나 관리론, 대경북스, 2008
15. 지삼업, 마리나 조성계획과 실제, 대경북스, 2008
16. 해양수산부, 항만 및 어항설계기준, 2005
17. 해양수산부, 해양관광 기반시설 조성 연구용역, 2006
18. 染谷昭夫, 藤森泰明, 森繁 著, マリーナの計劃, 鹿島出版會, 1990

제 5 장

피어건축물계획

5.1 피어건축물의 개요

5.1.1 피어건축물의 개념

피어건축물은 수면 위에 설치되는 해양건축물의 하나로서 물 위에 떠있는 플로팅건축물과 달리 물 아래 땅바닥에 말뚝을 박고 그 위에 상부시설물을 올린 건축물이다. 이 때 말뚝을 박아 만든 고정식 하부구조물을 '피어(pier)'라고 부른다.

피어는 해변에서 바다로 쭉 뻗어 육지와 바다를 연결하는 구조물로서 '잔교(棧橋)'라고도 부르는데, 원래 선박을 접안시켜서 사람과 화물을 실거나 내리기 위해 물가에 만들어진 계선시설(繫船施設) 또는 선착장의 일종이다.

오늘날 항만에서 흔히 볼 수 있는 피어의 처음 모습은 고대 이집트인들이 배를 정박시키기 위해 설치한 작은 목재부두(jetty)로서 [그림 5-1]과 같은 모습이다.

항구에서 하역을 위한 단순한 구조물이었던 피어 위에 건축용도의 시설물을 올려서 즐거움과 오락을 목적으로 한 피어건축물이 탄생하게 된 것은 1820년대에 영국에서였다.

처음에는 항구에서 흔히 볼 수 있는 산업용 피어나 군사용 피어가 여객선을 타고 해변에 휴가를 즐기러 오는 승객을 위한 승객용 피어로 변했으며, 여기에서 더 나아가 수면 위에서 해변을 조망하며 산책할 수 있는 산책용 피어(promenading pier)로 발전하였다.

피어건축물의 시초는 여객선 승객이 질퍽한 해변을 걷지 않고서도 안전하게 배에서 내려 육지에 도달하기 위한 승객용 피어였다. 이렇게 승객을 위한 상륙시설이었던 피어가 주민이나 관광객의 산책 용도로 변화하여 산책용 피어가 되었으며, 이 산책용 피어 위에는 산책객이 비

[그림 5-1] 목재부두(jetty) 사례

바람을 피할 수 있는 피난시설이 설치되었다.

다음 단계로는 산책용 피어 위에 극장, 놀이시설, 레스토랑, 카페 등 오락용 시설이 들어섬으로써 본격적인 피어건축물(pleasure pier)이 등장하였다. 즉, 하역을 위한 단순한 항구시설물인 피어가 해변 휴가객들에게 즐거움을 주기 위한 피어건축물로 발전한 것이다.

영국에서는 산업혁명 이후 19세기에 들어서면서 노동자들의 생활환경이 개선되고 여름휴가가 보편화되어 많은 사람들이 휴가를 즐기기 위해 해변을 찾게 되었다. 해변 휴가객들은 바다에 더 가까이 가서 새롭게 바다를 경험하기를 원했으며, 휴가지인 해변에서 새로운 즐거움을 원했다. 이런 이유로 산책용 피어가 자연스럽게 생겨나게 되었고 차츰 오락용 피어건축물로 발전하였다.

피어건축물의 하부구조물인 피어는 바다 위에 돌출하여 바닥(床)에서 선형으로 길게 뻗은 고정식 구조물로서 평면은 단순 직선형에서 'ㄱ'자형, 분지(分枝)형, 'ㅁ'자형, 루프형 등 다양하게 구성된다. 이 피어 위에 건축용도의 시설물을 설치함으로써 [그림 5-2]와 같이 독특한 피어건축물이 만들어졌다.

최초 오락용 피어건축물은 영국 브라이튼(Brighton)에서 1823년에 완성되었으며 미국에서는 1900년에 건설되었다. 미국의 오락용 피어건축물은 영국의 그것과는 성격이 달리 낚시와 같이 좀 더 활동적인 용도를 위해 만들어졌으며, 일본에서는 1989년 완성된 [그림 5-3]의 후쿠오카 마리존이 대표적인 오락용 피어건축물로서 만들어졌다.

피어건축물의 본질은 바다 위에서 경험하는 환상과 즐거움에 있다. 피어 위를 산책하거나, 피어 위 레스토랑에서 식사를 하거나, 피어 위 극장에서 공연을 관람할 때 사람들은 육지를 떠나 물 위에 있으면서 동시에 땅에 안전하게 붙어있는 상태가 된다.

[그림 5-2] 오락용 피어건축물(영국 Brighton West Pier)

[그림 5-3] 일본 후쿠오카 마리존

이러한 상황은 사람들에게 일상에서 경험할 수 없는 색다른 즐거움을 주며, 또한 피어 끝에서 바라보는 해변의 모습은 육지에서 보는 해변의 모습보다 훨씬 인상적이고 아름답다. 이와 같이 피어건축물은 바다 위를 걷는 즐거움과 해변의 아름다움을 제공하였다.

또한 피어 위에 설치된 화려한 돔의 건축물, 데크를 지지하는 철재 구조물의 우아한 패턴, 그리고 피어 위 세련된 난간장식 등이 조화를 이루어 피어건축물은 그 자체로서 매혹적인 아름다움을 갖게 되었다.

그러나 바다 위에 세워지는 피어건축물은 비와 바람 등 궂은 날씨, 끊임없이 밀려드는 파도와 조류, 갯지렁이 같은 생물에 의한 부식, 화재나 선박의 충돌 등 외부로부터 계속 영향을 받는다. 따라서 피어건축물은 자연의 영향력이 약한 수역이나 정온수역에 설치되었다.

하부구조물인 피어는 대부분 강관이나 철제로 만들지만 최근에는 철근콘크리트로 제작하기도 한다. 특히 기존 항만시설에서 사용한 고목(古木)을 이용하여 옛날 항만의 분위기를 내도록 피어를 제작하는 경우도 있으며 정온수역에서는 목재로 만든 피어도 많이 있다.

한편 피어는 말뚝형태이기 때문에 작용하는 파력은 작지만 상부시설물의 중량이 크거나 상부시설물에 커다란 풍하중이 작용할 수 있기 때문에 건축물 전체가 전도되지 않도록 말뚝지지력에 대한 설계가 중요하다.

5.1.2 피어건축물의 발달

피어건축물은 영국에서 19세기 초에 시작되어 19세기 후반에 전성기를 누리면서 빅토리아 시대(1837~1901년, 빅토리아 여왕이 통치한 시대)의 상징적인 건축물이 되었으며 그 후 네덜란드를 비롯한 유럽을 비롯하여 미국, 일본, 동남아지역 등 세계로 전파되었다.

[그림 5-4] 영국 Brighton 체인피어

세계 각국의 피어건축물은 영국의 피어건축물을 원형(archetype)으로 하여 조금씩 변화된 형태로 나타났으며, 특히 미국과 일본에서는 주로 해변산책과 바다낚시를 위한 피어건축물로 정착되었다.

초기 대표적인 피어건축물은 1823년 영국 남부해안의 브라이튼(Brighton)에 건설된 체인피어(chain pier)이다. 길이가 320 m인 체인피어는 [그림 5-4]와 같이 부산의 광안대교와 같은 현수교 원리를 응용하여 4개의 철탑과 그 사이를 연결하는 체인으로 만들어졌으며, 피어 위에는 비바람을 피할 수 있는 피난시설과 오락실, 기념품상점 등이 있었다.

피어건축물의 탄생은 해변리조트의 발달과 깊은 관계가 있다. 영국의 해변리조트는 조그만 어촌에서 시작하여 18세기에 해수(海水)의 질병 치료효과가 알려지고 사람들이 몰려들면서 본격적으로 개발되었다.

당시 도시 사람들이 해변리조트를 방문하는데 가장 좋은 방법은 증기여객선을 이용하여 바다에서 접근하는 것이었다. 이전에는 런던과 같은 대도시에서 해변을 방문하고자 할 때 승합마차나 느린 돛단배를 타야했으나 1815년에 빠르고 안전한 증기여객선이 도입되면서 여행방식이 바뀌었다.

그러나 영국의 해안지형은 대부분 경사가 너무 완만하고 항구를 만들기 위한 공간이 부족했기 때문에 증기여객선을 위한 부두시설이 제대로 갖추어지지 못하였다. 따라서 승객들은 앞바다에 정박한 증기여객선에서 보트를 갈아타고 해변에서 내린 후에는 젖은 모래 위를 걷거나 짐꾼의 등에 업혀서 육지에 도착하였다. 이러한 방식은 특히 여성들에게 매우 불편하였다.

이에 따라 해변리조트에서는 승객용 피어를 만들기 시작하였으며 이렇게 해서 19세기 초에 만들어진 초기 승객용 피어들은 장식이 없는 단순한 형태로서 지극히 기능적인 목재부두의 형식을 띠고 있다.

1840년대에 이르러 단순한 승객용 피어는 여객선 승객을 위한 승하선의 기능뿐만 아니라 해변을 찾은 사람들이 파도 위에서 안전하게 바다가 주는 흥분을 즐길 수 있는 산책용 피어로 바뀌게 되었다. 피어 위를 산책하는 것은 해변에서 맛보는 즐거움 가운데 최고였다.

바다 위에서 듣는 파도소리, 건강에 좋은 상쾌한 바닷바람, 낚시 등 피어 위에서 다양한 레저, 바다에 떠 있는 배들과 아름다운 해변경관 등 이 모든 것이 산책용 피어를 해변리조트의 독특한 시설물로 만들었다.

이러한 승객용 피어나 산책용 피어는 점차 데크의 크기가 확장되었고 데크 위에는 오락과 편의를 위한 다양한 시설물이 들어섬에 따라 오늘날 볼 수 있는 오락용 피어건축물이 나타나게 되었다.

오락용 피어건축물에는 극장, 오락아케이드, 콘서트홀, 파티장, 댄스장, 미래를 점치는 장소 등이 생겨났으며, 큰 홀에는 많은 오락기구들이 설치되어 모든 휴가객들에게 즐거움을 제공하였다. 이로 인해 피어건축물은 19세기 영국 사회에서 오락 활동의 중심지가 되었다.

한편 피어건축물의 모습은 사람들에게 깊은 인상을 남겼다. 햇빛을 받아 실루엣으로 보이는 모습과 야간에 조명을 받은 모습은 매우 아름다웠다. 휴가객이 해변에 도착하자마자 처음으로 눈에 들어오는 것이 바로 피어건축물이었으며 그 자체가 구경거리요 매력이었다.

영국에서 피어건축물의 전성기는 1860년부터 1910년까지로 이 50년 기간 동안 78개의 피어건축물이 새로 건설되거나 재건축되었다. 그러나 그 후로는 이전에 지은 피어건축물을 대체하기 위해 1957년 다시 건설된 Deal Pier가 유일한 것이었다.

20세기에 들어서 두 차례 세계대전을 치르면서 영국의 피어건축물은 중대한 위기를 맞았다. 해변으로 침입하는 적의 공격에 유리한 수단이 될 것을 우려해서 피어건축물이 전쟁 중에 많이 파괴되었기 때문이다.

[그림 5-5] 영국 Deal Pier 모습(1957년 완성)

20세기 후반에 피어건축물의 운명에 영향을 준 두 가지 사건이 발생하였다. 하나는 황폐해진 피어건축물과 주변을 친수공간으로 재개발하려는 정부차원의 워터프런트개발사업으로 피어건축물의 손실이 우려되었으며, 다른 하나는 피어건축물을 자랑스러운 문화유산으로 인정하여 보전하고 재건하려는 시민들의 자발적인 움직임이다.

최근 들어 영국에서는 사라질 위기에 처한 피어건축물의 보전과 복구에 국민들의 관심이 커지고 있으며, 1979년에 피어건축물을 보전하기 위해 National Piers Society가 창립되었다. 현재 영국 해안에는 55개 오락용 피어건축물이 남아있다.

이상과 같이 영국에서 발달된 피어건축물은 해양건축의 역사상 가장 창의적이고 독특한 건축물이 되었으며 뛰어난 건축기술과 우수한 미적 감각으로 바다에서의 즐거움과 화려함 그리고 환상을 제공하였다.

5.2 피어건축물의 구성

5.2.1 건축물의 구성

피어건축물은 [그림 5-6]과 같이 하부구조물인 피어와 그 위의 설치되는 상부시설물로 이루어진다. 산책용 피어의 경우 피어 위에 바람을 피하는 쉘터(shelter), 화장실, 키오스크(kiosk) 등 간단한 시설물이 들어섰으며, 초기 오락용 피어에는 단순한 놀이시설이나 신문을 구비한 독서실 등이 설치되었다. 피어의 바다 쪽 끝 부분에는 낚시나 해수욕을 즐길 수 있는 데크가 설치되었고 바다를 조망할 수 있는 망원경과 같은 기구들도 설치되었다.

피어건축물이 점차 발달하면서 피어 위에는 돔(dome)이나 첨탑을 가진 화려한 오락용 건축물들이 들어섰고, 밴드스탠드(bandstand, 연주대)와 겨울정원(winter garden, 열대작물들이 자라는 실내온실)도 만들어지면서 당시 인기 있는 오케스트라와 브라스밴드 공연이 정기적으로 열렸다. 오늘날 디즈니랜드와 같은 놀이공원의 시초가 피어건축물인 셈이다.

피어건축물은 [그림 5-7]에서 보는 바와 같이 평면적으로는 피어입구, 피어네크(pier neck : 피어 중간부분), 피어헤드(pier head : 피어 끝부분) 세 부분으로 구성된다. 피어헤드에는 여객선 승객들이 배에 오르내리는 양륙장(landing stage)이 있고, 피어네크에는 산책로와 승객과 화물을 운반하는 철도나 궤도가 설치되었으며, 피어입구에는 입장료 징수소와 출입문이 설치되어 있다.

[그림 5-6] 피어건축물의 구성(영국 Brighton Palace Pier)

(a) 피어입구(영국 Cromer Pier)

(b) 피어네크와 키오스크(영국 Penarth Pier)

(c) 피어헤드와 파빌리온(영국 Llandudno Pier)

[그림 5-7] 피어건축물의 평면구성

피어 위에 설치된 상부시설물로는 피어입구에 관리소 건물이 들어섰으며, 피어헤드에는 오락용 건축물, 휴게실, 다실(茶室) 등이 들어섰고, 피어네크에는 산책객을 위한 바람막이(wind screen), 지붕(roof), 피난소(shelter), 상점, 의자 등이 설치되었다. 대부분의 피어네크에는 바람막이 이외에 가급적 구조물을 설치하지 않고 산책객들이 넓은 공간에서 여유 있게 바다를 즐길 수 있도록 구성하였다.

피어건축물에서는 섬세하고 기하학적인 형태의 철재 하부구조물과 화려한 디테일의 상부시설물이 환상적인 대비와 조화를 이루었으며, 이로 인해 향후 다양한 해양건축물에서 사용될 많은 공학적·미학적 사례를 제공하였다.

장식적이고 화려한 오리엔탈양식이나 무어양식의 돔(dome)을 얹은 키오스크와 파빌리온[54], 하부구조물을 구성하는 부재들의 아름다운 패턴, 그리고 피어 위 난간 등 철재 장식물 등이 조화를 이루어 물에 반사된 피어건축물의 모습은 해변에 아름다움을 제공하였다.

5.2.2 하부구조물

피어건축물 가운데 하부구조물을 일반적으로 '피어'라고 부르는데, 피어는 19세기 영국의 앞선 토목기술과 건축기술을 보여주는 대표적인 업적이다. 바다에 피어를 건설한 사람들은 대부분 교량건설에 종사했던 엔지니어들로서 석조 교량이나 현수교 등 다양한 교량건설의 경험이 피어에 적용되었다.

그러나 교량의 원리가 피어를 건설하는데 그대로 적용된 것은 아니고 피어의 조건, 예를 들면 피어 위에는 건축용도의 시설물이 들어선다거나 피어 한쪽 끝은 바다로 뻗은 것 등에 알맞게 창의적으로 응용되었다.

피어 가운데는 교량과 외관이 비슷한 것이 있는데, 이들 피어는 프리캐스트 콘크리트를 사용하여 석조 교량과 유사한 형태로 만들어졌으며 입구에는 피어와 어울리는 형태의 매표소와 관리소 건물이 들어섰다.

19세기에 교량건설과 피어건설의 주요 차이점을 살펴보면, 피어는 철제 파일을 사용하였으나 교량은 돌을 쌓아 상부구조물을 떠 받치는 구조였다. 승객용 피어의 경우에는 당초 여객선을 위한 양륙장이 계획되어 형태보다는 길이가 주요 관심사가 되었다.

피어의 길이는 해변의 조수간만의 차이에 따른 선박 정박지에 의해 정해졌으며 현재 남아 있는 짧은 피어 대부분은 폭풍, 화재 혹은 충돌의 피해를 입어 원래 길이가 단축된 것이다. 해변의 종류, 폭, 경사도, 수면높이의 변화 등을 고려하여 피어의 길이를 정함으로써 여객선은 수심 깊은 곳에 정박할 수 있고 승객들은 피어를 통해 육지에 접근하였다.

---

54) 피어건축물에서 키오스크(kiosk)는 피어 위에 기념품, 음료수 등을 파는 매점 형태의 건축물을 의미하고 파빌리온(pavilion)은 피어 위에 오락용으로 세워진 건축물을 의미함

[그림 5-8] 양륙장 용도의 피어 사례(영국 Penarth Pier)

일반적으로 항만시설의 피어는 무거운 돌로 축성된 것에 비해 해변리조트에 건설되는 피어는 격자구조로 연결된 철제 파일로 만들어졌다. 이러한 파일구조는 석조보다 값이 싸고 물의 움직임에 따른 저항을 덜 받는 장점이 있다.

피어는 [그림 5-9]에서와 같이 보통 수직파일, 파일들을 연결해 주는 거더, 수평거더를 덮은 데크, 그리고 이 주요 부재들을 연결해 주는 버팀대와 지지대 등으로 구성되었다.

처음에는 피어 전체가 목재로 되어서 말뚝을 박는 기계를 이용하여 바다 밑바닥에 목제 말뚝을 박았는데, 목재가 바다 벌레(marine worm)나 나무좀과 같은 생물에 의해 피해를 입는다는 사실이 밝혀져 1840년대부터는 주철제 말뚝(cast-iron pile)이 사용되기 시작하였다.

초기 주철제 말뚝의 단면은 사각형이었으나 곧 물의 흐름에 대해 저항력이 작은 원형 단면으로 바뀌었고, 그 후 스크루 파일(screw pile)이 발명되어 피어의 구조는 더욱 개선되었다. 끝에 날이 붙어있는 스크루 파일은 땅바닥에 파일을 회전시켜 직접 파일을 박을 수 있게 되었다.

1860년대에는 파일을 박기 위해 분사(jetting)방법이 사용되었다. 이 방법은 파일 안에 튜브를 설치하고 이를 통해 물을 분사하여 밑바닥 모래를 휘저음으로써 파일을 그 자리에 가라앉게 하였다.

피어의 수평부재에는 초기에 목재가 사용되었는데 곧 주철(cast-iron)보다 비틀림 응력이 강한 단철(wrought-iron)이 사용되었으며, 19세기 후반에는 단철을 대신하여 값싼 강철(steel)이 사용되었다.

피어의 거더는 I 형강 혹은 다양한 단면 형태의 형강을 사용하여 격자무늬로 엮었다. 격자무늬의 거더와 함께 말뚝, 압축력을 받는 지주(struts), 인장력을 받는 버팀재(ties) 등이 어우러져 데크 하부는 화려하고 우아한 형태로 구성되었다.

[그림 5-9] 하부구조물 구성

피어의 거더 위에 설치되는 데크는 상부시설물이 자리하고 사람들이 걸어 다니는 부분으로서 일반적으로 목재를 오늬무늬 스타일(herring bone style)로 깔았으며, 데크 단면은 중앙부분을 약간 볼록하게 구성하였다.

5.2.3 상부시설물

피어 위에 설치된 상부시설물에는 파빌리온, 겨울정원, 키오스크 등이 있다. 이러한 시설물에는 주철이나 단철을 사용함으로써 육지의 석조건물과는 달리 구조와 장식 측면에서 건축가에게 풍부한 자유를 제공하였다.

철과 유리를 자유롭게 사용한 파빌리온과 겨울정원에는 지붕에 첨탑이나 양파모양의 돔이 들어섰으며 이로 인해 피어건축물은 더욱 아름답게 되었다.

(a) 영국 Eastbourne Pier

(b) 영국 Cromer Pier

[그림 5-10] 상부시설물 사례

초기 승객용 피어나 산책용 피어는 피어만으로 그 기능을 다 할 수 있어서 피어 위에는 시설물이 거의 들어서지 않았다. 증기선 승객을 위한 양륙장 또는 보행자들을 위한 산책로로서 분명한 기능을 가지고 설치되었기 때문이다.

그러나 산책용 피어가 오락용 피어건축물로 발전하면서 피어 위에는 키오스크를 비롯하여 오락용 및 상업용 시설물이 설치되기 시작하였다. 상부시설물로서 대표적인 것으로 각종 오락기기를 한데 모은 오락아케이드와 다양한 선물을 파는 상점인 키오스크가 있다. 또한 피어 위에는 파빌리온, 극장, 밴드스탠드 등 다양한 오락용 시설물들이 들어섰으며 휴게실이나 홀에서는 해양생물전시회도 열렸다.

특히 피어헤드에서는 다이빙을 비롯한 다양한 수상스포츠가 벌어졌다. 많은 피어건축물에서 피어헤드에 해수수영장을 설치하였으며 이곳에서 해수욕을 하는 것이 꽤 인기를 끌었다. 특히 피어헤드에서 낚시하는 즐거움은 지금까지 변하지 않고 남아있다.

피어헤드에 설치된 승객 양륙장이 낚시장소로서 사랑받았으며 피어 위에는 낚시객을 위한 휴게시설이 들어섰고 키오스크나 상점에서는 낚시도구를 팔기도 하였다. 그러나 낚싯줄에 의한 산책객들의 피해를 우려하여 낚시가 금지되는 피어건축물도 있었다.

한편 피어의 데크 위에는 [그림 5-11]과 같이 철제 의자와 난간 등이 설치되었는데, 여기에는 정교한 뇌문(雷紋)세공, 복잡한 레이스 장식, 소용돌이 장식 등이 많이 사용되었으며 이밖에도 뱀, 돌고래, 물고기 문양 역시 철제장식물에 사용되었다. 이들 장식은 피어와 연결된 해변산책로에 설치된 구조물에도 사용되었고 밴드스탠드와 같은 시설물에도 사용되었다.

[그림 5-11] 피어 위 난간 사례

5.3 시설계획

5.3.1 하부구조물계획

피어건축물의 하부구조물은 피어이고, 피어는 말뚝구조물이다. 말뚝구조물은 지반에 설치한 말뚝을 사용하여 상부시설물을 지지하는 구조형식이다. 따라서 피어건축물의 구조적 안정성은 상부시설물에 작용하는 풍압력이나 말뚝에 작용하는 파력 혹은 조류력에 대해서 말뚝 지지력이 충분한가에 달려있다.

파력에 따라 말뚝의 파도 밑부분에는 압입력(押込力)이 작용하고 파도 위쪽 부분에는 인발력(引拔力)이 작용하여, 말뚝 지지력이 충분하지 않으면 피어건축물이 전도(顚倒)하게 된다.

하부구조물의 계획은 [그림 5-12]와 같이 진행된다. 먼저 말뚝의 재료가 결정되고, 말뚝에 작용하는 외력과 응력을 고려하여 말뚝의 지름과 해저 매설깊이를 결정한다. 다음으로 말뚝의 단면설계가 행해지며 이에 따라 하부구조물이 구체적으로 결정된다.

한편 하부구조물의 형상이나 재료는 피어건축물 전체의 아름다움에 큰 영향을 준다. 하부구조물의 강관말뚝도 구조물의 전체 형상에 따라서 현저히 눈에 띌 수 있으며, 말뚝의 조간대(潮間帶)[55]에는 패류(貝類) 등이 부착하여 하부구조물의 아름다움을 저해할 수 있다.

따라서 하부구조물의 형상, 재료, 모양, 색깔 등을 계획할 경우에는 구조물의 구조적 안전성 뿐 아니라 피어건축물 전체의 미적 형태를 고려하여 계획한다.

이상과 같이 하부구조물계획에서 가장 중요한 것은 구조물에 영향을 주는 자연환경과 이것이 말뚝에 미치는 하중을 정확하게 파악하는 것이며, 하부구조물계획에서 고려해야 할 사항들은 다음과 같다.[56]

① 자연환경의 영향

- 하부구조물에 영향을 주는 자연환경요소로는 바람, 파랑(波浪 : 물결 혹은 파도), 조석(潮汐 : 밀물과 썰물, 즉 해수면이 승강하는 현상), 이상조(異常潮 : 보통 때의 조수간만과 크게 다른 조수간만의 상태), 해류(海流 : 일정한 방향과 속도로 이동하는 바닷물의 흐름), 조류(潮流 : 밀물과 썰물 때문에 일어나는 바닷물의 흐름), 지진, 얼음, 눈, 해저지반 등이 있다.
- 피어건축물의 하부구조물은 일반건축물의 기초구조물에 비해 복잡한 자연환경의 영향을 받는다. 이러한 자연환경이 하부구조물에 부과하는 하중, 재료 및 구조에 미치는 영향 등을 고려한다.

55) 만조시에는 물에 잠기고 간조시에는 공기에 드러나는 부분을 의미함

56) 日本建築學會, 海洋建築物構造設計指針(固定式)·同解說, pp.45~62 참조

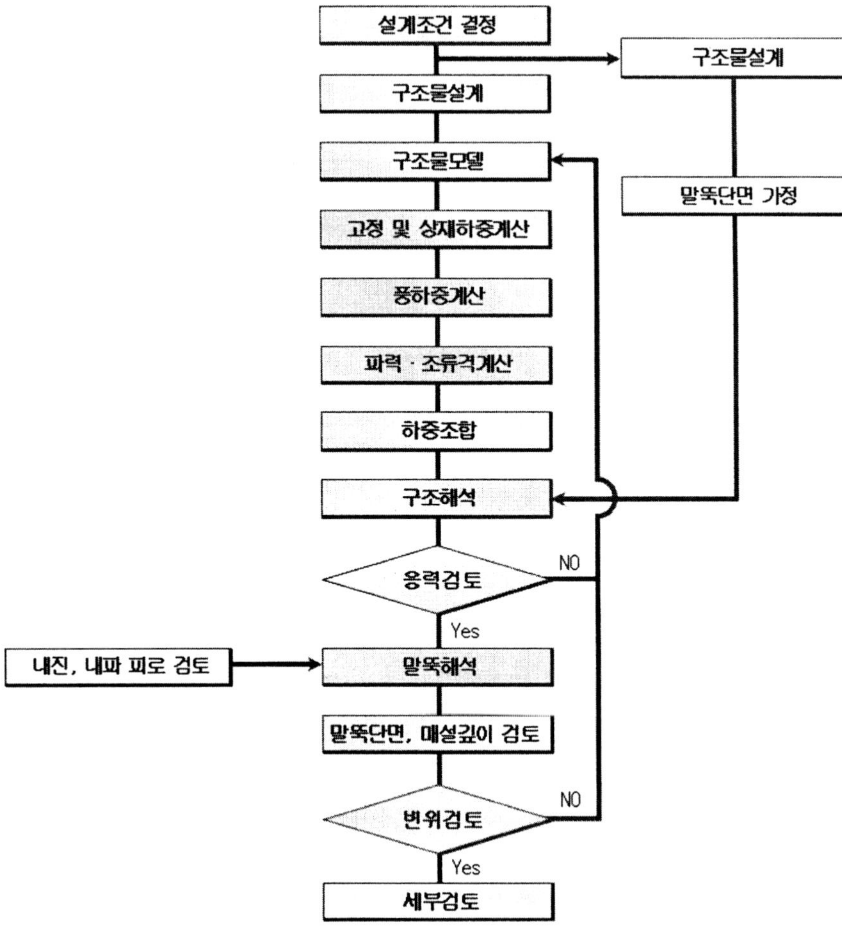

[그림 5-12] 하부구조물 구조계획순서
〈출처 : 前田久明, 近藤健雄, 增田光一 編著, 海と海洋建築, p.190〉

- 자연환경요소들의 상호관계에 대해 이해하고 그 특성을 파악하며 두 가지 이상이 복합적으로 하부구조물에 작용하는 경우에 대비하여 구조계획을 한다.

② 바람과 기압의 영향

- 피어건축물에 작용하는 바람은 크게 두 종류로 구분된다. 피어건축물에 풍하중으로 직접 작용하는 바람과 바람이 풍파와 고조(高潮)[57]를 발생시키고 이것이 하부구조물의 하중으로 작용하는 경우이다.
- 따라서 하부구조물계획에서 고려하는 기압은 피어건축물에 작용하는 바람 및 하부구조물의 하중으로 작용하는 고조에 영향을 미치는 경우이다.

57) 강풍이나 기압의 급변 등 기상의 원인으로 해면이 몹시 높아지는 현상을 말함

- 하부구조물에 영향을 주는 바람의 특성은 그 해역에서 관측한 자료에 기초하여 정한다. 일반적으로 설치해역 관측치와 인근 기상대 관측치의 상관관계를 구하여 설치해역 바람의 특성을 추측한다. 태풍의 경우에는 설치해역 부근을 이동하는 저기압의 관측치로부터 그 특성을 예측한다.
- 설치해역이 연안에 가까운 경우에는 갑(岬 : 반도모양의 곶, 산기슭), 해협, 섬 등의 영향을 받아 특수한 바람이 발생하는 경우가 있다. 이 경우 바람의 특성은 지형모형을 이용한 풍동실험을 통해 파악할 수 있다.
- 설계풍속은 설치해역의 자료에 기초해서 재현기간(recurrence interval)[58]을 고려하여 정한다. 재현기간은 보통 해양건축물에서는 사용연수의 2~3배에 해당하는 50년 혹은 100년으로 정하고 이 사이에 발생하는 자연환경하중을 설계하중으로 한다.

③ 파랑의 영향

- 하부구조물에 영향을 주는 파랑의 작용을 정확하게 추정하기 위해 앞바다에서 바람에 의해 발생한 풍파가 연안으로 전파하는 과정에서 어떻게 변화하는가를 파악한다.
- 하부구조물에 영향을 주는 파랑에는 바람에 의해 일어나는 풍역(風域) 내의 풍파(風波)와 너울(swell)[59]이라고 부르는 비풍파가 있다.
- 일반적으로 풍파는 파주기 $T=15.6$초 이하, 파형구배 $\frac{H}{L}$ = 0.03~0.05 정도(H : 파고, L : 파장)이고, 너울(swell)은 파주기 $T=10$~20초 정도 장주기이며 파형구배는 $\frac{H}{L}$ = 0.01~0.02 정도 완만한 파형을 가진다.
- 해양의 파랑은 대표파 또는 스펙트럼으로 표현하며, 대표파로는 최고파(파군(波群) 가운데 가장 높은 파고) 및 유의파(파군 가운데 파고가 큰 쪽으로부터 세어 1/3 수(數)의 파에 대해 파고와 주기를 평균한 통계적인 파)를 적용한다. 파랑의 스펙트럼에는 주파수스펙트럼(파의 주기의 함수로서 표시)과 방향스펙트럼(파의 방향의 함수로서 표시)이 있으며 각 스펙트럼에 관한 표준형이 제시되어 있다.
- 하부구조물계획에서 필요한 파랑 자료는 파고, 파주기, 파향(波向) 등이며, 설치해역 혹은 인근에서 장기간 관측한 자료 혹은 추정자료를 사용한다. 관측자료는 장기간에 걸쳐 파랑의 특성을 관측한 값에 통계처리를 하여 구한다. 추정자료에 기초한 파랑 특성은 장기간에 걸친 기상 관측치 또는 가상 태풍에 기초한 파랑 추정치를 실측치로서 보정하고 적절하게 통계처리를 한 것이다.
- 설계파는 설치해역의 파랑자료에 기초하고 재현기간 등을 고려하여 설정한다. 근해

58) 최대 풍하중이나 최대 파력 등 자연환경하중이 확률적으로 1회 발행하는 연수를 말함
59) 해역에서 발생한 풍파가 풍역을 벗어나 전파되는 비교적 긴 주기를 갖는 파도를 말함

의 파랑자료를 고려하여 설계근해파를 설정할 경우는 설치해역의 상황을 고려하여 정한다. 또한 하부구조물에 큰 영향을 주는 파의 방향이 있는 경우 특별히 그 방향으로 설계파를 정한다.

④ 조석[60] 및 이상조의 영향

- 조석에는 천문조(天文潮)와 이상조가 있으며, 이상조에는 기상조(氣象潮 : 바람에 의한 것과 기압차에 의한 것)가 대표적이고 이외에 진파(津波)[61] 및 부진동(副振動, secondary undulation)[62]에 의한 것이 있다.
- 하부구조물계획에 필요한 천문조의 특성은 삭망(朔望) 평균 만조면 및 간조면 등 조위이며, 천문조 자료는 주요 검조지점(檢潮地點)에서 조위를 기본으로 하고 연안 또는 해저지형 등 영향을 고려하여 추정한다. 기본수준면(基本水準面)은 해도(海圖) 기준면으로 한다.
- 하부구조물계획에 필요한 이상조 자료는 조위(편차), 지속기간 등이며, 이상조 자료는 설치해역에서 장기간에 걸친 관측치 또는 이론계산에 의한 추정치에 적절한 통계처리를 하여 구한다. 특히 부진동이 발생하기 쉬운 항내에서는 공진현상(共振現象)에 따른 이상조위를 고려하며 부진동에 의한 주기적 조위변동에서는 탁월주기 및 진폭을 검토한다.
- 하부구조물계획을 위한 설계조위는 천문조 및 이상조 자료에 따라 해안 및 해저 지형 등 영향을 고려하여 다음과 같이 결정하며, 하부구조물의 해면상 높이와 자연하중의 작용높이 등은 설계조위에 따라 정한다.
  - 과거 최고조위에 약간의 여유를 두어 정한다.
  - 삭망평균만조면에 과거 최대조위편차 또는 태풍조위편차의 추청치를 더하여 정한다.
  - 천문조위 및 이상조위의 발생확률로부터 재현기간을 설정하여 추정한다.
  - 이상조위 발생확률과 상부시설물의 피해를 감안하여 경제적으로 정한다.
- 하부구조물계획을 위한 설계저(低)조위는 과거 최저조위에 약간 여유를 둔 조위로 하거나 삭망평균간조면에서 과거 최저조위 편차를 감하여 정한다.

⑤ 해류 및 조류의 영향

- 해류에는 흐름의 원인에 따라 밀도류(密度流), 취송류(吹送流), 지충류(地衡流), 경사류(傾斜流) 등이 있고, 그 유속 및 흐름방향은 약간의 계절 변동이 있으나 대부분

60) 해면이 하루에 2회 승강을 반복하는데 이것을 조석이라고 하는데 조석의 주요 원인은 태양과 달의 인력 때문이며 이것을 특히 천문조라 하고, 태풍에 의한 해일 등 기상적 원인에 의해 생기는 기상조와 구별함

61) 지진, 해저화산폭발, 해저지반의 미끄러짐 등에 의해 발생하는 장주기파를 말함

62) 만의 일단이 외해와 통해 물이 자유롭게 출입할 때 내부의 물이 기상이나 파의 작용에 의해 일어나는 고유진동을 말함

거의 일정하며, 조류는 조석의 간만에 의해 발생하는 흐름으로 보통 하루 2회 흐름 방향이 반전(反轉)한다.

- 하부구조물계획을 위한 자료는 유속, 흐름방향 및 깊이방향의 유속분포 등이며, 자료는 설치해역 또는 인근에서 장기간에 걸쳐 관측한 것 또는 추정치에 적절한 통계 처리를 하여 얻는다.
- 조류는 연안 및 해저지형에 큰 영향을 받는다. 만의 안쪽이나 깊숙한 곳에서는 조차(潮差)가 크고 조류의 유속은 작지만 만협(湾峡)이나 수도(水道 : 수로 뱃길)에서는 조차는 작고 유속은 크다.
- 해류 및 조류의 잠입방향 유속분포는 해저지형, 해저마찰, 수온, 염분 등에 의해 변화한다. 또한 표층과 저층에서 흐름방향이 거꾸로 되는 것도 있어서 실측 등 충분한 조사가 필요하다.
- 하부구조물계획에서 사용하는 설계유속은 해류 및 조류의 자료에 따라 재현기간 등을 고려하여 정한다. 흐름방향은 하부구조물 또는 그 부재에 가장 불리한 방향으로 정하지만 흐름방향의 변동이 분명한 경우에는 그 방향으로 한다.

⑥ 지진의 영향

- 하부구조물에 작용하는 지진하중은 관성력(慣性力) 등 직접하중과 지진에 의해 발생하는 진파에 의한 간접하중으로 나눌 수 있다.
- 하부구조물계획에 필요한 자료는 설치해역 또는 인근해역에서 과거 지진발생 현황 등을 조사하여 구하는데 지진활동도(地震活動度), 활단층 위치, 단층 크기 등 자료가 요구된다.
- 하부구조물계획에 사용하는 지진동 특성은 지진의 자료, 지반의 동특성(動特性), 구조물의 동특성 등을 고려하여 결정하며 최대가속도, 최대속도, 최대변위, 주파수 특성, 지속기간 등의 자료가 필요하다.
- 해저지진관측기록의 자료는 아직 적지만 육상의 지진관측으로부터 추측하여 보면, 일반적으로 최대가속도는 지반의 고유주기가 짧은 곳일수록 크고, 최대속도·최대변위는 지반의 고유주기가 긴 곳일수록 큰 경향이 있다.
- 지진동의 상하성분의 크기는 수평성분에 비해 일반적으로 작아 약 1/3~1/2 정도지만 진원에 가까운 곳에서는 거의 같은 정도로 커진다.
- 지표의 지진동은 지반의 주기 특성에 의해 증폭되는 경향이 있으므로 지반의 고유주기를 충분히 고려할 필요가 있다.
- 지진의 주요 움직임의 지속기간은 일반적으로 지진규모가 클수록 길다.

⑦ 유빙 또는 결빙이 발생하는 해역에서 얼음의 영향

- 빙해(氷海)에 설치하는 하부구조물이 받는 얼음의 영향으로는 결빙의 이동에 의해 작용하는 하중, 결빙의 팽창·수축에 따른 빙하중, 유빙의 충돌하중 등이 고려되지만 통상 하부구조물계획에서는 이동에 의한 하중과 빙하중을 고려한다. 결빙에 의한 빙하중에는 공기 중 수분, 해수의 물보라 등의 결빙에 의한 착빙도 고려한다.
- 하부구조물계획을 위한 자료로는 해빙(海氷)의 집적 및 분포상황, 해빙의 형상, 두께, 강도, 이동속도 및 방향, 빙산과의 조우(遭遇), 기온, 빙온 등이며, 설치해역 또는 인근 해역에서 장기간에 걸친 관측치 및 추정치에 적절한 통계처리를 통해 구한다.
- 하부구조물계획을 위한 설계얼음두께는 설치해역에서 얼음의 자료에 따라 재현기간 등을 고려하여 정하며, 설계강도는 설치해역에서 얼음의 자료에 따라 하부구조물의 치수·형상 등을 고려하여 정하고, 해빙의 이동속도는 설치해역의 얼음·바람·해류·조류·천문조위의 자료 등에 기초하여 정한다.
- 얼음의 강도는 얼음 두께 전체에 걸쳐 동일하지 않으며 일반적으로 해상부분부터 해중 부분으로 향하여 강도가 낮아지지만 표층은 입상(粒狀)의 얼음이므로 강도가 낮다. 얼음의 강도는 보링시료의 강도와 구조물에 작용할 때의 강도가 큰 차이가 있으며, 얼음의 치수가 크게 됨에 따라 강도는 저감한다.

⑧ 적설이 예상되는 해역에서 적설의 영향

- 북위 35° 부근부터 그 북방 해역에서는 겨울철 적설을 예상하고 적설에 의한 하중과 눈(雪)에 의한 풍하중의 증대를 고려한다.
- 하부구조물계획에 필요한 자료로는 적설깊이, 적설기간, 기온 등이 있으며, 설치해역에서 적설자료는 그 해역에서 장기간에 걸친 관측치 및 추정치에 적절한 통계처리를 통해 구한다. 연안에 설치하는 경우에는 육상의 자료로부터 추산하는 것이 가능하다.
- 하부구조물계획을 위한 설계적설깊이는 설치해역에서 관측한 자료에 따라 재현기간 등을 고려하여 정한다.

⑨ 해저지반의 영향

- 해저지반은 하부구조물을 지지하므로 충분한 지내력을 필요로 하며, 특히 평탄하고 균질해야 하고 해저지반의 정지 또는 기초의 설치 등 시공이 가능해야 한다.
- 피어건축물의 주된 설치해역은 대륙붕(大陸棚 : 구배가 극히 낮으며 수심이 200 m 이하인 해저)으로 자갈, 모래, 점토, 진흙 등의 충적층 또는 자갈, 모래, 실트 등의 홍적층으로 되어 있다.
- 대륙붕에서 퇴적물은 하구충(河口沖 : 강하구에서 조금 떨어진 바다), 해협, 내만, 외양(外洋) 등의 퇴적으로 구분할 수 있으며, 하구충 퇴적물로서는 하구 부근에 자갈

이 퇴적하고 세립물질은 앞바다로 운반되는 것이 많다. 그러나 파랑, 연안류, 해저지형, 해안선의 형상 등에 의해 퇴적상황이 달라진다.

- 하부구조물에 작용하는 하중의 일부로서 기초구조에 작용하는 정적 또는 동적 토압을 고려하며, 해저지형 또는 수심의 변화에 의한 파랑·조석·해류 및 조류의 변동을 고려한다. 또한 해저지형이 파랑·조석·해류 및 조류에 의해 변하는 것도 고려한다.
- 하부구조물계획을 위한 해저지반의 자료로서 설치해역의 해저지형, 수직 또는 수평방향의 지질, 토질의 역학적 특성들이 필요하며, 해저지형 및 지질의 자료는 설치해역에서 실측 또는 인근의 자료로부터 추정에 의해 얻어진다.
- 해저지형의 자료로는 심천(深淺)측량도, 등수심선도 등이 있고, 해저면 부근의 지질은 선박의 정박을 판단하는데 이용되기 때문에 해도에 기입되어 있다. 그러나 하부구조물계획을 위해 해당 해저지반에 대해 별도의 지반조사를 실시한다.

5.3.2 상부시설물계획

피어건축물에서 상부시설물은 하부구조물인 피어 위에 설치되며 피어건축물의 용도를 결정한다. 현존하는 피어건축물 가운데 가장 많은 용도로 사용되는 것이 바다낚시용이다. 바다낚시는 해수욕과 함께 바다를 몸 가까이에서 느낄 수 있는 해양레크리에이션활동으로서 바다낚시를 위한 전용 피어건축물을 '바다낚시피어'라고 부른다.

우리나라는 국토의 삼면이 바다로 둘러싸여 있고 어자원이 풍부하여 어느 해역에서나 바다낚시를 즐길 수 있지만 강태공이 아닌 일반인들이 바다낚시를 안전하고 쉽게 즐길 수 있는 시설이 부족하다.

[그림 5-13] 바다낚시 전용 피어시설(통영등대낚시공원)

최근 통영에 바다낚시피어가 설치되는 등 향후 많은 바다낚시 전용시설물이 들어설 전망이다. 따라서 여기에서는 구체적으로 바다낚시피어, 즉 피어형식의 바다낚시시설을 대상으로 계획사항을 설명한다.

(1) 바다낚시피어 필요성

우리나라에서 많은 인기를 끌고 있는 바다낚시는 항만 건설이나 연안개발을 위한 바다 매립 등으로 인해 자연의 바다낚시터가 상실되고 대신 방파제나 부두를 이용한 바다낚시활동이 증가하고 있으며 이에 따라 안전사고도 빈번하게 발생하고 있다.

현재 바다낚시터의 문제점은 편의시설 부족, 안전사고 위험, 낚시터 환경오염 등으로 정리할 수 있다. 먼저 편의시설과 관련된 문제로는 낚시터로의 접근로 부족, 화장실·세면장·식수시설 등 위생시설 부족, 안내 및 방송시설 부족, 음식점이나 판매시설 부족, 휴게시설 부족 등을 들 수 있다.

바다낚시터에서 주로 발생하는 안전사고로는 체온이 급격히 낮아져 발생하는 동상이나 감기, 몸이 굳어져 손목이나 발목부위가 상하는 골절사고, 바닥이 미끄러워 넘어지는 사고, 몸의 중심을 잃고 실족하는 사고 등이 있다.

한편 바다낚시터의 환경문제로는 낚시터에 버려진 낚싯줄이나 낚시도구에 의해 새들이 죽고, 대량으로 뿌린 밑밥으로 인해 수질이 황폐해져 가며, 낚시하는 사람들이 버린 담배꽁초를 비롯한 쓰레기 문제 등이 있다.

그밖에도 바다낚시 인구가 증가하면서 항만이나 군사지역 등 출입금지구역에서 낚시를 하다가 거동이 수상한자로 오인을 받거나 어민에게 피해를 주는 사례 등이 발생하고 있다. 따라서 가족들이 손쉽게 찾아가 안전하게 바다낚시를 즐길 수 있는 바다낚시피어의 건설이 시급하다.

일본의 경우에는 바다낚시피어가 설치된 바다낚시공원이 전국에 60개 이상[63] 건설되어 운영되고 있으며 그 특성은 다음과 같다.[64]

- 지방자치단체가 시민에게 해양레크리에이션 장소의 제공을 목적으로 바다낚시피어를 건설하고 관리운영은 위탁방식을 채택하고 있다.
- 시설의 유형에는 바다낚시피어를 중심으로 항만시설을 활용하는 유형(부두형, 호안형, 방파제형 등)도 있다.
- 바다낚시공원은 접근성이 우수하고 입장요금이 저렴하며 시설 수준이 높고 음식점·편의시설·낚시도구판매시설 등이 잘 갖추어져 있다.

---

63) 일본 (재)해양생물환경연구소에 의하면 일본에는 총 69개 바다낚시공원이 있음

64) 日本海事弘報協會, 海洋性レクリエーションの現狀と展望, p114~119 참조

[그림 5-14] 일본의 바다낚시피어(고베 須磨海釣り公園)
〈사진출처 : http://commons.wikimedia.org/, 작가 : Kenpei〉

- 바다낚시시설의 관리를 위해 매년 정기적으로 근처 해역에 인공어초(artificial reef)를 투입하여 어자원을 보호 육성하고 있다.
- 시설의 월별 이용상황을 분석해 보면 봄철인 5월, 여름철 8월~10월에 이용객이 많고 겨울철 12월~3월까지는 이용객이 저조한 편이다.
- 시설의 연간 개장일은 300~315일 정도이며 휴일 평균 이용객수는 평일 평균 이용객수의 약 1.5배이고 특히 5월과 8월 휴일에 피크를 맞는다.
- 연간 이용객은 유지관리비용을 위해 10만 명 이상을 목표로 하고 있으며[65], 입장객 가운데는 낚시가 목적이 아닌 단순히 바다를 전망하고 낚시활동을 구경하기 위해 방문하는 사람도 많다.

(2) 계획순서

바다낚시피어의 계획은 [그림 5-15]에 나타난 순서로 진행한다. 계획단계에서 가장 중요한 것은 계획 부지 및 주변 지역에서 낚시수요를 정밀하게 조사하는 것이다. 이를 위한 실태조사에서는 수요예측 이외에 이용자의 시설 요구나 서비스 요구사항에 대한 파악이 중요하다.

기본계획단계에서는 이용자의 쾌적성이나 편리성을 위해 도입기능을 검토하고, 그 밖에 물고기 위집성(蝟集性 : 한 곳에 많이 모임)을 높이는 해역이용계획, 거친 날씨에 대비한 안전대책, 일상적인 안전사고 방지대책 등에 관해 충분히 검토한다.

65) 김남형·이한석 공역, 해양성 레크리에이션 시설, p.277 참조

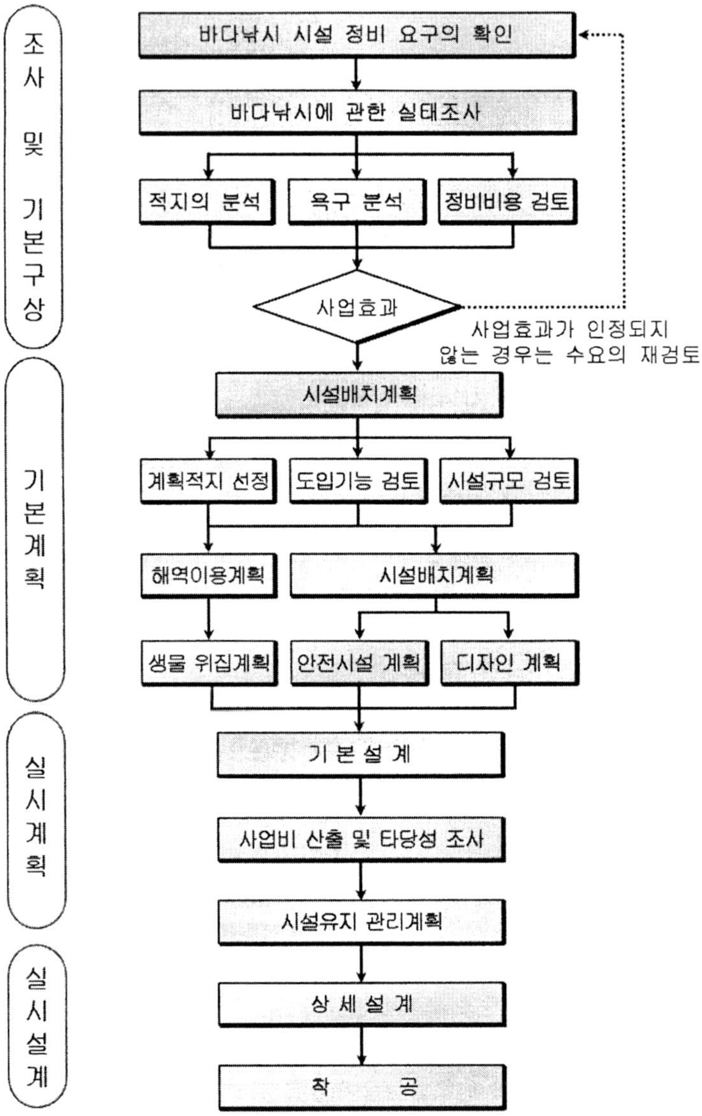

[그림 5-15] 바다낚시시설 계획순서
〈출처 : 김남형·이한석 공역, 해양성 레크리에이션 시설, p.282〉

(3) 입지선정

바다낚시피어의 입지는 무엇보다 물고기가 잘 잡히는 낚시포인트이어야 하며, 피어를 설치한 후에도 계속해서 물고기가 잘 낚이는 것이 중요하다. 또한 바다낚시시설의 입지는 집객력에 큰 영향을 미치므로 계획에서 중요한 요소가 된다.

입지선정은 바다낚시시설이 요구하는 기능 충족은 물론이고 자연요소에 의해 결정되는 어획성, 경관성, 심미성 등에서도 중요하다. 또한 입지의 해상(海象)조건이나 지원시설 정비여건도 중요하며, 시설의 안전성이나 편리성에 관계되는 입지조건도 검토한다.

바다낚시피어의 입지선정에서는 어획성, 집객성, 시설 및 활동의 안전성, 쾌적한 환경 등을 고려하여 다음과 같은 입지를 선정한다.

① 어획성을 고려한 입지

- 얕은 여밭(바위가 많은 곳)이 넓게 펼쳐져 있으며, 적정 수심(5 m 이상 10 m 내외)을 확보할 수 있는 곳
- 파도가 쳐서 포말이 일고, 겨울철 북서풍이 정면에서 불어오는 곳
- 조류의 소통이 원활하고, 수생식물이 착생하기 쉬운 토질인 곳
- 기존의 낚시포인트로서 이름이 난 곳

② 집객성을 고려한 입지

- 도시 근처에 위치하여 접근이 편리하고 인식하기 쉬운 곳(배후 도시나 고속도로 인터체인지에서 자동차로 1시간 이내 거리)
- 주변에 다른 레크리에이션시설이나 관광장소가 있어 함께 이용할 수 있는 곳
- 기존 수산양식장이나 어업인 등과 마찰이 일어날 가능성이 적은 곳
- 축양시설 등 낚시시설에 필요한 충분한 면적의 해역이 확보되는 곳

③ 안전성을 고려한 입지

- 연중 바다가 비교적 정온한 곳(파고 2 m 이하)
- 연간 비 오는 날이 적고 강한 바람(풍속 10 m/s 이상)이 자주 불지 않는 곳

④ 쾌적한 환경을 고려한 입지

- 주변 해안경관이 아름답고 변화가 있는 곳
- 수질이 맑고 투명한 곳
- 배후에 적당한 넓이의 주차장 용지를 확보할 수 있는 곳

(4) 도입기능

바다낚시피어에 필요한 기능과 이에 따른 시설물을 정리하면 다음과 같다.

① 기본기능

낚시시설, 관리시설, 주차시설, 식수시설, 세면시설, 화장실 등

② 안전기능

전락방지시설, 방송 및 안내시설, 구명 및 의료시설, 소화시설, 조명시설 등

③ 서비스기능

조리시설, 판매시설(매점 및 음식점), 대여점포, 전망 및 휴게시설 등

④ 어자원확보기능(해역)

낚시터, 축양시설, 인공어초 등

⑤ 부가서비스기능

숙박시설, 캠핑(바비큐)시설, 해양문화시설, 스포츠시설 등

(5) 시설규모

바다낚시피어의 적정 규모를 계획하기 위해서는 바다낚시수요를 정밀하게 조사하고 수요예측에 따른 사업성[66]을 검토하는 것이 필요하다. 이에 따라 바다낚시활동에 필요한 중요한 시설의 규모는 다음과 같이 정한다.

① 시설의 사업성을 위해 최소한 연간 10만 명의 입장객을 목표로 시설규모를 정한다.

② 전체 이용객 가운데 낚시객의 수는 70~80%, 일반 방문객은 20~30%로 정한다.

③ 일일 평균이용자수는 연간 입장객수를 연간 개장일로 나눈 값으로 한다(연간 개장일은 310일 기준으로 한다). 피크일은 5월과 10월의 공휴일로서 이때 이용객은 일일 평균이용자수의 1.5배로 산정한다.

④ 바다낚시에 사용되는 피어의 총길이는 다음 식[67]에 의해 구한다.

$$L = \left[C \times \frac{P}{100} \times Q \right] \div R$$

여기서, L : 낚시용 피어 총길이

C : 연간낚시객수

P : 1일집중률(0.5~1)

Q : 1인당 낚시터길이 [2 m/인]

R : 1일회전율(1.5회)

⑤ 바다낚시에 사용되는 피어 상부의 데크 폭은 한쪽 부분만을 낚시터로 사용할 경우에는 8 m(보행자통로 5 m, 낚시터 3 m), 양측을 모두 낚시터로 사용할 경우에는 11 m(보행자통로 5 m, 낚시터 3 m × 2)로 한다.

66) 여기서 사업성이란 낚시시설이 시민을 위한 공공시설이라는 입장에서 유지관리에 필요한 비용을 충당하기 위한 최소의 수입을 의미하며 수익성을 고려하지는 않은 것임

67) 김남형·이한석 공역, 해양성 레크리에이션 시설, p286 참조

[그림 5-16] 바다낚시피어의 상부시설물(일본 고베 須磨海釣り公園)
〈출처 : http://www.akashikaikyou.com/turiba/files/suma-4.html〉

⑥ 바다낚시에 사용되는 피어 상부의 데크바닥 최대높이는 L.W.L(low water level, 해수면 저조위)에서 5 m 이내로 하고, 최저높이는 파도가 쳐서 올라오는 것을 고려하여 정한다.

⑦ 바다낚시에 사용되는 피어 상부의 데크에서 난간높이는 서서 낚시를 하는 경우 전락방지를 위해 110 cm, 앉아서 낚시를 하는 경우 낚시대를 놓아두기 위해 25 cm로 한다.

(6) 배치계획

바다낚시피어에서 피어의 평면유형에는 직선형, ㅁ자형, T자형 등 다양하다. 피어 주위에는 어초를 배치하여 어획성을 높이고, 피어 중앙부분이나 교차부분에는 전망기능을 겸한 감시시설을 설치하는 경우도 있으며, 피어 주변에는 부속시설로서 조어장이나 축양(蓄養)시설을 설치하여 수산자원 증식에 사용하는 경우도 있다.

적절한 시설입지와 시설규모를 정한 후에는 입지 주변의 해변경관이나 기상(氣象)·해상(海象)·지상(地象)조건을 잘 조사한 후에 다음과 같이 시설을 배치한다.

① 먼저 기존 바다낚시시설과 바다낚시피어를 일체로 구성할 것인가를 검토한다.

② 바다낚시시설의 규모가 작은 경우에는 육지에서 곧바로 一자 형태로 피어를 돌출시켜 배치하지만, 시설규모가 커짐에 따라 연육교를 통해 접근하는 ㄴ자형, ㅁ자형, T자형으로 피어를 배치한다.

③ 피어 상부의 데크에서 동선은 낚시객 동선, 일반 방문객 동선, 관리자 동선으로 구분하여 계획한다. 특히 산책 및 전망을 즐기기 위해 입장한 일반 방문객들을 위해 전망이 좋은 곳에 전망시설을 계획하고, 피어 입구에서 전망시설까지 산책로를 계획한다.

④ 바다낚시객을 위한 편의시설인 화장실, 매점, 식당, 휴게시설 등은 낚시공간을 중심으로 배치하며 낚시공간 주위에는 가족이 쉴 수 있는 휴식공간을 배치한다.

⑤ 관리시설은 주로 피어의 입구에 배치하며 규모가 큰 피어나 바다로 멀리 나가 설치되어 있는 피어에는 낚시시설 중간에 안전관리시설을 두고 관리용 선착장을 배치한다.
⑥ 해역에는 피어의 모서리나 끝 부분을 이용하여 축양시설을 배치하고, 피어 앞면 수역에는 인공어초를 배치하여 어획성을 높인다.

(7) 디자인계획

바다낚시피어에서 시설물 디자인계획의 중요한 사항은 다음과 같다.

① 멀리 떨어진 장소에서도 인지가 가능하도록 랜드마크효과를 부여한다. 이를 위해 전망시설이나 더블데크(double deck)형 통로를 마련하여 스카이라인에 변화를 준다.
② 시설 이용의 편리성을 위해 피어 상부의 데크 중간에 널찍한 여유 공간을 마련한다. 그리고 접근로에서 시점 높이와 외부에서 피어의 조망 등을 고려하여 피어 상부의 데크 높이와 접근로 높이를 결정한다.
③ 피어구조물은 강재가 일반적이며 간소한 구조물로 디자인되는 경향이 있다. 이러한 디자인은 찬 느낌을 주거나 살풍경한 이미지를 줄 수 있으므로 상부시설물(피어 상부의 데크 바닥, 난간, 벤치 등)의 재료는 따뜻함을 느낄 수 있는 목재를 사용한다.
④ 피어 상부의 데크 난간에는 내구성, 내염성, 설치비용 등을 고려하여 피어구조물과 일체로 하여 철재를 사용하고, 방식도장을 하는 방법이 일반적으로 채용되고 있다. 이 경우에 난간동자의 형상이나 재료에 변화를 주어 단조로운 분위기가 되지 않도록 계획한다.
⑤ 피어 상부의 데크에 설치되는 난간, 벤치, 가로등과 같은 스트리트퍼니쳐(street furniture)는 바다낚시시설 전체의 매력을 높일 수 있도록 설치방법, 형상, 재료 등 디자인을 계획한다. 특히 비바람 때문에 미관이 손상되기 쉬우므로 소재는 경관적으로나 기능적으로 우수하고 재활용(recycle) 가능한 재료를 사용한다.

5.4 바다낚시피어계획[68)]

이상에서 살펴본 바다낚시피어의 계획사항을 바탕으로 도심에 가족을 위한 바다낚시피어를 구체적으로 계획하면 다음과 같다.

---

68) '5.4 피어형식의 바다낚시시설 계획안'에 관한 내용은 이한석·이명권·박건, 부산 워터프런트에서 바다낚시시설 계획에 관한 연구, pp29~38에서 인용하여 재정리하였음

(1) 입지선정

① 입지는 부산으로 계획한다. 전국 바다낚시인구 가운데 약 60%가 부산과 경남지역에 있는 것으로 알려져 있으며, 한국프로낚시회가 부산에 소재하고 있는 등 부산과 그 인근지역은 우리나라 바다낚시의 중심지이기 때문이다. 또한 부산 인구는 약 350만 명으로 바다낚시시설의 사업성을 위한 연간 이용객을 충분히 확보할 수 있다.[69]

② 부산에서 바다낚시피어의 입지를 선정하기 위해 바다낚시 전문 인터넷 홈페이지에서 추천하는 바다낚시터, 바다낚시객이 자주 이용하는 낚시터 등을 종합하여 기존 낚시터 가운데 후보지를 선정하였고, 이들 후보지 가운데 세부적인 입지조건을 분석하여 영도중리낚시터를 최종 입지로 선정하였다.

③ 바다낚시피어의 입지로 결정된 영도중리의 입지조건을 분석하면 다음과 같다.

- 입지는 부산도심에서 5 km 이내에 위치하여 접근성이 좋고, 부근 2 km 이내에 연간 관광방문객이 약 150만 명이나 되는 태종대 공원과 국제크루즈선박터미널 및 국립해양박물관이 들어서 있으며, 기존 낚시터로서 인지도가 높다.
- 입지는 영도 남서쪽 해안에 위치하며 길이 4 km 절영해안로와 연결된 갯바위 낚시터로서 인기 있는 어종은 고등어이고 쥐노래미나 망상어와 같은 잡어가 많이 낚인다. 여름에는 참돔과 돌돔, 가을과 초겨울에는 감성돔과 같은 고급 어종이 낚이며, 특히 겨울철에 감성돔 대어의 출현이 잦은 곳이다.

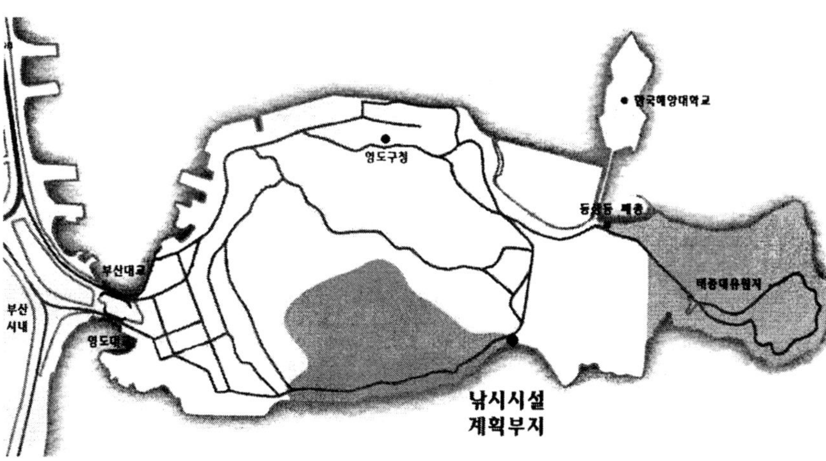

[그림 5-17] 바다낚시피어의 입지

69) 김남형·이한석 역, 해양성 레크리에이션 시설, p277 그림 6.5에 의하면 일본의 경우 연간 이용객 10만 명 이상을 확보하기 위해서는 배후도시의 인구가 최소한 150만 명 이상 되어야 하는데 우리나라의 경우에는 연간 이용객 10만 명 이상 확보를 위해 배후도시인구는 200만 명 이상 되어야 할 것으로 추정됨

- 입지의 해역수심은 5 m~15 m이며, 해저지형은 해안선에서 약 100 m 지점(수심 10 m 정도)까지 비교적 완만한 경사를 이루다가 수심 15 m까지 비교적 경사가 급하며 그 이후부터 또 다시 완만한 경사를 이루어 앞바다로 이어지고 있다.
- 입지의 해저토질은 모래자갈층이 두께 0.3 m~2.0 m이며, 그 하부에는 풍화암층이 두께 4.8 m~7.0 m로 분포하고, 그 하부에는 기반암인 연암층과 보통암층이 형성되어 있다.
- 입지 인근의 해류는 계절에 따라 복잡한 변화가 일어나고 있으나 대체로 동북쪽으로 흐르며 유속은 0.3~0.5 knot로 추정된다. 한편 조류는 해안선을 따라 하루 두 번 방향이 바뀌며 속도는 0.3~0.9 knot 정도로 소통이 원활하다. 조위는 1일 2회 규칙적으로 승강이 발생하며 평균고조간격은 8시간 정도이고 대조차는 1.2 m이다.
- 입지의 해역수질은 COD가 1.8~3.14 mg/l, DO 1등급, 부유물질 1등급, 총질소 2등급 등이고 중금속의 경우 해저토질에 큰 영향은 없다.
- 입지의 기후특성으로는 해양성 기후로서 온화하고 연간 기온의 차가 비교적 적으며, 풍속 13.9 m/s 이상의 폭풍일수는 연간 약 8일이고, 최다풍향은 봄과 여름에 북동풍, 여름에 남서풍, 겨울에 북서풍이 우세하다. 바다낚시를 위해 적절한 기후조건을 갖추고 있다.
- 입지 인근 해역은 중리어촌계에서 담당하는 공동어장과 미역양식장이 있고 해녀들이 물질하는 장소가 있어 이곳을 피하여 피어구조물을 계획한다. 한편 바다낚시시설에 필요한 어자원을 공동어장으로부터 안정적으로 확보할 수 있다.

(2) 시설물계획

① 시설이용객추정

일본에서 바다낚시시설 이용객 연구결과[70]를 적용하여 부산 인구(350만 명으로 계산)를 바탕으로 연간 이용객수는 15만 명으로 계획한다. 이 가운데 30%는 일반 방문객으로 추정하여 실제 연간 낚시객은 10만 5천 명으로 정한다.

② 피어구조물

낚시활동이 일어나는 피어구조물의 총길이(L)는 연간 낚시객수(105,000명) × 1일 집중률(1%) × 1인당 낚시터 길이(2 m/인) ÷ 1일 회전율(1.5회) = 1,400 m가 필요하다. 피어에서 한 번에 수용할 수 있는 낚시객 규모는 700명이며, 피어 상부의 데크 양측을 낚시터로 사용하면 피어 폭은 11 m, 길이는 700 m가 필요하다.

70) 김남형·이한석 역, 해양성 레크리에이션 시설, p277 그림 6.5 회귀식 참조

③ 연육교와 주차장

- 육지에서 해상에 위치한 바다낚시시설로 이동하기 위해서는 연육교가 필요하다. 바다낚시시설은 해역의 지형조건을 고려할 때 육지에서 100 m 정도 바다로 나아가 설치되며 따라서 연육교의 규모는 폭 5 m, 길이 100 m 정도로 계획한다.
- 주차장은 「주차장법 시행령」의 설치기준에 따라 바다낚시시설을 운동시설로 취급하는 경우 시설면적 150 m^2당 1대의 규모가 필요하다. 피어 상부의 데크 규모(면적 8,400 m^2)와 연육교 그리고 기타 부속시설을 포함하면 전체 시설면적은 약 10,000 m^2 정도가 될 것이며 법정주차는 67대가 되므로 주차장 규모는 70대 이상으로 계획한다.

④ 화장실

바다낚시시설의 수용규모를 700명으로 하고 화장실 이용율을 1/80[71]로 하면 정상인용 변기는 9개가 필요하고 이 가운데 남자용 변기는 6개, 여자용 변기는 3개로 계획한다. 장애인용 변기는 별도로 설치하며, 변기에 따른 화장실 면적은 대·소변 모두 11 m^2로 하여 전체 면적은 120 m^2로 계획한다.

⑤ 식당

식당이용객은 수용규모(700명) × 식당이용율(1/10) × 식당회전율(1/3)을 계산하여 25명으로 계획하며, 1인당 면적 2.0 m^2로 하여 전체 면적은 50 m^2로 계획한다.

⑥ 관리동

관리동은 사무소와 매표소로 구성하고 낚시도구를 대여 혹은 판매하는 매점과 함께 바다낚시시설로 들어가는 연육교 입구에 위치하며, 관리동 20 m^2, 매점 20 m^2의 규모로 계획한다.

⑦ 전망대

일반 방문객이나 가족들을 위해 피어 상부의 데크 중간지점에 3층 규모 해상전망대를 계획하고 그 안에는 낚시객을 위한 휴게실을 설치한다. 전망대 3층은 전망실, 2층은 휴게실로 계획하고 1층에는 편의시설(식수장, 세면장, 자판기, 조리시설 등)과 구명시설을 계획한다. 전망대의 각 층 바닥면적은 200 m^2로 계획한다.

⑧ 해역시설

해역시설로서 연육교 주변에 가두리 축양시설과 낚시초보자를 위한 낚시터를 계획하고, 피어구조물 주변 해역에는 인공어초를 투입하는 것으로 계획한다. 또한 피어구조물의 외해 쪽에는 인공어초와 소파효과를 동시에 얻기 위해 해저에 소파블럭을 계획

---

71) 김남형·이한석 역, 해양성 레크리에이션 시설, p287 참조

한다.

⑨ 주변시설

입지는 옛날부터 해녀들의 활동이 활발했기 때문에 육지에 바다낚시피어와 일체로 해녀박물관, 바다를 조망하거나 이벤트를 실시할 수 있는 계단식 광장, 그리고 해녀들이 운영하는 활어회센터 등을 함께 계획한다.

(3) 피어구조물계획

바다낚시피어에서 핵심시설은 하부의 피어구조물로서 이에 대한 계획안은 [그림 5-18]과 같으며 구체적인 계획내용은 다음과 같다.

① 데크 높이

- 피어구조물이 설치되는 해역을 대상으로 한 수치모형실험결과[72]에 의하면 설계파의 파고(H1/3)는 50년 재현빈도 시 외곽방파제가 있는 경우 2.5 m, 방파제가 없는 경우는 6~7 m이다. 따라서 방파제가 없는 경우 피어구조물의 데크높이는 해수면(L.W.L)에서 6 m 이상 필요하다.
- 그러나 낚시활동을 위해 데크높이는 5 m 이내가 바람직하기 때문에 피어구조물의 데크높이는 해수면(L.W.L)에서 5 m(최고만조수위 H.H.W에서 3.7 m)로 한다. 단, 이 경우에 피어구조물이 설치될 수역의 정온화를 위해 선박 항행이나 정박에 지장이 없는 범위 내에서 해중 인공리프와 같은 소파시설을 별도로 설치한다.

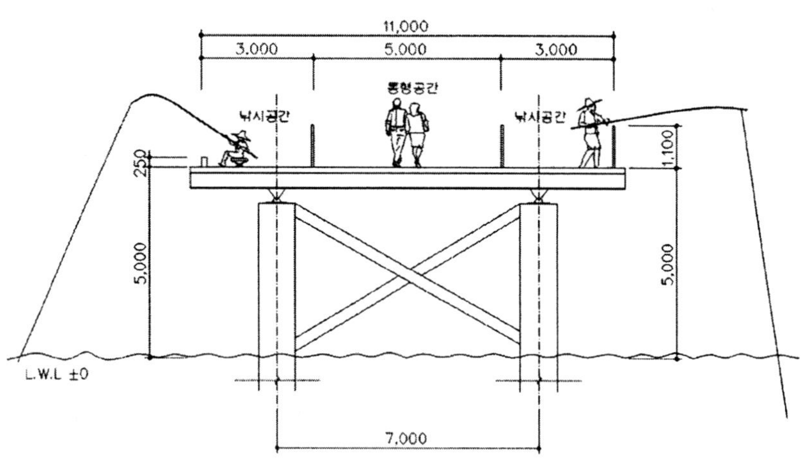

[그림 5-18] 피어구조물 단면도

72) 영도구, 영도구 해안도로 타당성조사 보고서, p54 참조

② 세부계획

- 피어구조물은 허용압축응력이 큰 프리텐션 원심력 고강도 콘크리트 말뚝을 이용하고, 그 위에 철골조의 수평구조물을 설치한 후에 떡갈나무 목재로 데크를 만드는 구조형식으로 계획한다.
- 피어구조물 상부의 데크에는 바닥에서 25 cm 높이에 목재로 난간을 계획하고, 길이 25 m마다 야간조명, 벤치, 구명부륜, 쓰레기통을 설치하며, 바다에 빠진 사람을 구조하기 위한 트랩을 길이 50 m마다, 긴급전화 및 방송설비를 길이 100 m마다 계획한다.

(4) 배치계획

① 바다낚시피어는 육역, 해역, 육역과 해역의 연결부로 구성된다. 육역에는 주차장을 배치하고 그 주변에 해녀박물관, 계단식 광장, 활어회센터 등을 배치하며, 피어 입구인 육역과 해역의 연결부에는 관리소, 매표소, 식당, 매점, 화장실 등을 이용자 동선에 따라 배치한다.

② 해역에는 'ㅁ'자형 피어구조물, 피어구조물 위에 전망대 및 휴게시설을 배치하고, 해중에는 가두리 축양장과 인공어초를 설치한다. 피어 출입문이 설치된 연육교는 육역과 해상 바다낚시피어를 연결한다.

이상과 같은 바다낚시피어의 배치계획안은 [그림 5-19]와 같다.

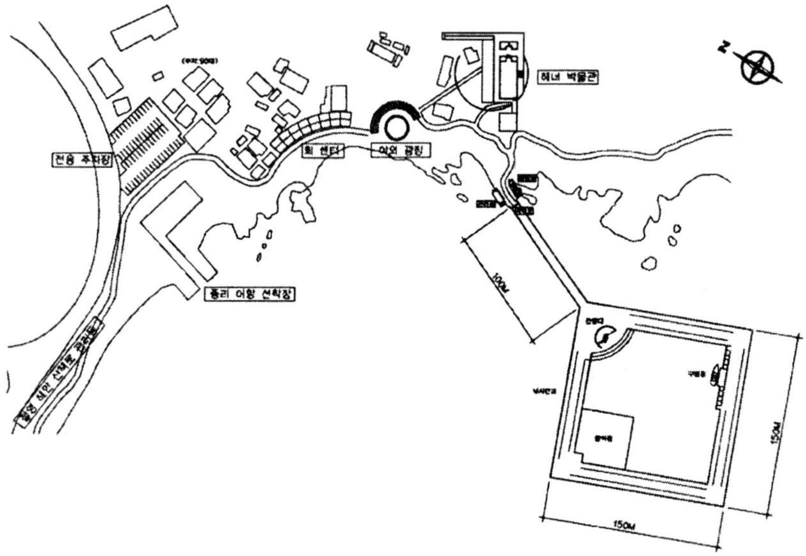

[그림 5-19] 바다낚시피어 배치계획안

참고문헌

1. 김남형· 이한석 공역, 畔柳昭雄 편저, 해양성 레크리에이션시설 : 계획과 디자인, 도서출판 과학기술, 1999
2. 배현미·김종하·김경인 공역, 日本土木學會 編, 워터프론트의 경관설계, 보문당, 2001
3. 앙드레 모로아, 신용석 옮김, 영국사, 홍성사, 1982
4. 영도구, 영도구 해안도로 타당성조사 보고서, 1997
5. 이한석, 영국의 피어건축, 도서출판 전망, 2005
6. 이한석·이명권·박건, 부산 워터프런트에서 바다낚시시설계획에 관한 연구, 대한건축학회논문집, 제17권 11호, pp29~38, 2001
7. 畔柳昭雄, 渡辺富雄 編, Composition of Oceanic Architecture, Process : Architecture, 1991
8. 日本海事弘報協會, 海のレジャー＆スポーツ施設總ガイド, 2000
9. 日本海事弘報協會, 海洋性レクリエーションの現狀と展望, 1996
10. 日本 (財)海洋生物環境研究所 홈페이지 http://www.seaworld.co.jp/topic/fishpark/
11. 日本建築學會, 海洋建築物構造設計指針(固定式)·同解說, 1987
12. 綜合ユニコム株式會社, 釣りマーケットの全貌と釣り施設開發資料集, 1997
13. 伊澤 岬, 海洋空間のデザイン, 彰國社, 1990
14. 前田久明·近藤健雄·增田光一 編著, 海と海洋建築, 成山堂書店, 2006
15. Cyril Bainbridge, Pavilions on the Sea : A History of the Seaside Pleasure Pier, Robert Hale Ltd., 1986
16. Kenneth Lindley, Seaside Architecture, Hugh Evelyn Ltd., 1973
17. Lynn F. Pearson, Piers and Other Seaside Architecture, Shire Publications Ltd., 2002
18. Lynn F. Pearson, The People's Palaces, Barracuda Books Ltd., 1991
19. Roger Dixon·Stefan Muthesius, Victorian Architecture, Thames and Hudson Ltd., London, 1978
20. Timothy J. Mickleburgh, Guide to British Piers, National Piers Society, 1998

제 6 장

크루즈터미널계획

6.1 크루즈터미널의 개요

6.1.1 크루즈터미널의 개념

크루즈터미널은 크루즈선박을 이용하는 승객이 선박에 승·하선하기 위해 필요한 전용(專用) 항만시설[73]이다. 크루즈승객 및 승객의 수하물을 처리하기 위해 크루즈항만 내에 설치되는 크루즈터미널은 크루즈여행, 크루즈선박, 크루즈승객, 크루즈항만의 특성에 따라 승객들이 안전하고 편리하게 승·하선할 수 있도록 계획되어야 한다.

크루즈여행은 크루즈선박을 이용하는 여행으로서, 목적지에 도착하는 것이 유일한 목적인

(a) 나가사키항 크루즈터미널

(b) 동경항 크루즈터미널

(c) 밴쿠버항 크루즈터미널

(d) 바르셀로나항 크루즈터미널

[그림 6-1] 크루즈터미널 사례

73) 전용 항만시설이란 크루즈승객 및 승객의 수하물 처리만을 목적으로 사용되는 항만시설을 의미함

일반적인 선박여행과 달리 순수하게 관광을 목적으로 하는 여행이다. 크루즈여행은 숙박, 음식, 오락, 스포츠 등 관광을 위한 시설을 모두 갖추고 수준 높은 서비스를 제공하는 크루즈선박을 이용하여 수려한 관광지를 항해하는 관광여행이다.

크루즈여행은 대상 수역에 따라서 해양크루즈(ocean cruise)와 하천크루즈(river cruise)로 구분되며, 해양크루즈는 연안크루즈와 국제크루즈로 구분된다[74]. 일반적으로 크루즈여행이라 하면 대양을 항해하거나 국가 간을 장기간 이동하는 국제크루즈를 말하며, 연안크루즈는 정해진 연안 해역을 단기간 항해하는 국내크루즈를 의미한다.

크루즈여행의 수단인 크루즈선박은 여객선(passenger ship)의 일종으로서, 항행(航行)의 기능을 담당하는 선박부분과 승객에게 숙박, 식사와 음료, 오락 등 서비스를 제공하는 호텔부분으로 구성되어 '해상리조트'의 기능을 수행하는 특수한 선박이다.

크루즈선박은 야간에는 주로 항해를 하고, 주간에는 기항지에 정박하여 승객이 기항지 관광을 즐길 수 있도록 운영된다. 한편 크루즈선박에서는 항공기와 유사하게 터미널에서 체크인을 한 후에는 수하물을 선사에서 관리하여 객실까지 배달해 준다. 최종목적지에서 하선할 경우에는 하선 전에 수하물을 선사에 위탁하고 입국심사 후 터미널의 수하물수취장에서 찾게 된다.

또한 크루즈여행의 시작을 위한 출국과 여행 종료 후 입국 시에는 항공기를 이용한 입출국 절차와 동일하게 개인별로 세관검사·출입국심사·검역(CIQ : Customs, Immigration & Quarantine) 절차에 따른 수속을 밟는다.

크루즈선박에 승선하면 여권은 선박사무장(cruise purser)에게 위탁하며 기항지에서 관광을 위하여 입·출국 하는 경우에는 사무장의 협조 하에 항구에서 입·출국수속을 진행하거나 선내 CIQ시설이 갖추어진 경우에는 관련기관의 협조를 받아 선내에서 수속을 진행한다.

이러한 특성으로 인해 크루즈터미널은 기본적으로 국제공항과 유사하게 시설을 구성하며, 특히 크루즈선박은 장기간 관광유람을 목적으로 시즌에 따라 항로를 달리하여 부정기적으로 운항하는 특성이 있으므로 이를 고려한 터미널계획이 필요하다.

6.1.2 크루즈터미널의 유형

크루즈터미널은 부두 이용, 터미널 운영 및 기능 등의 측면에서 다음과 같이 다양한 유형으로 분류된다.

(1) 부두이용에 따른 분류

크루즈터미널은 부두이용 측면에서 살펴보면 부두와 연계성, 부두의 전용성, 부두의 설치형태 등에 따라 [표 6-1]과 같이 다양한 형태가 있다.

74) 이경모, 크루즈산업의 이해, p.43 참조

[표 6-1] 부두이용에 따른 크루즈터미널 유형

분류	유 형	특 성	사 례
부두와 연계성	단일부두형	단일 부두 사용으로 대형 크루즈선 입항 시 다른 크루즈선은 입항 불가능	아일랜드 코브항 터미널 등
	복수부두형	2개 이상 부두 사용으로 여러 척의 선박이 동시에 사용 가능	홍콩 오션터미널 등
	다수부두연계형	다수 부두 설치로 동시에 다수 크루즈선이 입항가능하며 특정 선사가 전용 부두 사용 가능	미국 커내버럴항 터미널, 마이애미항 터미널 등
부두 전용성	크루즈선전용형	크루즈선 전용 부두와 터미널로 이용	말레이시아 랑카위 터미널 등
	다목적터미널형	군함, 화물선 등 다른 선박도 함께 사용하는 형태	일본 동경 하루미 터미널 등
부두 설치 형태	안벽이용형	기존 안벽을 이용하여 별도 부두 설치 없이 운영하는 형태	프랑스 니스항 터미널 등
	터미널빌딩접안형	터미널건물이 부두와 나란히 붙어 있는 형태	네덜란드 암스테르담 PTA 등
	부두상부건물축조형	부두 위에 터미널건물이 축조된 형태	홍콩 오션터미널 등

〈출처 : 이경모, 크루즈산업의 이해, p.531 및 노윤구, 동해안 크루즈관광 타당성 연구, p.14〉

① 부두와 연계성에 따른 유형

항만이 보유하고 있는 부두의 수 및 터미널과 부두의 연계성에 따라 [그림 6-2]와 같이 단일부두형, 복수부두형, 다수부두연계형으로 구분된다[75]. 단일부두형은 하나의 크루즈터미널에 하나의 크루즈부두가 있는 형태로서 부두 길이에 따라서 입항가능한 선박 규모가 제한되며, 대형 크루즈선박이 입항하면 다른 선박은 부두를 사용할 수 없어 시설활용도가 떨어진다.

복수부두형은 하나의 크루즈터미널에 여러 개 크루즈부두가 있는 형태로서, 단일부두형에 비해 접안할 수 있는 선박의 규모와 수가 다양하고, 다수 크루즈선박을 동시에 수용할 수 있어 시설활용도가 높다. 다수부두연계형은 대규모 항만에서 여러 개 크루즈부두와 다수의 크루즈터미널이 설치되어 있어서 특정 선사가 자사 전용 부두와 터미널을 가질 수 있는 형태이다.

75) 이경모, 크루즈산업의 이해, pp.531~532 참조

(a) 아일앤드 코브항 (b) 홍콩 오션터미널 (c) 플로리다 커내버럴항

[그림 6-2] 부두와 연계성에 따른 크루즈터미널 유형

② 부두전용성에 따른 유형

부두의 용도 및 터미널의 전용성(專用性) 여부에 따라 [그림 6-3]과 같이 크루즈선박전용형과 다목적터미널형으로 나눌 수 있다. 크루즈선박전용형은 부두와 터미널을 크루즈선박이 전용으로 사용하는 형태이며, 다목적터미널형은 터미널과 부두를 크루즈선박이 주로 이용하고 크루즈선박이 입항하지 않으면 군함, 상선, 여객선 등 다른 선박이 사용하는 유형이다.

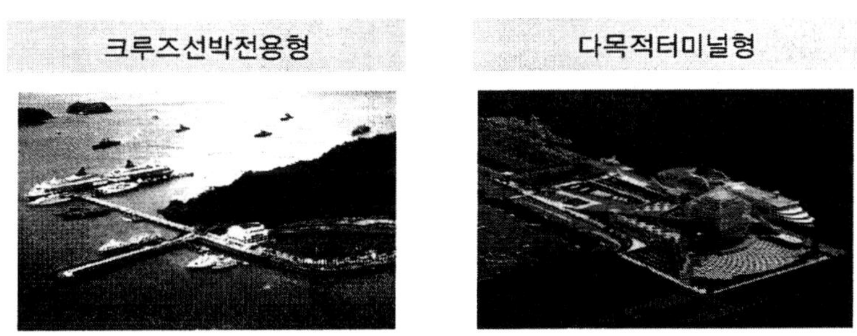

(a) 랑카위 스타크루즈 터미널 (b) 동경 하루미 터미널

[그림 6-3] 부두전용성에 따른 크루즈터미널 유형

③ 부두설치형태에 따른 유형

부두의 설치형태에 따라서 [그림 6-4]와 같이 안벽이용형, 터미널빌딩접안형, 부두상부건물축조형으로 구분된다. 안벽이용형은 별도 크루즈부두 없이 이미 설치된 기존 안벽을 이용하여 크루즈선박이 정박하는 형태이며, 터미널빌딩접안형은 터미널건물이 부두와 나란히 붙어있는 형태이다. 부두상부건물축조형은 부두 상부에 터미널건물을 축조한 형태로 부두의 활용도가 높지만 에이프런(apron, 부두뜰)의 폭이 좁아 화물처리에 제약이 있을 수 있다.

도심안벽이용형	터미널빌딩접안형	부두상부건물축조형

(a) 프랑스 니스항　(b) 네덜란드 로테르담항　(c) 홍콩 오션터미널

[그림 6-4] 부두설치형태에 따른 크루즈터미널 유형

(2) 터미널 운영 및 기능에 따른 분류

미국항만공사협회(AAPA, American Association of Port Authorities)에 따르면 크루즈터미널은 구성요소와 운영형태에 따라서 임시터미널, 1세대 터미널, 2세대 터미널, 3세대 터미널, 4세대 터미널 등 다섯 가지 유형으로 분류된다. 여기에서는 미국항만공사협회의 크루즈터미널 분류를 토대로 터미널의 기능 및 운영형태에 따라서 임시터미널, 기항터미널, 부정기터미널, 정기터미널, 복합터미널로 분류하여 그 특성을 [표 6-2]와 같이 정리하였다.[76)]

① 임시터미널

[그림 6-5]와 같이 가장 단순한 형태의 크루즈터미널로서 기항하는 선박의 수가 아주 적고 선박의 정기적 기항이 이루어지지 않은 곳에 적합하며, 터미널 내부는 다른 목적으로 사용하기 쉬운 가변형 공간으로 계획한다.

(a) 후쿠오카 하카다항　(b) 퀘벡항

[그림 6-5] 임시터미널 사례

76) Bruno-Elias Ramos, Cruise Terminal Development, AAPA 발표자료 및 최훈호, 크루즈 터미널의 규모산정 요소 설정에 관한 연구, pp.28-33 내용 재구성

[표 6-2] 터미널 운영형태에 따른 크루즈터미널 유형

구분	임시터미널	기항터미널	부정기터미널	정기터미널	복합터미널
기본시설	수하물 구역	보안검색 구역	보안검색 구역	보안검색 구역	보안검색 구역
	체크인 구역	CIQ 구역	CIQ 구역	CIQ 구역	CIQ 구역
	휴식 공간	수하물 구역	수하물 구역	수하물 구역	수하물 구역
	피난구역	교통연계 구역	교통연계 구역	교통연계 구역	교통연계 구역
		휴식 공간	휴식 공간	휴식 공간	휴식 공간
		보관소	보관소	보관소	보관소
		체크인 홀	승무원 대기실	승무원 대기실	승무원 대기실
		대기실	체크인 홀	체크인 홀	체크인 홀
			대기실	대기실	대기실
			VIP라운지	VIP라운지	VIP라운지
			선사사무실	선사사무실	선사사무실
			편의시설(임시)	편의시설(상시)	편의시설(상시)
					복합기능시설
규모	280~1,860 m^2	1,860~5,570 m^2	4,650~7,430 m^2	7,430~11,150 m^2	7,430 m^2 이상
특징	단층형 가변형 공간 최소규모	단층형 또는 다층형 (1층 입국장, 2층 출국장)	단층형 또는 다층형 (1층 입국장, 2층 출국장)	다층형 (1층 입국장, 2층 출국장) 편의시설 확충	다층형 (1층 입국장 2층 이상 출국장) 복합용도시설 확충
	특정 계절 또는 긴급 회항 크루즈 수용	특정 계절 및 시기에 입항 집중, 성장에 한계가 있는 지역	특정 계절 및 시기에 입항 집중, 일정에 따른 규칙적 입항	규칙적이고 정기적인 입항	크루즈시장 확대가 예상되고 모항으로 운영이 가능한 지역
운영	임시	특정 계절/시기	특정 계절 /시기 규칙적	정기적	정기적, 복합형태
	기항항	기항항	기항, 거점항	거점항, 모항	모항

〈출처 : Bruno-Elias Ramos, Cruise Terminal Development 및 최훈호, 크루즈 터미널의 규모산정 요소 설정에 관한 연구, p.33〉

임시터미널은 특정 계절 및 시기에 기항하는 크루즈선박이나 계획에 없던 기항이 이루어지는 크루즈선박을 대상으로 운영하며, 시설내용 및 규모는 크루즈선박 기항에 요구되는 최소한의 시설 수준으로 한다.

터미널 내부에 수하물처리장, 체크인구역, 피난구역, 휴식시설, 최소 CIQ시설 등이 설치되고, 기타 시설은 이동형 건물 또는 가설건물 형태로 설치된다. 별도 갱웨이

(gangway, 선박과 육지 사이의 이동 통로)가 설치되지 않고 부두의 에이프런을 통해 승·하선이 이루어진다.

② 기항터미널

기항터미널은 크루즈선박의 입항이 특정 계절 및 시기에 집중되고, 입항하는 크루즈선박의 수가 비교적 제한된 곳에 적합한 터미널로서, 입·출국 수속형태 및 동선을 고려하여 1층 또는 2층으로 구성된다.

1개 층으로 구성되는 경우에는 입·출국 시에 같은 시설을 사용하되 동선은 분리하고, 2층으로 구성되는 경우에는 승선과 하선에 사용하는 시설과 동선을 완전히 분리한다. 이 경우에 1층은 하선영역으로 CIQ 및 보안검색, 수하물처리장, 승강장, 휴식시설 등이 위치하고, 2층은 승선영역으로 체크인구역, 출발승객대기실 등이 위치한다.

기항터미널에서는 크루즈선박의 입항이 간헐적으로 이루어지므로 CIQ 관련기관이 상주하지 않고 임시사무실 형태로 운영되며, 평상시에는 별도 고정된 승객편의시설이 필요하지 않으나 필요시 일시적으로 설치할 수 있도록 여유 공간을 마련한다.

(a) 마이애미항 NCL10 크루즈터미널

(b) 마이애미항 NCL10 크루즈터미널 내부

[그림 6-6] 기항터미널 사례

〈출처 : Bruno-Elias Ramos, Cruise Terminal Development〉

③ 부정기터미널

부정기터미널은 주로 크루즈관광이 활성화된 곳에 위치하며, 크루즈선박이 매일 입항하지는 않지만 임시터미널이나 기항터미널에 비해 크루즈선박의 입항 횟수가 많고, 정해진 일정에 따라 규칙적으로 크루즈선박의 입항이 있는 곳에 적합하다.

승객의 편리하고 빠른 승·하선을 위하여 주로 2층으로 구성되며, 1층은 도착영역, 2층은 출발영역이 된다. 1층 도착영역에는 CIQ 및 보안검색, 수하물처리장, 승강장, 휴식시설, 물품보관소, 선원대기실 등이 배치되고, 2층 출발영역에는 체크인구역, 출발승객대기실, VIP라운지, 선사사무실 등이 배치된다.

임시터미널 및 기항터미널에 비해 기항하는 관광객 수요가 일정하므로 승객편의시설과 기항지 관광을 위한 교통시설(주차장 등)이 설치되고, 입항하는 크루즈선과 기항지 관광의 업무지원을 위한 선사사무실이 설치된다. 하지만 크루즈선박이 매일 입항하지 않아 터미널시설의 활용도가 떨어지므로 크루즈선박이 입항하지 않는 날이나 비시즌에는 터미널을 물류창고나 이벤트 홀 등 다른 용도로 사용한다. 한편 향후 입항하는 크루즈선박의 수와 규모 증가에 대비하여 터미널을 쉽게 확장할 수 있는 구조로 계획한다.

(a) 플로리다 에버그레이드항 Terminal 29

(b) 에버그레이드항 Terminal 29 내부

[그림 6-7] 부정기터미널 사례
〈출처 : Bruno-Elias Ramos, Cruise Terminal Development〉

④ 정기터미널

정기터미널은 크루즈선박의 승객이 많고 향후 크루즈시장의 확대가 예상되는 지역으로서 크루즈선박의 규칙적이고 정기적인 입항이 이루어지는 곳에 적합하다. 정기터미널의 경우 임시터미널 및 부정기터미널에 비해 크루즈선박의 입항 횟수가 많고 규칙적이어서 터미널시설의 활용도가 비교적 높으나, 매일 활용되는 일반 여객선터미널에 비하면 그 활용도가 떨어지므로 크루즈선사에서 자체적으로 운영하는 사례가 많다.

(a) 미국 디즈니 크루즈터미널

(b) 홍콩 카이탁 터미널

[그림 6-8] 정기터미널 사례

정기터미널의 시설구성은 부정기터미널과 크게 다르지 않지만 임시터미널 및 부정기터미널에 비해 이용객 수가 많으므로 입·출국수속, 승객 및 환송객 대기 등에 불편함이 없도록 충분한 공간과 시설을 마련한다. 특히 정기터미널 내에서 승객의 체류시간이 임시터미널 및 부정기터미널에 비해 길어지므로 식당, 상점 등 편의시설이 고정적으로 설치된다.

⑤ 복합터미널

복합터미널은 크루즈승객을 위한 터미널기능 외에 숙박이나 쇼핑 등 다른 용도의 시설이 복합적으로 구성되는데, 주로 크루즈관광이 활성화되고 크루즈선박의 입출항이 정기적으로 빈번하게 일어나는 모항(母港)에 적합하다.

모항은 크루즈여행의 출발지 및 목적지가 되는 항으로서 모항의 터미널은 다른 터미널에 비하여 이용객 수가 많고, 항공기 등 타 교통수단과의 연계 등으로 인해 승객의 체류시간이 길어진다. 따라서 많은 수의 승객이 편리하고 빠른 승·하선을 위한 시설뿐만 아니라 이용객의 체류 시간 및 활동을 고려하여 시설을 계획한다.

복합터미널은 정기터미널과 시설구성은 유사하나, 정기터미널이 크루즈승객의 승·하선에 중점을 두는 것에 비해 복합터미널은 크루즈승객의 승·하선과 함께 숙박, 쇼핑, 문화활동 등을 위해 복합시설을 조성한다. 복합터미널에 들어서는 시설로는 회의장, 업무 및 전시시설, 쇼핑몰 등 상업시설, 호텔 등 숙박시설, 공연장, 수변공원, 놀이공원 등이 있다.

(a) 마이애미항 크루즈터미널　　(b) 싱가포르항 크루즈터미널

[그림 6-9] 복합터미널 사례

이상과 같은 크루즈터미널 유형 이외에 특별한 형태로서 주변 도시와 밀접하게 연계된 도시연계형 터미널이 있는데, 이 유형의 터미널은 [그림 6-10]과 같이 크루즈터미널과 배후도시가 밀접하게 연결되는 형태로서 지역개발을 위한 시설로서 개발된다. 도시연계형 터미널은 크루즈선의 기항이 정기적으로 이루어지고, 크루즈승객의 수가

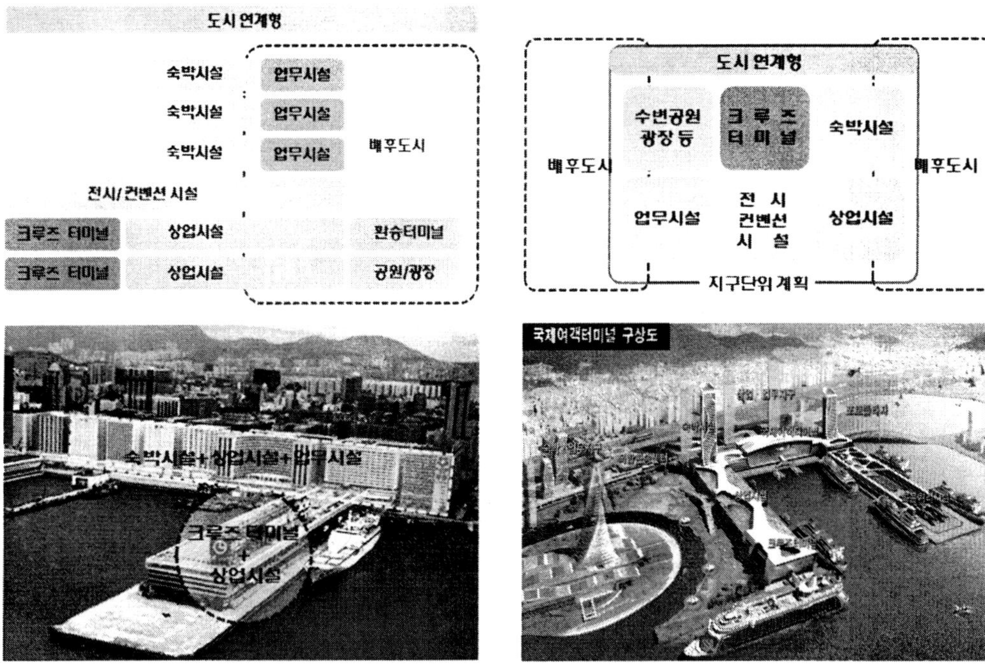

(a) 홍콩 오션터미널과 하버시티　　　(b) 부산항 국제여객터미널계획안

[그림 6-10] 도시연계형 크루즈터미널 사례

매우 많으며, 모항으로 운영되는 곳에서 주로 지역재개발을 통한 도시재생의 수단으로 계획된다.

6.1.3 크루즈항만

(1) 항만의 종류

크루즈항만은 크루즈선박이 출입하고 정박하는 항만으로서 크루즈선박의 운항특성 및 항만 이용형태에 따라 [그림 6-11]과 같이 모항(母港, home port), 거점항(據點港, base port), 기항항(寄港港, secondary port)으로 구분된다.77)

크루즈항만은 크루즈선박이 정박하는 부두를 비롯하여 예인 및 계류·연료공급·선용품공급·선박수리 등 선박서비스를 위한 시설과 터미널 등 승객서비스를 위한 시설을 갖춘다. 이와 함께 크루즈항만은 공항·기차역 등으로부터 접근성이 좋아야 하며, 특히 모항이나 거점항에는

77) 이경모, 크루즈산업의 이해, p.524 참조

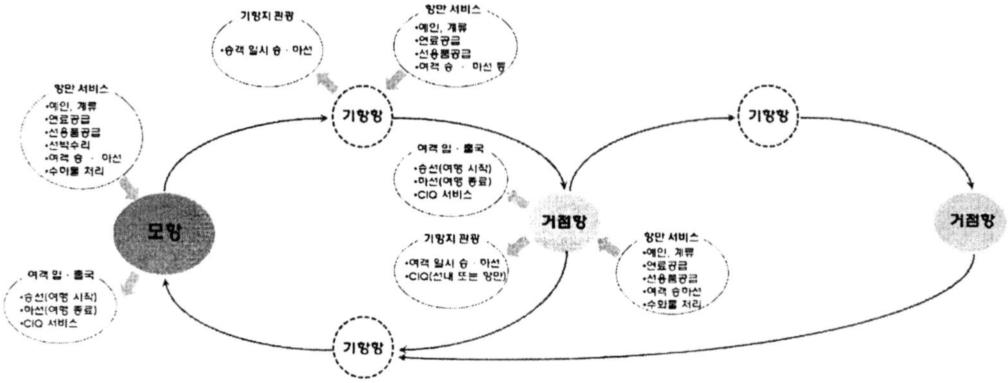

[그림 6-11] 크루즈항만의 종류

주변에 호텔·쇼핑몰·레스토랑 등 관광기반시설과 다양한 관광자원이 있어야 한다.

크루즈항만이 되기 위해서는 [표 6-3]과 같이 항만서비스, 육상연계, 관광활동 등 세 가지 측면에서 기본적인 요건을 갖추어야 하며, 각 요건의 세부적 필요기능은 크루즈항만의 형태에 따라 달라진다. 크루즈항만의 형태는 모항, 거점항, 기항항으로 구분된다.

[표 6-3] 크루즈항만의 요건

구 분		필요한 기능	필요성		
			모항	거점항	기항항
항만 서비스	기술지원서비스	항행, 예인, 계류 지원서비스	○	○	○
	크루즈승객 환영	항만 및 지자체 환영행사, 행정지원	○	○	△
	기타 지원서비스	연료공급, 선용품공급, 선박보수	○	○	○
육상 연계	육상운송 연계	공공교통(철도 등)과 연계성	○	○	△
	국제교통망 연계	공항에서 쉬운 접근성	○	△	×
	고급호텔 수용력	고급호텔 승객수용력	○	△	×
관광 활동	기항지 관광프로그램	크루즈관광에 알맞은 관광프로그램	○	○	○
	기항지 내 레스토랑	손쉬운 접근의 레스토랑	○	○	△
	기항지 내 쇼핑장소	지역 고유의 쇼핑항목 및 쇼핑시설	○	△	△

주) ○ : 필요성 높음, △ : 필요성 보통, × : 필요하지 않음

〈출처 : 이경모, 크루즈산업의 이해, p.528 내용 재구성〉

① 모항(母港, home port)

모항은 크루즈선박의 근거지가 되는 항이며 크루즈선박의 본부가 위치하는 항으로서, 크루즈여행의 출발점이나 최종목적지가 되는 항이다. 대부분 크루즈선사들은 모항을 중심으로 크루즈상품을 운영하고 있으며, 모항을 출발한 크루즈선박은 여러 거점항 및 기항항에 머물렀다가 다시 모항으로 돌아온다.

모항에서는 크루즈여행 출발을 위한 승객의 승선과 여행을 마무리 하는 승객의 하선이 이루어지는 곳으로서 이에 필요한 승객서비스시설, CIQ시설, 승·하선시설, 수하물 처리시설 등과 선박을 위한 서비스 시설 등을 갖춘 전용 터미널과 부두로 구성된 전용 항만시설이 요구되며, 이러한 시설들은 항을 이용하는 크루즈선박의 규모와 승객 수에 적합해야 계획되어야 한다.

모항에서는 크루즈선박의 출발 및 도착에 따라 한 번에 수천 명의 승객이 터미널을 이용하게 되므로 체크인, 검색, 여권심사, 세관검사 등 승객 입·출국과정과 수하물처리에 많은 시간이 소요된다.

따라서 모항의 크루즈터미널은 크루즈선박의 승·하선인원에 따라 승객과 수하물을 원활하게 처리할 수 있는 충분한 규모와 처리능력을 갖추어야 한다. 특히 모항에서는 'Fly & Cruise'[78]와 같이 연계교통수단을 이용하여 타지역에서 방문, 크루즈선박을 이용하려는 승객이 많으며 승객의 체류기간이 길어서 주변 관광과 함께 쇼핑 등이 발생하므로 터미널은 복합용도로 개발하고 공항, 철도역 등과 연계가 잘 이루어져야 한다.

모항은 해당 항을 모항으로 사용하는 크루즈선박을 제외한 다른 크루즈선박에 대해서는 거점항이나 기항항과 같은 역할을 한다. 따라서 모항으로 사용하는 크루즈선박의 수가 적을 때에는 항만시설의 활용도가 떨어지므로 이에 대한 충분한 검토와 계획이 필요하다.

② 거점항(據點港, base port)

거점항은 다목적항이라고도 하며 모항과 기항항의 중간 형태로서 두 가지 유형이 혼합된 형태를 취하고 있어 준모항(interport)이라고 부르기도 한다.[79] 거점항은 모항을 출발한 크루즈선박이 항해일정에 따라 기항하는 중간기착지로서 크루즈여행 중 승객에게 기항지관광을 위한 서비스를 제공하며 선박에 식수, 음식물 등을 공급하거나 유류, 선박수리 등 필요한 서비스를 제공한다. 또한 크루즈선박을 이용하는 일부 승객의 출발항이나 도착항이 되기도 한다.

거점항에서는 기항지 관광과 같은 일시적인 승객의 승·하선과 새로운 승객의 승선 및

78) Fly & Cruise는 항공기를 이용하여 크루즈선박의 승선지(모항 또는 거점항)로 이동해서 크루즈여행을 즐기는 패키지여행을 의미하며 미국 마이애미항, 싱가포르항 등이 Fly & Cruise의 중심항만임

79) 최훈호, 크루즈 터미널의 규모산정 요소 설정에 관한 연구, p.23 참조

도착승객의 하선이 일어나며, 이와 관련하여 승객의 입·출국과 수하물처리를 위한 시설들이 필요하다.

모항에 비해 시설규모는 작지만 기항항보다는 더 나은 시설과 편리함 그리고 다양한 서비스를 제공하며, 크루즈선박의 기항 횟수가 많은 경우에는 전용 크루즈터미널을 마련한다. 이 경우 해당 항을 거점항으로 이용하는 크루즈선박의 규모 및 승객 수에 따라 상업시설 및 숙박시설 등 편의시설과 관광프로그램도 마련한다.

③ 기항항(寄港港, secondary port)

기항항은 크루즈여행의 항로에 위치한 항만으로서 크루즈선박이 예정된 항해를 지속할 수 있도록 선박에 필요한 서비스를 제공하는 역할을 하는 동시에 크루즈승객의 일시 승·하선이 이루어지는 항만이다.

기항항에서 승객의 하선 및 승선은 기항지 관광을 위한 것으로서 모항이나 거점항에서와 같이 새로운 승객이 승선하거나 도착지로서 승객이 하선하지는 않는다. 따라서 기항항에는 선박 서비스시설과 승객의 일시적인 승·하선 절차를 위한 간단한 시설이 필요하다.

기항지 관광은 선택 관광으로서 일부 승객은 선박에 남아 있거나 크루즈터미널 혹은 항만 인근에서 산책 및 경관감상 등 관광활동을 하므로 크루즈터미널에는 승·하선시설뿐만 아니라 기념품점, 관광안내소, 수변공원 등과 같은 여행객을 위한 기본적인 서비스시설이 필요하다. 한편 기항지에서는 별도의 수하물처리시설이 필요 없으며 기항하는 선박 규모와 이용객 수에 적합한 최소규모의 CIQ시설이 요구된다. 최근에는 크루즈관광 활성화를 위하여 기항하는 국가에서 입·출국 절차를 간소하게 하거나 크루즈선박 내에 갖춰진 CIQ시설을 이용한 선상 입국서비스가 제공되고 있어 시설계획시 관련부서의 서비스 지원사항 및 기항하는 크루즈선박 들의 CIQ시설 유무를 고려하여 기항하는 선박이 많고, 정기적인 기항이 예상되며, 이용객이 많을 경우에는 크루즈전용 터미널을 고려해 볼 필요가 있으나, 그렇지 않은 경우에는 기존 항만시설(기존 여객터미널이나 화물부두 등)을 임시로 사용한다.

이상에서 살펴본 모항, 거점항, 기항항 등 크루즈항만의 유형별 시설구성에 대하여 정리하면 [표 6-4]와 같다.

[표 6-4] 크루즈항만 유형별 시설구성(계속)

구분		모항	거점항	기항항
항만 시설		• 접안시설 • 에이프런(apron) • 하역시설 • 돌핀/펜더	• 접안시설 • 에이프런(apron) • 하역시설 • 돌핀/펜더	• 접안시설 • 에이프런(apron) • 하역시설(없어도 됨) • 돌핀/펜더
선박지원 시설		• 급수, 급유시설 • 보안서비스 • 전화, 전력연결시설 • 정비/수리시설 등	• 급수, 급유시설 • 보안서비스 • 전화, 전력 연결 시설 • 정비/수리시설 등	• 급수, 급유시설 • 보안서비스 • 전화, 전력연결시설 • 정비/수리시설 등
여객터미널	기본 시설	• C.I.Q.시설(대규모) • 보안검색시설(대규모) • 승객대기실(수속전, 수속후) • Check-in 데스크 • 수하물컨베이어벨트 • 수하물수취공간 • Gangway • 주차시설 • 엘리베이터, 에스컬레이터	• C.I.Q.시설 • 보안검색시설(대규모) • 승객대기실(수속전, 수속후) • Check-in 데스크 • 수하물컨베이어벨트 • 수하물수취공간 • Gangway • 주차시설 • 엘리베이터, 에스컬레이터	• C.I.Q. 시설 • 보안검색 시설 • 승객대기실 • 주차시설 • 엘리베이터, 에스컬레이터
	지원 시설	• CIQ관련사무실 - 출입국관리사무소(법무부) - 세관, 검역소, 한국관광공사 • 국가기관사무실 (경찰청, 국정원, 항만청, 문화재청, 기무사 등) • 항만공사사무실 • 항만보안관련사무실 • 터미널관리사무실 • 선사사무실	• CIQ관련사무실 - 출입국관리사무소(법무부) - 세관, 검역소, 한국관광공사 • 국가기관사무실 (경찰청, 국정원, 항만청, 문화재청, 기무사 등) • 항만공사사무실 • 항만보안관련사무실 • 터미널관리사무실 • 선사사무실	• CIQ 관련 사무실(임시사무실) - 출입국관리사무소(법무부) - 세관, 검역소, 한국관광공사 • 국가기관사무실(임시사무실) • 항만공사사무실(임시사무실) • 터미널관리/항보안관련사무실 (상주시설) • 선사사무실
	승객 편의 시설	• 관광안내소, 여행사 • 귀빈대기실(선사라운지) • 휴게실(흡연실 등) • 식음료판매시설(레스토랑, 푸드코트 등) • 상업시설(기념품점, 면세점, 판매시설 등) • 은행 또는 환전소 • 병원, 약국, 우체국 • 유료라커(수하물 보관시설) • 전화(국내, 국제) • 렌터카	• 관광안내소, 여행사 • 휴게실(흡연실 등) • 식음료 판매시설 • 기념품점, 면세점 • 은행 또는 환전소 • 병원, 약국, 우체국 • 유료라커(수하물 보관시설) • 전화(국내, 국제)	• 관광안내소 • 소규모 편의시설 (기념품점, 환전소 등)

[표 6-4] 크루즈항만 유형별 시설구성

구분	모항	거점항	기항항
연계 시설	• 상업시설(백화점, 쇼핑센터, 레스토랑 등) • 고급호텔 • 극장, 컨퍼런스시설 • 야외시설(광장, 산책로, 야외데크, 수변공원 등) • 위락시설 • 복합터미널(육상교통 환승)	• 상업시설 (쇼핑몰, 식음료 판매시설 등) • 컨퍼런스시설 • 야외시설(광장, 산책로, 야외데크, 수변공원 등)	• 상업시설(소규모 판매시설) • 야외시설(광장, 산책로, 야외데크, 수변공원 등)

(2) 항만의 조건

① 수심

크루즈항만에서는 선박의 크기에 적합한 수심이 확보되어야 한다. 크루즈선박이 입·출항하는 데 필요한 수심은 선박의 만재흘수, 파랑, 선박항해 시 발생하는 선박의 침하, 항주속도, 승객 및 화물의 적재상태에 따른 선수와 선미의 흘수차(trim), 선박의 연직운동, 해저지질, 여유수심(net underkeel clearance) 등을 고려하여 다음과 같이 정한다.[80]

첫째, 국제상설항해협회(PIANC : Permanent International Association of Navigation Congresses)에서 정한 「PIANC Rule」에 의한 방법으로서, 항만의 수심은 해수면 상태와 접안지역에 따라서 대상선박[81] 흘수에 최대 20%에서 최소 7%까지 여유를 두고 계획한다. 크루즈선박의 경우에 항만의 수심은 대상선박의 흘수에서 10% 여유를 두고 계획하는 것이 적당하다.

둘째, '항만시설물설계기준'[82]에 의한 방법으로서 평수구역을 항해하는 경우의 선체침하, 선체동요에 따른 흘수 증가, 해도의 측심 정도, 해수 비중에 따른 흘수 변화, 절대여유 등 조건을 고려하여 파랑의 영향이 있는 해수면에서 일반적인 수심은 다음과 같이 계산된다.

총 선저여유치수 = 선체침하(squat) 0.4 m + 파랑동요 0.9 m(파고 1 m)
+ 기타 여유 0.5 m(해도 오차, 해수비중 등 고려)
+ 절대여유 0.5 m

---

80) 한국해양대 SG연구사업단, 크루즈 전용터미널의 개발 방향과 해양관광산업의 발전 방안에 관한 연구, p138 참조
81) 대상선박은 항만시설설계에서 설계의 기준이 되는 선박을 의미함
82) 해양수산수, 항만 및 어항 설계기준 2005, 제6편 참조

[표 6-5] 크루즈선박 정박지 수심

대상선박 총톤수[GT]	대상선박 만재흘수[m]	「PIANC Rule」에 따른 수심(여유 10% 적용)[m]	「항만시설설계기준」적용 (파랑동요 제외)[m]
70,000	7.60	8.36	9.90
80,000	8.00	8.80	10.30
90,000	8.50	9.35	10.80
100,000	8.80	9.68	11.20
150,000	8.80	9.68	11.20
200,000	9.00	9.90	11.30

주) 대상선박 만재흘수는 실제 선박제원을 이용함

수심 = 대상선박의 흘수 + 총 선저여유치수(2.3 m)

이와 같이 「PIANC Rule」과 「항만시설물설계기준」을 적용하여 얻은 결과를 대상선박의 실제 흘수에 대입하여 수심을 계산해보면 [표 6-5]와 같다. 이 표에서 대상선박의 만재흘수는 Royal Caribbean Cruise선사 소속으로 현재 운항 중인 선박의 제원을 활용하였다.

② 부두길이[83]

크루즈선박이 정박하기 위한 부두의 길이는 대상 선박이 정해진 경우에는 정해진 선박의 전장(全長)에 선박계류에 필요한 선수 및 선미의 계류라인 길이를 더한 수치를 표준으로 한다.

선박이 부두에 횡접안하여 계류할 때에는 [그림 6-12]와 같이 계류라인이 필요한데, 계류라인 중에서 선수라인과 선미라인은 선박이 앞뒤(전후)로 이동하는 것을 방지하고 선체가 안벽기준선의 직각방향으로 이동하는 것을 지지하므로 안벽에 대하여 30~45°의 각도를 유지하도록 설치한다.

항만시설물설계에서 선수와 선미의 계류라인(A와 B) 구멍에서 부두의 계선주까지 수평거리는 L1 = (선박의 반폭 + 1 m) × tan60°으로 구한다.[84] 이에 따라 계류라인을 고려한 부두의 최소길이는 L = 선박길이 + 2 × L1이 되며, 실제 크루즈선박을 대상으로 계산한 부두길이는 [표 6-6]과 같다.

83) 해양수산부, 항만 및 어항 설계기준 2005, p.832 참조

84) 한국해양대 SG연구사업단, 크루즈 전용터미널의 개발 방향과 해양관광산업의 발전 방안에 관한 연구, p150 참조

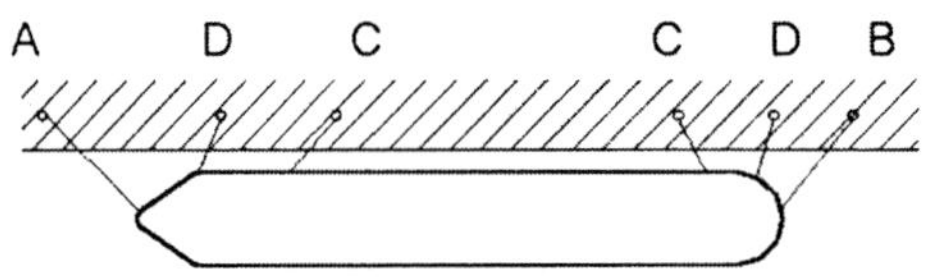

A : 선수라인(BOW LINE)
B : 선미라인(STERN LINE)
C : 스프링라인(SPRING LINE)
D : 블레스트라인(BREAST LINE)

[그림 6-12] 계류라인 위치도
〈출처 : 해양수산부, 항만 및 어항 설계기준, p.832〉

[표 6-6] 크루즈선박의 부두길이

대상선박 총톤수[GT]	선박길이[m]	선폭(선박의 반폭)[m]	부두길이[m]
70,000	279	32.2(16.1)	338.2
80,000	300	32.3(16.2)	359.6
90,000	295	32.3(16.2)	354.6
130,000	311	38.6(19.3)	381.4
150,000	340	38.6(19.3)	410.4
200,000	360	47(23.5)	444.8

주) 대상선박의 길이는 실제 선박제원을 이용함

6.2 공간계획

6.2.1 계획방향

크루즈터미널의 계획은 크루즈선박을 이용하는 승객과 수하물의 흐름·멈춤 그리고 모임을 어떻게 적절하게 처리하는가에 달려있다. 또한 크루즈터미널은 해양도시를 상징하며 주변 항만경관과 어울리는 독창적이고 아름다운 모습이 필요하고, 더욱이 터미널 주변 토지이용현황 및 도시개발계획을 고려하여 계획한다.

이와 더불어 터미널 공간을 효율적으로 계획하여 승객의 이용이 편리하고, 승객서비스나 수하물처리를 위해 쾌적한 작업환경을 제공하며, 미래 사용변화에 능동적으로 대처할 수 있도록 계획한다.

특히 크루즈터미널은 태풍·해일·지진 등 자연재난이나 화재 등에 대비하여 안전한 시설이 되도록 계획하고, 주변 해양생태계 및 자연환경을 고려하여 물이나 공기 등 환경을 오염시키지 않도록 친환경계획이 필요하다.

더욱이 미래 크루즈산업의 변화와 선박의 크기 변화 등에 능동적으로 대처할 수 있는 시설계획이 요구되고, 건축재료·기계설비·전기설비·통신시설 등은 경제적이면서 미래지향적으로 계획해야 한다.

무엇보다도 크루즈터미널은 입항가능한 선박의 규모 그리고 터미널의 운영 등을 고려하여 용도와 목적에 적합하게 계획하며, 시설활용도를 높일 수 있도록 다양한 용도 및 비수기 사용 등을 고려하고, 시설물 노후화와 성능저하를 예방하며 경제적인 관리가 가능하도록 계획한다.

크루즈터미널의 계획에서 고려해야 할 주요 사항을 정리하면 다음과 같다.

- 접안 가능한 크루즈선박 규모 및 입항하는 선박의 수
- 동시 접안 가능한 크루즈선박의 수

[표 6-7] 크루즈터미널의 시설구성

시설종류		시설내용
터미널기본시설		• CIQ시설, 선사데스크(수하물 체크인) • 승객대기실(수속전 및 수속후) • 이동시설(엘리베이터, 에스컬레이터, 무빙워커 등) • 수하물처리시설 및 수하물수취공간 • 갱웨이(터미널-선박간 링크 브리지) • 코브사이드, 주차장 등
승객편의시설		• 스낵 바 또는 식음료 판매시설, 흡연라운지 • VIP라운지, 안내전광판시스템 • 유료라커, 우체국, 약국, 전화(국내 및 국제) • 기념품점, 면세점, 관광안내소 • 은행 또는 환전소 등 승객편의시설
지원시설		• CIQ관련사무실 • 항만공사사무실, 해양경찰서, 문화재청, 국정원 등 유관단체사무실 • 터미널관리사무실 • 선사사무실 등
기타 시설	항만시설	• 접안시설, 에이프런, 하역시설 등
	선박지원시설	• 급수 및 급유시설, 정비/수리시설 등
	연계시설	• 상업시설, 숙박시설, 위락시설, 컨퍼런스시설 등

〈출처 : 이경모, 크루즈산업의 이해, pp.535~538 내용 재구성〉

- 크루즈항만의 특성(모항, 거점항, 기항항)
- 크루즈터미널의 운영방법(전용터미널 혹은 복합터미널 등)
- 크루즈터미널의 기능(단일기능, 복합기능 등)
- 출발 및 도착 승객과 수화물의 동선
- 부지여건, 부지형태, 부지개발계획, 부지의 자연재해취약성
- 주변 자연환경 및 경관특성, 터미널의 상징성
- 장래 증축이나 단계적 개발계획, 주변 도시개발계획 등

한편 크루즈터미널에서 필요한 기본적인 시설은 모항, 거점항, 기항항 등 모든 항만에서 유사하며, 크루즈터미널에 필요한 주요 시설은 [표 6-7]과 같이 기본시설, 승객편의시설, 지원시설 그리고 기타시설인 항만시설, 선박지원시설, 연계시설 등으로 구성된다.

크루즈터미널의 계획순서를 정리하면 [그림 6-13]과 같다. 여기서 시설규모산정과 건물형태계획은 상호 밀접한 관련이 있다. 시설규모산정을 위해서는 먼저 크루즈항만과 주변 환경을 고려하여 항만의 운영형태를 결정하며, 항만의 운영형태와 규모에 따라서 시설구성 및 규모산정기준을 설정하고, 이에 따라 구체적인 시설규모를 산정한다.

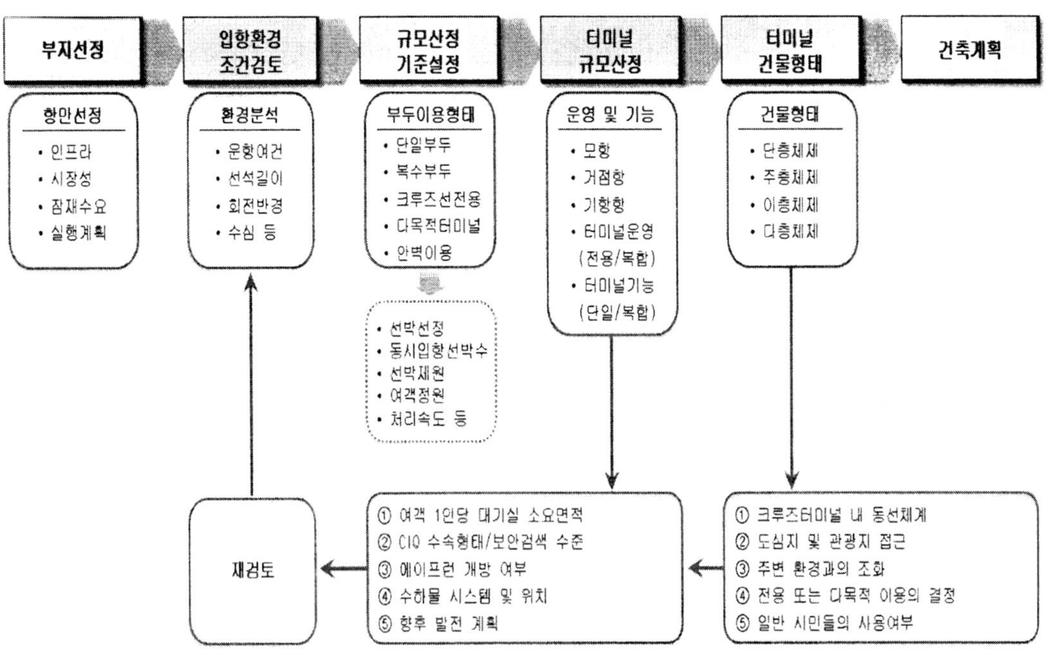

[그림 6-13] 크루즈터미널 계획순서
〈출처 : 최호훈, 크루즈 터미널의 규모산정 요소 설정에 관한 연구, p.90, 이미지 인용〉

6.2.2 입지선정 및 배치계획

크루즈터미널은 크루즈선박의 입출항 및 접안 그리고 승객의 접근성 등을 고려하여 적절한 곳에 입지해야 하는데 터미널이 들어설 입지선정에서 고려해야 할 사항은 다음과 같다.

- 크루즈선박의 입항 및 정박에 적합한 수심, 부두길이, 수역의 넓이와 정온도 등 크루즈 항만으로서 적당한 조건을 갖추어야 한다.
- 「항만법」, 「해양환경관리법」 등 크루즈선박의 입출항 및 정박, 승객들의 이용에 관련된 법적 규제를 해결할 수 있는 곳이어야 한다.
- 공항·기차역·고속도로 등에서 접근이 용이하고, 배후도시 및 권역의 인구가 많으며, 이름난 관광지에서 가까운 곳이어야 한다.
- 크루즈승객 및 수하물의 처리, 자연재해로부터 안전, 향후 터미널규모의 확대 등을 위해 충분한 공간을 확보할 수 있는 곳이어야 한다.

이상과 같은 사항을 고려하여 먼저 크루즈터미널이 입지할 수 있는 항만을 정하고, 다음으로 승객의 접근성, 승·하선수속의 절차, 터미널에서의 전망, 배후도시와 연계 등을 고려하여 항만 내에서 적절한 곳에 터미널입지를 정한다.

크루즈터미널의 입지가 정해지면 터미널을 구성하는 시설을 배치하게 되는데, 크루즈터미널의 배치형태로는 [표 6-8]과 같이 중앙집중식과 분산식이 있다. 중앙집중식에서는 승객 및 수하물 처리, 크루즈선사, CIQ업무 등 크루즈선 승·하선과 관련된 모든 업무가 한 건물 내에서 처리되는 형태이다.

[표 6-8] 크루즈터미널 배치형태

종류	중앙집중식	분산식
장점	• 크루즈선사 및 공공기관 집중배치 • 터미널시설과 편의시설 집중 • 상대적으로 단순한 안내시스템 • 필요할 경우 승객을 유도할 수 있음 • 건설비 및 운영비 저렴	• 최소한 이동거리 • 용이한 승객 유도 • 적절한 커브사이드 길이 확보 • 수하물 운반 및 분류시스템 비용 절감 • 대규모 모항에 유리
단점	• 터미널 규모 증대로 이동거리가 길어짐 • 피크 시 터미널의 혼잡 • 도착 및 출발 승객을 다른 층으로 분리 • 수하물 집중으로 인한 오류 발생 가능성	• 터미널시설 및 크루즈선사 직원 중복배치 • 광역 안내시스템 필요 • 터미널간 승객과 수하물 이동시스템 필요 • 크루즈선사와 공공기관 종사자 증가 • 건설비 및 운영비 상대적 증가

〈출처 : 최훈호, 크루즈 터미널의 규모산정 요소 설정에 관한 연구, p.95〉

반면에 분산식은 다수의 크루즈선박이 모항으로 사용하는 항만에서 크루즈선사가 직접 운영하는 각자의 터미널이 있어서 크루즈선이 해당 터미널로 분산 배치되는 형태이다. 즉, 여러 동의 터미널이 분산되어 설치되어 있는 형태이다.

한편 크루즈터미널의 시설배치에서는 터미널이 들어서는 부지의 연약지반, 해풍에 의한 시설물의 염분 피해, 강풍에 의한 승객 피해 등을 고려한다.

6.2.3 평면 및 단면계획

크루즈터미널의 평면계획에서는 승객과 수하물의 원활한 흐름이 가장 중요하기 때문에 터미널 운영방식을 고려하여 승객 및 수하물 처리에 관련된 공간을 우선적으로 계획한다. 터미널의 평면은 크루즈선박의 규모, CIQ 수속절차, 크루즈선사의 운영방식, 터미널기능의 집중 또는 분산 정도, 갱웨이 수 및 배치 등에 의해 결정된다.

터미널의 주출입구는 항만 내 위치, 접근, 주차, 경관, 외부공간, 강풍 등을 고려하여 계획하며, 승객, 직원, 환송객 및 일반시민 등의 출입과 수하물처리 등과 관련된 동선들이 중첩되지 않고 혼잡하지 않도록 계획하고, 출입국업무와 세관업무 등이 유기적으로 잘 연결되도록 계획한다.

터미널의 로비 또는 승객대합실은 적정한 여유 공간을 확보하고, 쾌적하며 흥겨운 분위기를 연출할 수 있도록 계획한다. 특히 터미널은 장애인 및 노약자의 접근과 이용에 불편이 없도록 계획하고, 태풍·해일·침수·화재 등에 대비하여 피난을 고려한 계획이 요구된다.

크루즈터미널의 단면은 [표 6-9]와 같이 다양한 형태가 있으며, 실제 단면형상은 처리할 승객과 수하물 수, 도착 및 출발 승객의 흐름, 갱웨이의 수와 형태 등에 의해 결정된다. 또한 터미널의 단면은 건물규모, 접안하는 크루즈선의 규모, 부두와 주변지역의 특성에 의해 영향을 받는다.

중·대형 크루즈선박이 접안하는 터미널의 경우에는 단일 층에서 승객 동선을 모두 처리하는데 한계가 있으므로 동선의 평면적 확산과 혼잡을 막기 위해 출발과 도착 동선을 층별로 분리하여 다층으로 계획하는 것이 바람직하다. 일반적으로 출발 혹은 도착 승객의 동선에서 수직적인 층의 변화는 2개 층 이하로 하는 것이 바람직하다.

크루즈터미널에서 출·입국수속공간, 공용시설, 대합실, 홍보전시실, 편의시설 등은 서로 유기적으로 연계되도록 단면을 계획하고, 비상시 승객들의 안전과 신속한 피난을 고려한 단면계획도 필요하다.

[표 6-9] 크루즈터미널 단면유형

구 분			동선체계 특성
단면 유형	1층시스템 (one level)	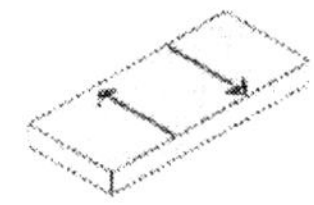	• 소규모 터미널에 적합한 형태 • 승객동선이 단순하고 서비스수준 낮음 • 승객 출발·도착이 동일층에서 수평 분리됨
	중층시스템 (one & half level)	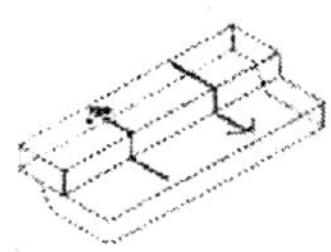	• 1층시스템과 2층시스템의 중간 형태임 • 중소규모 터미널에 적합함 • 1층은 도착과 체크인 동선, 2층은 출발관련 동선으로 구성됨
	2층시스템 (two levels)	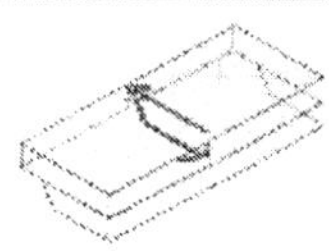	• 대규모터미널에 적합하며 동선분리 합리적임 • 1층은 도착 동선, 2층은 출발 동선을 처리함
	다층시스템 (multi levels)	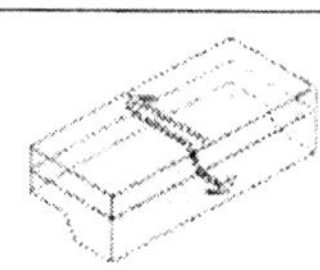	• 도착·출발 및 화물동선을 3개층 이상으로 분리 • 층별 동선 변화에 따라 승객동선이 길어짐 • 복합용도터미널에 적합함

〈출처 : 최훈호, 크루즈 터미널의 규모산정 요소 설정에 관한 연구, p.97 인용〉

6.2.4 동선 및 외부공간계획

크루즈터미널은 공간들이 연속적으로 연결되어 승객의 보행거리, 선사의 서비스 처리시간 등이 단축되고, 터미널 내에서 승객 흐름이 원활하게 될 수 있도록 동선을 계획한다. 이를 위해 승객의 흐름에는 다중 경로를 제공하며, 동선은 가능한 짧고 직선이어야 하고, 장애물에 의한 방해가 없어야 한다.

특히 터미널 내 공간들이 승·하선 절차에 따라 순서대로 배치되어 승객이 되돌아가는 일이 없어야 하며, 단체승객 또는 개인승객의 이용패턴을 고려하여 신속하게 수속할 수 있도록 각각의 동선을 계획하고, 수속 과정에서 승객의 층간 이동은 최소화한다.

터미널에서 승객동선은 단순하게 하여 최소한의 안내표지시설을 이용해 목적지에 도착할 수 있도록 계획하고, 승객과 환송(영)객 간의 엇갈림을 방지할 수 있도록 계획하며, 편의시설로 유도되는 동선은 알기 쉽고 편리하게 계획한다.

한편 크루즈터미널의 외부공간은 승객과 일반시민이 언제나 바다에 가까이 접근할 수 있으며, 수변에서 휴식을 취할 수 있는 친수공간으로 계획한다. 친수공간에는 수변을 따라 산책로를 계획하고 주변에는 이벤트광장, 휴게소, 의자, 비가림막이나 바람막이 등을 계획한다.

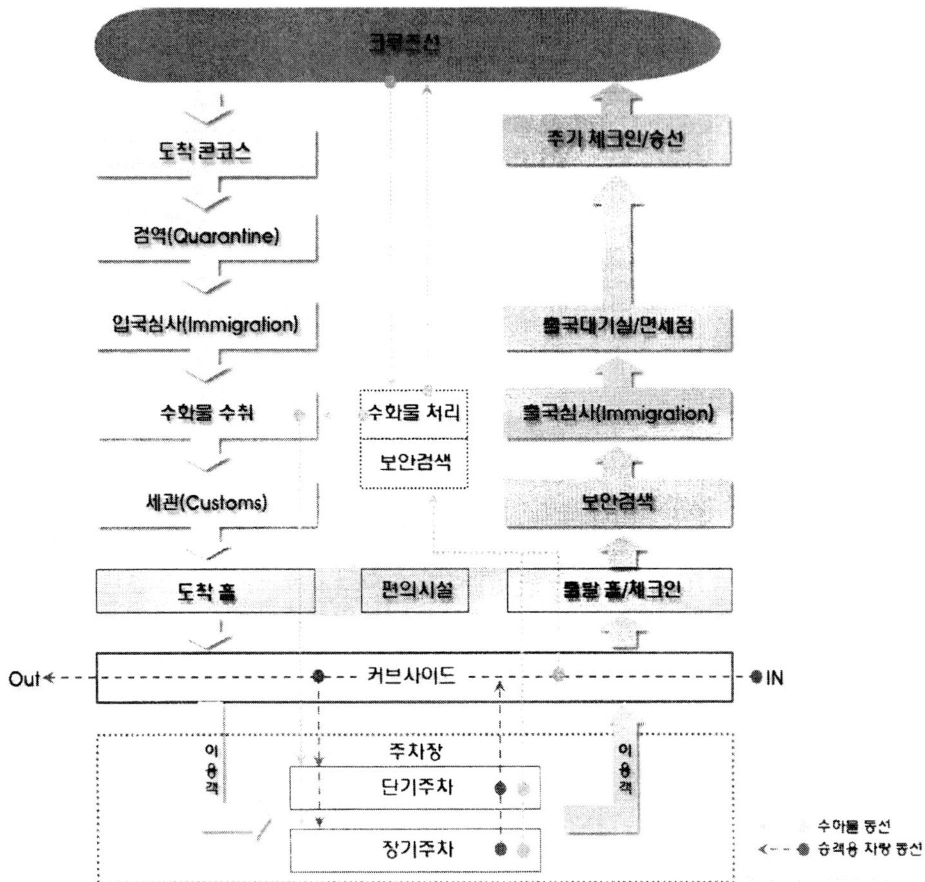

[그림 6-14] 크루즈터미널의 승객동선체계

(a) 요코하마 크루즈터미널 외부공간 (b) 동경 하루미 크루즈터미널 야간경관

[그림 6-15] 크루즈터미널 외부공간 사례

크루즈터미널에서 승객의 출발 및 도착에 따른 동선체계를 정리하면 [그림 6-14]와 같다.

친수공간과 터미널건물은 밀접하게 연결하며, 특히 일반인의 경우 복잡한 터미널을 거치지 않고 친수공간에 접근할 수 있도록 계획한다. 또한 터미널의 친수공간은 항만이나 도시의 친수공간과 단절되지 않고 연속되도록 계획한다.

이와 함께 크루즈터미널 외부공간에는 주변 바다와 항만의 경관을 감상할 수 있는 조망장소를 계획하며, 주변경관과 조화되고 터미널건물의 경관특성을 잘 나타내어 방문객의 마음을 사로잡는 경관계획이 필요하다.

6.2.5 구역별 공간계획

크루즈터미널의 공간은 승객의 출발 및 도착 그리고 승선과 하선의 절차에 따라서 출발영역과 도착영역으로 구성되며, 각 영역에서 시설 및 공간은 승객의 흐름을 따라 단계별로 이루어지는 행위를 반영하여 계획한다. 각 영역별 공간계획의 내용은 다음과 같다.

(1) 출발영역

크루즈승객의 출국절차는 [그림 6-16]과 같으며 이에 따른 출발영역의 공간계획은 다음과 같다.

① 커브사이드(curbside)

커브사이드는 도로의 가장자리를 의미하는데, 터미널의 커브사이드는 [그림 6-17]과 같이 승객과 수화물의 승·하차를 위해 필요한 공간으로서 통과차량을 위한 도로와 구분되는 차도 가장자리 부분을 말한다.

터미널의 커브사이드는 터미널을 이용하는 승객의 출발동선이 시작되고 도착동선이 끝나는 곳에 계획한다. 커브사이드는 터미널 전면에 위치하여 게이트 홀(gate hall)과 연결되거나, 터미널 건물의 하부가 차량 통로로 이용되는 경우에는 건물 하부에서 터미널 내부로 직접 진입할 수 있는 곳에 위치한다.

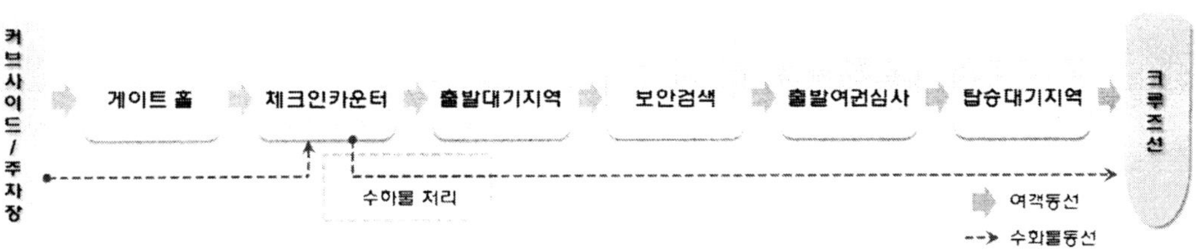

[그림 6-16] 크루즈승객 출국절차

[그림 6-17] 터미널 커브사이드 사례

커브사이드는 전면도로, 보도 및 승강장(플랫폼), 표지시설, 터미널출입구, 횡단보도 등으로 구성된다. 전면도로는 통과차로, 추월차로, 대기차로로 구성되고, 커브사이드 길이와 폭은 피크 시 교통량과 점유시간에 의해 결정된다.

커브사이드의 효율적인 운영을 위해 차량의 종류에 따라 승·하차장 구분, 접근 및 통과차선 구분, 보도·플랫폼·안내판의 설치 등을 통해 차량 및 승객의 혼란을 방지한다. 그리고 'Cruise & Fly' 승객 및 공항과의 수하물 취급 연계를 고려하여 플랫폼에는 수하물 체크인을 위한 시설도 계획한다.

② 출발대기지역

출발대기지역은 크루즈터미널에서 승객과 환송객의 진입·대기·이동·휴식 등 다양한 행위가 발생하는 공간으로서 대기장소, 통로, 여유 공간 등이 필요하다. 출발대기구역은 출국수속이 시작되기 전까지 대기하는 승객의 서비스를 위한 공간으로 계획한다. 거점항과 기항항의 터미널에서 입항하는 크루즈선의 규모가 작고 입항 수가 많지 않은 경우에는 주출입구 부근에 출발대기지역을 배치하여 게이트 홀 및 체크인구역의 기능을 병행하도록 계획하기도 한다.

③ 체크인구역

체크인구역은 크루즈선 탑승을 위한 발권 및 체크인, 수하물 위탁 등 수속이 이루어지는 크루즈선사의 창구가 있는 장소이며, 체크인 카운터·승객의 줄서는 공간·통로·선사사무실 등으로 구성된다.

기항항 터미널의 경우 체크인구역은 출발대기지역과 통합하여 하나의 공간으로 계획할 수 있으나, 모항 터미널 혹은 입항하는 선박의 규모가 큰 경우에는 두 공간의 기능별 분리가 필요하다.

체크인카운터의 설치는 승객동선 및 터미널운영에 직접 관련되는 요소로서 설치위치 및 배치형태에 따라서 [표 6-10]과 같이 구분된다.

[표 6-10] 체크인 카운터 분류

설치위치	배치형태
• 중앙 집중식 체크인 카운터 (centralized check-in counter) • 분산형 체크인 카운터 (split check-in counter) • 게이트 체크인 카운터 (gate check-in counter)	• 선형(liner type) • 통과형(pass-through type) • 독립형(island type)

〈출처 : 부산항만공사, 부산항 국제승객터미널 건립공사 기본계획 보고서, p.262〉

④ 출발보안검색구역

크루즈터미널의 보안검색은 일반보안검색과 출발보안검색으로 구분되는데, 일반보안검색은 터미널 입구 및 실내에서 실시하는 일상적인 보안검색으로 승객과 방문객을 대상으로 한다. 출발보안검색은 선박탑승을 위하여 격리된 보안검색구역에서 이루어지는 것으로 승선권을 소지한 승객만을 대상으로 한다.

보안검색대의 설치방식은 터미널 공간구성 및 운영체계, 크루즈선 내 보안검색시설의 운영방식에 따라서 달라진다. 출발보안검색은 격리된 보안검색구역에서 통합적으로 이루어지는 집중식과 각 탑승구마다 별도로 이루어지는 분산식으로 구분된다.

보안검색구역에는 X-ray 시스템 등 검색장비 설치공간과 승객이나 휴대품을 담당자가 직접 검색할 수 있는 공간이 필요하며, 승객의 줄서기 공간과 통로가 확보되어야 한다. 보안검색대는 승객의 흐름을 효율적으로 유도할 수 있도록 배치하며, 검색을 위한 줄서기는 다른 동선에 방해가 되지 않도록 하고, 적절한 규모의 보조검색대를 계획한다.

대부분 기항항 터미널의 경우에는 승객의 기항지 관광을 위해 크루즈선 내 보안검색으로 대체하여 터미널에서는 별도의 보안검색을 하지 않는 방식으로 진행된다.

⑤ 출국심사장

이곳은 승객이 탑승구역에 들어가기 위해 출국심사를 받는 장소로서 승객 수와 심사절차 등에 따라 충분한 대기 및 줄서기 공간이 필요하고 장래 출국심사절차가 자동화되거나 간소화 될 경우에 대비하여 가변적 공간계획이 필요하다.

모항 및 거점항 터미널은 출국심사 관련기관을 위해 고정된 사무실이 필요하지만, 기항항에서는 해당기관, 크루즈선사, 터미널운영자가 협의하여 크루즈선의 입·출항에 맞춰 임시로 사무공간을 확보한다.

⑥ 탑승대기지역

탑승대기지역은 보안검색과 출국심사를 마친 승객이 크루즈선 탑승을 위해 대기하는 공간으로서 승객대기공간, 크루즈선사 업무공간, 탑승을 위한 통로 등으로 구성되며 터미널 규모에 따라서 면세점 등 편의시설을 계획한다.

기항항이나 단일부두의 터미널은 승객이 크루즈선으로 바로 승선하는 경우가 많아서 대기공간이 협소하거나 별도로 설치하지 않아도 되지만, 모항이나 복수부두형 터미널은 여러 척의 선박이 동시에 입·출항하는 경우에 서로 다른 선박의 승객들이 혼잡스럽지 않도록 공간을 계획한다.

(2) 도착영역

크루즈선의 승객이 부두에 도착해서 터미널을 거쳐 입국하는 절차는 [그림 6-18]과 같으며, 이에 따른 도착영역의 공간계획은 다음과 같다.

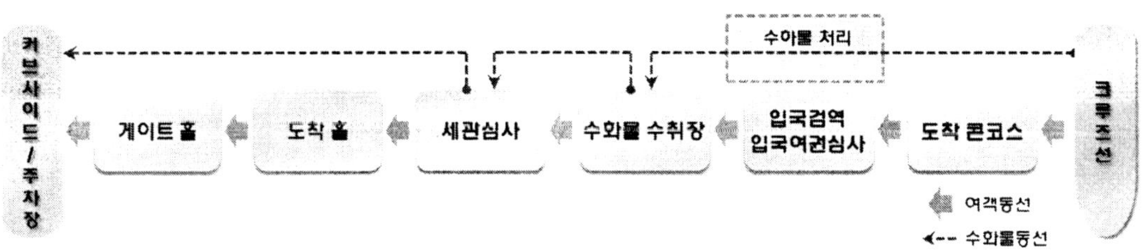

[그림 6-18] 크루즈승객 입국절차

① 도착콘코스(도착홀)

도착콘코스는 도착승객이 갱웨이나 게이트로부터 입국수속장까지 이르는 홀 형태의 공간으로서 단일부두의 소규모 터미널 경우에는 별도의 도착콘코스 없이 바로 입국수속장 및 수하물 수취장으로 연결되기도 한다.

모항 및 거점항으로 운영되거나 복수부두로 운영되는 경우에는 도착승객의 동선이 출발승객이나 다른 선박을 이용하는 승객의 동선과 겹치지 않도록 도착콘코스를 계획하며 여기에 편의시설, 안내시설 등도 계획한다.

② 검역 및 입국심사장

도착승객의 검역 및 입국심사를 위한 공간으로서 승객 대기공간, 검사실, 관련 사무실 등으로 구성된다. 검역장은 터미널 중앙에 위치하여 도착승객의 접근이 용이해야 하며, 업무의 효율성을 높이기 위하여 입국심사장과 인접하여 계획하고, 검역대상에 따른 별도의 검사장, 처치실, 사무실 등을 계획한다.

입국심사장은 도착승객의 입국여부를 심사하는 곳으로서 승객 대기공간, 입국심사대, 관련 사무실 등으로 구성하며, 공간배치는 출국심사장과 동일하게 계획한다. 기항항에서 관광을 위해 입국하는 경우에는 선상에서 입국심사가 이루어지기도 한다.

③ 수하물 수취장

수하물 수취장이 별도로 있는 경우에는 터미널 규모가 커지고 시설의 설치 및 관리를 위해 많은 비용이 필요한 반면에 수하물 수취장이 없는 경우에는 수하물 처리에 날씨 영향을 크게 받으며 수하물 분실도 발생하기 쉽다.

수하물 수취장은 승객이 선내에서 위탁했던 수하물을 인도받는 장소로서 승객이 도착수속을 모두 마친 후 세관검사를 받기 전에 찾을 수 있도록 계획한다. 선박에서 내려진 수하물은 수하물 수취장에서 수취대를 통해 승객에게 전달되므로 승객이 쉽고 빠르게 찾을 수 있도록 계획하며 충분한 대기공간을 확보한다.

기항항에서 관광을 위해 입국하는 승객은 수하물을 소지하지 않으므로 수하물 수취장이 별도로 필요하지 않으나 거점항이나 모항은 수하물 수취장이 필요하다. 모항의 경우에는 많은 수하물을 한꺼번에 처리해야 하므로 선박의 객실등급 또는 선내구역별로 수하물을 구분하여 수취할 수 있도록 계획한다.

④ 세관검사장

기항항에서는 특별한 세관검사가 필요하지 않지만 거점항이나 모항의 경우에는 입국승객의 세관검사를 위한 시설이 필요하다. 수하물을 찾은 승객은 세관검사장으로 이동하는데 많은 승객과 수하물을 짧은 시간에 검사해야 하므로 효율적인 검사가 이루어지도록 계획한다.

세관검사장는 검사대, 승객 줄서기 공간, 물품보관창고, 사무실 등으로 구성되는데, 세관검사의 절차와 정도에 따라 소요 공간 및 검사대 배치가 달라지므로 필요에 따라서는 가변적인 공간으로 계획한다.

⑤ 도착환영구역

도착환영구역은 출발대기지역과 마찬가지로 도착승객과 환영객이 혼재하는 공간으로서 주로 환영객의 대기장소 및 도착승객과의 만남장소 역할을 한다. 따라서 도착환영구역 주변에는 안내시설, 환전소, 렌트카코너, 스낵코너 등을 배치한다.

도착승객이 곧바로 커브사이드로 빠져 나가는 소규모 터미널의 경우에는 도착환영 구역을 별도로 만들지 않고 출발대기지역을 함께 사용하는 경우도 있는데, 이 경우에는 도착승객의 동선과 출발승객의 동선이 겹치지 않도록 계획한다.

(3) CIQ구역

크루즈터미널에서 가장 중요한 구역이 CIQ구역이다. CIQ에서 'C'는 Customs(세관)[85], 'I'

[표 6-11] CIQ구역 배치유형

유형구분	동선형태	특 성
A Type : 출입국을 같은 공간에서 처리, CIQ는 공동사용	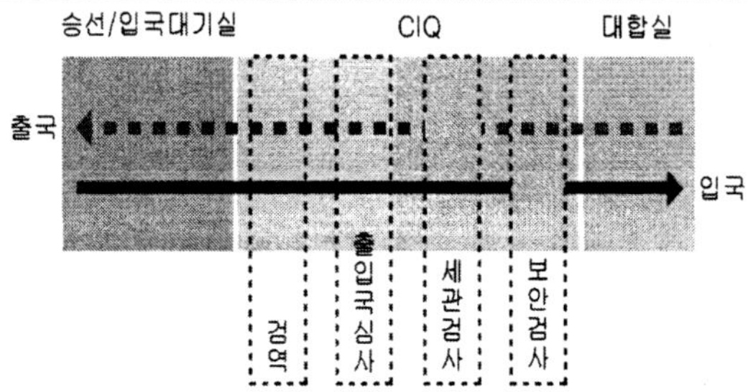	• 1일 이용 선박의 수가 아주 적은 경우 또는 1척 이상의 선박이 동시에 이용하지 않는 경우
B Type : 출입국은 같은 층에서 분리, CIQ는 공동사용	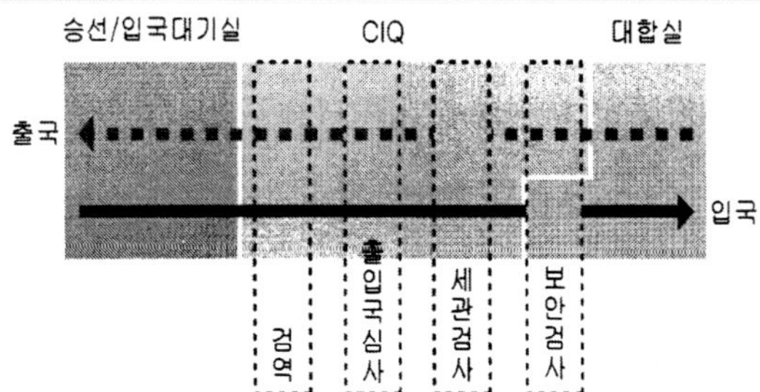	• 1일 이용 선박의 수가 적은 경우 또는 1척 이상의 선박이 동시에 이용하지 않는 경우
C Type : 출입국과 CIQ 모두 같은 층에서 분리	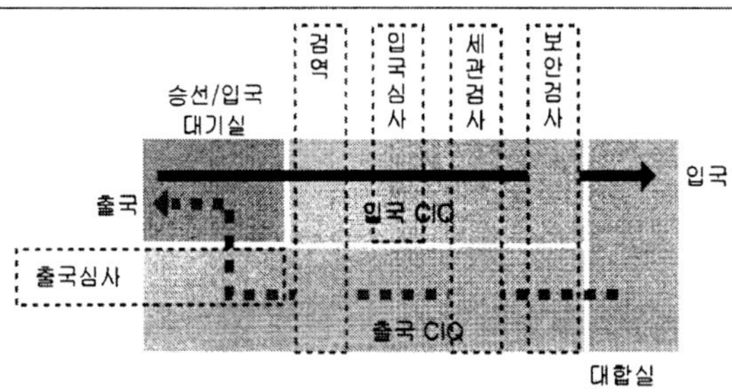	• 동시에 2척 이상의 선박이 이용하는 경우 또는 출·도착 노선이 1개 이상인 경우
D Type : 층별로 출입국과 CIQ 모두 분리	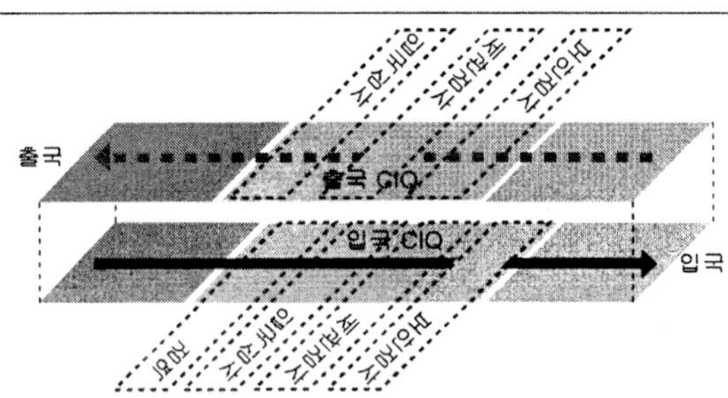	• 선박 출·도착 회수가 상당히 많은 경우

85) Customs(세관검사) : 국제선 입국승객의 수하물을 대상으로 해당국가 세관기관에서 행하는 검사

는 Immigration(출입국심사)[86], 'Q'는 Quarantine(검역)[87]을 의미하며, 이 구역은 세관검사공간, 출입국심사공간, 검역공간으로 구성된다.

CIQ 구역은 출발과 도착 과정에서 모두 이용되며, CIQ 구역의 배치는 터미널의 전체 평면 구성 및 승객 동선에 많은 영향을 미치기 때문에 터미널계획에서 핵심이 되는 부분이다. CIQ 구역의 배치유형 및 특성은 [표 6-11]과 같다.

대부분의 기항항 혹은 소규모 거점항에서는 선박운항의 비정기성으로 인하여 A Type을 주로 사용하고 있으며, 시설규모가 큰 거점항 및 모항의 경우에는 입국 및 출국 동선을 층별로 분리하는 D Type을 사용한다. 그밖에 터미널의 종류 및 시설규모, 그리고 터미널 운영방식에 따라 B Type 혹은 C Type을 사용한다.

6.3 규모계획

6.3.1 계획방향

크루즈터미널의 전체 규모와 시설별 규모는 크루즈항만의 규모 및 유형, 부두의 운영, 입항 가능한 크루즈선박의 규모, 입항계획, 터미널 구성 및 운영, 전체 승객 수, 피크 시 승객 수, 승객 1인당 소요면적, 승객처리율, 서비스 수준 등을 고려하여 산정한다. 크루즈터미널 규모계획에서 중요한 계획요소는 다음과 같다[88].

- 크루즈항의 접안시설 규모 및 형태에 따른 입항 가능한 선박 규모와 수
- 부두 운영형태에 따른 동시 입항 가능한 선박의 수
- 입항 가능한 크루즈선의 규모에 따른 최대 승객 수
- 기항항, 거점항, 모항에 따른 승객 수, 입·출국수속방법, 수하물처리방법 등
- 터미널 구성 및 운영형태에 따른 시설구성
- 크루즈선의 규모, 부두 운영형태 등에 따른 피크 시 승객 수
- 시설별 승객 1인당 소요면적
- 체크인 데스크, 검색대 등 부스(booth)에서 처리하는 승객처리속도(승객처리율)
- 서비스 수준으로서 피크 시 승객 1인당 소요면적

86) Immigration(출입국심사) : 국제선 출·도착 승객을 대상으로 해당국가 법무기관에서 행하는 출입국 적격여부 심사

87) Quarantine(검역) : 국제선 도착승객 및 동식물을 대상으로 해당국가 검역기관에서 행하는 입국 적격여부 심사 및 검색

88) 최훈호, 크루즈 터미널의 규모산정 요소 설정에 관한 연구, pp.54~55 참조

크루즈터미널의 규모계획순서는 [그림 6-19]와 같으며, 시설별 규모산정에 앞서 터미널 및 부두의 운영형태를 먼저 결정하고 이에 따라 입항 가능한 크루즈선박의 최대 규모와 최대 이용객 수를 결정한다. 크루즈터미널의 운영형태, 크루즈선박의 최대 규모 등은 크루즈산업동향, 연간승객수요 등을 고려하여 결정하며, 입항 가능한 크루즈선박의 규모에 따라 최대 이용객 수를 결정한다.

최대 이용객 수가 결정되면 이를 토대로 크루즈터미널 각 구성요소(소요시설)에 대한 규모를 산정한다. 공항의 경우 승객터미널의 규모산정기준이 제시되어 있으나 크루즈터미널에 대해서는 아직까지 명확한 기준이 없다.

따라서 현재로는 기존 크루즈터미널 계획사례 및 공항터미널의 규모산정기준을 참고하여 크루즈터미널 규모계획에 필요한 요소 및 산정방법을 파악하고 터미널의 운영형태 및 기능에 적합하게 규모계획을 실시한다.

크루즈터미널에서 시설별 규모산정의 기본은 승객 수이며, 승객 수는 입항가능한 선박의 규모, 터미널 및 부두의 운영형태를 바탕으로 결정된다. 특히 크루즈터미널의 규모는 최대처리인원(최대이용객수)을 기준으로 계획하기 때문에 시장현황, 입지여건, 터미널 운영형태 등을 충분히 고려하여 최대처리인원을 적절하게 설정해야 한다.

하지만 비정기적 운항이 특징인 크루즈선박의 경우에 모항으로 이용하는 크루즈선박을 제외하고는 정확한 입항계획을 파악하기 어려워 터미널 규모산정의 기준이 되는 최대처리인원을 설정하데 어려움이 있다.

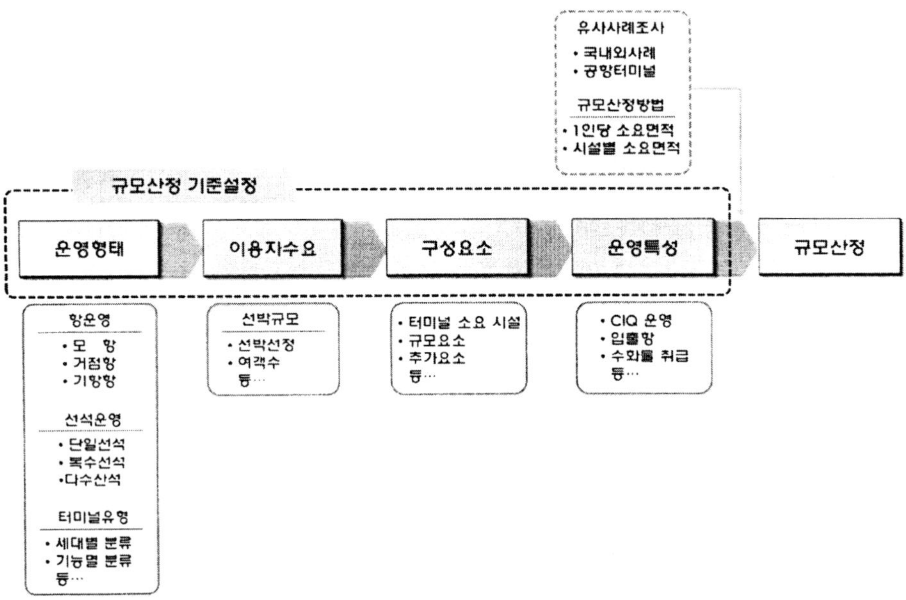

[그림 6-19] 크루즈터미널 규모계획순서

[표 6-12] 크루즈터미널 규모계획을 위한 크루즈선박 크기

구 분	선 명	톤수[GT]	정원[명]
국내 입항하는 최대 규모 크루즈선박	Voyager of the Seas	137,276	3,114
입항 가능한 크루즈선박 규모	-	150,000	3,634

주) 입항 가능한 크루즈선박은 로얄캐러비안크루즈선사에서 운영 중인 15만 톤급 크루즈선박 제원 참조

[표 6-13] 최대처리인원기준

최대규모	중간규모	최소규모
3,700명	2,700명	2,100명

일반적으로 최대처리인원은 단일부두일 경우에는 입항 가능한 크루즈선박의 규모에 따라 최대승선인원을 고려하여 설정한다. 복합부두의 단일터미널인 경우에는 동시 접안 가능한 선박의 수와 규모에 따른 최대승선인원을 고려하여 최대처리인원을 설정한다.

입항이 가장 빈번한 크루즈선박을 기준으로 규모를 산정하면 이보다 큰 규모의 크루즈선이 입항할 경우 승객에게 불편을 초래할 수 있고, 입항 가능한 최대 규모의 크루즈선박을 기준으로 규모를 산정하면 시설 과잉을 초래할 수 있다[89].

한편 크루즈터미널은 항만시설의 특성상 수요변화에 따라 시설물의 증축 및 변경이 어려우므로 미래 입항환경을 충분히 예상하여 규모를 넉넉하게 산정하는 것이 바람직하며, 현재 수요에 적합하게 터미널을 계획하는 경우에는 향후 변경이 가능한 구조로 계획하여 단계별 증축 및 리모델링을 통해 미래 수요에 대응하도록 한다.

여기에서는 크루즈터미널 규모계획에 활용할 크루즈선박의 기준을 [표 6-12]와 같이 정하였다.

크루즈터미널의 규모계획은 최대처리인원에 승객 1인당 소요면적을 곱하여 전체면적을 산정한 후 전체면적 내에서 개별 소요시설의 면적을 구하는 방법과 개별 소요시설의 필요면적을 먼저 산정한 후에 이들 면적을 합산하여 전체 터미널면적을 산정하는 방법이 있다.

첫 번째 방법으로 크루즈터미널 전체면적을 산정할 경우 승객 1인당 소요면적은 기존 크루즈터미널 사례를 따라 1.0~2.1 m^2를 적용한다.[90] 한편 최대처리인원은 [표 6-12]의 자료를 바탕으로 [표 6-13]과 같이 최대규모, 중간규모, 최소규모로 구분하여 정한다.

하지만 이러한 규모산정방식은 터미널 전체 규모의 적정성 및 서비스수준을 검토하는 데는

89) 최훈호, 크루즈 터미널의 규모산정 요소 설정에 관한 연구, p.127

90) Bermello-Ajamil & Partners Inc., Major Findings of the 2004 Study on Cruise Terminal Facilities Development for Hong Kong, p.16

적합하나 크루즈터미널의 기능이나 운영특성 등 세부적인 사항을 반영할 수 없어 해당 터미널에 맞는 최적 규모계획은 어렵다.

따라서 여기에서는 모항으로 사용되는 터미널을 대상으로 터미널의 기능이나 운영 등 세부적인 특성을 고려하여 시설별 규모를 먼저 산정한 후에 이를 합산하여 터미널 전체면적을 구하는 방식으로 규모계획을 실시한다.

6.3.2 시설별 규모계획[91)]

여기에서는 모항으로 사용되는 크루즈터미널을 대상으로 중요한 시설의 규모계획지침을 제시하고 실제 규모를 산정한다. 이 내용을 거점항이나 기항항에 적용할 경우에는 터미널의 운영형태 및 입항 가능한 선박의 크기 등 해당 터미널 여건을 고려하여 수정해서 사용한다.

모항으로 사용되는 크루즈터미널의 시설구성은 앞서 설명한 [표 6-4]와 같으며, 모항 터미널의 주요 시설에 대해 규모를 산정한 결과는 다음과 같다.

(1) 출발영역

① 출발대기구역

크루즈선박의 경우 선박 출발 6시간 전부터 1시간 전까지 체크인이 가능하므로 승객이 분산되는 특성이 있다. 따라서 출발대기지역의 규모는 [표 6-14]와 같이 전체 승객의 40%를 첨두인원(尖頭人員 : 수요가 최고조에 달한 때의 인원)으로 하며, 여기에 승객이 일시적으로 집중되는 것을 고려한 집중계수(surge factor) 1.2를 적용하고, 홀을 점유하는 승객의 비율(평균점유승객비율) 30%를 곱하여 소요인원을 산정한 후 1인당 소요면적을 곱해 면적을 산정한다.

대부분의 공항터미널, 부산항 국제크루즈터미널, 부산항 국제여객터미널의 출발대기구역 규모산정에서 이와 유사한 방식이 사용되었다. 1인당 소요면적은 터미널의 사용빈도 등을 고려하고 다섯 단계의 서비스수준(A-E)으로 구분하여 [표 6-15]와 같이 적용한다.

② 체크인구역

체크인구역의 규모는 체크인에 필요한 카운터 수와 카운터 단위모듈을 토대로 계획한다. 단위모듈은 [그림 6-20]과 같이 체크인카운터 배치형태에 따라 다르며, 유형별 단위모듈의 면적(단위면적)을 구하여 체크인구역 면적산정에 적용한다.

---

91) 부산항만공사, 부산항 국제승객터미널 건립공사 기본계획 보고서 및 최호훈, 크루즈 터미널의 규모산정 요소 설정에 관한 연구 중 여객시설 규모계획을 인용하여 재구성한 것임

[표 6-14] 출발대기지역 규모산정

출발대기구역면적 = 첨두인원 × Surge Factor × 평균점유승객비율 × 1인당 소요 면적					
구 분		승객 규모별 인원			산정방법
		최대규모	중간규모	최소규모	
A	최대처리인원[명]	3,700	2,700	2,100	크루즈선 규모
B	첨두인원[명]	1,480	1,080	840	A × 40%
C	Surge Factor 인원[명]	1,776	1,296	1,008	B × 1.2
D	20분 평균점유인원[명]	533	389	303	C × 30%
출발대기구역 면적[m^2]		975.39	711.87	554.49	D × 1.83 m^2/명

주 1) Surge Factor 값은 환송객 및 일시적인 승객집중을 고려하여 1.2를 적용
2) 평균점유율 30% 적용
3) 1인당 소요면적 1.83 m^2 적용(크루즈터미널 사용빈도를 고려 최소면적 적용)

[표 6-15] 출발대기지역 피크 시 이용객 1인당 소요면적

구 분		수준A	수준B	수준C	수준D	수준E
피크 시 1인당 대기영역 소요면적[m^2/명]	도착환영구역	2.23	1.99	1.75	1.51	1.27
	출발대기구역	3.22	2.87	2.52	2.18	1.83

〈출처 : 부산항만공사, 부산항 국제여객터미널 건립공사 기본계획 보고서, p.282〉

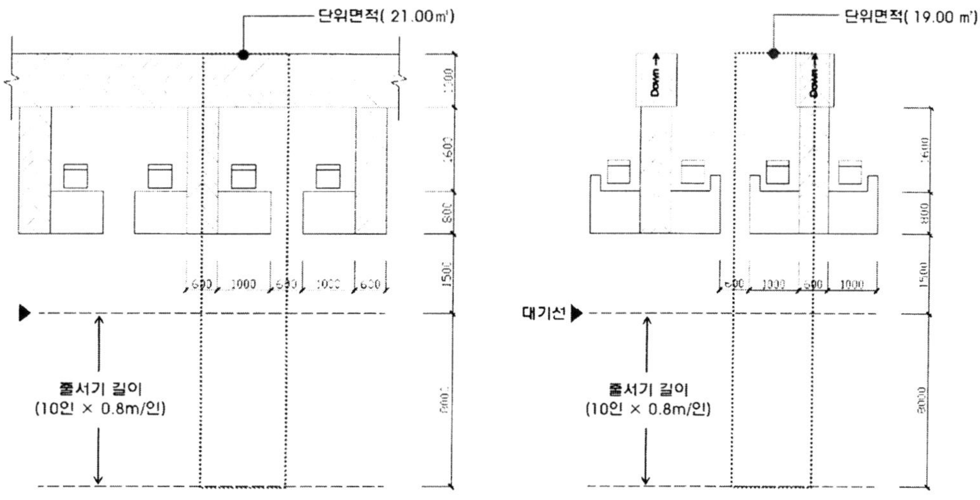

(a) 선형(linear type)배치 (b) 통과형(pass-through type)배치

[그림 6-20] 체크인카운터 단위평면

〈출처 : 최훈호, 크루즈 터미널의 규모산정 요소 설정에 관한 연구, p.132 이미지 재구성〉

[표 6-16] 체크인구역 규모산정

체크인구역 면적 = 첨두인원 ÷ 처리량 × 단위면적					
구 분		승객 규모별 인원			산정방법
		최대규모	중간규모	최소규모	
A	최대처리인원 [명]	3,700	2,700	2,100	
B	첨두인원 [명]	1,480	1,080	840	A × 40%
C	수속처리량 [명]	40명/시간			
D	카운터수 [대]	37	27	21	B ÷ C(40명/시간)
E	체크인구역 면적 [m^2]	777.00	567.00	441.00	선형배치 단위면적 21.0 m^2적용
F	체크인구역 면적 [m^2]	703.00	513.00	399.00	통과형배치 단위면적 19.0 m^2적용

주) 체크인카운터 수속처리량(C)은 일반공항 30명/시간, 인천공항 25명/시간, 부산항 국제크루즈터미널 30명/시간 등을 사용하고 있지만 수속 간편화와 자동화 등에 따른 수속시간 단축을 고려하여 제주외항크루즈터미널에서 사용한 40명/시간을 적용함

단위모듈에서 줄서기 길이는 카운터 당 10명의 대기인을 고려하고 1인당 줄서기 길이 0.8 m(짐 있는 사람 기준)를 기준으로 하여 총 8 m로 계획하며, 이 앞부분에 1.5 m 길이의 대기공간(buffer zone)을 확보한다.

체크인구역의 면적은 [표 6-16]과 같이 승객처리인원 및 첨두인원 그리고 카운터 한 대당 처리하는 처리인원을 고려하여 필요한 체크인카운터 수(단위모듈 수)를 계산한 후, 여기에 앞서 계산한 단위모듈의 면적(단위면적)을 곱하여 산정한다.

③ 출발보안검색구역

출발보안검색구역의 규모는 [표 6-17]과 같이 보안검색대 수와 검색대 단위면적을 구하여 계산한다. 검색대 단위면적은 X-ray 검색대 실측자료[92]를 토대로 [그림 6-21]과 [표 6-18]과 같이 대기공간, 줄서기 공간, 통로 등을 고려하여 다음과 같이 산정한다.

검색대 단위면적 [m^2] = [검색대 폭(3.6 m) × 검색대 길이(6.0 m)]
+ [검색대 폭(3.6 m) × {대기공간(1.5 m)
+ 줄서기 길이 + 통로(3 m)}]

여기서 줄서기 길이는 승객의 짐 없는 상태를 고려하여 0.55 m/명을 적용하며, 검색대 1대 당 수속처리량(인원)은 설비자동화와 CIQ 절차간소화에 따라 300인/시간을 처리하는 것으로 계획한다.

92) 한국개발연구원, 2002년도 예비타당성조사 보고서 부산항 국제여객터미널 신축사업, p.126 참조

[표 6-17] 출국보안검색구역 규모산정

출국보안검색구역 면적 = 검색대 수요 × 검색대 단위면적					
구 분		승객 규모별 인원			산정방법
		최대규모	중간규모	최소규모	
A	최대처리인원[명]	3,700	2,700	2,100	
B	첨두인원[명]	1,480	1,080	840	A × 40%
C	수속처리량	인천국제공항기준			300명/시간/검색대
D	제안 검색대 수[대]	5	4	3	B ÷ C
E	검색대 단위면적[m^2]	99.00	91.80	95.40	실측자료
F	보안검색구역 면적[m^2]	495.00	367.20	286.20	D×E

주) 검색대 단위면적은 줄서기 공간이 포함된 면적임

[표 6-18] 보안검색대 단위면적

보안검색 줄서기 길이 및 검색대 단위면적					
보안검색줄서기길이 = 첨두인원 ÷ 분당 승객 진행수 × 1인당 줄서기 길이 ÷ 2(2열 줄서기)					
구 분		승객 규모별 인원			산정방법
		최대규모	중간규모	최소규모	
A	최대처리인원[명]	3,700	2,700	2,100	
B	첨두인원[명]	1,480	1,080	840	A × 40%
C	분당 승객처리 수[명]	25	20	15	300 ÷ 60 × 검색대 수
D	줄서는 인원수[명]	60	54	56	B ÷ C
E	줄서기 소요길이[m]	17	15	16	D × 0.55 m/명 ÷ 2(2열 줄서기)
F	검색대 단위면적[m^2]	99.00	91.80	95.40	검색대면적 + 줄서기 공간

주) 1인당 줄서기 길이는 0.55 m/명(짐 없는 사람 기준) 적용

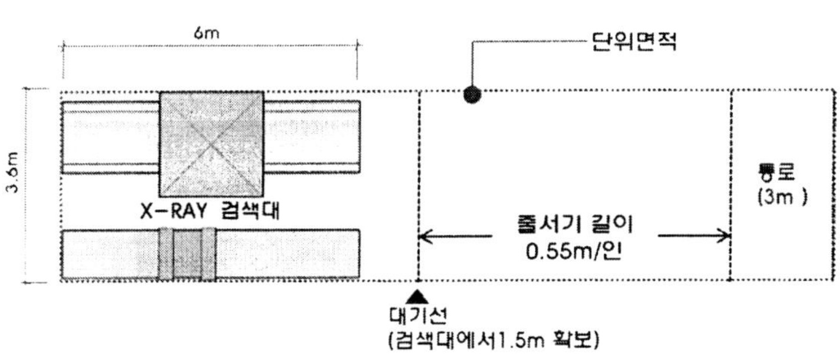

[그림 6-21] 보안검색대 단위평면

④ 출발여권심사구역[93]

크루즈터미널의 출국여권심사는 크루즈선사에서 사전에 관련 자료를 출입국관리사무소에 송부하여 업무를 간소화하므로 일반 공항의 출국여권심사에 비해 처리속도가 빠르다.

여권심사대의 배치는 공간 및 업무의 효율성을 고려하여 [그림 6-22]와 같이 단위모듈로 계획하며, 통상적으로 측면배치형식을 많이 사용한다. 여권심사대의 면적은 하나의 심사대에 카운터 2개를 기준으로 산정한다.

여권심사대 단위모듈의 면적(단위면적)은 여권심사대 부스(booth)의 실측자료를 토대로 대기공간, 줄서기 공간 및 통로를 고려하여 다음과 같이 산정한다.

여권심사대 단위면적 [m^2] = [심사대폭(3.3 m) × 심사대길이(3.0 m)]
(측면배치형) + [심사대폭(3.0 m) × {대기공간(1.5 m) + 줄서기 길이 + 통로(3 m)}]

출국여권심사처리량은 출국심사간소화와 자동출입국심사시스템의 도입에 따른 내국인 출국수속간소화를 반영하여 카운터 1개에 시간당 150명, 심사대 1개에 시간당 300명을 적용한다.

[표 6-19] 출발여권심사구역 규모산정

출발여권심사구역면적 = 심사대 수 × 심사대 단위면적(측면배치형)					
구 분		승객 규모별 인원			산정방법
		최대규모	중간규모	최소규모	
A	최대처리인원 [명]	3,700	2,700	2,100	
B	첨두인원 [명]	1,480	1,080	840	A × 40%
C	수속처리량	부산항 국제크루즈터미널 기준			150명/카운터/시간
D	제안 심사대 수 [대]	5	4	3	B ÷ C÷ 2 심사대 수(카운터 수÷2)
E	심사대 단위면적 [m^2]	80.85	74.25	77.55	실측자료
F	출발여권심사구역 면적 [m^2]	404.25	297.00	232.65	D × E

93) 최호훈, 크루즈 터미널의 규모산정 요소 설정에 관한 연구, pp.135~136 인용

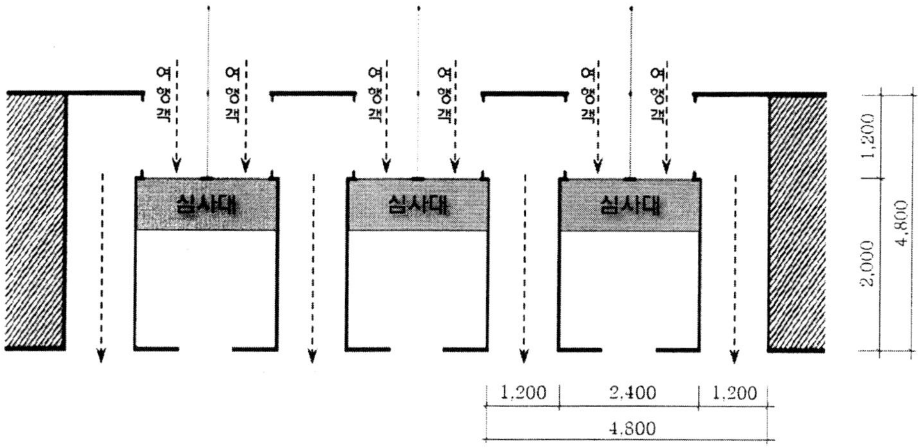

(a) 정면배치형식

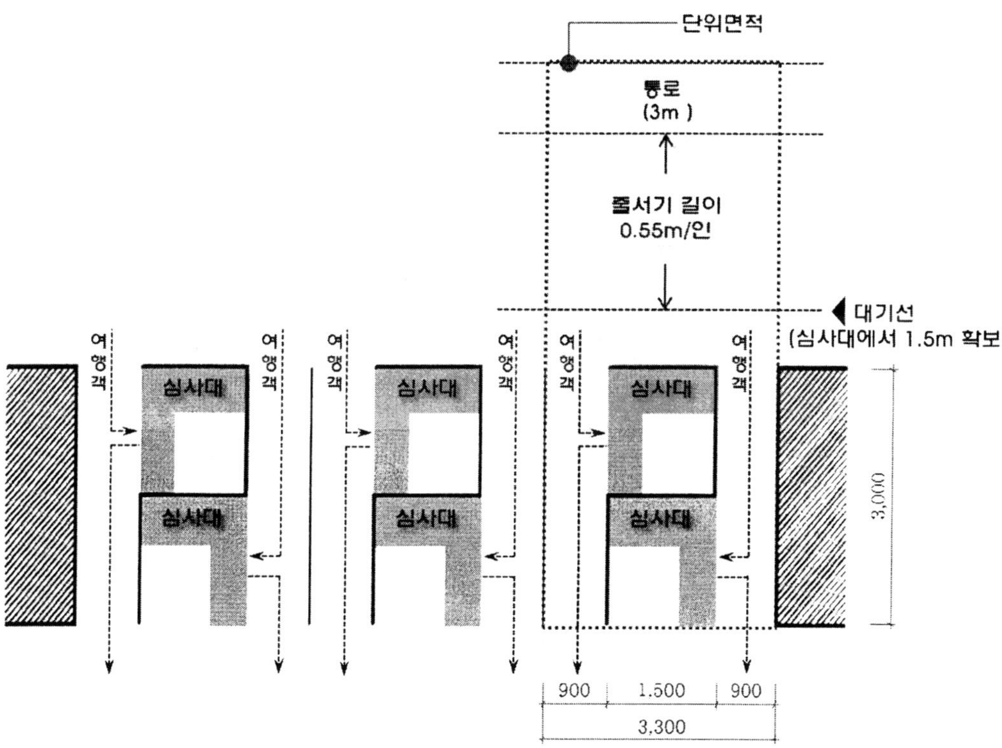

(b) 측면배치형식

[그림 6-22] 여권심사대 단위평면

〈출처 : 부산항만공사, 부산항 국제여객터미널 건립공사 기본계획 보고서, p.287 이미지 재구성〉

[표 6-20] 출발여권심사대 단위면적

줄서기 길이 = 첨두인원 ÷ 분당 승객 진행수 × 1인당 줄서기 길이 ÷ 2(2열 줄서기) 심사대 단위면적 = 여권심사대면적 + 줄서기 면적					
구 분		승객 규모별 인원			산정방법
		최대규모	중간규모	최소규모	
A	최대처리인원 [명]	3,700	2,700	2,100	
B	첨두인원 [명]	1,480	1,080	840	A × 40%
C	분당 승객처리 수 [명]	25	20	15	150 ÷ 60 × 카운터 수(검색대 수 × 2)
D	줄서는 인원수 [명]	60	54	56	B ÷ C
E	줄서기 소요길이 [m]	17	15	16	D × 0.55 m/명 ÷ 2(2열 줄서기)
F	심사대 단위면적 [m^2]	80.85	74.25	77.55	심사대면적 + 줄서기 공간

주) 1인당 줄서기 길이는 짐 없는 사람 기준 0.55 m/인 적용

⑤ 탑승대기구역

크루즈승객은 대부분 출국수속이 끝나면 곧바로 승선하여 선내관광을 즐기기 때문에 많은 인원이 탑승대기구역에 머물러있지 않는다. 따라서 [표 6-21]과 같이 탑승대기구역의 규모산정에서는 약 20분간 평균점유율을 30%로 설정하고, 집중계수(surge factor) 1.2를 적용하며, 1인당 소요면적 기준은 1.5 m^2를 적용한다.

[표 6-21] 탑승대기구역 규모산정

탑승대기구역면적 = 첨두인원 × Surge Factor × 평균 점유승객 비율 × 1인당 소요 면적					
구 분		승객 규모별 인원			산정방법
		최대규모	중간규모	최소규모	
A	최대처리인원 [명]	3,700	2,700	2,100	
B	첨두인원 [명]	1,480	1,080	840	A × 40%
C	Surge Factor 인원	1,776	1,296	1,008	B × 1.2
D	20분 평균점유인원 [명]	533	389	303	C × 30%
탑승대기구역 면적 [m^2]		799.50	583.50	454.5	1.5 m^2 적용

⑥ 출발영역 전체규모

이상과 같이 출발영역에 필요한 각 구역의 면적산정 결과를 적용하여 모항 크루즈터미널의 출발영역 전체규모를 산정하면 [표 6-22]와 같다. 여기에서 검역공간은 부산항 국제크루즈터미널의 계획에서 부산검역소가 제안한 크기를 적용하였다.

[표 6-22] 출발영역 전체규모

구 분		최대규모	중간규모	최소규모	비 고
출발영역공간	체크인구역 [m^2]	703.00	513.00	399.00	• 모항 이용승객 기준 최대규모 : 처리인원 3,700명 중간규모 : 처리인원 2,700명 최소규모 : 처리인원 2,100명
	출발대기구역 [m^2]	975.39	711.87	554.49	
	보안검색구역 [m^2]	495.00	367.20	286.20	
	여권심사구역 [m^2]	404.25	297.00	232.65	
	검역공간 [m^2]	50.00	50.00	50.00	
	탑승대기구역 [m^2]	799.50	583.50	454.50	
합계 [m^2]		3,427.14	2,522.57	1,976.84	

주) 검역공간은 도착지역 검역공간과 동일하게 적용

(2) 도착영역

① 도착콘코스(도착홀)

도착콘코스의 규모는 [표 6-23]과 같이 최대처리인원에 동시도착율과 서지팩터(surge factor)를 적용하여 소요인원을 산정한 후, 1인당 소요면적을 곱하여 계산한다.

[표 6-23] 도착콘코스 규모산정

도착콘코스 면적 = 첨두인원 × Surge Factor × 평균 점유승객 비율 × 1인당 소요 면적

구분		승객 규모별 인원[명]			산정방법
		최대규모	중간규모	최소규모	
A	최대처리인원	3,700	2,700	2,100	
B	동시도착인원	740	540	420	A × 20%
C	Surge Factor 인원	888	648	504	B × 1.2
도착 콘코스		1,332.00	972.00	75600	1.5 m^2 /명

주 1) 동시도착율은 부산항 국제크루즈터미널 도착홀 규모산정에 사용된 20%를 기준으로 계산
2) Surge Factor 값은 일시적인 승객집중을 고려하여 1.2를 적용
3) 1인당 소요면적은 인천공항과 부산항 국제크루즈터미널의 1.5 m^2/명 적용

② 검역구역

도착승객의 검역심사를 위한 구역으로 승객이 이동하며 지나가는 공간이기 때문에 별도의 줄서기 공간이나 대기공간을 두지 않으며, 대부분 검역기관의 요구면적을 적용하여 규모를 산정한다. 부산항 국제크루즈터미널의 경우 부산검역소의 요구에 따라 출·도착 검역공간을 각각 50 m^2로 계획하였다.

③ 입국여권심사구역

일반적으로 입국여권심사가 출국여권심사에 비해 느리게 진행되어 더 넓은 면적이 요구되지만 도착콘코스를 대기공간으로 활용하기 때문에 입국여권심사구역의 면적은 [표 6-19]의 출국여권심사구역과 동일한 면적으로 계획한다. 여기서 전체 줄서기 길이는 인천국제공항 입국여권심사구역 설계기준에서 제한하는 16 m 이하로 한다.

④ 수하물 수취장

도착승객이 수하물을 수취하는 공간으로서 [표 6-24]와 같이 수하물 점유면적에 수하물 이동기구(이동벨트)에 필요한 면적을 합하여 산정한다. 수하물 점유면적은 최대처리인원의 40%인 첨두인원을 대상으로 1인당 평균 2개의 수하물을 기준으로 하여 수하물 수량을 계산하고 여기에 수하물 1개당 면적을 곱하여 산정한다.

[표 6-24] 수하물 수취장 규모산정

수하물 수취장 면적 = 수하물 점유면적 + 기구면적(기구 당 면적 × 기구 수)					
구 분		승객 규모별 인원			산정방법
		최대규모	중간규모	최소규모	
A	최대처리인원 [명]	3,700	2,700	2,100	
B	첨두인원 [명]	1,480	1,080	840	A × 40%
C	수하물 수량(개)	2,960	2,160	1,680	B × 2(1인당 평균 2개)
D	수하물 점유면적 [m^2]	1,480.00	1,080.00	840.00	C × 0.5 [m^2]/개
E	전체벨트 길이 [m]	1,028	750	583	C ÷ (1.2(벨트폭) × 1.2(여유))
F	수하물 기구 수 [대]	4	3	2	사전 계획에 의해 결정[1]
G	벨트당 길이	257	250	292	E ÷ F
H	승객대기면적 [m^2]	771.00	750.00	876.00	G ×3 m(대기공간폭)
I	Cart Pool 면적 [m^2]	592.00	432.00	336.00	
수화물 수취장 면적 [m^2]		2,843.00	2,262.00	2,052.00	D + H + I

주 1) 수하물 수취의 편리를 높이기 위하여 객실등급 또는 선내구역별로 분류하여 운반될 수 있도록 수하물 이동기구 수를 계획함

[표 6-25] Cart Pool 규모산정

Cart Pool 면적 = 카트이용인원 × 카트 1개당 면적

구 분		승객 규모별 인원[명]			산정방법
		최대규모	중간규모	최소규모	
A	최대처리인원	3,700	2,700	2,100	
B	예상카트이용인원	1,480	1,080	840	A × 40%
Cart Pool 면적		592.00	432.00	336.00	B × 0.4 [m^2/1대]

수하물 이동기구에 필요한 면적은 기구의 수에 기구당 면적을 곱하여 산정하는데, 기구의 수는 터미널의 운영형태 및 공간규모 등에 의해 결정된다. 기구당 면적에는 벨트 길이에 승객대기공간의 폭을 곱한 승객대기면적과 카트보관공간(cart pool)의 면적이 포함된다. 카트보관공간의 면적은 예상카트이용인원에 카트 1개당 면적 0.4 m^2를 곱하여 산정한다.

⑤ 입국세관심사구역

입국세관심사구역에서는 세관심사와 검역심사를 함께 실시하는 경우가 많은데, 입국세관심사는 선내 심사를 기본으로 하고 터미널에서는 승객 신고에 따른 자율심사를 진행하여 승객이 빠른 시간에 터미널을 빠져나갈 수 있도록 한다. 또한 'Fly & Cruise' 상품을 이용하는 승객의 수하물은 공항으로 바로 운송하므로 터미널에서는 별도 세관심사 없이 통과한다.

모항의 크루즈터미널에서는 세관심사에 Red와 Green Channel 방식[94]을 도입하여 승객의 빠른 이동을 유도한다. 처리기준은 국제공항의 기준을 적용하여 심사를 강화하는 Red Line은 첨두인원의 10%, 심사 없이 통과하는 Green Line은 첨두인원의 90%를 적용한다.

세관심사대는 [그림 6-23]과 같이 1개의 심사대에 2개의 카운터가 설치되는 단위모듈을 기본으로 하며 심사대 단위모듈의 면적(단위면적)은 다음과 같이 산정한다.

세관심사대 단위면적 = [검사대 간격(2.8 m) + 검사대 폭(0.75 m × 2)
+ 컴퓨터데스크 길이(2 m)] × [검사전 통로(5 m)
+ 데스크 폭(0.5 m) + 검사대 길이(4.9 m)
+ 직원이동통로(1 m) + 검사 후 통로(3 m)]
= 90.72 m^2

94) 세관에 신고할 물품이 있거나 수화물에 대한 별도의 세관심사 필요한 경우 Red Channel로, 신고할 물품이 없는 경우 Green Channel로 구분하여 세관심사를 하는 것으로 Dual-Channel System이라고 하며 국제여객터미널에서 일반적으로 적용되고 있는 세관심사 방식임

[표 6-26] 입국세관심사구역 규모산정

입국세관심사구역 면적(검역심사대포함) = 세관심사대 면적 + 검역검사대 면적 + 대기면적						
구 분			승객 규모별 인원			산정방법
			최대규모	중간규모	최소규모	
A	최대처리인원[명]		3,700	2,700	2,100	
B	첨두인원[명]		1,480	1,080	840	A × 40%
C	검색형태별 승객수[명]	Red	148	108	84	첨두인원의 10%
		Green	1,332	972	756	첨두인원의 90%
D	시간당 처리능력[명]	Red	12/시간/대			12/시간/대
		Green	360/시간/대			360/시간/대
E	카운터 수[대]	Red	12	9	7	C ÷ D
		Green	4	3	2	C ÷ D
F	세관심사대 제안 수[대]		8	6	5	카운터 2개/심사대
G	검역심사대 제안 수[대]		1	1	1	계획
H	세관검사대 면적 [m^2]		725.76	544.32	453.6	F × 단위면적(90.72 m^2)
I	검역검사대 면적 [m^2]		93.60	93.60	93.60	G × 단위면적(93.60)
J	대기면적 [m^2]		567.00	425.25	330.75	Red Line 대기 공간
입국세관심사구역 면적			1,386.36	1,063.17	877.95	H + I + J

주 1) Red Line: 세관에 신고할 물품이 있거나 수화물에 대한 별도의 세관심사가 필요한 경우
2) Green Line: 세관에 신고할 물품이 없는 경우

[표 6-27] 입국세관심사대기공간 규모산정

입국세관심사대기 면적 = 첨두인원 ÷ 분당 승객 진행수 × 1인당 줄서기 길이 ÷ 2(2열 줄서기)					
구 분		승객 규모별 인원			산정방법
		최대규모	중간규모	최소규모	
A	최대처리인원[명]	3,700	2,700	2,100	
B	첨두인원[명]	1,480	1,080	840	A × 40%
C	Red Line 처리인원	148	108	84	B × 10%
D	분당 승객처리 수[명]	2.4	1.8	1.4	12(시간당 처리능력) ÷ 60 × 카운터 수
E	줄서는 인원수[명]	62	60	60	C ÷ D
F	줄서기 소요길이[m]	15	15	15	인천공항설계기준 적용[2]
G	Red Line 카운터 수[대]	12	9	7	
대기공간면적 [m^2]		567.00	425.25	330.75	F × 심사대 단위 폭(6.3 m) × G ÷ 2

주 1) 1인당 줄서기 길이 0.8 m/명(짐 있는 사람 기준) 적용
2) 줄서기 소요길이는 인천국제공항 설계기준 중 도착지역 세관검사 줄서기 최대 = 15 m 제한 적용

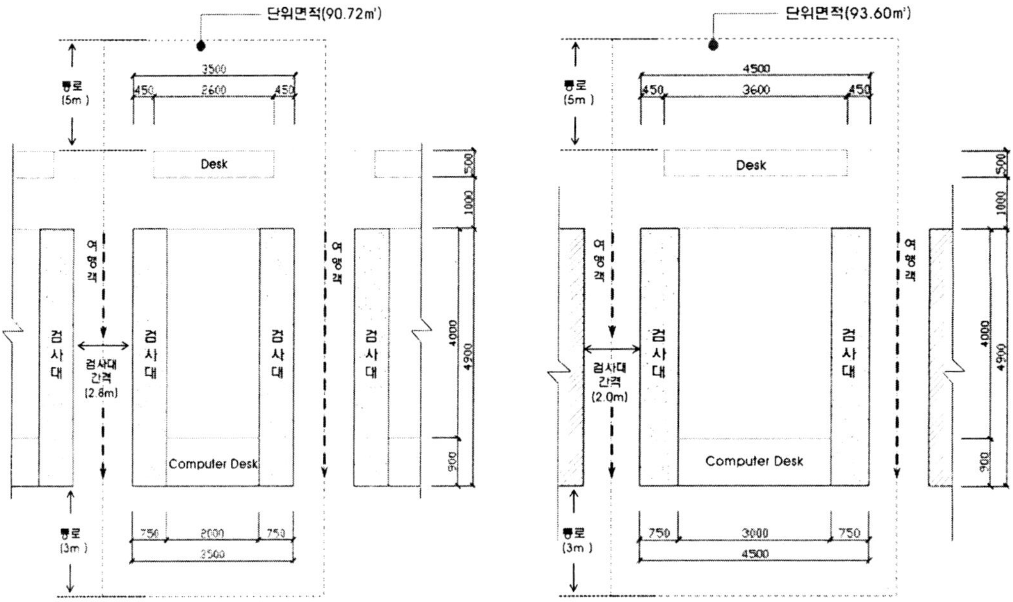

(a) 세관심사대 단위평면 (b) 검역심사대 단위평면

[그림 6-23] 입국심사대 단위평면

〈출처 : 부산항만공사, 부산항 국제여객터미널 건립공사 기본계획 보고서, p.291 이미지 재구성〉

Green Line의 경우 대기인원이 없다고 가정하며, Red Line 심사대에는 대기공간을 두는데 줄서기 길이에 심사대 폭을 곱하여 [표 6-27]과 같이 산정한다. 세관심사대에서는 개인이 수하물을 가지고 있는 상태이므로 줄서기 길이는 0.8 m/명을 적용한다. 한편 크루즈터미널에서는 수하물의 불법 반입이 적다고 판단하여 1대 검역심사대를 배치하는 것으로 계획하며, 1개의 심사대에 2개의 카운터가 설치되는 단위모듈의 면적(단위면적)은 다음과 같이 산정한다.

검역심사대 단위면적 = [검사대 간격(2 m) + 검사대 폭(0.75 m × 2)
+ 컴퓨터데스크 길이(3 m)] × [검사 전 통로(5 m)
+ 데스크 폭(0.5 m) + 검사대 길이(4.9 m)
+ 직원이동통로(1 m) + 검사 후 통로(3 m)]
= 93.60 m²

⑥ 입국홀

도착수속을 마친 승객과 환영객이 만나는 공간인 입국홀의 소요면적은 출발대기구역 면적산정과 동일한 방법으로 [표 6-28]과 같이 산정한다. 여기서 총 대기인 수는 첨두인원에 환영객 및 승객 집중을 고려하여 Surge Factor 1.2를 적용하고, 20분간 평균점유율 30%를 곱하여 산정한다.

대기인 1인당 소요면적은 많은 승객들이 빠르게 터미널을 빠져나가는 입국 특성을 고려하여 출국대기구역보다 작은 1.5 m^2를 적용한다.

[표 6-28] 입국홀 규모산정

입국홀 면적 = 첨두인원 × Surge Factor × 평균 점유승객 비율 × 1인당 소요 면적					
구분		승객 규모별 인원[명]			산정방법
		최대규모	중간규모	최소규모	
A	최대처리인원[명]	3,700	2,700	2,100	
B	첨두인원[명]	1,480	1,080	840	A × 40%
C	Surge Factor 인원	1,776	1,296	1,008	B × 1.2
D	20분 평균점유인원[명]	533	389	303	C × 30%
입국홀 면적 [m^2]		799.50	583.50	454.50	D × (1.5 m^2/명) 적용

⑦ 도착영역 전체규모

이상과 같이 도착영역에 필요한 각 공간에 대한 면적산정 결과를 적용하여 도착영역 전체규모를 산정하면 [표 6-29]와 같다.

[표 6-31] 도착영역 전체규모

구 분		최대규모	중간규모	최소규모	비 고
도착 영역 공간	도착홀 [m^2]	1,332.00	972.00	756.00	• 모항 이용승객 기준 최대규모 : 처리인원 3,700명 중간규모 : 처리인원 2,700명 최소규모 : 처리인원 2,100명
	검역구역 [m^2]	50.00	50.00	50.00	
	여권심사구역 [m^2]	404.25	297.00	232.65	
	수하물수취구역 [m^2]	2,843.00	2,262.00	2,052.00	
	세관검사구역 [m^2]	1,386.36	1,063.17	877.95	
	입국홀 [m^2]	799.50	583.50	454.50	
합계 [m^2]		6,815.11	5,227.67	4,423.10	

(3) 승객편의시설

승객편의시설은 크루즈선의 입항 시에 한하여 사용되는 경우가 많아 시설활용도가 높지 못하며, 승객이 터미널에 체류하는 시간이 상대적으로 짧아 대규모 편의시설을 설치하는데 어려움이 있다.

따라서 크루즈터미널의 편의시설은 국내 여객터미널 및 소규모 국제공항 등의 사례와 [표 6-30]의 국제공항터미널 편의시설 설계기준을 바탕으로 해당 크루즈터미널 운영특성을 반영하여 시설별 규모를 산정한다.

이러한 방식으로 모항의 크루즈터미널에 대한 편의시설의 종류와 규모를 산정하면 [표 6-31]과 같다. 시설별 면적은 먼저 최대규모의 크루즈터미널을 대상으로 최소규모의 면적을 산정하였고, 중간규모 및 최소규모의 크루즈터미널에 대해서는 최대규모 크루즈터미널의 이

[표 6-30] 공항터미널 편의시설 권고기준(국제민간항공기구)

구 분		권고기준
식음료 서비스	턴오버율	좌석 당 일 평균 10명~19명 또는 14명
	좌석당 공간	3.3~3.7 m^2
	스낵바	커피숍 및 레스토랑 필요 공간의 15~25%
	바라운지	커피숍 및 레스토랑 필요 공간의 25~35%
신문/책, 담배		최소 14 m^2, 연간 탑승객 백만 명 당 56~65 m^2
선물과 옷상점		연간 탑승객 백만 명 당 56~65 m^2
이발소와 구두닦이점		연간 탑승객 백만 명 당 1개 의자, 최소 14 m^2, 의자 당 10~11 m^2
렌터카 카운터		연간 탑승객 백만 명 당 33~37 m^2
전시물 등		연간 탑승객 백만 명 당 8~9 m^2
수하물 보관소		연간 탑승객 백만 명 당 6.5~7.5 m^2
공중전화		연간 탑승객 백만 명 당 9~10 m^2
자동판매기		연간 탑승객 백만 명 당 14 m^2 또는 최소 4.5 m^2
공중화장실		피크시간 500명 당 139~167 m^2 또는 연간 탑승객 백만 명당 120 m^2(허브공항)
관광지원시설		최소 7.4~9.3 m^2 (연간 탑승객 백만 명 이상 공항 제외)
건물기계시스템		터미널 기능공간 전체면적의 12~15%

〈출처 : 한국건설교통평가원, 공항규모별 표준화 설계기준 수립을 위한 연구, p.226〉

[표 6-31] 승객편의시설 면적

구 분		면적 [m^2]		
		최대규모 최대처리인원 : 3,700명	중간규모 최대처리인원 : 2,700명	최소규모 최대처리인원 : 2,100명
편의시설	은행 및 환전소	50.00	50.00	50.00
	약국	20.00	20.00	20.00
	편의점	40.00	40.00	40.00
	인터넷 카페	30.00	30.00	30.00
	서점	14.00	14.00	14.00
	전문식당가	700.00	515.00	400.00
	스낵코너	130.00	80.00	60.00
	커피숍	200.00	145.00	115.00
	여행사	14.00	14.00	14.00
	이동통신	42.00	42.00	42.00
	렌터카	14.00	14.00	14.00
	기념품	55.00	55.00	55.00
	면세점	216.00	216.00	216.00
	VIP라운지	66.00	66.00	66.00
	관광안내	28.00	28.00	28.00
합계		1,619.00	1,329.00	1,164.00

용객에 대한 상대적 비율을 계산하여 면적을 줄여 산정하였다. 특히 서점, 렌터카, 면세점 등의 기본적인 시설은 관련 시설규정의 최소값을 적용하였으며, 터미널 규모에 상관없이 동일한 값을 사용하였다.

(4) 공공기관 및 터미널관리시설

크루즈터미널에는 다양한 공공기관이 입주하는데 여기에 필요한 시설들은 관계기관의 요구에 따라서 규모를 정한다. [표 6-32]에서는 공항터미널의 공공기관 관련 설계기준에 따라 터미널 전체면적(출발영역 전체면적과 도착영역 전체면적의 합계)에 대한 관련시설의 비율을 적용하여 공공기관 및 터미널관리시설의 소요면적을 산정하였다. 특히 공공기관과 터미널관리시설의 비율은 국제공항터미널설계기준(공공기관 : 6.3%, 터미널관리시설 : 12.6%)을 적용하였다.

[표 6-32] 공공기관 및 터미널관리시설 면적

구 분	소요면적 [m²]			비 고
	최대규모	중간규모	소규모	
출발영역	3,427.14	2,522.57	1,976.84	
도착영역	6,815.11	5,227.67	4,423.10	
계	10,242.25	7,750.24	6,399.94	
공공기관	645.26	488.27	403.20	출·도착영역 총면적의 6.3%
터미널 관리시설	1,290.52	976.53	806.39	출·도착영역 총면적의 12.6%
계	1,935.79	1,464.80	1,209.59	

(5) 기타시설

기타시설로는 공공화장실, 복도, 연결통로 등 공용시설과 전기실, 기계실 등 지원시설이 있으며 이들 시설에 대해서는 [표 6-33]과 같이 출발영역과 도착영역의 전체면적을 합한 후 국제공항터미널설계기준(공용시설 : 11.3%, 지원시설 : 13.7%)을 적용하여 면적을 산정한다.

[표 6-33] 공용시설 및 지원시설 면적

구 분	소요면적 [m²]			비 고
	최대규모	중간규모	소규모	
출발영역	3,427.14	2,522.57	1,976.84	
도착영역	6,815.11	5,227.67	4,423.10	
계	10,242.25	7,750.24	6,399.94	
공용시설	1,157.37	875.78	723.19	출·도착영역 총면적의 11.3%
지원시설	1,403.19	1,061.78	876.79	출·도착영역 총면적의 13.7%
계	2,560.56	1,937.56	1,599.98	

6.3.3 터미널 전체규모

이상에서 모항의 크루즈터미널을 대상으로 최대규모(3,700명), 중간규모(2,700명), 최소규모(2,100명)로 분류하여 터미널의 전체규모를 산정한 결과는 [표 6-34]와 같으며, 전체면적을 터미널의 층별 시설규모로 배분하여 정리하면 [표 6-35]와 같다.

모항의 크루즈터미널 공간별로 필요한 면적을 최대처리인원으로 나눈 원단위(1인당 소요면적)를 계산한 결과는 [표 6-36]과 같다. 최대규모 터미널의 경우 1인당 소요면적이 4.39 m^2으로 나타났으며, 중간규모의 경우 4.62 m^2/명, 최소규모의 경우 4.91 m^2/명으로 산정되어 터미널 규모가 작을수록 1인당 소요면적이 큰 것으로 나타났다.

또한 도착영역에 필요한 1인당 공간규모가 출발영역보다 더 크게 나타났으며, 전체 시설 중에서 수하물 수취구역의 원단위가 가장 높은 것으로 나타났다. 최대규모 터미널의 경우 수하물 수취지역의 원단위는 0.77 m^2/명으로 다른 시설의 원단위에 비해 2배~7.7배 많은 것으로 나타나서 수하물 수취구역의 면적을 줄일 수 있다면 터미널 전체 규모를 줄일 수 있고 공간의 효율성도 높일 수 있다.

[표 6-34] 크루즈터미널 전체규모

구 분	최대규모 [m^2]	중간규모 [m^2]	최소규모 [m^2]
출발영역	3,427.14	2,522.57	1,976.84
도착영역	6,815.11	5,227.67	4,423.10
편의시설	1,619.00	1,329.00	1,164.00
공공기관	645.26	488.27	403.20
관리시설	1,290.52	976.53	806.39
공용시설	1,157.37	875.78	723.19
지원시설	1,403.19	1,061.78	876.79
합 계	16,357.59	12,481.60	10,373.51

[표 6-35] 크루즈터미널 층별 시설규모

층별	기관 및 시설		구 분			비고
			최대규모 [m²]	중간규모 [m²]	최소규모 [m²]	
3층	관리사무실 공공기관	항만공사사무실등	1,290.52	976.53	806.39	
	출국수속	출발보안검사	495.00	367.20	286.20	
		검역	50.00	50.00	50.00	
		출발여권심사	404.25	297.00	232.65	
	출발대기구역		330.00	200.00	150.00	
	소계		2,569.77	1,890.73	1,525.24	
2층	출국홀	체크인구역	703.00	513.00	399.00	통과형배치
		출발대기구역	645.39	511.87	404.49	
	공공기관	출입국관리사무실등	322.63	244.14	201.60	
	탑승대기구역		799.50	583.50	454.50	
	면세점		216.00	216.00	216.00	
	도착홀	도착홀	1,332.00	972.00	756.00	
		검역	50.00	50.00	50.00	
		여권심사구역	404.25	297.00	232.65	
	편의시설	커피숍	120.00	90.00	70.00	
		인터넷카페	30.00	30.00	30.00	
		은행 or 환전	25.00	25.00	25.00	
		VIP 라운지	66.00	66.00	66.00	
		이동통신사무실	42.00	42.00	42.00	
		스낵코너	130.00	80.00	60.00	
		편의점	40.00	40.00	40.00	
		기념품	55.00	55.00	55.00	
소 계			4,980.77	3,815.51	3,102.24	
1층	입국 세관지역	수하물 수취장	2,843.00	2,262.00	2,052.00	
		세관심사/검역심사	1,386.36	1,063.17	877.95	
	공공기관	세관사무실 등	322.63	244.13	201.60	
	입국홀		799.50	583.50	454.50	
	편의시설	은행 및 환전	25.00	25.00	25.00	
		약국	20.00	20.00	20.00	
		렌터카	14.00	14.00	14.00	
		서점	14.00	14.00	14.00	
		커피숍	80.00	55.00	45.00	
		여행사	14.00	14.00	14.00	
		관광안내	28.00	28.00	28.00	
		전문식당가	700.00	515.00	400.00	
소 계			6,246.49	4,837.80	4,146.05	
공용시설 및 지원시설			2,560.56	1,937.56	1,599.98	
합계			16,357.59	12,481.60	10,373.51	

[표 6-36] 크루즈터미널 공간별 원단위

구 분		최대규모 [m²]	원단위 [m²/명])	중간규모 [m²]	원단위 [m²/명]	최소규모 [m²]	원단위 [m²/명]
출발영역	체크인구역	703.00	0.19	513.00	0.19	399.00	0.19
	출발대기지역	975.39	0.26	711.87	0.26	554.49	0.26
	보안검색구역	495.00	0.13	367.20	0.14	286.20	0.14
	여권심사구역	404.25	0.11	297.00	0.11	232.65	0.11
	검역구역	50.00	0.01	50.00	0.02	50.00	0.02
	탑승대기구역	799.50	0.22	583.50	0.22	454.50	0.22
소계		3,427.14	0.93	2,522.57	0.93	1,976.84	0.94
도착영역	도착 홀	1,332.00	0.36	972.00	0.36	756.00	0.36
	검역구역	50.00	0.01	50.00	0.02	50.00	0.02
	여권심사구역	404.25	0.11	297.00	0.11	232.65	0.11
	수하물 수취구역	2,843.00	0.77	2,262.00	0.84	2,052.00	0.98
	세관검사구역	1,386.36	0.37	1,063.17	0.39	877.95	0.42
	입국 홀	799.50	0.22	583.50	0.22	454.50	0.22
소계		6,815.11	1.84	5,227.67	1.94	4,423.10	2.11
편의시설		1,619.00	0.44	1,329.00	0.49	1,164.00	0.55
공공기관		645.26	0.17	488.27	0.18	403.20	0.19
관리시설		1,290.52	0.35	976.53	0.36	806.39	0.38
공용시설		1,157.37	0.31	875.78	0.32	723.19	0.34
지원시설		1,403.19	0.38	1,061.78	0.39	876.79	0.42
소계		6,115.34	1.65	4,731.36	1.75	3,973.57	1.89
총계		16,357.59	4.42	12,481.60	4.62	10,373.51	4.94

참고문헌

1. 노윤구, 동해안 크루즈관광 타당성 연구, 대구경북연구원, 2009
2. 문화광관광부, 크루즈산업 육성을 위한 관광진흥계획, 2009
3. 부산지방해양수산청(부산항건설사무소), 부산항 국제여객 및 해경부두 축조공사 대안설계보고서, 2003
4. 부산항만공사, 부산항 국제크루즈터미널 건립공사 최종보고서, 2006
5. 부산항만공사, 부산항 국제크루즈터미널 건립 실시설계용역 최종보고서, 2006
6. 부산항만공사, 부산항 국제여객터미널 건립공사 기본계획보고서, 2010
7. 이경모, 크루즈산업의 이해, 대왕사, 2004
8. 이봉희, 강원도 크루즈 관광활성화를 위한 기초연구, 강원발전연구원, 2009
9. 제주특별자치도, 제주외항 크루즈터미널 타당성 조사 연구, 2009
10. 최훈호, 크루즈 터미널의 규모산정 요소 설정에 관한 연구, 부산대 석사학위논문, 2011
11. 팽재신, 항만재개발 지구 내 해양문화지구의 기능과 시설에 관한 연구, 연세대학교 석사학위논문, 2008
12. 하태원, 도심복합시설로서의 승객선 터미널 프로그램 특성에 관한 연구, 건국대학교 석사학위논문, 2011
13. 한국개발연구원, 2002년도 예비타당성조사 보고서 부산항 국제여객터미널 신축사업, 2002
14. 한국건설교통평가원, 공항규모별 표준화 설계기준 수립을 위한 연구, 2005
15. 한국해양대학교, 부산항 재래부두 재개발 방안 연구용역, 부산항만공사, 2005
16. 한국해양대학교 SG연구사업단, 크루즈 전용 터미널의 개발 방향과 해양관광산업의 발전 방안에 관한 연구, 해양수산부, 2002
17. 해양수산부, 항만 및 어항 설계기준 2005 상·하, 2006
18. Bruno-Elias Ramos, Cruise Terminal Development, AAPA(American Association of Port Authorities) Seminar, 2005
19. Bermello-Ajamil & Partners Inc., Major Findings of the 2004 Study on Cruise Terminal Facilities Development for Hong Kong, 2005
20. Royal Caribbean 홈페이지 http://www.royalcaribbean.com

제 7 장

크루즈선박 거주구계획

7.1 크루즈선박의 거주구 개요

7.1.1 여객선의 거주구

여객선은 「해상인명안전협약(SOLAS, Safety Of Life At Sea)」[95]과 「선박안전법」에 따르면 13인 이상 승객을 운송하는 선박을 의미하며, 선내 공간의 70% 이상을 승객 설비에 충당하고 있는 선박이다.

여객선은 해상에서 승객을 운송하거나 승객의 관광을 목적으로 운항하는 선박이며, 선내 공간에는 승객을 위한 거주구[96]가 따로 마련되어 있다. 여객선 거주구에는 승객을 위한 휴식 및 위락시설을 갖추고 안전을 위해 방재 및 피난시설도 구비하고 있다.

여객선 거주구는 선박 운항에 따른 악조건을 극복하고 승객에게 거주의 안전성과 쾌적성을 제공해야 한다. 따라서 거주구에는 필요한 공실(公室, public space)과 객실(客室)을 설치하고 쾌적한 실내환경을 갖추며, 선박에는 승객의 뱃멀미를 줄이기 위해 동요방지장치를 설치한다.

여객선에는 [그림 7-1]과 같이 페리(Ferry), 로팩스(Ro-Pax : Ro-Ro Passenger Ferry), 크루즈선박(Cruise Ship) 등이 있다.

페리는 정해진 항로를 운항하는 정기 여객선으로 주로 소형 선박이며, 단거리 연근해를 운항하는데 30 노트(knot) 이상 운항하는 고속페리도 있다.

로팩스는 '카페리'라고 불리며 정해진 항로를 운항하면서 승객뿐만 아니라 승용차, 트레일러, 컨테이너트럭 등 자동차화물을 운반한다.

크루즈선박은 바다 위 고급 호텔로서 해상유람 및 유적지 관광을 주목적으로 하는 유람선이다. 유럽과 미국을 운항하던 대형 정기여객선들이 1960년대부터 여름에는 정기항로를 운항하고 겨울에는 유람선 형태로 운항하다가 1970년대부터 현대적인 크루즈선박이 본격적으로 등장하였다. 초기에는 지중해 및 중미 카리브해에서 2만 톤급 크루즈선박이 운항하였고, 현재는 20만 톤급 이상 초대형 크루즈선박이 운항되고 있다.

여객선은 바다를 항해하기 때문에 거주구는 승객의 안전과 쾌적함을 위해 다음과 같은 사항을 고려해야 한다.

먼저 선체동요로서, 선체는 운항 중에 파도에 의해 전후 및 좌우로 동요하게 되는데 이것은 승객에게 멀미를 일으키거나 몸의 균형을 잃고 넘어지는 사고를 발생시킨다.

---

95) SOLAS의 원명은 'International Convention for the Safety Of Life At Sea'로서 국제항해에 종사하는 선박에 대해 해상에서 인명안전을 증진하기 위해 통일된 원칙과 규칙을 정한 것이며 1974.11.01에 채택된 국제협약으로 모든 여객선 및 총톤수 500톤 이상 선박을 대상으로 함

96) 거주구(accommodation area)란 선박의 승객과 선원들을 위해 각종 거주설비를 갖춘 선박 내 생활공간 혹은 거주공간을 의미함

(a) 크루즈선박 (b) 로팩스 (c) 페리

[그림 7-1] 여객선 종류

다음으로 여객선 거주구는 선박의 운항과정에서 발생하는 진동과 소음에 노출되어 있다. 따라서 여객선에서는 소음과 진동이 발생원에서 거주구까지의 전달을 차단해야 한다.

또한 여객선 거주구는 운항여건에 따라 가혹한 기상조건에 빈번하게 노출되며, 해수의 영향을 받아 승객의 안전과 쾌적함에 심각한 영향을 줄 수 있다. 따라서 여객선 거주구는 어떤 기상조건이나 해수의 영향에도 불구하고 항상 안전하고 쾌적한 환경이 되어야 한다.

특히 여객선 거주구에서는 승객의 안전이 최우선이다. 선박에서 화재가 발생하거나 선체에 손상이 발생하면 초기에 진압 혹은 복구해야 하고, 만일 이것이 힘들 경우에는 빠른 시간 안에 승객을 안전한 장소로 대피시키거나 선박으로부터 탈출시켜야 한다.

이상에서 살펴본 것 이외에 여객선 거주구의 계획을 위해 고려해야 할 중요한 사항은 다음과 같다.

- 선박의 안전을 위하여 승객 및 수하물의 중량배분과 선박의 무게중심에 대한 고려가 필요하며, 선박의 무게중심이 너무 낮을 경우 선박의 롤링(rolling) 주기가 짧아져 승객의 쾌적함을 떨어뜨리게 된다.
- 선체는 물이 스며들지 않게 표면이 수밀구조로 되어야 하며, 파도와 같은 강한 외력에 대해 견딜 수 있는 구조체가 되어야 한다. 선체는 선저의 외판, 선측의 외판 그리고 갑판으로 둘러싸인 판구조로 되어 있으며, 여기에 보강재를 이용하여 판구조의 강도를 높인다.
- 거주구에서는 방화 및 소방구역을 철저히 구획한다. 그리고 선체는 충돌, 좌초, 침수로 손상된 경우에도 충분한 복원력을 가질 수 있도록 내부를 수밀격벽(watertight bulkhead)에 의해 몇 개 구역으로 나누어 하나의 구역이 침수되더라도 선체 부력이 유지되도록 한다.
- 여객선 추진기관은 유체저항을 극복하고 필요한 속도로 항해하기 위해 대부분 대형 디젤기관을 사용하며, 추진기관을 복수(複數)로 배치하여 기관실 중량을 분산시키고, 진동과 소음을 감소시킨다.
- 거주구에서 화재발생에 대비하여 화재경보장치와 소화장치를 구비하고, 선체구조 및 실

내내장재에 가연성 재료의 사용을 제한하며, 한 구역에서 발생한 화재가 다른 구역까지 확대되지 않도록 방화구획을 정한다.

• 선박이 조난을 당했을 경우에 승객을 무사히 하선시킬 수 있는 구명장비로서 동력식과 비동력식 구명정(life boat), 구명뗏목(life raft), 구명부이(life buoy), 구명동의(life jacket) 등을 구비하며, 특히 구명정은 '선박구명설비기준'에 따라 설치한다.

7.1.2 크루즈선박의 거주구

크루즈선박의 주목적은 여객 또는 화물의 운송이 아닌 관광유람으로서 수일에서 수개월까지 장기간 부정기적 운항을 한다. 날씨가 좋은 휴가기간 동안 즐길거리, 놀거리, 볼거리가 풍부한 유적지 또는 관광지를 찾아다니며 승객에게 최고의 서비스를 제공한다.

크루즈선박은 [그림 7-2]와 같이 거주구인 호텔부분과 거주구를 지탱하는 선박부분으로 구성된다. 크루즈선박의 실내공간 중에서 거주구가 75% 정도 차지하고, 나머지 25% 정도가 선박부분으로 사용된다.

크루즈선박 거주구에는 승객을 위한 객실과 다양한 편의시설 및 위락시설이 있으며, 여행목적지·여행기간·선실등급·선내음식·오락프로그램·교양활동·크루즈테마 등에 따라 선박마다 거주구의 공간구성이 차별화된다.

크루즈선박 거주구에는 승객거주구와 승무원거주구가 있는데, 거주구 가운데 승객거주구가 70%가량 차지하며, 승무원거주구와 서비스공간이 각각 15% 정도 차지한다. 승객과 승무원 수는 보통 2 : 1 정도로 구성되는데, 10만 톤급 이상 대형 크루즈선박[97]에서는 2.3~2.6 : 1로 나타난다.

선박부분은 추진장치, 에너지발생장치, 연료와 물 저장장치, 각종 폐기물처리장치를 갖추고, 선박항해를 비롯하여 승객거주구를 위해 전기공급, 공기조화, 냉·온수공급, 오수처리, 쓰레기처리 등을 담당한다.

선박의 기계장치들은 선체 가장 밑에 위치한 기관실과 그 주위에 집중하여 배치되는데, 기관실은 소음이나 진동원이기 때문에 기관실 위치가 거주구에 큰 영향을 미친다. 크루즈선박 경우 보통 선미에서 1/3지점에 기관실이 위치하며, 방화벽·수밀벽·데크 등에 의해 거주구와 분리된다.

크루즈선박은 20~23 노트(knot)[98] 속도로 항해하기 위해 디젤-전기 추진시스템과 한 쌍의

97) 대형과 중형 크루즈선박의 구분 기준은 일반적으로 다음과 같음
- 대형 : 총톤수 5만톤 이상 또는 승객 1000명 이상
- 중형 : 총톤수 2만~5만톤 또는 승객 500~1000명

98) 노트는 선박의 속도를 표시하는 기본단위로서 1시간에 1해리(海里, nautical mile : 1,852 m)를 달릴 때의 속도를 말함

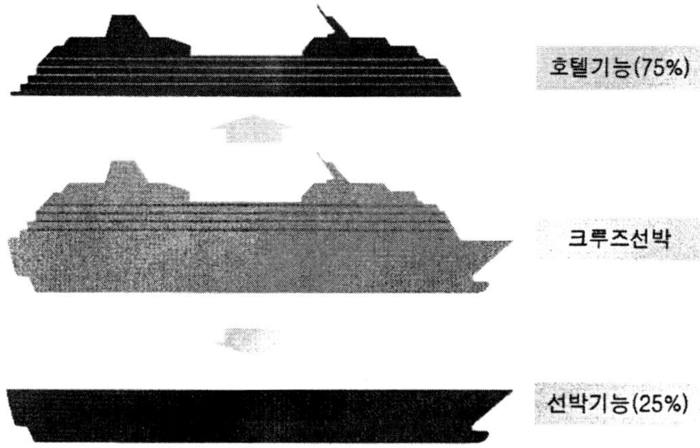

[그림 7-2] 크루즈선박의 기본구성
〈출처 : 변량선 외, 크루즈선 인테리어디자인, p.29 이미지 재구성〉

프로펠러를 가지고 있으며, 선체형상은 길이/폭 비를 작게 하고, 폭/흘수 비를 크게 하여 복원성을 좋게 한다.

크루즈선박에서 추진기관으로 가스터빈이나 전동모터를 사용하는데, 아지포드(Azipod)와 같은 전동모터추진방식은 주 기관과 프로펠러를 축계로 직결시키지 않고 대신 전동모터와 프로펠러 포드(pod)로 구성되는 독립모듈을 사용한다.

이러한 전동모터방식에서는 모터와 프로펠러를 연결하는 축계나 접안 시 사용하는 선측추진기(side thruster)가 불필요하게 되어 추진기관의 중량·공간·에너지사용이 감소되고, 추진기관에서 발생하는 진동과 소음도 대폭 감소된다.

또한 크루즈선박은 충분한 거주구 실내공간을 확보하기 위해 [그림 7-3]과 같이 폭이 넓은 상자형(tissue box style) 단면을 취하며, 선체 운동을 감소시키기 위해 안정지느러미(fin stabilizers)나 감요탱크(anti-rolling tanks) 등을 선체에 설치한다.

크루즈선박 거주구의 공간규모는 선박 총톤수에 따라 결정되는데, 가능한 넓은 거주구를 얻기 위해 데크(층의 바닥) 수를 늘려서 수직으로 공간을 확장한다. 이 경우 선박 무게중심과 복원성을 고려하여 선체폭과 선박높이의 관계를 결정한다.

총톤수 5만~7만 톤급 크루즈선박의 승객거주구는 보통 10~11개 데크로 구성되며, 10만 톤급 이상 대형 크루즈선박의 경우 12~14개 데크로 구성된다. 승무원거주구는 승객거주구 하부의 선체에 위치하고 대개 2~3개의 데크로 구성된다.

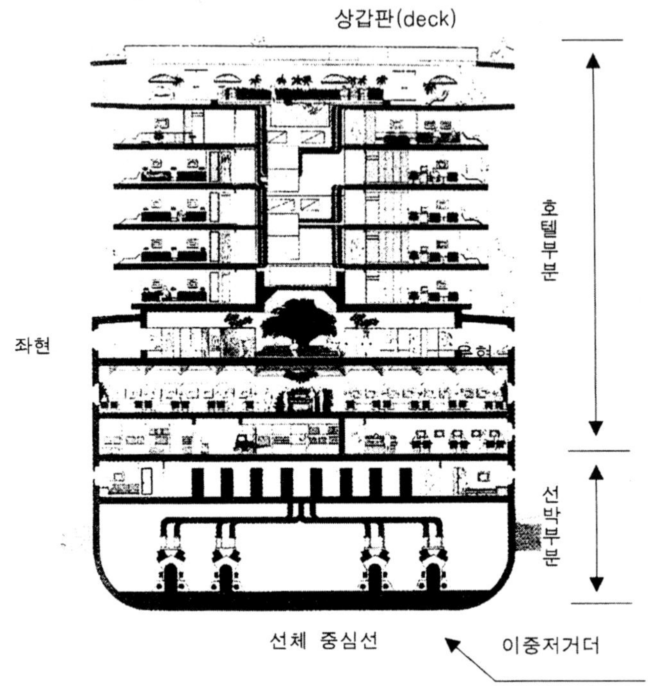

[그림 7-3] 크루즈선박 공간구성
〈출처 : 변량선 외, 크루즈선 인테리어디자인, p.30 이미지 인용〉

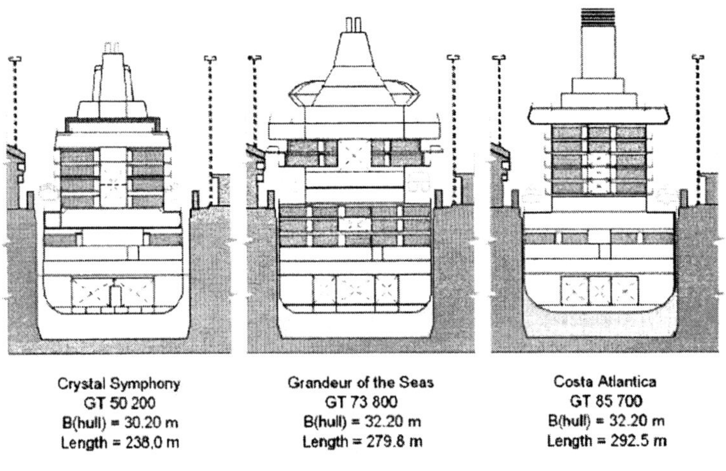

[그림 7-4] 크루즈선박 규모에 따른 공간구성 사례 (계속)

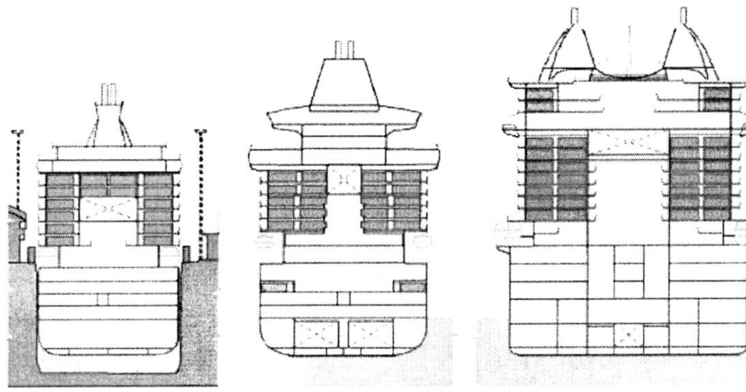

[그림 7-4] 크루즈선박 규모에 따른 공간구성 사례
〈출처 : 변량선 외, 크루즈선 인테리어디자인, p.31 이미지 재구성〉

크루즈선박의 규모는 일반적으로 선박의 용적을 나타내는 총톤수(Gross Tonnage, 1GT = 100 ft^3 = 2.83 m^3)[99]와 1개 객실에 2개 침대(2인 승객 거주)를 기준으로 계산한 기본승객수로 나타낸다.

한편 크루즈선박 거주구에서 승객이 느끼는 공간감 및 공간의 질을 나타내는 지표로서 승객공간비가 사용되며, 이것은 선박 총톤수를 기본승객수로 나눈 값으로 대형 크루즈선박의 경우에는 1인당 100~165 m^3 범위이다.

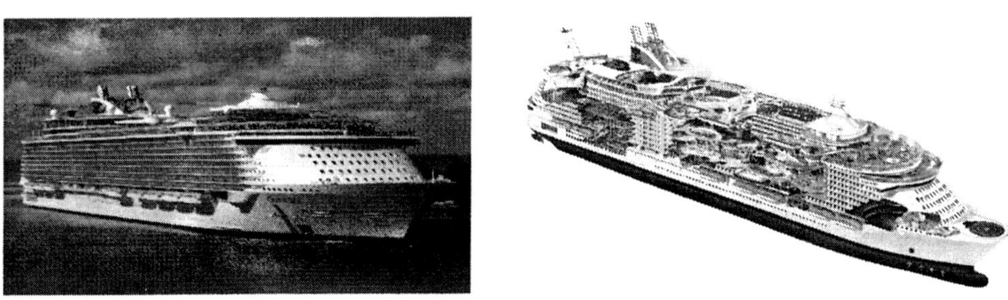

[그림 7-5] 크루즈선박 Oasis of The Seas호
〈출처 : Oasis of The Seas호 홈페이지, http://www.oasisoftheseas.com〉

99) 여기서 톤은 총톤수(Gross Tonnage)를 말하며 상갑판(선체를 구성하는 최상층 전통갑판) 아래 전체 용적에 상갑판 위쪽에 있는 밀폐된 공간용적을 더한 값에서 선박의 안전, 위생, 항해에 필요한 공간을 뺀 용적을 100 ft^3 당 1톤으로 계산한 값으로 여객선 크기를 표시하는 기준임

크루즈선박의 데크 높이(한 층의 높이)는 선박 무게중심의 상승을 방지하고 선박 중량을 경감하기 위해 가능한 한 낮게 제한하고 있는데, 거주구의 경우 층고는 2.8~3.2 m, 바닥에서 천장까지 천장고는 공실에서 2.3~2.6 m, 객실은 2.2~2.3 m 정도이다.

크루즈선박은 세계적으로 10만 톤급 이상 대형 선박이 주로 건조되고 있는데 세계에서 가장 큰 규모의 22만 톤급 초대형 크루즈선박 Oasis of The Seas호는 길이가 360 m, 높이 18층, 최대승객인원 5,400명, 승무원수 2,165명, 객실 2,700개로 구성되었다.

이러한 대형 크루즈선박의 설계 및 건조에서 거주구 인테리어(interior, 실내장식)는 그 핵심요소로서 육상의 어느 호텔보다 수준이 높은 최고급 공간계획 및 인테리어디자인이 이루어진다.

크루즈선박의 전체 건조비용에서 거주구 인테리어의장(interior outfitting)[100] 비용이 40% 이상 차지하며, 공간규모 측면에서도 거주구의 공실(21%), 객실(25%), 공용공간(통로, 로비, 계단실 등)과 승무원구역(14%), 서비스구역(10%)을 합하면 선박 내부공간의 70%를 차지할 정도로 거주구 인테리어는 중요한 요소이다.

육상 건축물의 인테리어의장과 크루즈선박의 인테리어의장은 디자인 및 디테일, 시공 및 공정, 의장재료, 적용법규 및 규칙 측면에서 다르다. 특히 크루즈선박에서는 항해 중 선박의 동요 및 해상에서 온습도 변화 등에 의해 인테리어 구조와 마감 부분에서 진동·수축·팽창이 일어나고 이로 인하여 공사 후 소음, 뒤틀림, 시공오차 등이 많이 발생한다.

이러한 이유로 크루즈선박 거주구 인테리어의장에서는 선박의 진동 및 소음 그리고 해양환경의 온·습도 변화에 유의한 디테일 디자인과 시공방법(선행작업, 고정방법, 고정자재, 재료분리, 재료관리, 품질관리 등)이 요구된다. 이와 함께 인테리어자재는 경량성, 방화 및 불연성, 착화 및 화염의 확산방지, 흡음 및 차음성, 내구성 등이 필요하다.

7.2 거주구의 공간계획

7.2.1 공간구성

크루즈선박 거주구의 공간계획에서 기준이 되는 요소는 선체의 선수미(船首尾)방향, 선체중심선(center line), 양주(pillar), 그리고 주수직구역이다. [그림 7-6]의 데크 평면 및 단면의 예에서 나타난 바와 같이 크루즈선박의 일반배치도(GA)나 데크 평면도에는 선체중심선이 표시되며 선미에서 선수방향으로 프레임 번호를 붙인다. 선체중심선의 프레임 번호는 위치 표기뿐만 아니라

100) 인테리어의장이란 거주구의 실내장식과 관련된 설비공사의 총칭임

주수직구역과 수밀격벽의 배치 및 각 실의 배치 등 전체 실내공간계획의 기준점이 된다.

양주는 육상건물의 기둥 역할을 하는 것으로 데크와 데크 사이에 설치되어 보를 지지함으로써 상부 데크의 하중을 지지한다. 또한 양주는 모든 데크와 선저를 수직선상으로 연결하는 수직구조물로서 선체의 횡단면 형상을 유지하며 강성을 주어 선박의 진동을 방지하는 역할을 한다.

[그림 7-6]의 평면도는 테이블과 뷔페 카운터로 사용된 양주의 예로 원형 단면을 가진 봉(棒, 둘레가 둥근 대)의 형태이다. 한편 양주는 선체중심선을 기준으로 좌우 대칭으로 배치되기 때문에 실내공간배치 및 동선계획에 있어서 유의하여야 하며, 승객의 충돌에 의한 안전사고 및 실내 분위기에 맞는 디자인을 고려한 디테일과 마감재가 요구된다.

크루즈선박의 평면을 보면 선수에서 선미까지 길이가 300 m 이상 되지만 선체 폭은 35 m 정도로서 선체 길이에 비해 폭이 좁다. 이러한 특성의 평면형태와 선박이 선수방향으로 진행하는 것을 고려하여 거주구 공간들은 선수미방향을 기준으로 구성하고, 거주구 공간 내에서 가구들도 선수미방향으로 배치하는 것이 기본이다.

주수직구역은 [그림 7-7]과 같이 내화격벽과 수밀격벽(watertight bulkhead)에 의해 전체 거주구 공간을 수평으로 분할하는 기본요소이다. 「SOLAS」에 의하면 선체 내부공간은 40 m 이하 간격으로 분할하여 구역을 나누고 그 경계에 격벽을 설치해야 한다.101)

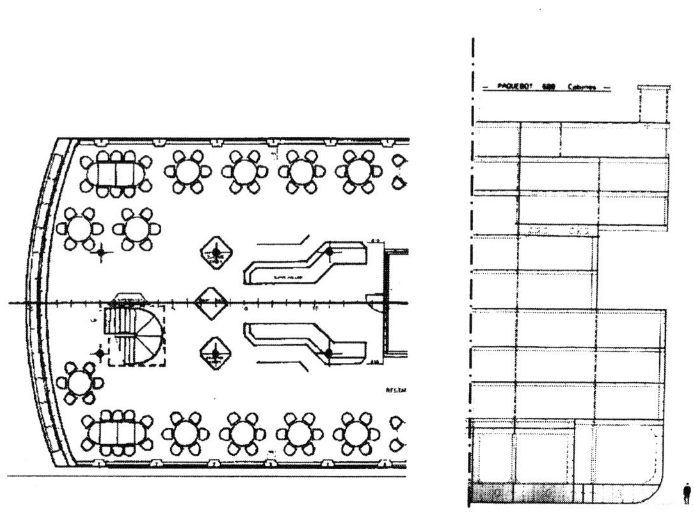

[그림 7-6] 크루즈선박의 데크 평면 및 단면의 예

101) 주수직구역의 길이는 48 m까지 연장할 수 있으나 이 경우 주수직구역으로 구분된 면적이 어느 데크에서나 1,600 m^2 이하가 되어야 함

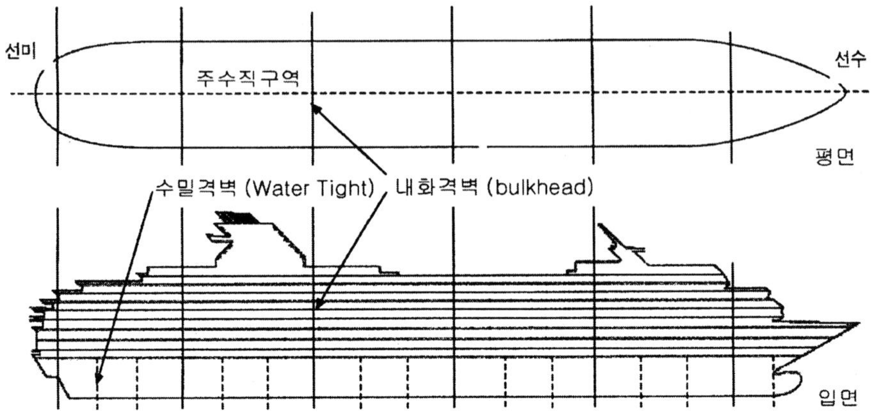

[그림 7-7] 크루즈선박의 주수직구역(main vertical zone)과 격벽(bulkhead)

이것은 격벽으로 한정된 주수직구역 범위 내에서 거주구의 공간들을 계획해야 함을 의미하며, 특히 공공영역에서 대규모 공간(정식당, 쇼라운지, 극장 등)을 계획할 경우에는 주수직구역이 심각한 제한조건으로 작용하게 된다.

또한 선박에는 건물의 각 층 바닥에 해당하는 데크(갑판)가 있는데, 대형 크루즈선박의 경우 거주구의 데크 수(층수)는 보통 10개 이상이다. 데크의 명칭은 선박이나 선사에 따라 조금씩 다르지만 일반적으로 데크의 용도와 특징을 고려하여 제일 상부부터 스카이데크, 선데크, 스파데크, 리도데크, 베란다데크, 어퍼데크, 프롬나드데크, 로비데크, 메인데크, A데크, B데크 등으로 이름을 붙인다.

크루즈선박은 승객을 태우고 짧게는 3~4일, 길게는 수개월에 걸쳐 항해하는 대형 관광유람선으로서 크루즈선박의 거주구는 [표 7-1]과 같이 다음과 같은 공간들로 구성된다.

① 개인공간

개인공간은 승객이 수면, 휴식, 탈의, 세면 등을 할 수 있는 객실을 의미한다. 객실은 크루즈선박마다 차이는 있으나 일반적으로 고급 객실인 스위트룸(suite room, 욕실이 딸린 침실, 거실 겸 응접실 등이 하나로 붙어 있는 특별실)과 일반 객실로 구성된다. 스위트룸에는 디럭스 스위트(혹은 펜트하우스 스위트라고도 함), 스위트, 주니어 스위트 등으로 구성되고, 일반 객실은 외부에 면하여 창이 있는 아웃사이드객실(outside cabin)과 창이 없는 인사이드객실(inside cabin)로 구성된다.

② 공용공간(공실)

공실은 크게 식사 관련 공간(정식당, 레스토랑, 간이음식점 등), 사교 및 오락공간(극장, 디스코장, 쇼라운지, 카지노장, 전자오락실 등), 휴게공간(전망라운지, 바, 카페 등), 운동·건강·미용을 위한 공간(헬스실, 에어로빅실, 수영장, 조깅코스, 농구·배구

[표 7-1] 크루즈선박거주구의 공간구성

<table>
<tr><th colspan="2">구 역</th><th>공간분류</th><th>소요공간</th></tr>
<tr><td rowspan="10">승객
거주
구역</td><td rowspan="9">공공
구역</td><td>식사관련공간</td><td>• 정식당, 레스토랑
• 뷔페, 그릴, 피자, 아이스크림
• 카페, 바, 라운지</td></tr>
<tr><td rowspan="2">스포츠공간</td><td>• 스포츠시설(조깅트랙, 골프, 테니스, 암벽타기, 탁구 등)
• 풀, 스파, 자쿠지
• 에어로빅, 사우나, 헬쓰, 마사지, 뷰티살롱</td></tr>
<tr><td>• 어린이 풀</td></tr>
<tr><td rowspan="2">사교및
오락공간</td><td>• 놀이방, 청소년클럽, 탁아실, 유아실</td></tr>
<tr><td>• 카지노, 게임룸, 카드룸, 당구장, 극장, 영화관, 비디오룸, 쇼라운지, 댄스클럽, 디스코텍, 교제실, 흡연실</td></tr>
<tr><td>문화공간</td><td>• 갤러리, 도서관, 종교집회실, 회의실, 미팅룸, 휴게실</td></tr>
<tr><td>판매공간</td><td>• 쇼핑몰(잡화, 로고선물코너, 보석·향수, 사진실, 양품점 등)</td></tr>
<tr><td>공용공간</td><td>• 로비, 아트리움, 엘리베이터홀, 대기실, 승객전용 공용화장실, 장애자화장실, 복도, 계단실, 엘리베이터, 에스컬레이터</td></tr>
<tr><td style="display:none"></td></tr>
<tr><td>개인
구역</td><td>객실공간</td><td>• 스위트룸(펜트하우스, 디럭스, 주니어 등)
• 객실(아웃사이드, 베란다)
• 객실(아웃사이드, 창)
• 객실(인사이드)</td></tr>
<tr><td rowspan="3">승무원
거주
구역</td><td>개인
구역</td><td>숙박공간</td><td>• 선주거주실, 선장거주실, 선실(스탭, 오피서, 선원)</td></tr>
<tr><td rowspan="2">공공
구역</td><td>복지공간</td><td>• 오피서공간(식당, 라운지, 브리핑룸, 산책로 및 휴게실 등)
• 선원공간(TV룸, 브리핑룸, 식당, 라운지, 휴게실, 게임룸 등)</td></tr>
<tr><td>공용공간</td><td>• 선원전용 엘리베이터, 계단실, 복도</td></tr>
<tr><td colspan="2" rowspan="4">업무구역</td><td>항해공간</td><td>• 조타실, 해도실, 무선실</td></tr>
<tr><td>관리공간</td><td>• 프런트오피스, 안내데스크, 여행투어안내실, 오피서룸, 업무사무실, 은행, 선내방송국, 선내신문사, 인쇄소, 세탁, 서비스스테이션, 린넨실, 의상보관실 등</td></tr>
<tr><td>조리공간</td><td>• 요리장실, 배선실, 주방, 식기실, 냉동 및 냉장고, 식품창고 등</td></tr>
<tr><td>설비공간</td><td>• 기관실, 공조실, 보일러실, 엔진룸, 발전실, 펌프실, 탱크, 쓰레기 처리시설 등</td></tr>
</table>

〈출처 : 변량선 외, 크루즈선 인테리어디자인, pp.46~47〉

장, 스파·사우나실, 이·미용실 등), 문화공간(사진전시실, 독서실, 갤러리 등), 쇼핑공간(아케이드, 전문상품점, 관광상품점 등), 접수·안내·대기공간(홀, 아트리움 등), 산책공간(프롬나드 등) 등으로 구성된다.

③ 업무공간

업무공간은 선박의 운항 및 조정을 위한 조타실(bridge house)과 기관제어실(Engine control room)을 비롯하여 무선실(radio room), 선내 방송실(TV & radio station), 선내 신문사 및 인쇄소, 각종 사무실, 식당의 주방(galley), 상온식품창고와 냉동식품창고, 병원(medical center) 등의 공간으로 구성된다.

④ 승무원공간

승무원공간은 선실, 식당, 휴게실, 운동실 등으로 구성되며, 일반 승무원의 거주공간은 승객 거주구보다 하부데크에 구성되고, 고급 사관의 거주공간은 승객 거주구 내 조타실 바로 뒤에 위치한다. 한편 선장의 객실과 선주의 객실은 승객 거주구의 상부데크 중에서 가장 전망이 좋은 위치에 자리한다.

거주구는 먼저 승객거주구역, 승무원거주구역, 업무구역 등 존(zone, 구역)으로 구분되며, 이들 구역이 정해지고 나면 구역 내에서 필요한 공간들이 기능적으로 배치된다.

승객거주구역은 공공구역과 개인구역으로 나누어지며, 이 두 구역은 층별로 분리하여 배치된다. 공공구역은 거주구의 중간층에 두고, 그 상층에는 고급 객실을, 하층에는 표준객실을 배치하여 원활한 동선체계 및 쾌적한 거주환경을 조성한다.

각 구역 내에서 공간배치는 주수직구역과 데크(각층 바닥)로 구분된 영역 내에서 이루어진다. 최근에는 객실구역과 공공구역을 완전히 분리하고, 공공구역 전체를 개인구역 하부에 배치하여 객실을 소음이나 진동으로부터 보호하는 공간구성이 나타나고 있다.

또한 고급 객실은 소음이 적은 거주구 상부에 배치하며, 접근성을 고려하여 중앙 엘리베이터와 계단실에 근접하여 배치하거나 혹은 전망이 좋은 선수부(船首部)에 배치한다. 업무구역은 선박운항을 위한 공간, 사무공간, 기계설비와 장비가 설치되는 공간으로 구성된다.

7.2.2 동선계획

크루즈선박 거주구에서 동선은 [그림 7-8]과 같이 수평동선과 수직동선으로 명확하게 구분된다. 복도로 구성되는 수평동선은 선수미방향으로 단순화되어 있다. 이에 비해 계단과 엘리베이터를 이용하는 수직동선은 그 규모나 위치가 선박 크기와 종류별로 다양하다.

수평동선의 복도는 거주구 내에서 승객의 길 찾기를 쉽게 하기 위해 그리고 비상탈출수단으로도 사용되기 때문에 굴절부분 없이 선수미방향으로 곧게 정렬된다. 거주구 전체 동선의 시작점인 선박의 승객 출입구는 선박 좌우에 2개 배치되는데, 그 위치는 상하 좌우로 다양하다. 한편 선박 출입구는 승객 출입구, 승무원 출입구, 화물 및 식품 반입구, 종선보트(tender boat)를 위한 출입구 등 다양하게 구성된다.

수직동선인 계단과 엘리베이터는 주수직구역마다 적절하게 배치된다. 주수직구역은 대형 선박의 경우 5개 구역, 중형 선박의 경우 4개 구역으로 구성되는데 수직동선과 수평동선의 중심점인 메인 홀은 중앙부 주수직구역에 위치한다.

메인 홀에는 엘리베이터 홀과 계단실이 위치하여 각 층으로 연결되는 수직동선의 구심점 역할을 한다. 이외에도 엘리베이터와 계단은 주수직구역내에서 이루어지는 공간구성에 따라 배치된다.

거주구에서 승객용 엘리베이터는 중형 선박에서는 4~5대, 대형 선박의 경우 9~12대, 초대형 선박의 경우 14~18대가 메인 홀, 선수부분, 선미부분으로 나누어 배치된다.

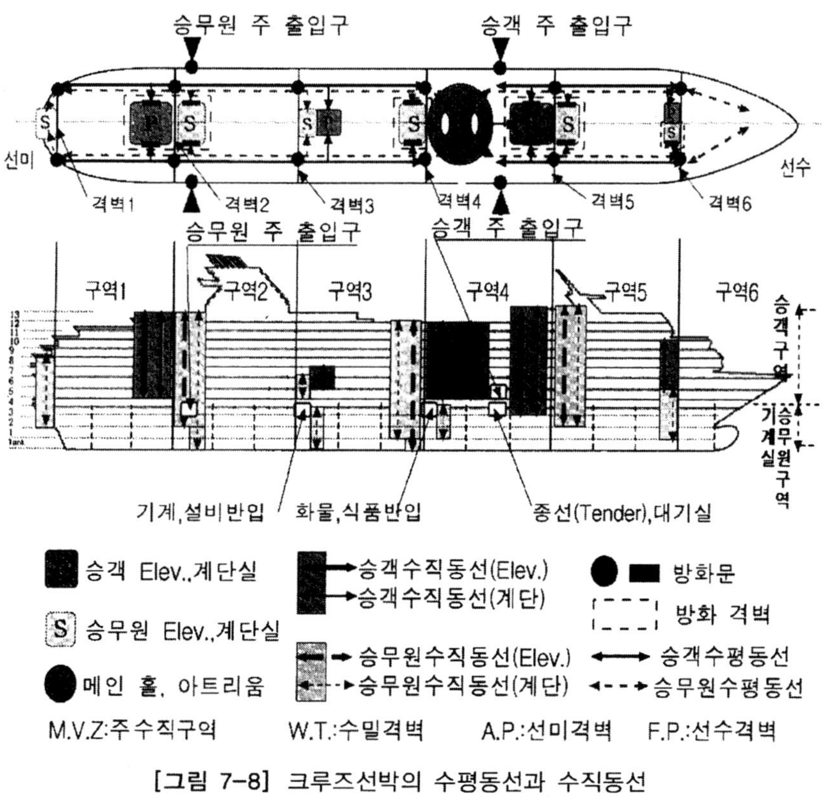

[그림 7-8] 크루즈선박의 수평동선과 수직동선
〈출처 : 이한석·변량선, 해상호텔의 공공부분 공간계획에 관한 연구〉

7.2.3 계획방향[102)]

크루즈관광이 미국에서 뿐만 아니라 유럽과 아시아에서도 성장을 이루면서 크루즈선박의 거주구 공간계획을 위한 여건이 다음과 같이 변화하고 있다.

첫째, 크루즈승객의 수가 증가함으로써 초대형 크루즈선박(총톤수 15만톤 규모 이상)이 출현하고 있으며, 이에 따라 거주구 각 공간의 규모가 커지고 대규모 개방적인 공실이 출현한다. 여러 층의 데크와 여러 개의 주수직구역을 합친 대형 공간이 나타나고, 이로 인해 선박 전체의 구조적 안전성과 방재성능 측면에서 취약점이 발생한다.

둘째, 크루즈승객의 연령, 인종, 국적이 다양해짐에 따라 거주구에 대한 승객들의 요구도 다양해지고 이에 따라 거주구 내 공간의 종류 또한 다양해지며, 각 공간에서 동요·진동·소음 및 실내공기조절 등 쾌적한 실내환경에 대한 중요성이 증가하고 있다.

셋째, 승객 안전과 해양환경 보전의 측면에서 관련규정들이 강화되고 국제적으로 새로운 규정이 계속해서 만들어지고 있다. 예를 들면, 최근에 ISM코드(International Safety Management Code)가 새롭게 만들어져 「SOLAS」의 일부가 되었고, 각국의 선급에서는 선박 안전성능과 환경성능을 평가하는 시스템을 개발하여 크루즈선박에 적용하고 있다.

넷째, 크루즈선박에 새로운 건조기술, 재료기술, 정보통신기술 등 첨단기술이 적용되고 새로운 안전설비나 안전시스템이 개발되어 설치됨으로써 더욱 안전하고 쾌적한 거주구가 가능하게 되었다.

이상과 같은 계획여건의 변화로 인해 최근 크루즈선박의 거주구에서는 안전성, 쾌적성, 친환경성의 측면에서 육상의 어느 호텔보다 수준이 높은 최고급 해상리조트를 목표로 공간계획이 이루어지고 있다. 크루즈선박 거주구의 계획방향을 정리하면 다음과 같다.

- 수직적 공간배치로서 데크별로 일반 객실/공실/고급 객실과 같은 배치방식보다는 상부데크에 객실을 모두 모아서 배치하고, 그 하부데크에 공실을 모아서 배치하는 것이 바람직하다. 이러한 공간계획으로 각국 선급이 제시하고 있는 객실의 소음·진동기준[103)]인 최저 45 데시벨(db(A))을 달성할 수 있다.
- 선체 하부의 기관실과 기계실은 선미부에 배치하는 것이 바람직하다. 이렇게 배치하면 선체 중앙에서 기관실이 사라지게 되어 거주구의 공간구성이 자유로워지고 소음이나 진동으로부터 거주구, 특히 객실을 효율적으로 보호할 수 있다.

---

102) 이한석·박명규·한창용, 대형 크루즈선박의 승객거주구역 공간 계획에 관한 연구, '2.3 거주구역 공간계획의 여건변화'와 4. '대형 크루즈 선박의 거주구역 공간계획방향'내용을 인용하고 일부 수정 보완하였음

103) 세계 크루즈선박의 대부분은 영국 LR, 노르웨이 DnV, 이탈리아 RINA 등 선급에서 검사하고 있으며 최근 DnV에서 크루즈선박에 'comfort class'기준을 적용하고 있는데, 이것은 소음과 진동에 관한 여객의 안락함 기준(comfort criteria for noise)과 거주구역의 환경에 관해 강화한 규정임

- 아트리움과 아케이드 등 대형 공간은 거주구 공간구성의 중심이 될 뿐 아니라 실내환경을 쾌적하게 하고 승객들에게 특별한 공간을 체험하게 한다. 그러나 선박의 구조적 안전성, 재난 시 피난을 비롯한 방재성능, 실내동선의 흐름 등을 고려하여 혁신적으로 계획한다.
- 크루즈승객 가운데 장애자나 노약자들의 수가 증가하므로 이들을 배려한 공간계획이 필요하다. 청각장애자를 위한 특수 음향장치를 설치하고, 휠체어 전용 객실의 수를 늘리며, 장애자가 자유롭게 이동할 수 있는 통로를 계획한다.
- 거주구에서 대형 유리벽이나 유리문의 사용이 증가하고 있으며 특히 내화기준을 만족하는 유리가 개발되어 사용이 증가하고 있다. 거주구에서 유리의 사용은 공간의 쾌적성(자연채광, 눈부심 등), 비상시 승객의 안전, 해양환경의 보전, 해양경관의 전망, 다른 재료와의 조화 등을 고려하여 계획한다.
- 몇 개 층 데크(각층 바닥)를 오픈시켜 하나의 대형 공간으로 계획하는 경우에는 공간의 손실이 많고 선박이 구조적으로 취약하게 될 우려가 있으므로 데크 높이(deck height, 건물의 층고에 해당함) 등 공간 특성에 맞도록 적절하게 계획한다.
- 객실에 발코니가 설치되는 경향이므로 발코니에 대한 세심한 계획이 요구된다. 바닥에는 미끄럼 방지 피복재를 깔거나 티크목재로 마감하고, 난간과 손잡이를 설치한다. 또한 발코니는 파티션으로 프라이버시를 확보하며, 의자와 탁자 등을 바닥에 고정하여 설치한다.
- 크루즈선박의 형상이 상자형 광폭선(super wide cruise ship)이 되어감에 따라 개방정원(open courtyard)과 워터파크(water park) 등 새로운 공간을 계획한다. 또한 운항노선, 운항시기, 승객의 분포 등을 고려하여 전문화된 크루즈선박의 공간계획[104]이 필요하다.
- 거주구의 공실에서는 바다와 접하기 쉽고, 친수성을 적극적으로 살리는 공간계획이 요구되며, 객실은 적정한 규모를 가지고 승객의 요구에 따라 변화가 가능한 융통성 있는(flexible) 공간으로 계획한다.
- 선박이 대형화될수록 승객 안전을 위해 피난통로의 규모와 배치는 정확한 데이터를 바탕으로 사전 시뮬레이션을 통해 과학적인 계획이 요구된다. 또한 해양환경을 오염시키지 않도록 친환경계획[105]이 요구된다.

---

104) 예를 들어 World of ResidenSea호는 노르웨이회사에서 계획한 것으로서 기존 크루즈선박과 차별화하여 호화아파트먼트 형태로 특성화된 크루즈선박임

105) 친환경계획에는 육상 건축물을 대상으로 연구된 결과들을 적극 활용할 수 있는데 예를 들어 태양열, 풍력 등 자연에너지를 적극 이용, 친환경적인 공간배치, 생태녹화시스템의 활용 등이 있음

7.3 구역별 공간계획

7.3.1 공공구역

거주구의 공간계획은 승객의 다양한 취미와 요구, 승객의 안전을 위한 각종 안전규정, 승객의 문화적 배경 등을 고려하여 정해진 구역(zone) 내에서 필요한 공간의 종류와 크기를 결정하고 주수직구역의 제한조건 내에서 배치한다.

공공구역의 공간계획은 먼저 구역별로 필요한 공간의 종류, 기능 및 크기 등을 정하고, 주수직구역과 데크(각층 바닥)를 고려하여 필요한 공간들을 배치하며, 그 결과 데크별 일반배치(GA, General Arrangement)를 작성하게 된다.

공공구역의 공간계획에서는 공용공간, 엔진실, 기계실 등으로부터 객실의 안정성과 쾌적성에 미치는 영향 그리고 공용공간의 합리적 배치를 고려한다.

크루즈선박의 공공구역에서 [그림 7-9]와 같은 중앙공원, 아트리움, 실내아케이드 등 대형공간의 계획에서는 선박의 구조적 안정성, 비상 시 방재 및 피난, 실내동선의 흐름 등을 면밀하게 고려해야 한다.

크루즈선박이 대형화될수록 공공구역에서 정식당, 쇼라운지 등 공실(公室)이 대형화되고 있어서, 이들 공실을 주수직구역의 제한된 공간 내에서 계획하기 위해 층고를 높게 계획하고, 데크를 뚫어서 2~3개 층을 연결하여 하나의 공간으로 계획한다.

공공구역은 [표 7-1]에서와 같이 일반적으로 식사관련공간, 스포츠공간, 사교·오락공간, 문화공간, 판매공간, 공용공간 등으로 구성된다. 공공구역 가운데 스포츠공간은 스포츠시설, 수영장 그리고 부대시설로 구성되며, 거주구 최상층(13~15층 데크) 스카이데크(sky deck), 선데크(sun deck), 스파데크(spa deck)에 배치된다.

(a) 정식당 (b) 중앙공원 (c) 야외 공연장

[그림 7-9] 크루즈선박 거주구 대형 공간 사례

[그림 7-10] 크루즈선박 스포츠공간 사례

스포츠시설은 옥외수영장 및 실내수영장을 중심으로 테니스, 미니골프, 배구, 암벽타기 등을 계획하며, 이들 주변에 목제바닥을 설치하여 조깅코스, 산책로로 계획한다. 부대시설로는 에어로빅실, 사우나실, 헬스공간, 마사지실, 뷰티살롱 등이 있으며 수영장 주변에 계획한다.

식사관련공간은 공공구역에서 중심 기능을 담당하며 정식당(main dining room), 테마별 레스토랑, 뷔페식당, 그릴바, 카페, 라운지바 등으로 구성된다. 이 가운데 승객이 가장 많이 이용하는 정식당은 거주구 수직공간구성의 중간부분인 로비데크에 배치하고 외부갑판과 연결되도록 계획한다.

정식당의 규모는 승객 정원의 50%에서 60% 정도를 수용할 수 있도로 계획하며, 식탁의 구성은 2인용 식탁을 식당 주변에 배치하고 4인용 내지 6인용 식탁은 식당 중앙에 배치한다.

정식당의 규모가 커지면 발코니 형식의 2층 공간을 계획하고, 여러 개의 작은 섹터로 구분하여 인간적인 스케일의 공간이 되도록 한다. 한편 선박의 규모에 따라 스포츠공간이나 휴게공간이 위치한 데크에서 전망과 채광이 좋은 곳에 작은 규모의 식당을 배치한다.

사교 및 오락공간은 쇼라운지, 극장, 영화관, 비디오룸 등 관람공간을 비롯하여 댄스클럽, 디스코텍, 클럽하우스, 흡연실, 교제실, 라운지 등 사교공간, 그리고 카지노, 게임룸, 카드룸, 당구실 등 오락공간으로 구성된다.

사교 및 오락공간은 모든 승객이 손쉽게 이용할 수 있도록 중간층 로비데크(lobby deck)를 중심으로 상부 프롬나드데크(promenade deck)까지 계획하고, 특히 대형 공간인 극장, 쇼라운지는 다층공간으로 계획한다. 극장이나 쇼라운지의 규모는 전체 승객정원의 약 30%를 수용할 수 있도록 계획한다.

문화공간에는 갤러리, 도서관, 종교실, 집회실, 회의공간 등이 있는데 특히 음악회, 세미나, 전시회 등 다양한 이벤트를 열 수 있는 다목적 공간을 계획한다. 문화공간은 쇼핑몰을 중심으로 구성된 선물코너, 보석 및 향수 전문점, 사진실, 양품점 등 판매공간과 함께 배치하며 카페, 휴게공간, 식음료공간 등과 연계하여 배치한다.

[그림 7-11] 크루즈선박 정식당 및 레스토랑 사례

[그림 7-12] 크루즈선박 사교 및 오락공간 사례

[그림 7-13] 크루즈선박 문화공간 사례

7.3.2 개인구역

개인구역은 객실로 구성되는데, 승객용 객실은 [표 7-2]와 같이 고급 스위트룸, 스위트룸, 표준객실(인사이드객실과 아웃사이드객실)로 계획한다.

[표 7-2] 크루즈선박 객실의 종류

객실 종류	특 징
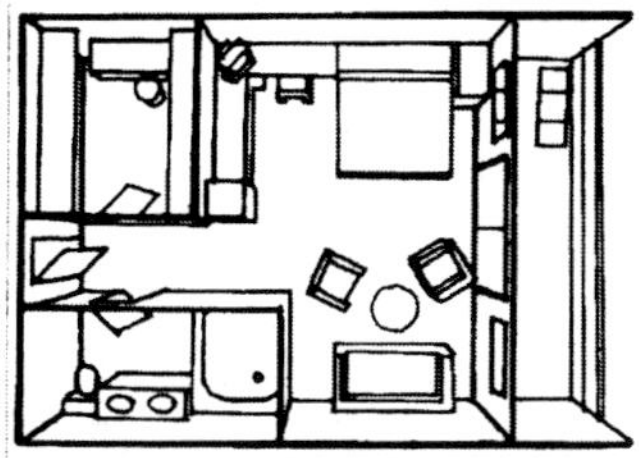	고급 스위트룸 • 개인 발코니 • 슬라이딩 도어 • 퀸사이즈베드, 소파, 화장대, 갱의실, 금고 등 • 2인용 세면대, 자쿠지 • 추가 투숙객을 위한 소파 침대 • TV, 인터넷, 냉장고, 미니바
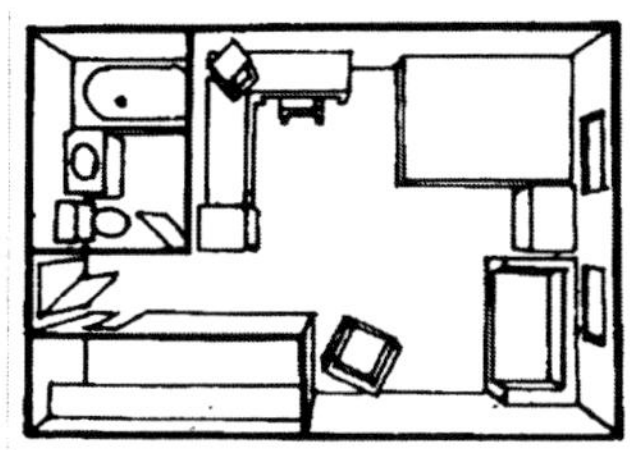	스위트룸 • 각창(사각 전망창) • 더블베드, 소파, 벽장 • 1인용 세면대 및 욕조 • 추가 투숙객을 위한 소파 침대 • 개인 발코니
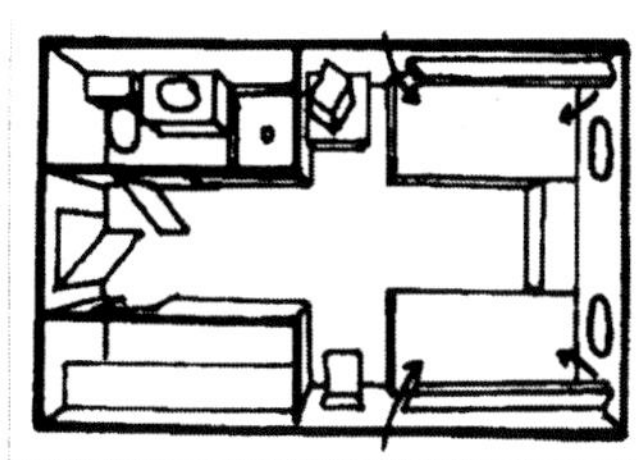	표준객실 : 아웃사이드객실(outside cabin) • 바다 전망이 있는 곳 • 각창(상부 갑판층), 환창(하부 갑판층) • 트윈베드 혹은 더블베드, 샤워시설, 벽장 • 추가 투숙객을 위한 이층 침대 • 개인 발코니가 있는 선박도 있음
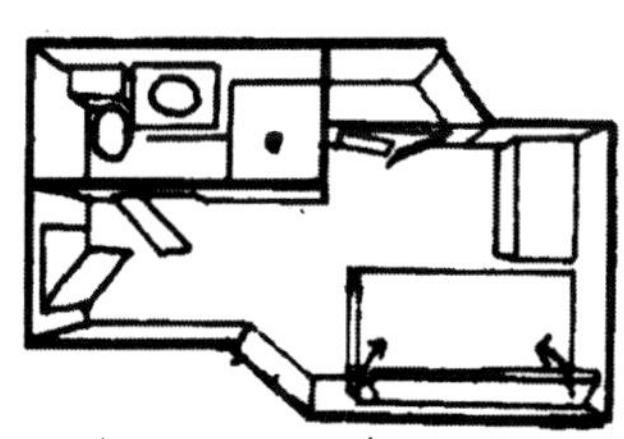	표준객실 : 인사이드객실(inside cabin) • 외부 전망이 없음 • 추가 투숙객을 위한 이층 침대 • 트윈베드 혹은 이층침대, 샤워시설, 벽장

〈출처 : 이한석·변량선, 호화유람선의 객실공간구성에 관한 연구〉

승객용 객실은 바다를 전망할 수 있는 방과 없는 방, 발코니가 있는 방과 없는 방, 객실 사이에 연결문이 있는 방과 없는 방, 장애자용 객실 등으로 구분하여 각 실별 특성에 맞게 계획하는데, 보통 위치와 면적에 따라 12~17등급으로 분류하여 객실을 계획한다.

객실 가운데 스위트룸은 소음과 진동이 적은 상부데크에서 엘리베이터와 계단실에 근접하여 배치하거나 전망이 좋은 곳에 배치한다. 스위트룸이 배치되는 데크의 선수부에는 고급 스위트룸을, 선미부에 스위트룸을 배치하고, 그 중간부분에는 발코니형 표준객실을 배치한다.

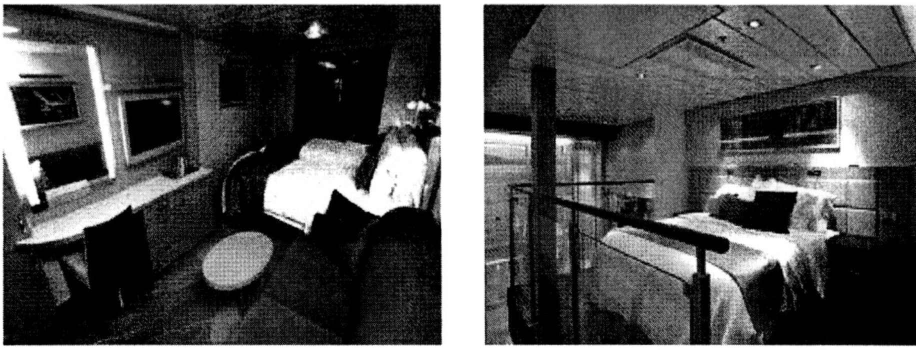

[그림 7-14] 크루즈선박 객실의 예

[표 7-3] 크루즈선박 개인구역 공간구성 사례

대형 크루즈	Costa Atlantica	Millenium	Grand Princess
	아웃사이드객실 : 79.8%	아웃사이드객실 : 80.0%	아웃사이드객실 : 71.3%
	발코니 객실 : 69.6%	발코니 객실 : 60.5%	발코니 객실 : 54.6%
	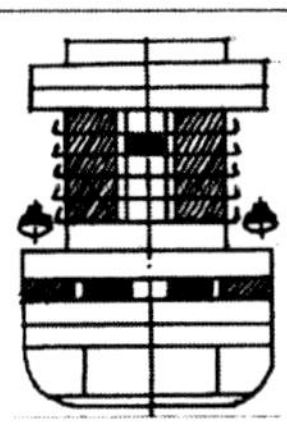	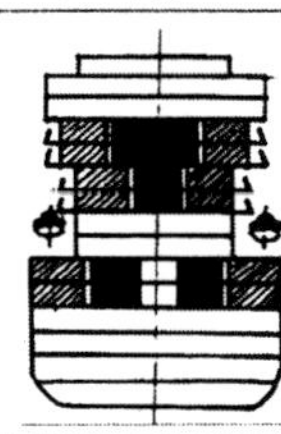	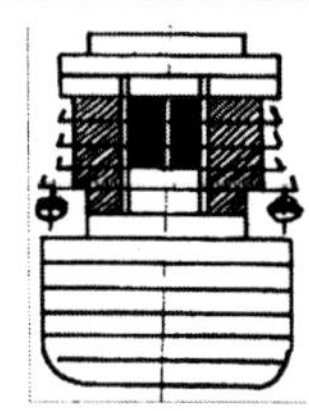
	Disney Magic	Grandeur of Seas	Crystal Symphony
	아웃사이드객실 : 82.2%	아웃사이드객실 : 59.1%	아웃사이드객실 : 100%
	발코니 객실 : 44.3%	발코니 객실 : 21.6%	발코니 객실 : 57.5%
	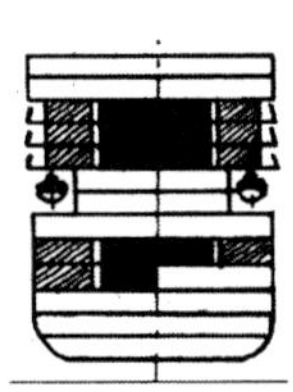	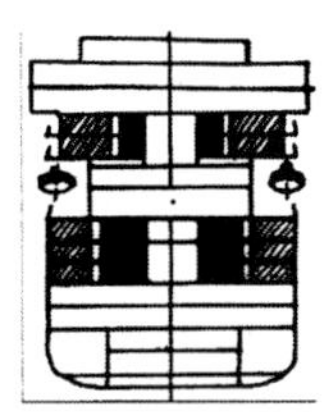	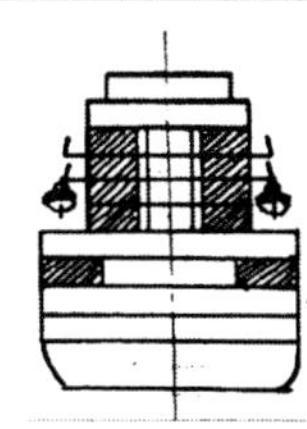

주) 아웃사이드 객실 : , 인사이드객실 : , 발코니형 객실 :

〈출처 : 이한석·변량선, 호화유람선의 객실공간구성에 관한 연구〉

스위트룸의 하부데크에는 발코니가 없는 2인용과 4인용 표준객실을 아웃사이드객실(outside cabin)과 인사이드객실(inside cabin)로 구분하여 배치한다. [표 7-3]에서와 같이 선폭이 30~40 m인 대형 크루즈선박에서 아웃사이드객실은 전체 객실 수의 평균 60%, 최대 80%까지 계획한다.

개인구역 공간계획에서 아웃사이드객실 및 발코니형 객실이 증가하고, 모든 객실을 상부데크에 배치하는 경향이 있다. 이것은 객실에서 바다 전망을 확보하기 위함이며, 특히 유리문이 설치된 발코니형 아웃사이드객실은 휴식과 사색을 위한 공간을 제공하기 때문이다.

한편 수직적으로 객실은 모두 상부데크에, 공실은 개인구역보다 하부 데크에 집중하여 배치함으로써 객실에서 좀 더 쾌적한 거주환경과 좋은 전망을 확보하려는 계획이 나타난다.

객실 규모를 살펴보면 팬트하우스나 고급 스위트룸은 100~140 m^2, 디럭스 스위트룸과 미니 스위트룸은 30~60 m^2, 2인용 표준객실은 [그림 7-15]와 같이 10~20 m^2(대형 선박은 평균 15 m^2, 중형 선박은 19 m^2) 크기로 계획한다. 표준객실을 고급 20~35 m^2, 중급 15~20 m^2, 이코노믹급 10~15 m^2로 구분하여 계획하는 경우도 있다.

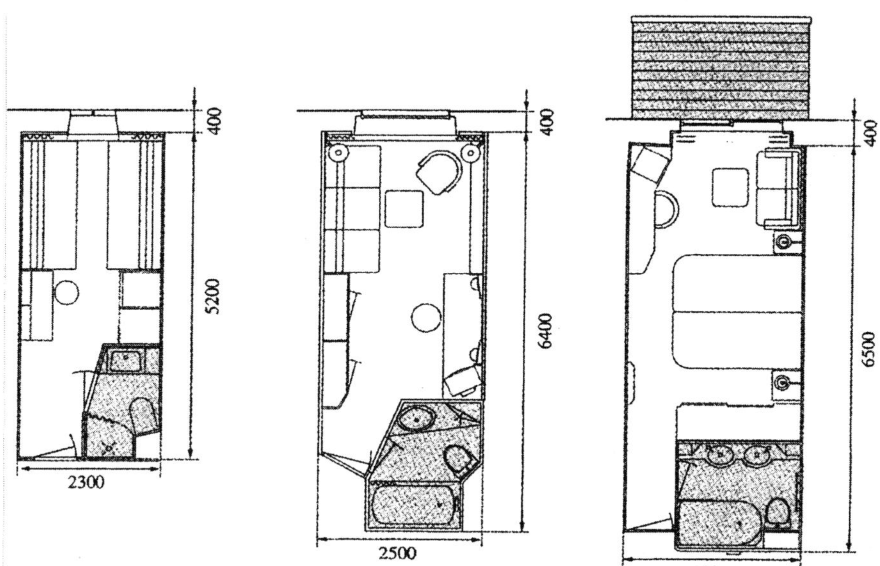

[그림 7-15] 크루즈선박 객실의 공간구성
〈출처 : 이한석·변량선, 호화유람선의 객실공간구성에 관한 연구〉

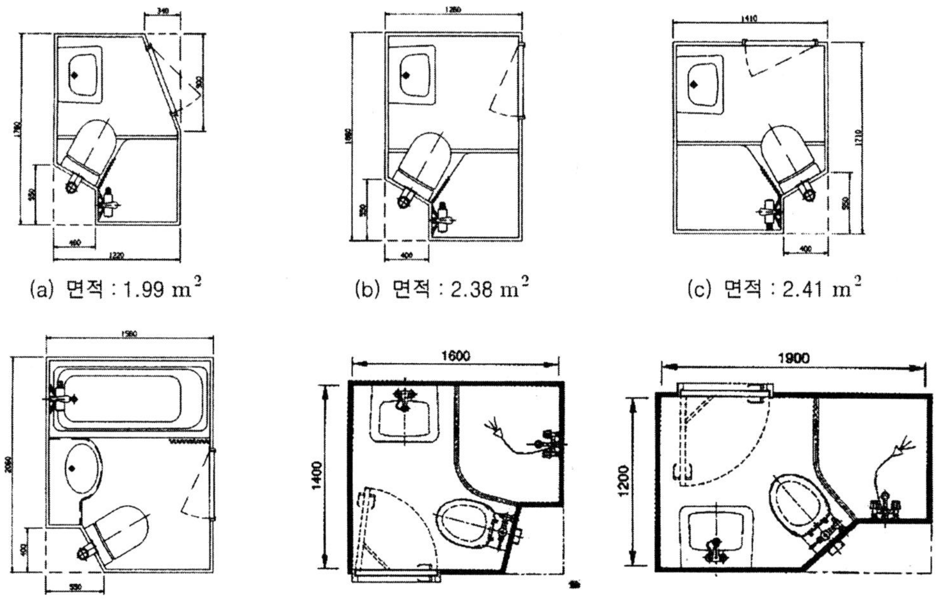

(a) 면적 : 1.99 m^2 (b) 면적 : 2.38 m^2 (c) 면적 : 2.41 m^2

(d) 면적 : 3.21 m^2 (e) 면적 : 2.24 m^2 (f) 면적 : 2.28 m^2

[그림 7-16] 크루즈선박 객실 화장실 계획안 사례
〈출처 : 이한석·변량선, 호화유람선의 객실공간구성에 관한 연구〉

대형 선박의 경우에는 객실 면적을 가능한 축소하여 많은 객실을 확보하고, 공공구역의 면적을 확대하여 수익성을 높이려는 경향이 있으며, 중형 선박의 경우에는 객실을 고급화하고 규모도 크게 계획하는 경향이 있다.

객실의 화장실은 [그림 7-16]과 같이 다양한 형태를 가지며, 선조립탑재식 공법의 화장실(prefabricated unit toilet)로 계획한다. 화장실은 객실 내 복도 쪽으로 배치하며, 진공식(vacuum type) 변기의 배수관을 점검하고 수리하기 위해 점검구를 복도 측의 벽에 설치한다.

7.4 인테리어디자인

7.4.1 디자인과정 106)

거주구 인테리어디자인은 인테리어디자이너가 선박설계과정에 처음부터 참여하여 선주 요구조건과 선박 특성을 고려하여 선박설계자(naval architect)와 그 밖의 설계 관련 기술담당자

106) 변량선 외, 크루즈선 인테리어디자인, 3장에서 인용하여 정리하였음

와 협의를 통해 진행된다. 거주구의 인테리어디자인과정을 살펴보면 다음과 같다.

① 디자인개념결정

인테리어디자인의 개념은 선박 외관이 결정되고 거주구 공간계획에 의해 공간구성이 어느 정도 이루어진 후에 선박의 입면도와 일반배치(GA, general arrangement)를 바탕으로 결정한다. 이 과정에서는 거주구 전체 인테리어 주제와 아이디어 뿐 아니라 각각의 실내공간에 대한 디자인 아이디어도 결정한다.

거주구 인테리어디자인은 선박 외관과 함께 크루즈선박의 독자성을 표출하는 중요한 수단으로서 디자인개념은 선주의 요구사항, 선박의 특성, 승객의 요구에 적합하게 정한다. 디자인개념결정단계에서 다음과 같은 주요 디자인 아이디어가 산출된다.

- 거주구 전체 인테리어디자인 주제
- 거주구 전체와 조화되는 개별 공간 디자인
- 선박 외관과 조화되는 인테리어디자인
- 객실의 등급별 디자인 스타일
- 아트리움의 디자인 스타일
- 쇼룸(극장)의 크기와 배치
- 정식당의 수직구성(다층 형태) 혹은 수평구성(둘 이상 주수직구역 연결)

한편 이러한 디자인과정에서 선주와 계속되는 협의와 프레젠테이션(presentation)이 발생한다. 이를 위해 디자이너는 [그림 7-17] 및 [그림 7-18]과 같이 각 공간의 스케치 도면과 실물크기모형을 만들어 디자인 아이디어를 표현하고, 대형 공실과 선박 외

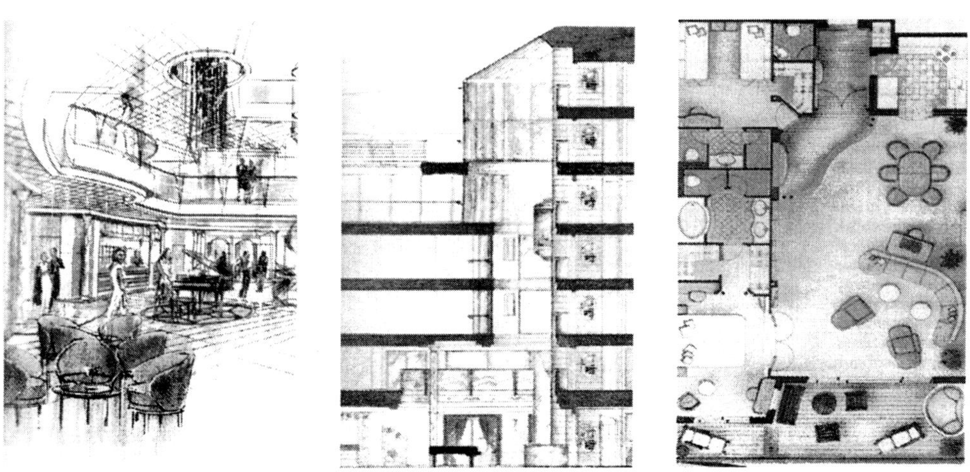

[그림 7-17] 크루즈선박 로비와 객실 디자인 사례
〈출처 : 변량선 외, 크루즈선 인테리어디자인, p.73 이미지인용〉

[그림 7-18] 크루즈선박 옥외수영장 디자인 사례
〈출처 : 변량선 외, 크루즈선 인테리어디자인, p.72 이미지인용〉

관 등은 축소모형이나 스케치 도면, CG(computer graphics) 등을 이용하여 표현한다. 이 때 디자인개념뿐만 아니라 색채, 재료, 디테일까지 가능한 자세하게 표현한다.

② 컬러보드제작

디자인개념과 아이디어가 결정되면 실내공간의 마감재료를 정하는데, 이 경우에는 재료를 직접 만져보거나 질감, 색감 그리고 전체적인 분위기를 알기 위해 [그림 7-19]와 같이 컬러보드(color boards)를 제작한다.

컬러보드는 A1 사이즈 크기의 우드락 보드에 마감재료를 붙이거나 또는 상자를 만들어 각 실에서 사용될 재료를 설치하여 보여준다. 여기에는 바닥, 벽, 천장의 마감재료와 가구, 조명, 직물 등 샘플이 포함되고, 심지어 테이블천이나 냅킨 등도 컬러보드에 표현한다.

이외에도 컬러보드에는 특별한 디자인주제나 아이디어를 표현하기 위해 오브제(objet)나 사진 등을 사용하기도 하며, 대형 크루즈선박의 경우 컬러보드는 50개 이상 만들어진다. 이 컬러보드에는 마감재료에 대한 결정사항을 상세히 기록하여 나중에 재료주문이나 시공매뉴얼작성에 사용한다.

[그림 7-19] 크루즈선박 컬러보드(color board) 사례
〈출처 : 변량선 외, 크루즈선 인테리어디자인, p.74 이미지인용〉

③ 도면작성

선박의 건조계약이 체결되면 지금까지 결정된 디자인에 따라 실시도면과 상세도면을 작성하는데, 조선소 사이에 선박의 수주경쟁이 치열한 경우에는 건조계약이 체결되기 전에 인테리어 도면을 제작하기도 한다.

도면작성을 위한 시간이 많지 않기 때문에 재료의 적시 주문이나 시공할 하도급업체 선정 등을 위해 멀티유저 네트워크(multi-user network) CAD시스템을 사용하여 빠른 시간 내에 정확하게 도면을 작성하며, 도면을 제대로 작성하기 위해서는 인테리어와 관련된 선박의 구조 및 프레임에 관해 먼저 알아두어야 한다.

④ QC 및 마무리

선박건조가 시작되면 인테리어디자이너는 설계대로 시공되는 지를 확인하는데 이 작업을 QC(quality control)라고 하며, 거주구가 완성될 때까지 분야별, 공정별로 세심하게 조사한다. 조사대상에는 시설, 건축, 장식, 가구, 의장 등 인테리어 관련 모든 작업이 포함된다.

디자이너는 QC를 통해 디자인과정에서 미해결된 문제나 잘못 디자인된 것을 선주 및 조선소와 협의를 거쳐 바로 잡게 되는데, 이를 위해 선박건조시스템에 대한 이해, 프로젝트관리(PM : project management) 및 협의조정능력이 필요하다.

인테리어의 마무리 단계에서는 사후 관리를 위해 매뉴얼(manual)을 만든다. 여기에는 각 실내공간에 대한 인테리어 관리스케줄, 정확한 재료사양, 재료의 제작자와 공급자, 대체 재료와 컬러 등이 포함된다.

디자이너는 재료의 공급자 및 생산자와 지속적인 관계를 맺어 제품, 재료, 패턴, 컬러 등의 변경사항을 통보받고 지속적으로 매뉴얼을 갱신하며, 만일 재료회사가 문을 닫게 되면 선주와 의논하여 새로운 대체 재료를 찾는다.

7.4.2 디자인경향

크루즈선박의 거주구 인테리어디자인은 크루즈선사들이 자체 고유의 이미지를 고려하여 선박 시리즈별로 디자인을 차별화하고 있으며, 이에 따라 선박별로 특성화된 디자인보다는 선사별로 특성화된 디자인이 나타나고 있다. 따라서 디자인은 크루즈선사에서 자체 고용한 전문디자이너가 담당하는 경우가 많다.

거주구 인테리어디자인은 크루즈선사별로 기존의 독자적인 이미지를 유지하면서 승객의 취향 및 크루즈문화의 변화에 대응하여 새로운 디자인으로 발전한다. 또한 선박 실내공간의 단조로움과 폐쇄성을 극복하기 위해 외부로의 개방성과 확장성을 가진 차별화된 공간이 시도되고, 새로운 선체 구조의 개발에 따라 새로운 개념의 인테리어디자인이 나타나고 있다.

특히 공공구역에서는 공실의 성격과 규모에 따라 다양한 디자인 스타일이 적용되고 있으며, 세계적으로 유명한 관광지나 거리를 리메이킹(remaking)하거나 특별한 테마공간을 연출하는 경향이 나타나고 있다.

기존 공실에 대해서도 최고급 사양의 새로운 디자인이 나타나고, 신소재가 개발되어 자재의 종류도 다양해지며, 디자인과정에서 실물크기모형(mock-up)을 제작하여 디자인 및 흡음·차음 등 실내환경의 성능평가와 개선이 이루어지고 있다.

또한 시공된 인테리어의 품질 향상을 위해 유닛제작시스템(unit construction system)과 선가공제품(pre-fabricated interior outfits)을 통해 시공 효율성이 개선되고 있다. 공실의 경우 복잡한 공정으로 인해 좁은 공간에 많은 인원이 투입되고, 특별한 디자인이 적용되기 때문에 현장작업이 많을수록 품질이 떨어지며 공기가 지연되고 인건비가 상승된다.

따라서 선가공제품과 반가공제품의 비율이 높아진다. 이러한 선가공제품은 디자인과정에서 결정되어 상세도면에 표현되고, 시공과정에서는 제때 자재와 부품의 탑재가 이루어지도록 공정계획을 수립한다.

객실에 대해서는 등급별로 차별화된 디자인이 적용된다. 그리고 객실의 인테리어 시공에서도 [그림 7-20]과 같이 유닛제작시스템과 모듈을 이용한 시스템기술이 적용된다.

표준객실은 선가공조립식 객실(assembly completely pre-fabricated cabin)이, 스위트룸 이상 고급객실은 [그림 7-21]과 같이 세미선가공조립식 모듈(semi-prefabricated space modules)이 사용된다.

특히 발코니형 객실에서는 발코니, 슬라이드 도어 및 윈도우의 상세설계와 제작 및 설치기술이 사용되고, 객실은 타입별·등급별로 실물크기모형을 통해 품질 검증이 이루어진다.

인테리어 기자재는 인테리어 자재와 의장용 자재로 구분된다. 인테리어 기자재의 부품 및 소재는 요구되는 성능 및 품질 이외에 디자인 측면에서 고급스럽고 다양한 디자인이 요구된다.

한편 거주구 인테리어에서는 다양하고 복잡한 디자인 그리고 재료의 경량화로 인해 컴포지

[그림 7-20] 크루즈선박 객실 유닛의 선가공 사례

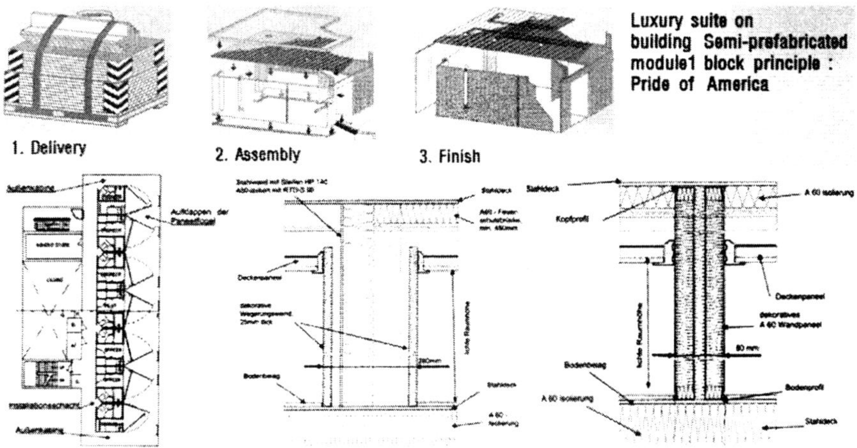

[그림 7-21] 크루즈선박 스위트룸의 선가공 모듈 사례
〈출처 : Klaus Bertermann, Erhoehung der Vorfertigung im schiffs-innenausbau, pp16~18 이미지인용〉

트(composite)[107] 사용이 늘어가고 있으며, 해당 부재의 부분 혹은 전부를 선가공(pre-fabricated outfits) 형태로 만들어 현장에서 조립하여 설치한다.

컴포지트 가운데 많이 사용되는 GRP(glass fiber reinforced plastic, 유리섬유강화플라스틱)의 경우 경량이며, 잘 부식되지 않고, 내구성과 강도가 크며, 스틸이나 알루미늄으로 형상화할 수 없는 다양한 디자인과 컬러로 제작이 가능한 장점이 있다.

컴포지트는 [그림 7-22]와 같이 외부공간에서 주로 배연굴뚝(funnel)의 외판, 상갑판 수영장(pool) 주변의 장식 요소 등에 사용되고, 실내공간에서는 방화규정에 적합한 구조로서 아트리움의 돔(dome), 필라(pillar) 등 복잡한 곡면 형상과 다양한 표면질감을 나타내는 곳에 사용되며, 유닛 캐빈(객실)의 제작에도 사용된다.

[그림 7-22] 크루즈선박 콤포지트 사용 사례

107) 컴포지트(composite)란 두 종류 이상의 소재를 조합하여 물리적 및 화학적으로 원래 소재와는 다른 성질 및 우수한 기능을 갖도록 한 재료를 말함

참고문헌

1. 박명규·신영균·손철호, 상선설계의 실내디자인에 관한 연구, 한국항해항만학회지 제22권 제3호, pp. 35~42, 1998
2. 박명규, 21세기 크루즈 객선, 해양안전학회지 제2권 제1호, pp.157~180, 1996
3. 박춘근, 건축계획각론, 보성각, 1996
4. 변량선·이한석·최경식·김동준·현범수, 크루즈선 인테리어디자인, 일진사, 2008
5. 변량선, 크루즈선 거주구역의 인테리어 디자인에 관한 연구, 한국해양대학교 박사학위논문, 2005
6. 변량선·이한석, 크루즈선박의 형태와 공간에 관한 연구, 한국생태환경건축학회논문집, 5권2호, pp. 43~49, 2005
7. 변량선·이한석, 크루즈선사의 디자인특성에 관한 연구, 한국실내디자인학회논문집, 38호, pp.201 ~208, 2003
8. 변량선, 해상선박의 관점에서 본 유람선 실내설계의 특이성에 관한 연구, 한국실내디자인학회지, 16호, pp.59~67, 1998
9. 이한석·박명규·한창용, 대형 크루즈선박의 승객거주구역 공간 계획에 관한 연구, 한국실내디자인학회논문집 23호, pp.9~18, 2000
10. 이한석·변량선, 해상호텔의 공공부분 공간계획에 관한 연구, 대한건축학회논문집(계획계), 제16권 8호, pp.27~36, 2000
11. 이한석·변량선, 호화유람선의 객실공간구성에 관한 연구, 한국실내디자인학회논문집, 제24호, pp.38~46, 2000
12. 한창용, 최신대형 크루즈선의 거주의장설계에 대한 연구, 한국해양대학교 해사산업대학원 석사학위논문, 1999
13. 서유석·이한석·변량선, 크루즈선박 인테리어 가공단지 구축을 위한 최적모델 연구, 영남시그랜드대학사업단, 2009
14. Douglas Ward, Cruising & Cruise Ships, Berlitz, 1999, 2000
15. Kai Levander etc., Designer's Round Table : Creating Cruise Ships with an Eye on Next Generation, Cruise Industry News Quarterly, Summer 1999
16. Klas Brogren, On board Report : Superstar Leo, ShipPax Designs 99, p.16~40, 1999
17. Klaus Bertermann, Erhoehung der Vorfertigung im schiffs -innenausbau, Hansa international maritime Journal, pp.16~18, 2006
18. Philip Dawson, The Design Process : the realization of conception, ShipPax Statistics 98, pp. 37~43, 1998
19. S.M. Payne, The Evolution of the Modern Cruise Liner, RINA, 1989
20. Oasis of The Seas호 홈페이지 http://www.oasisoftheseas.com

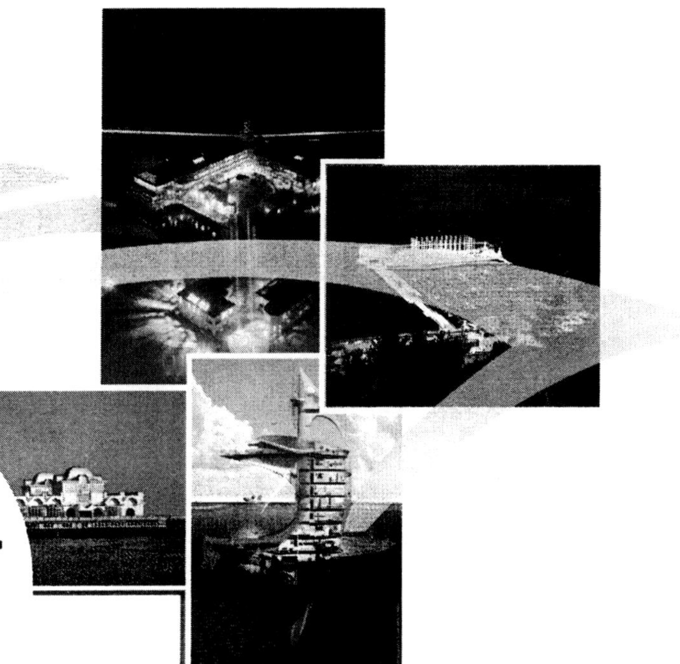

제 8 장

슈퍼요트 거주구계획

8.1 슈퍼요트의 개요

8.1.1 슈퍼요트의 개념

요트(yacht)는 상선, 어선, 군함 등과 같은 업무용 선박이 아니고, 레저와 스포츠에 이용되는 속도가 빠른 선박으로서 일반적으로 돛이 달린 범선형태의 레저용 선박을 의미한다. 따라서 요트라 하면 돛이 있는 세일링요트(sailing yacht)를 떠올리지만, 현대에는 동력장치의 개발로 인해 동력장치가 달린 레저용 파워요트(power yacht)도 요트로 분류된다.[108)]

요트의 종류는 용도, 선저(船底)의 구조, 범장(帆檣) 양식, 동력의 유무, 크기 등에 따라 다양하게 구분되는데 그 중에서 슈퍼요트(super yacht)는 요트의 용도 및 크기에 따른 것으로 길이가 24 m 이상이며 호화 레저용 선박을 의미한다.

슈퍼요트는 크루즈선박의 거주구가 가진 기능을 포함하고 또한 레저용 선박으로서 특별한 기능도 가지고 있으며, 그 크기나 기능 측면에서 소형 레저선박과 크루즈선박의 중간 형태를 취한다.

슈퍼요트의 규모는 일반적으로 대·중·소로 분류되고 있는데, 소규모는 전장 24~32 m, 중규모는 전장 32~43 m, 대규모는 전장 43 m 이상으로 구분된다.[109)] 슈퍼요트는 기술력과 디자인능력을 가지고 있는 이탈리아, 네덜란드, 영국, 프랑스, 미국, 호주 등 요트 선진국에서 개발되고 있으며 최근 길이 100 m 이상 메가요트(mega yacht)가 개발되고 있다.

[그림 8-1] 슈퍼요트 외관 및 실내 사례

108) Wikipedia, http://en.wikipedia.org/wiki/Yacht 참조

109) 국제슈퍼요트협회(International Super Yacht Society)에서 슈퍼요트 디자인상(design awards)을 위해 정한 선박규모별 분류체계임(http://www.superyachtsociety.com 참조)

슈퍼요트는 크루즈선박과 비교되는 고급 선박으로서 선박의 안정성, 선회성, 스피드 등에서 최고 성능을 요구할 뿐 아니라 아름다운 외관, 그리고 열악한 해양환경에서도 승객이 쾌적하고 안락하게 생활할 수 있는 거주구가 요구된다.

따라서 슈퍼요트 거주구의 설계에서는 인간공학, 유니버설디자인, 최적공간배치, 첨단공기조화설비 등을 사용하여 기능적이고 경제적이면서 쾌적한 거주공간을 만들고 있다. 소형 레저보트는 단순한 기술의 조합으로 대량 생산이 가능한 반면에 슈퍼요트는 기술집약형 레저선박으로서 특별한 고객층을 대상으로 고객 요구에 맞게 설계가 이루어진다.

8.1.2 슈퍼요트의 설계

슈퍼요트 설계는 개념설계 단계부터 건조 단계까지 선주의 요구조건을 수용하는 사용자 중심의 설계이다. 사용자 중심의 설계는 설계과정이 사용자와 설계자의 일대일 대응 방식으로 진행되며, 설계의 모든 내용이 사용자 의견을 중심으로 이루어진다.

슈퍼요트 설계의 핵심은 선주의 다양한 요구를 만족시키는데 있다. 선박의 운항성능과 안전성에 주안점을 두고 선체 하부구조를 중심으로 진행되는 통상의 선박설계방식에서 벗어나 슈퍼요트 설계에서는 거주구를 중심으로 진행되는 새로운 설계방식이 요구된다.

슈퍼요트의 설계과정은 [그림 8-2]와 같이 먼저 고객 만족 차원에서 사용자 요구를 파악하여 선박의 포괄적 미션과 상세한 기능을 정의하고, 다음으로 선박외관의 스타일, 선박거주구의 인테리어에 대한 설계가 진행된다.

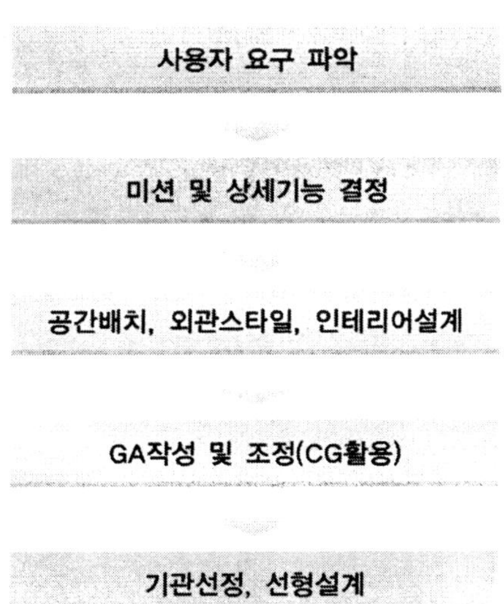

[그림 8-2] 슈퍼요트 톱다운 설계방식
〈출처 : 부산디자인센터, 동남권 해양레저장비산업 디자인경쟁력 강화방안 연구, p24〉

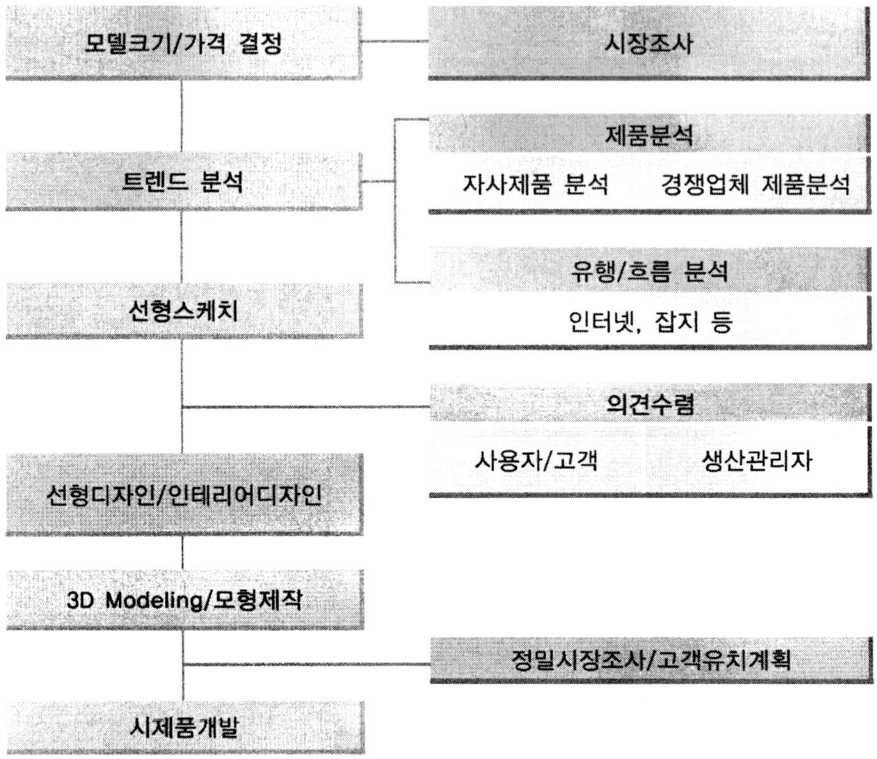

[그림 8-3] 슈퍼요트 새로운 모델 디자인과정
〈출처 : 부산디자인센터, 동남권 해양레저장비산업 디자인경쟁력 강화방안 연구, p26〉

또한 이렇게 설계된 각 부분에 모듈개념을 적용하여 최적배치를 실시하고, 가상현실기법을 이용하여 선박의 일반배치(GA, general arrangement)를 조정한다. 다음으로 기관선정과 선형설계가 그 뒤를 따른다. 이때 쌍동선형, 삼동선형 등 특수선형 및 추진방식, 거주구 쾌적성과 안전성을 높이기 위한 특수 장치의 채택여부에 따라 설계과정이 반복된다.

이와 같이 먼저 사용자 요구를 파악하고 이에 따라 선박의 미션과 기능을 결정한 후 선박하부의 선형설계와 기관선정이 진행되는 설계방식을 톱다운(top-down) 설계방식이라고 부르며, 선형설계부터 이루어지는 기존 선박설계방식과 구별하고 있다.

슈퍼요트를 비롯하여 해양레저용 선박은 새로운 모델이 출시되는 주기가 3년 정도이다. 최근 몰드제작방식의 기술적인 향상(5 axis computer milling system 등)으로 매년 대형 보트쇼(boat show)에서 신형 모델을 어렵지 않게 볼 수 있다.

슈퍼요트의 새로운 모델을 디자인하는 과정을 자세히 살펴보면 [그림 8-3]과 같이 여러 단계로 구분되어 진행된다.

슈퍼요트의 새로운 모델 디자인의 각 단계에서는 정확한 디자인이 나올 때까지 제안과 수정을 반복하게 되며, 디자인 마지막 결과물로서 설계도면, 공학계산서, 설계설명서가 산출된다.

또한 디자인 마지막 단계에서는 속도예측프로그램(VPP : velocity prediction program) 등을 사용하여 선박성능을 검증하며, CFD(computational fluid dynamics)를 사용하여 디자인을 테스트한다.

한편 슈퍼요트를 포함한 해양레저용 선박에서 새로운 제품의 설계과정은 [그림 8-4]와 같은 단계로 이루어지며 이 가운데 중요한 과정을 살펴보면 다음과 같다.

- **기본설계단계** : 먼저 어떤 선박을 설계할 것인가 설계개념을 만들고, 이를 바탕으로 선박의 이미지와 아이디어를 모아서 기본설계안을 만든다. 기본설계안에는 선형, 선박외관, 공간 레이아웃 등이 포함된다.
- **성능검토단계** : 기본설계안을 바탕으로 선박의 구조강도를 계산하고 모형실험을 실시하여 성능, 강도, 기능까지 세심하게 검토하며 경제성도 함께 검토한다.
- **모델링단계** : 기본설계안과 성능검토결과를 바탕으로 CG를 이용하여 정밀하게 3차원 모델링을 하며 이 과정에서 평가와 검토를 반복하여 설계안 변경이나 재배치가 이루어진다.

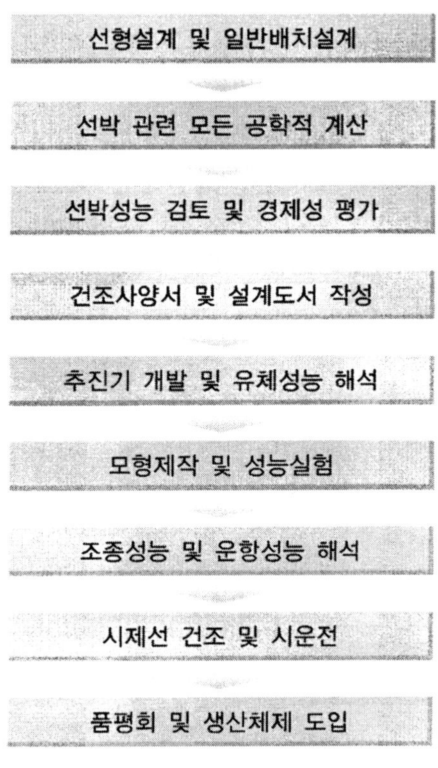

[그림 8-4] 슈퍼요트 제품 설계과정
〈출처 : 부산디자인센터, 동남권 해양레저장비산업 디자인경쟁력 강화방안 연구, p22〉

- **제작 및 시운전단계** : 3차원 모델링 데이터를 이용하여 선체 제작에 사용되는 몰드를 만들고 이를 이용하여 시제선을 건조하며 시운전 등을 통해 품질을 검사한 후 생산체계를 갖춘다.

이상과 같은 설계과정을 거쳐 새로운 슈퍼요트를 개발하는 데 고려해야 할 중요한 사항은 다음과 같다.

- 슈퍼요트 개발에서 먼저 고려할 사항은 선박외관이다. 그 이유는 수려한 외관을 먼저 디자인해 놓고 기능과 사양을 조정할 수는 있지만 그 반대로는 할 수 없기 때문이다. 또한 선박구매자입장에서는 레저용 선박잡지와 보트 쇼 등에서 우선 선박외관을 보고 구매충동을 느끼며 그 이후에 선박의 자세한 기능과 사양을 검토하기 때문이다.
- 선박외관과 함께 중요한 사항은 선가(船價)이다. 선박의 가격이 비싸면 경쟁력이 없고 가격이 싸지면 볼품없는 선박이 되어 버린다. 결국 합리적으로 선가를 정하고, 선가에 맞추어 선박의 각 부분을 어떻게 설계할 것인지 결정한다.
- 다음으로 고려해야 할 사항이 선박의 기능이다. 화려하고 멋진 선박외관이라고 할지라도 원하는 기능을 만족시키지 못한다면 디자인을 과감하게 변경한다. 선박외관이 첫 인상과 구매 욕구를 일으킨다면 선박기능은 선박의 수명과 향후 중고선박의 매매가를 결정한다.
- 같은 선형으로 세일링요트(sailing yacht)와 파워요트(power yacht)에 모두 적용가능한지, 혹은 1개의 선체를 가지고 다양한 목적의 용선(charter)[110]이나 상업적 용도로 변형이 가능한지를 고려한다. 이것은 초기에 개발비와 개발기간이 많이 소요되기 때문에 한 번 개발할 때 두세 가지 용도를 동시에 감안해서 설계하기 때문이다. 초기 개발에 이은 두 번째 개발은 초기 개발비용의 약 50% 정도만 투자해도 개발이 가능하다.

이상과 같은 사항을 검토한 후에 제작비용, 항해조건 등 실제 여건과 선주가 제시한 요구사항 등을 고려하여 개념디자인을 만든다. 이때 디자인방식에는 표준 스펙(spec)[111]을 가지고 서로 다른 선주들의 요구사항에 맞도록 디자인하는 반 주문형 방식과 한 사람 선주의 요구와 기대에 맞도록 처음부터 새롭게 디자인하는 완전 주문형 방식이 있다. 슈퍼요트 개발에서 흔히 사용되는 두 번째 디자인방식에 대해 설명하면 다음과 같다.

- 선주는 선박에 대해 요구사항을 제시한다. 선주는 자기의 취미생활에 적합하고, 가족들과

110) 일정한 금액을 지불하고 배를 빌리는 행위를 말함

111) 스펙이란 스페시피케이션(specification)을 줄여 표현한 것으로 선박, 자동차 등 기계제품의 설계내용을 설명하는 명세 혹은 사양서라고도 하는데, 예를 들어 자동차 카탈로그에 기재된 차의 크기, 스타일, 성능 등을 해당 차의 스펙이라고 함

원양 항해에 적당하며, 바다와 밀착된 삶을 즐길 수 있는 해양레저용 선박을 요구한다.

- 선주로부터 요구사항이 주어지면 디자인팀이 구성된다. 이 팀은 치열한 브레인스토밍을 거쳐서 선박디자인을 위한 주요 개념과 기술적 아이디어들을 자연스럽게 산출한다. 이런 방법으로 디자인팀은 선박을 위한 미래적이고 실제적인 시나리오를 만든다.
- 브레인스토밍 마지막 단계에서는 그동안 제시된 모든 아이디어, 비전, 제안, 정서적 느낌들을 모은다. 이것들은 선주를 위한 공간, 바다와의 관계, 선박의 운항범위와 같은 주요 개념을 따라 정리되어 선박의 개념디자인에 사용된다.
- 유사한 목적이나 같은 기능의 선박들을 분석한다. 디자인하려는 선박은 특별한 요구조건이 있기 때문에 유사한 특성을 가진 선박들과 직접적인 비교는 어렵지만 특징을 공유하고 있는 다양한 선박들에 대해 실제적인 분석이 필요하다.
- 유사한 선박의 분석을 통해 얻은 결과를 바탕으로 새로운 디자인의 중요한 측면들을 다양한 시각에서 검토함으로써 선박의 전체 구조를 정의하고 개략적인 형태를 부여한다. 특히 선박을 구성하는데 중요한 개별 디자인요소들을 결정한다.
- 다양한 선박을 분석하여 얻는 해결안들을 참고하여 디자인요소 하나하나에 구체적인 형태를 부여한다. 이 때 각 디자인요소에 대한 치수, 형태, 배치, 기능 등에 영향을 미치는 독특한 디자인 요구사항을 고려한다.
- 지금까지 만들어진 디자인에 대해 기술적인 성능분석을 통해 선박의 특성을 정한다. 이 때 공학적인 검토가 디자인에 심각한 제한을 두거나 혁신적인 디자인을 방해하지 않고 오히려 새로운 디자인이 실현가능하도록 기술을 제공한다. 이 과정에서 선박길이를 바탕으로 다음과 같은 선박의 기본 스펙을 정한다.

  - Maximum beam(최대 폭)
  - Maximum draft(만재흘수)
  - Displacement(배수량)
  - Engine power(엔진출력)
  - Cruising speed(항해속도)

- 선박의 기본 스펙을 바탕으로 그 밖의 디자인요소를 결정함으로써 최종 개념디자인을 완성한다. 개념디자인이 완성되고 나면 계속해서 기본디자인(preliminary design), 상세디자인(detailed design), 시공도면 제작 등으로 이어진다.

8.2 슈퍼요트의 외관

8.2.1 외관특성

슈퍼요트에는 세일링요트와 파워요트가 있는데 파워요트는 선박 상부가 돛이 아닌 건축요소인 캐빈(cabin)으로 구성되고, 원거리 항해를 위해 거주구를 갖추고 있다. 따라서 여기에서는 거주구와 관련된 슈퍼요트 외관을 살펴보기 위해 [그림 8-5]와 같은 파워요트의 외관에 대해 설명한다.

슈퍼요트 외관은 크게 전통적인 선체스타일(traditional hull style)과 모던한 선체스타일(modern hull style)로 구분할 수 있는데, 이러한 외관스타일에서 선(line)이 중요한 디자인요소이다. 슈퍼요트 외관에서는 선들이 모여 면(plane)과 볼륨(volume)을 갖추고 선박 전체 형태(form)를 결정하기 때문에 선은 슈퍼요트 외관을 결정하는 중요한 요소가 된다.

한편 슈퍼요트 외관은 [그림 8-6]과 같이 수면 아래 선각 형태(hull form)와 수면 위 상부구조물 형태로 구분되는데, 실제 눈에 띄는 대부분은 수면 위 외관으로서 이 부분의 프로파일(profile : 옆모습)이 선박외관을 결정하는데 중요한 역할을 한다.

또한 슈퍼요트의 데크(deck) 수는 선박 외관의 호화로움이나 위엄을 결정하는 중요한 요소로서 이로 인해 선박 내 사용가능한 바닥면적과 선박 전체의 부피(용적)가 결정될 뿐 아니라 선박의 3차원 형상과 외관이 달라진다.

슈퍼요트 외관은 거주구의 실내공간계획과도 밀접하게 연결되어 있다. 데크 수에 따라 거주구의 실내공간구성이 달라지고, 실내공간구성에 따라 외부에서 지각할 수 있는 선박의 매스(mass)가 결정된다.

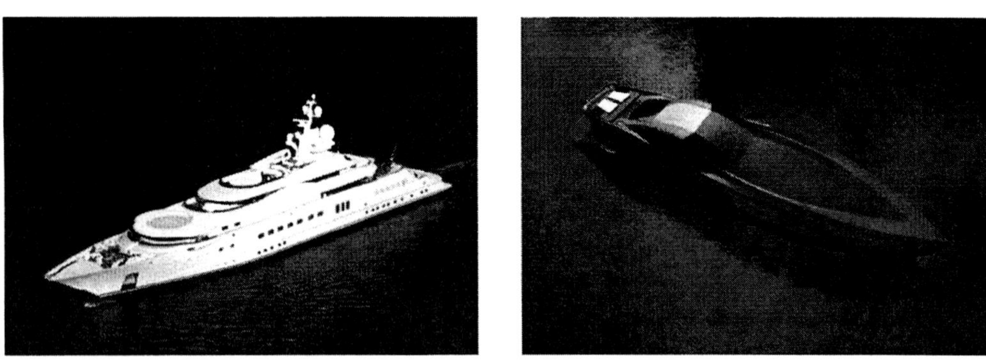

[그림 8-5] 파워요트 외관 사례

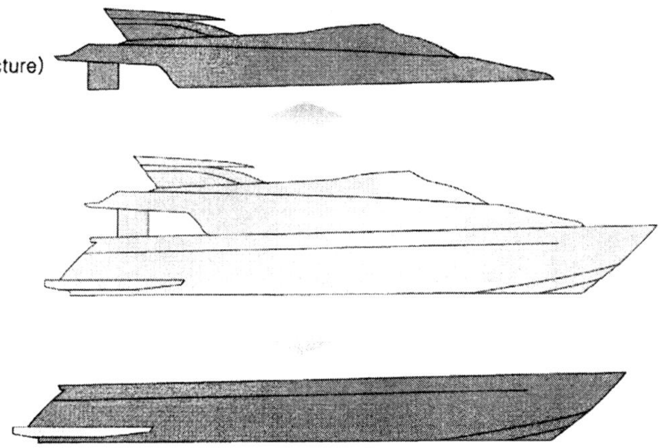

[그림 8-6] 슈퍼요트 구성

슈퍼요트 거주구는 사용자 경험을 중시하여 인체측정학(anthropometry), 생체역학(biomechanics), 근접학(proxemics) 등 인간공학(ergonomics)의 연구결과를 응용하여 디자인하며 이러한 인간공학적 내용들은 슈퍼요트 외관을 결정하는 중요한 변수이다.

슈퍼요트 외관에 영향을 미치는 또 다른 요소는 선체를 구성하는 건조 재료이다. 길이 45 m 이하 요트에 주로 사용되는 섬유유리(fiberglass)의 경우에는 비교적 가공성이 높은 재료로서 선박 전체 매스를 주조하거나 곡선과 물결모양 등 다양한 선형을 모델링할 수 있다.

반면에 규모가 큰 슈퍼요트에 주로 사용되는 알루미늄이나 철과 같은 금속재료는 재료의 기계적 성질과 처리과정 등으로 인해 3차원 모델링에 어려움이 있어서 선박외관의 자유로운 형태를 구현하는 데 제한이 있다.

슈퍼요트 외관에 가장 큰 영향을 주는 것은 역시 선주의 요구사항이다. 선주는 자기의 선박 건조 의도를 바탕으로 기본적인 아이디어나 디자인지침을 제공하고, 디자이너는 이 요구사항을 디자인으로 만들어 요구사항을 만족하면서 동시에 전체가 유기적이고 균형이 잡히도록 선박외관을 디자인하게 된다.

슈퍼요트 외관디자인에서는 먼저 선박 길이에 따라 선각(hull)과 상부시설물(superstructure)을 스케치하고 건조 재료와 건조 기술을 정한다. 선박 전체 윤곽이 어느 정도 결정된 후에는 최고 스피드, 운항 속도, 항해 범위 등 선주가 요구하는 선박성능을 고려하여 디자인에 대한 기술적 검토가 필요하다.

8.2.2 설계요소

슈퍼요트는 추진시스템과 저장장치를 포함하여 선박기능을 담당하는 하부구조물(선각, hull)과 거주구인 상부시설물(superstructure, house, cabin)로 구성된다. 따라서 슈퍼요트 외관의 설계요소로는 [그림 8-7]과 같이 하우스, 현호, 창, 선수, 선미, 기타 장비 및 부속품 그리고 선박기능과 관련된 폭로 갑판, 창고, 아치 등이 있다.

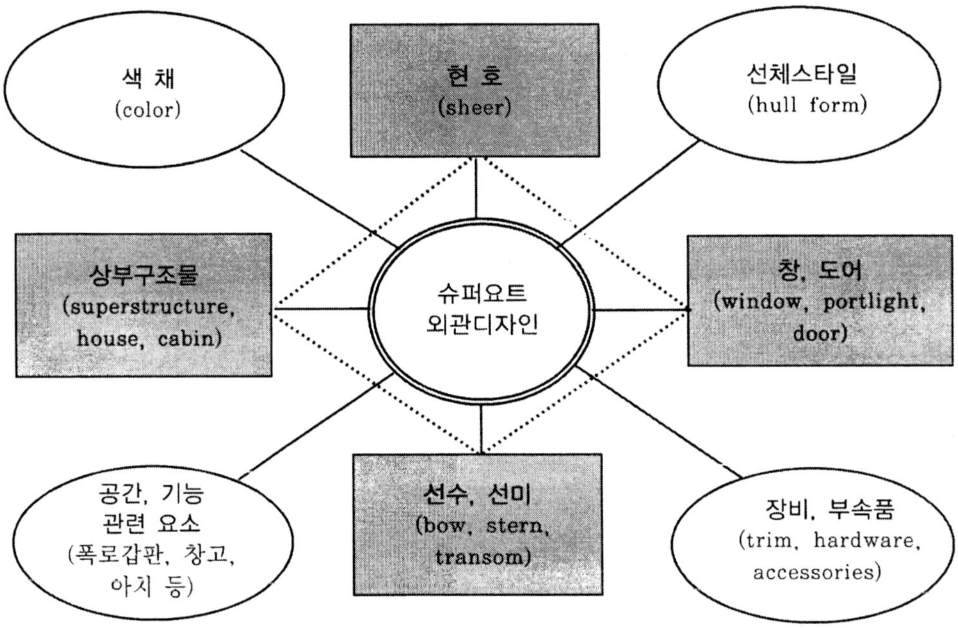

[그림 8-7] 슈퍼요트 외관설계요소
〈출처 : 이한석·변량선, 슈퍼요트 외관디자인 스타일에 관한 연구〉

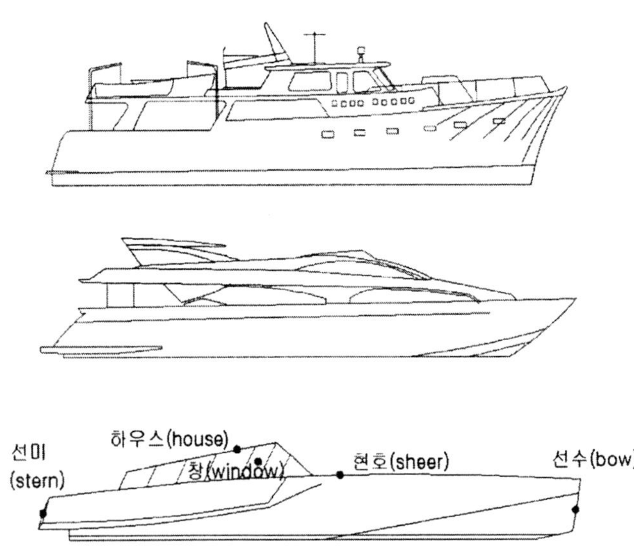

[그림 8-8] 슈퍼요트 프로파일 설계요소

슈퍼요트의 외관은 선(line), 형태(form), 스타일(style)의 조화를 통해 수면 위에서 선박의 안정감과 속도감을 나타내는 동시에 선박이 진행할 때 추진저항을 최소화하는 것이 중요하다. 특히 슈퍼요트 외관에서 선박 프로파일(profile, 옆모습)이 중요하며 프로파일 디자인을 결정하는 핵심 요소로는 [그림 8-8]에서와 같이 현호, 하우스, 선수와 선미, 창 등이 있다. 이 밖에 선박기능을 위한 장비나 장식부속품 등은 부가적인 설계요소로서 핵심 설계요소를 중심으로 통합되어 전체 프로파일을 형성한다.

현호(sheer)라인은 선박의 측면에서 바라본 갑판의 호도(弧度)로서 뱃머리에서 선미까지 선각 윗부분 선을 말한다. 이 선은 상부시설물인 하우스와 하부구조물인 선각을 시각적으로 구분하는 동시에 선수부와 선미부를 연결하는 선으로서 슈퍼요트 외관에서 가장 확연하게 들어나 보이는 요소이다.

현호라인의 선형에는 [표 8-1]에서 보는 바와 같이 S-라인형, 바나나선형, 오목형, 계단형, 플랫형 등이 있다. S-라인형 현호라인은 선수부분에서 아래로 굽히고 중앙부 쪽으로 내려오다가 선미부분에서 약간 들어 올린 형태로 선수·선미 양끝부분의 균형을 유지하며 날렵한 형태를 나타낸다. 주로 유선형의 모던스타일 슈퍼요트에 적용되며 선박외관은 역동적인 생동감을 준다.

바나나선형 현호라인은 중앙이 높고 선수부분에서 약간 낮으며 선미부분에서는 라운드형 선미라인과 자연스럽게 연결된 선형이다.

볼록형 현호라인은 중앙부가 불쑥 올라온 선형으로서 S-라인형 및 바나나선형 현호라인과 같이 거주구 실내공간을 최대한 확보하는데 유리하며 특히 전장이 짧은 중소형 파워요트에서 캐빈공간을 확보하기 위해 많이 활용한다.

오목형 현호라인은 세일링요트의 전통적인 선형으로서 선수부분에서 높고 선미쪽으로 갈수록 낮아져 전체의 2/3지점에서 가장 낮아지며 선미부분에서는 다시 약간 높아지는 형태로서 클래식한 외관스타일을 나타낸다.

계단형 현호라인은 선수부분에서 가장 높고 선미부분 쪽으로 단을 형성하며 내려가는 선형으로서 전통적인 외관스타일의 하나이며 3~4개 상갑판을 가지는 중·대형 모던스타일 슈퍼요트에서 많이 볼 수 있다.

플랫형은 선수에서 선미까지 거의 평평한 직선과 같은 형태로 연결된 것으로 역동성을 중요하게 여기는 외관디자인에서는 거의 사용하지 않는다.

현호라인과 더불어 슈퍼요트 외관을 결정하는 설계요소로서 상부시설물인 하우스의 라인이 중요하다. 하우스라인과 현호라인의 관계를 분석해보면, 선미에서 출발하여 선수 탑(stern top, 선수에서 최고 부분)을 향한 현호라인에 따라 하우스라인(곡선이나 직선)의 기울기 및 방향이 중요하다.

[표 8-1] 슈퍼요트 현호라인 유형

유 형	선 형	특 징
S-라인형		• 날렵한 모양의 유선형 스타일로서 선수 앞부분을 구부리고 선미 끝부분을 약간 높인 S라인 형태임
바나나선형		• 중앙이 높고 선수부가 조금 내려간 형태로 선미부의 라운드 형태와 연결됨
볼록형		• S-라인형, 바나나선형과 같이 실내공간을 최대한 확보하기 위해 유리함
오목형		• 세일링요트의 전통적인 선형으로 선수가 가장 높으며 전체 2/3지점에서 가장 낮고 선미에서 다시 약간 높아짐
계단형	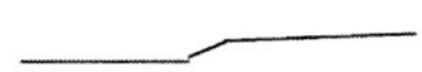	• 중·대형 슈퍼요트에서 선수가 높고 선미 쪽으로 단을 형성함
플랫형		• 직선에 가까운 평평한 형태이지만 직선형은 거의 없음

〈출처 : 이한석·변량선, 슈퍼요트 외관디자인 스타일에 관한 연구〉

특히 하우스라인에서 하우스 탑(house top, 하우스에서 가장 높은 부분)과 루프라인(roof line)은 수선(水線, 물의 수평선) 및 현호라인과 조화가 필요하며 모든 루프라인은 선수 쪽을 향해 기울게 디자인한다.

최근에는 하우스 탑의 높이가 점점 낮아져 때로는 거의 평갑판인 것처럼 디자인되는 경우도 있으며 갑판을 여러 개 쌓아 올릴 때에는 위로 갈수록 하우스 탑, 루프 탑 혹은 바람막이 창의 각도를 경사지게 디자인하여 선박외관에 속도감과 움직임을 준다.

창(window)과 현창(porthole, 선체 측면 작은 둥근 창)의 크기 및 모양은 하우스 및 선체와의 관계를 고려하여 디자인한다. [표 8-2]에서 보면 사각창과 원형의 현창은 전통적으로 선박에서 사용하는 창의 형태이지만 슈퍼요트에서는 거대하고 둥근 고정창을 대담하게 사용하거나 길이와 높이 비가 3 : 1인 사각형 창이나 타원형의 현창도 사용한다.

슈퍼요트 외관의 프로파일에 중요한 측창은 하우스라인과 자연채광을 고려하여 디자인한다. 원형이나 정사각형 창은 전통적인 클래식 요트에서 나타나며 모던스타일 선박에서는 각진 혹은 둥근 코너의 사다리꼴 창이 사용되기도 하고 인접한 하우스 루프라인의 경사각을 따라 창의 형태를 디자인하기도 한다.

최근 슈퍼요트 하우스 탑의 높이가 낮아짐에 따라 창과 현창은 점차 사라지고 플라스틱 유리(plexiglass) 혹은 렉산글라스(lexan glass)를 사용하여 하우스 앞부분과 측면을 띠 모양으로

[표 8-2] 슈퍼요트 창의 형태

<table>
<tr><th colspan="6">창의 형태</th></tr>
<tr><td colspan="2">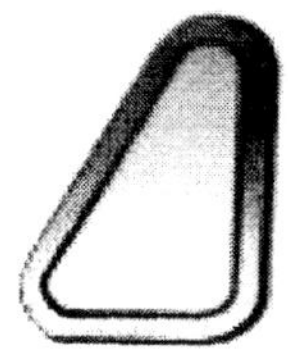
붙박이 창</td><td colspan="2">
수평슬라이딩 창</td><td colspan="2">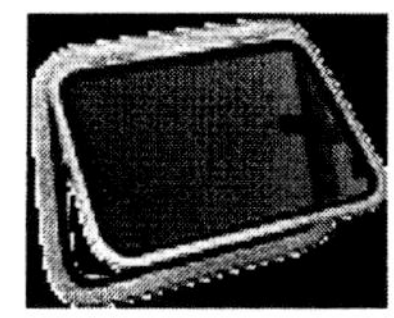
여닫이창</td></tr>
<tr><td colspan="2">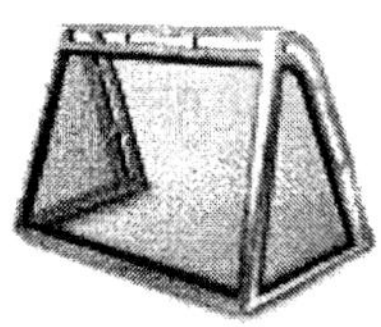
바람막이 창</td><td colspan="2">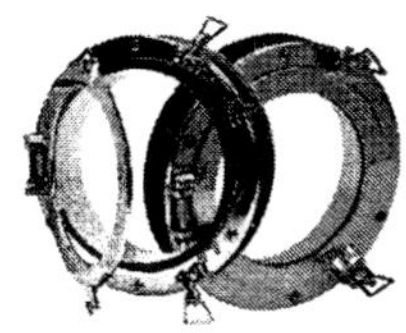
둥근 현창</td><td colspan="2">
데크 해치</td></tr>
<tr><td colspan="3">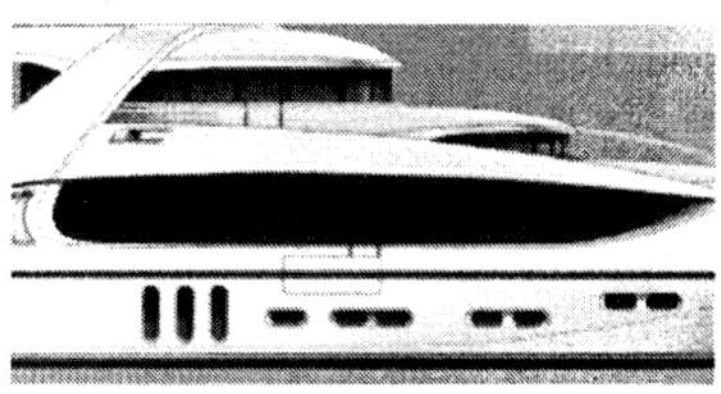
창 사례(BN105 VICTORIA호)</td><td colspan="3">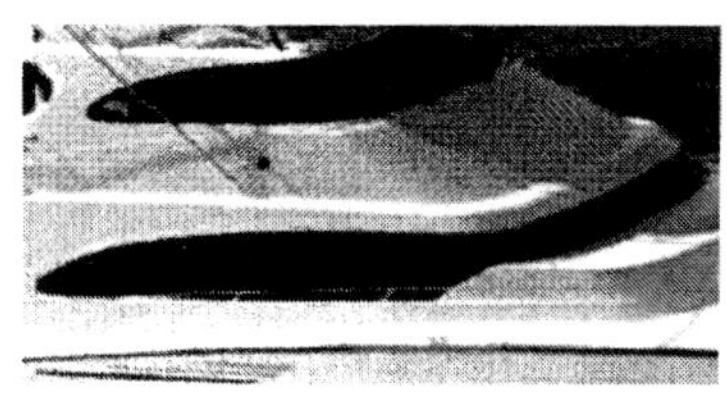
창 사례(Kelsey Lee호)</td></tr>
<tr><td colspan="3">
창 사례(WOW호)</td><td colspan="3">
창 사례(Wally 118 WP호)</td></tr>
</table>

〈출처 : 이한석·변량선, 슈퍼요트 외관디자인 스타일에 관한 연구〉

둘러싸는 창이 나타났으며 그 밖에 좁은 수직 고정창도 나타나는 등 슈퍼요트에서 창의 형태는 더욱 새롭고 다양해지고 있다.

선수라인과 선미라인은 선박의 측면에서 본 갑판의 뱃머리 부분과 배꼬리 부분의 선으로서 슈퍼요트 외관을 완성하는 부분이다. 선박외관을 볼 때 눈의 시선은 앞뒤로 움직이다가 결국 현호라인과 수선(水線)을 연결하는 선수라인과 선미라인을 인지하기 때문에 이 두 라인은 중요한 설계요소이다.

[표 8-3] 슈퍼요트 선수라인 유형

유 형	선 형	사 례
오목형		
도출형		
수직형	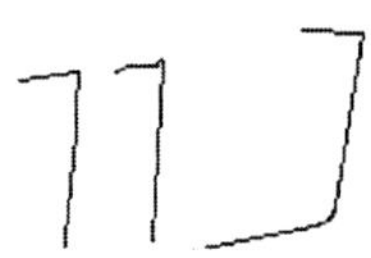	

〈출처 : 이한석·변량선, 슈퍼요트 외관디자인 스타일에 관한 연구〉

현호라인과는 달리 선수라인과 선미라인은 수면과 접하는 부분으로 디자인의 심미성 이외에도 선박의 안전과 추진성능 측면에서도 중요하다. 일반적으로 슈퍼요트가 힘차게 전진하는 이미지를 표현하기 위해 선수를 선미보다 좀 더 솟아오르게 디자인하는데 이것은 거주구 실내공간의 구성 및 기능도 반영한 것이다.

선수라인의 형태로는 [표 8-3]과 같이 수직형, 도출형, 오목형 등이 있는데, 오목형 선수라인은 소형 요트보다 슈퍼요트 등 중·대형요트나 선수가 높은 선박에 사용되며, 곡선을 따라 물살을 헤치고 나가기 위해 나팔모양으로 벌어지는 형태로서 대담하고 강렬한 이미지를 준다.

도출형 선수라인은 세일링요트에서 주로 나타나는 스푼모양의 선수(spoon bow)를 의미하고 수직형 선수라인은 선체를 목재로 결합하는 방식의 전통적 스타일 선박에서 나타나는 직선형 선수라인으로 딱딱한 이미지를 준다.

요트의 선미부분에서 평판으로 되어있는 벽판을 트랜섬(transom)이라 하고 이 부분을 트랜섬 선미(transom stern)라고 부른다. 슈퍼요트에서 트랜섬 선미의 형태는 플랫형, 사각형, 반원형, 카운터형, 라운드형 등이 있고, 선미라인은 [그림 8-9]의 (a)와 같이 다양하지만 선미 쪽으로 볼록한 라운드형, 반원형, 그리고 라운드+카운터형으로 구분된다.

가장 보편적인 형태인 라운드 + 카운터형은 [그림 8-9]의 (b)와 같이 보딩스텝(boarding step), 계단(ladder), 스위밍플랫폼(swimming platform) 등을 통합할 수 있는 장점이 있을 뿐 아니라 물에 떨어진 사람을 쉽게 끌어올릴 수도 있다.

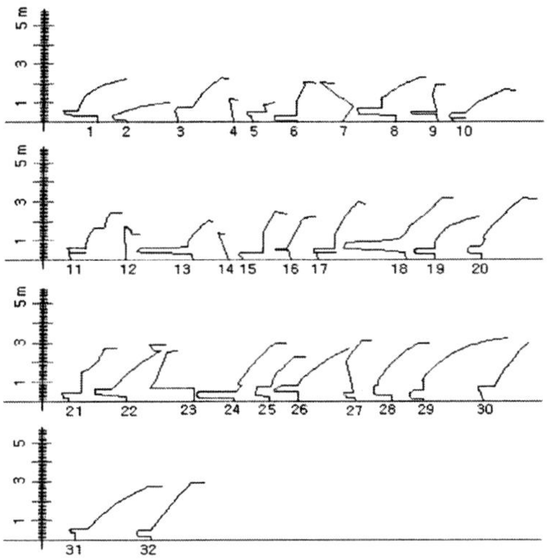

(a) 선미라인 유형

(b) 라운드 + 카운터형 선미라인

[그림 8-9] 선미라인 유형
〈출처 : 이한석·변량선, 슈퍼요트 외관디자인 스타일에 관한 연구〉

최근 슈퍼요트의 트랜섬 선미라인의 유형을 조사해 보면 일반적인 유형을 벗어나 더욱 독특한 형태로 디자인되고 있다. 선미라인은 선박외관의 다른 부분과 디자인 측면에서 적합성을 고려하고 또한 이곳에 출입구, 계단, 사다리, 스위밍플랫폼 등 설계요소들이 집중되기 때문에 선박의 구조와 기능에 적절하게 디자인되어야 한다.

8.3 거주구

8.3.1 거주구의 특성

슈퍼요트의 거주구는 선주를 비롯하여 승객 및 승무원이 거주하는 구역이다. 슈퍼요트는 연안의 바다 뿐 아니라 대양을 장기간 항해하기 때문에 거주구에서는 거친 바다의 항해환경 속에서 거주자의 쾌적함과 안전함이 우선시된다.

거주구에는 선주의 요구사항에 따라 선박의 주된 용도(거주, 휴가, 사업, 전시, 회의 등)에 맞게 실내공간이 구성된다. 선박의 기능, 거주구 쾌적성, 슈퍼요트의 독특한 기능, 그리고 거주구의 제한된 공간 등을 고려하여 거주구 공간을 계획한다.

슈퍼요트 거주구계획의 특성을 정리하면 다음과 같다.

- 거주구계획에서 중요한 주제의 하나가 흐름이다. 선박에서 선주와 승객 그리고 승무원의 전체적인 동선 및 위계를 의미한다. 좁은 선박 내에서 다양한 사람들의 각종 행위들이 조심스럽고 안전하게 이루어지도록 한다. 특히 선주와 승객의 프라이버시가 보장되고 승무원들이 좋은 작업조건을 가지도록 한다. 이를 위해 선주 공간과 승무원 공간은 서로 다른 통로를 이용하도록 구분하고, 두 영역은 승무원이 작업을 수행하는데 꼭 필요한 곳에서만 접촉하도록 계획한다.
- 거주구계획에서 물과의 관계 그리고 옥외공간이 중요하다. 슈퍼요트 크기가 커짐에 따라 거주구 실내공간이 바다와의 접촉을 잃어가게 되므로 실내공간을 물을 향해 오픈시키고 옥외공간과 연결시키는 것이 중요하다.
- 거주구 실내공간의 인테리어 스타일은 선주로부터 제공되는 의견에 많은 영향을 받는다. 가장 클래식한 스타일에서부터 현대 미니멀리즘 스타일에 이르기까지 다양한 스타일을 선박의 외관스타일과 어울리게 사용한다.
- 거주구 실내공간의 인테리어 스타일, 선주의 요구사항, 관련법규, 실내공간의 쾌적성 등을 고려하여 공간별로 인테리어 재료가 정해진다. 선주의 요구도 만족시키면서 동시에 거주구 전체가 유기적이고 균형이 잡히도록 실내마감재료를 정한다.
- 거주구계획은 안락한 거주환경을 목표로 한다. 원양 항해를 고려할 경우 아늑한 실내분위기를 조성하여 승객이 심신의 편안함을 유지하도록 하며, 또한 가능한 위험으로부터 자신이 보호받고 있다는 안정감을 주도록 한다.
- 거주구에서는 선주 공간과 승무원 공간 사이에 위계가 형성된다. 위계가 높은 공간일수록 바다의 가시성, 프라이버시, 조용함, 바다로 접근하기 쉬움 등의 측면에서 유리한 공간에 배치한다.
- 디자인 측면에서 거주구는 선박 외관과 밀접한 관계를 가지고 있다. 거주구 실내공간과 선박외관이 잘 조화를 이루게 될 때 슈퍼요트의 가치와 사용자 만족이 커지게 되고 성공적인 디자인이 될 수 있다

한편 슈퍼요트 거주구에 적용되는 규정으로 영국 MCA(maritime and coastguard agency)의 「LY2(large commercial yacht code」와 이태리 RINA의 「The RINA Rules for the Classification of Charter Yachts」가 있다.

이태리 RINA 규정은 영국 MCA 규정을 기반으로 하고 있으며 ABS, BV, DNV, GL, LR, RINA 등 각국 선급에서 MCA 규정을 인정하고 있기 때문에 MCA 규정이 슈퍼요트 계획 및 설계에 주로 적용되고 있다.

영국 MCA의 「LY2」규정은 스포츠나 유람용으로 사용되는 길이(load line length) 24 m 이상 혹은 총톤수(gross tonnage)[112] 150톤 이상 3,000톤 미만, 승객정원 12명 이하인 모터 혹

은 세일링 선박에 적용한다. 따라서 용선계약으로 빌려 타는 슈퍼요트에는 이 규정이 적용되며 개인이 소유한 슈퍼요트도 사용하다가 얼마 후에 용선회사에 파는 경우가 많기 때문에 기본적으로 슈퍼요트 계획이나 설계에는 이 규정이 적용되고 있다.

영국 MCA 「LY2」규정을 살펴보면, 슈퍼요트 거주구에 직접 관련된 조항으로 '5. Weathertight Integrity', '14. Fire Safety' 그리고 '21. Accommodation'이 있다. 특히 '5. Weathertight Integrity' 조항은 문과 창에 관하여 자세히 규정하고 있는데 제5조에서는 창과 출입문에 대한 안전사항이 규정되어 있다.

MCA 「LY2」규정 '14. Fire Safety' 조항은 기계실이나 위험물을 저장하는 창고, 사우나실, 스팀룸과 같은 공간의 배치와 시공 등에 대해 자세히 규정하고 있으며 선박구조, 실내공간의 방화구획, 피난수단, 환기시스템, 실내난방시스템, 창과 문 등에 대해서도 세밀하게 규정하고 있다.

MCA 「LY2」규정 '21. Accommodation' 조항은 거주구 실내공간의 쾌적성, 레크리에이션, 건강, 안전 등에 대해 규정하고 있으며 세부적으로 통로의 배치, 조명, 난방, 환기, 위생설비, 침실, 화장실, 난간 등에 대해 기술하고 있다.

8.3.2 거주구의 공간구성

슈퍼요트 거주구는 [그림 8-10]과 같이 수평적으로는 격벽과 파티션에 의해, 수직적으로는 갑판에 의해 구획된다. 선내에서 침수나 화재가 발생할 경우 이를 국부적으로 제한하기 위해 갑판, 수밀격벽, 내화격벽을 이용하여 공간을 수직 및 수평적으로 분할한다.

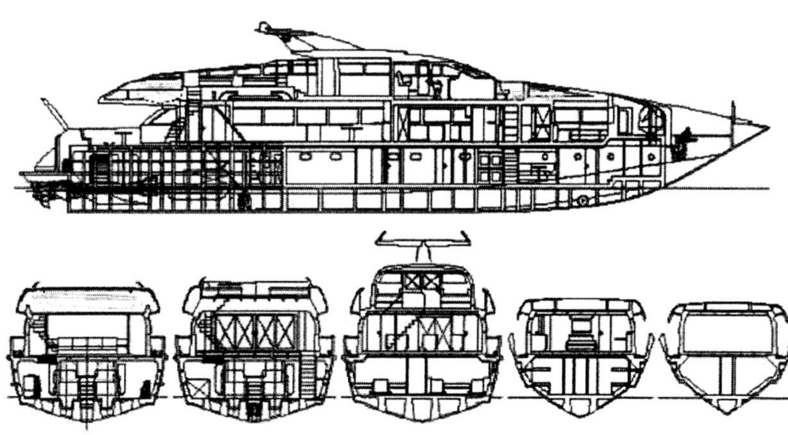

[그림 8-10] 슈퍼요트 갑판과 격벽에 의한 공간분할

112) 선박의 용적을 톤으로 표시한 것으로 등록된 선박 톤수를 확인하는 데 사용되며 100입방피트를 1톤으로 환산한 선박 내부의 총 입방면적을 말함

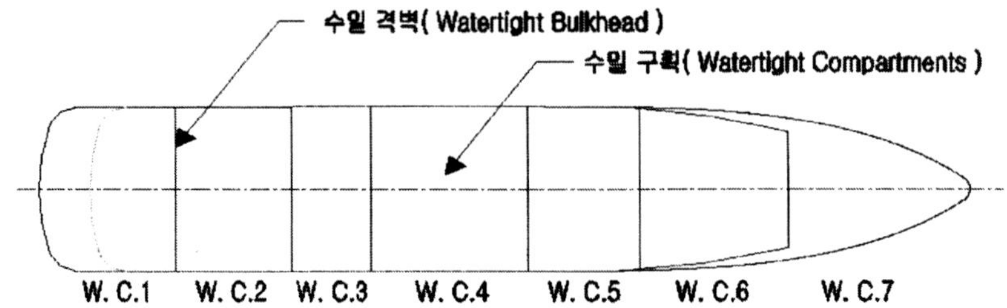

[그림 8-11] 슈퍼요트 수밀격벽과 수밀구획

〈자료 : CRN 119, 전장 : 54.2 m, 전폭 : 10.2 m, 흘수 : 2.8 m, 4갑판〉

선각(hull) 부분의 수밀구획은 [그림 8-11]과 같이 수밀격벽에 의해 나뉘며 선원구역, 게스트구역, 엔진룸, 컨트롤룸, 창고 등 공간으로 사용되고, 공간을 구획하는 격벽은 보텀(bottom)에서 메인데크(main deck)까지 수직적으로 연결되어 있으며 격벽 중간에 수밀해치와 수밀도어가 설치된다.

대형 슈퍼요트의 경우에는 6개 수밀격벽에 의해 7개 수밀구획이 형성되고, 규모가 작은 슈퍼요트의 경우 5개 격벽에 의해 6개 수밀구획이 형성된다. 이 공간구획을 기본으로 하여 동선을 비롯한 승객 및 선원의 공간이 구성된다.

이상과 같은 선박의 공간구획을 바탕으로 거주구는 [표 8-4]와 같이 수평적으로 선수부, 중앙부, 선미부로 나뉘고, 수직적으로 3~4개 갑판(deck)과 보텀(bottom)으로 구성되는데 선박 규모(전장)에 따라 갑판수가 변하고 이로 인해 전체 공간구성에 차이가 나타난다.

전장 34 m 이하 슈퍼요트는 3개 갑판을 가지며, 최상부 제3갑판에 플라이브리지, 제2갑판에 메인살롱, 하부 제1갑판에 엔진룸, 게스트룸, 선원공간 등이 있다. 한편 파일럿하우스(pilot house), 텐더보트(tender boat), 마스터하우스(master house) 그리고 선원공간은 선박에 따라 배치가 달라진다.

전장 34 m 이상 대형 슈퍼요트는 4개의 갑판을 가지고 있으며, 제4갑판에 텐더보트와 플라이브리지, 제3갑판에 VIP데크와 살롱라운지, VIP룸, 로비홀, 파일럿하우스, 제2갑판에 선미데크, 살롱, 다이닝룸, 주방, 주출입홀, 마스터룸, 선수데크, 제1갑판에 플랫폼, 텐더보트, 엔진룸, 게스트룸, 계단홀, 선원공간을 배치한다.

또한 [표 8-4]와 [그림 8-12]를 보면 거주구의 출입은 선미 트랜섬 플랫폼 출입구에서 제2갑판 계단을 통해 메인데크의 선미부분 옥외공간으로 진입하거나 메인데크 우현의 출입문을 통해 출입이 가능하다.

슈퍼요트는 선미를 육지에 맞대어 정박하는 경우가 많아서 선미쪽으로 주출입이 이루어지며, 우현 쪽 출입은 메인홀 계단실로 연결되어 전체 동선의 중심 역할을 한다.

[표 8-4] 슈퍼요트 거주구 공간구획과 수평동선

승객 및 선원의 공간구획	승객 및 선원의 동선
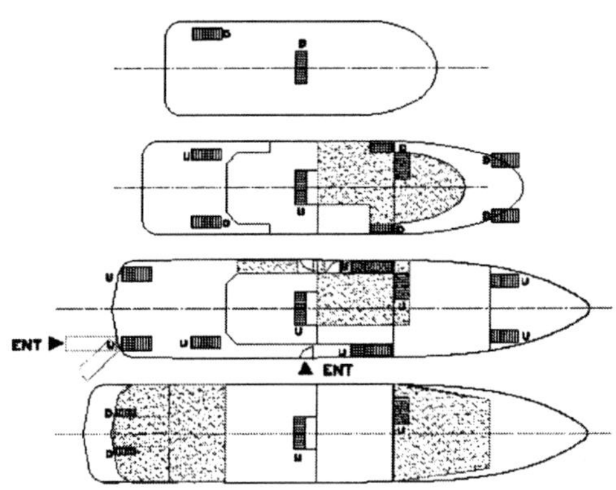	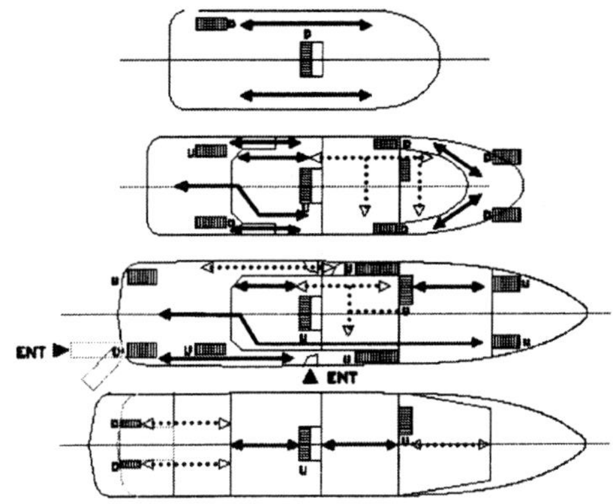
오너, 승객 구역 / 선원구역	오너, 승객 동선 / 선원동선

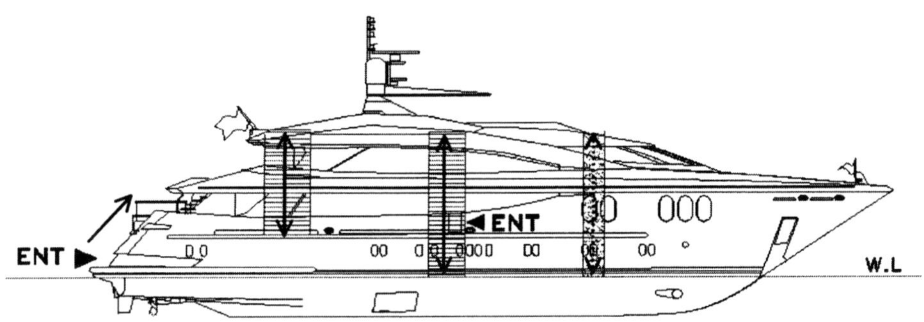

[그림 8-12] 슈퍼요트 거주구 수직동선
〈출처 : 이한석·변량선, 슈퍼요트의 공간배치와 실내공간구획에 관한 연구〉

8.4 거주구계획

8.4.1 실별 공간계획

슈퍼요트 거주구는 다양한 실내공간으로 구성되어 있으며 실별 공간계획의 주요사항은 다음과 같다.

① 스카이라운지(sky lounge)

스카이라운지는 선데크에 위치하며 안락의자, 소파, 대형 전망윈도우를 설치한다. 선데크의 선미부에 있는 대형 더블도어를 이용하여 출입하며 냉장고가 포함된 바와 스크린 TV, 음향시설 등도 설치한다.

② 선데크(sun deck) / 보트데크(boat deck)

선데크는 가장 높은 곳에 위치한 데크로서 스카이라운지로 출입하는 실외공간이며 선미데크(aft deck)와 계단으로 연결된다. 이곳에는 식탁용 테이블, 그릴바, 자쿠지(jacuzzi), 선베드(sun bed)를 설치하고, 여기에 만일 텐더보트가 설치되면 보트데크가 되는데 이 경우에는 텐더보트와 함께 팽창식 고무구명정(self inflating life raft), 제트스키, 크레인 등을 설치한다.

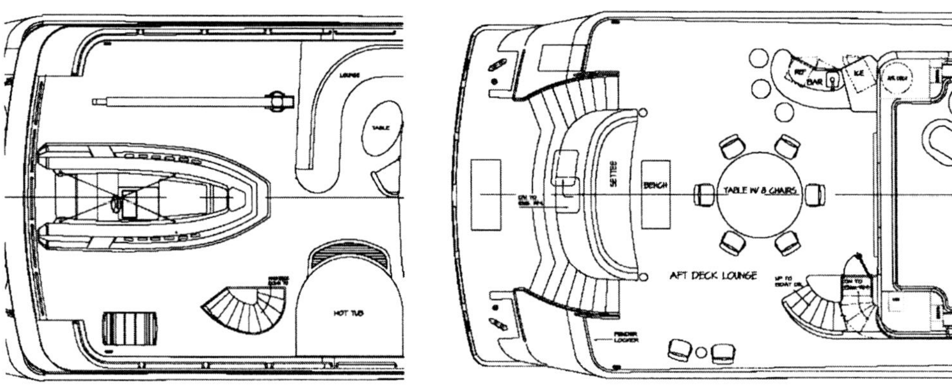

[그림 8-13] 슈퍼요트 보트데크(boat deck : 좌), 선미데크(aft deck : 우) 사례
〈출처 : 이한석·변량선, 슈퍼요트의 공간배치와 실내공간구획에 관한 연구〉

③ 메인살롱(main salon)

메인살롱은 메인데크에 위치하며 선미데크에서 슬라이딩 도어를 통하여 혹은 우현(starboard)의 주출입구 메인로비(lobby or foyer)를 통하여 출입한다. 이 공간에는 안락한 소파, 게임테이블, 바, 대형 스크린 TV, 엔터테인먼트시스템을 설치하며 다이닝룸과 연결한다.

④ 메인다이닝룸(main dining room)

메인다이닝룸은 메인데크에 위치하고 메인살롱과 연결되며 실내공간은 바, 파티션, 가구 등으로 구분한다. 또한 주방(galley)과 팬트리(pantry) 그리고 주출입홀(entrance foyer)과 직접 연결된다.

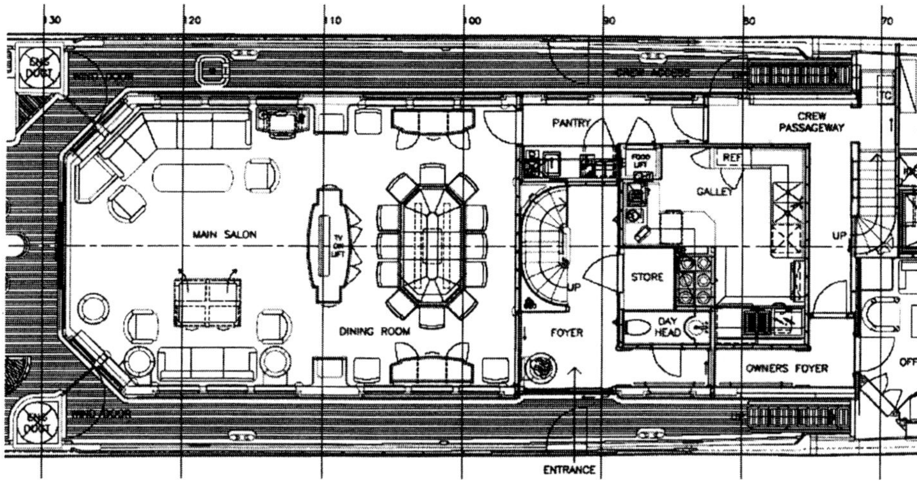

[그림 8-14] 슈퍼요트 메인살롱, 다이닝룸, 주방 사례(제2갑판, main deck)
〈출처 : 이한석·변량선, 슈퍼요트의 공간배치와 실내공간구획에 관한 연구〉

⑤ 선미데크(aft deck)

메인다이닝룸과 접한 선미쪽 실외공간을 말하며 선미쪽 트랜섬(transom) 주출입 계단과 연결되고 또한 상부의 제3갑판인 브리지데크(bridge deck) 및 하부의 제1갑판인 로우데크(lower deck)와 계단으로 연결된다. 선주와 게스트를 위해 다이닝테이블, 바를 계획하고 좌현(port) 폭로부를 통해 서비스동선을 연결한다.

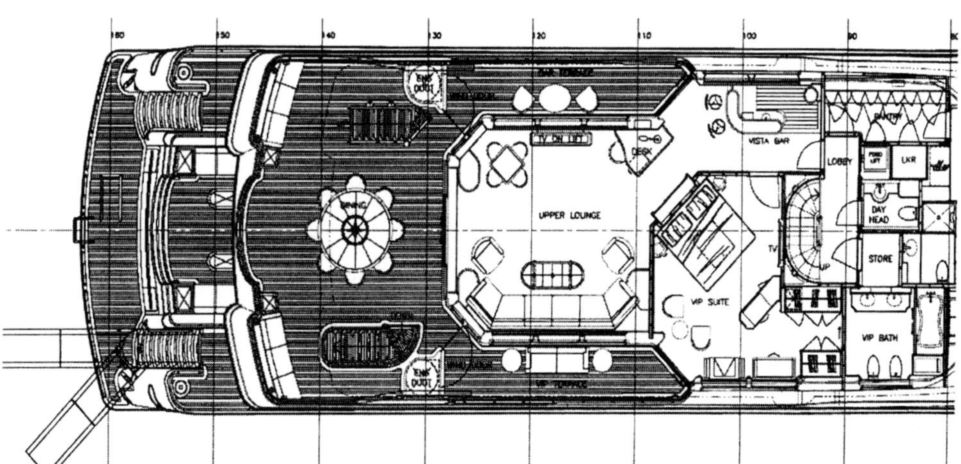

[그림 8-15] 슈퍼요트 VIP데크, VIP라운지, VIP룸 사례(제3갑판, bridge deck)
〈출처 : 이한석·변량선, 슈퍼요트의 공간배치와 실내공간구획에 관한 연구〉

⑥ **콕피트(cockpit)**

선미데크(aft deck)의 외부에 위치한 선탠 및 휴식공간을 의미하며 소파, 테이블, 안락의자 등을 배치하고 정박장치도 설치한다. 실외공간이지만 제3, 4갑판 밑에 위치하여 햇빛과 비를 피할 수 있는 공간이다.

⑦ **마스터룸(master stateroom)**

메인데크 혹은 브리지데크에 위치하는 마스터룸은 선주의 침실로서 주출입홀(entrance foyer)과 연결되고 좌우현에는 대형 창이 설치된다. 선주의 오피스(office/lounge)와 연결되며 킹사이즈 침대, 드레스룸, 자쿠지, 화장실, 수납공간, 냉장고, TV와 엔터테인먼트 시스템 등이 설치되는 가장 고급스러운 공간이다.

⑧ **게스트룸(guest stateroom)**

게스트룸은 선주의 손님을 위한 객실공간으로서 제1갑판인 로우데크(lower deck)에 위치하며 트윈 또는 더블침대, 화장실, TV, 수납공간 등을 설치한다. 좌현과 우현으로 구분하여 2~4개 객실을 만들어 4~8인 승객을 수용하도록 계획하는 것이 일반적이다.

⑨ **VIP룸(VIP stateroom)**

통상 제1갑판인 로우데크(lower deck)에 배치하나 제3갑판 브리지데크의 VIP라운지와 연결하여 배치하기도 한다. 킹사이즈 침대를 설치하는 등 고급스러운 실내공간으로 계획하고 선박중앙부에 배치한다. 브리지데크에 위치하는 경우에는 1개 객실로만

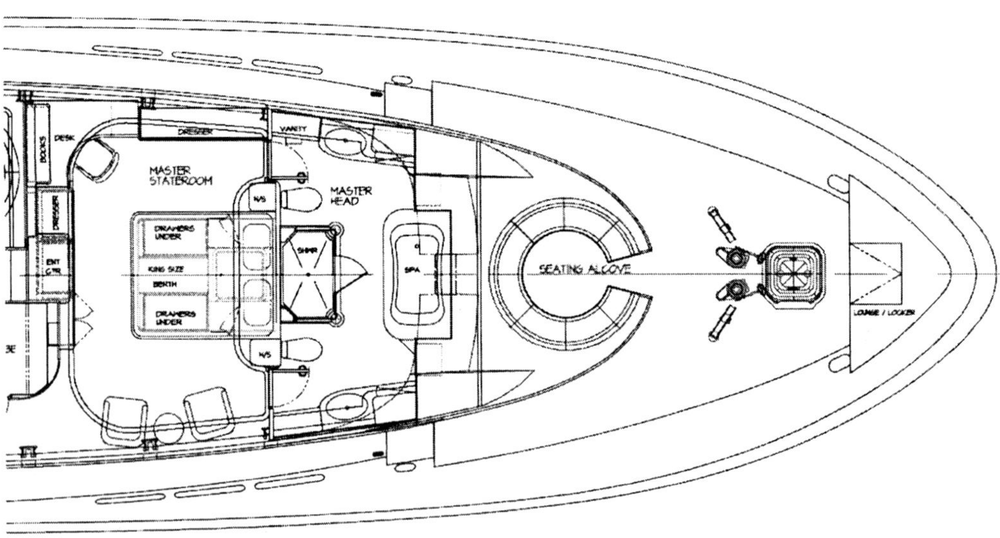

[그림 8-16] 슈퍼요트 마스터룸 사례(제3갑판, bridge deck)
〈출처 : 이한석·변량선, 슈퍼요트의 공간배치와 실내공간구획에 관한 연구〉

이루어지고, 하부층 로우데크에 계획할 경우에는 좌, 우현에 2개의 객실을 만들어 4인 승객을 수용하도록 계획하는 것이 일반적이다.

⑩ 선원구역(crew area)

선원구역은 제1갑판인 로우데크의 선수부분에 배치하는 것이 일반적이지만 선미부분 엔진룸 쪽에 분산하여 계획하는 경우도 있다. 선원구역에는 선원캐빈(crew cabin), 선장실(captain's stateroom), 선원식당(crew mess), 주방, 세탁실이 위치하며, 상부 제2 갑판인 메인데크의 주방(galley)과 계단으로 연결된다.

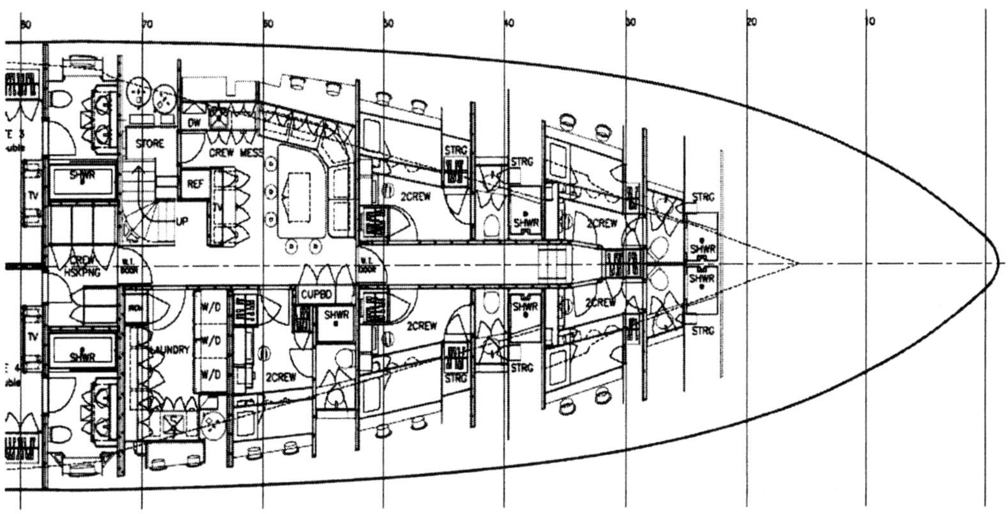

[그림 8-17] 슈퍼요트 선원구역 사례(제1갑판, lower deck)
〈출처 : 이한석·변량선, 슈퍼요트의 공간배치와 실내공간구획에 관한 연구〉

⑪ 스위밍테라스/스위밍플랫폼

트랜섬 타입의 선미(transom type stern)에 위치하며 선미에서 승선하는 공간으로서 주출입 계단을 통해 메인데크와 연결된다. 수면과 접하는 공간이기 때문에 텐더보트와 제트보트를 이용할 수 있도록 계획하고 플랫폼에는 수영 후에 물에서 올라올 수 있는 스텝사다리를 설치한다.

⑫ 보트창고(garage)

텐더보트, 제트보트 등을 보관하는 공간으로서 선미 또는 사이드(side)에 위치하고 해치(hatch)를 이용하여 개폐되며 크레인으로 보트를 수면에 내릴 수 있도록 계획한다.

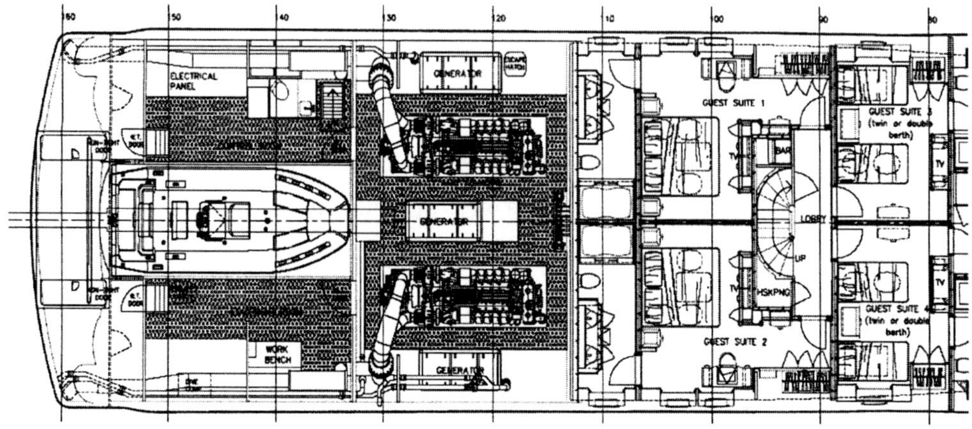

[그림 8-18] 슈퍼요트 선미부분(텐더보트, 엔진룸, 게스트룸) 사례(제1갑판)
〈출처 : 이한석·변량선, 슈퍼요트의 공간배치와 실내공간구획에 관한 연구〉

⑬ 엔진룸(engine room)

엔진, 발전기, 기계류 등이 설치된 곳으로 선미에 위치하며 수밀도어가 설치된다. 여기에는 방열과 차음을 위한 단열재, 소음과 진동의 방지를 위한 설비를 계획한다.

⑭ 조정실(wheelhouse), 파일럿하우스(pilot house)

제3갑판인 어퍼데크(upper deck)의 선수부분에 위치하며 중앙홀 또는 로비계단에서 진입이 가능하다. 실외 폭로부갑판 양쪽 사이드에서 슬라이딩도어로 출입하도록 계획하고 실내에는 조정좌석(helm seat), 소파, 데스크 등을 배치하며 인접한 곳에 라디오룸(radio room)과 캡틴룸(captain cabin)이 위치한다.

⑮ 플라이브리지(fly bridge)

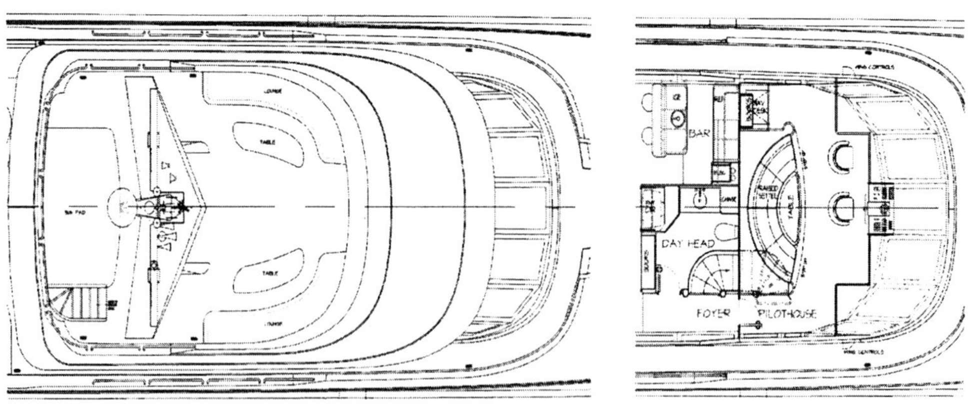

[그림 8-19] 슈퍼요트 플라이브리지(fly bridge : 좌)와 조정실(wheel house : 우) 사례

선박의 최상부 데크에 위치하는 오픈공간으로서 휴식과 선탠 그리고 전망을 위한 공간이다. 브리지데크에서 선미부분의 실외계단이나 중앙부의 실내계단으로 연결된다. 이 공간에는 안테나 마스트지지대, 소파, 테이블, 자쿠지, 서비스바, 선베드(sun beds) 또는 선패드(sun pad) 등을 설치한다.

⑯ 주방(galley), 팬트리(pantry)

선주와 승객을 위한 식음료 서비스공간으로서 메인데크에 위치하는 것이 일반적이며 선원전용 계단실, 다이닝룸, 메인살롱 등과 연결된다. 브리지데크에 VIP라운지 등이 계획되는 경우에는 이곳에 추가로 계획한다.

⑰ 주출입홀(entrance foyer)

메인데크의 중앙부 우현에 위치하며 상부층과 하부층으로 흐름을 유도하는 선내 동선의 중심공간이다. 선미부분의 출입계단으로 연결되는 승하선의 주요 통로이다.

⑱ 선수데크(fore deck)

메인데크의 앞부분에 위치한 실외공간으로서 정박장비가 설치되며 선원용 보트와 크레인장비가 배치된다. 전망을 고려한 소파좌석(seating alcove)을 설치하며 상부 갑판과는 실외계단으로 연결된다.

이상에서 설명한 거주구 실내공간의 계획특성을 정리하면 [표 8-5]와 같다.

[표 8-5] 슈퍼요트 거주구 계획특성 특성(계속)

갑판(deck)		실내공간	계획특성
제4갑판	선데크 (sun deck)	플라이브리지 (상부 오픈공간)	• 실외공간 공간으로 텐더보트, 텐더크레인, 고무구명정 등 장비와 전망, 휴식, 선탠을 위한 안락의자, 소파, 테이블, 선베드를 계획
		서비스바, 테이블	
		선탠베드	
		자쿠지	
제3갑판	어퍼데크 (upper deck) 또는 브리지데크 (bridge deck)	어퍼콕피트	• 선미부 실외공간은 콕피트의 경우 식탁과 소파를 계획하며, 보트데크 배치의 경우 텐더보트와 크레인, 구명정을 계획함 • 휠하우스 앞 선수부에는 메인데크방향으로 동선(계단)을 계획하며 소파나 선베드를 배치
		보트데크(텐더보트가 있는 경우)	
		스카이라운지	
		휠하우스	
		오피스, 라디오룸	
		VIP스위트룸, 캡틴룸 (로우데크에 없는 경우)	

[표 8-5] 슈퍼요트 거주구 계획특성 특성

<table>
<tr><th colspan="2">갑판(deck)</th><th colspan="2">실내공간</th><th>계획특성</th></tr>
<tr><td rowspan="8">제2갑판</td><td rowspan="8">메인데크
(main deck)</td><td colspan="2">선미데크/ 콕피트</td><td rowspan="8">• 메인데크는 선박의 중심이 되는 갑판으로 중앙부 주출입구와 메인홀의 계단을 통해 승객동선과 승무원동선을 분리함
• 선미데크/콕피트는 실외공간으로 식탁, 바, 소파를 배치하며 주요공간인 메인살롱과 다이닝룸, 마스터룸은 서비스 공간(주방, 팬트리)과 함께 계획함</td></tr>
<tr><td colspan="2">메인살롱</td></tr>
<tr><td colspan="2">메인다이닝룸</td></tr>
<tr><td colspan="2">메인로비, 홀</td></tr>
<tr><td colspan="2">주방, 팬트리</td></tr>
<tr><td colspan="2">마스터룸, 드레스룸,
마스터헤드(head)</td></tr>
<tr><td colspan="2">선주오피스,라운지</td></tr>
<tr><td colspan="2">선수데크
(크레인정박장비, 창고 등 폭로부)</td></tr>
<tr><td rowspan="8">제1갑판</td><td rowspan="8">로우데크
(lower deck)</td><td colspan="2">트랜섬/스위밍테라스,
스위밍플랫폼</td><td rowspan="8">• 선미부 트랜섬은 스위밍플랫폼과 선박의 주출입구 역할을 하며 플랫폼은 확장 가능하도록 계획함
• 선미부분에는 엔진룸을, 중앙부 및 선수 부분에는 게스트룸과 vip룸을 계획함
• 선수부분에 선원공간을 주로 배치하며 선미 부분에 선원객실을 일부 계획하기도 함</td></tr>
<tr><td colspan="2">엔진룸, 컨트롤룸,
전기장치룸</td></tr>
<tr><td colspan="2">텐더보트창고</td></tr>
<tr><td colspan="2">게스트룸</td></tr>
<tr><td colspan="2">VIP룸</td></tr>
<tr><td rowspan="3">선원
구역</td><td>선원객실</td></tr>
<tr><td>선원식당</td></tr>
<tr><td>선원주방</td></tr>
<tr><td>보텀
탱크탑</td><td>보텀데크
(bottom deck)</td><td colspan="3">센터연료탱크, 사이드연료탱크, 청수탱크, 폐수탱크, 선수트러스터룸, 체인격납고, 퍼댐보이드(void) 등</td></tr>
</table>

〈출처 : 이한석·변량선, 슈퍼요트의 공간배치와 실내공간구획에 관한 연구〉

8.4.2 실내마감재료

슈퍼요트 거주구의 실내마감재료는 해상에서 움직이는 고급 개인용 선박이라는 측면에서 다른 선박들과 다른 디자인 및 시공의 특성을 갖으며, 이를 정리하면 [표 8-6]과 같다.

실내마감재료는 벽, 바닥, 천장, 문과 창, 가구, 조명기구, 하드웨어와 장식요소 등으로 구분된다. 각 부분별 마감재료의 특성을 설명하면 다음과 같다.

① 실내칸막이벽으로 사용되는 자재로는 샌드위치 패널(sandwich panel), 합판(ply wood), FRP 등이 있다. 이 가운데 일반적으로 사용되는 재료는 샌드위치 패널이며 두꺼운 저밀도 코어재료의 양면에 얇은 고밀도 표면재료를 접착시킨 것이다.

[표 8-6] 슈퍼요트 실내마감재료 특성

마감재료	디자인 및 시공 특성
벽체 : 샌드위치패널	• 구조적 강도 확보(허니콤, 콜러게이트, 셀 구조) • 경량성, 가공성, 내온(열)성 확보 • 불연성 및 화재지연성, 자기소화성(안정성) 확보 • 수분에 저항성 확보
바닥 : 커버링과 구조물	• 카펫 : 착화 및 화재확산 방지 소재 • 우드플로링 : 방수내화합판 플로링(실외) 차음 및 소음차단용 플로링(실내) • 진동과 소음차단을 위해 고정
천장 : 마감재와 단열재	• 경량성 및 유지관리성 확보 • 친환경소재 및 품목(비닐코팅페브릭) 사용 • 진동 및 소음 방지 • 내열성 확보
창과 도어	• 수밀성, 풍우밀성, 방열성, 방음성 확보 • 실내외 구분에 따른 기능성 확보
가구	• 고정식 붙박이시스템(안정성) • 경량시스템 • 인체공학적 형태와 치수 • 진동과 소음 방지 • 착화 및 화염 방지 • 인체유해물질 최소화(마감페브릭)
조명기구	• 마린(marine)라이팅 제품 • 천장 및 벽체에 노출타입 유리 • 진동 및 소음 방지를 위한 고정
하드웨어 및 장식요소	• 열 및 해수에 대한 고려(폭로갑판부금속) • 강도와 경량화 고려(폭로갑판부금속) • 선박의 장식성 고려(폭로갑판부금속) • 방수, 내구성, 항곰팡이성(실내장식직물류) • 착화, 화염방지, 인체유해물질 최소화

샌드위치 패널은 하드코어 패널과 소프트코어 패널로 구분되며 코어 재료는 알루미늄 허니콤, 알루미늄 콜러게이트, 발사(balsa), 폴리우레탄폼, PVC폼(poly vinyl chloride foam), 폴리에테르이미드(PEI : Polyether Imide, 미국의 GE사가 개발한 새로운 엔지니어링 플라스틱), 아라미드섬유종이(aramid fiber paper), 유리섬유패브릭(glass fiber fabric) 등이 사용된다. 또한 샌드위치 패널의 표면재료는 래미네이트(laminate), 알루미늄, 카본섬유(carbon fiber), 대리석, 합판, 프린트우드(print wood) 등 다양하다.

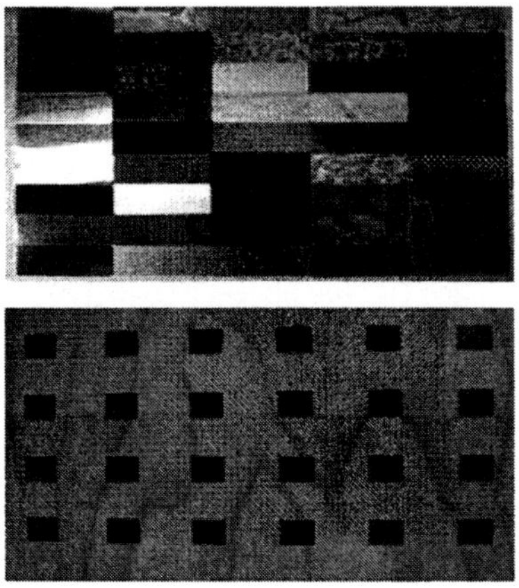

[그림 8-20] 슈퍼요트 벽마감재료 사례

② 실내바닥 마감재료는 카펫, 비닐시트, 타일, 목재, 자연석 및 인공석재 등이며 티크 등 우드플로링(wood flooring, 목재 바닥재)과 고급스러운 카펫이 일반적으로 사용된다. 카펫의 경우 일반적으로 거주구 바닥 전체에 시공하며 카펫 재료로는 나일론, 아크릴, 울 등 섬유가 사용된다. 티크는 실외갑판과 실내바닥에 사용되는 대표적인 우드플로링이다.

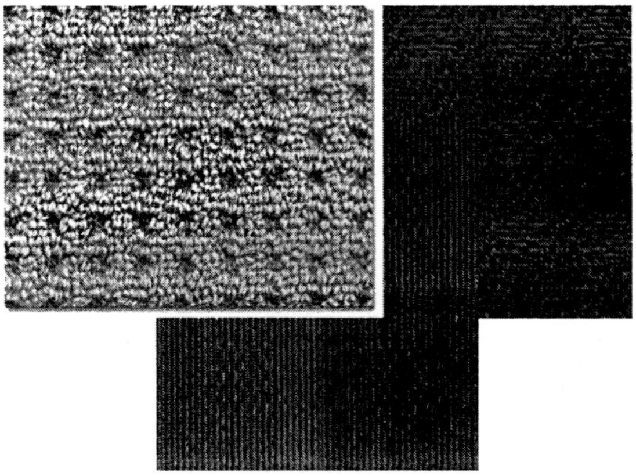

[그림 8-21] 슈퍼요트 바닥마감재료 카펫 사례

③ 실내천장재는 소프트한 스웨드(suede, 직물처럼 부드러운 촉감이 나도록 마무리한 송아지나 새끼 양 가죽) 패브릭, 비닐코팅 패브릭과 래미네이트 패널, 하드우드 베니어 합판 등이 일반적이고 메탈 패널도 부분적으로 사용된다. 비닐코팅 패브릭 제품은 부드럽고 고급스러운 분위기를 연출할 수 있으며 위생적이고 유지관리가 편리하다.

④ 실내천장 마감재료인 패널은 우드 몰딩과 함께 사용하여 고급스러움을 더하고 실내공조를 위해 에어디퓨저(air diffuser) 유닛과 함께 구성된다. 천장 단열재는 두께 50 mm 글라스울을 니들핀에 고정시키거나 폴리우레탄폼을 알루미늄 패널에 접착시켜 시공한다.

[그림 8-22] 슈퍼요트 천장마감재료 사례

⑤ 창은 강화유리, 래미네이트 글라스(laminated glass), 방풍용 플라스틱글라스(plexiglas), 렉산유리(lexan glass) 등이 사용되며 위치와 기능에 따라 재질을 달리한다. 창의 종류에는 기능상 붙박이창(fixed window), 여닫이창(hinged window), 수평슬라이딩창(sliding-horizontal), 수직슬라이딩창(sliding-vertical), 환기창, 바람막이창(windshield), 곡면창(bend window), 주문식 창 등으로 구분된다. 창의 프레임은 플라스틱, 스테인리스스틸, 스틸, 알루미늄, 청동 등이 사용된다.

⑥ 문은 외부환경에 폭로되는 문과 실내공간에 설치되는 문으로 구분되는데 폭로부분에

[그림 8-23] 슈퍼요트 슬라이딩도어 사례

설치되는 문은 기능상 수밀문, 풍우밀문, 방열 및 방음문 등으로 구분되고 실내공간에 설치되는 문은 여닫이문(swing door), 슬라이딩도어(sliding door), 도어와 창이 결합된 주문식 도어 등으로 크게 구분된다.

⑦ 실내가구는 주문식 제품과 기성(旣成) 제품이 있다. 주문식 가구는 강제 데크(deck)에 고정시키는 테이블 등 고정식 가구와 객실 침대, 소파, 수납장, 싱크대, 세면대 등 가구·집기·비품류를 일체화시켜 만든 붙박이형 가구로 분류되며, 기타 이동 가능한 의자와 소파를 라운지나 식당 등에 배치한다. 가구의 스타일은 자기 집과 같은 편안한 분위기의 연출을 위해 집에서 많이 사용하는 친근한 홈 스타일의 가구를 주로 사용한다.

[그림 8-24] 슈퍼요트 실내가구 사례

⑧ 실내조명기구로는 네비게이션 조명(navigation lights), 스포트라이트(spot light), 서치라이트(search light), 투광조명(flood light), 플로어조명(floor up light) 등이 있으며 이밖에 LED, 광섬유 조명(fire optic), 네온 등 다양하다. 조명기구는 선박 진동에 따른 소음과 이탈에 유의하여 보조 프로파일(support profile)과 볼트를 이용하여 단단하게 고정시킨다.

⑨ 실내조명계획은 자연채광이 이루어지는 현창(portlight)과 천창 해치(hatches)의 위치를 고려하여 실내에서 활동에 적합한 밝기를 확보하도록 하며 가능한 천장과 벽면에 간접조명을 이용한 건축화 조명(architectural lighting, 천장·벽·기둥과 같은 구조물 안에 광원(光源)을 설치하거나 건축물 표면의 반사광에 의하여 채광하는 조명방법)을 사용한다.

[그림 8-25] 슈퍼요트 실내조명 사례

⑩ 실내공간의 장식용 직물류는 면(cotton)이나 울(wool)보다 방수, 내구성, 항곰팡이성, 색상 등이 우수한 아크릴(acrylic), 나일론(nylon), 폴리에스터(polyester), 레이온(rayon), 비닐(vinyl)계 등을 사용한다. 장식용 금속성 하드웨어로는 일반적으로 스테인리스 스틸 합금소재를 사용하고 그밖에 구리(copper), 황동(brass), 청동(bronze)의 합금과 알루미늄이 사용된다.

[그림 8-26] 슈퍼요트 실내장식용 직물류 사례

8.4.3 실내환경계획

슈퍼요트 거주구는 혹독한 환경의 바다 위에서 장기간 항해를 하는 동안에 승객의 거주생활이 안전하고 쾌적하게 이루어질 수 있도록 실내환경의 질을 확보해야만 한다.

슈퍼요트는 승객 생활공간과 엔진, 발전기 등 항해 장비가 설치된 공간을 한정된 공간에 모두 수용하기 때문에 쾌적한 실내환경을 확보하기 위해서는 적당한 실내온열환경(온도, 습도, 기류 등) 유지뿐만 아니라 공기환경과 소음에 대한 대책이 중요하다.

슈퍼요트 거주구의 실내환경계획에서 특별히 고려해야 할 사항은 다음과 같다.

- 요트 선체는 수밀구조로 되어있기 때문에 외피의 기밀성이 매우 높아 창을 통한 틈새바람이 거의 없다. 따라서 충분히 환기되지 않을 경우 실내공기의 질이 악화될 가능성이 높다.
- 거주구 공간이 좁고 한정되어 있기 때문에 각 실은 문으로 구획되어 있으나 실내에서의 공기 유동은 큰 원룸에서 공기 흐름의 형태와 유사하다. 주방에서 조리를 하거나 화장실에서 흡연이 발생하면 거주구 전체 실내공기의 질이 급속히 악화되고 이에 따라 승객은 뱃멀미나 각종 신체적 이상을 경험할 수 있다.
- 요트 항해에 필요한 엔진이나 발전기 등이 설치된 기계실이 거주구에 인접하여 배치되기 때문에 기계실에서 발생하는 소음 및 진동, 그리고 배기가스 등이 거주구로 유입될 가능성이 높다. 특히 엔진 연소가스가 풍향과 선박 진행방향 등에 따라 실내로 유입될 가능성이 매우 높아 거주구의 쾌적성이 저해될 뿐 아니라 승객의 건강까지 해칠 수 있다.
- 엔진 연소가스와 엔진룸의 소음은 옥외공간과 연결된 살롱(saloon)의 슬라이딩도어를 통해 대부분 들어오기 때문에 이 슬라이딩도어를 가능한 엔진룸이나 연소가스가 배출되는 방향으로 내지 않거나 자동문을 설치하여 열려있는 시간을 축소한다.
- 슈퍼요트 거주구는 전체 용적이 작아 승객 호흡만으로도 이산화탄소 농도가 큰 폭으로 증가 할 수 있기 때문에 쾌적한 실내공기환경을 유지하기 위해서는 환기량을 정확하게 검토하여 환기설비를 계획한다.
- 기계실과 가까운 곳에 위치한 살롱과 승무원실은 소음치가 매우 높고, 특히 선박 운항 시에는 거주구의 모든 실에서 거주공간 소음규제치인 60 dB(A)을 넘고 있기 때문에 소음대책이 필요하다.
- 거주구 소음 문제의 가장 큰 원인은 엔진 소음이기 때문에 엔진룸의 차음성능을 높이고, 소음이 침실 등 거주구에 침투하지 못하도록 거주구 실내공간을 구획하며, 벽체나 문의 차음성능을 강화한다.

- 거주구의 온열환경에 대해서는 각 실에서 에어컨을 가동하여 온습도를 제어함으로써 쾌적한 상태를 유지할 수 있지만, 에어컨에서 취출되는 공기 온도와 양을 조절하여 과냉 혹은 과열되는 것을 방지할 수 있도록 온도자동제어장치 등의 설비계획이 필요하다.

이상에서와 같이 슈퍼요트 거주구에서 생활하는 승객의 쾌적함과 건강을 위해 각 실에 대해 실내공기를 비롯하여 온열조건, 조명, 소음, 진동, 공간크기 등을 포함한 실내환경의 질(IEQ, indoor environmental quality)에 대한 성능 검토와 이에 따른 실내환경계획이 필요하다.

참고문헌

1. 국민체육진흥공단, 차세대 모터보트의 산업화 방안을 위한 중장기 기술발전 전략, 2004
2. 도근영·이한석·이윤규·이형기, 새로 건조된 선박의 실내공기환경 조사연구, 한국항해항만학회지, 제31권 제5호, pp.427~434, 2007
3. 부산디자인센터, 동남권 해양레저장비산업 디자인경쟁력 강화방안 연구, 2011
4. 윤혜림·여명석 공역, 今井与藏 저, 건축환경공학, 성안당, 2001
5. 이한석·변량선, 슈퍼요트 외관디자인 스타일에 관한 연구, 한국항해항만학회지, 제31권 제1호, pp.71~79, 2007
6. 이한석·변량선, 슈퍼요트의 공간배치와 실내공간구획에 관한 연구, 한국실내디자인학회논문집, 통권65호, pp.224~231, 2007
7. 이한석·변량선, 차세대 경주용 고속모터보트 세부기술 : 3. 내장/인테리어, 차세대 소형모터보트 연구보고서, 서울대, 2006
8. 이한석·도근영·임덕민·김학철, 여름철 파워요트 실내환경성능에 관한 연구, 한국항해항만학회지, 제33권 3호, pp.175~180, 2009
9. 한국선급, 「선급 강선규칙」 5편 1장 109, 2008
10. 황광일·우상우·심재건·박민강·문태일, 선박 선실 내의 실내공기환경 실태조사에 관한 연구, 한국마린엔지니어링학회지, 제31권 제4호, pp.370~376, 2007
11. 홍철순·양성용 공역, 川内美彦 저, 유니버설디자인, 도서출판 선인, 2005
12. 新開明二·小西陽一, 船の美學と動的均齊論」, 日本西部造船會報 第92号, pp.297~307, 1996
13. 新開明二·小西陽一, 船の美學と黃金比, 日本西部造船會報 第93号, pp157~166, 1996
14. Anne & Maynard Bray, Designs to inspire, A wooden boat book, 2000
15. Daniel Spurr, Yacht style, International Marine Publishing Company, 1997
16. Ferenc Mate, From a bare hull, Albatross Publishing House, 1983
17. Jill Bobrow & Dana Jinkins, Classic yacht interiors, Concepts Publishing, 1993
18. MCA, The Large Commercial Yacht Code(LY2), 2005
19. Nowacki, H. and Bloor, M.I.G. and Oleksiewicz, B., Computational Geometry for Ships, World Scientific Publishing Co., 1995
20. Robert M. Steward, Boatbuilding Manual, International Marine Ragged Mountain Press, 1994
21. TriciaFoley, Sailing Style, Clarkson Potter Publishers, New York, 2003
22. Watson, D.G.M., Practical Ship Design, Elsevier Science Ltd., Oxford, UK, 1998
23. Yacht international magazine, I.M.S Publishing, Inc, March, 2007
24. Nautica 홈페이지 http://www.nautica.it/superyacht/home.htm
25. SuperYacht Techologies 홈페이지 http://www.super-yachts.com
26. International Super Yacht Society 홈페이지 http://www.superyachtsociety.com
27. Wikipedia 홈페이지 http://en.wikipedia.org/wiki/Yacht

제 9 장

해양플랜트 거주구계획

9.1 해양플랜트의 거주구

9.1.1 해양플랜트의 개요

'해양플랜트(offshore plant)'란 오프쇼어(offshore)[113]에 설치된 해양시설물로서 바다에서 석유 및 천연가스의 개발, 해저에 광케이블 혹은 파이프의 설치, 해저의 지질탐사, 각종 해양개발이나 해양건설 등을 위해 바다에 설치되는 공장설비와 그 부대시설을 의미한다.

최근에는 해양플랜트가 해상의 공장설비라는 좁은 의미에서 벗어나 해상에 설치되는 다양한 용도의 구조물을 포괄하는 넓은 의미로 사용되고 있다. 하지만 세계적으로 가장 많이 사용되는 해양플랜트는 석유나 천연가스 등 해양자원의 개발·생산·저장을 위한 것이다.

해양에서 석유 및 천연가스 같은 자원을 생산하여 판매하는 과정은 [그림 9-2]와 같이 업스트림(upstream)과 다운스트림(downstream)으로 구분된다. 업스트림은 유전을 탐사하고 개발하여 생산하는 과정을 말하며, 다운스트림은 생산된 원유를 정유하여 판매하고 운송하는 과정을 말한다.

업스트림 가운데 탐사는 해수와 암반 밑에 석유와 가스의 존재 가능성을 찾아내는 작업이며, 시추는 유전 후보지에 대하여 시추공을 뚫어 석유와 가스의 존재여부 및 유전의 경제성을 조사하는 작업이다. 이어서 생산은 생산설비를 갖춘 해양플랜트를 이용하여 해저자원을 생산하는 단계이다.

[그림 9-1] 해양플랜트 사례

113) 오프쇼어(offshore)는 연안에 가까운 앞바다의 의미를 가지고 있음

이상의 각 단계에서 사용되는 해양플랜트 시설물을 정리하면 [표 9-1]과 같다. 해양플랜트는 상부시설물과 이를 지탱하는 하부구조물로 구성되는데, 플랫폼(platform) 위에 설치되는 상부시설물에는 시추 및 생산 작업을 위한 설비와 작업자의 거주구가 포함된다.

한편 상부시설물을 지지하는 하부구조물은 그 구조형식에 따라 고정식(fixed structure)과 부유식(floating structure) 구조물로 구분되는데, 수심이 깊은 바다에서는 부유식 구조물이 사용된다.

해양자원을 탐사하고 생산하는 데는 수년에서 수십 년의 기간이 소요되므로 한번 설치된 해양플랜트는 오랜 기간 동안 해상에 위치하게 되며 그 곳에서 다양한 직종의 많은 작업자가 근무한다.

또한 해양플랜트는 육상에서 떨어진 해상에 위치하므로 육상에서의 접근에 어려움이 있다. 이러한 특성으로 인해 해양플랜트에는 시추 및 생산을 위한 설비뿐만 아니라 작업자들이 장기간 생활할 수 있는 거주구가 필요하다.

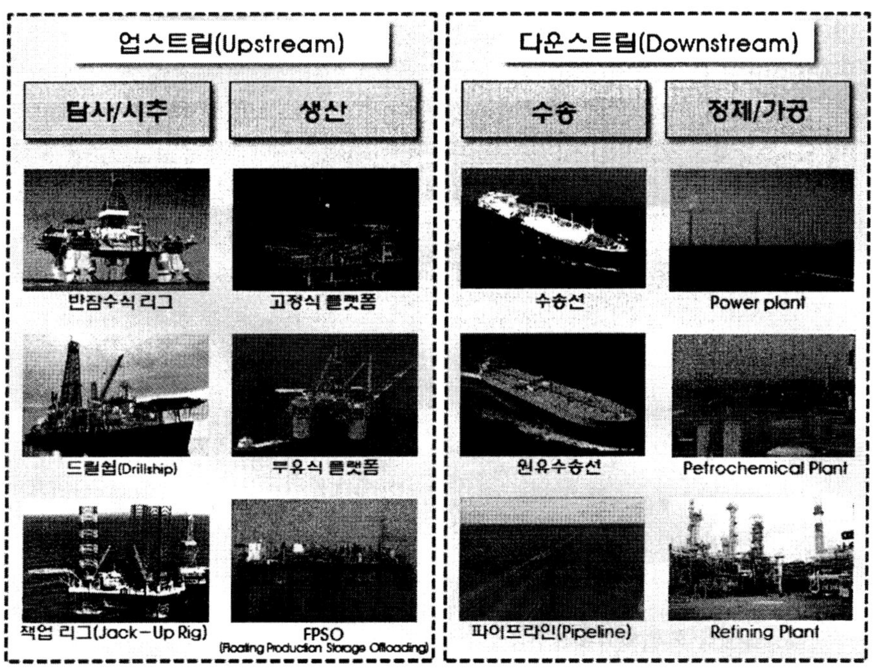

[그림 9-2] 해양플랜트 시설물의 종류
〈출처 : 김강희, 상선·해양플랜트 기자재산업의 비전과 미래전략, 발표자료 내용 재구성〉

[표 9-1] 해양플랜트 구조형식

기능 \ 형태	고정식	부유식
시추 (drilling)	• 잠수식구조물(submersible) • 자켓식구조물(jacket structure) • 갑판승강식 구조물(jack-up rig) • 중력식 구조물(gravity platform)	• 반잠수식 구조물 (semi-submersible) • 인장각식 구조물 (tension leg platform) • 시추선(drilling ship)
생산 (production)	• 잠수식구조물(submersible) • 자켓식구조물(jacket structure) • 갑판승강식 구조물(jack-up rig) • 중력식 구조물(gravity platform) • 가이드 타워식 구조물 (guyed tower structure)	• 반잠수식 구조물 (semi-submersible) • 인장각식 구조물 (tension leg platform) • 부유식 생산저장하역 구조물 (FPSO) • 스파 구조물(spar platform)
저장 (storage)	• 저장 탱크(storage tank) • 중력식 구조물(gravity platform)	• 부유식 도크(floating dock) • 부유식 생산저장하역 구조물 (FPSO)
수송 (transportation)	• 해저배관(subsea pipeline)	• 셔틀탱커(shuttle tanker)

〈출처 : 박한일, 해양구조물 설계개론, p.5〉

해양플랜트에서 생활하는 작업자는 [표 9-2]와 같이 크게 세 그룹으로 분류할 수 있다. 첫째는 생산 및 시추 관련 작업을 담당하는 프로젝트그룹이며, 둘째는 해양플랜트 거주구의 관리, 요리, 세탁 등 서비스를 제공자하는 서비스그룹이고, 셋째는 해양플랜트를 운항하는 선박운용그룹이다. 이 세 그룹의 작업자들은 각자 수행하는 작업 및 고용관계에 의해서 구분되며, 거주구 내에서 서로 다른 생활패턴을 가진다.

해양플랜트에서 근무하는 작업자는 매일 출퇴근을 할 수 없으므로 일정기간동안 해양플랜트의 거주구에 머무르게 된다. 직종에 따라서 차이는 있지만 주로 2주간 일하고 2주간 쉬거

[표 9-2] 해양플랜트 작업자

작업자 분류	작업내용	고용사	책임자
프로젝트그룹	프로젝트(시추 및 생산 등) 작업	프로젝트운용사	Project Manager
서비스그룹	거주구 환경관리 및 서비스 제공	프로젝트운용사	Camp Boss/ Project Manager
선박운용그룹	선박 및 구조물 관리, 운용, 운항관련	선주 및 용선주	Barge Master

[표 9-3] 해양플랜트 작업자의 스트레스 요인

정신사회적 스트레스 요인
• 동떨어지고 고립된 바다위에 위치 • 변덕스럽고 불리한 날씨와 기후조건 • 제한된 작업공간 및 생활환경 • 프라이버시의 부족 • 위험에 노출된 작업과 헬리콥터를 이용한 이동 • 교대근무와 단조롭고 반복적인 작업 • 가족 및 사회로부터 분리 • 집에서 발생하는 가족의 문제

〈출처 : NOPSA, Discussion Paper : Offshore Accommodation Standards, p.41〉

나, 2주간 일하고 3주간 쉬는 근무패턴을 가진다.

또한 작업자는 일단 해양플랜트에 승선하게 되면 쉬는 날 없이 하루 2교대 또는 3교대로 24시간 작업을 하게 되며, 보통 휴식시간 및 식사시간을 포함하여 하루 12시간씩 일하는 2교대 근무가 보편적이다.

해양플랜트에서 거주하는 작업자들은 고립된 환경, 휴식공간과 작업공간의 인접 등으로 인해 [표 9-3]과 같은 정신사회적(psycho-social) 스트레스 요인을 안고 있으며, 이로 인해 발생하는 스트레스는 해양플랜트에서 사고 발생 및 생산성 저하에 큰 영향을 미친다.

따라서 해양플랜트 작업자의 정신사회적 스트레스를 감소시켜 휴먼에러(human error)에 의한 사고 발생의 감소와 생산성 향상을 위해 무엇보다 사용자 중심의 거주공간 및 진동·소음·온도·습도 등을 고려한 거주구의 쾌적한 환경조성이 중요하다.

해양플랜트에서는 작업 특성상 화재 등 대형사고 뿐 아니라 개인적인 사고의 위험이 상존하고 있으므로 이러한 위험으로부터 작업자들을 보호하고 편안한 휴식과 심리적 안정을 제공하기 위하여 작업공간과 별도로 분리된 거주공간이 필요하다.

9.1.2 해양플랜트의 거주구 종류

출퇴근이 없는 작업자들을 위해 해양플랜트에는 '리빙쿼터(living quarter)'라고 부르는 거주구가 설치된다. 리빙쿼터는 [그림 9-3]과 같이 해양플랜트 구조물 상부에 설치되거나 해양플랜트와 연결된 별도 플랫폼 위에 설치된다.

해양플랜트의 리빙쿼터는 작업을 위한 설비와 함께 설치되기 때문에 거주공간이 협소하고, 충분한 편의시설을 갖출 수 없으며, 작업장에서부터 발생하는 소음, 진동, 냄새 등 영향을 직접 받아 쾌적한 거주환경을 제공하지 못한다. 무엇보다도 작업장에서 발생할 수 있는 폭발, 화재와 같은 대형 사고에 쉽게 노출되어 안전한 휴식공간이 되지 못한다.

별도 플랫폼에 리빙쿼터가 설치되는 경우에는 작업장으로부터 소음, 진동 등의 영향을 거의 받지 않으며, 작업 중 발생할 수 있는 사고로부터 거주자들을 보호해 줄 수 있지만 구조물의 건조, 설치 및 해체에 많은 비용이 소요되며, 구조물의 설치장소에도 제한이 있다.

해양플랜트의 리빙쿼터는 공간효율을 높이고, 조립 및 해체가 편리하도록 컨테이너 박스를 적재하여 설치하는 경우가 있는데, [그림 9-4]와 같이 컨테이너 리빙쿼터는 거주자들에게 충분한 공간과 좋은 거주환경을 제공하지 못한다.

(a) 해양플랜트 구조물 상부에 설치된 경우

(b) 별도의 플랫폼에 설치된 경우

[그림 9-3] 리빙쿼터 유형

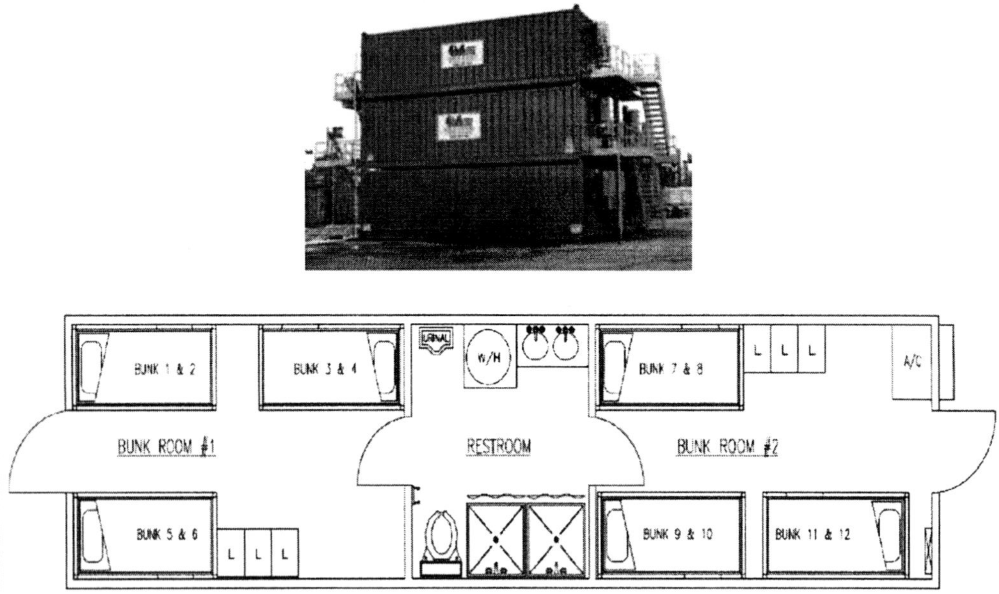

[그림 9-4] 컨테이너를 이용한 리빙쿼터 사례

한편 해양플랜트에는 식품, 자재, 인원 등을 수시로 제공해주는 보조선박이 필요하다. 이러한 보조선박 중에는 해양플랜트 작업자들에게 거주공간을 제공하는 거주구 전용선박이 있다. 이러한 선박을 '생활바지선' 혹은 'Accommodation Barge'라고 부른다.

해양플랜트에 설치되는 리빙쿼터를 대신하여 작업자 거주공간을 제공하는 생활바지선은 바지선(barge)[114] 위에 거주구를 설치한 선박으로서 한국선급협회에서는 '거주용 부선'으로 분류하고 있다.

생활바지선은 해양플랜트 인근에 계류되며 갱웨이(gangway)와 같은 이동시설을 통해 해양플랜트와 연결되어 작업자들이 자유롭게 왕래를 할 수 있도록 설치된다. 생활바지선은 [그림 9-5]와 같이 기본적으로 거주공간, 업무공간, 작업공간으로 구성된다.

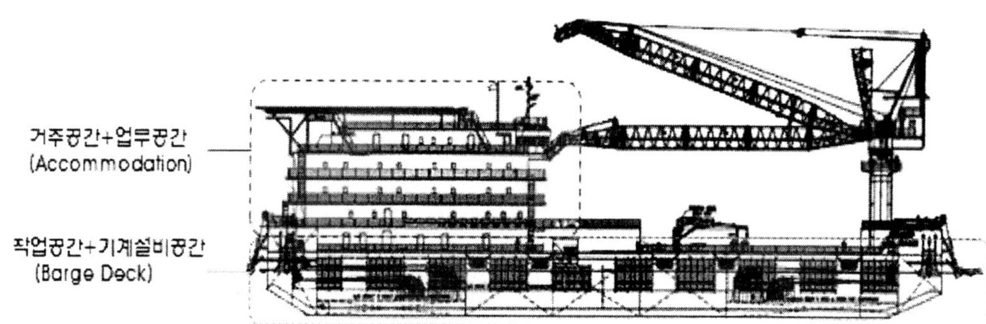

[그림 9-5] 생활바지선 공간구성

[그림 9-6] Accommodation Work Barge

114) 바지선이란 바닥이 납작하고 내부가 빈 공간으로 구성되어 물 위에 뜨는 구조물로서 예인선(tugboat)에 이끌려서 주로 화물을 실어 나르는데 사용됨

[그림 9-7] Accommodation Pipe Lay Barge

[그림 9-8] Multi-purpose Accommodation Barge

생활바지선의 종류에는 [그림 9-6]~[그림 9-8]에서 보는 바와 같이 공간구성, 사용형태, 사용목적 등에 따라 'Accommodation Work Barge', 'Accommodation Pipe Lay Barge', 'Multi-purpose Accommodation Barge' 등 세 가지 유형이 있다.

① Accommodation Work Barge

해양플랜트의 생활바지선이라고 하면 일반적으로 Accommodation Work Barge를 의미하는데, 그 특성으로 [그림 9-9]에서와 같이 바지데크 위 일부공간에 거주 및 업무공간을 갖춘 거주구(accommodation area)가 설치되고, 바지데크의 나머지 공간은 크레인이 설치된 작업장으로 사용된다.

Accommodation Work Barge는 거주구 바닥면적이 전체 바지데크 바닥면적의 약 30% 정도를 차지하며, 거주구를 제외한 바지데크의 외부공간은 해양플랜트 구조물의 보수작업 및 자재와 설비의 적재를 위해 사용되거나 작업자를 위한 운동공간으로 활용된다.

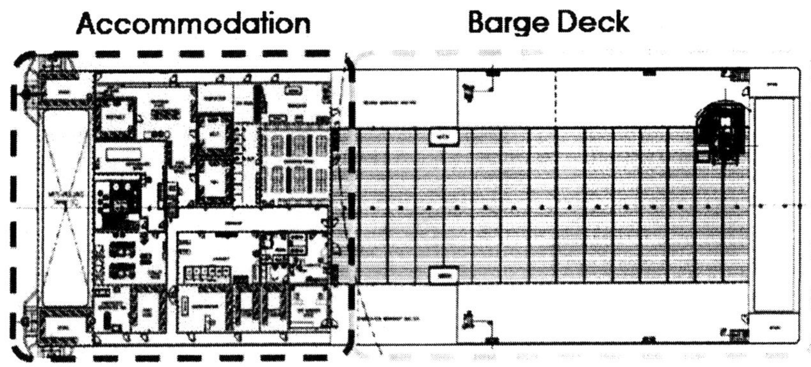

[그림 9-9] Accommodation Work Barge의 구성

② Accommodation Pipe Lay Barge

Accommodation Pipe Lay Barge 역시 거주 및 업무를 위한 거주구를 갖춘 생활바지선으로서 공간구성은 Accommodation Work Barge와 유사하지만 [그림 9-10]에서와 같이 바지데크의 구성에서 차이가 있다.

Accommodation Pipe Lay Barge의 바지데크에서는 파이프 관련작업이 이루어진다. 따라서 거주구 바닥면적이 전체 바지데크 바닥면적의 약 16%를 차지하며, 그 밖의 바지데크 외부공간은 선수와 선미가 일직선으로 연결된 작업장을 확보하여 길이가 긴 파이프를 적재하고 조립하는 작업을 위해 사용한다.

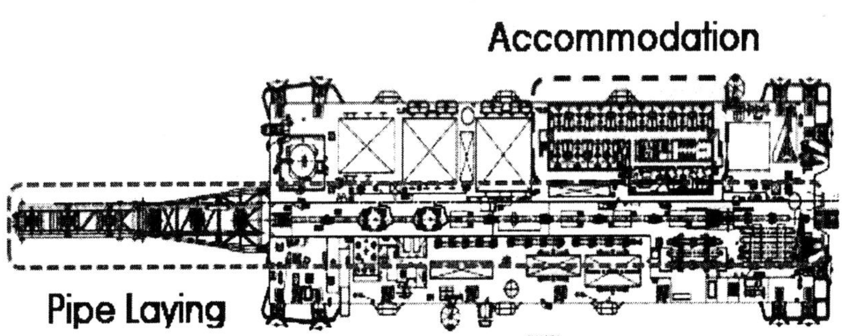

[그림 9-10] Accommodation Pipe Lay Barge의 구성

③ Multi-purpose Accommodation Barge

Multi-purpose Accommodation Barge는 [그림 9-11]과 같이 거주구 바닥면적이 전체 바지데크 바닥면적의 약 90% 정도를 차지하며, 거주구 외부나 내부에 작업공간이 없

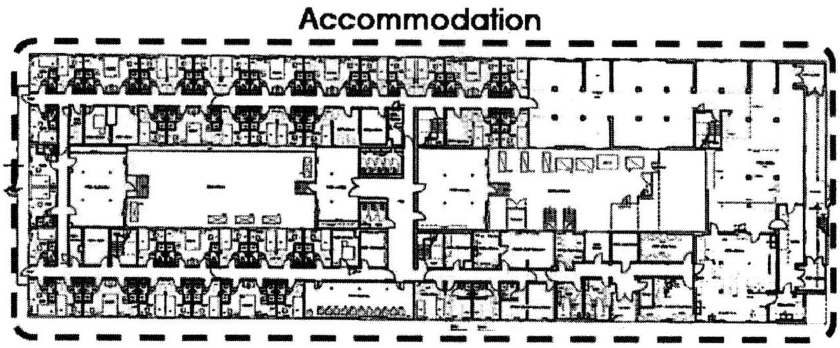

[그림 9-11] Multi-purpose Accommodation Barge의 구성

는 특성이 있다.

즉, 이 유형의 생활바지선은 해상호텔이나 해상기숙사에 가까워 다양한 해양개발사업을 위한 작업자의 숙박전용시설로 사용되며, 선박의 구조적·기능적 특성상 깊은 바다보다는 주로 연안이나 육지와 가까운 바다에 설치된다.

9.1.3 해양플랜트의 거주구 관련규칙

해양플랜트는 일반 선박과 마찬가지로 하나 이상의 선급협회에 입급되어야 한다.[115] 입급을 위해서는 해양플랜트의 하부구조물 뿐 아니라 상부구조물 역시 선급협회의 규칙을 적용하여 설계 및 건조되어야 하고 인증을 득하여야 한다.

따라서 해양플랜트는 설계 및 건조 과정에서 선급협회의 정해진 검사를 받아야 하며 완공 후와 사용과정에서 선급협회의 규칙에 따라 검사를 받아야만 한다. 한국선급협회(Korean register of shipping)의 경우 해양플랜트는 구조형식에 따라서 「이동식 해양구조물 규칙」 및 「고정식 해양구조물 규칙」을 적용받는다. 이 규칙의 내용은 대부분 해양구조물의 하부구조물(선체)에 관련된 것으로 구조물의 안전 및 각종 설비에 대한 내용이 주를 이루고 있다.

한국선급협회의 거주용 부선에 관련된 규정에는 선체구조 및 설비류에 대해 언급하고 있으며, 작업원이 거주하는 거주구에 대한 언급은 없다. 한편 「선박설비기준」 제25조에 따르면 해양플랜트와 생활바지선의 거주자들은 '임시거주자'로 분류되어 작업자 거주구는 여객실에 준하여 설비해야 한다.

115) 입급이란 선박이 건조를 시작할 때 계약된 선급에 등록하며, 건조 후에는 선급이 선박을 심사해 하자가 없을 경우 이를 증명하는 증서를 발급하는데 이러한 일련의 과정을 의미함

[표 9-4] 해양플랜트 거주구 관련 한국선급협회 규칙

규 칙	거주구 관련 사항
이동식 해양구조물 규칙	• 제12장 거주용 부선
고정식 해양구조물 규칙	• 없음
선박설비기준	• 제25조[기타승선자의 거실] : 기타승선자가 거주하는 거실에 대하여는 여객실에 관한 규정을 준용
선박안전법 시행규칙	• [별표 6] 최대승선인원 산정기준

하지만 「선박설비기준」에서도 여객을 위한 객실 및 휴게실 등 거주공간에 대한 구체적인 내용은 다루고 있지 않으며, 반면에 선원공간에서 객실 등의 크기는 선박 종류와 크기별로 규정하고 있다.

또한 「선박안전법시행규칙」 [별표 6] '최대승선인원의 산정기준'을 살펴보면 여객선의 객석 기준만을 언급하고 있으며 객실 및 기타 선실에 대해서는 언급하고 있지 않다. 다만 최대승선인원 산정을 위한 선원실의 바닥면적 기준을 제시하고 있어 해양플랜트 거주구 계획에서 참조할 수 있다.

미국선급협회 등 외국의 선급협회에서는 해양플랜트 및 생활바지선의 거주구 관련지침을 [표 9-5]와 같이 마련하고 있다. 이 지침들은 해양플랜트 거주구 소요공간의 사용목적, 위치, 규모 등과 진동, 소음, 온도 등 거주구 실내환경에 관한 구체적인 사항을 다루고 있다.

해양플랜트의 거주구는 일반적으로 선주의 요구에 따라서 설계되고 있다. 그러나 선주 요구에 의해 만들어진 거주구는 거주자에게 쾌적한 생활환경을 제공해 주지 못한다. 따라서 해양플랜트산업 관련협회에서 거주구 환경개선을 위해 각국 선급협회의 지침 등을 참고하여 거주구 건조표준서[116]를 추천하고 있다.

[표 9-5] 거주구 관련지침 해외사례

해양플랜트 거주구 관련지침
• Standards Norway, NORSOK standard C-001 Living Quarters Edition 3, May 2006 • ABS, Guide for Crew Habitability on Offshore Installations, May 2002 • ABS, Guide for Crew Habitability on Ships, DEC 2001

116) 여기서 제시된 건조표준서는 해양플랜트의 설계 및 건조에서 참조하는 지침(guideline)이나 기준(standard)을 의미하고, 내용은 국제노동기구(ILO)의 'C92 Accommodation of Crews Convention(Revised), 1949'와 'C133 Accommodation of Crews(Supplementary Provisions) Convention, 1970'를 기본으로 하고 있음

[표 9-6] NOPSA가 추천한 해양플랜트 거주구 건조표준서

해양플랜트 거주구 건조표준서
• American Bureau of Shipping(ABS), Crew Habitability on Offshore Installations • The British Health and Safety Executive(HSE), HSE OFFSHORE : Operations Notice 62 Goals for the provision of accommodation on offshore Installations 2005 • NORSOK C-001, Living Quarters Area Standards Norway Strandveien Lysaker NORWAY Edition 3, May 2006 • NORSOK S-002, Working Environment Standards Norway Strandveien Lysaker NORWAY, Rev. 4 Aug. 2004 • Indoor Air Quality I.K. Brown, CSIRO Environment Australia : State of the Environment Technical Paper Series (Atmosphere) • The Offshore Installations and Wells (Design and Construction, etc.) Regulations 1996 (DCR)

〈출처 : NOPSA, Discussion Paper : Offshore Accommodation Standards, p.5〉

NOPSA(National Offshore Petroleum Safety Authority)는 해양플랜트에서 사고 관련 휴먼에러와 작업 생산성이 거주생활과 밀접한 관계가 있으며, 거주생활은 거주구의 공간 그리고 진동, 소음, 온도, 습도 등 거주환경과 밀접한 관계가 있다고 주장하며 [표 9-6]과 같이 해양플랜트 거주구 관련 건조표준서를 추천하고 있다.

이들 건조표준서는 규칙(rule)과 같이 꼭 지켜야 하는 것은 아니지만 지침이나 표준을 정하고 있어서 선주에게 최소 기준을 제공함으로써 개선된 거주구를 만드는데 목적이 있으며, 해양플랜트 거주구에 대한 선급협회의 입급심사에도 적용되고 있다.

9.2 생활바지선의 거주구

9.2.1 공간구성

여기에서는 해양플랜트 거주구 가운데 해양플랜트에 설치하는 리빙쿼터가 아닌 전용거주선박인 생활바지선의 거주구에 대해 다룬다. 해양플랜트에서 대형사고 등의 이유로 리빙쿼터는 점점 줄어들고 생활바지선이 해양플랜트 거주구의 주된 형태가 되고 있기 때문이다.

생활바지선 거주구에는 거주공간을 주로 하여 업무공간과 작업공간이 함께 구성되어 있다. 생활바지선 거주구 공간구성을 살펴보면 [표 9-7]과 같이 크게 ① 작업자 생활구역, ② 서비스구역, ③ 승무원구역, ④ 업무구역으로 구성된다.

[표 9-7] 생활바지선의 거주구 공간구성

구 분		시 설	필요공간
작업자 생활구역	공공영역	휴게/ 오락시설	레크레이션실, 휴게실(lounge), 게임룸, TV/Video룸, Internet룸
		식사관련시설	일반식당(근로자), 고급식당(관리자), Bar/Coffee
		스포츠시설	헬스장, 족구장, 탁구장
		의료시설	의무실
		공용시설	공용화장실, 공용샤워실, 락커룸, 탈의실, 세탁실, 강의실, 도서관, 종교실, 비즈니스센터, 다목적실, 로비, 공용리프트
	개인영역	객 실	Suite Room, 1인실, 2인실, 3인실, 4인실
서비스구역		관리시설	리셉션시설, 경비실, 린넨실, 클린룸, 창고, 서비스리프트
		조리시설	갤리, 냉동/냉장창고, 식품창고, 준비실, 갤리사무실, 갤리숙소
		기계시설	공조실(AHU, FAN), 발전실, CO_2룸, 스위치룸(컨트롤룸)
승무원 구역	업무영역		사무실
	휴게영역		휴게실(dayroom, recreation룸)
	공용영역		공용화장실, 공용샤워실, 세탁실, 식당
	개인영역		승무원객실
업무구역	프로젝트 관리영역	업무시설	사무실, 회의실, 컨퍼런스룸, 강당, 헬기대기실, Camp Boss 사무실, Client 사무실
		작업시설	작업장, 각종 자재창고
	선박 운용영역	업무시설	사무실, 윈치컨트롤룸, 책임기술자실, 바지마스터실, 선주실
		항해시설	휠하우스, 통신실

작업자 생활구역은 공공영역과 개인영역으로 구성되며, 서비스구역은 거주구의 관리 및 운영을 위한 공간으로서 관리시설, 조리시설, 기계시설이 설치된다. 승무원구역은 생활바지선의 승무원(생활바지선의 관리자, 요리사, 선원 등)을 위한 생활공간으로서 업무영역, 휴게영역, 공용영역, 개인영역으로 구성된다. 업무구역은 해양플랜트 관련 프로젝트 업무를 위한 공간과 생활바지선 운용에 필요한 공간으로 구성된다.

(1) 작업자 생활구역

생활바지선 거주구에서 생활하는 작업자는 해양플랜트에서 노동력 및 기술력을 제공하는 작업자, 해양플랜트의 관리업무를 수행하는 관리자, 해양플랜트와 생활바지선을 운용하는 승무원 등이 있다.

작업자 생활구역에서 공공영역은 [그림 9-12]에서 보는 바와 같이 ① 휴게·오락시설, ② 식사관련시설, ③ 스포츠시설, ④ 의료시설, ⑤ 공용시설로 구성되며, 개인영역은 스위트룸, 1인실, 2인실~4인실 등 객실로 구성된다.

(a) 휴게/오락시설(레크레이션룸)

(b) 식사관련시설(식당)

(c) 스포츠시설(헬스실)

(d) 의료시설

(e) 공용시설(세탁실)

(f) 공용시설(탈의실)

(g) 숙박시설(suite룸)

(h) 숙박시설(1인객실)

(i) 숙박시설(4인객실)

[그림 9-12] 작업자 생활구역 주요 공간

(2) 서비스구역

거주구의 서비스구역은 거주자들에게 다양한 서비스를 제공해 주는 공간으로 [그림 9-13]과

(a) 관리시설(린넨실) (b) 조리시설(갤리) (c) 기계시설(스위치룸)

[그림 9-13] 서비스구역 주요 공간

같이 ① 관리시설, ② 조리시설, ③ 기계시설이 설치된다. 관리시설은 거주구 환경관리 및 보안 등 안전하고 쾌적한 거주환경을 제공하기 위한 시설로서 리셉션실, 경비실, 린넨실, 클린룸, 창고, 서비스리프트 등으로 구성된다. 조리시설은 거주자에게 제공되는 음식을 준비하는 시설로서 갤리(galley, 주방), 냉장·냉동창고, 식품창고, 준비실 등으로 구성된다.

기계시설은 거주구 운영에 필요한 기계설비의 설치 및 운영을 위한 공간으로서 공조실(AHU), 비상발전실, CO_2실, 스위치룸(컨트롤룸) 등으로 구성된다. 한편 소음 및 진동을 발생시키는 기계설비는 바지선 내부에 설치되며, 거주구에는 비상발전기나 공조기 등과 같이 평상시 사용이 드물고 진동 및 소음이 심하지 않는 기계설비를 설치한다.

(3) 승무원구역

규모가 작은 생활바지선에서는 승무원구역이 설치되지 않고 승무원은 일반거주자와 동일한 생활구역에서 거주한다. 그러나 거주구의 규모가 큰 생활바지선의 경우에는 [그림 9-14]와 같이 승무원구역을 별도로 마련한다.

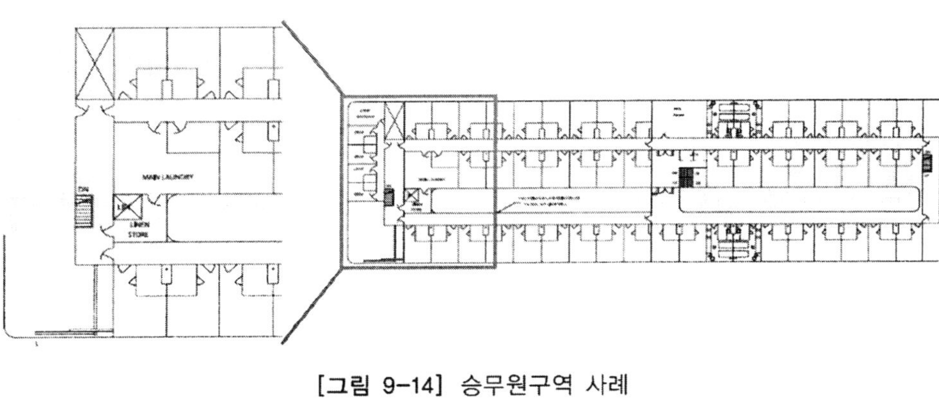

[그림 9-14] 승무원구역 사례

〈자료 : Bibby Progress호, 최대 930명 수용〉

승무원구역은 ① 업무영역, ② 휴게영역, ③ 공용영역, ④ 개인영역으로 구성되고, 업무영역에는 사무실 및 작업실이 있으며, 휴게영역에는 휴게실, 레크리에이션실 등이 있다. 공용영역에는 공용화장실 및 욕실, 세탁실, 식당 등이 있으며, 개인영역은 승무원객실로 구성된다.

(4) 업무구역

업무구역에서 프로젝트관리영역은 해양플랜트 관련 프로젝트에 필요한 사무공간으로서 사무실, 회의실 등으로 구성되며, 간편한 작업을 위한 작업장과 자재창고도 포함된다. 선박운용영역은 생활바지선의 운용에 필요한 사무실, 선주실 등 업무공간과 항해에 필요한 컨트롤룸(휠하우스), 통신실 등으로 구성된다.

(a) 업무시설(사무실)

(b) 업무시설(회의실)

(c) 항해시설(컨트롤룸)

[그림 9-15] 업무구역 주요 공간

9.2.2 계획요구사항

앞에서 설명한 NOPSA의 Discussion Paper ; Offshore Accommodation Standards가 추천하는 건조표준서들을 비교·분석하여 생활바지선의 거주구에 관한 계획요구사항을 정리하면 다음과 같다.

(1) 거주구 일반사항

거주구는 요구되는 최대인원을 수용할 수 있도록 모듈화하여 계획한다. 거주구는 작업자에게 적절한 쉼터와 휴식처를 제공하며, 또한 바람, 파도, 비 등 외부 자연환경과 주변 화재 및 폭발 등 사고로부터 거주자들을 안전하게 보호해야 한다.

거주구 내부의 칸막이벽은 기밀성이 뛰어나야 하며, 특히 객실과 식당의 외벽, 기계장치가 설치된 공간의 벽, 주방 등 열을 발생하는 공간의 벽은 적절하게 단열해야 한다. 객실은 개인의 사생활을 보장해야 하며, 공용화장실, 세면장, 탈의실, 샤워실 등은 편리한 곳에 위치하고 수용인원에 적합한 공간과 시설을 갖추어야 한다.

[표 9-8] 거주구계획 시 고려사항

고 려 사 항	
• 설치유형 • 최대수용인원 • 주요 운용단계의 인원배치원칙 • 식음료 공급원칙 • CCR(central control room)운영원칙 • 설치장소의 환경영향	• 설계수명 • 헬리콥터 등 이동수단의 종류 및 운영원칙 • 피난계획 및 피난 주요원칙 • 구명보트 수용인원 및 개수 • 필요공간 및 요구공간 • 폐기물처리원칙 • 거주구 환경관리원칙

〈출처 : Standards Norway,「NORSOK standard C-001 Living Quarters Edition 3」, p.5〉

거주구 실내공간은 소음과 진동에 대해서 특별한 고려가 필요하며, 소음과 진동을 유발시키는 기계류는 거주구에서 분리하여 설치한다. 그리고 증기관, 배기관과 같은 각종 배관류는 완전히 단열 및 밀폐된 것을 제외하고는 객실이나 복도를 통해서 설치하지 않는다.

한편 거주구 계획단계에서 고려해야 할 사항을 정리하면 [표 9-8]과 같다.

(2) 객실(cabin)

[표 9-9] 객실 계획요구사항

구분		계획요구사항
객실	공간환경	• 객실당 2명 초과 사용불가(단, 단기승선자는 4인용 객실 사용가능) • 각 부서의 책임자, 항해사, 기술책임자에게는 1인용 객실 제공 • 같은 근무조원으로 객실 거주자를 구성 • 외부 기후조건으로부터 충분한 보호 • 쾌적한 실내공기를 위해 적절한 공기조화 • 기계설비의 폭발 및 화재로부터 피해최소화를 위해 거리유지 및 방화격벽 설치 • 위험구역에서 벗어난 곳에 객실 배치 • 소음 및 진동의 영향을 최소화하기 위해 기계장치에서 분리 • 최소 2개의 독립된 비상구로 연결된 복도에 장애물 없이 인접 • 남성과 여성이 분리된 객실 • 잠금장치가 있는 충분한 크기의 수납공간
	시설규모	• 1~2인실 바닥면적은 욕실을 포함해서 7.5 m^2~12 m^2 • 4인실 바닥면적은 욕실을 포함해서 12 m^2 이상 • 침대와 침대 사이는 최소 900 mm 이상 • 침대(안치수)는 965 mm × 2,020 mm 이상, 침대 위 상부공간은 810 mm 이상 • 바닥에서 매트리스상단까지 550 mm~600 mm 이상 • 천장고는 2,050 mm 이상

주) ABS,「Guide for Habitability on Offshore Installations」와 NORSOK,「Standard C-001 Living Quarters Edition 3」에서 제안하는 실별 배치, 규모, 설비 등에 관한 사항을 비교하여 정리하였음

객실은 거주구에서 가장 중요한 공간이며 가장 많은 영역을 차지한다. 객실은 수용인원에 따라서 1인실, 2인실, 4인실 등으로 구분되며, 객실의 계획에서 요구되는 사항은 [표 9-9]와 같다.

(3) 위생공간

거주구의 위생공간으로는 객실에 설치되는 개인 욕실 및 화장실, 작업자들이 공동으로 사용하는 공용탈의실, 공용욕실, 공용화장실 등이 있으며, 위생공간의 계획에서 요구되는 사항은 [표 9-10]과 같다.

[표 9-10] 위생공간 계획요구사항

구 분		계획요구사항
위생공간	공간환경	• 객실의 욕실 및 샤워공간은 최소 0.65 m^2 이상, 너비는 중심에서 700 mm 이상 • 공용위생시설은 사용예상인원에 적합한 수량 설치 • 공용위생시설은 남/여 구분하여 설치 • 공용위생공간은 복도나 공용시설에서 쉽게 이용할 수 있도록 배치 • 이용자 6인/1개 공용세면대 • 이용자 6인/1개 공용변기 및 샤워(목욕)시설 (단, 개별욕실 및 화장실이 제공되는 경우 공용세면대, 변기 및 샤워시설 개수는 최소로 할 수 있음) • 공용탈의실은 생활공간으로 이동하기 전 이용이 편리한 곳에 위치 • 공용탈의실 개인락커는 수용인원의 1.1배 개수 이상 설치 • 공용탈의실은 샤워실 및 화장실 인근에 배치 • 의료실 인근에 1개소 이상 욕실 및 화장실 배치 • 샤워시설 및 세면시설은 차가운 물과 뜨거운 물 공급
	시설규모	• 개인락커크기(H × W × D) : 1,000 mm × 300 mm × 500 mm 이상 • 위생공간 내 1인당 자유공간(시설을 제외한 공간) : 1.1 m^2 이상 • 샤워시설(칸막이된 샤워시설) : 900 mm × 900 mm • 욕조(L × W × D) : 1,680 mm × 690 mm × 560 mm • 소변기간격 : 690 mm 이상(중심간 거리) • 소변기칸막이벽 폭 : 380 mm 이상 • 칸막이화장실 : 폭 810 mm 이상, 변기 앞에서 문까지 : 915 mm 이상 • 천장고 : 2,050 mm 이상

주) ABS, 「Guide for Habitability on Offshore Installations」와 NORSOK, 「Standard C-001 Living Quarters Edition 3」에서 제안하는 실별 배치, 규모, 설비 등에 관한 사항을 비교하여 정리하였음

(4) 사무공간

거주구에서는 다양한 작업 및 업무가 발생된다. 이러한 업무를 처리하기 위하여 필요한 사무공간의 계획에서 요구사항은 [표 9-11]과 같다.

[표 9-11] 사무공간 계획요구사항

구 분		계획요구사항
사무공간	공간환경	• 사무실 공간은 거주구 내에 위치할 것 • 거주구와 같은 수준의 안전성이 확보될 경우 별도의 구조물에 설치 가능 • 업무의 협동성과 공용시설이용의 효율을 높이기 위하여 공용시설 인근에 배치 • 특별한 경우 작업공간 인근에 사무실이 위치할 수 있음 • 작업장, 중앙통제실 등에서 쉽게 접근할 수 있는 곳에 위치 • 다양한 규모와 크기의 사무실이 요구되나 되도록 표준화할 것 • 회의실, 복사실 및 사무용품 창고 등 보조공간 설치 • 대형복사기, 팩스, 출력기 및 플로터 등은 별도 공간에 설치
	시설규모	• 2명 이상 손님을 수용하는 사무실은 작업 및 회의용 책상 면적 1.7 m^2 이상, 최소 2,590 mm × 2,590 mm의 바닥면적 확보 • 다양한 서류작업이 요구되는 사무실은 최소 1.2 m^2 이상 작업용 책상 설치, 최소 1,675 mm × 2,285 mm의 바닥 면적 확보 • 천장고는 2,050 mm 이상

주) ABS, 「Guide for Habitability on Offshore Installations」와 NORSOK, 「Standard C-001 Living Quarters Edition 3」에서 제안하는 실별 배치, 규모, 설비 등에 관한 사항을 비교하여 정리하였음

(5) 식당 및 갤리(galley, 주방)

거주구의 식당은 많은 거주자가 동시에 이용하는 공간으로 거주구에서 규모가 큰 공간 중 하나이다. 식당은 갤리와 함께 위치하며 냉장창고, 냉동창고 등 식품저장창고가 필요하다. 식당 및 갤리의 계획에 필요한 요구사항은 [표 9-12]와 같다.

[표 9-12] 식당 및 갤리 계획요구사항

구 분		계획요구사항
식당 갤리 공간	공간 환경	• 식당은 객실과 떨어진 곳에 위치 • 식당과 갤리(주방)는 같은 층에 인접해서 위치 • 최대거주인원 50%가 한 번에 사용할 수 있는 테이블과 좌석 배치 • 상급관리자와 근로자 식당을 구분하여 배치 • 식당은 외부환경의 영향이 없는 곳에 위치 • 식당은 쓰레기처리장, 화장실 등과 분리하여 위치 • 갤리는 깨끗한 작업(음식조리)과 지저분한 작업(잔반처리 등) 분리 • 식음료제공영역은 안전하고 위험요소 조절이 가능한 곳에 배치 • 갤리는 음식준비, 요리, 서비스, 세척공간으로 구성 • 갤리는 제빵준비영역, 야채준비영역, 육류, 어류, 조류준비영역, 뜨거운 음식영역, 접시세척기, 주방기구세척기, 주방기구수납시설 등 포함 • 갤리 내 세면기는 어떤 곳에서도 7.5 m 이내에 위치 • 각종 싱크와 세면기는 분리해서 배치 • 식품저장창고는 소비량을 기준으로 계획하고 반입되는 식자재를 쉽게 운반할 수 있는 곳에 배치하며, 갤리와 인접하여 배치하거나 리프트, 컨베이어벨트 설비
	시설 규모	• 식당면적 : 1.7 m^2/1인 • 천장고 : 2,050 mm 이상 • 테이블 : 760 mm × 430 mm/1인 • 서빙통로 : 1,118 mm 이상 • 마주보는 주방기기 사이 간격 : 1,350 mm • 식품저장고 사이 간격 : 900 mm 이상 • 등을 맞대고 있는 테이블간 거리 : 1,525 mm 이상 • 일반식품고 : 1.5 kg/1일/1인(0.06 m^2) • 냉장식품고 : 1.4 kg/1일/1인(0.017 m^2) • 냉동식품고 : 1.1 kg/1일/1인(0.023 m^2)

주) ABS, 「Guide for Habitability on Offshore Installations」와 NORSOK, 「Standard C-001 Living Quarters Edition 3」에서 제안하는 실별 배치, 규모, 설비 등에 관한 사항을 비교하여 정리하였음

(6) 휴게공간(lounge, TV/video room, recreation room)

거주구에는 거주자들의 레크리에이션, 휴식, 사회적 교류, 신체적 활동을 위해 충분한 휴게공간이 필요하다. 휴게공간에는 lounge, TV/video room, recreation room, 도서관 등이 포함되며, 휴게공간의 계획에서 요구사항은 [표 9-13]과 같다.

[표 9-13] 휴게공간 계획요구사항

구 분		계획요구사항
휴게 공간	공간 환경	• 거주자들의 욕구와 필요에 따라서 적당한 크기와 수의 휴게공간 설치 • 거주자들의 고립감을 줄이기 위해 휴게공간은 되도록 집합하여 설치 • 도서관, 예배실, TV/video room, 커피바, 체육공간 등 다양한 공간 배치 • 메인라운지 및 휴게실은 최대승선인원의 50%가 한 번에 사용할 수 있는 규모 • 라운지 및 커피바는 식당 인근 및 주 동선에서 쉽게 접근할 수 있는 곳에 배치 • 휴게실에는 독서, 글쓰기, 게임 등 다양한 활동을 위한 가구류 배치 • 메인라운지에는 TV 등을 시청할 수 있는 별도 공간 배치 • 다양한 목적으로 사용될 수 있는 다목적실 배치 • 운동시설이 설치된 체육공간을 다른 휴게공간과 함께 설치 • 공간이 허용한다면 다양한 스포츠 활동을 위한 스포츠홀 설치 • 휴게공간 및 업무시설과 연결된 별도 흡연실 설치
	시설 규모	• 전체 휴게공간의 규모는 총 승선인원 1인당 1.5 m^2 이상 • 업무구역의 커피바는 근무예상인원의 30%가 사용하는 규모(1.2 m^2/인 이상) • 휴게실에 설치되는 좌석 1개당 1.39 m^2 이상 • 체육공간에는 운동기구 1개당 4.5 m^2 이상 • 천장고 : 2,050 mm 이상

주) ABS, 「Guide for Habitability on Offshore Installations」와 NORSOK, 「Standard C-001 Living Quarters Edition 3」에서 제안하는 실별 배치, 규모, 설비 등에 관한 사항을 비교하여 정리하였음

9.2.3 계획특성

거주구 바닥면적은 바지데크(barge deck) 전체 바다면적의 50% 미만을 차지하고, 거주구 형태는 가로 × 세로가 약 30 m × 40 m 정도로 특별한 방향성을 가지고 있지 않아서 방위나 선수/선미 또는 좌현/우현 방향에 따른 공간구성은 특별한 의미가 없다.

따라서 거주구 공간계획의 특성은 제한된 층수 내(보통 5개 층)에서 수직적 공간배치와 각 층에서의 수평적 공간구성에 있다.

(1) 배 치

바지데크 위에 설치되는 거주구는 [표 9-14]와 같이 크게 단일형과 복합형으로 구분된다. 단일형은 거주구건물이 단일 블록 형태로서 길이가 선수/선미 방향으로 40 m를 넘지 않는다. 복합형은 거주구건물이 2개 이상으로 구성되어 서로 연결되는 유형이다.

[표 9-14] 거주구 배치유형

구분	단일형	복합형
배치 형태	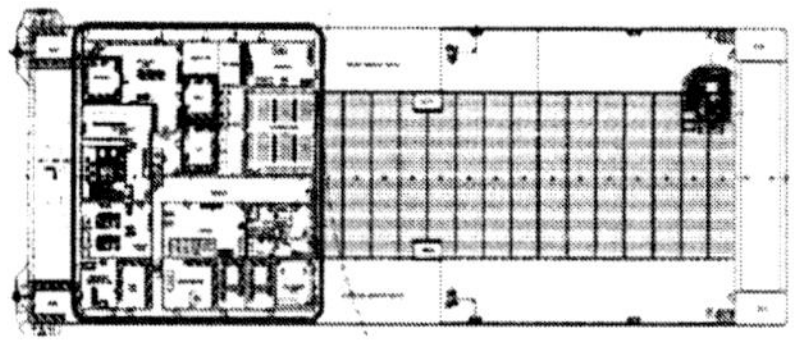	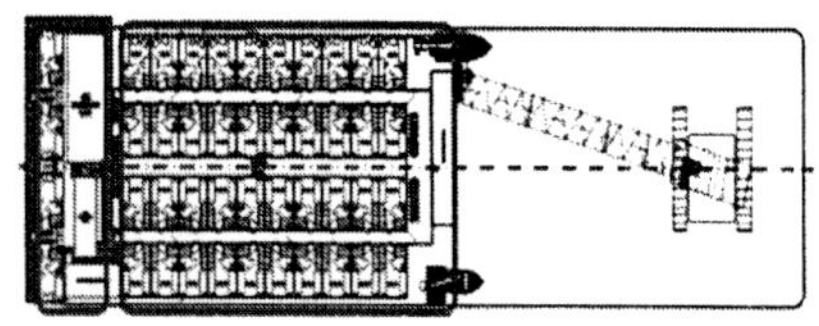

복합형은 거주구의 수용인원이 400명 이상이며, 거주구건물의 길이가 40 m 이상 되는 경우에 거주구를 40 m 이하로 나누어 2개 블록으로 구성한다. 거주구 규모는 선주의 요구 또는 생활바지선을 사용하게 되는 석유회사의 요구에 따라 설계, 건조, 운용 등에 소요되는 비용과 선박의 활용성을 감안하여 결정된다.

「SOLAS」117) 제2-2장 규칙 24에서 "선체를 40 m 이하 간격으로 분할하여 구역을 나누고 그 경계에 격벽을 설치해야 한다"는 내용을 고려하여 거주구의 길이가 40 m를 넘지 않도록 계획한다. 단 40 m 이내로 공간을 구획하기 어려운 경우에는 48 m까지 구획을 확장할 수 있으나 확장된 공간의 전체 면적은 1,600 m^2 이하로 한다.

(2) 동 선

거주구에서 동선은 수평동선과 수직동선으로 구분된다. 거주구의 수평동선인 복도는 비상시 탈출수단으로도 사용되기 때문에 원활한 흐름을 유도하기 위하여 굴절 없이 선수/선미 방향으로 정렬된다.

수평동선체계는 [그림 9-16]과 같이 주동선과 보조동선(비상동선)을 함께 선수미방향으로 계획한다. 거주구의 동선은 메인데크에 위치한 주출입구를 통해 거주구에 진입하여 시작되며, 각층의 수직통로(중앙계단)를 통해서 다른 층으로 수직 연결된다.

각층에서 수평동선은 중앙계단을 출발점으로 하여 선수미방향으로 주동선과 비상동선이 형성된다. 비상동선은 선수와 선미에 설치된 외부 비상계단으로 연결되어 바지데크까지 이어지도록 계획한다.

수직동선은 [그림 9-17]과 같이 주동선과 보조동선(비상동선)으로 구분하여 계획한다. 주동선은 거주구 내 위치한 수직통로(중앙계단)이며 메인데크에서부터 각층 데크로 연결된다. 거주구 외부에는 선수와 선미부분에 보조수직통로인 비상계단이 설치되어, 평상시에는 보조동선으로 사용되며 비상시에는 비상탈출동선으로 사용된다.

117) 「SOLAS」는 국제적인 '해상인명안전협약'으로서 'International Convention for the Safety of Life At Sea'를 줄인 용어임

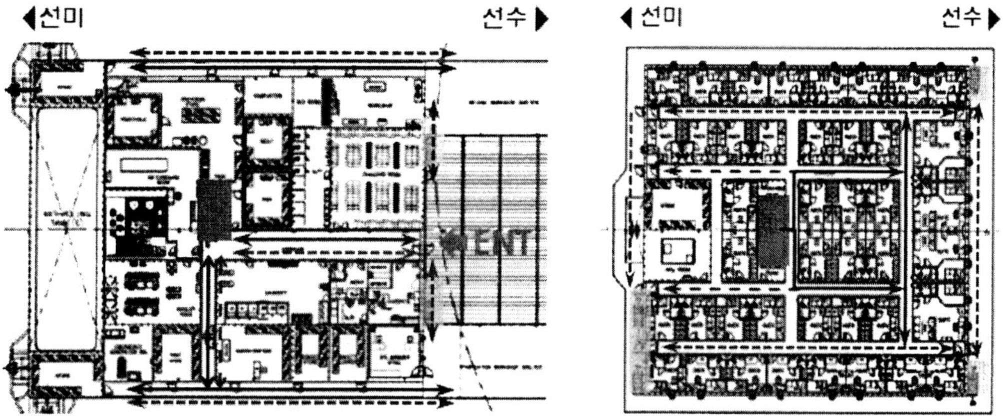

(a) 메인데크 (b) 객실영역

주출입구 주수직동로 → 주동선 보조수직동로 ----→ 보조동선/비상동선

[그림 9-16] 수평동선체계

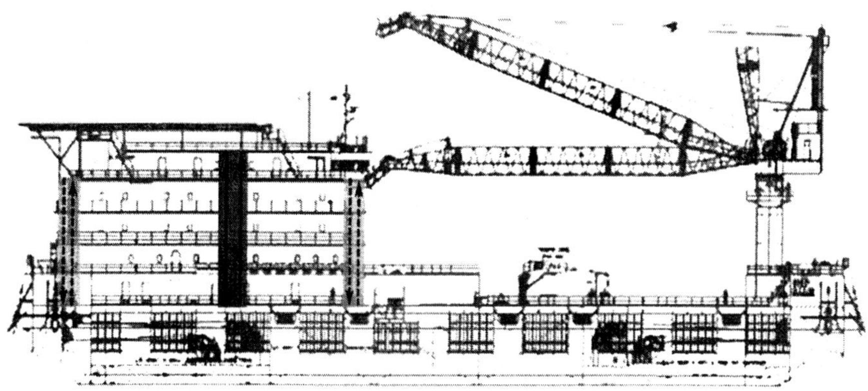

주수직동로 → 주동선 보조수직동로 ------→ 보조동선/비상동선

[그림 9-17] 수직동선체계

9.3 생활바지선의 거주구 공간계획

생활바지선은 거주인원을 기준으로 일반적으로 300인용, 400인용, 500인용, 300인용 미만으로 구분되는데, 이 가운데 300인용 생활바지선이 가장 많이 건조되어 운용되고 있다. 따라서

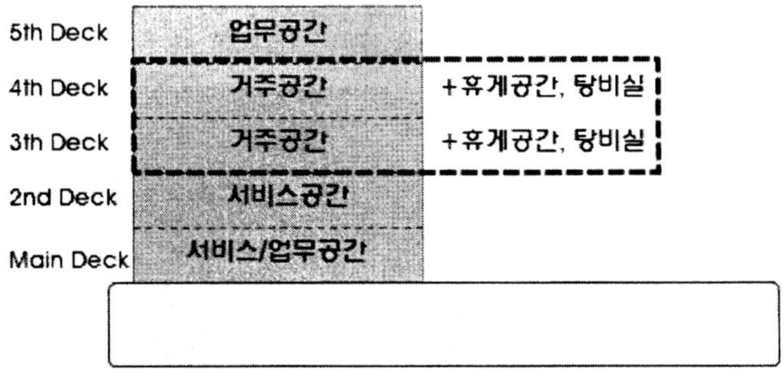

[그림 9-18] 거주구 층별 공간구성

여기에서는 300인용 생활바지선을 대상으로 거주구 층별, 실별 공간계획을 기술한다.

실적선[118] 사례조사를 통해 300인용 생활바지선 거주구의 특성을 살펴보면, 거주구의 길이와 폭은 40 m × 30 m, 높이는 5층 규모로 이루어져있다. 또한 [그림 9-18]에서와 같이 메인데크(main deck, 1층 데크)에는 공용탈의실, 공용화장실 등 서비스시설과 작업실, 사무실 등 업무시설이 주로 배치된다.

2층데크(2nd deck)에는 식당, 갤리, 휴게실 등 서비스시설이 주로 배치되고, 3층데크(3rd deck)와 4층데크(4th deck)에는 객실과 소규모 휴게시설이 배치된다. 5층데크에는 선박운용 및 프로젝트관리를 위한 업무시설이 주로 설치된다.

9.3.1 메인데크 (main deck)

메인데크는 거주구의 1층에 해당되며, 여기에는 업무시설과 서비스시설이 배치된다. 또한 소규모 작업장, 각종 자재창고, 업무시설, 의무실, 탈의실, 공용화장실 및 샤워실, 세탁실 등이 들어선다.

메인데크에 거주구의 주출입구가 있으며, 주출입구와 수직동선(주계단)이 복도로 연결되어 작업자들이 각층으로 신속하게 이동할 수 있도록 한다. 주출입구 이외에 바지데크의 작업장과 연결되는 출입구를 비롯하여 자재·식자재·폐기물 등의 반입과 반출을 위한 출입구를 계획한다.

주출입구와 주계단 사이에 직선의 복도를 계획하며, 이 주수평동선을 중심으로 필요한 공간들을 좌우에 배치하여 접근이 쉽고 사용이 편리하도록 한다. 주수평동선의 복도는 많은 거주자들이 한꺼번에 이동하는데 충분한 폭을 확보한다.

식자재창고는 식자재의 편리한 운반과 저장을 위하여 메인데크에 배치하며, 외부와 직접 연결되는 출입구를 계획한다. 식자재창고에는 별도의 준비실을 두어 식자재를 쉽게 처리할 수 있도록 한다.

118) 실적선이란 실제 건조되어 운용되고 있는 선박을 의미함

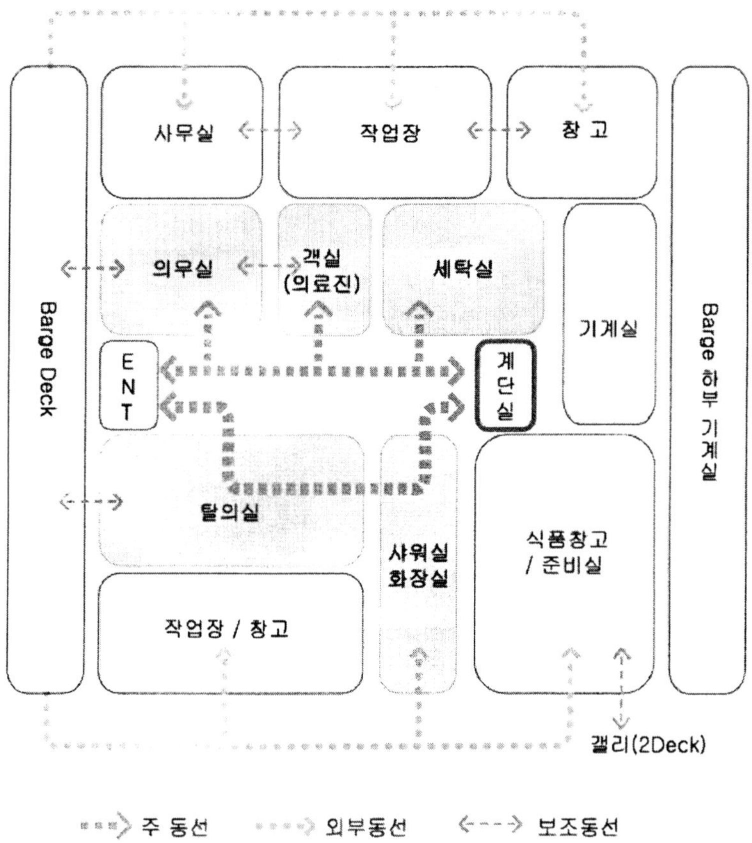

[그림 9-19] 메인데크 공간계획

기계실은 주수평동선에서 떨어진 곳에 배치하며, 비상동선을 계획하여 비상시에 쉽게 탈출할 수 있도록 한다. 이상과 같은 메인데크의 공간계획을 개념도로 작성하면 [그림 9-19]와 같다.

9.3.2 2층데크 (2nd deck)

2층데크는 서비스데크라고도 하며 식당, 휴게공간, 종교실 등 공용시설이 위치한다. 2층데크의 주수평동선은 주계단과 맞은편 출입구를 연결하는 복도이다. 거주구 내에서 가장 번잡한 이 복도는 충분한 폭을 가진 직선 형태로 계획한다. 또한 2층데크의 모든 수평동선(복도)은 외부에 설치된 비상계단으로 쉽게 접근할 수 있도록 계획한다.

2층데크에서 식당과 갤리는 인접하여 계획하며, 식당은 주수평동선에서 쉽게 접근할 수 있는 곳에 배치하고, 갤리는 상대적으로 주수평동선에서 떨어진 곳에 위치하여 외부에 쉽게 노출되지 않도록 계획한다.

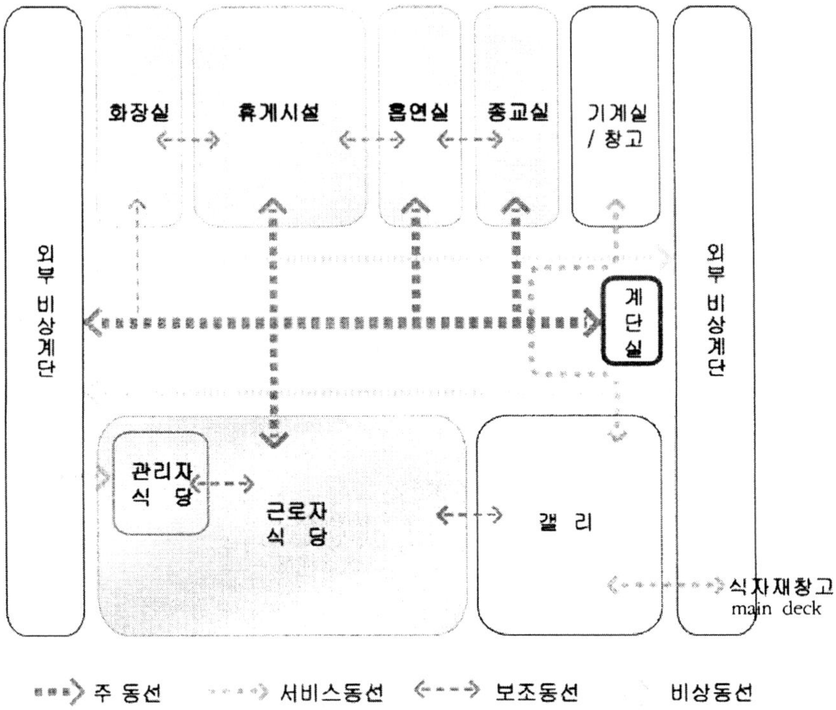

[그림 9-20] 2층데크 공간계획안

갤리에는 근무자의 동선을 별도로 계획하여 거주자(식당 이용자)의 동선과 겹치지 않게 하며, 메인데크의 식자재창고와는 수직통로 및 리프트를 이용하여 연결한다.

휴게시설은 주동선에서 쉽게 접근할 수 있고 식당에서도 접근이 편리한 곳에 배치하며, 휴게시설 옆에는 흡연자를 위해 환기시설을 갖춘 흡연실을 계획한다. 대형 휴게공간은 내부에 칸막이벽이나 파티션으로 구분하여 필요에 따라 게임룸, TV/Video룸, 휴게실 등으로 사용할 수 있게 한다. 한편 종교실은 조용하고 사람들의 왕래가 없는 곳에 배치한다.

이상과 같은 2층데크 공간계획의 개념도는 [그림 9-20]과 같다.

9.3.3 3층데크 (3rd deck) 와 4층데크 (4th deck)

3층데크와 4층데크에는 주로 객실을 배치하고 이외에 소규모 휴게공간 및 탕비실(pantry)을 계획한다. 이들 데크에서는 모든 객실이 계단 및 복도에서 쉽게 접근할 수 있도록 계획하고, 또한 비상시 거주자의 피난을 위하여 전체 객실에서 선수와 선미부분의 외부 비상계단으로 쉽게 접근하도록 계획한다.

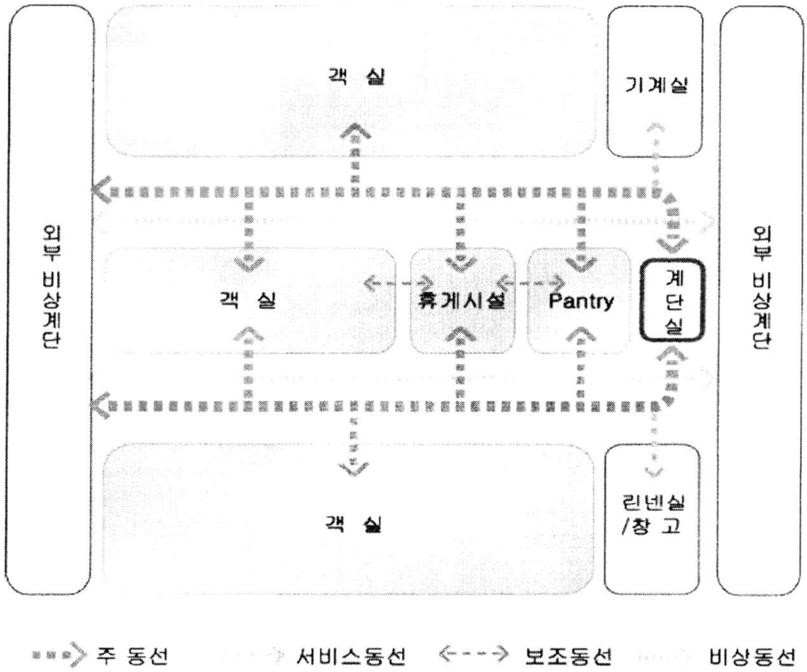

[그림 9-21] 3층데크 및 4층데크 공간계획안

한편 계단실 인근에 데크의 거주자가 사용할 수 있는 소규모 휴게공간과 탕비실을 배치하며, 휴게공간에는 의자, 테이블, 책선반 등을 계획하고, 탕비실에는 간단한 음식과 음료를 준비할 수 있는 설비를 갖춘다.

보통 3층데크에는 일반 작업자들을 위한 4인용 객실을 배치하고, 4층데크에는 4인용 객실 일부와 관리자를 위한 2인실, 1인실 그리고 스위트룸을 계획한다.

이상과 같은 3층데크 및 4층데크 공간계획의 개념도는 [그림 9-21]과 같다.

9.3.4 5층데크 (5th deck)

5층데크는 거주구의 최상층으로서 선박운용에 필요한 업무공간과 프로젝트관리에 필요한 업무공간이 배치된다. 생활바지선의 운용에 필요한 공간으로는 휠하우스(wheelhouse, 조타실), 통신실, 바지마스터실, 사무실 등이 있다.

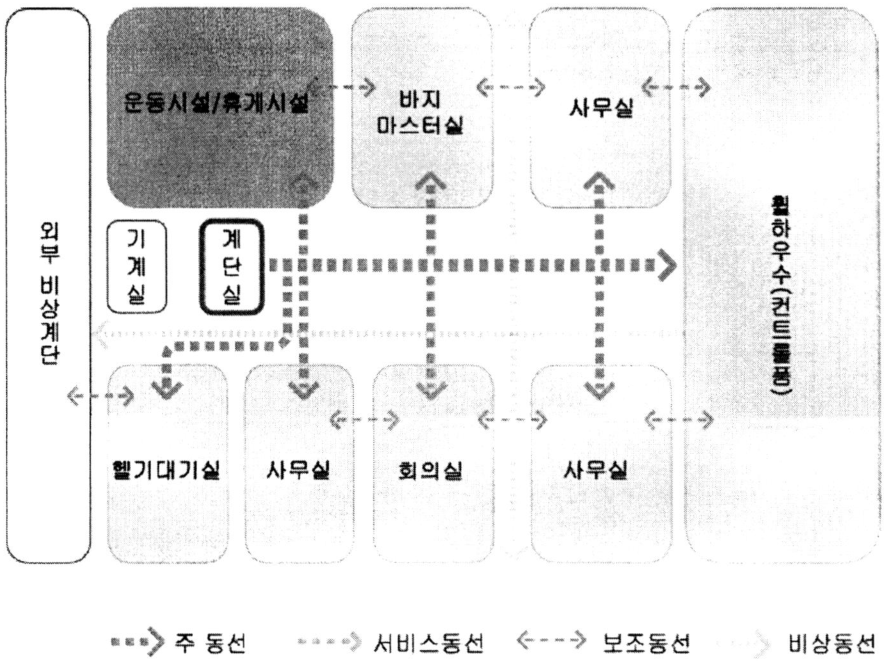

[그림 9-22] 5층데크 공간계획안

휠하우스는 선수방향을 향하도록 전면에 배치하고, 충분한 시야를 확보할 수 있도록 계획하며, 측창과 고창 등을 두어 선박 후면과 크레인의 움직임을 볼 수 있도록 계획한다. 휠하우스와 인접하여 통신실, 사무실, 바지마스터실 등 선박운용에 필요한 공간을 배치한다.

프로젝트관리에 필요한 업무공간으로는 서류작업과 컴퓨터작업을 위한 사무실과 회의실 등을 계획한다. 한편 헬기대기실은 업무공간과 분리된 동선을 이용하도록 계획하며, 헬리데크로 쉽게 접근할 수 있는 곳에 배치한다.

5층데크의 모든 공간에서 비상시 근무자가 쉽게 탈출할 수 있도록 비상동선을 계획하고, 비상동선은 외부공간이나 비상계단으로 연결되도록 계획한다.

이상과 같은 5층데크 공간계획의 개념도는 [그림 9-22]와 같다.

9.3.5 실별 공간계획

300인용 규모의 생활바지선 거주구에 대해 건조표준서의 내용을 정리한 '9.2.2 계획요구사항'을 바탕으로 주요 실에 대한 공간계획은 다음과 같다. 건조표준서에서 다루지 않는 사항은 유사한 공간에 대한 건축계획자료를 참고하고 실적선의 사례를 반영하여 계획한다.

(1) 객 실

거주구 객실은 4인용, 2인용, 1인용 그리고 스위트룸으로 구성하며, 객실의 종류와 개수는 선주의 요구에 따라서 계획한다. 건조표준서에서는 객실 하나에 2인 이상의 사용을 지양하고 있지만 특별한 작업상황이나 단기승선자에 한해서 한 실에 4인까지 허용한다.

하지만 실제 생활바지선에서는 좁은 공간에 많은 인원을 수용하기 위하여 전체 객실 중 4인용 객실이 70% 이상을 차지한다. 이 경우에 1일 2~3교대 근무와 2~3주 간격으로 승선과 하선이 이루어지는 해양플랜트 근무패턴을 고려하여 하나의 객실에 2인을 초과하는 작업자가 동시에 거주하는 경우가 최소화되도록 거주구를 운영한다.

실적선의 사례조사를 통해 300인용 생활바지선 거주구의 객실 종류와 개수는 [표 9-15]와 같이 계획한다.

객실 내에서 침대 및 가구의 배치는 실의 폭과 길이 비, 욕실과 벽장의 위치를 고려하여 결정한다. [그림 9-23]에서와 같이 객실 내부의 길이(A)와 폭(B)의 비율(B/A)은 0.8~1.6으로 계획하며, 객실 내 가구배치는 침대 수와 배치에 따라서 다양하게 계획한다.

객실의 최소규모는 1인용 6~7.5 m^2, 2인용 12 m^2, 4인용 12 m^2 이상 확보하며, 객실의 형태와 규모는 동일하게 모듈로 계획한다. 이 경우에 1인용 객실에 2층 침대를 설치하여 2인용 객실로, 2인용 객실에 2층 침대를 설치하여 4인용 객실로 사용이 가능하다. 스위트룸은 일반 객실의 2개를 합한 크기로 계획하며, 파티션과 커튼으로 침실공간과 거실공간을 분리한다.

[표 9-15] 객실 종류와 개수

선명	총객실수 [개]	Suite룸 [개]	1인실 [개]	2인실 [개]	4인실 [개]
	비율 [%]	비율 [%]	비율 [%]	비율 [%]	비율 [%]
300인용 거주구계획	92	6	10	10	66
	100	6.5	10.9	10.9	71.7

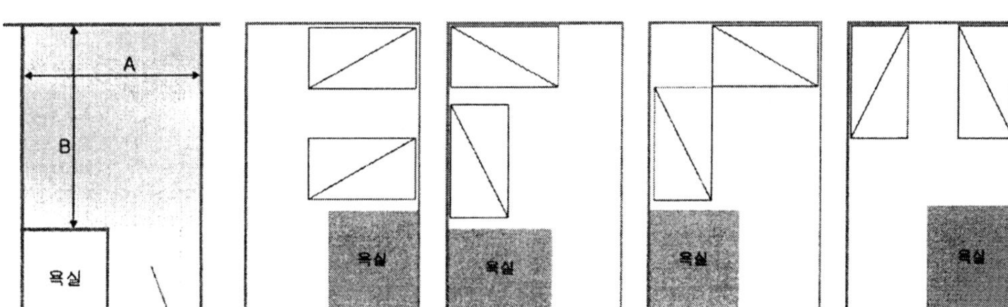

[그림 9-23] 객실 평면배치 사례

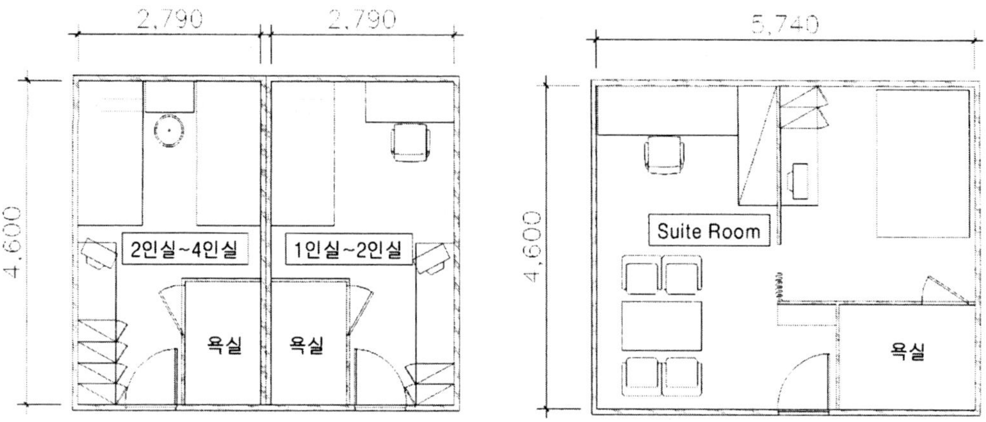

(a) 1~4인용 객실(13.7 m^2, 욕실포함) (b) 스위트룸(26.4 m^2, 욕실포함)

[그림 9-24] 일반객실과 스위트룸 계획안

객실 모듈계획은 한정된 공간에서 객실 배치를 원활하게 하고, 선조립 유닛(prefabricated unit)을 사용하여 시공의 편리성을 높일 수 있다. 일반객실과 스위트룸은 폭과 길이가 동일한 모듈을 사용하여 계획한다.

객실에 포함되는 욕실의 규모는 객실 등급에 따라 달라지며, 일반적으로 변기, 세면기 그리고 샤워부스로 구성된다. 욕실은 유닛(unit)으로 제작된 기성제품을 이용하여 선조립 탑재방식으로 설치한다.

이상과 같은 내용을 적용하여 객실을 계획하면 [그림 9-24]와 같다.

(2) 의무실

작업 중 발생할 수 있는 위급상황과 일상생활 중 거주자 질병에 대비하여 의무실을 계획한다. 의무실은 거주구의 외부와 내부에서 접근이 용이해야 하며, 특히 해양플랜트 작업장에서 접근이 쉬워야 하고 비상 출입구를 별도로 계획한다.

[표 9-16] 승선인원별 의무실 크기

승선인원	크 기
25명 이하	2 m × 3 m
25명 초과 100명 이하	5 m × 7 m
100명 초과	5 m × 7 m 이상

〈출처 : NOPSA, Discussion Paper; Offshore Accommodation Standards, p.53〉

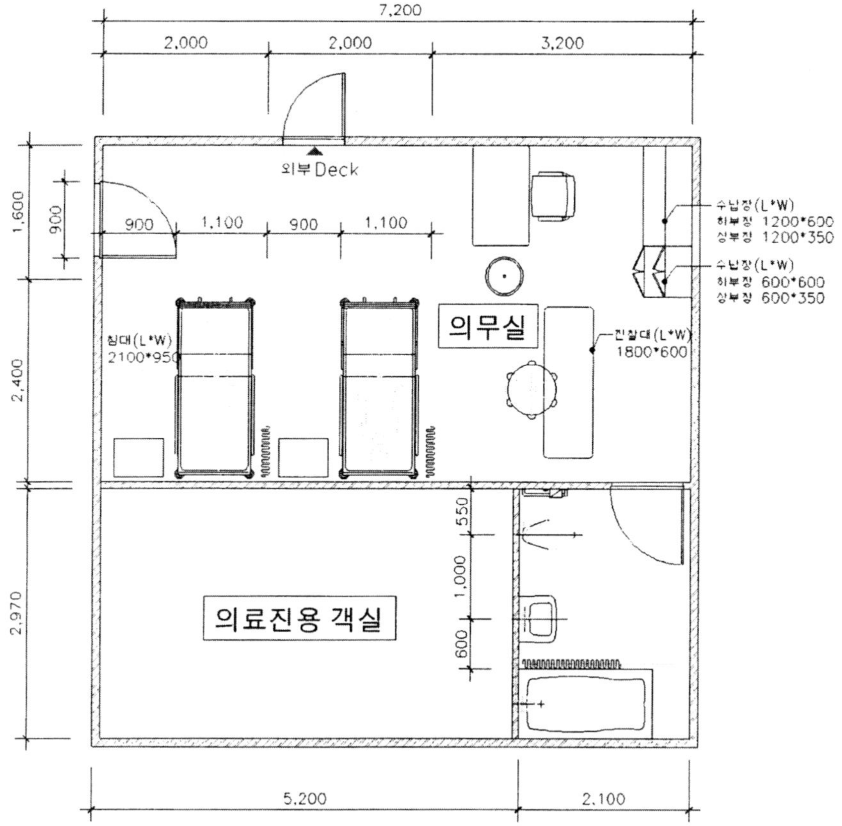

[그림 9-25] 의무실 계획안

출입구는 표준 들것의 크기(2,200 mm × 600 mm)를 감안하여 폭 900 mm 이상으로 계획하며, 실의 크기는 [표 9-16]과 같이 거주구에 승선하는 인원에 따라 정하고, 1개 이상 침상과 의무실 전용 화장실 및 샤워시설을 계획한다.

의무실의 침대 및 화장실 배치는 건축계획에서 다루고 있는 병원 및 지체장애자용 화장실에 관련된 설계지침을 기준으로 계획한다.

이상과 같은 내용을 적용하여 의무실을 계획하면 [그림 9-25]와 같다.

(3) 공용탈의실 및 위생실

공용탈의실의 위치는 작업자가 거주구의 다른 영역에 들어오기 전에 오염된 옷과 몸을 정비할 수 있도록 주출입구 근처에 배치한다. 탈의실의 개인 캐비닛 수는 전체 승선인원보다 10% 정도 많이 계획하며, 캐비닛 크기는 1,000 mm × 300 mm × 500 mm(높이 × 폭 × 깊이) 이상 되도록 한다.

[표 9-17] 실적선(300인용) 위생기구 수

선박명	샤워부스	세면대	양변기	소변기	비 고
DN1038	4	4	·	·	화장실 별도설치
DN1076	4	4	4	4	
SHN-DP2	3	·	2	4	
HN Global	3	·	2	4	
계획안	4/2	4/2	4/2	4/2	남성용/여성용

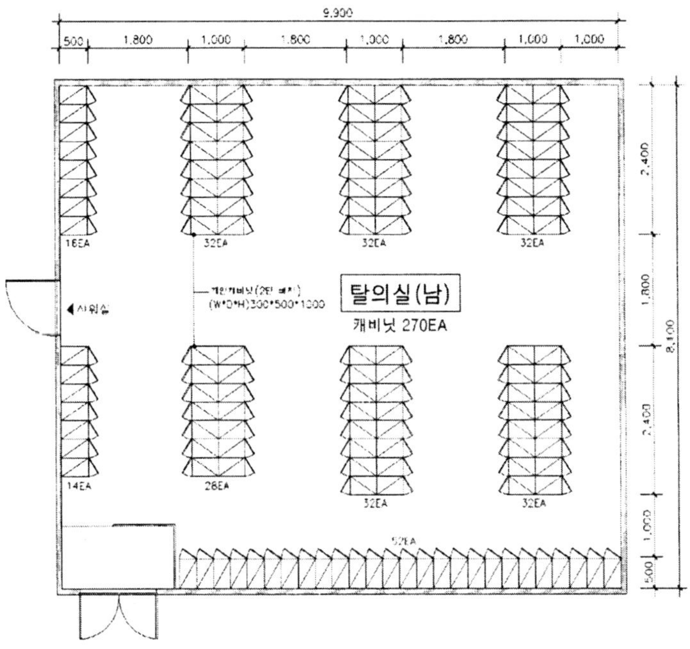

[그림 9-26] 남성탈의실 계획안

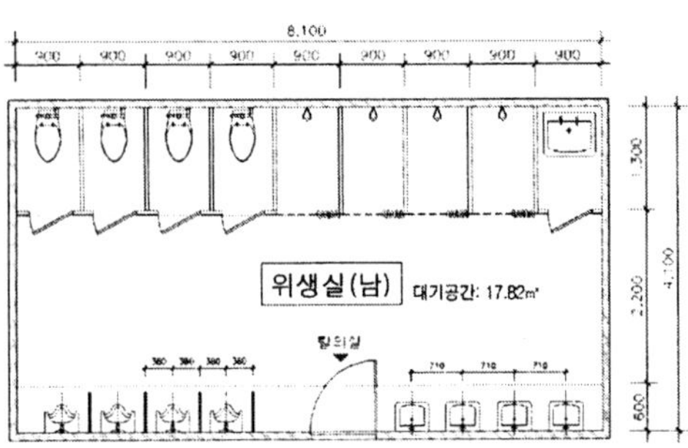

[그림 9-27] 남성위생실 계획안

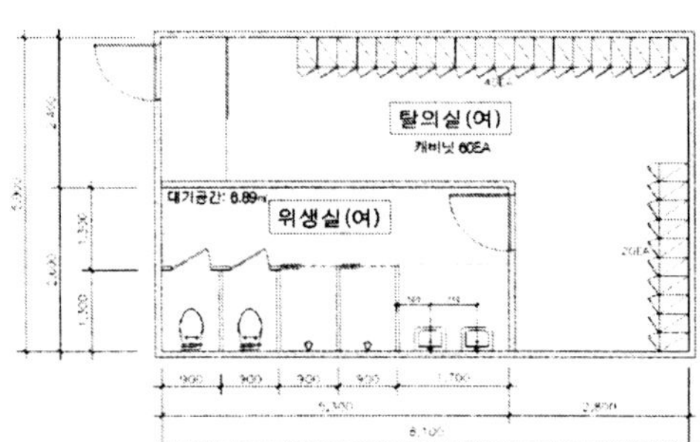

[그림 9-28] 여성탈의실과 위생실 계획안

해양플랜트에서 근무하는 여성작업자의 비율은 전체 작업자의 약 20%이므로[119] 300인용 생활바지선에는 약 60명의 여성작업자가 거주하게 된다. 따라서 거주인원 300인을 기준으로 330개의 캐비닛 중 남성용 캐비닛 270개, 여성용 캐비닛 60개를 남·여 탈의실에 2단으로 배치한다. 캐비닛과 캐비닛 사이 복도공간은 1,800 mm 이상으로 계획하며, 한 줄로 배열되는 경우 1,000 mm 이상 폭으로 충분한 공간을 확보한다.

공용위생실은 샤워실과 화장실로 구성되며, 남성용과 여성용으로 구분하여 계획하고, 각 탈의실과 공용위생실이 바로 연결될 수 있도록 계획한다. 위생실 사용인원은 해양플랜트에서 1일 3교대 근무조건을 고려하여 최대 100명으로 하며, 최대사용인원을 기준으로 샤워시설과 세면대를 설치한다. 그러나 [표 9-17]에서 보면 실적선의 경우 객실에 샤워시설이 설치되어 있으므로 위생실은 최소규모로 계획하여 위생기구의 수량을 결정한다.

세면대와 소변기의 크기와 배치는 미국선급(ABS)의 「Guide for Habitability on Offshore Installations」 기준에 따르며, 양변기 부스와 샤워 부스는 건축계획[120]에서 제안하는 것을 기본으로 약간 크게 1,300 mm × 900 mm로 계획한다.

위생실에서 대기공간은 위생기구 1개당 1인 대기자를 기준으로 ABS의 「Guide for Habitability Offshore Installations」에서 제안하는 1.1 m^2/인을 적용하여, 남성용은 대기자 16명에 필요한 17.6 m^2 이상, 여성용은 대기자 6명에 필요한 6.6 m^2 이상으로 계획한다. 이와 같은 내용을 적용하여 탈의실 및 위생실을 계획하면 [그림 9-26]~[그림 9-28]과 같다.

(4) 공용세탁실

공용세탁실은 탈의실과 인접한 곳에 배치하며, 또한 객실의 침대시트, 커튼 등 대량 세탁물의 운반이 편리하도록 별도의 리프트를 설치하거나 접근이 용이한 곳에 배치한다. 세탁기는 진동 및 소음을 발생시키므로 객실과 같은 조용한 공간에서 떨어진 곳에 배치하고, 진동 및 소음을 감소시킬 수 있도록 계획한다.

세탁기 후면에는 최소 900 mm 이상 관리를 위한 공간을 확보하고, 세탁물 관리 및 처리를 위한 공간과 충분한 작업공간을 계획한다. 또한 적당한 크기의 작업대와 다림판을 설치하고, 세탁물을 보관할 수 있는 선반을 계획하며, 세탁물 운반카트(linen trolley)를 놓을 수 있는 공간을 계획한다.

이상과 같은 내용을 적용하여 세탁실을 계획하면 [그림 9-29]와 같다.

---

119) 해양플랜트에서 근무하는 여성작업자의 비율은 영국 21%, 캐나다 24%, 노르웨이 20% 등 세계적으로 20% 정도임(출처 : http://www.offshore-technology.com/jobs/features/women-offshore.html)

120) 오영근, 인체척도에 의한 실내공간계획, p105 위생공간 도면 참조

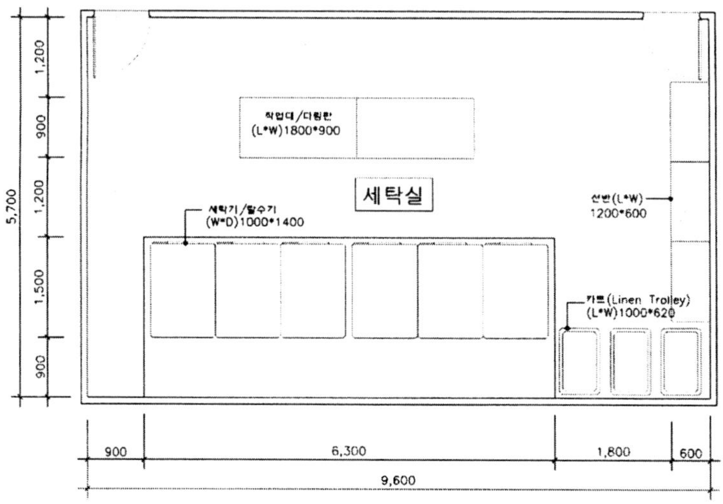

[그림 9-29] 공용세탁실 계획안

(5) 사무실

업무공간은 시추 및 생산 관련 프로젝트의 수행을 위한 업무공간과 선박운용에 필요한 업무공간으로 구분된다. 프로젝트 관련업무의 책임자는 프로젝트 메니저(project manager)가 되며, 선박운용 업무는 바지마스터(barge master)가 책임자이다.

업무공간은 선주 및 사용자 요구에 따라서 그 규모와 개수가 다양하며, 설치되는 설비의 종류도 다양하다. 1인당 소요 바닥면적을 기준으로 2인용 사무실 약 11 m^2, 4인용 사무실 약 22 m^2, 6인용 사무실 약 33 m^2 규모로 계획하며, 관리자 및 책임자 사무실은 일반 사무소건물에서 부장급 사무실 면적을 기준으로 약 15.5 m^2로 계획한다.

[표 9-18] 사무실 종류 및 수량

종 류	규 모	개 소	위 치
2인용 사무실	11 m^2	2	Main Deck, 최상층
4인용 사무실	22 m^2	2	최상층(office deck)
6인용 사무실	33 m^2	1	최상층(office deck)
Project Manager	15.5 m^2	1	최상층(office deck)
Barge Master	15.5 m^2	1	최상층(office deck)
회의실(14인용)	26 m^2	1	최상층(office deck)

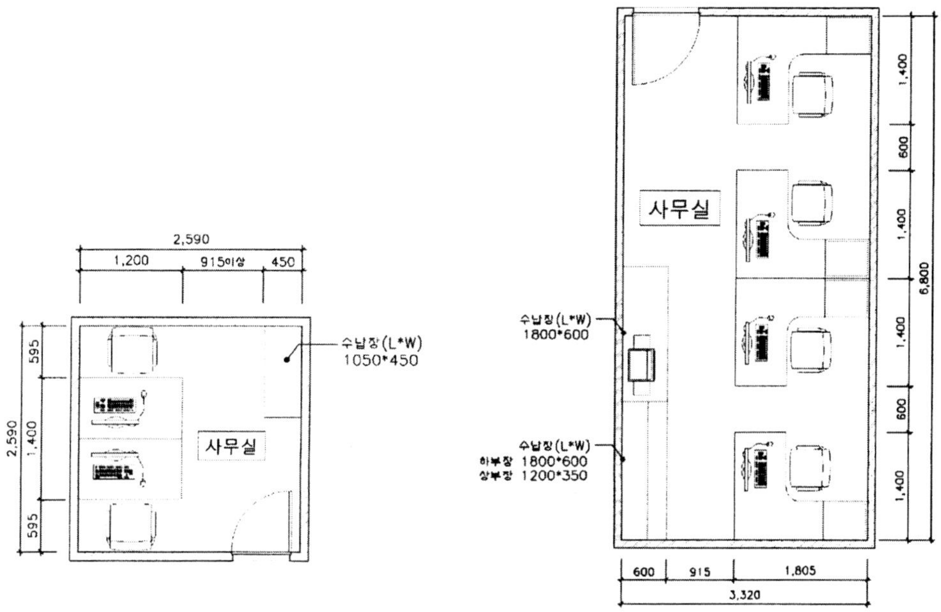

(a) 2인용 사무실 (b) 4인용 사무실

[그림 9-30] 사무실 계획안

실적선 사례를 바탕으로 300인용 생활바지선 거주구에는 [표 9-18]과 같이 6인용 사무실 1개, 4인용 사무실 2개, 2인용 사무실 2개와 Project Manager 사무실 1개 및 Barge Master 사무실 1개를 계획한다.

사무실은 업무의 효율성을 높이고 사무기기 공동사용을 위하여 함께 모아 배치한다. 프로젝트를 위한 업무공간과 선박운용을 위한 업무공간은 최상층(5층데크)에 계획하며, 특히 선박운용에 필요한 공간은 선박 항해와 관리를 위해 충분한 시야확보를 하도록 계획한다.

이상과 같은 내용으로 사무실을 계획하면 [그림 9-30]과 같다.

(6) 식당 및 갤리

식당 규모는 전체 거주자의 50%가 동시에 사용할 수 있는 규모로 계획하고, 사용자 수에 적합하게 테이블과 좌석을 계획한다. 식당은 갤리와 함께 계획하고, 객실에서 떨어진 곳에 배치하며 라운지, 커피바와 같은 휴게공간과 인접한 곳에 배치한다.

300인용 생활바지선 거주구의 경우 식당 규모는 150명이 한 번에 이용할 수 있는 규모로 계획한다. 호텔식당의 자료와 실적선 사례조사에서 나타난 1인당 식당 면적은 [표 9-19]에서 보는 바와 같이 1.6 m^2~1.7 m^2가 많다.

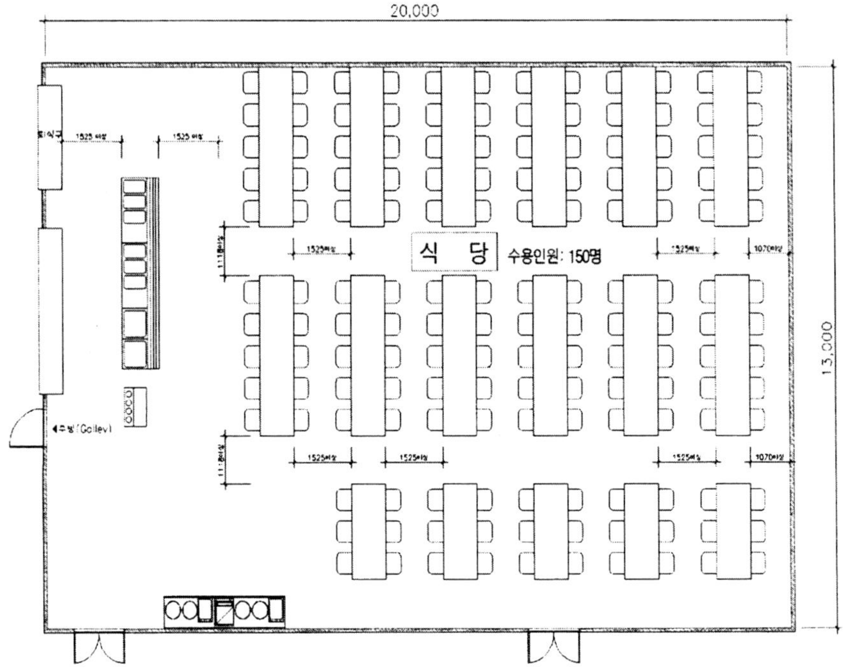

[그림 9-31] 식당 계획안

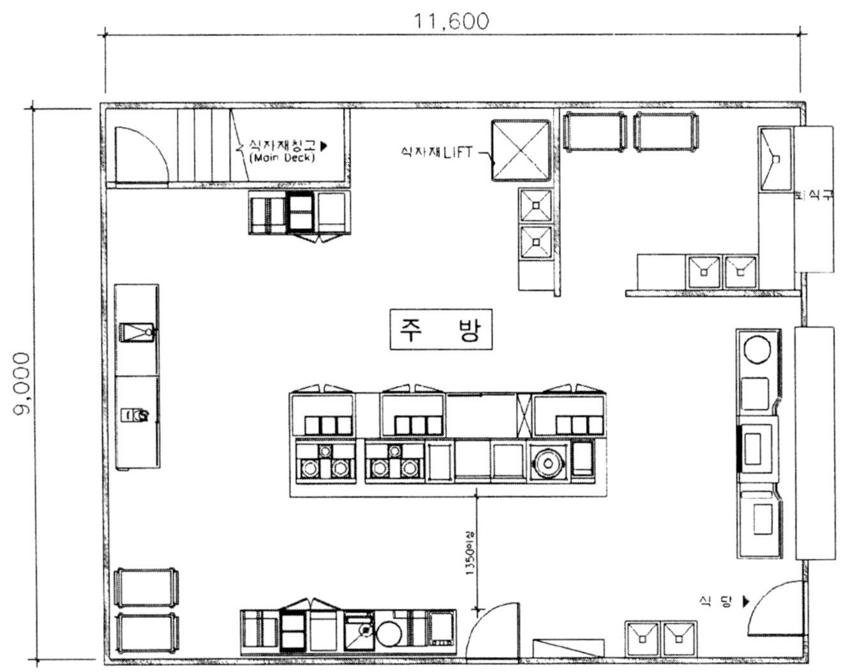

[그림 9-32] 갤리 계획안

[표 9-19] 식당 및 갤리면적

사 례	수용인원	식당면적	식당 1인당 면적	갤리면적	갤리/주방	비 고
호텔[1]	100	115 m^2	1.15 m^2	35 m^2	30%	
	150	250 m^2	1.67 m^2	75 m^2	30%	
DN 1076[2]	150(300)	254 m^2	1.70 m^2	105 m^2	41%	( )는 총 거주인원
SHN-DP2[2]	150(300)	250 m^2	1.67 m^2	104 m^2	41%	( )는 총 거주인원
MH Global[2]	150(300)	200 m^2	1.33 m^2	104 m^2	52%	( )는 총 거주인원

주 1) 안영배 외, 건축계획론, p.506 숙박시설 식당면적 참조
2) 실적선 GA도면 실측자료

식당의 전체 면적은 최대수용인원과 테이블 배치방법을 고려하여 20.0 m × 13.0 m(면적 : 260 m^2) 크기로 계획하고, 1인당 테이블의 크기는 740 × 430 mm 이상으로 계획한다.

이상과 같은 내용을 적용하여 식당을 계획하면 [그림 9-31]과 같다.

갤리(주방)는 식당 면적의 약 40% 규모로 계획하고, 식자재창고와 쉽게 연결되도록 계획한다. 갤리와 식자재창고를 다른 층에 배치할 경우 갤리 내부에 식자재창고로 통하는 직통계단과 리프트를 계획한다.

갤리에는 청결을 유지하기 위하여 물을 많이 이용하는 작업, 설거지 그리고 음식물쓰레기를 처리하는 공간을 별도로 계획한다. 주방기자재들은 충분한 작업공간과 통로를 확보하기 위하여 1,350 mm 이상 폭을 유지하여 배치한다.

이상과 같은 내용을 적용하여 갤리를 계획하면 [그림 9-32]와 같다.

(7) 휴게공간

Standards Norway의 「NORSOK standard C-001 Living Quarters」에서는 거주구의 휴게공간 전체 규모를 침상 1개당 1.5 m^2 이상 확보하도록 권고하고 있으며, 여기에는 휴게실, TV/Video룸 게임룸, 라운지, 운동실 등이 포함된다.

이에 따라 300인용 거주구에서 휴게공간 전체 규모는 450 m^2 이상으로 계획하며, 사용목적에 따라서 다양한 종류와 크기의 공간으로 계획한다. 규모가 큰 휴게공간의 경우에는 이동식 칸막이나 파티션으로 나누어 사용할 수 있도록 계획한다.

휴게공간에는 단순히 앉아서 쉴 수 있는 공간과 게임, 운동 등 레크리에이션활동을 할 수 있는 공간, TV/Video를 시청할 수 있는 공간 등으로 구분하여 계획하고, 각 공간은 예상사용인원의 1/2을 수용할 수 있는 규모로 계획한다.

휴게실에는 최소 6개 이상 좌석을 배치하며, TV/Video 시청 시설과 게임, 독서, 글쓰기 활동을 할 수 있는 테이블, 의자, 책장, 선반 등을 계획한다. 휴게실과 분리된 TV/Video룸은 교육, 세미나 등을 할 수 있도록 계획한다.

객실구역 내 휴게실은 객실 모듈의 2개 크기로 계획하고, 이용대상자의 10%가 사용할 수 있도록 의자와 테이블을 배치한다.

이상과 내용을 적용하여 휴게공간을 계획하면 [그림 9-33]과 같다.

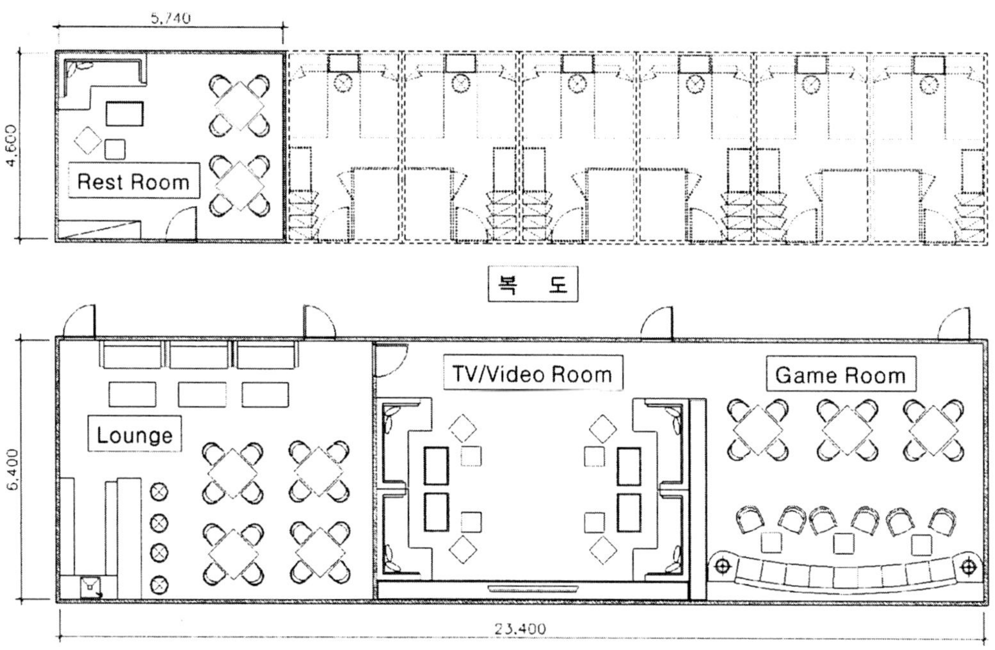

[그림 9-33] 휴게공간 계획안

참고문헌

1. 강영훈, 부유식 수상거주시설 건축계획에 관한 연구, 한국해양대학교 박사학위논문, 2013
2. 김강희, 상선·해양플랜트 기자재산업의 비전과 미래전략, 제1회 조선해양산업 미래전략 포럼, 2008
3. 박한일, 해양구조물 설계 개론, 한림원출판사, 2012
4. 변량선, 크루즈선 거주구역의 인테리어 디자인에 관한 연구, 한국해양대학교 박사학위논문, 2005
5. 안영배 외, 건축계획론, 기문당, 2000
6. 오영근, 인체척도에 의한 실내공간계획, 도설출판 국제, 1998
7. 윤도근 외, 건축설계·계획, 문운당, 2008
8. 이한석·강영훈·도근영, 해양플랜트 거주용 부선 실내공간계획 연구, 한국실내디자인학회논문집, 제20권 4호, pp.201~210, 2011
9. 이한석·강영훈·도근영·허동윤, 해양플랜트 생활바지선 거주구 공간구성 연구, 한국항해항만학회지, 제34권 10호, pp.747~756, 2010
10. 차선일, 해양플랜트 객실공간 디자인 특성에 관한 인간공학적 설계를 위한 요소 연구, 부산대학교 박사학위논문, 2009
11. 한국선급 IMO사무국 번역, 최신해상인명안전협약 SOLAS, 해인출판사, 1994
12. NOPSA(National Offshore Petroleum Safety Authority), DISCUSSION PAPER : Offshore Accommodation Standards, 2007
13. ILO, 「C92 Accommodation of Crew convention(Revised)」, 1949
14. ILO, 「C133 Accommodation of Crews(Supplementary Provisions) Convention」, 1970
15. Standards Norway, 「NORSOK standard C-001 Living Quarters Edition 3」, 2006
16. ABS, 「Guide for Habitability Offshore Installations」, Appendix 3, 2002
17. 오프쇼테크놀로지 홈페이지 http://www.offshore-technology.com/jobs/features/women-offshore.html

제 10 장

해상거주시설계획

10.1 해상거주시설

10.1.1 하우스보트(house boat)

해상거주시설은 해상에 건설되는 거주시설이며, 호텔이나 리조트 혹은 문화공간과 같은 공공거주시설과 주택이나 아파트와 같은 개인거주시설로 구분할 수 있다. 또한 해상거주시설은 하부구조물의 구조형식에 따라 고정식과 부유식으로 구분되는데 고정식의 경우에는 수심이 낮은 연안 해역에 건설되는 소규모 해상거주시설이 대부분이다.

최근에 해상거주시설은 해양환경에 영향을 주지 않고 지구온난화에 따른 해수면 상승에 대응하기 위해 주로 부유식으로 계획되고 있다. 따라서 이 장에서는 해상거주시설 가운데 부유식 구조형식의 거주시설에 대해 다루고자 한다.

부유식 해상거주시설은 지구온난화로 인한 해수면 상승과 연안침수에 대비하여 세계 각국에서 새로운 거주시설로서 인식되고 있으며 일부 해양도시에서는 이미 본격적인 건설이 진행되고 있다.

특히 덴마크, 네덜란드, 독일 등 부유식 거주시설의 선진국들은 미래지향적인 친수·친환경 부유식 거주시설 기술개발을 통해 세계 시장을 선점하기 위해 노력하고 있다. 국내에서는 부유식 거주시설 관련 법제도가 정비되어 있지 않아 설치에 걸림돌이 되고 있다.

부유식 거주시설의 대표적인 사례로서 하우스보트(house boat)와 보트하우스(boat house)가 있다. 하우스보트는 '떠있는 집'을 말하며 거주를 전제로 하여 건축계획이 되어 있고 육상거주시설과 다름없는 설비와 기능을 가지고 있으며 보통 건축 관련법의 적용을 받는다.

(a) 고정식 해상아파트(호주 시드니)　　(b) 부유식 해상레스토랑(홍콩)

[그림 10-1] 해상거주시설 사례

(a) 하우스보트 (b) 보트하우스

[그림 10-2] 하우스보트와 보트하우스

한편 보트하우스는 선박의 한 종류로서 거주기능을 가진 수상구조물이며 통상 레크리에이션이나 레저에 활용되고 선박 관련법을 적용받는다.

인간이 바다를 비롯하여 수상에서 거주한 역사를 살펴보면, 선상(船上) 거주시설은 기원전 2000년부터 나타났고 익상(杙上, 말뚝 위) 거주시설은 10세기경부터 나타났다. 중부 유럽 판가이온이라는 산기슭 호수에는 수상에 거주하는 커뮤니티가 존재했음이 기원전 5세기 헤로도토스의 기록에 나타났으며 오스트리아나 스위스 등에서 유적이 다수 발견되고 있다.

고대 로마에는 기원 1세기에 칼리굴라황제의 '떠 있는 궁전(길이 70 m, 폭 35 m)'이 있었으며, 베네치아에서는 5~6세기에 수상거주시설이 등장하였고, 중앙아메리카 아즈텍(Aztec) 제국의 수도 테노크티틀란(Tenochtitlan)은 텍스코코(Texcoco)호수 위에 인공섬으로 건설되었으며 섬 주변에는 부유식 거주시설인 치남파(Chinampa)가 있다.

(a) 테노크티틀란(Tenochtitlan) (b) 치남파(Chinampa)

[그림 10-3] 아즈텍의 부유식 거주시설

이 밖에도 초기 수상거주시설은 중국, 말레이시아, 타이, 필리핀, 남미, 아메리카 등 세계 각지에 존재하였다.

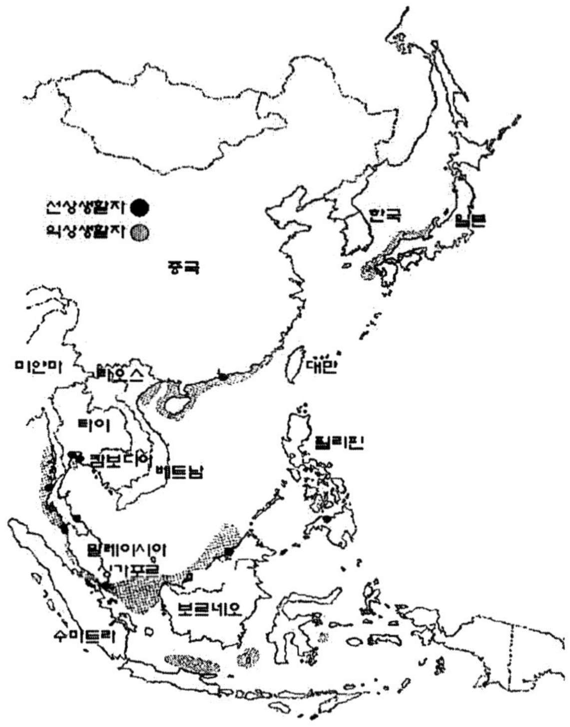

[그림 10-4] 동남아시아 수상거주시설 분포

(a) 미국 시애틀 유니온 레이크(Union Lake)

(b) 캐나다 밴쿠버 시빌리지(Seavillage)

[그림 10-5] 미국과 캐나다 하우스보트 사례

현대에 와서는 부유식 수상거주시설이 새로운 라이프스타일의 추구로 나타났으며 미국, 캐나다, 유럽 등에서 하우스보트 형태로 생겨났다. 미국 시애틀은 하우스보트 발상지로서 200년 역사를 가지고 있으며 초기에는 하부에 통나무 뗏목을 만들고 그 위에 로그(log, 통나무) 하우스를 만든 형태였다.

1960년대 샌프란시스코 북측 사우스리트의 대규모 마리나리조트에는 히피들이 하우스보트 커뮤니티를 형성하여 거룻배나 바지(부유식 함체) 위에 아르데코풍의 집을 지었다. 1970년대부터 본격적으로 시민들이 마리나항에 하우스보트를 계류하기 시작하였으며 요트피어를 대신하여 하우스보트피어가 나타나기 시작하였다.

이러한 움직임은 미국과 캐나다 서해안에 확산되었으며, 유럽에서는 운하나 항구에 영향을 끼쳐 하우스보트가 설치되었다. 그 후 하우스보트에서 쾌적한 생활을 누리기 위해 각국에서는 하우스보트협회를 만들어 법제도를 마련하고 수상에서의 라이프스타일을 발전시켜 나가고 있다.

하우스보트와 같은 수상거주시설은 물이 가지고 있는 환경조절기능으로 인해 여름에는 시원하고 겨울에는 따뜻하며, 토지와 같이 부동산세가 필요 없고 임대료가 저렴한 특징이 있다. 또한 잔잔한 파도에 의한 수상거주시설의 흔들림은 기분 좋은 생활환경을 제공하고, 태양이나 바람 등 자연에너지를 활용하여 인공에너지 사용을 줄일 수 있으며, 여름철 시원한 바람은 쾌적한 거주환경을 제공한다.

한편 수상거주시설에는 육지와 연결되는 잔교와 같은 기반시설이 완비되어 있어야 한다. 현재 미국과 유럽에서 가장 많이 사용되고 있는 수상거주시설인 하우스보트는 부함기초(浮函基礎)로서 보통 포틀랜드시멘트의 콘크리트 구조물을 사용하는데 부체의 밸런스나 구조적 안전성 측면에서 콘크리트 부함기초가 강재 부함기초보다 유리하다.

부함기초와 상부거주시설의 관계를 보면, 한랭지역에서는 부함기초와 거주시설을 별도 구조체로 하고 콘크리트 부함기초에 단열재를 넣는 반면에, 온난지역에서는 부함기초와 거주시설을 일체식 구조로 하고 부함기초 내부에도 거실을 만드는 경우가 많다.

한편 하우스보트에 의한 환경오염을 방지하기 위해 생활배수는 모두 진공관을 사용하여 육지 하수도로 연결하고, 물에는 쓰레기나 오물을 버리지 못하며 쓰레기 처리를 위해 입구에 집배소를 설치한다. 또한 화재에 대응하여 소화기가 10 m 간격으로 설치된다.

하우스보트는 미국이나 유럽의 경우 대부분 건축 관련법에서 규정하고 있으며 커뮤니티에 대해서는 도시계획이나 항만계획 또는 연안관리계획에 명시되어 있다. 하우스보트는 안전을 위해 최소한 3개의 말뚝에 의해 지지되어야 하고 또한 상호 충돌을 방지하기 위해 서로 간에 어느 정도 공간을 두고 배치한다.

하우스보트는 동요(動搖) 기준에 의해 롤링 각도 ±5도 이내로 설계해야 하며, 하우스보트의 건물 전체 높이제한이나 용적에 대해 기준이 설정되어 있고, 무거운 상수도 탱크는 중량이나 설치장소에 제한이 있다.

(a) 콘크리트 부함기초

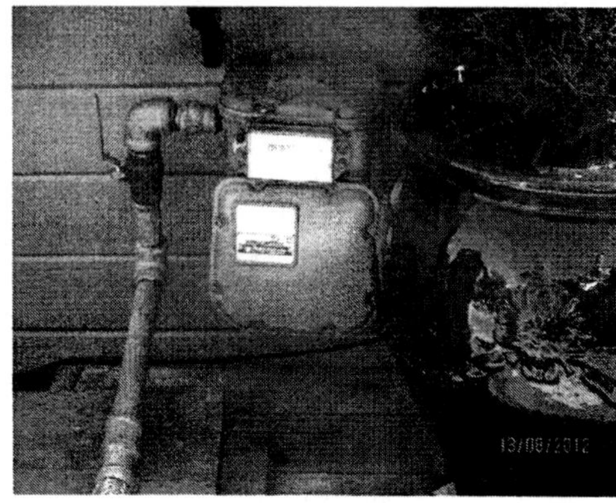

(b) 가스공급시설

(c) 소화기 및 전기공급시설

(d) 상하수도 및 폐기물처리 연결부

[그림 10-6] 하우스보트 상세부분

[그림 10-7] 부유식 주거시설 Trilobis65 계획안

최근에는 수상공간과 수중공간을 함께 이용하는 부유식 수상주택도 다양한 모습으로 나타나고 있는데 이탈리아에서는 6인 가족을 위한 부유식 반잠수형 주거시설로 높이 20 m이며 몸체 외부는 파이버글라스 강화 플라스틱 그리고 잠수되는 부분의 굴곡유리는 고강도 폴리카보네이트 재질로 만든 Trilobis 65가 선을 보였다.

10.1.2 해상호텔[121)]

부유식 해상거주시설의 대표적인 사례가 해상호텔이다. 하우스보트와 같은 소규모 가족용 해상거주시설로부터 공공성격을 갖는 대규모 해상거주시설로의 발전은 해상호텔부터 시작되었다. 해상호텔이 출현한 직접적인 계기는 해양자원개발에서 사용된 작업자들의 해상거주시설이다.

1890년대부터 해저유전의 굴착과 석유생산을 위한 해양플랜트가 해상에 건설되었으며 1950년대에 들어서는 북해를 중심으로 본격적으로 거대한 해양플랜트가 설치되었다. 현재는 수심 약 300 m까지 고정식 해양플랜트가 설치되어 있으며 부유식 해양플랜트는 반잠수식 형태로 수심 9,000 m까지 굴착능력을 가지게 되었다.

이와 같이 해저석유시추를 위한 해양플랜트의 발전으로 인해 작업자의 숙박시설이 별도로 해상에 설치되었고 이러한 대규모 해양거주시설의 건조 기술과 관리 경험을 바탕으로 본격적인 해상호텔이 출연하였다.

1987년 일본 가시마건설(鹿島建設)이 만든 '폴리콘피던스호'는 해상호텔의 초기 사례로서 노르웨이 북해 해역에 설치 및 운영되고 있다. 일본에서 북해까지 예항을 고려하여 하부 부체는 로우헐(low hull)타입으로 제작되었고, 메인데크의 크기는 헐방향 길이 87 m, 횡방향 길이 69 m 이며, 구조물 전체 높이 56 m이다.

폴리콘피던스호의 거주구는 메인데크 위 2층부터 6층까지이며, 여기에 2인용 400개 객실이 있어 전체 800인이 숙박할 수 있다. 거주구에는 [그림 10-8]과 같이 중복도형 10개 동(棟)이 있으며, 동 간격은 5 m이다. 각 동에는 층별로 10개 객실이 있으며, 객실 이외에 커피라운지, 다이닝룸, 레크리에이션룸, 시네마룸 등 공용실이 있다.

한편 해상호텔의 발전에 중요한 영향을 준 계획안들도 있다. 이들 계획안은 실제 해상호텔을 설계하고 발전시키는데 중요한 개념적·기술적 아이디어를 제공하고 있는데, 대표적인 것이 일본대학 해양건축공학과의 츠보야마(坪山幸王)교수와 이자와(伊澤 岬)교수가 1973년 발표한 플로팅빌리지계획안이다.

---

121) '10.1.2 해상호텔'내용은 저자가 기술한 조응래 외, 21세기 동북아 연결망 한중 해저터널의 기본구상, 8장 내용을 인용하여 수정·보완한 것임

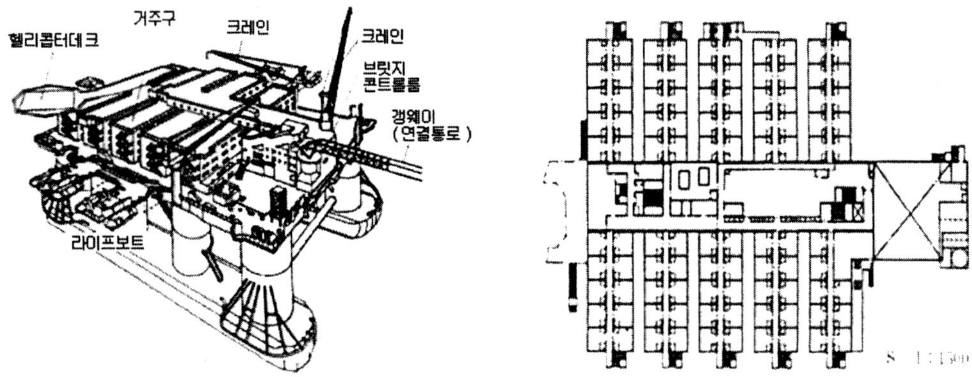

(a) 폴리콘피던스호 구성 (b) 폴리콘피던스호 거주구

[그림 10-8] 폴리콘피던스호

〈출처 : 伊澤 岬, 海洋空間のデザイン〉

플로팅빌리지는 [그림 10-9]와 같이 수면 밑 하부구조물을 포함하여 지름 150 m, 높이는 수면에서 약 38 m이며, 수면 밑에는 링(ring)형태의 반잠수형 부유식 구조물로 이루어진 해상거주시설이다.

구조계획으로는 15개 기둥을 원형으로 배치하고 중심을 향하여 경사지게 하였으며, 수중의 링 형태 하부구조물과 수면 위 10 m에 설치된 원반형태의 메인데크에 의해 전체를 원추형으로 구성하여 구조적 안정성을 확보하였다.

특히 이 계획안에서는 바다에서 거주자의 고립감을 해소하기 위해 외해로는 개방적이면서 안쪽으로 폐쇄적인 공간구성을 보이며, 거주시설 내에는 변화한 공간을 형성하고 있다.

한편 중심시설인 원추형 거주시설의 주변 해역에는 방파제 역할을 하는 외곽시설물로서 플로팅 아일랜드를 설치하여 정온수역을 확보하면서 해양경관과 거주시설의 쾌적성을 동시에 꾀하였다.

해상호텔 가운데 가장 잘 알려진 것이 1988년 완성된 포시즌베리어리프(Four Seasons Barrier Reef) 리조트호텔이다. 이 호텔은 호주 북동해안 타운즈빌 앞바다 72 km 지점, 수심 30 m의 산호초지역에 설치된 폰툰타입의 부유식 해상호텔이다.

해상호텔이 입지한 지역은 그레이트베리어리프(Great Barrier Reef)[122] 지역으로 이곳의 산호초(reef)는 타원형으로 산호초가 천연 소파제(消波堤) 역할을 하여 정온수역을 만들고 있다.

포시즌베리어리프 해상호텔은 [그림 10-10]과 같은 모양으로 길이 90 m, 폭 28 m 폰툰타입의 하부구조물과 그 위에 길이 80 m, 폭 18 m, 높이 24 m, 지상 6층 규모의 호텔용 상부거주

122) 그레이트베리어리프(Great Barrier Reef)는 호주 북동 해안에 발달한 산호초 지역으로서 면적 20만 7,000 km^2, 길이 약 2,000 km, 너비 약 500~2,000 m로 세계 최대의 산호초 지역이며, 이곳 산호초 대부분은 바다에 잠겨 있으면서 소파제 역할을 하며 일부는 바다 위로 나와 방파제 같은 역할을 하여 바다는 항상 잔잔함

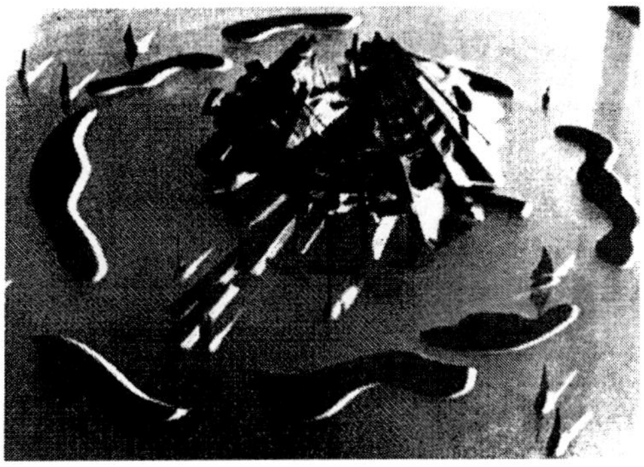

(a) 플로팅빌리지 모형사진

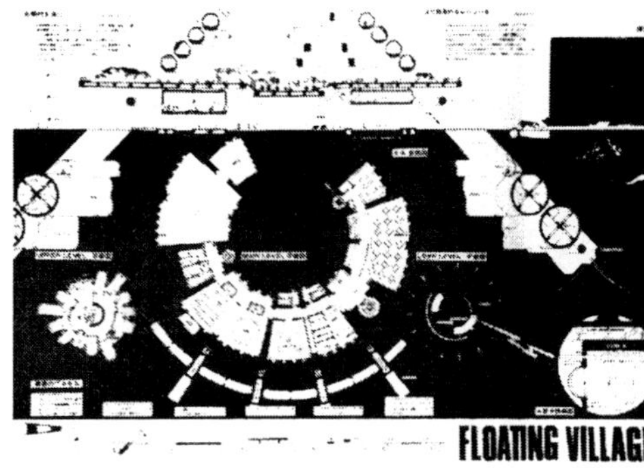

(b) 플로팅빌리지 계획안

[그림 10-9] 플로팅빌리지계획안

〈출처 : 伊澤 岬, 海洋空間のデザイン〉

[그림 10-10] '포시즌베리어리프' 해상호텔

시설로 구성되어 있으며, 호텔 객실 수는 총 174개로 최대 숙박인원은 356명이고 최상층에는 22개 직원실이 설치되었다.

포시즌베리어리프 해상호텔은 부유식 해상호텔 가운데 가장 단순한 구조이며, 상부거주시설 구성도 일반적인 중복도형으로서 해상호텔의 독특한 디자인 솜씨는 찾아볼 수 없고, 거주시설의 쾌적성을 확보하기 위한 특별한 기술도 보이지 않는다.

평소 파도에 의한 구조물의 동요는 거의 없으나 바람이 강하게 불면 장주기 동요가 발생하며 기상조건이 나쁜 경우에는 거주자에게 대자연 속에서 고립감을 주는 문제점이 나타났다. 이와 같이 해상호텔에서는 구조적 안전성은 물론이고 거주시설의 쾌적성을 확보하기 위해 세심한 건축계획이 필요하며 디자인 솜씨와 기술의 밸런스가 요구된다.

최근에 해상공간과 해중공간을 동시에 활용하는 해상호텔 하이드로폴리스(Hydropolis)가 두바이와 중국 청도에서 계획되었으며, 멕시코 칸쿤의 카리브해에서는 446개 객실을 갖춘 마야호텔이 탄소섬유강화플라스틱을 이용하여 부유식 해상호텔로서 계획되었다.

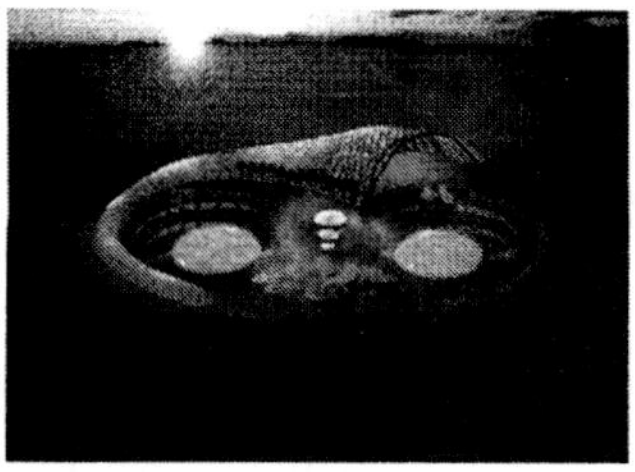

(a) 하이드로폴리스

(b) 마야호텔

(c) Floating & Rotating Hotel

[그림 10-11] 해상호텔계획안

또한 네덜란드 해양건축가인 쿤알트하이스(Koen Olthuis)는 두바이 해상에 하부구조물 높이 6 m, 상부거주시설 25층 규모의 회전하는 부유식 해상호텔인 Floating and Rotating Hotel Tower를 계획하였다.

이와 같이 세계적으로 다양한 형태의 해상호텔들이 계획되고 있으며 이들 계획안은 향후 해상거주시설이나 해상리조트를 계획하는데 중요한 아이디어와 기술을 제공하고 있다.

국내에서도 그동안 몇 개의 해상호텔 프로젝트가 진행되었다. 2000년대 초반에 부산에서 동백섬 앞에 여객선을 개조한 해상호텔이 설치되었으나 2003년 엄습한 태풍매미로 말미암아 전도되어 철거되었다.

2009년 5월에는 제주도 서귀포시 성산읍 성산항 인근 해역에 '햇살이든'이라는 해상호텔이 개장하여 영업을 하고 있다. 이 해상호텔은 2층으로 구성되어 1층에는 바다낚시시설과 레스토랑, 2층에는 15개 객실로 구성되어 제주도의 새로운 해양관광시설이 되고 있다.

부체구조물은 길이 55 m, 폭 15 m, 높이 2.1 m, 흘수 1.5 m로서 835톤 규모의 철재 바지선이며, 상부거주시설은 철골조 구조물이고, 외벽은 복합알루미늄판넬로 마감되었다. 1층은 길이 43 m, 폭 11.5 m 크기이고, 2층(지붕처마포함)은 길이 54 m, 폭 15 m 크기이다.

해상호텔 공사기간은 2008년 10월부터 2009년 5월까지 약 7개월간이었으며 부체구조물은 조선소에서 만들어 설치현장 인근까지 예인하였고, 그곳에서 상부거주시설의 건축공사를 실

[그림 10-12] 해상호텔(제주 마린리조트)

시하였다. 이 해상호텔은 한 곳에 고정된 것이 아니라 바다낚시 포인트를 찾기 위해 정해진 해역 내에서 예인선에 의해 이리저리로 옮겨 다니며 정박하는 특징이 있다.

10.1.3 해상리조트

해상거주시설은 해상주택과 해상호텔을 넘어 해상리조트로 발전하고 있다. 해상리조트는 해상주택, 해상호텔과 함께 대표적인 해상거주시설이다. 해상리조트는 해상에서 재미있게 놀거나 편안히 쉴 수 있도록 숙박시설 및 레저시설을 갖춘 해상거주시설이다.

본래 리조트는 위치, 기능, 시설구성 등에 따라 종류가 다양하지만 대개 자연환경과 경관이 좋은 곳에 숙박시설을 중심으로 휴양시설, 위락시설, 집회시설, 레크리에이션시설, 스포츠시설 등을 갖추고 있다.

해상리조트는 규모가 기존 해상주택이나 해상호텔을 뛰어 넘는 대규모이기 때문에 부유식 인공섬의 형태를 취한다. 이 인공섬은 단일 해양구조물로 이루어지거나 혹은 여러 개의 해양구조물이 함께 모여 구성되며, 인공섬에는 건물이나 시설물 뿐 아니라 수영장, 공원, 산책로 등 옥외공간이 들어서고, 해상공간을 끌어안기도 한다.

부유식 인공섬은 해양공원, 해양리조트, 해상산업기지, 항만시설, 해상도시 등 다양한 목적과 규모로 계획되고 있으며, 풍부한 해양자원과 천혜의 자연조건을 갖춘 연안과 해양공간에서 다양한 계획안이 만들어지고 있다.

최근에 발표된 계획안으로는 부유식 인공섬 형식의 해상리조트이면서 부유식 구조물의 장점을 살려 이동까지 가능한 유토피아섬 프로젝트가 있다. 요트아일랜드디자인사가 계획한 유토피아섬은 첨단기술을 바탕으로 화려함과 즐거움을 선사해 주는 미래지향적 리조트컨셉으로 계획되었다.

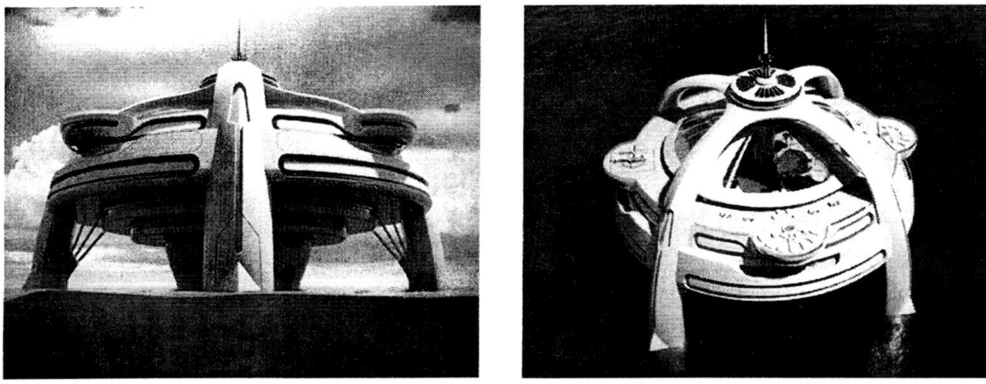

[그림 10-13] 유토피아섬 계획안
〈출처 : http://www.yachtislanddesign.com/concepts/〉

(a) 계획안

(b) 실제 모습

[그림 10-14] 한강플로팅아일랜드

해상리조트인 유토피아섬은 평면적으로 100 m × 100 m 크기이며, 그 안에는 쇼핑몰은 물론 영화관, 카지노, 레스토랑, 술집, 나이트클럽까지 오락과 휴식을 위한 공간이 계획되었다. 여기에 야외수영장을 비롯하여 헬기이착륙장과 수면 65 m 높이에서 360도로 회전하며 섬 주변의 해양경관을 만끽할 수 있는 전망공간이 계획되었다.

국내에서는 부산에서 광안리 앞바다에 부유식 해상리조트가 계획되었으며[123], 시화호나 새만금호에 해상레저시설을 계획하고 있으나 아직 해상리조트가 건설된 사례는 없다. 다만 이와 유사한 것으로 한강에 플로팅아일랜드가 조성되어 향후 해상리조트의 가능성과 기술적 과제를 살펴볼 수 있다.

해상리조트 이외에 강이나 호수에도 수상리조트가 계획되거나 실현된 경우가 있는데, 그 대표적인 사례로서 한강 플로팅아일랜드는 한강 반포대교 밑 잠수교 하류부 남단에 3개의 섬으로 나뉘어 설치되었다.

제1섬 '아일랜드 비스타'는 면적 4,750 m^2, 제2섬 '아일랜드 비바'는 3,270 m^2, 제3섬 '아일랜드 테라'는 1200 m^2 규모로 조성되었다. 제1섬에는 공연문화시설, 제2섬에는 엔터테인먼트 시설, 제3섬에는 수상레저시설이 계획되었다.

123) 이한석·송화철, 플로팅 아일랜드 리조트 개발을 위한 기획연구 참조

10.2 해상리조트계획

(1) 계획방향

해상거주시설 가운데 최근 수요가 증가하고 있는 부유식 해상리조트의 계획을 살펴본다. 부유식 해상리조트는 해상에 조성되기 때문에 구조물과 사용자에게 예측하지 못한 문제가 발생할 수 있으므로 [표 10-1]의 내용을 고려하여 계획한다.

- 해상리조트는 무엇보다 구조물의 안정성 여부를 충분히 고려한다. 부유식 구조물은 수심, 파도, 조류, 바람 등 해양환경에 직접 영향을 받아 민감하게 반응하므로 설치될 해역의 환경조건에 대한 충분한 검토와 구조적 대응이 필요하다.
- 구조물 안전성 다음으로 중요한 것이 해양환경오염이다. 해상리조트는 주변 자연환경과 생태계에 많은 영향을 줄 수 있으므로 특별히 친환경적 계획이 필요하다. 또한 건조 및 설치과정에서, 그리고 설치 후 사용과정에서 주변 환경변화를 지속적으로 모니터링하고 이에 따른 조치가 필요하다.
- 해당 해역에서의 선박운항 및 기존 어업권을 검토하여 선박항해와 어업권에 영향을 주지 않는 입지를 선정하고, 어민의 피해 최소화 및 피해보상을 위한 대책을 마련한다.
- 해상리조트사업은 대규모 투자를 전제로 하기 때문에 사업경제성에 대한 충분한 검토가 필요하다. 입지선정, 시설내용, 시설규모 결정에서 사업성 확보를 고려하며, 특히 사업에 민간투자가 활성화될 수 있도록 계획안을 작성하고, 정부 및 지자체의 행정 및 재정지원을 끌어낼 수 있는 방안을 마련한다.
- 해상리조트에 관련된 법은 「관광진흥법」, 「국토의 계획 및 이용에 관한 법률」, 「체육시설의 설치·이용에 관한 법률」, 「마리나항만의 조성 및 관리 등에 관한 법률」 등이 있고, 부유식 구조물 건조 및 설치에 관련된 법으로는 「건축법」, 「선박법」, 「선박안전법, 「연안관리법」, 「항만법」, 「공유수면관리 및 매립에 관한 법률」 등이 있다.

그러나 현재 부유식 해상리조트의 설계 및 시공을 위한 법제도가 제대로 정비되어 있지 못하다. 따라서 계획단계에서 해상리조트를 법적으로 '선박'으로 취급하여 계획할 것인지, '건축물'로서 취급하여 계획할 것인지를 결정하고, 이에 따라 심의, 인·허가, 등기 등 법적 문제를 고려한다.

[표 10-1] 해상리조트의 계획방향

계획조건	계획방향
구조물 안정성	• 파도, 조류, 바람 등 환경조건에 따른 시설물 안정성 검토 • 태풍, 해일 등 이상기상조건에 따른 구조물의 안전 검토
해양환경오염	• 주변 환경 및 생태계에 미치는 영향 검토 • 건조, 설치, 사용과정에서 환경변화 모니터링
해역에 설정된 권리	• 선박운항권, 어업권, 조망권 등 검토 • 어민피해 최소화 및 피해보상 대책 검토
사업의 경제성	• 건조, 설치에 따른 투자규모 검토 • 민간투자활성화 방안 검토
법제도	• 부유식 해상리조트의 법적 지위 검토 • 설계, 건조, 설치, 사용에 따른 적용 법적 내용 검토

(2) 계획지침

이상에서 정리한 계획방향을 고려하여 해상리조트를 계획할 경우에는 다음과 같은 계획지침을 따른다.

- 해상리조트가 입지하는 해당 지역의 개발계획과 관련하여 계획을 수립한다.
- 해상리조트가 입지하는 해당 지역의 사회적·문화적·산업적 특성을 반영하여 계획한다.
- 해상리조트가 입지하는 해당 지역에서 해상리조트와 기존 리조트가 상호보완 혹은 상승효과를 얻을 수 있도록 계획한다.
- 해상리조트는 배후도시 및 해당 지역의 역사적 배경 및 현재 리조트의 발전단계를 파악하여 현재 단계에 적합하면서도 미래 발전을 고려하여 계획한다.
- 해상리조트는 주변 자연생태계와 수질 등 해양환경을 보호할 뿐 아니라 레크리에이션 활동으로 인해 주민이나 어업인과 갈등이 없도록 계획한다.
- 해상리조트는 태풍, 해일, 폭풍우 등 자연조건에서도 안전한 시설물이 되도록 계획한다.
- 해상리조트는 리조트로서 편안함과 해상에 위치하는 매력을 함께 가지도록 계획한다.
- 해상리조트는 육상 및 해상으로 다양한 교통수단을 이용하여 접근하도록 계획한다.
- 해상리조트는 '즐기는 리조트', '체험하는 리조트', '휴식하는 리조트'를 목표로 계획한다.
- '즐기는' 해상리조트를 위해 주변 자연환경 및 특징 있는 경관요소(예를 들어 기암, 바다, 어촌 등)를 활용하여 매력 있는 리조트로 계획한다.
- '체험하는' 해상리조트를 위해 마리나를 중심으로 해양레저거점으로서 계획한다.

- '휴식하는' 해상리조트를 위해 숙박시설을 중심으로 해수스파 등 휴식공간을 계획한다.
- 해상리조트는 주변에 정온수역을 확보하고 사계절 이용 가능한 복합리조트로 계획한다.

(3) 입지선정

해상리조트의 입지선정을 위해서는 [표 10-2]와 같이 접근성, 지역의 관광개발계획, 기존 인프라시설, 해상 및 육상 교통조건, 부유식 구조물의 안전, 시설물 재산권 행사 등을 고려한다.

- 해상리조트 입지에서 가장 중요한 것 중 하나가 접근성이다. 지역 주민과 관광객이 편리하게 이용하기 위해서는 접근성에 대한 고려가 우선되어야 한다. 특히 해상리조트는 바다 위에 있기 때문에 비상시 신속한 피난과 평상시 육지와 편리하고 쉬운 연결이 필요하다.
- 해상리조트가 들어설 주변 지역이나 배후도시는 다양한 관광개발계획을 추진하므로 해상리조트를 이용한 사업의 성공과 지역의 경제 활성화를 위하여 기존 관광개발계획과 연계하여 시너지효과를 얻을 수 있는 곳에 입지를 선정한다.
- 해상리조트는 안전성 및 쾌적성뿐만 아니라 공사비와 관리비 절감 등 경제성을 위해서도 섬과 같은 주변 자연지형을 비롯하여 기존에 조성된 도시, 항만, 관광 등의 인프라시설을 적극 활용할 수 있는 입지를 선정한다.

[표 10-2] 입지선정지침

항 목	세부내용
접근성	• 평상시 접근성이 좋은 곳 • 비상시 피난경로가 좋은 곳
지역관광개발계획	• 지역관광개발계획과 조화되는 곳 • 지역관광활성화의 시너지효과를 얻을 수 있는 곳
기존시설활용가능성	• 양호한 자연조건을 활용할 수 있는 곳 • 기존 기반시설을 활용할 수 있는 곳
해상교통여건	• 해상으로 교통여건이 양호한 곳 • 항만이용 및 선박통항과 갈등이 없는 곳
해역환경조건	• 부유식 구조물 안전성을 확보할 수 있는 곳 • 해상리조트 특성을 살릴 수 있는 곳
법적·행정적 여건	• 부유식 해상리조트가 법적으로 가능한 곳 • 관리기관의 행정적 지원이 가능한 곳

- 해상리조트의 접근성과 활용도를 높이기 위해 연안크루즈, 항내크루즈, Sea Bus, Sea Taxi 등 해상교통여건이 양호한 곳을 입지로서 고려한다. 이 경우 기존 선박통항과 갈등이 있을 수 있기 때문에 주의한다.
- 해상리조트의 부유식 하부구조물은 수심, 조류, 파도, 바람 등에 의해 많은 영향을 받는다. 따라서 구조물의 안정성을 확보하고 해상리조트의 특성을 살리기 위해서는 바람, 파도 등 환경조건이 적합한 지역을 선정한다.
- 적합한 환경조건을 갖춘 입지가 없을 경우에는 방파제와 같은 외곽시설 설치, 섬이나 다른 고정식 구조물과 연계하여 설치, 부유식 하부구조물의 대형화 등 기술적인 해결책을 마련한다.
- 해상리조트는 초기 건설비와 관리비가 많이 들고 설치를 위한 행정처리가 복잡하기 때문에 입지선정에서는 해당 지역에서 재산권 행사, 조례 등 법적 내용, 관리기관의 행정처리 및 지원사항 등을 충분히 검토한다.

(4) 시설계획

1) 계획방향

부유식 해상리조트의 시설을 계획하는 경우에는 입지여건에 따라 다음 네 가지 방향으로 계획한다.

① 해상리조트가 외해에 위치하며 주변에 섬이나 고정식 구조물이 있는 경우에는 작은 여러 개의 인공섬으로 시설을 구성하고 인공섬들을 섬이나 고정식 구조물과 구조적으로나 기능적으로 연결하여 계획하는 것이 구조물 안정성이나 사용 측면에서 바람직하다.

② 해상리조트가 외해에 위치하며 주변에 섬이나 고정식 구조물 없이 홀로 설치되는 경우에는 파력, 풍력, 조류 등 외력을 극복할 수 있도록 어느 정도 큰 규모의 인공섬으로 계획하는 것이 좋다.

③ 해상리조트가 자연적으로 형성된 내만 등 정온수역에 위치할 경우에는 전체를 하나의 인공섬으로 구성하여 하부구조물을 단일체로 계획하는 것이 바람직하다.

④ 해상리조트가 육지에서 멀리 떨어진 바다에 설치되는 경우에는 헬기, 보트, 정기셔틀 선박 등 다양한 교통수단을 이용하여 육지와 긴밀하게 연결시키는 계획이 중요하며, 육지와 가까운 바다에 설치되는 경우에는 교량을 이용하여 육지와 연결한다.

2) 시설규모계획

해상리조트의 시설계획 중 시설규모를 결정하는 요인으로는 크게 해양환경, 사업성, 구조물 안정성, 시설의 기능 등을 들 수 있다.

먼저 해양환경에 대해서는 수심, 조류, 파도, 바람 등과 같이 정해진 입지의 해양환경조건을 고려하여 이에 적합한 시설규모로 정한다. 특히 하부 부체구조물의 재료 및 규모 결정에서 해양환경조건이 큰 영향을 미친다.

일반적으로 부유식 해양구조물이 파고가 높은 외해124)에 설치될 경우에는 파도나 조류의 영향을 덜 받기 위해 구조물의 하중이 커야하므로 대형 구조물로 계획한다.

파고가 높은 외해에 소규모 부유식 구조물을 설치하는 경우에는 파도, 조류 등 외력을 막을 수 있는 방파제 등 외곽시설물을 조성해야 하므로 공사비 증가가 필연적이다. 따라서 소규모 구조물은 태풍 등 이상기후 시에는 안전한 곳에 피항하는 방식으로 계획한다.

다음으로 사업성 측면에서는 해상리조트의 목표시장 설정에 따른 관광객 수요예측을 통해 사업성 확보를 위한 적정 시설규모를 결정한다.

또한 구조물 안정성 측면에서는 구조물 관리 및 구조적 안정성을 고려하여 하부 부체구조물의 규모를 결정한다. 이와 더불어 해상리조트는 도입하고자 하는 시설내용 및 기능에 따라 공사비와 사업성을 검토하여 시설규모를 정한다.

이상에서 설명한 내용을 바탕으로 파고 10 m 정도 외해에 설치하는 해상리조트의 시설규모를 계획해 보면, 하부 부체구조물은 5,000 평~10,000 평(15,000 m^2~30,000 m^2) 내외로 하고, 상부거주시설은 2,000 평~5,000 평(6,000 m^2~15,000 m^2) 정도로 하며, 인공섬 전체 크기는 장변 500 m 내외가 적당하다.

[그림 10-15] 해상리조트 사례(일본 요코하마 八景島)
〈출처 : 요코하마관광협회홈페이지 http://www.yokohama-kanazawakanko.com/〉

124) 여기에서 '파고가 높은 것'은 해양구조물의 설계파고 3~4 m 보다 현저하게 높은 경우를 말함

이러한 규모의 해상리조트를 위한 하부 부체구조물은 안전성, 공간의 활용성, 사용의 융통성 등을 고려하여 몇 개 분리된 인공섬으로 구성하며, 상부거주시설의 높이는 구조물 안정성을 고려하여 3층을 기본으로 하고 시설물 조형성 및 공간활용 등을 고려하여 일부는 5층 높이까지 계획한다.

상부거주시설 관련 건폐율은 40~50%로 하고, 하부 부체구조물의 계류는 돌핀계류시스템으로 계획한다.

3) 시설내용계획

해상리조트는 실현가능성, 지역성, 기존 계획과 연계, 미래지향적 시설, 계절 및 기후요인, 설치비용, 기술적 해결가능성, 사업성, 법제도 등을 고려하여 시설내용을 계획한다. 특히 해역의 자연조건, 설치비용등 경제적 여건, 사람들의 인식 등을 종합적으로 판단하여 실현가능한 시설내용으로 계획하며 악기상시 피항시스템까지 고려하는 구체적이고 실제적인 계획이어야 한다.

또한 해상리조트 시설내용은 미래지향적이어야 하고, 사회변화에 부응할 수 있도록 융통성 있는 기능을 갖추며, 특색 있는 해양관광시설로서 도시와 지역의 브랜드가치를 향상시키는 것이어야 한다.

그리고 지역문화와 자연특성을 반영하여 지역성을 반영한 고급스러운 문화적 공간콘텐츠를 마련해야 하며 지역의 기존 해양문화 및 해양관광과 연계한 복합용도의 시설내용으로 계획한다.

무엇보다 계절 및 기후적 요인에 의해 많은 영향을 받는 해양레저관광의 특성을 고려하여 사계절 전천후 이용이 가능한 시설내용으로 구성한다. 해양레저유형에 따라 해상리조트에 도입 가능한 시설내용을 살펴보면 [표 10-3]과 같다.

[표 10-3] 해상리조트 시설내용

해양레저유형	시설내용
체험형	해안산책로, 자전거 및 인라인스케이트시설
레저형	스킨스쿠버시설, 요트시설, 해수욕시설, 바다낚시시설, 마리나
휴식형	해수온천, 호텔 및 펜션, 테라소세라피(해양요법)시설, 쇼핑몰
수산물시식형	레스토랑, 수산물판매장
경관관람형	유람선, 전망시설, 해중관람선박
가족놀이형	수족관, 수중공원, 놀이공원, 테마공원
문화탐방형	공연시설(극장, 야외공연장), 선박박물관

이상의 내용을 고려하여 해상리조트의 시설내용을 정리하면, 먼저 바다를 활용한 기본시설로서 해양공원(전망대, 공원, 산책로, 자전거도로), 해양레저스포츠시설, 마리나항, 해상크루즈터미널, 해양테마파크 등이 있다.

다음으로 관광객 유치시설로서 레스토랑, 극장, 호텔 및 펜션 등 숙박시설, 컨벤션홀, 쇼핑몰, 골프연습장, 해수요법(thalasso therapy)시설 등이 있고, 해상리조트와 육지를 연결하는 시설로서 해양케이블카, 해상교량(보행자, 자전거, 차량), 위그선터미널 등이 있다.

(5) 기술적 검토

부유식 해상리조트계획에서는 하부 부체구조물에 대해 해당 입지와 관련된 기술적 사항을 미리 파악해야 한다. 하부 부체구조물과 관련하여 검토해야 할 주요 기술적 내용은 다음과 같다.

- 부체 위에서 작업이나 생활의 안정성을 위한 동요·진동의 평가 및 저감기술
- 하부 부체구조물 내부공간의 활용기술
- 콘크리트 부체구조물 설계기술(파랑변형, 설계파재산정 등)
- 하부 부체구조물의 제작, 진수, 예인, 설치 등에 관련된 기술
- 비상시 계류시스템의 안전성 확보를 위한 기술(극한상황 대비)
- 부체구조물 주변 해역환경의 보전 기술(유동해석, 해빈류해석, 해안침식 등)
- 부체구조물의 엔지니어링 토털솔루션 설계기술(모델링, 해석, 모형시험, 건조, 운영 등)

또한 부유식 해상리조트의 상부거주시설에 대해 하부구조물 및 입지의 환경조건과 관련하여 다음과 같은 설계기술이 검토되어야 한다.

- 상부시설물 구조시스템 안전성 및 사용성 평가기술
  - 상부 구조시스템 안전성과 사용성 확보를 위한 파랑응답해석
  - 상·하부 구조물의 상호작용해석 등 상부구조시스템 해석 및 설계기술
- 상부시설물 동요·진동 평가 및 저감기술
  - 진동 해석 및 평가를 통한 상부구조시스템 설계기술
  - 동요 및 진동의 기계적인 능동적 제어방법
  - 상부시설물 진동 저감기술
- 상부시설물 상세디자인(마감재, 연결부, 진입로 등) 기술
  - 부체 거동에 의한 상부시설물 마감재에 미치는 영향(커튼월, 칸막이벽 등) 평가기술
  - 상·하부구조물의 연결부와 진입로(교량) 연결부 특성 분석 및 상세디자인 기술
- 비상시 상부시설물에서 피난 및 방재에 관한 기술
  - 재해시 대피를 위한 수평 및 수직 피난동선 설계기술

- 재해시 계류시스템 파손 대비 구조체 모듈별 분리 또는 해체 관련 기술
- 극한 상황에서 거주자 심리 및 행동 대응 관련 설계기술

• 상부시설물 공간활용 및 쾌적한 환경조성 기술
  - 실내공간 최적배치 설계기술
  - 실내공간 쾌적환경 설계기술
• 상부시설물에서 친환경 및 신재생에너지 활용 기술
  - 해수 또는 태양열 등 신재생에너지시스템 설계기술
  - 신재생에너지를 활용한 전력시스템 설계기술
• 상부시설물의 거주성능에 관한 토털솔루션 설계기술
  - 공간시스템, 구조시스템, 에너지시스템, 환경시스템 등 통합설계기술

10.3 해상리조트계획안[125)]

(1) 계획배경

부산은 우리나라 해양수도이며 국제 크루즈선박의 기항지로서 많은 국내외 관광객이 방문하지만 부산을 상징하고 부산에서만 즐거움을 가질 수 있는 해양레저시설이 없는 형편이다. 따라서 부산 앞바다 해상에 부유식 인공섬을 이용한 해상리조트를 조성하여 부산을 상징하는 해양건축물로서 부산의 이미지를 높이고 해양레저관광의 거점으로 활용하고자 한다.

또한 부유식 인공섬의 실용화로 해양플랜트, 조선, 해양건축 등 관련 분야의 기술발전을 이루고 부가가치가 높은 새로운 해양레저관광산업을 창출하며 이와 함께 시민 삶의 질 향상을 위해 해양문화를 육성한다.

(2) 입지선정

1) 해역환경 특성

부산 해역에는 유인도 3개, 무인도 42개 등 총 45개 도서가 있으며, 해안선 길이는 431.2 km[126)]이고, 많은 천혜의 정온수역을 가지고 있으나 대부분 정온수역은 항만으로 이용되고 있다.

125) '10.3 해상리조트계획안'의 내용은 이한석·송화철, 플로팅 아일랜드 리조트 개발을 위한 기획연구, 4, 5, 7, 8장에서 인용하고 일부 수정하였음

126) 부산광역시, 2012년 통계연보 참조

[그림 10-16] 부산 해안지역 현황
〈출처 : 다음지도, http://local.daum.net/map/index.jsp〉

한편 부산 해역은 자연적인 정온수역을 제외하고 대부분 외해에 직접 면해 있으며, 설계 파고가 약 10 m 정도로 높아서 부유식 인공섬의 건설에 불리한 조건을 가지고 있다.

2) 후보지

부산 앞바다 해역 가운데 해상리조트의 후보지로서 부산시청 관계자, 해양공학·선박공학·해양관광·해양건축 등 분야의 전문가 자문을 거쳐 [그림 10-17]과 같이 세 군데를 정하였으며, 각 후보지의 특성은 다음과 같다.

① 북항재개발지역 전면 해역(북항 내 정온수역)

- 위치 : 부산시 중구 및 동구 북항재개발지역 전면 해상
- 환경 : 수심이 깊지 않은 내만에 위치하며 도심과 인접해 있음
- 장점
  - 북항재개발사업과 연계하여 개발 가능함
  - 내만에 위치하여 조류 및 파도의 영향을 적게 받음
  - 중·소규모 플로팅 인공섬 건설이 가능함
- 단점
  - 수역이 넓지 않아 대규모 부유식 인공섬 건설에는 어려움이 있음
  - 해상리조트 사업성은 북항재개발사업의 성공 여부에 많은 영향을 받음
  - 항만구역 내에 위치하여 수역의 자유로운 활용에 어려움이 있음
- 주요 용도 : 항만박물관, 해양공원(산책로, 전망대), 컨벤션시설, 해양문화시설 등

② 광안리해수욕장(육지와 인접한 외해)

- 위치 : 광안리해수욕장 전면 해상
- 환경 : 수심이 깊지 않으나 외해에 접해 있어 파고가 비교적 높음
- 장점
  - 전국적 관광지로서 인지도가 높은 해수욕장에 인접하여 위치함
  - 주변에 관광인프라시설이 조성되어 있어 사업성에 도움이 될 것임
  - 기존 해양관광 및 해양스포츠 관련 활동 및 시설과 연계할 수 있음
- 단점
  - 외해에 접해 있어 해양환경에 대한 고려가 필요함
  - 파고가 높아 소규모 부유식 구조물은 어려움이 있음
  - 해수욕장과 인접해 있어 집객이 계절적 영향을 받음
- 용도 : 컨벤션시설, 해양공원, 마리나, 해양스포츠시설, 해상호텔, 해상공연장 등

③ 목도 해역(섬과 인접한 외해)

- 위치 : 다대포항 전면 약 15 km 앞 목도 수역
- 환경 : 비교적 수심이 깊은 외해에 위치함
- 장점
  - 목도 개발계획과 연계하여 개발 가능함
  - 목도는 해양환경 및 자연생태계가 잘 보존되어 있음
  - 차별화된 해양리조트개발이 이루어질 수 있음

[그림 10-17] 부유식 해상리조트 후보지

- 단점
  - 외해에 위치해 부유식 구조물의 안전성이 우려됨
  - 대규모 부유식 구조물이 필요로 함
  - 수심이 깊어 설치비용이 최대임
- 용도 : 수족관 및 식물원, 해상유원지, 마리나, 해양스포츠시설, 해상공연장, 해상카페촌, 해상호텔, 해상산책로, 해양전시박물관 등

3) 입지선정

앞에서 정한 세 군데 후보지 중에서 부유식 인공섬 해상리조트의 최종 입지로서 광안리 해수욕장 전면 해역을 정하였다. 이곳은 [그림 10-18]과 같이 부산의 새로운 상징물로 주목받고 있는 광안대교와 광안리해수욕장 사이에 위치한 수역이다.

해상리조트의 입지로서 선정된 곳은 광안리해수욕장과 인접하기 때문에 주변에 풍부한 관광 인프라시설이 조성되어 있고, 해수욕장과 연계하여 바다축제, 불꽃축제 등 다양한 이벤트와 오락 프로그램을 실시할 수 있으며, 해수욕장 방문객을 해상리조트의 고객으로 끌어들일 수 있는 장점이 있다.

(3) 기본계획안 127)

1) 계획방향

해상리조트계획에서는 입지조건을 충분히 살릴 수 있는 시설계획이 필요하며, 무엇보다

[그림 10-18] 해상리조트 입지

127) 계획안의 그림과 도면은 메종건축사사무소 조형장 소장이 작성하였음

도 수역이 외해로 열려 있어 태풍 및 해일의 영향을 직접 받을 수 있기 때문에 자연재해에 대비하여 시설 및 인명의 안전을 확보할 수 있는 계획이 필요하다.

2) 기본구상

광안리해수욕장 전면 해상공간에 위치하는 해상리조트는 [그림 10-19]와 같이 해양도시 부산을 상징하고, 안전한 구조시스템으로서 현실적으로 실현가능한 부유식 인공섬으로 계획하는 것을 목표로 한다.

이러한 계획목표를 달성하기 위한 계획개념으로서, 먼저 여러 개로 구성된 인공섬보다는 하나의 부유식 인공섬을 이용한 해상리조트로 계획하며, 다음으로 해양도시 부산을 상징하는 해양건축물이 되도록 [그림 10-20]에서 보는 것과 같이 바다의 상징적 이미지인 파도와 물살을 힘차게 가르는 물고기의 역동적 이미지를 형상화하여 인공섬의 형태를 계획한다.

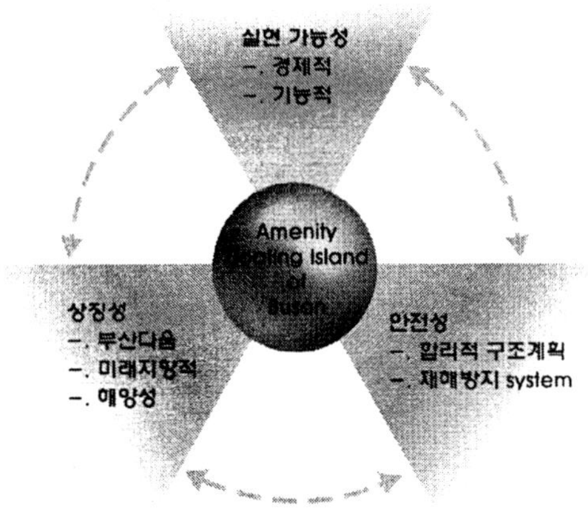

[그림 10-19] 해상리조트 계획목표

[그림 10-20] 해상리조트의 이미지

이상과 같은 계획목표와 개념을 바탕으로 광안리해수욕장 전면 해상의 입지조건을 고려하여 해상리조트계획안으로서 [표 10-4]와 같이 세 가지 대안을 구상하고 대안별 시설계획 및 특징을 비교하여 분석하였다.

[표 10-4] 해상리조트계획안 비교분석

구분	계획안-1	계획안-2	계획안-3
계획안	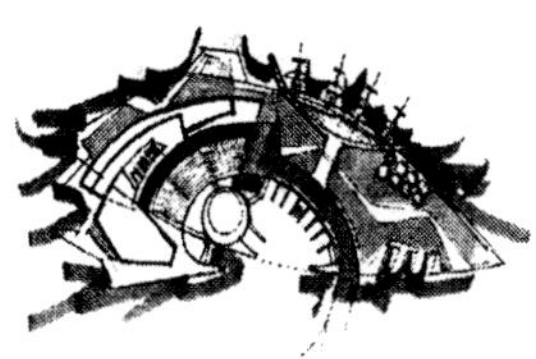	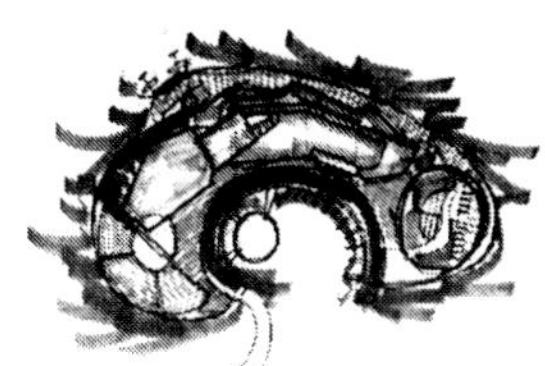	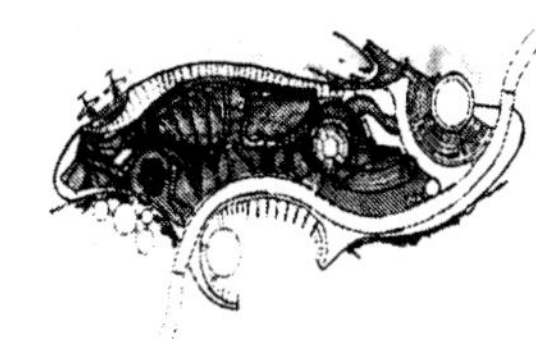
규모	• 아일랜드면적 : 8,300 m^2 (2,500 평) • 건축물연면적 : 3,300 m^2 (1,000 평) • 층수 : 지상 2층	• 아일랜드면적 : 8,900 m^2 (2,700 평) • 건축물연면적 : 4,000 m^2 (1,200 평) • 층수 : 지상 3층	• 아일랜드면적 : 9,900 m^2 (3,000 평) • 건축물연면적 : 6,600 m^2 (2,000 평) • 층수 : 지상 3층
시설내용	• 해양레저 클럽하우스 소공연장, 카페 & 레스토랑 • 위그선 계류장 • 야외공연장 • 해양테마공원 • 마리나	• 해양레저 클럽하우스 소공연장, 카페 & 레스토랑 • 위그선 계류장 • 야외공연장 • 해양테마공원 • 마리나	• 해양문화시설 컨벤션시설, 소공연장, 전시실 등 • 해양관광휴게시설 해상호텔, 전망라운지, 연회장, 카페 & 레스토랑, 테라피센터, 수영장, 사우나, 해양테마공원 등 • 해양레저시설 해양레저체험장 (스쿠버, 요트, 제트스키, 윈드서핑, 카약, 바다낚시 등) 위그선계류장, 터미널, 마리나
특징	• 가장 소규모 • 보트 유선 형태 이용 • 건축물이 편심에 위치 • 투자대비 활용도 저하	• 타원, 원형 등 기하학적 형태 • 해양성, 상징성 부족 • 각 공간의 연계 부족	• 해양도시 부산 상징적 이미지 • 세 가지 영역성을 가짐 • 사업성 고려 적정규모 및 용도계획

3) 계획안 작성

앞에서 기본구상단계에서 도출한 3개의 대안을 비교·검토하여 최종 기본계획안은 [표 10-4]에서 '계획안-3'을 기본으로 하여 작성하였다. 기본계획안에서 인공섬의 형태는 [그림 10-21]과 같이 부산의 바다를 상징하는 형상인 '물살을 가르며 헤엄치는 물고기의 역동적 형태'를 모티브로 계획하였다.

다음으로 인공섬 위에 설치할 시설물의 배치와 구체적인 시설계획을 위해 조닝계획을 실시하였다. [표 10-4]의 '계획안-3' 시설내용과 활용프로그램을 바탕으로 [그림 10-22]와

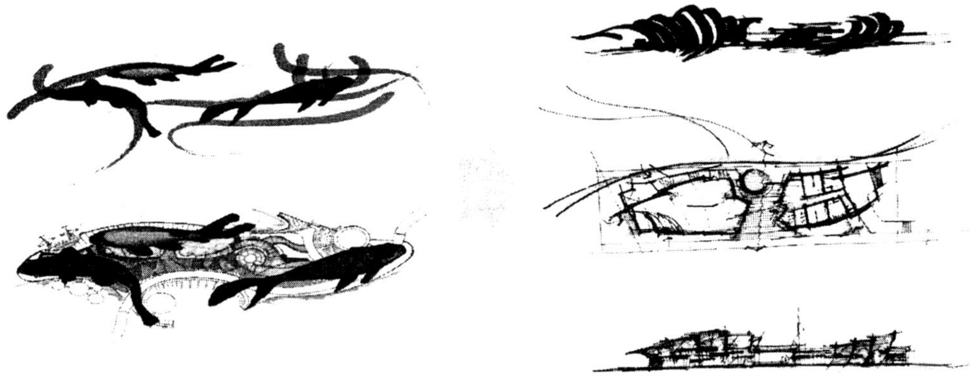

[그림 10-21] 해상리조트 기본계획안 도출

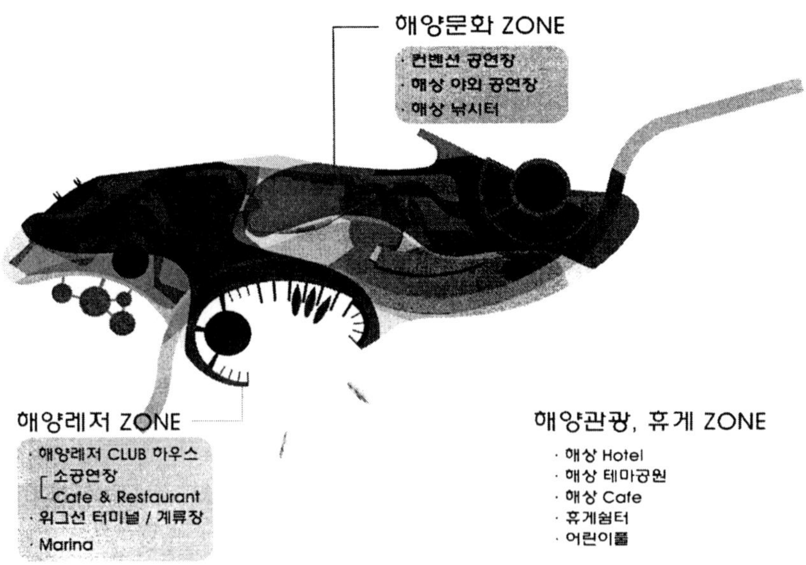

[그림 10-22] 해상리조트 조닝계획

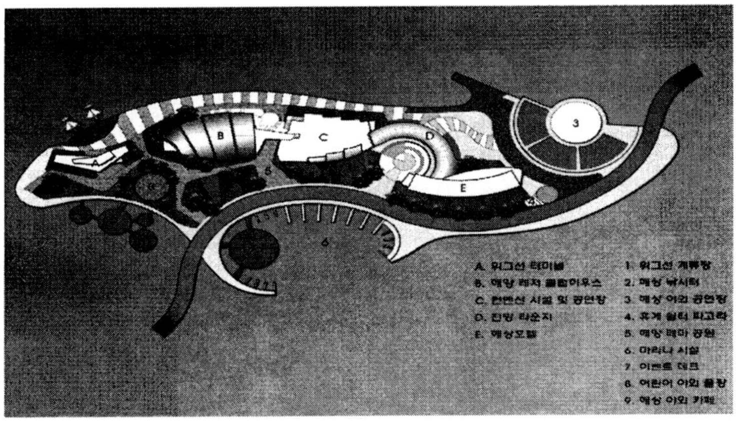

(a) 배치계획안

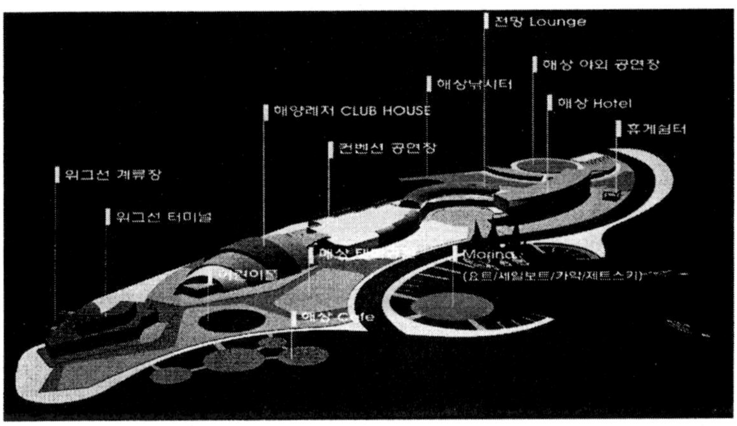

(b) 시설계획안

(c) 조감도

[그림 10-23] 해상리조트계획안

[표 10-5] 해상리조트 시설계획

인공섬면적	존별 주용도	세부시설	건축물규모	건축물연면적
9,970 m^2 (약 3,000 평)	해양문화 시설	• 컨벤션시설 • 소공연장 • 소전시설	지상 2층 (일부 3층)	2,750 m^2 (약 830 평)
	해양레저 시설	• 체험스쿠버 • 세일보트, 요트, 카약, 제트스키 • 윈드서핑 • 바다낚시 • 위그선계류장 • 터미널 • 상가(해양레저장비 & 기념품)	지상 3층	2,380 m^2 (약 720 평)
	해양관광 및 휴게시설	• 해상호텔(30실규모) • 전망라운지, 연회장 • 카페 & 레스토랑 • 테라피센터 • 수영장, 사우나 • 해상야외카페 • 해양테마공원	지상 2층	1,520 m^2 (약 460 평)
	소 계			6,650 m^2 (약 2,010 평)

같이 '해양문화존', '해양레저존', '해양관광·휴게존'으로 인공섬 상부공간을 조닝하였다. 이러한 조닝계획에 따라 해상리조트의 시설은 존별로 해양문화시설, 해양레저시설, 해양관광·휴게시설을 기본으로 하여 계획하였으며, 각 존별 활용프로그램을 고려하여 세부적인 시설내용은 [표 10-5]와 같이 구성하였다.

이상의 시설계획내용을 바탕으로 작성한 해상리조트 기본계획안은 [그림 10-23]과 같다.

(4) 추진계획

1) 추진방향

해상리조트의 조성은 바다 위에 해상거주시설을 만드는 사업으로서 육지에서의 리조트 조성사업과 다르고 선박을 건조하는 것과도 다르므로 건축계획과 동시에 [표 10-6]의 사업추진계획도 함께 마련한다.

부산 광안리해수욕장 전면 해상에서 해상리조트 조성사업의 추진을 위해 고려해야 할 주요 추진방향을 살펴보면 다음과 같다.

① 해양환경에 미치는 영향 최소화

해상리조트 설치 및 이용에 따른 수질변화 등 해양환경에 미치는 부정적인 영향을 최소화할 수 있도록 계획 초기단계부터 적용할 수 있는 지침이나 기준을 마련한다.

② 자연생태계에 대한 배려

해상리조트의 계획에서는 해당 해역의 환경수용력(environment carrying capacity)[128]을 고려하여 자연생태계를 보전하는 친환경기술을 도입하고 다공질 환경을 조성하며 필요한 경우에는 인공적으로 생물서식공간을 마련한다.

③ 시설이용의 계절적 한계 극복

광안리해수욕장 전면에 입지하므로 여름철 집중이용 및 겨울철 휴면기의 문제점을 해결하기 위해 일정한 시설규모의 확보, 복합적 시설구성, 접근성 향상, 기상조건과 무관한 쾌적한 공간 등을 계획한다.

④ 해역이용의 갈등 해결

광안리해수욕장 전면 해역은 이미 해상레크리에이션을 위해 활발하게 이용되고 있으며 주변 건물들에서 바다조망이 이루어지고 있고 또한 광안대교와 함께 해양경관에 큰 기여를 하고 있기 때문에 이곳에 인공섬을 조성하기 위해 기존 이용 형태 및 주민과의 갈등을 해결할 수 있는 대책을 수립한다.

⑤ 주변 토지이용 및 개발계획과 조화

해상리조트의 시설은 광안리해수욕장과 주변 지역의 토지이용 및 개발계획에 적합하게 계획하고, 또한 해상리조트 설치 및 이용을 고려하여 인접지역의 토지이용 및 개발계획을 새롭게 조정할 필요가 있다.

⑥ 해양문화·해양경관을 반영한 차별성

광안리해수욕장과 주변지역의 독특한 해양문화 및 해양경관을 반영하여 부산을 상징할 수 있는 특별하고 차별성 있는 해상리조트를 계획한다.

⑦ 해상·기상·지상조건에 부합

해상리조트의 안전성, 쾌적성, 사용성은 해당 수역의 해상조건(파도, 조류 등), 기상조건(바람, 날씨 등), 지상조건(해저지형, 지질 등)에 매우 민감하기 때문에 광안리해수욕장 전면 해역에 대한 철저한 조사와 계획을 통해 모든 조건에 대응할 수 있는 방안을 마련한다.

---

128) 어떤 생태계에서 개체군의 수(혹은 밀도)가 증가할 수 있는 최대치(K)로서, 개체군의 증식은 시간이 경과함에 따라 무한정 계속되는 것이 아니라 환경의 저항 때문에 K값 이상의 증가는 불가능함(한국해양학회편, 해양과학대사전 인용)

[표 10-6] 추진계획내용

항 목	세부내용
사업환경분석	• 광역적 분석 : 경제환경 변화, 관광산업 변화, 여가패턴 변화 등 • 지역적 분석 : 관광산업 변화, 생활양식 변화, 지역경제 변화 등 • 관련계획 및 법규 분석 • 유사사례 운영실태 분석
사업기본구상	• 사업여건분석 : 자연환경, 인문환경, 관광환경 등 • 사업기본구상 : 개발방향 및 목표, 표적시장, 도입활동 및 유치시설, 수요추정, 시설규모산정, 개발기본구상, 개발구상 등
해역확보계획	• 해역후보지 선정 및 평가 • 해역과 연관된 육역후보지 선정 및 평가
시설기본계획	• 시설·설비규모 • 투자비규모
재원조달방안	• 필요재원규모 • 필요재원조달방안 • 민자유치가능성
시설운영계획	• 조직·인력계획 • 고객서비스계획 • 민원해소방안 • 사업조기정상화계획
환경오염저감방안	• 환경영향인자 설정 • 환경영향분석·평가기법 • 사업에 따른 환경영향평가 • 환경영향저감방안
사업타당성분석	• 경제적 타당성 • 기술적 타당성 • 사회적 타당성

⑧ 자연재해로부터 안전대책

광안리해수욕장 전면 해상에 설치되는 해상리조트는 매년 태풍 및 해일의 영향과 지구온난화에 따른 해수면 상승의 피해를 직접 받을 수 있으므로 태풍·해일·해수면 상승 등에 의한 자연재해에 대비하여 시설 및 인명 안전대책을 수립한다.

⑨ 경제적·기술적 타당성

해상리조트는 같은 종류 및 규모의 육상리조트에 비해 많은 초기 설치비용과 해양공학·해양건축·조선공학의 첨단기술이 필요하므로 사전에 철저한 경제적 타당성과 기술적 가능성을 검토하여 최적의 해결안을 마련한다.

이상과 같은 추진방향에 따라 수립하는 해상리조트의 사업추진계획에는 [표 10-6]과 같은 내용을 포함한다.

2) 추진정책

해양리조트의 사업추진을 위해서는 다음과 같은 추진정책이 마련되어야 한다.

① 도시계획정책의 재정비

광안리해수욕장 인근을 비롯하여 지금까지 육지 중심의 부산도시계획 및 도시개발정책에서 벗어나 해상공간을 도시공간으로 인정하고 적극적으로 활용하기 위해 해상공간을 통합한 새로운 도시계획과 도시개발정책을 수립한다.

② 해양관광정책의 수립

광안리해수욕장 전면 해상에 해상리조트 조성과 더불어 해상리조트를 중심으로 부산 전체 해양관광자원의 효과적인 활용 및 개발을 위한 새로운 해양관광정책을 수립한다.

③ 관련 법제도의 정비

광안리해수욕장 전면 해상에 해상리조트를 설치하기 위해서는 정부와 지자체 차원에서 관련 법제도가 개선되지 않으면 추진이 어렵고, 특히 민간사업자 참여가 어려운 형편이므로 관련 법제도의 문제점을 파악하고 해결한다.

④ 시민추진협의체의 구성

부산시민과 지역주민들이 원하고 즐길 수 있는 친환경 해상리조트의 조성 및 관리를 위해 기획 단계부터 시민과 시민단체의 의견을 모으고 반영하는 사업절차를 마련하고 이를 실행할 수 있는 시민추진협의체를 구성한다.

⑤ 정보공유시스템의 구축

부산시민이나 지역주민들이 해상리조트의 필요성에 공감대를 형성하고 해상리조트에 관한 시민의식을 높일 수 있도록 관련 정보를 투명하게 공유하고 자유롭게 논의할 수 있는 정보공유시스템을 구축한다.

3) 추진방식

해상리조트 사업추진을 위해서는 복잡하게 얽혀있는 관계기관, 기업, 주민 사이에 조정이 필요하고 적당한 투자자를 구하는 것이 필수적이다. 또한 해역은 공공재산이어서 사유권을 허용할 수 없으므로 다음과 같은 사업추진방식이 가능하다.

① 인공섬분양방식(하부구조물·상부시설물 분리방식)

지자체가 인공섬(하부구조물)을 조성한 후 민간에게 분양하여 상부시설물을 조성한다.

② 민간개발·운영 후 기부채납방식

민간이 하부구조물과 상부시설물을 조성하고 운영하여 투자비를 회수한 후 지자체에 운영권을 이양한다.

③ 공동출자운영방식

지자체와 민간이 공동으로 참여하는 공동법인을 설립하여 하부구조물 및 상부시설물을 건설하고 운영하며 수익금은 투자비율에 따라 배분한다.

④ 공공투자·민간운영방식

지자체가 모든 시설물을 조성하고 운영은 민간을 활용하는 위탁경영방식으로 서비스 부분을 위탁하는 방식, 시설유지관리를 위탁하는 방식, 임대차계약방식, 민간이 건설·운영하며 소유권을 지자체에 양여하는 양여권계약방식 등이 있다.

⑤ 민간개발·소유·운영방식

민간이 개발하여 민간이 소유하고 운영하는 방식이다.

4) 추진전략

① 추진주체 역할분담

해상리조트 조성사업을 추진하는 주체는 정부, 지자체, 지방공사, 민간 등으로 구분할 수 있다. 정부는 기본방침 결정, 대상해역 지정, 기본계획승인, 공공시설 국비지원을 담당하고, 지자체는 기본계획수립 및 승인 신청, 공공시설 자금지원, 조성 주체, 필요한 경우 공사설립, 사업시행을 담당할 수 있다. 민간은 민간시설 건립 및 운영, 관민투자공동방식의 경우 투자주체를 담당한다.

② 합리적 재원조달

해상리조트에서 공공시설의 경우 정부, 지자체의 자금을 최대한 지원하고, 수익성 시설의 경우 시설의 공공성이 강한 시설은 지자체가 자체 설치하고 직영할 수 있다. 민간기업은 독자적 사업시행자로서 혹은 별도 법인설립을 통해 참여하거나 인공섬을 분양받아 일부 시설 건설에 참여할 수 있다.

③ 민간자본유치 활성화

지자체는 사업에 대한 기본구상 또는 인허가 등에 관여하고 수익시설에 대한 계획, 설치 및 운영을 공사나 민간에게 맡기는 것이 바람직하다. 또한 민간사업자의 참여와 경쟁을 촉진할 수 있도록 민간유치대상사업 규모를 정하고 사업대상규모가 큰 경우에는 대상사업을 분할하여 민간자본을 유치하는 것이 바람직하다

5) 추진단계

해상리조트 조성사업은 크게 세 단계로 추진할 수 있다. 먼저 시범사업으로 부지확보, 사업가능성, 민자유치가능사업을 결정하고, 민자유치 여부에 따라 2단계에서 본 사업을 시작한다. 지자체에서는 기존 도시개발공사를 이용하거나 혹은 별도의 공사를 설립하여 추진할 수 있다.

① 1단계(사업가능방안수립)

법률적 타당성, 관계부처와 의견조율 등 다면적으로 가능성을 검토하고, 시범사업계획을 수립하여 사업가능성을 점검하며, 적정사업규모· 민간투자유치가능성· 제도개선방향을 다각도로 모색하여 사업가능방안을 수립한다.

② 2단계(시범사업시행)

시범사업의 추진가능성이 커지면 이에 맞추어 법제도를 정비하고 사업추진주체 및 추진방침을 정하여 작은 시설규모로 시범사업을 추진한다.

③ 3단계(본 사업시행)

시범사업 결과와 경험을 기반으로 본 사업을 계획하고 사업주체 및 사업방식을 확정하여 당초 시설규모로 해상리조트 조성사업을 수행한다.

참고문헌

1. 조규남 외, 부유식 초대형 해상구조물 기획연구, 해양수산부, 1999
2. 조웅래 외, 21세기 동북아 연결망 한중 해저터널의 기본구상, 한울아카데미, 2010
3. 이한석 외, 해양건축물에 관한 법률제도 연구, 해양수산부, 2006
4. 이영욱 외, 플로팅 건축 설계기술 개발 연구기획, 한국건설교통기술평가원, 2009
5. 이한석·송화철, 플로팅 아일랜드 리조트 개발을 위한 기획연구, (사)해양산업발전협의회, 2009
6. 최도석, 부산의 해양관광 실태분석 및 발전방안에 관한 연구, 부산발전연구원, 2004
7. 홍사영, 초대형 부유식 해상구조물 설계매뉴얼, 한국해양연구원, 2007
8. 한국해양학회편, 해양과학대사전, 2005
9. 佐久田昌昭, 海洋建築入門, 講談社, 1983
10. 日本建築學會, 海洋建築計劃指針, 1988
11. 日本建築學會, 海洋建築物構造設計指針(浮遊式)·同解說, 1990
12. 日本建築學會, 海洋建築と環境, 1991
13. 日本建築學會, 建築的視點から見る超大型浮遊式海洋建築物の可能性と問題點, 1997
14. 伊澤 岬, 海洋空間のデザイン, 彰國社, 1990
15. 小林理市, 海洋建築物の設計, オーム社, 1995
16. 日本建築センタ, 海洋建築物安全評價指針, 1992
17. Vincent Callebaut, Design Document Series 14/신세계, 도서출판 담디, 2005
18. Vincent Callebaut 홈페이지 http://vincent.callebaut.org
19. Jacques Rougerie 홈페이지 http://www.rougerie.com
20. 요코하마관광협회홈페이지 http://www.yokohama-kanazawakanko.com/

제 11 장

해상도시계획

11.1 해상도시의 개요

11.1.1 해상도시의 개념

도시는 인간이 함께 모여 사는 집단거주공간으로서 사회적·경제적·정치적 활동의 중심이 되는 장소이다. 도시에 관한 통념에 따르면 인간이 집단으로 모여 생활하는 도시공간은 무엇보다 안전해야 하기 때문에 단단한 땅 위에 지어져야 한다.

바닷물과 같이 유동적이거나 갯벌과 같이 단단하지 않고 무른 땅은 도시공간을 위한 기반이 될 수 없으며, 따라서 물 위에 혹은 물 밑에는 사람이 거주하는 도시공간을 만들 수 없는 것으로 인식되었다.

일찍이 이탈리아 베네치아(Venezia)는 아드리아해의 갯벌 위에 지어진 해상도시이다. 외적의 침입으로 어쩔 수 없이 무른 땅과 물이라는 부적합한 기반 위에 도시를 건설하기 위해 나무기둥과 돌, 벽돌 등으로 단단한 인공지반을 조성하고 그 위에 도시를 만들었다.[129]

하지만 최근에는 인간 생활모습이 다양해지고 거주공간이 육지에서 바다로 확장됨에 따라 기존 도시의 개념에 새로운 변화가 일어나고 있다. 해상공간이 새로운 집단거주공간으로서 인식되고 있으며 이곳에 도시를 만들려는 시도가 진행되고 있다.

이와 같이 해상공간에 들어서는 도시를 '해상도시'라고 부르며, '해상도시'는 해상공간에서

[그림 11-1] 해상도시 베네치아
〈출처 : Italia, The Official Tourism 홈페이지, http://www.italia.it〉

129) 손세관, 베네치아 동서가 공존하는 바다도시, pp.55~60 참조

인간이 안전하고 쾌적하게 집단으로 거주하기 위해 정비된 도시를 의미한다.

해상도시는 바다의 고유한 성질을 활용하고, 또한 바다와 바람직한 관계를 형성한다. 즉 바다의 독특한 자연현상을 활용하고, 해양생태계를 보전하며, 아름다운 해양경관을 창조함으로써 지속가능한 해상도시가 이루어진다.

특히 2008년에 설립된 미국의 비영리기관인 The Seasteading Institute[130]는 지금까지 지구상에는 없는 새로운 형태의 미래사회를 바다 위에 건설하기 위해 정치적·기술적·경제적 가능성을 탐구하고, 이를 실현하기 위한 방안으로 'OASES'라고 부르는 지속가능한 부유식 해상도시(floating cities on the ocean)를 제안하고 있다.

미래 지속가능한 해상도시는 지구온난화를 방지하기 위해 이산화탄소의 배출을 억제하는 친환경적인 도시이고, 제한적인 에너지·자원·식량 등을 절약하면서 지속적으로 성장을 이룰 수 있는 도시이다.

지구적 차원에서 환경악화로 인한 기상변화, 해수면 상승, 에너지 및 자원의 부족, 그리고 경제성장의 한계가 인식되면서 우리가 거주하는 도시에 대해서도 새로운 인식전환이 필요하다. 이와 같이 새로운 미래 도시의 대안으로서 해상도시가 떠오르고 있다.

그러나 해상도시의 실현을 위해서는 해양환경의 악화, 수산자원의 감소, 해수면 이용자들 사이의 이해충돌, 태풍이나 해일과 같은 자연재난의 피해 등 많은 문제를 극복해야 하며, 이와 더불어 해상도시에 대한 새로운 인식과 해상도시 관련 첨단기술이 요구되고 있다.

[그림 11-2] The Seasteading Institute가 제안하는 해상도시 이미지
〈출처 : Ire. karina Czapiewska et al., seasteading implementation plan-final concept report, p.36〉

130) The Seasteading Institute에 관해서는 홈페이지 http://www.seasteading.org/를 참조

미래에는 해상도시가 많이 활성화될 것으로 예상된다. 무엇보다 육지에서 거주를 위한 가용공간이 부족하기 때문에 바다에서 생활공간 및 레저공간이 요구되고 있다. 특히 지구온난화에 따른 해수면 상승은 연안 육역을 침수시켜 육지 거주공간을 더욱 부족하게 할 것이며 이에 따라 해상공간의 활용이 더욱 활발해질 것이다.

우리나라에서도 해상도시의 실현가능성은 높다. 최근 경남 거제도와 부산 가덕도 사이에 해저터널 건설, 한중 및 한일 해저터널 계획, 부산 가덕도 해상공항 건설계획, 해양문화에 대한 국민의 인식제고 등으로 인해 해상도시에 대한 관심이 크게 늘어나고 있다.

또한 '살아있는 바다, 숨 쉬는 연안'이라는 주제로 열린 2012년 여수세계박람회를 계기로 국민들 사이에 해상거주공간에 대한 인식이 높아졌다.

한편 해상도시는 미래의 도시로서 해상에서의 거주 및 생활이 보편화되고 생활경험이 축적되면 자연스럽게 새로운 해상도시가 탄생할 것이다. 해상공간에서 개별 거주시설들이 집적되어 도시 차원의 생활환경이 마련될 것으로 보인다.

미래 해상도시는 해양환경과 공생하면서 인간생활의 질을 차원 높게 만드는 거주공간으로서 기존 도시와 새로운 관계를 형성하고, 새로운 국제질서에 기여하는 국제협력의 거점공간이 되며, 지구 전체를 위한 지속가능한 도시가 될 것이다.

우리의 경우 가까운 미래에는 연안에 위치하며 해상공간과 해중공간을 복합적으로 활용하는 중·소규모 레저용 해상도시가 [그림 11-3]과 같이 조성될 가능성이 크다. 이러한 해상도시는 기존 도시와 연계하여 앞바다에 위치하고 구조형식으로는 대부분 부유식 해상도시가 될 것이다.

미래 해상도시는 일상적인 삶의 중요한 터전으로서 한정된 국토공간의 효율적인 이용 및 새로운 사회시스템을 실현하기 위한 최적의 정소가 되며, 관련기술의 발전을 바탕으로 다양하고 혁신적인 도시로서 탄생할 것이다.

[그림 11-3] 해상도시계획안
〈출처 : The Seasteading Institute 홈페이지, http://www.seasteading.org/〉

또한 해상도시에는 새로운 국제질서에 대응하고 도시의 경쟁력 강화와 지속적인 성장을 위해 탈산업사회에 적합한 사회기반시설의 정비가 이루어지며, 이와 함께 해상도시에서는 새로운 도시생활과 도시문화가 일어날 것이고, 해상도시를 중핵으로 광역도시망이 구성될 것이다.

11.1.2 해상도시의 특성

해상도시의 선구적인 형태는 '물의 도시'로서 먼 옛날부터 바다, 강, 호수에 만들어진 집단거주지를 들 수 있다. 그중에서 대표적인 곳으로 중국 강남의 수향진(水鄕鎭)과 멕시코 아즈텍의 테노크티틀란(Tenochtitlan) 등이 있다.

중국 강남의 수향진(水鄕鎭)은 중국 강남지역에 위치한 '물의 마을'로서 상해, 소주, 항주 등 대도시 사이에 물이 많고 충적평야가 발달한 곳에 생겨난 농촌지역 집단거주지를 의미한다. 진(鎭)은 원(元)나라 때 농촌지역 행정중심지로서 지역의 정치·경제·문화의 중심지이다.

중국 강남 수향진에는 오진(烏鎭) 등 대표적인 10개의 수향진이 있으며 이들은 모두 자연수로를 기반으로 형성된 마을이다. 송(宋)대에 수로의 골격이 형성되었고, 명(明)나라 말기에 수로가 그물망처럼 형성되었으며, 이 수로를 중심으로 사찰, 주택, 상점, 가로, 광장 등이 들어서면서 마을공간구조가 형성되었다.

14세기부터 멕시코 텍스코코호수(Lake Texcoco)에는 테노크티틀란(Tenochtitlan)이라고 불리는 거대한 인공섬에 인구 약 3만 명이 거주하는 수상도시가 생겨났다. 또한 페루 티티카카(Titicaca) 호수에는 갈대로 만들어진 인공섬인 로스 우로스(Los Uros)가 잉카시대 이전에 만들어져 지금도 수상집단거주지로 사용되고 있다.

[그림 11-4] 중국 수향진(절강성 烏鎭) 사례
〈출처 : 주한 중국대사관 홈페이지, http://www.chinaemb.or.kr/kor〉

[그림 11-5] 테노크티틀란(Tenochtitlan) 이미지
〈출처 : Education Portal 홈페이지, http://education-portal.com〉

[그림 11-6] 페루 티티카카호수의 수상마을 로스 우로스(Los Uros)
〈출처 : http://www.sumaqperu.com/en/gallery/puno/isla_de_los_uros_0〉

그 외에도 동남아시아의 바다나 하천에는 선상주거(船住居), 뗏목주거(筏住居), 고상주거(高床住居) 등 수상주거시설이 모여서 촌락이나 마을 등 수상집단거주지를 형성하고 있다.

이상과 같은 수상집단거주지는 주로 경제적·자연적·방어적 이유로 조성되었지만, 한편으로 사람들은 눈에 보이는 곳을 지나 먼 바다 위 어디엔가 신세계가 있다고 믿어 왔다. 삶이 팍팍해지면 질수록 더욱 저 바다너머에 이상향이 있다고 생각했다.

건축기술이 발달하고 경제적으로 부요해졌을 때 사람들은 바다 위에 꿈꾸어왔던 이상적인 도시를 실제로 만들고자 시도했다. 바다에 새로운 도시를 만들려는 구상에는 육상도시에서 겪고 있는 많은 어려움과 문제를 해결하며 예전부터 꿈꿔온 살기 좋은 신천지를 만들려는 의도가 깔려있다.

그러면 해상도시는 육상도시와 비교하여 일상생활을 위한 거주지로서 어떤 특성을 가지고 있는가? 해상도시의 특성은 무엇보다 넓고 평평한 물 위에 위치하는 것으로부터 기인한다. 해상도시의 특성 가운데 중요한 몇 가지만 살펴보자.

해상도시의 첫 번째 특성은 도시환경에 있다. 도시를 둘러싼 넓은 바다로 인해 육상도시와는 전혀 다른 도시환경을 가지며, 특히 맑은 공기와 투명한 바람 속에서 생활할 수 있다.

두 번째 특성으로, 해상도시에서는 해양레저스포츠를 자유롭게 즐길 수 있다. 따라서 이러한 활동에 흥미를 가진 사람은 매일 즐겁게 지낼 수 있다.

세 번째 특성으로, 해상도시에서는 바다를 향해 훤히 열린 조망을 갖는다. 산이나 건물에 의해 막힘없이 뚫린 조망은 육상도시의 답답함에 비해 시원함을 제공한다.

네 번째로, 해상도시에서는 햇볕, 바람, 해수 등 자연자원을 도시에너지자원으로 사용할 수 있는 가능성이 육상도시에 비해 더욱 풍부하다.

해상도시는 이와 같은 장점 뿐 아니라 다음과 같은 단점도 함께 가지고 있다.

우선 해상도시의 건설비용이 육상도시와 비교하여 월등히 높다. 바다의 거친 환경에 대응해야 하며 또한 물 위에 건설해야 하기 때문에 특별한 기술이 필요하고 건설비는 높아진다.

다음으로 해상도시는 접근성이 부족하다. 육지의 도시와 비교하여 접근을 위한 교통조건이 불리하며 이것을 개선하기 위해서는 매우 많은 비용이 든다. 예를 들면, 해저터널이나 해상교량 등이 필요하기 때문이다.

세 번째로, 해상도시에서는 생활에 필요한 물자를 육지로부터 끊임없이 보급받아야 한다. 여기에는 도시를 지탱하기 위해 필수적인 전력·물·연료·식품 등이 있다. 전기의 경우 자가발전을 하더라도 이를 위해 연료가 필요하며, 수천 명이 사는 도시의 경우 매일 보급해야 하는 생활물자의 양은 막대하다.

네 번째로, 해상도시에서는 쓰레기나 폐수 등의 처리가 어렵다. 그러나 도시생활의 결과로서 반드시 발생하는 쓰레기나 폐수·하수의 처리가 불완전하면 직접적으로 해수오염의 원인이 된다.

다섯 번째로, 해상도시는 태풍, 해일, 해수면 상승 등 자연재난으로부터 취약하다. 이들 자연재난으로부터 도시를 보호하려면 막대한 비용과 기술이 필요하다.

이상에서 살펴본 특성을 가지는 해상도시가 살기 좋은 곳이 되기 위해서는 어떤 성격의 도시를, 어느 위치에, 어떻게 만들 것인가를 계획단계에서 분명하게 정하고, 특히 도시의 생활환경과 거주성을 확보하기 위해 특별한 고려가 필요하다.

무엇보다 해상도시가 건설되기 위해서는 사회구성원의 대부분이 동의하는 분명한 목적과 필요성이 있어야 한다. 우리의 경우 현재 사회·경제적 상황으로는 해상도시의 건설이 다음과 같은 경우에 가능할 것으로 생각된다.

첫째로, 해상도시는 육상도시와 비슷한 성격보다는 특별한 산업도시 혹은 연구도시의 성격을 갖게 될 것이다. 이 유형의 해상도시는 육지에서 개발할 수 없는 것을 생산 혹은 개발하기 위한 목적으로 건설된다.

예를 들어 해저광물자원의 생산을 목적으로 하는 해상도시나 해저생물자원을 채취하고 이를 이용하여 첨단제품을 생산하는 도시 등이 가능할 것이다. 이들 도시는 육지에서 떨어진 해상에 설치되며 도시의 목적과 기능에 꼭 필요한 시설들로 구성된다.

둘째로, 해상도시는 해양레저와 스포츠를 위한 도시로서 가능하다. 이 도시는 바다의 자연환경을 이용하여 휴양·휴식·레크리에이션·스포츠를 주목적으로 한다.

이러한 해상도시는 경관을 비롯하여 자연환경이 좋은 곳에 숙박시설을 중심으로 해안산책로, 수영장, 요트하버 등 다양한 시설로 구성되며, 사람들은 이곳에서 바다를 즐길 수 있고 자연을 벗삼아 휴식할 수 있다.

셋째로, 해상도시는 기존 육상도시의 연장으로서 조성될 가능성이 크다. 해안에 위치하는 기존 도시가 공간의 부족으로 어려움에 처할 경우 바다에 새로운 도시를 만들어 확장해 가는 것이다.

이러한 경우에 새롭게 조성되는 해상도시는 기존 도시와 긴밀하게 연결되면서 동시에 기존 도시가 가지고 있는 문제점을 해결하는 방향으로 조성될 것이다. 즉, 해상도시는 육상도시의 확장이면서 동시에 육상도시의 문제해결수단으로서 조성된다.

11.2 해상도시계획의 변천[131)]

옛날부터 인간은 바다에서 새로운 도시를 만들어 자유롭게 사는 것을 꿈꿔왔으며 이러한 소망은 많은 소설이나 영화의 주제가 되었다. 소설이나 영화 속 이야기와 더불어 실현가능한 해상도시계획도 꾸준하게 발표되었는데, 처음에는 개념구상단계에서 시작하여 지금은 실현단계까지 발전되었다. 이러한 해상도시계획의 역사적 변천을 살펴보면 다음과 같다.

먼저, 1950년대 후반기에 시작된 해상도시계획의 개념구상단계에서는 일본의 건축가 기쿠다케(菊竹清訓), 구로가와(黑川紀章), 단케(丹下健三) 등에 의해 만들어진 해상도시의 개념구상안이 주로 발표되었다.

131) 11.2의 내용은 伊澤 岬, 海洋空間のデザイン의 내용을 주로 인용하였으며 저자가 조웅래 외, 21세기 동북아 연결망 한중해저터널의 기본구상, 8장에서 이미 발표한 일부 내용을 수정·보완하였음

이 단계는 제2차 세계대전 이후에 일본이 고도경제성장을 준비하는 기간에 이루어졌는데 일본 건축가들은 본격적인 건축설계활동을 전개하기에 앞서 전쟁으로 황폐해진 도시재건을 위해 도시계획안을 다수 발표하였으며 이 가운데 해상도시구상안이 포함되었다.

이들 해상도시 구상안을 살펴보면 해상공간에 대해 확실한 철학이 성립되기 이전에 해상공간을 육지공간의 연장으로서 이용하고자 하며, 미래지향적이고 이상적인 성격이 강한 특성을 가지고 있다. 이 가운데 기쿠다케(菊竹清訓)의 계획안은 세계 최초의 해상도시구상안으로서 의의가 크다.

다음 단계로서, 1960년대에는 개념구상단계에서 벗어나 기술발전단계로 변천하였으며 이 시기에는 영국 필킹톤(Pilkington)유리회사, 미국 건축가 벅민스터풀러(R. Buckminster Fuller)와 크레번(John Craven) 등에 의해 해상도시계획안이 발표되었다.

이들 계획안에서는 해상도시의 건설을 위한 해양구조물의 기술적 가능성 및 건설비용 등 구체적인 방안이 제시되었다.

그 다음은 개념실현단계로서, 해상에 소규모 집단거주시설이 실현되는 단계이다. 기쿠다케(菊竹清訓)가 설계한 1975년 오키나와 국제해양박람회의 시설물인 아쿠아폴리스(Aquapolis)를 시작으로 하여 해상에 집단거주공간이 실현되었으며, 이와 더불어 해양플랜트 작업자 숙박시설의 설계 및 건조기술을 활용하여 해상호텔이 실현되었다.

다음으로 소규모 해상 집단거주시설의 실현단계를 넘어서 1980년대부터는 본격적으로 해상도시가 구현되는 시기가 도래하였다. 해상도시구현의 대표적 사례가 일본 고베시의 포트아일랜드와 로코(六甲)아일랜드이다. 이 두 인공섬은 매립방식에 의해 조성되었으며 여기에는 항만과 도시가 함께 공존하고 있다.

21세기에 들어와서 해상도시계획의 변천과정에 큰 전기를 맞는다. 메가플로트(Mega-Float)[132] 라는 초대형 부유식 해양구조물을 이용하는 해상도시가 계획되었고 기술적 가능성에 대한 실증실험까지 이루어졌다.

바다 매립에 따른 해양환경의 오염과 해양생물서식지의 훼손, 그리고 매립에 사용되는 흙과 돌의 확보에 따른 육지의 자연환경 파괴가 큰 문제가 되었으며, 이에 대한 대안으로서 초대형 부유식 해양구조물을 이용한 해상도시계획안이 제시되고 있다.

이상과 같이 발전해 온 해상도시계획에 대해 대표적인 계획안들을 대상으로 구체적 특성을 살펴보면 다음과 같다. 먼저 1958년과 1960년에 발표된 기쿠다케(菊竹清訓)의 해상도시구상안을 보면 [그림 11-7]의 1958년도 계획안은 세계 최초 해상도시구상안으로서 부유식 해상도시를 제안하고 있다.

132) 메가플로트는 'VLFS : Very Large Floating Structure'라고도 불리는 초대형 부유식 구조물로서 길이 1 km 이상이며 이 구조물을 이용하여 부유식 항만, 해상도시, 해상물류기지, 해상테마파크 등이 계획되고 있음

[그림 11-7] 기쿠다케 해상도시구상안(1958)
〈출처: 伊澤 岬, 海洋空間のデザイン〉

일본 건축가 기쿠다케(菊竹清訓)는 1959년부터 메타볼리즘(Metabolism)에 참가하여 대사(代謝)건축론을 발표하고 신진대사가 가능한 건축 및 가구(街區)계획안을 독자적으로 제안하였다.

그는 이러한 신진대사의 개념을 도시적 스케일로 확장시켜서 도시공간의 재개발 또는 재구성을 위해 고정된 대지가 아닌 교체가 가능하고 이동이 가능한 토지로서 사가미만(相模灣)에 지름 4 km의 부유식 인공토지와 그 위에 조성된 해상도시구상을 제안하였다.

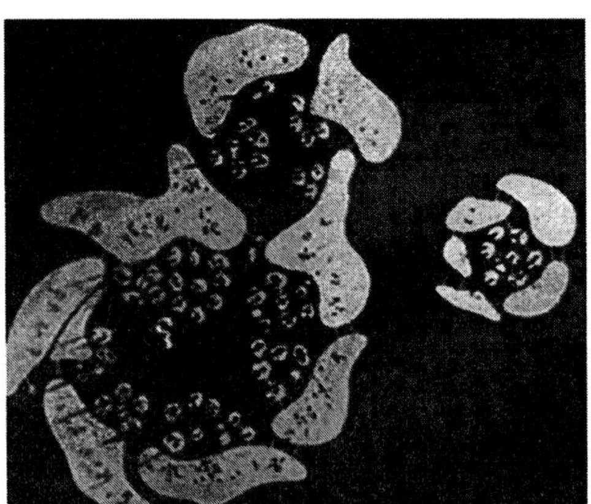

(a) 배치계획안

(b) 모형사진

[그림 11-8] 기쿠다케 해상도시구상안(1960)
〈출처: 伊澤 岬, 海洋空間のデザイン〉

기쿠다케(菊竹清訓)의 1960년도 계획안은 [그림 11-8]과 같이 동경만(東京灣)에 인구 50만 명이 거주할 수 있는 해상도시를 제안한 것으로서 1958년에 제안한 부유식 해양구조물을 기술적으로나 계획적으로 더욱 발전시켜서 반잠수형 샤프트타입의 구조물을 기본개념으로 제시하고 있다.

이 구상안에서는 해상도시를 구성하는 3개의 중요한 구성요소로서 수면 위에 층상으로 구성된 부유식 플랫폼(platform), 이 플랫폼을 관통하는 수직구조물인 샤프트(shaft), 부정형 플랫폼들을 서로 연결하는 교량(bridge)을 제안하였으며, 이와 함께 부유식 해양구조물의 특성을 살려 이동하는 해상도시를 제안하였다.

다음으로 살펴볼 계획안은 구로가와(黑川紀章)의 1959년도 계획안으로서 [그림 11-9]와 같이 이바라키현(茨城縣) 가스미가우라(霞ヶ浦) 호소(湖沼)에 동경의 넘쳐나는 인구를 수용할 수 있는 수상도시구상안이다.

당시 메타볼리즘 그룹의 일원이었던 구로가와(黑川紀章)는 도시문제 해결을 위해 나선형 구조의 인공대지를 제안하였는데 이것은 나선형 구조의 스페이스프레임으로 만든 공중대지이다. 여기에서 고정된 것은 스페이스프레임의 구조물뿐이며 이 구조물을 이용하여 조성되는 대지·도로·기반시설·주거시설 등 모든 것은 언제라도 교체할 수 있도록 계획되었다.

한편 도시의 인공적 기반을 이루는 나선형 구조물들을 서로 비켜 배치함으로써 도시공간에서 일조·통풍·조망 등을 유리하게 계획하였다. 가스미가우라(霞ヶ浦) 호소의 수상도시구상안도 이러한 나선형 구조의 스페이스프레임을 활용하여 해상에 인공토지를 만들고 여기에 도시를 만드는 계획안이다.

겐조단케(丹下健三)의 1960년도 동경해상도시계획안은 동경의 미래상으로서 일본경제의 고도성장에 대비하여 제안한 것이다. [그림 11-10]의 구상안에서는 동경만을 향하여 동경의 도시축을 새롭게 설정하고 해상으로 도시기능을 확장하고 있다.

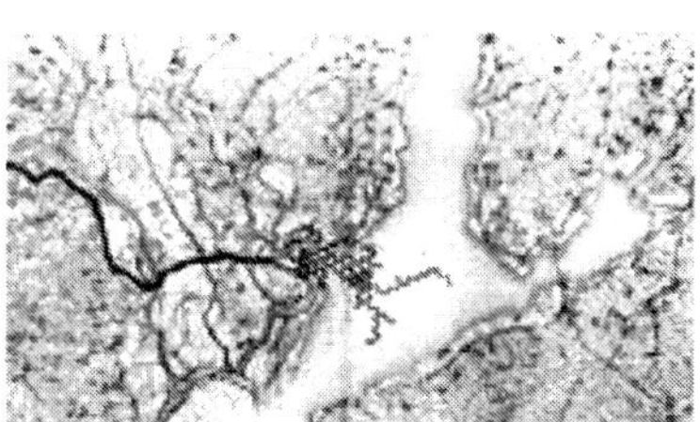

(a) 배치계획안

(b) 모형사진

[그림 11-9] 구로가와 수상도시구상안(1959)
〈출처 : 伊澤 岬, 海洋空間のデザイン〉

이 구상안에서는 해상도시축에 사이클트랜스포테이션(Cycle Transportation)이라는 교통시설과 건축물이 일체화된 도시인프라시설을 만들고 그 말단에 해상주거동을 배치하고 있으며 해상도시의 규모는 인구 500만 명 정도를 예상하고 있다.

여기서 바다는 육지의 연장으로서 이용되며, 도시 기반이 되는 해양구조물은 해저지반에 말뚝을 박아 건설되고, 해상도시의 자연재해를 예방하기 위해 해면에서 일정높이 위에 인공대지를 만든다. 한편 구상안에서는 실현을 위한 경제성이나 기술적 사항은 검토되지 않았다.

다음으로 기술발전단계의 대표적 계획안으로 영국 필킹톤회사의 1965년 계획안을 들 수 있다. 'Sea City'라고 불리는 [그림 11-11]의 이 해상도시는 영국의 유리회사인 필킹톤사가 만든 계획안으로서 건축가 뿐 아니라 토목기술자, 해양학자 등 관련분야 전문가를 참여시켜 만든 것이다.

이 계획안에는 지금까지의 해상도시구상안에는 없었던 거주공간의 인간적 친밀감이 있으며, 조형적으로도 매력 있는 계획안으로 평가받고 있다. 영국 동해안 노포크(Norfolk)지역 해안에서 20 km 떨어진 수심 9 m 바다에 계획된 이 해상도시는 새로운 아이디어로서 인근 해양유전에서 나오는 가스를 도시 에너지원으로 활용하는 계획을 제시하고 있다.

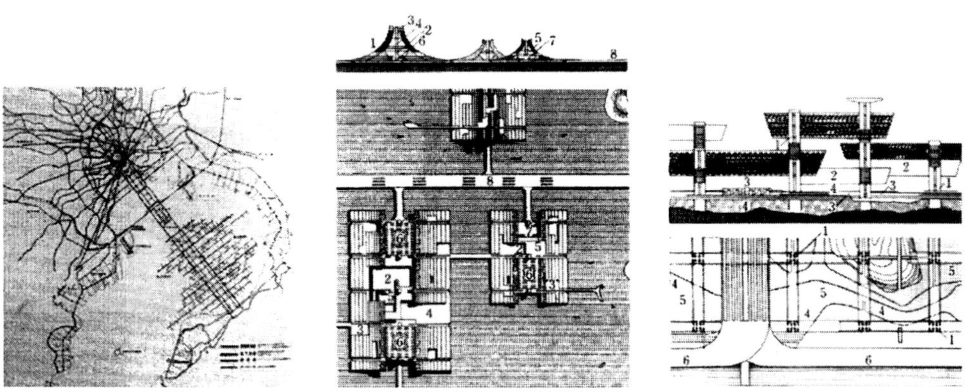

1 : 주거공간, 2 : 공공시설·광장, 3 : 소광장·유치원 등, 4 : 학교, 5 : 쇼핑, 6 : 주차장, 7 : 모노레일역, 8 : 고속도로

1 : 수직샤프트, 2 : 오피스스페이스, 3 : 인터체인지, 4 : 주차장, 5 : 플라자, 6 : 고속도로

(a) 배치계획 (b) Cycle Transportation (c) 인공섬주거동

[그림 11-10] 겐조단케 동경해상도시계획안(1960)
〈출처 : 伊澤 岬, 海洋空間のデザイン〉

필킹톤계획안에서 해상도시는 남북 1.5 km, 동서 1 km의 타원형 평면을 가지고 있으며, 단면은 16층 규모의 테라스로 계획되어 있고, 그 뒤에 독특한 유선형의 외벽(테라스월, terrace wall)이 있다.

이 외벽은 외해에 대해서는 폐쇄적이고, 안으로는 내해를 중심으로 원형극장과 같은 모양의 주거시설을 구성하고 있어서 아름다운 정온수역을 만들어 낸다.

필킹톤계획안에서 도시 기반이 되는 하부구조물을 살펴보면, 타원형 외곽구조물은 수심 9 m 해저에 파일을 박은 고정식 구조로 되어 있으며, 반면에 정온한 수역의 내해에는 부유식 폰툰타입의 작은 인공섬들이 위치하고 있다.

이 해상도시에는 인구 3만 명을 수용하는 거주시설과 커뮤니티시설 이외에 해양연구시설, 발전소, 해수담수화장치 등을 포함하고 있으며, 해상도시의 실현을 위해 다음과 같은 중요한 기술적 아이디어를 제시하였다.

먼저, 유선형 외벽은 외해로부터 오는 강한 기류를 도시의 상공으로 비켜가게 하여 내해를 향해 배치된 주거시설을 강한 바람으로부터 보호한다.

둘째, 내해입구 해저에 파이프라인 방식의 에어커튼을 사용하여 기상악화 시 외해로부터 내해로 밀려드는 고파(高波)의 영향을 줄인다.

셋째, 타원형 외벽 주변에 방수섬유로 만들어 물을 채운 길이 30 m, 지름 18 m의 부유식 방파제를 설치하여 외벽의 구조물에 미치는 파도의 힘을 약화시킨다.

넷째, 하부구조물의 시공 시 현장에서의 공사를 줄이기 위해 프리패브 유닛화, 데크 플로팅화 등 시공법을 제시하고 있다.

한편 미국 건축가 벅민스터풀러의 1968년도 트라이튼시티(Trition City)계획안은 미국 주택도시개발국이 위탁하여 해상커뮤니티의 가능성에 대해 연구한 결과로서 특정장소를 대상으로 계획된 것은 아니다.

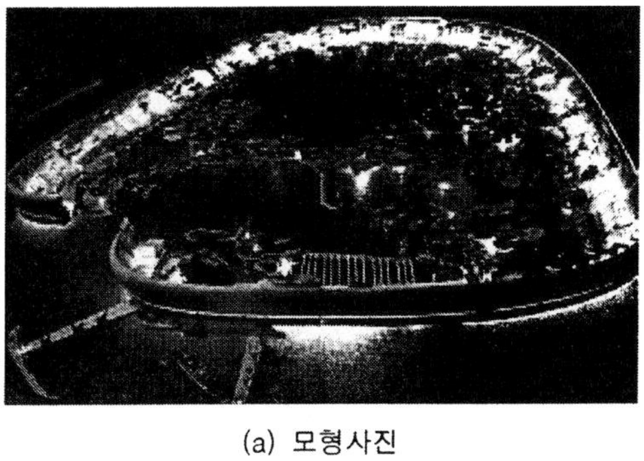

(a) 모형사진

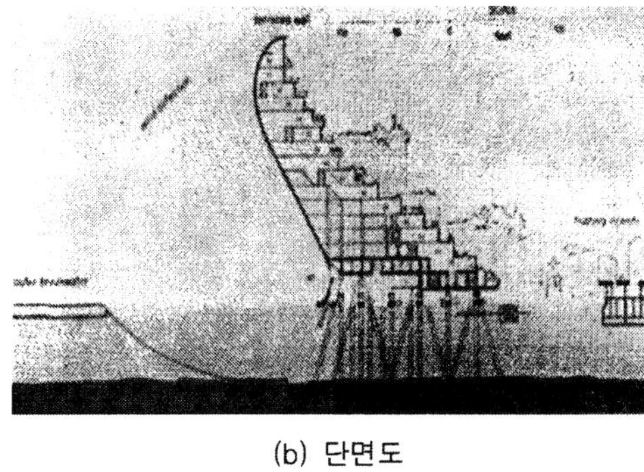

(b) 단면도

[그림 11-11] 필킹톤 해상도시계획안(1965)

〈출처 : 伊澤 岬, 海洋空間のデザイン〉

트라이톤시티는 육지의 어느 도시를 중심으로 인근 바다에 조성되며, [그림 11-12]와 같이 중심 도시와는 고속교통망에 의해 연결되고, 도시규모는 인구 5,000명을 하나의 단위(unit)로 하여 6개 단위(총 3만 명 규모)의 도시부터 최대 25개 단위(총 12만 5천 명)의 도시까지 제안하고 있다.

트라이톤시티를 구성하는 하나의 단위는 한 변이 약 190 m인 정삼각형 건축물로서 외해를 향하여 삼면에는 20층 높이로 셋백(set back)한 형태의 주거시설이 있으며 그 안쪽에는 5,000명이 거주할 수 있도록 초등학교, 슈퍼마켓, 상점 등 생활기반시설을 갖추고 있다.

각 단위건물에서 인구밀도는 약 300 인/헥타르의 고밀도이며, 평면이 삼각형으로 되어 전체 건물형태는 삼각추 모양을 하고 있으며 공간 효율성, 구조적 안정성, 합리적 유닛증식이 가능한 시스템으로 되어 있다.

트라이톤시티의 단위건물은 구조적으로 부유식 하부구조체를 사용하며, 플랫폼을 포함한 메가스트럭처(mega structure)를 조선소에서 건조하여 설치해역으로 예항한 후 프리패브로 된 주거시설을 현장에서 메가스트럭처에 끼워 설치하는 방식으로 시공된다.

이 계획안은 기술적 및 경제적 가능성을 충분히 제시함과 동시에 불특정한 해역을 대상으로 계획되어 향후 해상도시계획의 모델적인 성격을 강하게 지니고 있다.

기쿠다케(菊竹清訓)와 크레번(John Craven)이 1971년도에 공동으로 설계한 하와이 해상도시(Floating City)계획은 미국 독립 200주년 기념사업으로 해양박람회가 기획되고 그 일환으로서 하와이 와이키키해변 근해에 들어설 해양과학실험도시로 계획되었다.

하와이대학에 의해 진행된 [그림11-13]의 해상도시계획은 최대 지름 720 m의 환상(環狀) 형식으로 45헥타르 면적을 가지고 있으며, 부유식 반잠수형 구조로 되어 있다. 샤프트타입의 구조체인 플로팅 유닛을 내측 8개, 외측 21개 연결하여 원형으로 결합함으로써 내해를 둘러싸는 2중 환상구조의 도시를 형성한다.

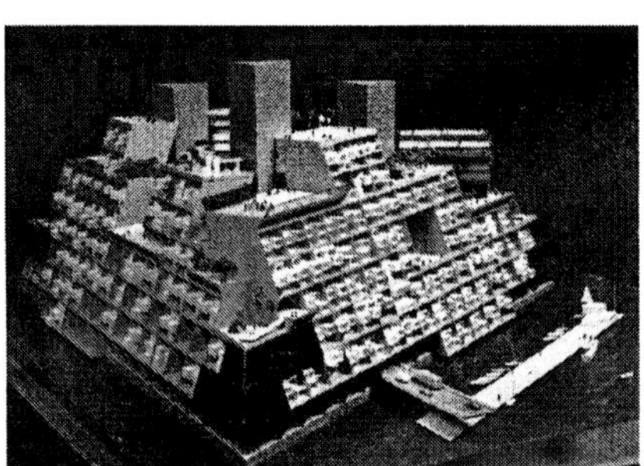

(a) 단위건물계획안

(b) 트라이톤시티

[그림 11-12] 벅민스터풀러 트라이톤시티계획안(1968)
〈출처 : 伊澤 岬, 海洋空間のデザイン〉

(a) 전체모형사진 (b) 반잠수식 샤프트타입 구조물

[그림 11-13] 하와이 해상도시계획안(1971)
〈출처 : 伊澤 岬, 海洋空間のデザイン〉

이 환상도시의 내측은 고층, 외측은 저층으로 구성하였으며 모든 유닛에 3개의 샤프트를 정삼각형으로 결합하여 구조체를 형성하고 있다. 외측 저층부 샤프트는 플랫폼만을 지지하고 있지만 내측 고층부 샤프트는 상부시설물의 여러 층 데크(바닥)도 지지하고 있으며 고층부 샤프트 전체 높이는 수면 밑 84 m, 수면 위 96 m로서 합계 180 m 규모이다.

하와이 해상도시계획안에서는 반잠수형 샤프트타입의 구조물을 제안하고 있는데, 이로 인해 파도의 영향을 가장 많이 받는 해수면 상하 각각 10 m내 지점에서 구조물이 가장 좁아짐으로서 수면과 접촉이 가장 작아지고, 구조물이 받게 되는 파도의 영향도 작아진다.

한편 거주공간으로 사용되는 상부시설물을 해수면에서 10 m 이상 높이에 설치함으로써 바다의 관계가 멀어져서 거주공간의 친수성이 낮아진다. 따라서 이런 경우에는 친수성이 높은 폰툰타입과 샤프트타입의 부유식 구조물을 함께 사용하는 것도 가능하다.

1980년대 대표적인 해상도시계획안으로는 일본 니혼대학(日本大學)의 이자와(伊澤 岬)교수가 제시한 동경만해상캠퍼스도시와 오사카만해상도시의 계획안이 있다. 동경만해상캠퍼스계획안은 동경만 개발의 질적 전환을 꾀하고자 실험적 도시로서 해상캠퍼스도시를 계획하여 동경만의 장기적인 비전을 제시하였다.

동경만해상캠퍼스도시는 [그림 11-14]와 같으며 동경만의 개발과 보전에 대한 종합적인 연구 및 교육기관을 핵으로 하여 행정기관, 민간기업 등 관련 기관을 집적시킨 도심근접형 연구교육도시로 계획되었다. 해상도시의 구조방식으로는 연착저식(延着低式, soft- settled type)[133] 구조를 사용하였다.

133) 연착저식이란 지반과 구조물 사이에 어느 정도 미끄러짐을 허용하여 지진력 등 동적 외력이 작용하는 경우 부력과 구조물의 중량을 조절하여 면진성을 갖도록 한 구조형식을 의미함

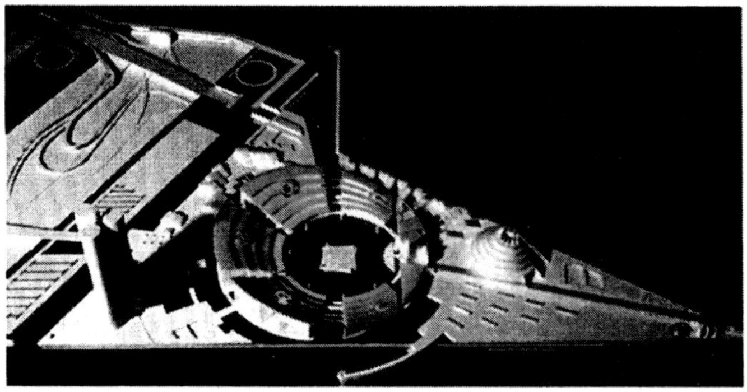

[그림 11-14] 동경만해상캠퍼스도시계획안(1980년대)
〈출처 : 伊澤 岬, 海洋空間のデザイン〉

이 해상캠퍼스도시에는 도시 관계자의 거주공간 이외에 해상도시의 매력이 넘치는 상업시설 및 레크리에이션시설을 계획하고 대학 부속시설로서 동경만박물관을 설치하여 캠퍼스공원으로 계획하였다.

해상캠퍼스도시의 입지는 동경만의 미래를 상징하는 장소로서 동경만안도로와 동경만횡단도로가 교차하는 가와사키(川崎)측 우카시마바다(浮島沖)로 하고, 동경만 랜드마크로서 상징성이 강한 반도형 인공섬을 제안하였다.

도시의 전체 구상은 기존 매립지와 조화 및 운하 형상을 고려하여 인공섬을 중심으로 2개 부속섬이 계획되었으며 전체 규모는 82 ha(헥타르)이다. 하부구조물은 연착저식으로서 해역 수심과 임해부 고밀도이용을 고려하여 폰툰타입 자립식 구조물로 계획되었다.

여기에 사용된 연착저식 구조방식은 고정식 구조방식과는 달리 구조체가 해저지면에 가볍게 올라서 있어 슬라이딩이 가능하기 때문에 단위 구조물을 조선소에서 만들어 현장에서 조립하여 설치한다.

또한 내진성능이 높은 연착저식 구조의 특성을 살려 인근 공업지대의 방재거점 및 피난장소로서 계획되었으며, 거대한 하부구조물 내부공간에는 하수 및 쓰레기처리시설 그리고 비상시를 위한 비축창고를 계획하였다.

동경만해상캠퍼스도시의 계획에서는 사람들 마음에 호소하는 친밀감을 갖는 해상도시를 만들기 위해 '가로만들기'에 역점을 두었으며, 또한 동경만의 자연환경을 어떻게 보전할 것인가에 대해서도 중점을 두었다.

동경만해상캠퍼스도시와 같이 바다와 육지의 접점에 계획된 해상도시는 육지도 아니고 바다도 아닌 중간영역으로 존재하며, 이곳에서는 해양성이 높은 공간과 경관이 만들어지기 때문에 독특한 해양문화를 창조할 수 있는 가능성이 높다.

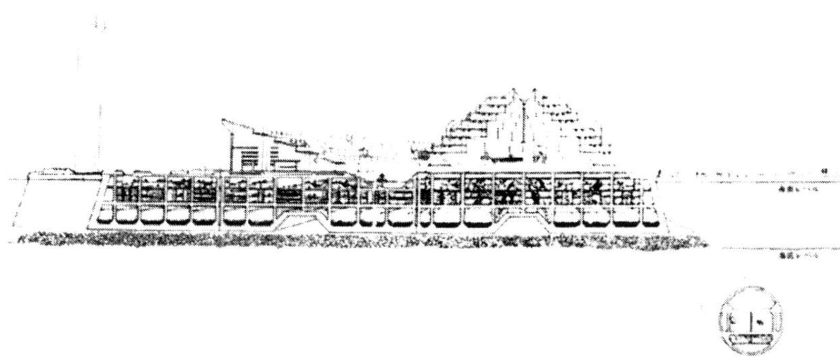

[그림 11-15] 동경만해상캠퍼스도시 단면계획안(1980년대)
〈출처 : 伊澤 岬, 海洋空間のデザイン〉

(a) 전체계획안

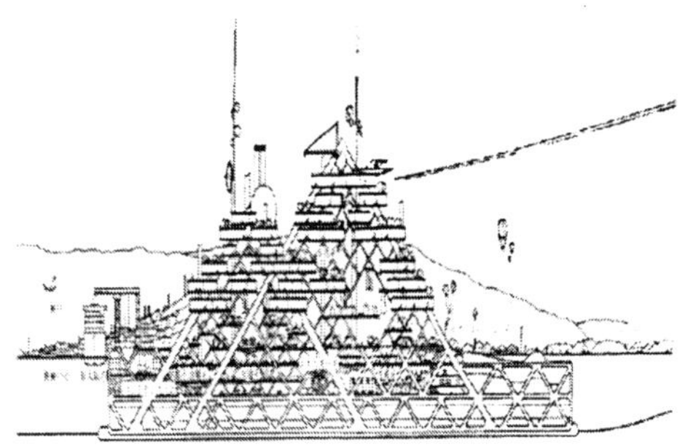

(b) 단면계획안

[그림 11-16] 오사카만해상도시계획안
〈출처 : 伊澤 岬, 海洋空間のデザイン〉

동경만해상캠퍼스도시는 새로운 해상도시에 어울리고 해양성이 높은 문화를 창출하기 위해 도시 전체에 물의 다양한 표정을 연출하도록 계획하였다. 구체적으로는 [흐름-운하], [굄-선박 정박지], [퍼짐-바다광장]을 제안하였고, [데크(床)], [회랑(回廊)], [무대(舞台)], [잔교(棧橋)] 등 해양건축의 디자인 요소를 사용하여 특색 있는 해상도시를 계획하였다.

[그림 11-16]의 오사카만해상도시계획은 일본의 국토계획차원에서 동경권에 대응하는 관서권의 위상을 높이고, 이와 함께 관서권에서 오사카만의 역할을 활성화하기 위해 고베시를 중핵으로 하는 해상도시를 계획한 것이다.

오사카를 중심으로 하는 관서권이 성장하기 위해 오사카만의 중요성을 인정하고 그 주요 거점인 고베시의 입체적 도시발전방향으로서 새로운 뉴프런티어 실험도시축을 설정하였으며 이 축을 오사카만으로 연장하여 해상도시를 그 축에 계획하였다.

오사카만의 뉴프런티어 실험도시는 도시공간 획득을 위한 새로운 시도로서 고베 로코산 지하공간 이용과 함께 고베 근해에 연착저식 해상도시를 제안한 것으로 고베공항과 관서국제공항을 연결하는 무지개가교(架橋)형태의 해상도시이다.

오사카만 전체의 중심이 되는 무지개가교 해상신도시는 원호 모양으로 길이 32 km, 폭 최대 2 km, 약 6,000 ha 규모의 연착저식 인공섬으로 계획되었다. 이 해상도시는 사람·물건·정보의 루트로서 신교통시스템과 도시인프라시설을 갖춘 오사카만의 제2만안(灣岸)도로로 계획되었다.

특히 새로운 항만을 인공섬 끝부분에 계획하여 종합적인 교통거점도시로서 계획되었으며, 또한 새로운 해상도시로 인해 해안선과의 사이에 얻게 되는 정온수역에는 '오사카만 초록 다도해'를 만드는 계획도 함께 제시되었다.

오사카만의 고베공항과 관서국제공항을 해상에서 연결하는 해상도시인 무지개가교는 고베공항의 잠재력을 상승시키며, 선형의 둥근 모양으로서 해안선을 충분히 얻을 수 있고, 연착저 구조방식의 이점도 살릴 수 있게 계획되었다.

무지개가교 해상도시에는 매년 약 500만 명이 이용하는 고베항과 신오사카항을 양단에 두고, 새로운 교통시스템과 도시인프라시설을 정비하는 동시에 주거, 업무시설, 상업시설 등을 배치하였다.

한편 해상도시의 지하층에는 거대한 공간을 이용하여 보세시설을 포함한 신업시설을 설치하며, 특히 컨테이너야적장을 지하공간에 두어 복합물류 및 생산시스템을 확립하는 동시에 상부의 수변공간은 시민을 위한 공간으로 계획하였다.

또한 쓰레기 및 배수처리시설, 공장 및 창고 등은 지하공간에 두고, 연착저식 구조물에는 충분한 해수의 유출입이 가능하도록 하며, 수면 위에는 다수의 운하를 만들어 오사카만에 흘러드는 하천수가 정온수역에 고이지 않게 하는 등 친환경적으로 계획하였다.

이상에서 살펴본 바와 같이 일본에서 해상도시계획안이 활발하게 제안된 것과 함께 1989년 프랑스에서는 세계적인 해양건축가 자크 루즈리(Jacques Rougerie)가 [그림 11-17]과 같이 마르세이유 세계박람회를 위한 해상도시구상안을 발표하였다.

이 구상안은 프랑스 해양성이 주관한 설계경기 당선작으로서 지름 250 m 크기 원형 플로팅 구조물로 이루어져 있으며 수용인원은 700명으로 계획되었다. 구체적인 용도는 세계박람회를 위한 위락용 인공섬(pleasure island)으로서 2층 구조로 되어 있으며 요트계류장과 더불어 수중갤러리가 계획되었다.

한편 21세기에 들어서는 세계적으로 기후변화에 따른 태풍, 해수면 상승 등 자연재난에 대비하여 부유식 구조물을 이용한 해상도시계획이 다양하게 시도되고 있다. 부유식 해상도시계획안이 실현된 경우는 없지만 향후 태풍이나 해일 등 기상이변과 해수면 상승에 의해 기존 연안도시들이 위험하다고 판단되면 언제든지 실현가능한 해상도시계획안이 발표되고 있다.

[그림 11-17] 세계박람회 플로팅포트계획안(1989)
〈출처 : Jacques Rougerie 홈페이지, http://www.rougerie.com〉

또한 최근 발표된 해상도시계획에서는 식량과 에너지를 자급자족하고, 바람, 햇빛, 해수열 등을 이용하며, 녹지대를 조성하여 탄소중립[134]을 실현하고, 모든 폐기물을 자체 처리하는 등 해양환경에 전혀 부담을 주지 않는 친환경적 해상도시가 주류를 이루고 있다.

그 대표적인 예로서 일본에서는 길이 1 km 이상 되는 초대형 부유식 구조물을 이용하여 해상도시를 건설하려는 목적의 메가플로트프로젝트를 국토교통성 주관으로 1995년부터 6년간 2단계로 나누어 실시하였으며 실제 해상공항의 실증실험까지 수행하였다.

또한 벨기에 건축가 뱅상 까르부(Vincent Callebout)는 지구온난화에 의한 해수면 상승에 대비하여 자급자족이 가능한 부유식 에코폴리스 'Lilypad'를 제안하였으며, 일본 시미즈(清水) 건설회사는 미래 지구환경의 변화에 대비하기 위해 자급자족하고 자연재해에 안전한 에코토피아(Ecotopia) 해상도시계획안을 발표하였다.

[그림 11-18]과 같이 최근 부유식 해상도시계획안을 보면 녹지와 식물로 덮여있고, 태양열, 풍력 등 자연에너지를 이용한 자체 발전을 통해 전력을 제공하며, 도시 내에서 수경으로 식물을 경작하여 음식물을 공급하고, 상하수 및 쓰레기를 자체에서 처리한다.

에코토피아계획안에서 해상도시를 구성하는 단위모듈(module)은 그린 플로트(Green Float)로 불리는 인공섬이며, 여러 개의 그린 플로트를 조합하면 100만 명이 살 수 있는 도시 규모까지 확장할 수 있다.

단위모듈의 인공섬은 섬 중앙에 1,000 m 높이의 탑과 그 주변의 수평공간으로 구성되는데, 탑에는 수직 농장 뿐 아니라 주거, 상업, 업무 등의 시설이 설치되고, 수평공간에는 걸어서 갈 수 있는 거리에 녹지, 모래해변, 워터터미널 등이 설치된다.

134) 탄소중립(carbon neutral)이란 경제활동으로 배출되는 탄소를 흡수하여 실질적으로 배출되는 양이 전혀 없는 상태가 되는 것을 의미하며 이를 위해서는 탄소 배출을 차단하고 산소를 공급하는 숲을 조성하여 탄소 배출을 상쇄함(http://www.doopedia.co.kr/ 참조)

(a) Lylipad, Floating Ecopolis (b) HawAda

(c) Ecotopia (d) Green Float

[그림 11-18] 최근 해상도시계획안

11.3 해상도시계획의 실현

지금까지 살펴본 해상도시계획안들은 실현되지 않은 구상안에 불과하지만 기쿠다케(菊竹清訓)가 설계한 [그림 11-19]의 아쿠아폴리스계획안은 1975년 오키나와 해양박람회의 정부관으로서 실제 건설되었다.

아쿠아폴리스는 최대 수용인원 2,500명, 높이 32 m, 한 변 길이 100 m 규모의 해상건축물로서 향후 해상도시의 발전상을 제시하고 있다. 이 건물은 박람회장이 위치한 반도 끝 부분에서 200 m 떨어진 수심 35~40 m 해역에 설치되었으며, 육지와의 연결은 아쿠아대교라고 하는 고정식 교량에 의해 이루어진다. 구조방식은 부유식 반잠수형 로어헐(low hull)타입이며 상부시설은 3개 층 데크로 구성되었다.

어프로치레벨인 최하층에 메인데크가 있고 여기에 전시공간과 기계실을 두고 있다. 건물이 반잠수상태인 경우에는 하버데크가 이 레벨에 설치되며, 한 층 위 미들데크에는 관리운영을 위한 실들이 있고, 그 위 어퍼데크에는 긴급발착용 헬리포트를 겸한 광장이 설치되어 있다.

아쿠아폴리스의 핵심은 로어헐타입 구조로서 로어헐에 해수 출입이 가능하여 예항 시에는 이동에 편리한 부유상태가 되고, 설치 후에는 안정성이 있는 반잠수상태가 된다. 이 하부구조물은 해저에 설치된 16개의 앵커와 부이로서 계류되며, 체인의 신축에 의해 폭풍 시에는 약 200 m 가량 움직일 수 있게 되어있다.

아쿠아폴리스는 기획 및 설계단계부터 건축가가 참여하여 해상도시의 계획 및 건설이 가능함을 실제로 보여준 사례로서 해상도시의 역사에서 중요한 위치를 차지한다.

한편 1997년에는 해상도시계획에 새로운 시대가 열렸다. 그해 12월 일본 동경만을 횡단하는 길이 15 km 자동차 전용도로가 개통되었는데 이 도로의 일부분은 길이 10 km 해저터널이고 나머지 5 km는 교량으로 되었다.

이 해저터널과 교량이 만나는 바다 한 가운데에 '바다반딧불(海ほたる)'이라는 이름의 인공섬을 건설하고 여기에 해상휴게시설이 설치되었다. [그림 11-20]의 이 인공섬은 길이 650 m, 폭 100 m, 전체면적 32,700 m^2 규모로서 계획안으로만 존재하던 해상도시 아이디어가 비록 소규모이지만 실현된 사례이다.

인공섬에 위치한 건축면적 11,447.84 m^2의 5층 규모 건물에는 1층부터 3층까지 480대를 수용할 수 있는 주차장이 설치되었고, 4층에는 쇼핑시설과 오락시설이 있으며, 5층에는 레스토랑이 설치되어 있고, 5층 파노라마 데크에서는 동경만을 360도 방향으로 전망할 수 있도록 되어 있다.

이 건물은 강한 바닷바람의 영향을 고려하여 구심형 공간을 형성하고 있으며 공간구성의 핵심은 건물 한 가운데 폭 25 m로 1층에서 5층까지 열린 공간이다. 이 열린 공간은 건물 내부에 있어 사방에서 불어오는 강한 바닷바람을 받지 않으며 상부에서 자연광을 끌어들여 하부 주차장 공간을 환하게 비추고 있다. 또한 이 열린 공간에는 수직동선으로서 에스컬레이트가 설치되어 있으며 지붕에는 돛 형상의 텐트구조물이 설치되어 있다.

[그림 11-19] 아쿠아폴리스(1975)
〈출처 : http://www.worldsfairphotos.com/expo75/〉

한편 해상의 인공섬에 재난이 발생할 경우를 대비하여 철저한 재난계획이 세워져 있으며, 이것은 향후 큰 규모의 해상도시를 계획할 때에 참고할 수 있는 중요한 사례이다. 특히 건물 각층에서 1층까지 피난할 수 있는 외부 피난계단이 곳곳에 설치되어 있고, 1층에서는 선박이나 헬리콥터를 이용하여 육지로 피난할 수 있도록 탈출시설이 갖추어져 있다.

동경만 횡단도로 인공섬 이외에도 20세기 후반에는 지금까지 아이디어로만 제시되었던 해상도시계획이 직접 실현되는 것을 목격할 수 있었다. 중동 아랍에미레이트 두바이에서는 거대한 오일머니를 바탕으로 하여 세계 초유의 규모로 해상도시가 건설되었다.

태풍 등 자연재해의 가능성이 거의 없고 정온수역이 확보된 해역에 대규모 매립을 통해 인공대지를 건설하고 그 위에 주거시설을 비롯하여 휴양 및 레저를 위한 다양한 시설이 조성된 해상도시가 실현된 것이다.

이밖에 해상도시계획이 실현된 대표적인 사례 가운데 하나가 1980년에 완성된 일본 고베시 포트아일랜드이다. 고베시는 자연지형이 산으로 둘러싸여 있으면서 평지가 적어 도시공간이

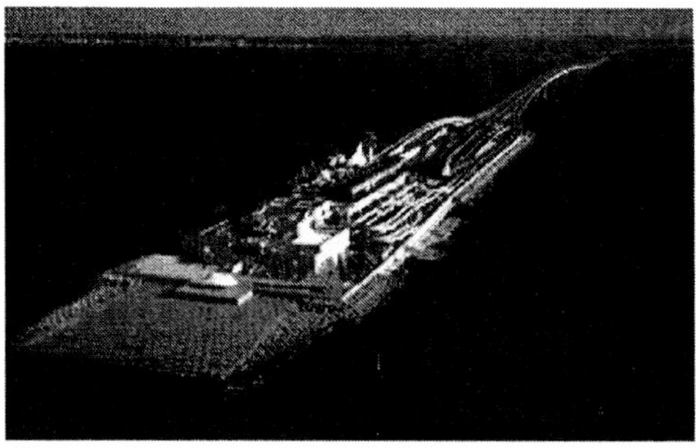

(a) 전체 모습

(b) 건물 중앙 열린 공간

[그림 11-20] 동경만 횡단도로 인공섬(海ほたる)

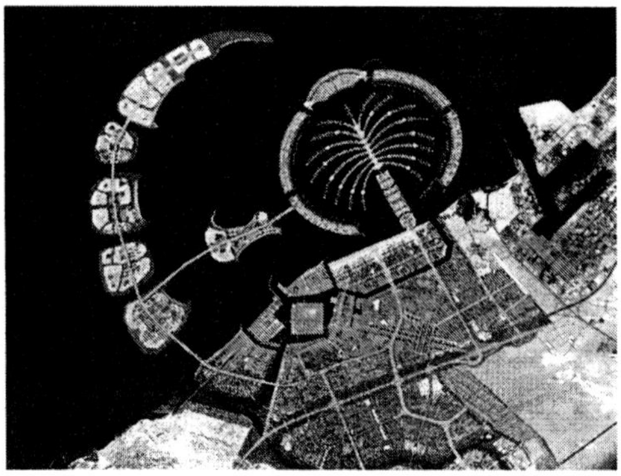

(a) Palm Jebel Ali

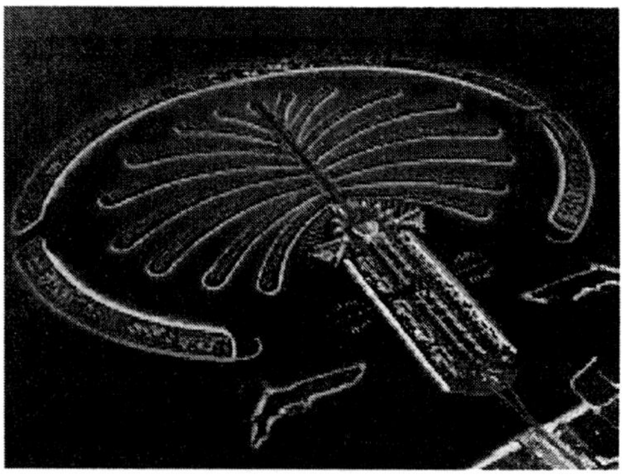

(b) Palm Island

[그림 11-21] 두바이 해상도시계획안

매우 부족하다. 더욱이 해안에는 항만이 발달되어 있어 도시발전에 따른 도시공간의 확장이 어려운 처지이다.

따라서 고베시는 산을 깎아서 평평한 토지로 만들고 이때 파낸 흙과 암석으로 바다를 메워 인공섬을 만들어 여기에 도시를 조성하는 전략을 세웠다. 이에 따라 고베시는 시 서쪽 로코산 자락에 세이신뉴타운(인구 10만 명)과 스마뉴타운(16만 명)을 건설하면서 여기서 나온 암석을 컨베이어벨트로 해안까지 운반하고 바지선으로 10 km 정도 바다 가운데까지 운반하여 약 436 ha 면적의 포트아일랜드를 만들고 이 섬 이름을 '포트피아'로 명명하였다.

[그림 11-22]와 같은 포트아일랜드 면적의 절반은 항만으로 사용되고 나머지 부분은 거주 및 생활공간으로 사용되는데 총 2만 명이 거주 가능하다. 이 섬에는 유치원, 초등학교 및 중학교 등 교육시설이 완비되어 있고 병상수 1천개의 병원이 있다.

또한 섬 안에는 공원이 3개 있으며 이 중 최대 공원은 남공원으로 폭 200 m, 길이 500 m의 크기를 가지고 있다. 또한 광장과 구기장도 있으며 그 외의 장소에는 수만 그루의 나무가

(a) 포트아일랜드 전경

(b) 포트라이너

[그림 11-22] 일본 고베 포트아일랜드

(a) 일본 간사이국제공항

(b) 홍콩 첵랍콕공항

[그림 11-23] 해상공항 사례

식재되어 우거진 녹음을 자랑한다.

섬에 접근하는 주요 교통수단은 '포트라이너'로 명명된 무인전차(정원 450명)로서 6량으로 구성되어 길이 6.4 km 선로를 5분에서 7분 간격으로 운행하고 있다. 이러한 교통수단은 향후 건설될 해상도시의 교통수단으로서도 적용 가능하다.

최근 해상도시의 한 종류로서 [그림 11-23]과 같은 해상공항이 많은 관심을 끌고 있다. 해상공항은 국제물류 및 비즈니스 거점이 되고, 사람과 바다가 어울려 모든 생명활동이 활성화되며, 청정에너지를 적극 활용하여 자연환경에 부담을 최소화하는 지속가능한 해상도시가 될 수 있다.

공항을 건설하는 것은 해상보다 육상이 훨씬 용이하다. 그러나 해상공항이 육상공항보다 더 실제적인 대안으로 떠오르고 있는 데에는 다음과 같은 이유가 있다.

첫째로, 토지 문제를 들 수 있다. 공항이 도시에서 멀리 떨어지면 이용자는 불편하다. 그러나 도시 가까이에 공항을 위한 넓은 토지를 얻는 것은 토지가격 등으로 인해 거의 불가능하다. 따라서 해상에 공항을 건설한다.

둘째로, 항공기 소음과 안전 문제이다. 육상 공항의 경우 거의 모두 지역주민으로부터 소음 문제가 제기되고, 항공기의 이·착륙 시 사고발생 위험이 높아 불안의 원인이 된다. 따라서 사람이 살고 있지 않은 바다에 공항을 건설한다.

셋째로, 해양개발기술이 진보하여 해상에 공항을 건설하는 것이 좀 더 쉬워졌기 때문이다. 앞서 첫째, 둘째 이유가 움직일 수 없는 명백한 사실이 되면서 세 번째 이유가 중요해졌다.

한편 바다에 해상공항을 건설하는 데는 일반적으로 다음 네 가지 방식이 있다. 먼저 바다 한가운데 인공섬을 만들고 그 위에 활주로와 공항시설을 세운다.

다음으로, 육지에 면한 바다를 간척하는 것으로 둑으로 공항 예정지 주변을 둘러싸고 그 안의 물을 뽑아낸 후 그곳에 활주로와 공항시설을 만든다.

세 번째로, 해상공항을 잔교형식으로 만드는 것이다. 필요한 길이의 잔교를 만들어 그 위에 활주로와 공항시설을 짓는다.

네 번째로는, 초대형 부유식 구조물을 이용하는 것으로 강제 또는 콘크리트 폰툰을 해수면 위에 띄워 활주로와 공항시설을 만든다.

이러한 해상공항 건설방식 중에서 지금까지 인공섬이 가장 보편적인 방법으로 이용되어 왔다. 이러한 방식으로 건설된 해상공항으로는 일본 간사이공항, 한국 인천공항, 홍콩 첵랍콕공항 등이 있다.

간척방식을 사용한 해상공항으로는 해면보다 낮은 위치에 있는 네덜란드의 공항이 대표적이다. 잔교와 부유식 구조를 사용한 해상공항은 세계적으로 그 사례가 아직 없으나 미국이나 일본 등에서 부유식 해상공항을 계획하거나 실증실험을 해본 경험은 있다.

해상공항의 건설방식을 결정하는 데 중요한 것은 공항이 들어설 해역의 자연조건이다. 수심·해저지질·기상 및 해상조건 등은 건설방식, 건설비, 건설기간, 관리비 등을 결정하는 중요한 요인이 된다. 특히 해저지질의 경우 같은 해역이라도 장소에 따라 연약지반이 깊게 퇴적되어 있을 가능성이 있어 주의가 필요하다.

11.4 해상도시의 계획

지금까지 실현된 해상도시나 해상공항은 육지에 인접하고 수심이 낮은 해역을 매립해서 만든 것이 전부이다. 하지만 앞으로는 자연환경보호, 해상공간의 활용성, 해상도시나 해상공항의 기능 등의 측면에서 육지에서 어느 정도 떨어지고 수심이 깊은 곳에 만들어질 것이다.

따라서 아래에서는 수심이 깊은 해역에 해상도시를 계획할 경우 검토해야 할 중요한 계획과제에 대해 알아본다.

11.4.1 하부구조물계획

하부구조물계획에서 가장 중요한 목표는 바람·파도·해류 등 구조물에 커다란 영향을 주는 거친 바다환경 가운데서 하부구조물의 지속적인 안전성(safety)을 확보하는 것이다. 따라서 하부구조물은 어떤 환경 하에서도 바람·파도·해류 등에 안전하게 대응할 수 있도록 계획되어야 한다.

구조물의 안전성 다음으로 중요한 목표가 경제적 측면에서 비용 대비 효율성(cost effectiveness)이다. 지금까지 해상도시가 실현되지 못하고 있는 것은 기술적인 이유보다는 바로 경제적 이유이기 때문이다.

세 번째로 중요한 목표는 적응성(adaptability)으로서 해상도시는 상황에 따라 점진적으로 확장되거나 축소될 수 있다. 따라서 하부구조물도 해상도시의 변화에 대응하여 적응성을 갖추어야 하며, 이를 위해 하부구조물의 모듈러 계획(modular planning)이 중요하다.

이상과 같은 해상도시 하부구조물의 계획목표를 바탕으로 계획과제를 구체적으로 살펴보면 다음과 같다.

① 하부구조물의 계획에서는 해상도시의 건설목적, 건설비용, 입지해역 등의 조건을 검토하여 적용 가능한 하부구조물의 형태를 정하여야 한다. 즉, 하부구조물을 고정식 구조물로 할 것인가 혹은 부유식 구조물로 할 것인가를 결정하는 것이 중요하다.
고정식 구조물 가운데서도 매립을 통해 토지를 형성하고 그 위에 도시를 만들 것인

지 아니면 든든한 파일을 해저에 고정시키고 그 위에 도시를 만들 것인지를 결정해야 한다. 부유식 구조물로 할 경우에는 반잠수식으로 할 것인지 혹은 폰툰식으로 할 것인지, 그리고 구조물 재료는 콘크리트로 할 것인지 강재로 할 것인지 등에 대한 계획이 필요하다.

이러한 구조물의 형태는 해상도시의 규모와 기능, 해상도시가 들어서는 해역의 조건(수심·해저지질·기상조건·해상조건 등)과 자연환경, 사회적·경제적 상황, 기술적 가능성 등을 종합해서 결정한다.

부유식 구조물은 고정식 구조물에 비해 해상도시를 둘러싼 사회적 상황이 변하여 이에 대응하거나 기능상 설치장소의 이동이 필요한 경우, 그리고 수심이 매우 깊거나 해양환경에 미치는 영향이 가능한 적어야 하는 입지조건의 경우에 적합하다.

반면에 고정식 구조물은 사회적 여건이 안정되어 한 곳에 영구적으로 고정하여 설치할 수 있으며, 활용 가능한 자원·기후조건·해양환경 등을 분석하여 장기계획을 수립할 수 있고, 주변 환경에 대한 고려가 작아도 되는 경우(예를 들어 주변이 이미 개발되어 인공적 환경이 되어버린 경우 등)에 적합한 구조형식이다.

일반적으로 고정식 구조물이 부유식 구조물보다 건설비용이 저렴하고, 도시기반시설 설치가 용이하며, 건설과정에서 시행착오를 줄일 수 있는 특성이 있다.

② 하부구조물은 거친 해양환경에서 구조물의 안전성을 확보하도록 계획한다. 특히 하부구조물에 큰 영향을 미치는 파도에 대해서는 파도가 거친 해역에 설치하지 않는 것, 방파제를 설치하는 것, 필러(pillar : 하부 기둥구조물)를 사용하여 상부시설물을 파도가 들이치지 않게 들어 올리는 것 등이 있다.

아래에서는 안전한 입지 선정을 제외하고 하부구조물계획과 관련하여 방파제 설치 및 필러 사용에 대해 살펴본다.

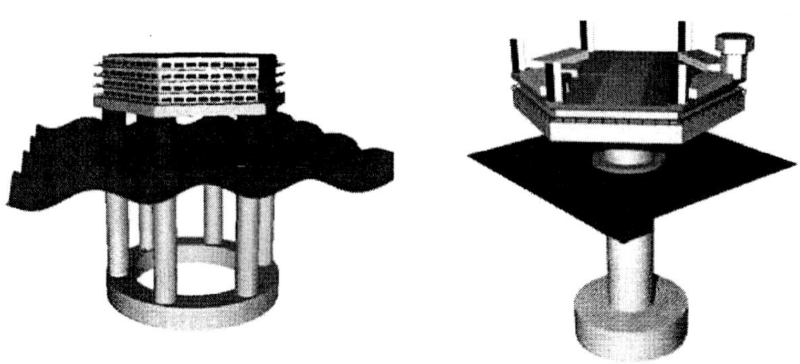

[그림 11-24] 필러를 사용한 하부구조물 사례
〈출처 : Patri Friedman, Seasteading : A Practical Guide to Homesteading the High Seas〉

[그림 11-25] 방파제 설치 사례
〈출처 : Patri Friedman, Seasteading : A Practical Guide to Homesteading the High Seas〉

파도가 심한 곳에서 하부구조물에 방파제 설치 혹은 필러 사용의 결정은 해상도시의 규모에 달려있다. 하부구조물 주위에 방파제를 사용하여 보호하는 경우는 해상도시의 규모가 클수록 경제적이다.

예를 들어, 하부구조물을 원형(circular) 방파제로 둘러싸는 경우에 방파제 반지름(r)이 2배가 되면 방파제로 둘러싸인 면적은 r^2에 비례하여 4배가 된다. 즉, 해상도시 단위면적당 방파제 필요양은 $1/r$로 줄어들게 된다.

이것은 방파제로 둘러싸인 해상도시의 크기가 10배 커지게 되면 도시의 단위블록당 방파제 건설비용은 100배 싸게 된다는 의미이다. 따라서 해상도시의 크기가 클수록 방파제 설치는 경제적이지만 규모가 작은 해상도시나 해상공항에서 방파제 설치는 비용이 많이 든다.

그러나 필러의 경우에는 규모에 따른 경제성이 적용되지 않는다. 해상도시의 면적에 비례하여 그만큼 필러가 더 필요하기 때문이다. 해상도시를 작게 시작하여 상황에 따라 조금씩 확장해서 큰 해상도시를 만드는 장기계획에서는 초기에 필러 사용이 타당하다. 초기에 방파제를 설치하면 나중에 비용이 더 크게 발생할 수 있다.

따라서 초기에 작은 해상거주시설로 시작하는 경우에는 필러를 사용하고, 이것이 도시 크기로 성장하는 과정에서 방파제를 설치하면 비용효율이 높아지는 시점이 나타난다. 이것을 염두에 두고 하부구조물계획에서 필러와 방파제를 모두 고려한다.

한편 방파제의 경우에는 파도를 막을 뿐만 아니라 파도를 이용하여 에너지를 생산할 수도 있으며, 하부구조물을 부유식으로 계획하는 경우에는 부유식 방파제를 사용할 수 있다.

③ 해양구조물계획에서는 모듈러 계획을 적용한다. 모듈러 계획이 중요한 이유로는 우선 해상도시 자체가 사회적 혹은 환경적 변화에 적응할 수 있게 융통성(flexibility)이 필

요하기 때문이다.

또한 해양도시가 처음에는 소규모로 시작하여 점차 성장할 수 있기 때문이다. 해상도시를 계획하는 데는 이러한 점진적 성장방식이 매우 중요하다.

하부구조물의 단위모듈은 새로운 디자인의 적용과 이에 따른 성능평가가 쉽게 이루어질 수 있고, 동시에 인접한 다른 모듈과의 연결이나 상호작용이 제대로 이루어지도록 계획한다.

이를 위해서는 하부구조물의 모듈 전체를 대상으로 계층과 조직을 구성하고, 이들 상호관계와 연결을 규정하는 표준(standards)을 마련하며, 이러한 조직적인 체계 내에서 단위모듈에 대한 지속적인 혁신이 가능하도록 계획한다.

④ 하부구조물의 크기에 대해서는 먼저 규모가 작은 경우에는 모듈러 방식의 적용이 쉽고 구조물의 위치 선정이나 개선이 몇 개의 모듈을 중심으로 쉽게 이루어질 수 있다. 반면에 하부구조물의 규모가 큰 경우에는 규모의 경제에 따라 하부구조물의 제작이나 운영에 따른 비용 측면에서 해양도시 주민 1인당 지불비용을 절약할 수 있다.

그러나 하부구조물의 크기는 당초부터 해상도시의 크기와 밀접하게 관련이 있다. 예를 들어, 해상도시를 구성하는 단위커뮤니티는 사회적 관계가 곤고한 커뮤니티 형성을 위해 150명 주민이 거주하는 규모로 계획하는 것이 바람직하다[135]. 따라서 부유식 하부구조물의 경우에 구조물의 크기는 150명 주민이 거주하는 단위커뮤니티를 기본으로 하여 계획하는 것이 바람직하다.

⑤ 하부구조물의 재료는 해양도시의 목적, 용도, 규모, 설치해역 등에 따라 여러 가지가 사용될 수 있다. 소규모 해상거주시설이 아닌 해상도시의 규모에서는 하부구조물에 보강용 철근을 매입한 페로시멘트(ferrocement)를 사용하는 것이 바람직하다.

주로 선박 등 해양에 위치하는 구조물에 사용되는 페로시멘트는 2개 층 이상의 쇠그물(wire mesh)과 4~5 cm 두께의 보강철근을 매입한 시멘트 모르타르의 얇은 판으로서 일반적인 철근콘크리트에서는 얻을 수 없는 끈기와 충격·균열에 대한 저항력을 갖는다. 다만 하부구조물에 페로시멘트를 사용할 경우 표면에 생기는 작은 균열들이 문제인데 이곳으로 바닷물이 스며들어 철근을 부식시켜서 구조물 전체의 안정성을 해치기 때문이다. 따라서 물에 닿는 부분의 페로시멘트는 모든 표면에 에폭시(epoxy) 등 실란트(sealant)를 여러 겹 도포하여 철저하게 방수 처리한다.

⑥ 해상도시계획에서는 상부 도시를 어떻게 구성하는가에 따라 하부구조물에 많은 대안이 가능하다. 150명 규모의 단위커뮤니티를 중심으로 해상도시를 구성하면 단위커

135) Patri Friedman, Seasteading : A Practical Guide to Homesteading the High Seas, structural design, structural design issues 참조

[그림 11-26] 해양도시에 가능한 하부구조물 사례

뮤니티 중앙부는 필러구조물을 사용한 대형 플랫폼(platform)으로 계획하고 주변에 단위모듈의 주거용 구조물을 접합하거나 분리하는 형식으로 계획한다.
이러한 구조계획에서는 중앙부 구조물을 태풍·해일 등 자연재난 시 주민들의 비상피난처로서 계획하거나, 악기상 시에 단위모듈의 주거용 구조물을 수면에서 들어 올려 중앙부 대형 플랫폼 구조물 아래로 대피하도록 계획할 수 있다.

11.4.2 도시기반시설계획[136)]

육지와 떨어진 해상도시에서 일상생활을 위한 필수품인 음식물·식수·전기·가스 등의 공급과 처리는 중요한 문제이며 이를 위한 기반시설계획은 해상도시계획에서 기본이 된다. 해상도시의 기반시설계획의 전제조건을 살펴보면 다음과 같다.

먼저 해상도시의 크기, 육지로부터의 거리, 건설비용, 도시의 생활수준, 생활필수품의 공급 혹은 생산기술 등을 검토하고 생활필수품에 대한 자급자족의 정도를 결정해야 한다.

현대인의 생활필수품은 그 종류가 대단히 많아서 이들 모두를 해상도시 내에서 자급자족하는 것은 불가능하며 필수품별로 자체 생산과 외부공급 사이에서 절충해 나가야 한다. 특히 청수(清水 : fresh water)의 안정적 공급과 관리는 무엇보다 중요하다.

136) '11.4.2 도시기반시설계획'의 내용은 Patri Friedman., Seasteading : A Practical Guide to Homesteading the High Seas, Infrastructure 내용을 중심으로 정리하였음

다음으로 해상도시에서는 기반시설의 설치를 위한 공간이 넉넉하지 못한 점이다. 또한 해상도시에서 사용하는 에너지를 비롯하여 모든 자원의 가격은 아무래도 육지보다 비싸게 될 것이라는 점이다.

이러한 전제조건을 바탕으로 해상도시의 기반시설계획을 위한 주요 계획과제에 대해 정리하면 다음과 같다.

① 전기공급계획

해상도시에서는 기반시설을 관리하기 위해서나 가정에서 개인적인 용도로 전기의 사용이 필수적이다. 해상도시에서 충분히 활용할 수 있는 전기 생산기술로는 태양열, 풍력 그리고 파력을 이용한 것이 있다.

반면에 기술력, 생산비용, 사회적 여건 등으로 인해 해양온도차발전시스템(OTEC : Ocean Thermal Electric Conversion)이나 원자력발전시스템은 아직까지 해상도시에 적합하지 못하다.

태양열, 풍력 그리고 파력은 전력원으로서 지속적이지 못하고 단속적이라는 공통적인 단점을 가지고 있다. 예를 들어 태양열 발전은 밤에, 풍력 발전은 바람이 잔잔할 때에, 파력 발전은 바다가 잔잔할 때에 전기를 생산하지 못한다.

따라서 전기공급계획에서는 전력 생산 뿐 아니라 생산이 불가능할 경우를 대비한 축전(蓄電)에 대해서도 고려해야 한다. 또한 한 가지 에너지에 의존하기 보다는 다양한 종류의 에너지를 복합적으로 사용하는 계획도 필요하다.

따라서 해상도시의 전기공급계획에서는 태양열 발전, 풍력 발전, 파력 발전, 조력 발전, 배터리 축전, 화석연료용 발전기 사용 등 다양한 에너지원을 종합하여 통합시스템(integrated system)으로 계획함으로써 양질의 전기를 지속적으로 공급할 수 있도록 한다.

[그림 11-27] 해상에너지원 통합이용계획 사례

② 물공급계획

바다 한 가운데 위치한 해상도시에서 적정한 양의 청수(淸水)를 지속적으로 얻고 보관하는 것은 주민의 생명 유지에 대단히 중요하다. 해상도시에서 청수를 공급하는 방법으로는 우수(雨水) 집수, 바닷물 증류, 바닷물 역삼투, 외부에서 청수 공급 등이 있다. 이들 여러 가지 방법 가운데 우수 집수를 가장 현실적인 방법으로 계획하고, 반면에 외부에서 청수를 공급하는 것은 최후 수단으로 고려한다. 이와 더불어 안정적인 물공급을 위해 우수 집수, 바닷물 증류, 바닷물 역삼투 등 다양한 물생산방식을 통합적으로 계획한다.

해상도시에서 필요한 물의 양은 주민 1인당 하루에 식수 4 L(리터)를 포함하여 최소 30L가 필요하다. 또한 해상도시에서 식량을 자급하기 위해 자체 내에서 영농(營農)을 하는 경우에는 이를 위해 별도의 물이 더 필요하므로 이에 대비해서 계획한다.

특히 물을 대량으로 소비하는 육지의 전통적인 영농방식은 해상도시에서 타당하지 않으므로 해상도시에 적합한 영농방식을 결정하고 이에 따른 농업용 물공급시스템을 계획한다. 대개 농업용수로서 2~4 L/m^2/day 정도의 물이 필요하다.

또한 해상도시의 물공급계획에서는 그레이 워터(grey water : 설거지, 샤워, 세탁 등에서 사용한 물)를 정원이나 화장실에서 재사용하거나 약간의 처리를 거쳐 다시 사용하는 등 체계적인 물 절약계획도 필요하다.

한편 해상도시의 물공급계획에서는 만일의 사태에 대비한 물 저장계획도 매우 중요하다. 해상도시의 위치에 따라서 최고 3개월 동안 사용가능한 물을 저장할 수 있는 물탱크를 계획한다.

[그림 11-28] 바닷물 역삼투시스템 사례

〈출처 : Patri Friedman, Seasteading : A Practical Guide to Homesteading the High Seas〉

물탱크 용량은 주민 1인당 20 m^3로 하며, 물탱크를 해상도시의 메인(main) 구조물과 분리된 부유식 물탱크로 계획하면 설치비용도 싸고 메인 구조물의 공간이나 무게를 절약할 수 있어 효과적이다. 또한 저장된 물은 썩거나 오염되지 않도록 관리계획을 세운다.

③ 식량공급계획

해양도시에서 필요한 식량의 양은 주민 1인당 하루에 3 kg 정도로서 2,000~3,000 cal의 열량이 필요하다. 식량공급계획에서 가장 중요한 것은 어느 정도까지 자급자족할 것인가를 결정하는 것이다.

실제적으로 해상도시에서는 식물을 경작할 공간이 부족하기 때문에 100% 자급자족은 불가능하다. 따라서 현실적인 목표로는 과일이나 채소는 스스로 경작하여 섭취하고, 단백질은 수산양식을 통해 얻는 것으로 하며, 곡물이나 견과류 등은 외부로부터 공급받는다.

해상도시에서 농작물 재배는 물의 사용을 최소화하고 식물을 재배하는 땅을 염분으로 오염시키지 않도록 하기 위해 그린하우스를 이용하거나 땅이 필요 없는 수경재배(hydroponics, water culture)[137]가 바람직하다.

그린하우스를 이용하면 일 년 내내 경작이 가능하고 농작물에 해가 되는 자외선 복사를 차단할 수 있으며 빗물을 모으는데 유리한 장점이 있다. 특히 해상도시에서 그린하우스와 수경재배를 복합적으로 잘 사용하면 육지에서보다 경작지 단위면적당 생산량을 늘릴 수 있다.

또한 해상도시에서 경작지 면적을 늘리기 위해 거울이나 햇빛수집장치(sunlight collection devices) 등을 사용하여 빛을 받을 수 있는 최상층 뿐 아니라 지하층까지 경작지로 사용할 수 있도록 계획하며, 필요한 경우에는 뗏목이나 바지(barge : 부선) 형태의 구조물을 이용하여 보조경작지를 계획한다.

농작물 재배 이외에도 해상도시에서는 필요한 영양소 공급을 위해 해조류 채취 및 가공, 바다낚시, 바다목장을 이용한 수산양식, 닭과 소 같은 착유동물(搾乳動物 : dairy animals)의 사육이 필요하며 이들을 위한 공간 및 시설의 계획이 요구된다.

공간적 한계가 있는 해상도시의 식량계획에서 반드시 고려해야 할 것은 필요한 공간의 요구이다. 식량의 자급자족을 원칙으로 할 경우 육류를 위해 필요한 공간이 야채나 탄수화물을 위해 필요한 공간보다 많이 요구되고, 전통적인 개방 경작지가 수경재배지보다 많은 공간이 소요되는 것을 고려한다.

137) 수경재배란 식물을 물과 수용성 영양분으로 만든 배양액 속에서 키우는 것으로 '물재배' 또는 '물가꾸기'라고도 함

[그림 11-29] 수경재배 사례

우주정거장의 경우를 참고하면 전체 식량을 100% 자급자족할 경우 주민 1인당 290 m^2 정도의 경작지 공간이 요구되고 신선한 야채만을 자급자족하면 주민 1인당 4 m^2의 공간이 요구된다.[138]

그러나 해상도시에서 식량의 완전 자급자족은 실제적으로 불가능하므로 주민 1인당 대략 10~20 m^2 경작지 공간이 적당하며, 부족한 식량은 바다낚시, 수산양식 혹은 외부에서 공급 등으로 충당하도록 계획한다.

④ 교통 및 통신계획

해상도시와 육지를 연결하는 교통은 주로 선박과 항공기가 될 것이다. 다양한 개인용·대중용, 레저용·여객용·화물용 선박들이 해상도시에 기항하며 수륙양용 비행기·헬리콥터·위그선(wing-in-ground craft)[139] 같은 항공기도 이용될 것이다. 따라서 이와 같은 교통수단을 위한 항만 및 공항 등 기반시설을 계획한다.

[그림 11-30] 위그선 사례

138) Patri Friedman, Seasteading : A Practical Guide to Homesteading the High Seas, Infrastructure, Food 참조

139) 위그선이란 수면 위 5 m 이내에서 뜬 상태로 최고 시속 200~300 km로 달릴 수 있는 초고속선을 말함

한편 해상도시와 외부 세계를 연결하는 통신은 해저에 매설한 케이블을 이용하거나 인공위성을 이용한 전화 혹은 인터넷 등이 될 것이다. 해저케이블의 경우 인공위성보다 설치비가 많이 들기 때문에 인공위성을 이용하는 통신이 실제적이다.

그러나 인공위성을 이용하는 경우에는 통신의 질을 지속적으로 확보하기 위해 관련 기술의 발전과 함께 적정한 가격으로 서비스를 제공하는 통신서비스업체가 필요하고, 도시와 통합된 통신시설을 계획해야 한다.

⑤ 공공시설계획

해상도시에서는 바다 위 생활환경이라는 특수성으로 말미암아 다음과 같은 공공시설이 필수적으로 계획되어야 한다.

먼저 고립된 환경의 해상도시에서는 의료서비스를 위해 병원이 필요하다. 병원 규모나 의료서비스 수준은 도시의 규모나 기능, 거주자의 성향, 경제성 등에 따라 달라지며 소규모 해상도시에서는 외상이나 화상(火傷) 치료시설, 중환자실, 수술실 등을 갖춘 긴급의료원 수준의 의료시설이 가능하다.

이와 같이 긴급의료원 수준의 경우에는 심각한 부상에 대비하여 비행기나 헬리콥터를 이용하여 환자를 육지의 대형 병원으로 후송하는 계획도 수립해야 한다.

또한 생활모습이 자급자족의 성격이 강한 해상도시에서는 주민 스스로 고장 난 물건을 고치거나 새로운 것을 만들어 사용하는 것이 필요하다. 따라서 이렇게 손수 작업하기 위해서는 필요한 공구들이 마련된 다양한 숍(shop)들이 요구된다.

예를 들어 금속 기계작업을 위한 숍, 목공작업을 위한 숍, 의류나 커튼 등 직물을 다루는 숍, 금속이나 유리를 녹여 제품을 만드는 주조공장 등이 필요하다. 이런 숍들은 소음과 악취 혹은 먼지 등을 발생시키기 때문에 위치 선정부터 규모계획 등에 이르기까지 세심한 계획이 요구된다.

다음으로 제한된 공간에서 생각이 비슷한 사람들이 사는 해상도시에서는 공동 커뮤니티 형성 및 생활비용과 공간의 경제적 활용을 위해 육지와는 다르게 많은 공간과 시설을 공유해야 한다.

따라서 육지에서는 통상적으로 개인적 공간이나 시설로서 사용되는 것들이 해상도시에서는 공공공간이나 공공시설로서 사용되기도 한다. 예를 들어 부엌·식당·라운지·정원 등을 공동으로 사용하는 코하우징(co-housing)[140] 개념의 주택이 해상도시에 적합한 주택 유형이 될 수 있다. 따라서 코하우징 주택들이 들어설 경우 주거건물은 물론 커뮤니티나 마을 전체가 이에 적합하게 계획되어야 한다.

---

140) 코하우징(co-housing)이란 협동주거(collaborative housing)라는 의미로 협동주택 혹은 공유집합주택 등으로도 불리며 이웃과 협동생활을 하는 공동체 주거단지임

[그림 11-31] 코하우징 사례
〈출처 : http://www.busyboo.com〉

⑥ 폐기물처리계획

해상도시는 생활쓰레기나 폐기물을 모아둘 공간이 부족하기 때문에 이것을 어떻게 처리할 것인가가 기반시설계획에서 중요하다. 해상도시에서는 육지에서와 같이 쓰레기를 매립하거나 투기할 수 없다. 특히 폐기물을 해양에 투기하는 것은 국제법이나 국내법에서 금지된 것이므로 주의해야 한다.

해상도시의 폐기물은 재활용 가능성에 따라서 긍정적·부정적·중립적 가치를 지닌 것으로 구분할 수 있다. 유기물 쓰레기는 식물 성장에 필요한 거름 성분을 가지고 있어 긍정적 가치를 지닌 것이라고 할 수 있지만, 독성 물질을 가진 쓰레기는 환경을 오염시키기 때문에 부정적 가치를 지니고 있으며 처리에 세심한 주의가 필요하다. 그리고 대부분의 폐기물은 없애버려도 좋을 만큼 중립적 가치를 지닌다. 이러한 측면에서 폐기물처리는 다양한 방식을 함께 사용하도록 계획하는 것이 바람직하다.

해상도시의 폐기물처리계획에서 중요한 것은 우선 폐기물의 발생을 가급적 줄이고, 다음으로 이것을 재사용해야 한다는 점이다. 일단 발생한 폐기물은 해상도시 내에서 재생하거나 처리하고 이것이 불가능할 경우에는 최후 수단으로 배에 실어 육지의 폐기물처리장에 버린다.

해상도시 내에서 고체 폐기물은 소각하는 것으로 계획한다. 소각처리는 폐기물의 부피를 현저하게 줄이고 에너지를 얻는 장점이 있지만 적절한 소각시설을 갖추고 소각잔해물이 공기나 물로 확산되지 않도록 주의해야 한다. 소각이 어려운 고체 폐기물의 경우에는 외부로 가져가기 위해 압축하여 저장한다.

유기물 쓰레기는 퇴비화 처리를 하는 것이 바람직하다. 퇴비화 처리는 처리과정이 서서히 일어나서 수개월의 시간이 필요하고 그동안 쓰레기를 쌓아놓을 공간이 요구된다. 따라서 퇴비화 처리를 위해서는 외딴 곳에 별도 공간을 계획하는 것이 필요하다. 유리, 알루미늄, 플라스틱과 같은 쓰레기는 재활용하는 방식으로 처리하며, 소규모 폐기물 처리는 열분해공법을 이용하는 것이 효과적이다. 소각이 불가능한 유해 폐기물의 경우에는 해상도시 내에서 특별한 처리가 필요하거나 육지 특별처리장으로 이전하는

(a) 해상쓰레기처리시설(싱가포르 TSIP)

(b) 쓰레기 전용 운반선(홍콩)

[그림 11-32] 해상쓰레기처리시설 사례

것이 필요하다. 해상도시 내에서 쓰레기나 폐기물을 처리할 경우에는 해상폐기물처리시설 혹은 해상쓰레기재생시설을 별도로 계획한다.

11.5 해상도시의 전망

해상도시는 지금까지 산업용 공간, 물류용 공간, 여가용 공간으로 사용되어 온 해상공간을 진정한 생활환경으로 정비한다. 해상도시에서는 생활하는 사람들의 안전·건강·복지의 실현을 위해 주거시설 정비와 수준 높은 문화·여가·교육을 위한 생활기반시설이 정비된다.

또한 해상도시는 국제물류 및 비즈니스 공간으로서 그 유용성과 부가가치가 한층 높아져서 그곳에는 첨단 항만물류 및 비즈니스를 위한 환경이 정비되고, 해양의 청정에너지자원을 적극적으로 활용하는 신에너지시스템이 구축된다.

그리고 해상도시에는 도시공간의 친수성과 사람들의 친수행위가 조화되고, 자연환경과 인공환경이 어울려 모든 생명활동이 활성화되며, 자연환경에 대한 부담을 최소화하는 지속가능한 환경이 조성된다.

이상과 같은 바람직한 미래 해상도시를 만들기 위해서는 무엇보다 해상공간에 대한 인식부터 변화되어야 한다. 해상공간을 육지공간의 대체수단으로 생각해서 해상공간을 매립하여 쉽게 육지공간으로 만들어 이용하려는 인식을 바꾸어야 한다. 해상공간에 숨겨진 가치를 새롭게 인식하고, 여기에 지속가능한 생활환경을 만들어야 한다.

미래 해상도시 관점에서 보면 부유식 해양구조물이 매립방식의 대안으로 크게 각광을 받을 것이다. 매립방식은 해저지질과 수심에 따라 공사비와 공사기간이 크게 영향을 받으며, 공사과정이나 공사 후에 수질과 생태계에 좋지 않은 영향을 미치고, 매립 후 제대로 활용하기까지 오랜 기간이 소요되는 단점을 가진다.

반면에 부유식 해양구조물은 수심에 관계없이 해상공간을 활용할 수 있고, 해수면 상승이나 조수 간만의 차가 큰 경우에도 쉽게 대응할 수 있으며, 시공기간을 단축하고, 자연환경에의 영향을 최소화 할 수 있으므로 미래 해상도시를 위한 핵심적인 기술이 될 것이다.

그러나 부유식 형태의 해상도시를 실용화하기 위해서는 부유식 구조물과 주변 환경이 영향을 주고받는 상호작용의 메커니즘이 명확하게 규명되어야 하며, 해상도시에서 사람들의 친수행위·거주성·안전성·쾌적성에 대한 많은 연구가 필요하다.

특히 해상도시에서 불특정 다수의 사람들이 일시적으로 사용하는 공공공간이나 외부조건에 예민한 정밀기기와 정보통신장비를 사용하는 공간에서 발생할지도 모르는 만약의 상황에 대비하여 충분한 검토와 실증작업이 필요하다.

앞으로 이러한 문제점들이 해결되고 부유식 해양구조물에 대한 설계 및 시공기술이 향상되고 경험이 축적되면 새로운 사회시스템 정비를 위한 부유식 해상도시는 매우 다양하게 전개될 것이다.

미래에는 국토공간의 활용 측면에서 해상도시가 들어설 해상공간의 중요성이 엄청나게 커질 것이다. 현재 연안에 국한된 관심은 앞바다 공간으로 확대될 것이며 해상공간·해중공간·해저공간으로 인간생활의 장이 확대될 것이다.

해상도시가 우리의 삶을 지속적으로 지탱해 주는 생활공간이 되기 위해서는 해상공간에서 인간의 거주 및 생활이 다양한 형태로 이루어지고, 이를 뒷받침해주는 해양건축 및 해상도시에 관한 연구와 실제 설계 및 시공 경험의 축적이 필요하다.

더욱이 해상도시에서는 기후변화 및 해수면 상승 등에 따라 자연재난의 위험성이 높기 때문에 도시의 방재 및 피난 등에 관한 체계적인 연구가 필요하다.

[그림 11-33] 부유식 해상도시 계획안
〈출처 : The Seasteading Institute 홈페이지 http://www.seasteading.org〉

참고문헌

1. 손세관, 베네치아 동서가 공존하는 바다도시, 열화당, 2007
2. 조웅래 외, 21세기 동북아 연결망 한중해저터널의 기본구상, 한울아카데미, 2010
3. 伊澤 岬, 海洋空間のデザイン, 彰國社, 1990
4. 日本建築學會 空間高度利用concept特別研究委員會, 平成4年活動報告書, 1993.5
5. Karina Czapiewska et al., Seasteading Implementation Plan-final Concept Report, The Seasteading Institute, 2013
6. Patri Friedman, Seasteading : A Practical Guide to Homesteading the High Seas, Work in Progress, 2009, http://www.seasteading.org
7. 두산백과 홈페이지 http://www.doopedia.co.kr/
8. 위키피디아백과사전 http://en.wikipedia.org/wiki/Underwater_habitat#See_also
9. 주한중국대사관 홈페이지 http://www.chinaemb.or.kr/kor
10. Diving Lore 홈페이지 http://www.divinglore.com/Underwater_Cities.htm
11. Education Portal 홈페이지 http://education-portal.com
12. Italia : The Official Tourism 홈페이지 http://www.italia.it/
13. Jacques Rougerie Architecte 홈페이지 http://www.rougerie.com
14. The Seasteading Institute 홈페이지 http://www.seasteading.org
15. Vincent Callebout Architectures 홈페이지 http://vincent.callebaut.o
16. Busyboo Magazine 홈페이지 http://www.busyboo.com
17. 세계박람회사진 홈페이지 http://www.worldsfairphotos.com/expo75
18. Sumaq Peru 관광여행사 홈페이지 http://www.sumaqperu.com/

제 12 장

해중건축물계획

12.1 해중건축물의 개요

해중건축물은 우리나라나 세계적으로 아직 그 종류나 사례가 많지 않다. 따라서 이 장에서는 해중건축물의 실제적인 계획보다는 해중건축물의 개요 및 특성, 지금까지 지어지거나 계획된 해중건축물의 사례, 향후 해양건축물의 전망에 대해 기술하기로 한다.

해중건축물은 바다 속에 만들어진 건축물로서 바다 밑에 가라앉아 있거나 바다 속에 떠 있는 건축물을 의미한다. 해중건축물이 더 큰 규모로 발전하면 해저도시가 된다.

사람들은 바다를 바라보면서 바다 밑 미지(未知)의 세계를 상상한다. 19세기 프랑스 작가 쥘 베른(Jules Verne)도 그런 사람 중 하나이다. 그는 1870년에 잠수함 '노틸러스(Nautilus)'호와 함장 '네모(Captain Nemo)'를 주인공으로 「해저 2만마일(Vingt mille lieues sous les mers)」이라는 공상과학소설을 발표했는데 그 속에서 사람들이 아직 가 본 적이 없는 수중세계를 그려내고 있다.

이 소설을 읽은 사람은 소설의 내용이 상상의 결과라는 것을 알면서도 묘사된 잠수정의 당당한 모습, 아직 본 적 없는 해저세계의 모습, 자유롭게 항해하면서 만나는 섬들의 상쾌함 등에 취하고 바다 속 신비에 대해 동경한다.

수중에서의 삶에 대한 매혹적인 상상은 오랫동안 바다 밑의 세계를 알지 못하던 사람들을 위한 공상과학소설의 주된 이야기 거리였다. 이렇게 삶의 터전을 수중에 건설하려는 인류의 오랜 열망은 식을 줄 모른다.

쥘 베른이 그린 바다의 세계는 당시로서는 공상적이고 기상천외하며 대담한 발상이었지만 지금은 그가 꿈꾸었던 해중에서의 삶이 현실화되어 가고 있다. 인간이 바다 밑에 건물을 짓고 도시를 건설하여 그곳을 생활터전으로 마련하려는 꿈은 점차 실현되어 가고 있다.

해양건축물과 해양도시 관련 프로젝트 가운데 해중건축물과 해저도시의 개발이 가장 어렵고 더딘 상태에 있지만 이에 대한 인류의 도전과 시도는 꾸준히 진행되고 있다.

다양한 종류의 실험용 해중거주시설인 수중해비타트(underwater habitat)가 [그림 12-1]과 같이 1960년대 초부터 세계 곳곳에서 만들어졌으며, 바다 밑을 체험하고 싶어 하는 사람들을 위한 수중호텔과 같은 해중건축물이 최근에 지어지고 있다.

인간은 바다를 즐기고, 바다자원을 활용하며, 바다를 항해하고, 바다 밑에서 모험하기를 원한다. 특히 바다의 신비를 더 알고 싶어 하는 과학자들이나 탐험가들에 의해 수일간, 수주간, 수개월간 수중에서 생활할 수 있는 실험실이 만들어지고 있다.

또한 지금까지는 군사용으로만 개발되고 사용될 수 있었던 잠수함이 이제는 민간용으로 개발이 허용되어 [그림 12-2]처럼 관광용 잠수함을 비롯하여 다양한 민간용 소형 잠수함이 개발됨에 따라 바다 밑 신비의 세계가 인간에게 더욱 친숙하고 접근 가능한 세계로 다가오고 있다.

(a) Aquarius (b) Tektite

[그림 12-1] 수중해비타트 사례

〈출처 : 위키피디아백과사전, http://en.wikipedia.org/wiki/Underwater_habitat〉

(a) Triton (b) Mark V Tourist Submarines

[그림 12-2] 민간 소형잠수함 사례

〈출처 : Marine Technology Society Manned Underwater Vehicles Committee 홈페이지, http://www.mtsmuv.org〉

한편 일본에서는 1960년대 후반부터 바다 속에 들어가지 않고서도 바다 밑의 수중세계를 관찰할 수 있는 해중전망대를 [그림 12-3]과 같이 건설하였다. 수중에 펼쳐진 아름다운 자연세계를 누구나 쉽게 감상하고 즐길 수 있는 해중전망대는 수중세계에 대한 동경이 이루어낸 작은 결실이다.

오늘날 과학기술로는 해중건축물이나 해저도시를 창조할 수 있도록 원자로부터 동력을 추출하고, 바다에서 음식물이나 물을 얻을 수 있으며, 수압을 견딜 수 있는 튼튼한 공간을 만들 수 있다. 이러한 과학기술을 이용하여 해저도시의 초기형태라고 할 수 있는 소형 수중커뮤니티가 세계 곳곳에서 시도되고 있다.

(a) 가츠우라(勝浦) 해중전망대

(b) 오키나와 해중전망대

(c) 해중전망대 내부

(d) 전망창으로 본 수중세계

[그림 12-3] 해중전망대 사례

한편 수중리조트가 궁극적 휴가경험을 찾는 사람들이 바다를 최고로 즐길 수 있도록 세계 곳곳의 휴양지에서 지어지고 있다. 바다 밑에서의 생활이나 이곳의 생태계를 연구할 목적으로 개발된 수중해비타트와 관련된 기술과 경험이 축적되면서 이를 활용하여 수중호텔, 수중레스토랑, 수중휴게실 등이 다양하게 개발되고 있다.

현재 세계 도처에서 설치되고 있는 수중호텔을 비롯한 레저용 수중건축물들은 수심 10 m 내외에 설치되어 특별한 감압이 필요 없도록 만들어지고 있다.

12.2 해중건축물의 특성

이상에서 살펴본 해중건축물은 육상건축물이나 해상건축물과 비교하여 인간의 생활환경으로서 독자적인 특성을 가지고 있기 때문에 해중건축물계획에서는 이러한 특성을 면밀하게 검토하여야 한다.

특히 해중건축물은 인간의 생리적 욕구를 충족시켜야 하며 생활에 적당한 환경조건을 구비해야 한다. 이 환경조건에는 숨 쉬기에 적당한 공기가 가장 중요하고, 다음으로 압력·온도·빛·습도와 같은 물리적 환경, 마시는 물·음식·쓰레기·독소 등과 관련된 화학적 환경, 위험한 바다생물체·미생물·균류 등과 관련된 생물학적 환경이 포함된다.

이러한 특성의 해중건축물이 가진 장점을 살펴보면 다음과 같다.

- 해중건축물을 둘러싼 환경조건은 해상건축물의 환경조건보다 다양한 측면에서 양호하다고 할 수 있다. 예를 들어 물에 완전히 잠기는 해중건축물은 물과 공기를 수시로 교대해 가면서 접촉해야 하는 해상건축물보다 구조물의 부식이나 안전성 측면에서 유리하다. 또한 해상건축물에서는 바람과 파도가 강하게 일어나 구조물의 안전성과 일상생활에 커다란 영향을 주지만 해중건축물에서는 파도와 바람의 영향이 거의 없다고 봐도 좋다.
- 해중건축물은 적절한 장소에 위치한다면 육상건축물이나 해상건축물에서는 결코 볼 수 없는 신비하고 뛰어난 수중경관을 감상할 수 있다.
- 해중건축물은 그 희소성과 비일상성 때문에 많은 사람들에게 매혹적인 곳이 될 수 있으며 따라서 레저용 건축물의 경우 충분한 경제성을 확보할 수 있다. 예를 들어 해중에 위치하는 리조트의 경우 해상리조트에 비해 숙박비가 더 비싸지만 손님들은 더 많을 수 있다.
- 해중건축물은 물 밖으로부터 쉽게 눈에 띄지 않을 수 있고, 따라서 의도적인 공격이나 범죄로부터 안전하며, 은둔생활이나 휴식 및 명상을 위한 적절한 장소를 제공한다.

[그림 12-4] 해중건축물계획안(underwater habitat Sub-Biosphere 2)
〈출처 : Tuvie-Futuristic Technology 홈페이지, http://www.tuvie.com〉

- 해중건축물은 [그림 12-4]와 같이 모듈시스템으로 계획되고 적절한 건설방법을 사용하면 그다지 많은 비용을 들이지 않고 공간을 만들 수 있다. 예를 들면 해중건축물을 플라스틱 형틀을 이용하여 단일체 돔형식으로 지을 경우 물속에서도 쉽고 값싸게 새로운 공간을 만들어갈 수 있다.

이상과 같은 장점에도 불구하고 해중건축물에는 해결해야 할 단점이 있으며 이를 정리하면 다음과 같다.

- 해중건축물은 자연재해 등으로 인해 구조물에 문제가 발생하면 육상건축물이나 해상건축물에 비해 기술적인 대응이나 사용자의 피난 탈출이 매우 어렵다.
- 해중건축물에서는 신선한 공기와 햇빛을 만나기 어렵고, 열린 공간(open space)이 부족하여 심리적으로 답답하고 견디기 어려운 환경이 될 수 있다. 따라서 신선한 공기와 햇빛을 끌어들일 수 있는 기술과 계획이 필요하다.
- 현재 기술력으로 해중건축물을 건설하는 데는 많은 한계가 있다. 특히 수심 60 m 이상 되는 수중에 건축물을 짓는 것은 기술적으로 어려운 상황이다.
- 해중건축물에는 사람과 화물의 접근이 어렵다. 사람들이 해상과의 왕래를 하기 위해서는 해중공간과 해상공간의 압력차로 인해 기밀실(airlock)이나 감압실과 같은 특별한 시설이 필요하다.
- 생활필수품 등 화물을 해중건축물로 안전하고 물에 젖지 않게 운반하기 위해서는 화물이송튜브와 같은 시설의 설치가 필요하며, 이 시설물이 파도와 같은 해양환경에 영향을 받지 않도록 하기 위해 특수한 기술과 많은 비용이 필요하다.
- 해중건축물에서는 사람이나 동식물이 살아가기 위해 꼭 필요한 자연에너지원으로의 접근이 제한적이다. 즉 햇빛, 바람, 태양의 복사에너지 등 자연에너지가 물에 의해 차단·흡수·여과되어 해중공간까지 제대로 도착하기 어렵다. 이러한 문제를 해결하기 위해 해중건축물과 연결된 윈드터빈(wind turbine)을 설치하거나, 조류 혹은 지열과 같이 활용이 가능한 자연에너지를 개발하고 사용한다.
- 해중건축물은 항상 유동적인 바다 한 가운데서 구조물의 안전을 위해 위치를 고정하고 수심 고도를 항상 일정하게 유지해야 하며, 수심에 의해 발생하는 수압에 견디는 구조물이어야 한다.

이상과 같은 해중건축물의 계획특성을 고려할 때 다양한 해중건축물의 실현을 위해서는 해중구조물의 건설 및 관리를 위한 기술개발과 경제성 확보는 물론이고, 해중에서의 생활환경이 인간 심리에 미치는 영향에 대해 많은 연구와 실험이 필요하다.

다만 현재 기술로서는 그다지 깊지 않은 수심(20 m 내외)에서 경제적이고 안전한 소규모 해중건축물을 만들 수 있다.

12.3 해중건축물의 사례[141)]

12.3.1 수중해비타트 (underwater habitat)

'수중해비타트'란 사람이 일정기간동안 수중에서 작업, 휴식, 식사, 수면, 위생 등 기본적인 생활을 할 수 있도록 만든 수중구조물을 말한다. 여기서 '해비타트(habitat)'는 수중구조물의 실내공간, 외부공간 그리고 부속물을 의미한다.

바다 밑에서 생활하기 위한 해중건축물의 개발은 수중해비타트로부터 본격적으로 시작되었다고 해도 과언이 아니다. 수중해비타트는 개념적 구상으로나 실제 개발 측면에서 다양하게 시도되어 왔으며, 대표적인 것으로 1960년대부터 1980년대 중반까지 미국에서 수중생활의 가능성을 탐구한 '수중해비테이션 프로그램(underwater habitation program)'이 있다.

미국 해군이 주도한 이 프로그램은 수중생활의 가능성과 문제점을 파악하기 위해 수심 10 m 깊이에 설치한 수중해비타트에서 다이버들이 실제로 생활하는 실험을 실시하였다. 실험결과 다이버들은 몇 주 동안 수중에서의 생활이 가능함을 증명하였다. 그러나 그 이후로 수중생활에 대한 이 프로그램은 더 이상 실행되지 못하였다.

수중해비테이션 프로그램의 목적은 우선 수중해비타트를 비롯한 장비의 시험과 함께 인간이 수중의 작업현장에서 거주할 수 있게 되면 수중에서 보다 효과적으로 작업할 수 있다는 것을 증명하기 위한 것이었다. 이러한 목적은 달성되었지만 지원 선박이나 수면으로부터 완전히 독립된 수중해비타트를 개발하려는 또 다른 목표는 달성하지 못했다.

1962년부터 1965년까지 자크 쿠스토(Jacques Cousteau)의 콘쉘프(Conshelf 혹은 Continental Shelf Station) I, II, III 프로그램에 의해 수중에서 단기간 과학적 연구를 위한 환경압 수중해비타트(ambient pressure underwater habitat)가 처음 만들어진 이래 약 70개가 건조되었으나 지금은 미국 플로리다 해안에 2개가 남아 운영되고 있다.

그 중 하나는 수심 15 m 깊이에 위치하여 NOAA의 과학연구기지로 사용되는 아쿠아리우스(Aquarius)이며, 다른 하나는 수중호텔로 변신한 줄스 언더시 로지(Jules Undersea Lodge)이다.

수중해비타트의 건조를 위해 기술적으로 가장 중요한 사항은 수중공간에서 압력을 대기압 상태로 유지시키는 것이다. 그동안 개발된 수중해비타트는 수중공간에서 압력문제를 다루는 데 크게 세 가지 방식을 사용하였다.

첫째는 문풀(moon pool)[142)]을 통해 바다에 열려 있는 것으로서 이 경우 해비타트의 실내

141) 12.3의 내용은 저자가 조응래 외, 21세기 동북아 연결망 한중해저터널의 기본구상, 8장에서 이미 발표한 내용 일부를 수정·보완하였음

142) 문풀(moonpool)이란 사람이 수상구조물 혹은 수중구조물 내에서 바닷물로 접근하기 위해 만든 공간으로서

[그림 12-5] 자크 쿠스토의 환경압 해비타트(Conshelf II Starfish House, 1963)

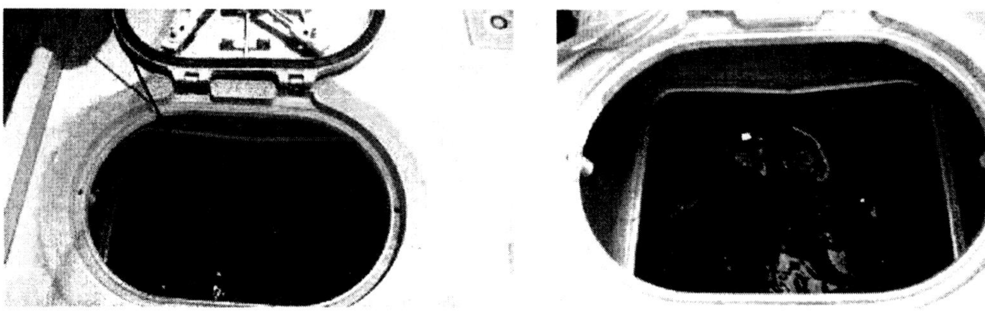

[그림 12-6] 해치가 설치된 문풀(moon pool) 사례

공기압은 같은 수심의 수중 압력과 같으며 해비타트의 출입은 문풀을 통해 이루어진다. 환경압 수중해비타트가 이와 같은 방식을 사용하였다.

둘째는 해비타트가 해치를 이용하여 바다와 단절되어 있어서 해비타트 실내 공기압은 대기압과 같거나 비슷하게 유지되고, 해비타트에 출입하기 위해 해치(hatch)나 기밀실(airlock)을 통한다.

세 번째로는 아쿠아리우스(Aquarius)에서 사용 중인 방식으로서 하나의 해비타트에 문풀과 해치시설을 모두 갖추고 있는 복합형식이며, 이 두 가지 시설은 기밀실을 통해 연결된다.

수중해비타트는 대기압 유지, 후방 지원, 안전 관리 등을 위해 수면으로부터 완전히 독립하지 못했다. 수중에서 필요한 동력을 연료전지가 공급했던 1969년 하이드로랩(hydrolab) 수중해비타트에서 실시한 3일간 포화잠수[143]실험을 제외하고 1980년대 당시까지도 관리장비와 지원장치의 신뢰성이 낮아 수중에서 사람들이 독립적으로 생활하는 것은 매우 위험하였다.

따라서 수중해비타트를 유지하는 비용이 높아지고 이로 인해 수중해비타트를 지속적으로 운영하지 못하게 되었으며, 이러한 결과 수년간에 걸친 계절적 데이터 수집이 불가능하게 되었다. 이와 더불어 정부의 규제증가, 실패할 경우 소송의 위협, 보험료 증가, 위험을 회피하는

wet porch라고도 함

143) 포화잠수란 일상적으로 사용하는 공기만이 아니라 순수 산소의 농도를 더하거나 혹은 고용량 산소혼합기체에 헬륨가스를 더 충진하여 인체가 깊은 수심에서 작업하거나 체류시간을 연장시키기 위한 방법을 말함

사회 분위기 등으로 인해 수중해비테이션 프로그램은 중단되었다.

그동안 개발된 수중해비타트는 난파선이나 해중유적의 발굴작업 그리고 해중생태계 연구 등을 위한 해저실험실 등으로 사용되었다. 해저 혹은 천해(淺海)에 설치된 수중해비타트는 해양고고학자가 해저지도를 그리고 수중의 유적을 인양하는 작업을 위해 이상적인 기지를 제공하였다. 그 예로서 1980년대 초에는 에게해에서 수심 37 m 해저에 있던 1300년 전 비잔틴시대의 침몰선박을 인양하는 데 수중해비타트가 사용되었다.

수중실험실용 해비타트는 일정한 해역에서 전천후 조건하에 안전하게 수중생태계를 연구할 수 있는 기회를 제공하였으며, 현장실험은 물론 밤낮 동안의 변화, 조류상태, 산호초에서 사는 생물의 관찰 등이 가능하였다.

더욱이 움직이는 해수, 현미경, 배기후드, 해부테이블, 기타 육상실험실에서 사용하는 실험시설을 전부 완비한 수중실험실은 과학자들이 표본을 육상으로 이송할 필요 없이 해저 환경압(ambient pressure : 環境壓) 하에서 검사하고 처리하는 것을 가능하게 하였다.

이것은 해저에서 채취한 시료나 견본이 육상실험실로 옮겨가는 과정에서 변화된 환경조건이나 압력 저하로 인해 변질되는 경우가 많았기 때문에 매우 중요하였다.

해중생태계의 연구를 위한 베이스기지 역할 이외에 수중실험실은 자연 그대로의 상태를 간직한 교실로서도 이상적이었다. 예를 들면 하이드로랩(hydrolab) 수중해비타트는 바하마제도에 설치되었던 기간 중에 해양과학교육 및 잠수훈련용 시설로 사용되었고, 미국령 버진제도에서는 해저탐사계획에 학생들이 참가할 수 있는 기회를 제공하였다.

당초 과학자를 위한 소형실험실로서 고안된 대표적 수중해비타트가 1969년 시텍사에 의해서 설계된 '시룸'이다. 시룸은 고장력 강화콘크리트로 만들어져 환경압(環境壓)에서 다이버 2명을 수용하고 수심 200 ft(61 m)까지 대기압 챔버 역할을 하도록 설계되었다.

시룸은 해저에서 강철제 다리로 지탱되거나 계류장치에 의해 계류되도록 하였으며, 지름 30 in(76.2 cm)의 해치와 12 × 24 in(30.5 × 61.0 cm)의 작은 창 3개를 내장하고, 크기는 길이 8.0 ft(2.4 m), 높이 8.5 ft(2.6 m)였다.

시룸에 장착된 생명유지장치로는 수면에서 혹은 선상 재생기로부터 보급되는 공기, CO_2 scrubber(CO_2 흡수장치), 제습기, 산소모니터 등이 있었고, 이밖에 인테리어 가구가 계획되었다.

시룸 개발사업이 경제적으로 성공하기 위해 최소한 10대 주문이 필요했지만 6대 밖에 주문이 없었으며 그 결과 시룸해비타트는 아쉽게도 실현되지 않았다.

실험실용 수중해비타트의 또 다른 선구자는 미국해양대기관리국(NOAA; National Oceanic and Atmospheric Administration)이 남캘리포니아 앞바다 카타리나섬의 남캘리포니아대학 해양과학센터에 설치한 학술용 수중해비타트이다.

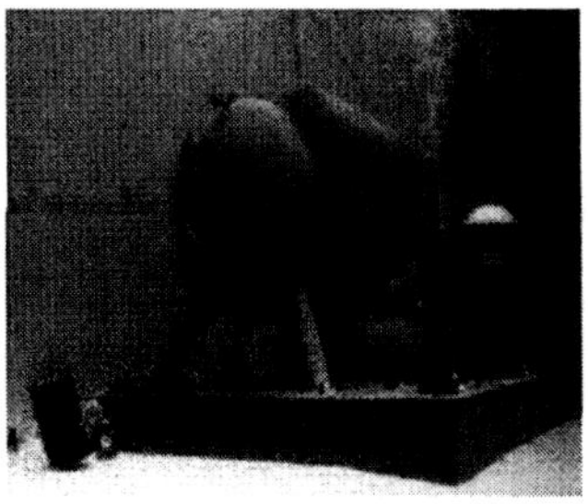
(a) Hydrolab

(b) 카타리나섬 해비타트

(c) FLIP

[그림 12-7] 연구실험용 수중해비타트 사례

〈출처 : James W. Miller, Ian G. Koblick, Living and Working in the Sea〉

수심 50 ft(15.2 m)에 설치된 이 수중해비타트는 최대실험기간이 21일간으로 평균 7~10일 실험기간동안 수심 120 ft(36.6 m)까지 6명을 수용할 수 있었으며, 공기 또는 질소산소를 호흡용 가스로 사용하였다.

한편 수중에서 거주 및 연구를 위한 획기적인 부유식 수중구조물이 미국스크립스해양연구소(Scripps Institution of Oceanography)에 의해 제작되었다. 355 ft(108 m) 길이의 부유식 구조물인 FLIP(Floating Instrument Platform)은 다른 배와 닮은 모습의 수평자세로 현장까지 예항되었다.

설치현장에서 구조물은 수평에서 수직으로 자세를 취하고 수면 밑 300 ft(91.5 m)까지 내려갈 수 있는 안정된 작업대로 변하였다. 연구자는 실내에서 거주하면서 해저생태계를 관찰하고 기록하였으며, 수면에서 구조물 밑바닥까지 각 심도에 따라 수중음향이나 해양학 관련 연구와 조사를 실시하였다.

이와 같은 독립적인 수중해비타트의 개념이 발전하여 마을 개념의 수중해비타트도 설계되었다. 수중해비타트 설계경험이 많은 프랑스의 해양건축가 자크 루즈리(Jacques Rougerie)는 개별 수중해비타트를 서로 연결하여 수중빌리지(underwater village)를 설계하였다.

미국해양대기관리국(NOAA)에 의해 진행된 수중빌리지프로젝트는 버진아일랜드 앞바다 수심 30~40 m에 설치되어 나사(NASA) 우주인을 훈련시키는 기지로서 설계되었다.

이외에 1960년대에는 뉴욕의 코닝글라스사에 의해 레저용 수중해비타트인 수중코티지가 설계되었다. 원형구체에 유리를 사용하고 지붕에 태양전지를 설치한 해상 이글루(igloo)에 케이블을 연결하여 수중코티지(underwater cottage)를 메어 달았다.

최근에는 미국해양대기관리국(NOAA)이 아쿠아리우스(Aquarius)라는 영구적인 수중해비타트를 플로리다 키스(Keys) 동해안 5 km 지점 수중 20 m 해저에 설치하고, 나사(NASA) 우주인들을 대상으로 1주일 정도 수중생활을 통한 훈련 및 연구에 사용하는 한편 수중해비타트에서 생존 및 생활에 대해 연구하고 있다.

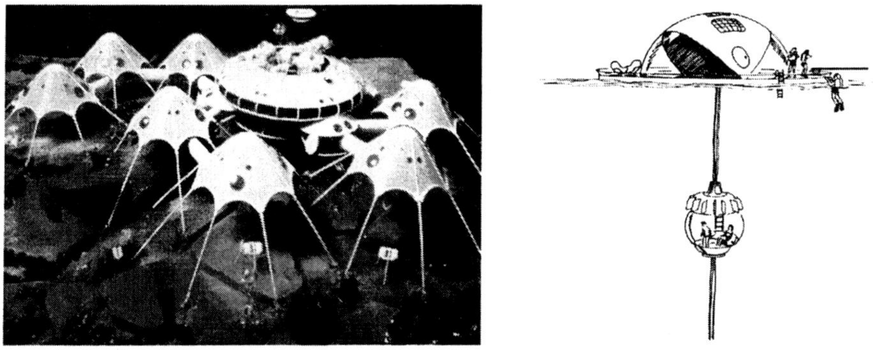

(a) 수중빌리지계획안
〈출처 : http://www.rougerie.com〉

(b) 수중코티지계획안
〈출처 : James W. Miller, Ian G. Koblick, Living and Working in the Sea〉

[그림 12-8] 해중거주용 수중해비타트 사례

(a) BioSub

(b) Leviathan

[그림 12-9] 로이드 갓슨(Lloyd Godson)의 수중해비타트
〈출처 : Lloyd Godson 홈페이지, http://www.lloydgodson.com〉

또한 과거 나사(NASA)의 수중임무 책임자를 맡았던 데니스 챔버랜드(Dennis Chamberland)는 호주 과학자인 로이드 갓슨(Lloyd Godson)과 함께 플로리다 앞바다에 수중거주시설을 계획하고 있다. '아틀랜티카 수중 식민지 프로젝트(Atlantica Undersea Colony Project)'로 명명된 이 사업은 기증받은 잠수정을 이용하여 3개의 수중해비타트를 건설하는 것이다.

한편 로이드 갓슨(Lloyd Godson)은 2007년 호주 뉴사우스웨일즈의 Albury 호수에서 [그림 12-9 (a)] 'BioSub'로 불리는 노란 철제 캡슐에 들어가 외부 도움 없이 수중에서 12일 동안 생활함으로써 세계 최초로 자족적이며 지속가능한 수중해비타트를 만든 것으로 평가받고 있다.

이 수중해비타트에는 표면에 태양전기를 생산하는 센서를 부착하고 있으며 사용하는 전기를 충당하기 위해 전기 생산용 자전거도 실내에 고정 설치하였다. 또한 실내에는 조류(藻類)

(a) 수상부분

(b) 수중부분

[그림 12-10] Ocean Base One 계획안
〈출처 : Patri Friedman, Seasteading : A Practical Guide to Homesteading the High Seas〉

정원을 만들어 호흡에서 발생하는 이산화탄소를 흡수하고 다시 산소를 내뿜도록 하였으며 잠수용 공기탱크를 이용하여 공기를 보충하였다.

또한 로이드 갓슨(Lloyd Godson)은 69일 이상 수중에서 생활하기 위해 [그림 12-9 (b)]의 '리바이어던(Leviathan)'이라는 수중해비타트를 설계하였다.

최근에는 오션 테크놀로지 파운데이션(Ocean Technology Foundation)이 오아시스(OASIS) 연구프로젝트의 일부로 [그림 12-10]의 '오션 베이스 원(Ocean Base One)'이라 불리는 수중해비타트를 계획하였다.

오늘날에는 좀 더 깊은 수심의 수중공간에서 인간 생활이 가능하기 위한 새로운 아이디어들이 제안되고 있다. 이 가운데 중요한 것으로는 해수로부터 산소를 추출하여 사람에게 보내고 동시에 배기가스(CO_2)를 막(膜)을 통해 수중으로 내보내는 특별한 실리콘막이 있다.

이것보다 더 극적인 아이디어는 산소를 해수로부터 인간의 혈관으로 직접 전할 수 있도록 만든 특별한 막이다. 이러한 인공아가미에 대한 연구가 1960년대 초에 시작되었으나 인공아가미가 인간 공기호흡을 대체하기 위해서는 아직도 충분한 연구가 필요하다.

한편 1960년대부터 포유류의 폐에 공기 대신에 물을 출입시켜 산소가 직접 추출될 수 있도록 하는 연구가 실시되었다. 인간이 고산소첨가액을 수중에서 호흡하면서 생존이 가능하다는 결과가 쥐, 개 그리고 인간을 대상으로 한 수많은 실험으로 밝혀졌다. 그러나 문제는 호흡에 의해 생산된 이산화탄소를 효과적으로 제거하는 방법이 개발되어야 한다는 점이다.

12.3.2 레저용 해중건축물

해중생활이나 해중생태계를 연구하려는 목적으로 개발된 수중해비타트의 기술과 경험이 축적되면서 레저용 해중건축물이 개발되고 있다. 현재 세계 도처에서 계획되고 있는 레저용 해

(a) 외 관

(b) 내 부

[그림 12-11] 줄스 언더시 로지(Jules Undersea Lodge)
〈출처 : Jules Undersea Lodge 홈페이지, http://www.jul.com〉

중건축물은 수심 10 m 이내에 설치되어 특별한 감압장치는 필요하지 않다.

이러한 해중건축물의 개념은 새로운 것이 아니다. 이미 1964~1965년 개최된 뉴욕만국박람회에서 제너럴 모터스(General Motors)사는 수중리조트모형을 전시하였다. 이 전시회 이후에 가족이 수중에서 생활할 수 있는 수중리조트가 계속해서 시도되고 있다.

미래 수중리조트에서는 돌고래가 애완동물이 될 것이며, 정원에는 해초가 있고, 해저지형의 산꼭대기에 수중거주시설이 설치되며, 수중날씨는 항상 예측이 가능해진다.

특히 수중해비타트에서 발전한 수중호텔은 세계 곳곳에서 실현되고 있다. 미국의 플로리다 키 라르고(Key Largo) 해안에서는 수심 7 m 수중에 줄스 언더시 로지(Jules Undersea Lodge)라는 가족용 별장이 들어서 인기리에 사용되고 있다.

줄스 언더시 로지는 원래 과학자들이 푸에르토리코 해안 대륙붕을 연구하기 위해 만든 수중해비타트였다. 키 라르고 해저 에메랄드 석호 밑바닥에 있는 이 수중호텔에는 뜨거운 물이 나오는 샤워시설, DVD 플레이어, 전자레인지, 냉장고 등이 있으며 보통 4명에서 6명까지 숙박이 가능하다. 이곳에 가려면 스쿠버다이빙으로 6 m 정도 수중으로 내려가야 한다.

남태평양 피지의 포세이돈 미스터리 아일랜드(Poseidon Mystery Island) 해안에는 51 m^2 (10 m × 5.1 m) 크기의 모듈화된 객실 24개를 갖춘 고급 수중호텔인 포세이돈 언더시 리조트(Poseidon Undersea Resort)가 [그림 12-12]와 같이 수심 12 m 해저에 건설되어 2010년부터 영업에 들어갔다.

잠수함과 압력용기(pressure vessel)[144]의 설계 및 제작 기술을 활용하여 만든 모듈화된 객실은 철제 벽체에 아크릴(acrylic plastic)로 만든 둥근 창을 끼워 수중전망을 최대한 고려하였으며, 해저에 고정되어 설치된 복도구조물에 언제나 탈·부착이 가능하다.

144) 압력용기란 용기 내부에 대기압을 초과하는 압력의 기체 또는 액체를 보유하는 용기를 말함

[그림 12-12] 포세이돈 언더시 리조트(Poseidon Undersea Resorts) 계획안
〈출처 : Poseidon Undersea Resorts 홈페이지, http://www.poseidonresorts.com〉

(a) 몰디브 수중레스토랑

(b) Red Sea Star 수중레스토랑

[그림 12-13] 레저용 해중건축물 사례

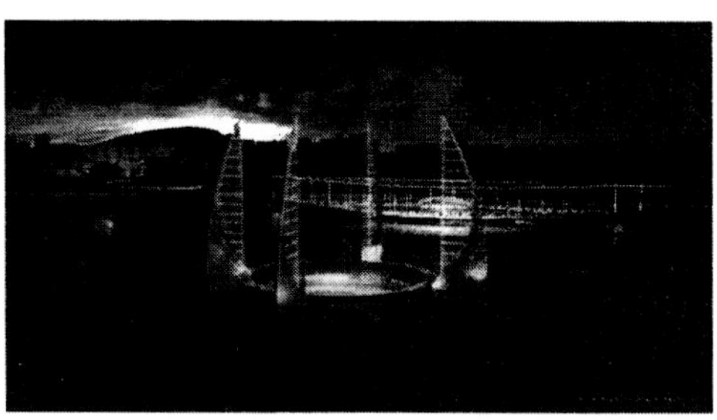

(a) 알렉산드리아 수중박물관
〈출처 : http://www.rougerie.com〉

(b) 칸쿤 수중조각공원
〈출처 : http://www.underwatersculpture.com〉

[그림 12-14] 수중전시공간 사례

수면 위에서 엘리베이터를 이용하여 접근하는 이 수중호텔은 레스토랑, 바, 주방, 휴게실 그리고 스위트룸으로 이루어졌으며, 수중호텔의 내부 압력은 1기압으로 유지된다.

수중호텔 이외에 레저용 해중건축물을 살펴보면, 이미 1960년대부터 해중전망대가 일본을 비롯한 세계 곳곳에서 건설되었으며, 1990년대에는 몰디브 해안 수심 6 m 해저에 14명이 들어갈 수 있는 식당 이타(Ithaa)레스토랑이 건설되었고, 이스라엘 홍해에서는 수면 7 m 아래 해저에 '레드 시 스타(Red Sea Star)'라는 레스토랑이 건설되었다.

이외에도 자크 루즈리(Jacques Rougerie)는 이집트 알렉산드리아 연안에 수중박물관을 계획하였다. 이곳은 예전에 클레오파트라의 궁전이 있었던 자리로 4세기에 발생한 지진 때문에 궁전이 물속으로 가라앉았고 스핑크스나 동상과 같은 유적들이 아직 수중에 남아있다. 이 수중유적들을 육상으로 옮기는 과정에서 손상될 것을 우려하는 한편 수중의 역사적 유적을 보호하기 위한 2001 UNESCO회의 결과에 따라 수중박물관을 계획하였다.

또한 멕시코의 칸쿤국립해양공원에는 수중조각공원(Cancun Underwater Museum)이 설치되어 관광객들에게 인기를 끌고 있다. 수중 5~6 m 깊이에 조각가 제이슨 테일러(Jason de Caires Taylor)의 작품 400여점이 전시되어 관광객들은 스노클링이나 스쿠버다이빙을 통해 혹은 선저가 유리로 된 보트를 이용하여 수중의 작품을 감상한다.

12.4 해중건축물의 전망

바다 밑 수중에서 일어나는 거주와 작업에 관한 이야기는 약 5000년 전 페르시아만 진주잡이 다이버들로부터 시작되었지만 인간이 실제로 수중세계의 일부가 된 것은 약 60년 정도에 지나지 않는다.

아쿠아너트(aquanaut : 수중호흡기를 이용한 잠수기술자)들이 해중에서 안전하고 평화롭게 거주할 수 있는 가능성은 그동안 실시된 60여 개의 수중해비타트 프로그램에서 명확히 입증되었다.

지금까지 연구와 실험결과를 종합해 보면 바다 밑 수심 100 m 정도에서 적당한 크기의 해중주거시설을 건설할 수 있다. 이곳에서는 태풍, 해일, 운석충돌과 같은 자연재해로부터 자유롭고, 해수담수화시설을 이용하여 맑고 깨끗한 해양심층수를 식수로 사용할 수 있으며, 지열이나 조파에너지를 이용하여 에너지를 자급자족할 수 있는 주거시설을 계획할 수 있다.

그러나 해중주거시설의 실현을 위해서는 식량 자급자족을 위해 자연광이 도달하지 못하는 수중에서 식물재배기술이 더욱 발전해야만 하며, 육상에서 상상하지 못한 사고나 재해를 당할 염려가 있기 때문에 철저한 재난예방 및 통제시스템이 필요하다.

또한 육상에서는 거주지 이동이 자유롭지만 수중에서는 그렇게 이동할 수 없고 정해진 장소에 오랜 기간 머물러야 한다. 특히 수중에서 장기간 생활하기 위해서는 숨 쉴 수 있는 공기, 마실 수 있는 물, 적절한 온도 조절, 음식물의 섭취가 무엇보다 필요하며, 수압을 이기고 대기압을 유지할 수 있는 건물외피가 요구된다.

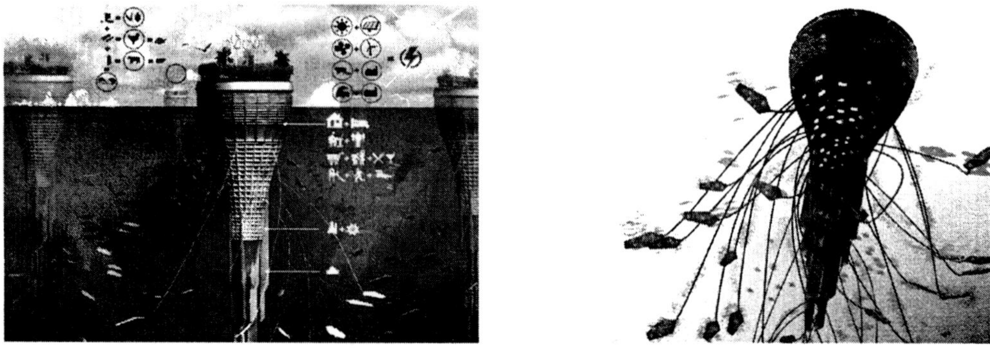

[그림 12-15] 수중마천루계획안
〈출처 : http://www.evolo.us/category/2013/〉

한편으로 해중주거시설에서는 물을 이용한 냉방과 단열, 전기 및 생활용수의 생산 등이 가능하다. 그러나 현재 해중주거시설과 관련된 연구는 해양과학실험 및 연구를 위한 자족적 수중해비타트 몇 개 정도가 수심이 낮은 바다에 설치되어 운영되고 있는 형편이다.

최근 해중건축물과 관련하여 주된 관심사는 지구기후변화에 따른 태풍, 지진, 해일, 해수면 상승 등으로부터 안전하고, 핵전쟁 그리고 사스와 같은 지구적 차원의 질병이나 전염병으로부터 안전하며, 에너지와 식량을 자급자족할 수 있는 지속가능한 집단거주단지의 조성이 가능한 가이다.

이러한 조건을 충족시키는 수중도시계획안이 해양과학자와 해양건축가들을 중심으로 발표되고 있다. 특히 2013년에 이볼로 잡지사(eVolo Magazine)가 주관한 '2013 Skyscraper Competition'에서 살리 아드레 빈 사르쿰(Sarly Adre Bin Sarkum)이 제안한 [그림 12-15]의 수중마천루(underwater skyscraper)계획안이 눈길을 끈다.

수상작인 이 계획안에서 수중마천루는 파도, 바람, 태양열을 이용하여 전력을 생산하고 자체 경작, 수산양식, 수경재배 등을 통해 식량을 자급자족한다. 수중마천루의 수면 위 공간에는 녹지가 존재하고, 수중공간 가운데 수면 가까운 곳에는 거주 및 작업 공간이 위치하며, 전체 구조물은 밸러스트시스템(ballast system)과 오징어 촉수와 같은 구조물에 의해 수중에서 균형을 잡고 똑바로 서있게 된다.

이상에서 살펴본 바와 같이 해중공간에 주거 및 레저시설이 들어섬에 따라 미래 생활공간으로서 해중공간의 중요성이 인식되고 있다. 지금까지 연안의 관리와 이용에 국한된 관심은 해양공간으로 확대되어야 하며, 특히 해중공간에서 인간생활이 이루어질 것에 대비하여 정책 및 기술의 개발에 관심을 기울여야 한다.

2013년 3월 매일경제신문에서 주관한 '원아시아도시선언'에서는 부산 북항재개발지역에 해저도시의 개발을 제안하였다.[145] 이와 같이 우리나라에서도 전문가들과 민간분야에서 해상공간과 통합된 해중공간의 이용에 관한 정책 제안이나 아이디어 제시가 이루어지고 있다.

향후 해중공간은 해상공간과 함께 인간의 주거 및 레저를 위한 생활공간으로 발전할 것이며, 육지의 가용공간이 절대적으로 부족한 우리나라에서는 해중공간의 적절한 이용에 관심을 가지고 본격적으로 연구개발을 시작해야 할 것이다.

145) 매일경제신문, 부산중심 메갈로폴리스가 '제2 기적' 부른다, 2013.3.21 기사 참조

참고문헌

1. 경기개발연구원, 21세기 동북아 연결망 한중해저터널의 기본구상, 도서출판 한울, 2010
2. 매일경제신문, 부산중심 메갈로폴리스가 '제2 기적' 부른다, 2013.3.21
3. 조웅래 외, 21세기 동북아 연결망 한중해저터널의 기본구상, 한울아카데미, 2010
4. 伊澤 岬, 海洋空間のデザイン, 彰國社, 1990
5. 日本建築學會 空間高度利用concept特別研究委員會, 平成4年 活動報告書, 1993.5
6. James W. Miller, Ian G. Koblick, Living and Working in the Sea, Van Nostrand Reinhold., 1984
7. Jon Fisher, The Last Frontiers on Earth : Strange Places Where You Can Live Free, Port Townsend, WA : Loompanics Unlimited, pp64~73, 1985
8. Patri Friedman, Seasteading : A Practical Guide to Homesteading the High Seas, The Seasteading Institute, 2009
9. 위키피디아백과사전 http://en.wikipedia.org/wiki/Underwater_habitat
10. eVolo Magazine 홈페이지 http://www.evolo.us/category/2013/
11. Jacques Rougerie Architecte 홈페이지 http://www.rougerie.com
12. Jason de Caires Taylor 홈페이지 http://www.underwatersculpture.com/
13. Jules Undersea Lodge 홈페이지 http://www.jul.com
14. Lloyd Godson 홈페이지 http://www.lloydgodson.com
15. Marine Technology Society Manned Underwater Vehicles Committee 홈페이지 http://www.mtsmuv.org
16. Poseidon Undersea Resorts 홈페이지 http://www.poseidonresorts.com
17. Tuvie-Futuristic Technology 홈페이지 http://www.tuvie.com
18. US Submarines 홈페이지 http://www.ussubmarines.com/

용어정리

■ **A류 기관구역(machinery space of category A)**
선박에서 주추진용 내연기관 또는 주추진 이외의 목적에 설치되는 합계출력 375 kW 이상의 내연기관 또는 기름보일러 또는 연료유장치가 설치된 장소

■ **감요탱크(anti-motion tank)**
선박의 동요를 억제하는 장치

■ **개방된 로로구역**
양끝 또는 한쪽 끝이 개방되었으며, 그 구역 측면 총면적에 대하여 최소한 10% 이상의 총 면적을 가지는 상설개구로부터 효과적인 자연 통풍이 적절히 제공되는 로로구역(화물구역)을 말함

■ **거주구(accommodation area)**
선박에서 공용구역, 통로, 화장실, 선실, 사무실, 병실, 영화관, 오락실, 이발소, 조리기가 없는 배식실 및 기타 이와 유사한 장소로 이용하는 거주를 위한 장소를 말함

■ **거주용 부선(accommodation barge)**
일정기간 평온한 해역 또는 이에 준한 해역에 설치된 여객 또는 여객 이외의 특정한 인원의 숙박설비를 비치한 추진기관을 갖지 않는 선박으로서 이동작업에 종사하는 승조원만이 승선하는 전용 거주시설을 말함

■ **건현(freeboard, 乾舷)**
선박 길이의 중앙에서 상갑판의 윗면(또는 건현기준선)으로부터 만재흘수선까지의 수직거리를 말하는 것으로 선박의 안전항해를 위하여 예비부력을 갖도록 하는 것

■ **격벽갑판(bulkhead deck)**
통상 선수격벽과 선미격벽 사이의 횡격벽이 미치는 최상층의 전통갑판

■ **계류장치(mooring device, 繫留裝置)**
접안시설에 선박을 매달기 위하여 설치한 계선주, 계선환 등의 장치

■ **고조(high water, 高潮)**
조석(밀물과 썰물)으로 인하여 해면이 가장 높아진 상태

■ **공유수면(公有水面)**
바다·바닷가와 하천·호소·구거 기타 공공용으로 사용되는 국가 소유의 수면 또는 수류를 의미하며 여기서는 「하천법」, 「소하천정비법」, 「농어촌정비법」, 「항만법」, 「어촌·어항법」 등의 적용을 받지 않는 수역을 의미함

■ **공용구역(public space)**
거주구의 한 부분으로서 홀, 식당, 휴게실 및 이와 유사한 상설 폐위장소로 사용되는 장소

■ **구명동의(life jacket, 救命胴衣)**
케이폭(kapok)을 부력(浮力)재료로 하여 면포(綿布)로 싸서 조끼 모양으로 만든 옷, 일반적으로 구명조끼를 말함

■ **구명부이(life buoy)**
둥근 고리 모양의 1인용 부표로서, 조난 시에 물 위에서 이것을 잡고 떠 있으면서 구명정의 구조를 기다릴 수 있도록 만든 것

■ **구명부환(ling life buoy, 救命浮環)**
코르크·케이폭·발사 등을 사용해서 둥근 모양으로 견고하게 고착하고, 면포(綿布)로 싼

다음 주위의 네 군데에 손잡이 밧줄을 달아 맨 것

■ 구명정(life boat, survival craft)
해상에서 조난 시 선박을 버리고 탈출하는 경우에 사용하는 자항능력(自航能力)을 갖춘 보트

■ 기관구역(machinery space)
선박에서 A류 기관구역과 추진기관, 보일러, 연료유장치, 증기기관, 내연기관, 발전기, 주요전기설비, 급유장소, 냉동기계, 감요장치, 통풍기계 및 공기조화기계를 포함하는 장소 및 이와 유사한 장소와 이들 장소에 이르는 트렁크를 말함

■ 기본수준면(standard sea level, 基本水準面)
해도에 나타나는 수심의 기준면으로 국제수로회의의 규정에 따라 조위(潮位)가 그 이하로는 거의 떨어지지 않는 낮은 수면

■ 기상조(meteorological tide, 氣象潮)
기상조석이라고도 하며 기상현상에 의한 조석이나 조류를 말함

■ 기선(steamship, 汽船)
증기·기계력 등을 동력으로 하여 추진하는 배

■ 너울(swell)
파도 중에서, 직접적으로 일어난 파도가 아닌 바람에 일어난 물결을 말하며 풍랑과 연안쇄파의 사이에서 주로 관찰됨

■ 다이나믹 포지셔닝 시스템 (DPS, dynamic positioning system)
전파, 초음파 등에 의한 위치탐지시스템을 이용하여 선박 또는 해양구조물을 수평면 내의 변위를 탐지하고, 위치제어시스템으로 프로펠러, 트러스터 등의 추진시스템을 구동시켜 구조물을 목표점에 유지시키는 방식

■ 대안(對岸)
강, 호수, 바다 따위의 건너편에 있는 언덕이나 기슭

■ 도선(渡船)
강가나 내나 좁은 바다 목을 건너다니는 배

■ 도선사업(渡船事業)
도선 및 도선장을 갖추고 내수면 또는 대통령령으로 정하는 바다목에서 사람을 운송하거나 사람과 물건을 운송하는 것을 영업으로 하는 것으로서 「해운법」을 적용받지 아니하는 것을 말함

■ 독(dock)
선체의 건조, 수리, 청소, 도장, 검사 등을 위하여 배를 넣고 물을 빼거나 넣어서 배를 바닥에 앉히거나 띄울 수 있도록 만든 시설

■ 돌핀(dolphin)
해안에서 떨어진 해상에 선박을 계류하기 위하여 파일(pile), 케이슨 등으로 시설한 계류시설

■ 동요(oscillation, 動搖)
외력 등으로 인해 선체에 작용하는 힘의 균형이 깨어져 선체가 움직이기 시작하면, 선체에는 원래의 위치로 되돌아가려는 복원력이 작용하는데 이 과정을 동요라 하며, ① 횡동요(rolling) x축에 대한 회전운동, ② 종동요(pitching) y축에 대한 회전운동, ③ 선수동요(yawing) z축에 대한 회전운동, ④ 상하동요(heaving) z축 방향의 상하운동, ⑤ 좌우동요(swaying) y축 방향의 좌우운동, ⑥ 전후운동(surging) x축 방향의 전후운동으로 구분되며 이들 동요는 단독으로 발생하는 경우는 거의 드물며, 한 가지 동요가 발생하면 다른 동요를 유발함
이런 동요의 세 가지 회전운동과 세 가지 직선운동을 6자유도 운동이라고도 함

■ 로로구역(ro-ro space)
일반적으로 구획됨이 없이 선박의 상당한 길이 또는 전장에 걸쳐 연장되어 있고 자주용 연료를 탱크에 보유한 자동차 또는 화물(철도

또는 자동차, 차량, 트레일러, 컨테이너, 팔레트, 떼어낼 수 있는 탱크 등 유사한 보관 장치 또는 다른 용기 속에 넣거나 위에 적재된 포장된 화물 또는 산적화물)이 통상 수평방향으로 적재될 수 있는 장소를 말함

■ 롤링(rolling)
선박의 동요를 일컫는 것의 하나로, 배의 폭 방향의 회전적 동요를 말함

■ 리아스식 해안(rias coast)
육지의 침강 또는 해수면 상승으로 육지의 일부가 바다 속에 잠겨 이루어진 복잡한 해안을 말함

■ 만재하중(滿載下重)
가장 불리한 하중으로 설계상 적재할 수 있는 가장 큰 하중을 적재한 것을 의미함

■ 만재흘수선(full load draft line, 滿載吃水線)
선박항행의 안전을 확보할 수 있는 상태에서 허락된 최대의 흘수를 선박의 양현(兩舷)에 한 표시. 수면과 선체가 만나는 선을 흘수선(load line)이라 하며 만재흘수에 있어서의 흘수선을 만재흘수선이라 하고 선박이 화물을 탑재하거나 적재하고 안전하게 항행할 수 있는 최대한도의 선을 나타냄

■ 메타센터(metacenter)
선박이나 부유구조물이 작은 각도로 기울어졌을 때 수면 아래의 새로운 부심을 지나는 연직선과 선체(배 또는 부유구조물)의 중심선이 만나는 점

■ 묘박지(anchorage, anchoring basin, 錨泊地)
선박이 계류하는 장소, 즉 선박의 정박에 적합한 항내 지정된 넓은 수면을 말함

■ 물분무소화설비(water spray extinguishing system)
분무헤드에서 물을 안개와 같이 내뿜는 형상으로 방사하여 냉각(冷却)효과 또는 질식(窒息)효과에 의해서 화재를 소화하는 고정식 소화설비를 말함. 냉각효과가 크기 때문에 일반 가연물 외에 비교적 인화점이 높은 유류(油類)화재의 소화에 사용됨. 그 외에 LPG시설 등의 화재를 제어하는데도 사용되는 소화설비

■ 방충재(fender, 防衝材)
안벽, 잔교, 돌핀 등의 계류시설의 전면에 설치하여 선박이 접안할 때 또는 계류 중 파랑이나 바람으로 동요할 때 선체와 접안시설 사이에 충격력이나 마찰력이 작용하는데 이때 선체 및 구조물의 접촉으로 인한 손상을 막기 위하여 선박 또는 계류시설법면(繫留施設法面)에 설치하는 완충(緩衝)설비

■ 배타적 경제수역(EEZ)
1982년 12월 채택되어 1994년 12월 발효된 유엔해양법협약은 자국 연안으로부터 200해리까지의 수역에 대해 ① 어업자원 및 해저광물자원 ② 해수 풍수를 이용한 에너지 생산권 ③ 에너지 탐사권 ④ 해양과학 조사 및 관할권 ⑤ 해양환경 보호에 관한 관할권 등에 대해 연안국의 배타적 권리를 인정하는 유엔해양법상의 개념

■ 밸러스트(ballast)
배의 흘수(吃水)나 트림을 조정하기 위하여 밸러스트 탱크에 채우는 물. 선박에 화물을 적재하지 않은 채 공선(空船)으로 운항하는 경우 프로펠러가 수면에 떠올라 그 효율이 떨어지거나 심한 손상을 입게되는 등 안전항해에 큰 지장을 초래할 우려가 있으므로 이를 방지하여 선박이 일정한 흘수를 유지할 수 있도록 하며, 선내에 화물이 불균형하게 적재된 경우 복원성(復原性)을 잃지 않도록 하기 위한 것

■ 범선(sailing ship, 帆船)
선체 위에 세운 돛에 바람을 받게 하여 풍력을 이용하여 진행하는 배

■ 보트하우스(boat house)
선박으로서 거주기능을 가진 구조물. 통상 레크리에이션이나 레저에 활용되며, 「선박법」의 적용을 받음

■ 부선(barge, 艀船)
기관(engine) 또는 돛 등의 장치를 갖추지 않아 자체추진력, 즉 자력항행능력(自力航行能力)이 없어 다른 선박에 의하여 끌리거나 밀려서 항행하는 선박

■ 부심(center of buoyancy, 浮心)
① 선체의 전체 부력이 한 점에 작용한다고 생각할 수 있는 가상의 점, ② 수선 아래의 용적, 즉 배수 용적의 중심

■ 부이(buoy)
수면에 띄운 부체(浮體)로 항로 표지 또는 해양 관측, 해양구조물 고정을 위해 사용됨

■ 부잔교(floating pier, 浮棧橋)
육안(陸岸)으로부터 어느 정도의 거리를 두고 폰툰을 띄우고 이것과 육안 사이에 도교(渡橋)를 걸쳐 연결함으로써 폰툰에 선박을 옆으로 붙이는 계선 시설

■ 분말소화기(dry chemical extinguisher)
용기 안에 소화제로서 미세한 소화용 분말을 가압 또는 축압해서 방사하는 것이며, 소화약제에는 탄산수소나트륨을 주성분으로 한 것(백색), 탄산수소칼륨을 주성분으로 한 것(K-담회색), 인산암모늄(담홍색)을 주성분으로 한 것(분말 A B C)의 3종류가 있음

■ 빌지 펌프(bilge pump)
선박 안에 괸 오수(汚水)를 밖으로 배출하는 펌프를 말하며 선박의 안전상 중요한 것으로서, 펌프 대수, 용량 등이 법규상 정해져 있음

■ 선대(building berth, 船臺)
배를 진수시키거나 또는 선박을 끌어올려 수리할 수 있도록 만들어진 경사진 시설

■ 선류장(basin for small crafts, 船留場)
항만시설 가운데 수역시설인 정박지의 하나로서 소형선박 및 부선(艀船)이 정박하는 수역(水域)으로 폭풍시에도 안전한 정박이 가능할 것을 요하며, 일반적으로 내항(內港) 부분에 설치하는 것이 특징임

■ 선저(the bottom of a ship, 船底)
배의 밑바닥

■ 선조립 탑재(pre-fabric)공법
공장에서 부품의 가공과 조립을 하고 현장에서 설치만 하는 공법

■ 소파제(wave absorbing revetment, 消波堤)
파의 에너지를 감쇠시킬 수 있도록 축조한 호안(護岸)

■ 쇄파(breakingwave, 碎波)
파랑이 경사진 해안으로 진행되어 들어올 때 해저의 저항으로 파랑의 진행속도가 수립자의 원운동 속도보다 늦어짐으로써 깨어지는 파랑

■ 수밀격벽(watertight bulkhead, 水密隔壁)
수압(水壓)을 가해도 물이 새지 않는 칸막이 벽으로, 배의 침몰 방지와 화재가 발생하였을 때 연소를 방지하기 위해 설치

■ 수제선(waterline, 水際線)
강, 호수, 바다 등의 물(水)가를 말하는데 바로 물과 땅이 닿아서 이루는 선(線)을 말함

■ 승정갑판(embarkation deck)
긴급 시에 승객, 승무원이 구명보트로 옮겨타는 갑판

■ 싱커(sinker)
계류에 쓰이는 무거운 추

■ 안벽(quaywall)
① 여객의 승하선 및 화물의 하역을 위해 만들어진 벽면을 가진 선박계류시설, ② 선박이 안전하게 접안하여 화물 및 여객을 처리할 수

있도록 설치한 부두의 바다 방향에 수직으로 쌓은 벽

■ 양력(dynamic lift, 揚力)
물체에 바람이 닿았을 경우나 유체 가운데 물체가 이동하고 있는 경우 물체가 유체에서 받는 수직 방향의 힘

■ 업무구역(service space)
선박에서 조리실, 조리기구실, 로커, 우편물실, 금고실, 선용품실, 공작실(기관구역의 일부를 구성하는 것은 제외) 및 기타 이와 유사한 장소 및 이 장소에 이르는 트렁크에 사용되는 장소

■ 연안역(costal zone, 沿岸域)
해안선을 기준으로 인접해 있는 육지(연안육역)와 바다(연안해역)를 포함한 개념으로 인근 해양환경에 영향을 미치는 배후 육지와 바다를 합친 자연환경대를 의미함
미국 등 일부 국가에서는 이를 특별법으로 관리하고 있으며 국내의 경우 「연안관리법」에 따라 관리되며 연안육역은 해안선에서 50 m(또는 항만, 어항, 산업단지 등이 있는 경우 1 km) 연안해역은 12해리까지로 규정하고 있음

■ 열경화성(thermosetting, 熱硬化性)
열을 가함으로써 화학적 반응을 일으켜 고체로 되는 성질. 한 번 고화한 것은 재 가열해도 용융 상태로는 되지 않음

■ 영구음영구역(永久陰影區域)
건물 등에 의해 1년을 통해서 태양의 직사광선을 받을 수 없는 그늘 부분의 구역을 말하는 것으로 항구적으로 고정된 부유식 수상거주시설의 하부부체에 의해 생기는 그늘진 구역

■ 예항(towing, 曳航)
예선(曳船)이 자체 항행력이 없는 부선(艀船)이나 항행력은 있어도 일시 사용하지 않는 선박을 지정된 장소까지 끌어당기거나 밀어서 이동시키는 방법으로 행하는 항행

■ 용존물질(dissolved solids, 溶存物質)
천연적인 물속에 용해되어 있는 물질을 말함. 보통 물을 증발시켰을 때 잔존하게 되는 물질

■ 유빙(drift ice, 流氷)
근해에서 결빙된 정착빙이 파도 등의 작용으로 파쇄되어 자유롭게 해상을 떠다니는 것을 말함

■ 유선(遊船)
낚시 등 놀이를 할 때 타는 배

■ 유선사업(遊船事業)
수상에서 고기잡이, 관광, 그 밖의 유락(遊樂)을 위하여 선박을 대여하거나 사람을 승선시키는 것을 영업으로 하는 것으로서 「해운법」을 적용받지 아니하는 것

■ 유어장(遊漁場)
공동어장의 일정 해역을 해양관광지로 지정, 입어료를 내고 수중사냥을 할 수 있도록 만든 해양레포츠 공간

■ 유의파고(significant wave height, 有義波高)
파군 중 파고가 큰 순서로 전체 파랑의 1/3까지 파랑들의 파고를 평균한 값

■ 6자유도 운동(6 degree of freedom movement)
물의 물리적 변화에 따른 외력에 의해 부유하는 구조물이 받게 되는 진동운동과 회전운동을 의미하며 3방향의 직선운동과 3방향의 회전운동을 말하며 동요라고도 함

■ 이상조위(anomalous sea level, 異常潮位)
폭풍 해일, 지진 해일 등에 의해 비정상적으로 상승되거나 저하된 조위

■ 이중각구조
선측에 외판과 내판을 설치하여 이중으로 선측판을 설치하는 구조

■ 이중저구조(double bottom construction, 二重底構造)
선저 외판의 내측에 만곡부에서 만곡부까지 수밀구조의 내저판(inner bottom plating)을 설치하여 선저를 이중으로 하고, 선저 외판과 내저판 사이를 공간으로 만든 구조로서, 단저 구조에 위에 내저판을 둔 구조를 말함

■ 익상(杙上)
해저 지반에 말뚝을 박고 그 위에 구조물을 설치하는 형태

■ 입급(入級)
모든 선박은 건조 후 사용을 위해서 관련 기관의 검사를 통해 등급이 매겨져 각 국의 선급협회의 선급원부(船級原簿)에 등록되어야 선박으로서 사용이 가능하며 선급원부에 등록하는 것을 입급(入級)이라 함

■ 저생생물(benthos, 底生生物)
해양이나 호수, 늪이나 하천 등의 물 밑에 생식하는 생물을 말함. 미소 조류, 갯지렁이류, 패류, 해조류 등이 있음

■ 저조(low water, 低潮)
조석으로 인하여 해면이 가장 낮아진 상태

■ 정박지(basin, 碇泊地)
선박의 안전한 정박, 원활한 조선(操船) 및 하역을 가능하게 하기 위한 충분한 넓이와 수심을 가진 조용한 수면

■ 정수압(hydrostatic pressure, 靜水壓)
심해의 압력을 설명할 때 사용되는 용어로서, 해수면으로부터 해당 수심까지의 물의 무게에 의한 수압과 대기압을 합한 값

■ 정온도(calmness of harbor, 靜穩度)
항만의 박지(泊地) 내 수면의 정온한 정도를 나타내는 것으로서 통상 박지 내의 파고를 말함. 또한 박지 내 파고의 평균치와 그 때의 방파제 밖의 파고의 비를 가지고 나타내는 경우도 있음

■ 제어장소(control station)
선박의 무선설비, 주요 항해설비 또는 비상동력원이 배치되어 있는 장소 또는 화재표시장치 또는 화재제어장치가 집중 배치되어 있는 장소를 말함

■ 조류(tidal current, 潮流)
조석에 의해 생성된 해수의 주기적인 흐름을 말함

■ 조석(tide, 潮汐)
달·태양 등 천체의 인력작용으로 해면이 1일 2회 주기적으로 오르내리는 현상을 말함

■ 조위(潮位, tide level)
일정한 기준면으로부터 조석에 의한 해면의 높이로 보통 해면에는 풍파나 파랑 혹은 부진동에 의한 해면변동이 있지만 이들을 제외한 것을 말함

■ 종격벽(lenthwise bulkhead, 縱隔壁)
선체의 종방향으로 설치된 격벽

■ 주수직구획(main vertical zones)
"A"급 구획에 의하여 선체, 선루 및 갑판실이 분리된 구역으로서 어떤 갑판상에서도 그 평균길이 및 평균 폭이 일반적으로 40 m를 초과하지 아니하는 것을 말함

■ 중앙홀(atrium)
선박에서 하나의 주수직구역안에 있는 3개 이상의 개방된 갑판에 걸쳐 있는 공용구역을 말함

■ 진파(follow seas, 進波)
배가 가는 쪽으로 진행하는 파도

■ 천문조(astronomical tide, 天文潮)
천체조(天體潮)라고도 하며 달이나 태양과 같은 천체의 인력으로 일어나는 조석을 말함

■ 청천일수(晴天日數)
맑은 날의 수

■ 축제식(築堤式)
제방식이라고도 하며 둑(제방)을 쌓아 천해의 일부를 막고, 수문을 만들어 못 안의 해수를 환수시키는 방식

■ 케이슨(caisson)
상자 형태로 제작된 콘크리트 구조물로서 교량의 기초, 방파제, 안벽 등의 본체용 구조물로 사용되며 토사나 사석으로 내부를 채움

■ 탁월파(predominant wave, 卓越波)
파군중 파 에너지가 가장 높은 성분파 ① 파군중 가장 영향력이 크고 또 지배적인 파 ② 지배적이라고 생각되는 파 ③ 무엇보다도 가장 빈번히 나타나는 파

■ 탄력계수(해수)
(본 논문에서)부체의 흘수를 1 cm 증가시키는데 필요한 단위면적당 힘(부력)

■ 탄산가스소화기(carbon dioxide fire extinguisher)
탄산가스의 불연성과 가연성 증기를 희석하는 성질을 이용한 소화기. 본체 용기에 밸브와 호스가 장착되어 있으며, 소화제로 탄산가스를 압축 액화시킨 액화 탄소를 충전하여 사용함

■ 통항권(通航權)
통상 국제 조약에 의하여 외국의 영해를 통항할 수 있는 권리를 말하나 본 논문에서는 수역을 운항할 수 있는 선박의 권리를 통틀어서 말함

■ 파랑(wave, 波浪)
심해파에 대해 표면파로 구분되는 것으로, 바람에 의해 생긴 수면상의 풍랑(風浪)과 풍랑이 다른 해역까지 진행하면서 감쇠하여 생긴 너울을 말함

■ 포말소화기(foam extinguisher, 泡沫消火器)
외통 용기에 탄산수소나트륨, 내통용기에 황산알루미늄을 물에 용해해서 충전하고, 사용할 때는 양 용기의 약제가 화합되어 탄산가스가 발생하며, 거품을 발생해서 방사하는 소화기로 A, B급 화재에 적합함

■ 표고(altitude, 標高)
바다의 수준면에서 지표의 어느 지점에 이르는 수직 거리를 말함

■ 푸팅(footing)
통상 기초의 확대부분을 일컫는 말로서 반잠수식 구조물 기둥 하부에 개별로 설치된 부력체

■ 플레저보트(pleasure boat)
여객선, 유선, 도선 및 어선 등이 아닌 스포츠 또는 레크리에이션용으로 사용하는 선박을 말함

■ 플로트홈(float home)
부체와 같은 부유시스템을 갖춘 구조물로서 선박으로 설계되지 않거나 항해용으로 사용되지 않는 주거용 부유식 구조물을 말함

■ 피칭(pitching)
선박이나 부함(浮函) 등의 부체물이 긴 쪽 방향으로 동요하는 것

■ 하부부력선체(lower hull)
반잠수식 구조물의 원주형 기둥 하부에 연결된 부력선체

■ 하우스보트(house boat)
건축물로서 떠있는 집을 말하며 거주를 전제로 하여 건축계획이 되어 있고 육상 건축물과 다름없는 설비와 기능을 가지고 있는 것으로서 보통 건축 관련법을 적용 받음

■ 한계파고(limiting wave height, 荷役/限界波高)
어떤 수심과 주기에 대하여 쇄파되지 않고 존재할 수 있는 최대의 파고

■ 항행(navigation, 航行)
항공기, 선박 등이 원하는 목적 지점에 도달하게 하는 동작으로 선박의 위치 결정과 목적지에 도달하기 위한 침로(針路) 결정 및 그것들을 바탕으로 하여 배를 항해시키는 기술

■ 항력(drag, 抗力)
흐름 속에 놓인 물체 또는 정지한 유체 속을 물체가 움직일 때 물체가 받는 운동 방향의 힘

■ 해류(ocean current, 海流)
일정한 방향으로 일정한 속도를 가지고 유동하는 바닷물의 흐름

■ 해상잔교(海上棧橋)
해안과 해안을 이어주는 교량의 역할이나 선박을 접안 또는 승선하는데 필요한 역할을 제공함

■ 해양플랜트(offshore plant)
해상에 설치된 공장으로서 해양에서 석유, 천연가스 등을 개발하는 플랜트를 주로 일컬으며 해상 폐기물을 처리하는 플랜트도 있음

■ 해일(surge, 海溢)
폭풍이나 지진, 화산폭발 등에 의하여 바닷물이 비정상적으로 높아져 육지로 넘쳐 들어오는 현상을 말하며 그 원인에 따라 폭풍해일, 지진해일로 나눌 수 있음

■ 호안(revetment, 護岸)
하안(河岸) 또는 제방을 유수에 의한 침식으로부터 보호하기 위하여 그들의 경사면이나 밑부분 표면에 시공하는 공작물

■ 횡격벽(transverse bulkhead, 橫隔壁)
선체의 횡방향으로 설치된 격벽

■ 횡동요(roll, 橫動搖)
선박의 좌우가 선체 중앙을 중심으로 번갈아 가며 진동하는 것

■ 흘수(draft, 吃水)
수중에 떠 있는 물체가 수면에 의해 구분되는 면에서 그 물체의 가장 깊은 점까지의 수심

■ 히빙(heaving)
파에 의해 선박이 상하 방향으로 흔들리는 것

찾아보기

[영문]

저/자/소/개

이 한 석 (李漢錫) **교수**
한국해양대학교 해양공간건축학과 교수
hansk@kmou.ac.kr

강 영 훈 (姜永勳) **박사**
한국해양대학교 해양과학기술연구소 연구원
hun0707@kmou.ac.kr

해양건축계획

초 판 인 쇄 | 2014년 2월 20일
초판3쇄발행 | 2025년 8월 18일

저　　자 | 이한석 · 강영훈
발 행 인 | 이성범
발 행 처 | 문운당
주　　소 | 서울시 종로구 혜화로5길 16 (명륜1가 45-3)
출판등록 | 1962년 7월 4일 제 1-139
전　　화 | (02)762-6010
팩　　스 | 영업 (02)745-0265 / 편집 (02)762-8758
홈페이지 | http://munundang.co.kr
이 메 일 | munun2@daum.net

ISBN 979-11-85224-75-6 93540

정가 27,000원